SELBSTANSCHLUSS-TECHNIK

VON

DIPL.-ING. MARTIN HEBEL

TELEGRAPHENDIREKTOR IM REICHSPOST-ZENTRALAMT

(TELEGRAPHENTECHNISCHES REICHSAMT

ABTEILUNG MÜNCHEN)

*

MIT 240 ABBILDUNGEN

VERLAG VON R. OLDENBOURG
MÜNCHEN UND BERLIN 1928

DRUCK VON OSCAR BRANDSTETTER IN LEIPZIG

Vorwort.

Die Sa-Technik ist in den wenigen Jahrzehnten ihres Bestehens ein hochentwickelter und wirtschaftlich bedeutender Zweig der Elektrotechnik geworden. In Deutschland wie im Auslande beschäftigt sie in Herstellung und Betrieb eine große Zahl von Menschen, überwiegend von hochwertigen Arbeitskräften. Als Zukunftsform der Fernsprechtechnik in allen Ländern in der Einführung begriffen, hat sie ein weites Betätigungs- und Aufgabengebiet vor sich. Gerade die Jetztzeit ist gekennzeichnet durch eine unruhige, sprunghafte Entwicklung in Schaltungstechnik und Konstruktion.

Dabei ist für die Öffentlichkeit die Sa-Technik einer der unbekanntesten Zweige der an sich wenig beachteten Technik. In Deutschland liegt der Betrieb der öffentlichen Netze in der Hand der Deutschen Reichspost, für die Herstellung sorgen einige wenige Spezialfirmen, und fernstehende Kreise erfahren so gut wie nichts von den ganzen Entwicklungsvorgängen. Nur die Technik der selbsttätigen Nebenstellenanlagen hat in allerjüngster Zeit auch weitere Kreise an den Möglichkeiten und an dem Wesen der Sa-Technik interessiert, und damit den Kreis der Interessenten nicht unwesentlich erweitert.

So ist es kein Wunder, daß augenblicklich sämtliche Deutschen Hochschulen und Technischen Lehranstalten eine Vorlesung über Sa-Technik in ihren Lehrplan aufnehmen und zugleich der Fernmeldetechnik im Lehrplan einen wesentlich breiteren Raum zuweisen. Immerhin ist der Lehrer vor die Aufgabe gestellt, ein ganz fremdartiges, aus dem Rahmen der übrigen Lehrstoffe völlig herausfallendes Gebiet in wenigen Stunden zu durcheilen. Ehe die Schüler recht gelernt haben, in die komplizierten Schaltvorgänge einzudringen, sind die Stunden vorbei. So hat es der Verfasser von Anfang an als dringendes Bedürfnis empfunden, seinen Schülern den Inhalt seiner Vorlesung als Skriptum auszuhändigen, damit ein späteres Studium die flüchtigen Eindrücke vertiefen kann, und dies wurde Anlaß zum Erscheinen des vorliegenden Buches. Die Vorlesungen über Sa-Technik an der Höheren Technischen Lehranstalt München bilden im wesentlichen seinen Inhalt.

Vielen in der Praxis stehenden Betriebspersonen und Konstrukteuren wird gleichfalls eine systematische Zusammenstellung der gesamten Probleme der Sa-Technik über den Rahmen der ihnen augenblicklich gestellten Aufgabe hinaus zur Erweiterung ihres Gesichtskreises erwünscht sein. Besonders die reichen Erfahrungen, welche die Entwicklungsjahre in Bayern bei Durchbildung des automatischen Netzgruppensystems, der automatischen Fernwählung, der vollautomatischen Nebenstellenanlagen für unmittelbaren Amtsverkehr, der Kleinzentralen und unbedienten Sa-Ämter mit sich gebracht haben, werden für einen weiten Kreis von Wert sein. Für den Bau von Sa-Anlagen sind reichliche Unterlagen, insbesondere graphische Tabellen zur raschen Berechnung vorgesehen, für die theoretische Erfassung des Stoffes in einer leicht faßlichen Darstellung die wichtigsten Ergebnisse der Verkehrstheorie, einer theoretischen Schaltungslehre und Konstruktionslehre zusammengetragen. Neben den in Bayern teils geplanten, teils durchgeführten Einrichtungen sind die im außerbayerischen Gebiete beschriebenen Wege ausführlich dargetan und schließlich die wesentlichsten Auslandssysteme gewürdigt worden. So wird das Buch hoffentlich einem weiten Kreis von Interessenten als Lehrbuch und Nachschlagewerk für die komplizierten Aufgaben der Sa-Technik dienlich sein.

München, im April 1928.

M. Hebel.

Einleitung.

Geschichtlicher Überblick über die Entwicklung der Selbstanschluß-Technik bis zur Gegenwart.

Im Jahre 1861 war durch den Physiklehrer Philipp Reis in Friedrichsdorf bei Frankfurt a. M. der erste für fernsprechtechnische Zwecke geeignete Apparat erfunden und der Öffentlichkeit vorgeführt worden. Die Welt war damals noch nicht reif für die Erfindung und wenn auch die von Philipp Reis entwickelten Apparate, die in primitivster Form Telephon und Mikrophon verkörperten, nachweislich in alle Welt verstreut wurden, nach England, nach Amerika gelangten, so war ihnen doch zunächst jene Verbreitung nicht vorbehalten, welche in der Folge den Fernsprecher zu einem öffentlichen Verkehrsmittel gemacht hat. Man hat das treffende Wort geprägt, Reis hat das Telephon erfunden, Bell die Telephonie geschaffen.

Am 14. Februar 1876, also 15 Jahre nach der Anregung, die Philipp Reis gegeben hatte, erfolgte am gleichen Tage, mit einem Zeitunterschied von nur 2 Stunden, die Patentanmeldung zweier Fernsprecheinrichtungen, welche die Grundlage für die sprunghafte Entwicklung des Fernsprechwesens bilden sollten. Alexander Graham Bell aus Salem und Elisha Gray aus Chicago, meldeten im Patentamt in Washington zwei Patente auf Fernsprecheinrichtungen an und noch im Herbst des gleichen Jahres gelang es Bell, dem Fernsprecher jene einfache Form mit Dauermagneten, Spule und Membran zu geben, welche durch die Weltausstellung von 1876 in Philadelphia das Interesse der ganzen Welt wachrief. Rasch gelang die Vervollkommnung der Übertragungseinrichtungen und nicht nur in Amerika, sondern in allen Kulturländern wurde der Fernsprecher als Verkehrsmittel übernommen und weiterentwickelt. Es entstanden Ortsnetze in rascher Folge. Mit Erfolg wurde der Verkehr von Ort zu Ort aufgenommen und, als neben dem Telephon das Mikrophon durch Hughes, Edison, Blake und Berliner eine technisch brauchbare Form erhalten hatte, war der Weg für die rasche Entwicklung des Fernsprechers geebnet. Mit Einführung der Induktionsspule durch Edison im Jahre 1878 war das Ortsbatterie-System als erstes handbetriebenes Fernsprechsystem begründet worden.

Schon ein Jahr später, und zwar am 10. September und am 9. Dezember 1879 schlug die Geburtsstunde der Sa-Technik. M. Daniel Con-

noly von Philadelphia und Thomas E. Connoly von Washington, Thomas
J. Mc Tighe von Pittsburg meldeten die ersten Patente auf Sa-Ein-
richtungen an, welche unter der Nummer 222458 erteilt wurden. Die
vorgeschlagene Einrichtung stellt in primitivster Form ein Sa-Amt mit
Drehwählersystem und Ortsbatteriespeisung dar und zeigt bereits einige
Grundelemente der Sa-Technik, die sich bis heute erhalten haben. Die
Fernsprechstation besitzt neben Wecker und Sprecheinrichtung einen
Impulsgeber in Form einer Wählscheibe, welche den im Amt an der
Leitung gelegenen Drehmagneten zur Dreheinstellung betätigen soll.
Sieht man davon ab, daß die Sprechkreise unmittelbar die Einstell-
magneten steuern sollten, also ohne Relaisübertragung, daß durch diese
Magnetspulen hindurch gesprochen werden sollte, so findet man immer-
hin den Grundgedanken eines Sa-Amtes verwirklicht.

Die Erfinder waren sich der Mängel ihres Systemes bald bewußt
und so meldeten sie im Jahre 1881 ein verbessertes System an, welches
unter der Nummer 262645 patentiert wurde. An Stelle der unmittelbar
gesteuerten Magnete treten Relais und die Magnete werden aus dem
Amt gespeist. Es ist gewissermaßen ein Vorläufer des Zentralbatteriesystems, wenigstens für die Einstellvorgänge, während für das Sprechen
das Ortsbatteriesystem erhalten blieb. Und wiederum ist es interessant,
daß der erste Vorschlag sich auf ein vollautomatisches System bezog,
während erst im November 1881 durch M. D. Connoly ein halbautomatisches System in Vorschlag gebracht wurde. Inzwischen hatten die
Erfinder ihre Einrichtungen vervollkommnet, die Relais verbessert,
Signale eingeführt und so eine im kleinen Kreis betriebsfähige Sa-Anlage geschaffen. Das damals allgemein verwendete Einzelleitungssystem
drückte diesen Einrichtungen seinen Stempel auf. Im April 1883 hat
T. A. Connoly ein Wählersystem entwickelt, welches als Vorläufer der
Maschinenwählersysteme, und zwar des Stangenwählers angesehen werden kann.

Im Jahre 1889 hat J. G. Smith eine Einrichtung zur selbsttätigen
Umschaltung von Telegraphenleitungen zum Patent angemeldet, welches eine Reihe von Grundgedanken der späteren Sa-Einrichtungen
enthielt.

Almon B. Strowger und sein Neffe Walter S. Strowger haben die
Sa-Technik lebensfähig gemacht. A. B. Strowger, ein nervöser, empfindlicher Mann, hatte sich aus Ärger über die langsame, unzuverlässige
Bedienungsweise durch die Fernsprechbeamtinnen dazu entschlossen,
diese abzuschaffen und durch automatisch wirkende Einrichtungen zu
ersetzen. Am 12. März 1889 hatte er ein Patent angemeldet auf eine Wähleinrichtung, welche mit Heb- und Drehbewegung die Einstellung eines
Kontaktarmes auf eine an einem Zylindermantel angeordnete Vielzahl
von Teilnehmerleitungen vornehmen sollte. Die Zahl war bereits auf
1000 Anschlußorgane in Aussicht genommen. Im Gegensatz zu den

früheren Erfindern auf diesem Gebiet hat Strowger für seine Zwecke soviel Leitungen zur Fernsprechstelle vorgesehen, als er benötigte und sich dafür einen komplizierteren Einstellmechanismus gestattet. Wir finden Hubmagneten, Drehmagneten für Zehner- und Einerschritte. Die Wähleinrichtung erinnert an ein Zahlengebersystem mit Hunderter-, Zehner- und Einerkontakt, wobei z. B. bei Wahl von 300 der Hunderter-knopf dreimal gedrückt werden mußte. Die Einstellvorgänge und die Auslösung waren in vollkommener Weise gelöst. Zum Teilnehmer waren 5 Leitungen und Erde benötigt, ein Sperren einer Verbindung gegen andere war nicht vorgesehen. Im Jahre 1890 wurde die erste Einrichtung im Bureau der Kansas- und Missouri-Tel. Comp. aufgestellt und von der Betriebsgesellschaft so günstig aufgenommen, daß sich die Bell-Telephongesellschaft für die Einrichtung interessierte.

Anfangs des Jahres 1892 entsandte die Brush-Electric-Comp. von Baltimore Herrn A. E. Keith, um Untersuchungen über die Verwend-barkeit des inzwischen geschaffenen Strowger-Sa-Systems anzustellen. Keith, ein hervorragender Praktiker, überzeugte sich von der Brauch-barkeit und wurde in der Folge ein wertvoller Förderer des Sa-Systems. Im Mai 1892 wurde die Montage des ersten Sa-Amtes in La Porte in Indiania begonnen. Das Amt war ein Drehwählersystem und ist am 3. November 1892 als erste Sa-Zentrale dem öffentlichen Verkehr übergeben worden. Das Publikum hat die Einrichtung günstig auf-genommen.

Inzwischen hatten die Arbeiten Strowgers auch andere Techniker zur Durchbildung von Sa-Einrichtungen angeregt, so den Monteur Frank Lundquist und die Gebrüder Erickson, die im Herbst 1892 zu-sammen ein Sa-System entwickelten. Im Herbst 1892 siedelten sie nach Chicago über, meldeten im März 1893 ihre Einrichtung zum Patent an, gerieten aber dann in bittere Not. Im Jahre 1894 wurden ihre Ein-richtungen von der Strowger-Aut. Telephon-Exchange geprüft und die Erfinder bei der Gesellschaft angestellt. Während Walter S. Strowger aus der Gesellschaft ausschied, entwickelten die Gebrüder Erickson den sog. Klaviersaitenschalter, welcher im Herbst 1894 in La Porte in Indiania aufgestellt wurde. Die Wählerkonstruktion war außerordent-lich sinnreich und enthält Elemente, welche in neuester Zeit wieder aufgegriffen wurden. Während das System in der Öffentlichkeit sehr widerspruchsvoll aufgenommen wurde, erreichte es in La Porte die Grenze seiner Aufnahmefähigkeit.

Am 16. Dezember 1895 ist mit Patent 638249 das grundlegende Patent für die Wählerkonstruktion angemeldet worden, welche den Namen Strowger verewigt hat. Im August 1896 ist die erste brauch-bare Wählscheibenkonstruktion zum Patent angemeldet worden. Seit dem Sommer 1896 hatte die Strowger-Gesellschaft die Erweiterung ihrer Systeme mit Gruppenbildung mit Erfolg in Angriff genommen.

Die früher von Smith genommenen Patente lieferten hierfür wertvolle Anregungen.

Moise Freudenberg, Paris, meldete am 10. Januar 1896 ein automatisches Fernsprechsystem mit I. und II. Vorwählern an. Am 28. Januar 1897 wurde die Automatic-Telephone-Exchange gegründet als Betriebsgesellschaft für automatische Fernsprechanlagen. Im Juni 1897 wurde durch die Ingenieure der Strowger-Gesellschaft die Einführung der Freiwahl vorgenommen, nachdem alle bisherigen Systeme nur die zwangläufige Einstellung kannten.

Im Jahre 1889 zeigte A. E. Keith in London mit Vorführungseinrichtungen zu Demonstrationszwecken den Fernsprechfachleuten Europas die neue Sa-Technik. Auch deutsche Vertreter waren bei dieser Vorführung beteiligt. Im Jahre 1898 besichtigte der jetzige Ministerialrat Stegmann im Auftrage des Bayerischen Verkehrsministeriums die Vorführungseinrichtungen in London und sein im Jahre 1899 vor dem Verkehrsministerium und im Elektrotechnischen Verein München erstatteter eingehender Bericht wurde Anlaß zur späteren Einführung des Sa-Betriebs im Ortsfernsprechnetz München.

Im Dezember 1900 wurde das erste 10000er Amt New-Bedford errichtet, 1903 in Chicago das erste mit automatischen Gesprächszählern ausgerüstete Amt für 10000 Leitungen und schon im Jahre 1904 begann man die Fragen des Verbindungsverkehrs mehrerer automatischer Ämter untereinander und mit manuellen Ämtern zu lösen. 1905 wurde das Zentralbatteriesystem in die Automatik eingeführt.

In Deutschland hatten die ersten Vorführungen in London zur Herstellung einer Versuchsanlage der deutschen Reichspostverwaltung geführt, die im Jahre 1900 in Verbindung mit der Waffen- und Munitionsfabrik in Berlin ausgeführt wurde. Jedoch erst im Jahre 1908 kam die erste vollautomatische Telephonanlage für 1600 Teilnehmer in Hildesheim in den öffentlichen Betrieb und noch während der Montage ging die Herstellung in die Hände der Firma Siemens & Halske über, die seitdem in der Sa-Technik in Deutschland die Führung übernommen hat. Schon im Jahre 1908 entschloß sich in Bayern Ministerialdirektor v. Bredauer in dem ersten Großstadtnetz Europas in München den Sa-Betrieb einzuführen und in den Jahren 1909/10 ist das erste Vollamt Schwabing errichtet und in Betrieb genommen worden. Diese Einrichtungen befinden sich teilweise noch heute im Betrieb. Hier war zum erstenmal die Vorwahlstufe, die Frage des Verbindungsverkehrs mehrerer Vermittlungsstellen und des Zentralbatteriesystems in der Sa-Technik gelöst. Das Münchner Ortsnetz ist in der Folge zur Versuchsstation geworden, in der in rascher Folge die Aufgaben der Speisung des rufenden und gerufenen Teilnehmers, der automatischen Fernvermittlung, des drei- und zweiadrigen Verbindungsverkehrs, der Mehrfachanschlüsse, der Einzelgesprächszählung zur Durchführung gebracht wurden. Kurze Zeit später entstanden in Leipzig und Dresden noch halbautomatische Ämter, die bald darauf in vollautomatische umgebaut wurden.

Im Ausland begann inzwischen die Entwicklung der Maschinenwählersysteme, die jedoch die Strowger-Wählerkonstruktion und die Schrittwählersysteme überhaupt nicht zu verdrängen vermochten. Die Schrittwählersysteme sind heute noch in beinahe vierfacher Zahl der Anschlußorgane vorhanden und lösen die weitestgehenden Aufgaben der Sa-Technik, zu deren Erfüllung die Maschinenwählersysteme den Schrittwähler zu Hilfe nehmen müssen. Die deutsche Sa-Technik unter Führung der Firma Siemens & Halske ist hinsichtlich Güte der Fabrikate und der Schalteinrichtungen mit an erster Stelle in der Welt.

Die Einführung der Sa-Technik hat sich durch Verbilligung der Herstellungsmethoden einerseits, durch Erhöhung der Personalkosten andrerseits immer wirtschaftlicher gestaltet und rasch vollzogen. Am Ende des Jahres 1927 waren in Deutschland 30 %, in Bayern 50 % aller Teilnehmer Sa-Teilnehmer.

Einführung in die automatische Telephonie.

Es ist für den Laien außerordentlich schwierig, in die Sa-Technik einzudringen, da einerseits die Wählereinrichtungen, andrerseits die Schalteinrichtungen aus anderen Zweigen der Technik nicht näher bekannt sind. So scheint es zunächst zweckmäßig, hier die Beschreibung einer Sa-Einrichtung einfachster Form folgen zu lassen, wie sie dem heutigen Stand der Technik entspricht und aus dieser dann die Grundbegriffe der Sa-Technik abzuleiten, die ohne zusammenhängende Kenntnis und ohne Angabe ihres Zweckes zunächst leere Begriffe bleiben müssen.

Wenn wir von einer Vermittlungsstelle für 100 Fernsprechteilnehmer ausgehen, so entsteht für die Vermittlungseinrichtung die Aufgabe, zwischen den hundert Enden der in dem Amt einmündenden Teilnehmerleitungen für die Dauer des Gespräches fliegende Verbindungen herzustellen. Dabei erscheint immer der eine Teilnehmer als Rufender, der zweite als Gerufener. Der Rufende muß eine Einrichtung im Amt besitzen, welche seinen Wunsch, eine Fernsprechverbindung zu führen, im Amt äußern kann, andrerseits muß es über die gerufene Leitung möglich sein, die gewünschte Sprechstelle durch Betätigung eines Weckers zum Eintreten in das Gespräch zu veranlassen.

Im Sa-Betrieb übernimmt die Aufgabe der Beamtin der Wähler, eine mechanische Einstellvorrichtung, welche zwischen den an Kontaktstiften endigenden Teilnehmerleitungen durch in der Regel elektromagnetisch betätigte Einstellorgane fliegende Verbindungen herstellt. Man kann z. B. den Teilnehmer an den Drehpunkt eines Wählarmes anschließen, der eine Drehbewegung auszuführen vermag. Wenn nun sämtliche Teilnehmerleitungen als Kontakte kreisförmig oder halbkreisförmig längs der Laufbahn dieses Armes angeordnet sind, so kann der Teilnehmer seine Leitung mit einer beliebigen Teilnehmerleitung durchschalten, wenn er eine Einrichtung besitzt, um den Drehwähler zwangläufig auf eine bestimmte Kontaktstelle, etwa an Hand deren fortlaufender Nummer einzustellen. Wenn eine solche Verbindung hergestellt ist, so muß hierauf die Entsendung von Rufstrom zum gerufenen Teilnehmer veranlaßt werden; wenn der Gerufene sich meldet, muß den beiden Teilnehmern im Zentralbatteriesystem Speisungsstrom zugeführt werden und, wenn die Teilnehmer eingehängt haben, muß der Wähler in die Ruhelage zurückkehren. Damit erwachsen für die Sprechstelleneinrichtungen des rufenden Teilnehmers eine Reihe von Aufgaben. Der Teilnehmer muß die Möglichkeit besitzen, den Wähler in den Arbeitszustand zu versetzen, so daß er für den Einstellvorgang bereitsteht. Wir wollen diese vorbereitende Maßnahme „Belegung" nennen. Dann muß die Sprechstelle eine Einrichtung besitzen, um die Einstellung des Wählers zwangläufig zu steuern. Handelt es sich um eine Schrittschaltbewegung, so müssen Stromstöße oder Stromunterbrechungen in einem bestimmten Rhythmus hergestellt werden können, welche die schrittweise Bewegung des Wählers betätigen. Wenn endlich die Verbindung beendet ist, so muß durch die Sprechstelleneinrichtung die Belegung des Wählers wieder aufgehoben werden. Im Zentralbatteriesystem, wo die Speisung der rufenden und gerufenen Sprechstelle aus der Amtsbatterie über individuelle Speisedrosseln erfolgt, war es bereits im Handvermittlungssystem üblich, diese Speisedrosseln als Relais auszuführen, welche über die Sprechstellenschleife des Teilnehmers erregt, den Sprechzustand und den eingehängten Zustand meldeten. Dasselbe Kennzeichen kann auch die Sa-Technik zur Belegung und Auslösung ihres Wählers benützen. Ob dann die Einstellvorgänge nicht eines weiteren Kennzeichens bedürfen, etwa der Anlegung von Erde, oder einer Zeitabstufung in der Impulsgabe, das hängt von der Durchbildung des Systems ab und gibt diesem den Namen. Wird während der Rufnummernwahl die Anlegung von Erde an die Sprechstellenschleife zu Hilfe genommen, so spricht man von einem Erdsystem, bedient man sich lediglich kurzzeitiger Schleifenunterbrechungsimpulse, während eine lange Unterbrechung der Schleife das Einhängen bedeutet, so spricht man von einem Schleifensystem.

Die Wählerbewegung und die Wählerkonstruktion ist für das Prinzip der selbsttätigen Vermittlung zunächst gleichgültig. Die Drehbewegung liefert den einfachsten Bewegungsmechanismus, aber mit der Zahl der Teilnehmerleitungen wird die Einstellung der Drehschritte immer schwieriger. Man kann beispielsweise zur Einstellung des Teilnehmers 240 auf einem etwa 300schrittigen Wähler dem Teilnehmer nicht zumuten, 240 Einzelimpulse zu senden, damit der Wähler ebensoviele Schritte macht. Das wäre ebenso unsinnig, wie wenn man ein Zahlensystem in der Weise aufbauen wollte, daß man, um die Zahl 240 niederzuschreiben, 240 Einer hintereinander schriebe. Das Zahlensystem hat den Dekadenaufbau zuhilfe genommen unter Einführung des Stellenwertes, innerhalb dessen sich die Zahlen periodisch wiederholen. Auch die Sa-Technik muß zu dem gleichen Hilfsmittel greifen. Der Drehmechanismus müßte zum mindesten so ausgeführt sein, daß der Wähler zunächst zwei Hunderterschritte, dann vier Zehnerschritte und schließlich zehn Einerschritte ausführen könnte. (Die Zahl 0 ist in der Sa-Technik im allgemeinen gleichbedeutend mit der Zahl 10.)

Ein günstiges mechanisches Abbild des dekadischen Zahlenaufbaues liefert dabei zweifellos ein Einstellmechanismus, der eine Hub- und Drehbewegung auszuführen vermag und so ist denn der Hub- und Drehwähler für die Einstellwahl heute der am meisten benützte Wähler geworden. Hundertteilig ausgeführt, besitzt er 10 Kontaktkränze zu 10 Kontakten übereinander. Gilt es in einem Hundertersystem z. B. die Zahl 79 einzustellen, so wird zunächst eine Stromstoßreihe 7 entsendet, welche den Wähler 7 Schritte anhebt, dann eine Stromstoßreihe 9, welche den Wähler 9 Schritte eindreht. Der Übergang von einem Bewegungsmechanismus in den anderen muß dabei irgendwie „gesteuert" werden, am primitivsten durch die Reihenfolge der aufeinanderfolgenden Vorgänge. Rüsten wir unseren Wähler schließlich noch mit einer Einrichtung aus, welche es gestattet unter Aushebung der Sperrklinken den Wähler einer Federkraft folgend in die Ruhelage zurückschnellen zu lassen, so haben wir die Grundelemente des Hebdrehwählers kennengelernt. Wir könnten also bereits jeden Teilnehmer mit dem Schaltarm eines Hebdrehwählers verbinden, bei Schleifenschluß durch Aushängen des rufenden Teilnehmers diesen Wähler belegen, d. h. für die erste Impulsreihe aufnahmefähig machen, durch die erste Stromstoßreihe schrittweise anheben, durch die zweite Stromstoßreihe schrittweise eindrehen und so auf die an diesem Kontakt gelegene Teilnehmerleitung einstellen. Versehen wir unseren Wähler mit Hilfseinrichtungen, so daß zu dem gerufenen Teilnehmer Rufstromstöße entsendet werden, so wird bereits eine Sprechverbindung zustande kommen können. Nach Einhängen des rufenden Teilnehmers, wenn die Sprechstellenschleife zum Wähler unterbrochen wird, kann dadurch ein Auslösemagnet betätigt werden, der den Wähler in die Ruhelage zurückführt.

Es wäre nun wirtschaftlich untragbar, wie es ursprünglich vorgesehen war, jeden Teilnehmer mit einem Einstellwähler auszurüsten. Man hat ja auch nicht für jeden Teilnehmer eine Beamtin vorgesehen, ja nicht einmal so viele Verbindungsschnüre, als Teilnehmer vorhanden waren, sondern nur ebenso viele Verbindungsschnüre, als in der Hauptverkehrsstunde im Höchstfall gleichzeitig benötigt wurden. Erfahrungsgemäß beträgt der Vomhundertsatz selbst in größten, verkehrsreichsten Städten 6—7%. Man verbindet daher die Teilnehmerleitung nicht direkt mit einem Einstellwähler, sondern nur mit einem Hilfswähler und läßt diesen Hilfswähler einen freien Einstellwähler aussuchen. Wenn der Teilnehmer durch Schleifenschluß beim Aushängen die Herstellung einer Verbindung einleitet, so wird dieser Hilfswähler, in der Regel ein kleiner Drehwähler, dadurch in Bewegung gesetzt und sucht nun einen freien Einstellwähler aus, indem er Schritt um Schritt so lange dreht, bis er über einen Hilfsarm, den sog. c-Arm und eine Hilfskontaktbank, an der die c-Äste der Einstellwähler angeschlossen sind, einen daran angeschlossenen noch nicht in Sprechstellung befindlichen Einstellwähler findet. Der Vorwähler wird also so lange drehen, bis er auf dem Hilfsstromkreis ein Potential findet, über welches ein Hilfsrelais, das sog. Prüfrelais ansprechen kann, so daß es den Stromkreis der Schrittschaltbewegung mit einem Kontakt unterbricht. Unser Hilfswähler braucht also ein Anlaßrelais, welches den Bewegungsvorgang einleitet und ein Stillsetzrelais oder Prüfrelais, welches durch Auswahl eines freien Einstellwählers und durch Unterbrechung des Schrittschaltstromkreises die Bewegung begrenzt. An Hand dieser grundlegenden Begriffe können wir nun daran gehen, eine einfache Schalteinrichtung für ein Hundertersystem zu betrachten, wenn wir noch kurz über die angewendeten Zeichensymbole der Schalteinrichtungen sprechen.

Siehe im Anhang:

Tafel der normierten Zeichensymbole (Abb. Anh. 1).

Unter Benützung dieser Schaltzeichen können wir nun an die Stromlaufbeschreibung eines Sa-Systems herangehen. Wir benützen zunächst das Schaltbild eines Hundertersystems (Abb. Anh. 2). Da der Einstellwähler hundertteilig ausgeführt ist, so können alle 100 Teilnehmer an den Kontakten eines einzigen Einstellwählers angeordnet werden.

Abb. 3. Vorwähler von Siemens & Halske,   Abb. 4. Vorwähler von Siemens & Halske,
   alte Bauart, Seitenansicht.   alte Bauart, Vorderansicht
                                                      mit Drehmagnet.

Ein am Drehpunkt eines solchen Einstellwählers gelegener Teilnehmer kann mit jedem der 100 angeschlossenen Teilnehmer sprechen. Wir wollen aber nicht jedem Teilnehmer unmittelbar einen solchen Einstellwähler zur Verfügung stellen, sondern nur einen kleinen Vorwähler, welcher die freie Auswahl eines Einstellwählers übernimmt. Das Bild eines solchen Vorwählers zeigt Abb. 3 und 4, während der Einstellwähler selbst durch Abb. 5 und 6 wiedergegeben ist. Wir sehen am Bild des kleinen Vorwählers zunächts den Kraftmagneten, der im Schaltbild

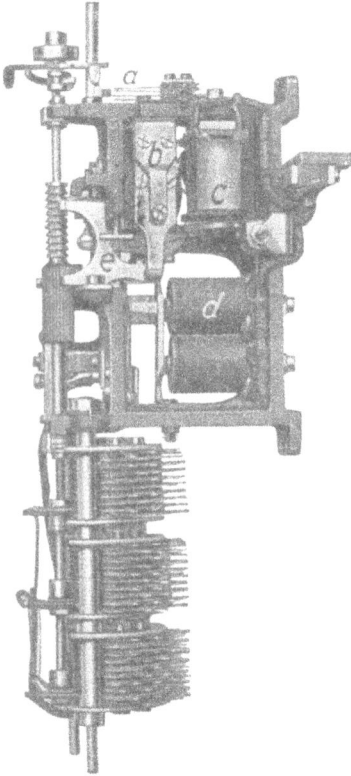

Abb. 5. Hebdrehwähler von Siemens & Halske, alte Bauart, sog. Strowger-wähler, Seitenansicht.

a Kopfkontakt, b Auslösemagnet und Auslöse-klinke, c Hubmagnet, d Drehmagnet, e = Sperrklinke.

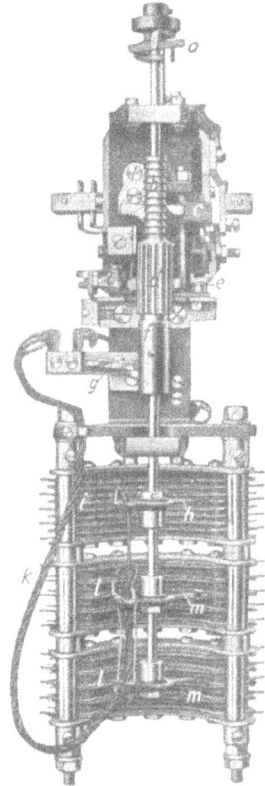

Abb. 6. Siemens-Strowgerwähler, Vorderansicht.

a Kopfteil der Hubspindel mit Federgehäuse, b Hubzylinder der Hubspindel, c Sperrklinke, d Drehzylinder, e Kopf der Drehklinke, f Hülse auf der Hubspindel zur Betätigung des Wellen- und Durchdrehkontaktes, g Wellenkontakt, h c-Arm, i c-Kontaktbank, k Anschlußlitze, Stromzuführung zu den Kontaktarmen, l a- und b-Kontaktbank, m zweiteilige Wählerarme für a- und b-Ast der Leitung.
(Bei einer späteren Wählerkonstruktion ist a-, b- und c-Arm je auf eine Kontaktbank verteilt.)

mit D bezeichnet ist und welcher beim Anzug des Ankers mit Hilfe einer Stoßklinke ein Zahnrad um einen Schritt voranbefördert und so den Wähler schrittweise zu drehen vermag. Um die Vorgänge im Wähler zu verstehen, müssen wir uns weiter-hin die Schalteinrichtung der Sprechstelle vor Augen führen, die in Abb. 7 wiedergegeben ist, während Abb. 8 und 9 die alte und die neueste Aus-führung einer Sa-Sprechstelle zeigt (Ausführung S. & H.). Wenn der

Teilnehmer den Fernsprecher vom Hakenumschalter oder aus der Gabel nimmt, so bildet der Umschalter U unmittelbaren Schleifenschluß zwischen a- und b-Leitung, einerseits über das Mikrophon M und, da der Widerstand dieses Mikrophons etwas unsicher ist, parallel dazu über den Wecker andrerseits, dessen Kondensator kurzgeschlossen wird. Im Amt wird durch diesen Schleifenschluß das sog. Anlaßrelais R zum Ansprechen gebracht, welches über Spannung an der a-Leitung liegt, während der b-Ast der Leitung geerdet ist. Das R-Relais betätigt sofort seine mit r bezeichneten Kontakte, setzt mit r_I den Drehmagneten D 58 unter Strom, so daß dieser seinen Anker anzieht. Der Drehmagnet besitzt ein mechanisches Pendel, welches mit Hilfe

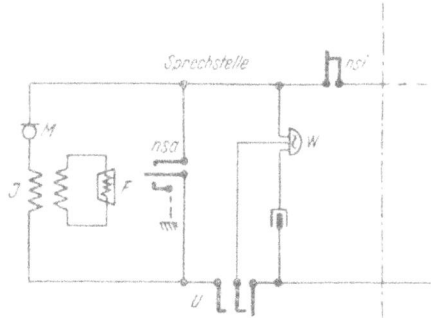

Abb. 7. Prinzipschaltbild einer Teilnehmersprechstelle für Sa-Betrieb.

eines Unterbrecherkontaktes d durch elastische Kopplung um einige m sek (1 msek $=^1/_{1000}$ sek) hinter der Ankerbewegung nacheilend, jeweils nach

Abb. 8. Ältere Tischstationen für Sa-Betrieb.
(Eine neuere Tischstation der Firma F. Merk, München, zeigt Abb. 178.)

Ankeranzug den Stromkreis des Drehmagneten wieder unterbricht. Ähnlich wie eine elektrische Klingel arbeitet der Drehmagnet über diesen Anker als Selbstunterbrecher und betätigt dabei schrittweise seine Dreharme. Die im a- und b-Ast der Sprechleitung gelegenen Arme des Vorwählers sind nach rückwärts durch t-Kontakte unterbrochen, dagegen führt der am c-Ast gelegene Dreharm über r_{III} und ein als Prüfrelais wirkendes T-Relais mit einer 600- und einer 12-Ohm-Wicklung Minusspannung, die er von

Kontakt zu Kontakt weiterführt. Wenn nun unter den bezeichneten Kontakten einer Erde anliegen hat, so kommt dieses T-Relais über Erde zum Ansprechen und reißt mit dem Unterbrecherkontakt t_{II} die Leitung zum Drehmagneten auf, so daß der Wähler auf diesem Kontakt stillgesetzt wird. Im gleichen Augenblick schließt Kontakt t_{II} die 600-Ohm-Wicklung des T-Relais kurz, so daß die Minusspannung fortan mit 12 Ohm Vorschaltwiderstand am c-Ast anliegt. Wollte ein zweiter Wähler sich auf den gleichen Kontakt einstellen, da ja die Kontakte eines Vorwählerrahmens unter sich parallel geschaltet sind, so würden die 612 Ohm seines Prüfrelais durch diese 12 Ohm kurzgeschlossen sein und das Ansprechen des T-Relais unterbliebe, die Leitung ist gegen diesen Wähler „gesperrt". Zwei weitere Kontakte des T-Relais t_I und t_{III} übernehmen die Durchschaltung der a- und b-Leitung auf die Wählerarme, die erst im Stillstand erfolgen darf, damit stehende Ver-

Abb. 9. Neue Sa-Tischstation von Siemens & Halske.

bindungen nicht gestört werden. Das Anlaßrelais wird dabei von der Leitung abgetrennt. Damit ist nun die Freiwahl vollzogen. Der Vorwähler des Teilnehmers hat einen freien Einstellwähler und zwar, da dieser Einstellwähler unmittelbar die Teilnehmerleitung auszusuchen hat, einen sog. Leitungswähler erreicht. Er hat im c-Ast eine Erde vorgefunden und in diesem Stromkreis sein Prüfrelais betätigt.

In diesem Stromkreis liegt auf Seiten des Leitungswählers ein Relais, welches im c-Ast gelegen, als C-Relais bezeichnet wird. Dieses Relais kommt gleichzeitig mit dem Prüfrelais des Vorwählers zum Ansprechen und führt den Wähler in einen Arbeitszustand über, in dem er bereit ist, die Einstellvorgänge entgegenzunehmen. Wir bezeichnen diesen Vorgang als Belegung. Die mit c bezeichneten Kontakte des Relais schließen Hilfsstromkreise. Z. B. stellt Kontakt c_{III} vorbereitend den Weg zum Hubmagneten H 80 her. Der a- und b-Arm des Vorwählers hat inzwischen die Sprechstellenschleife gegen den Leitungswähler hin durchgeschaltet und nun spricht das an der a-Leitung gelegene Relais A und das an der b-Leitung gelegene Relais B als Speisedrosseln für Zentralbatteriespeisung an. Das Ansprechen dieser Relais besagt, daß der Teilnehmer noch immer ausgehängt hat und wenn die beiden Relais durch Einhängen des Teilnehmers durch Schleifenunterbrechung zum Abfall kommen, wird das System in die Ruhelage zurückgeführt. Der Kontakt a_{II} des A-Relais erregt ein kupferverzögertes Relais V1, Kontakt a_I schaltet ein ebenfalls kupferverzögertes Relais V2 ab.

Alle vorbeschriebenen Vorgänge haben sich in etwa $^1/_{10}$ Sekunde vollzogen, noch ehe der Teilnehmer die Wahl der ersten Ziffer beginnt. Es sei angenommen, daß die Nummer 95 gewählt wird. Dann wird nunmehr der Teilnehmer die Wählscheibe aufziehen und dabei den Arbeitskontakt des Nummernschalters nsa betätigen, welcher zur Vermeidung von Gehörinsulten Mikrophon und Induktionsspule kurzschließt. Erst bei dem in seiner Geschwindigkeit vom Teilnehmer unbeeinflußten Rücklauf der Wählscheibe wird auch der Impulskontakt nsi betätigt, welcher in der a-Leitung gelegen, die Schleife ganz kurzzeitig unterbricht. Die Unterbrechungsdauer beträgt ungefähr 60 ms, der darauffolgende Kontaktschluß 40 ms und mit diesem Verhältnis läuft die Impulskette ab. Diese Schleifenunterbrechungen wirken nun unmittelbar auf die im Speisungsstromkreis gelegenen Linienrelais A und B. A 500 fällt bei Beginn der Unterbrechung sofort ab, sein Kontakt a_I erregt dadurch das Relais V2, welches mit etwa 10 ms zum Ansprechen kommt. Kontakt a_{III} leitet, sobald $v2_{III}$ geschlossen hat, Erdstromstöße in den Hubmagneten. Den 9 Schleifenunterbrechungen entsprechend werden 9 Stromstöße in den Hubmagneten geleitet. Der Kontakt a_{II} unterbricht zwar bei jeder Stromunterbrechung in der Sprechstellenschleife auf 60 ms den Erregerstromkreis des V1-Relais, jedoch ist dieses durch den Kupfermantel auf 200 bis 250 ms abfallverzögert und kommt durch die kurzzeitigen Unterbrechungen nicht zum Abfall. Von dieser Zeitsicherheit von 200 gegen 60 ms lebt das ganze Schleifensystem. Wenn nämlich das V1-Relais zum Abfallen kommt, löst die Verbindung aus.

Der Wähler besitzt eine Reihe mechanischer Kontakte. Sobald die Schaltwelle die Ruhelage verläßt, werden die am Kopf des Wählers angebrachten, sog. Kopfkontakte, die im Schaltbild mit k bezeichnet sind (a in Abb. 5), umgelegt. So wird beispielsweise der Strom der aktiven Wicklung des C-Relais C50 durch einen Kopfruhekontakt beim Anheben der Schaltwelle unterbrochen, da aber inzwischen das V2-Relais angesprochen hat, so bildet sich über Kontakt c_I und $v2_{III}$ sofort ein neuer Haltestromkreis heraus. Das V2-Relais, welches zu Beginn des ersten Impulses und zwar 10 Sekunden nach Beginn des ersten Impulses zum Ansprechen kam, hat mit einem Kontakt $v2_I$ das B-Relais kurzgeschlossen und damit den Stromkreis des A-Relais um einen Widerstand von 400 Ohm vermindert. Wenn nun die Impulsreihe abgelaufen ist, so bleibt das A-Relais wieder dauernd angezogen und etwa 200 m/sek nach dem letzten Impuls fällt V2, bei a_I dauernd unterbrochen, ab und das B-Relais kommt wieder zum Ansprechen. Durch den Abfall von V2 ist die aktive Wicklung des C-Relais am Kontakt $v2_{III}$ unterbrochen und dieses fällt durch eine Dämpferwicklung verzögert, mit etwa 100 ms Verzögerung ab. Kontakt c_{III} schaltet den Impulsstromkreis vom Hubmagneten auf den Drehmagneten um. Jetzt sehen wir, welche Hilfsaufgabe dem C-Relais neben dem Belegungsvorgang zugefallen ist. Es mußte die Impulse in den richtigen Schaltmagneten leiten, erst in den Hubmagneten, dann in den Drehmagneten. Man bezeichnet diesen Vorgang als Steuerung des Impulsstromkreises. Wenn nun die zweite Stromstoßreihe folgt, so wird wiederum während des ersten Impulses das V2-Relais erregt, das B-Relais durch Kurzschluß abgeworfen und über a_{III} und $v2_{III}$ gelangen die Impulse nunmehr in den Drehmagneten D 57, welcher den Wähler in der vorher eingestellten 9. Hubstufe bei 5 Impulsen 5 Schritte eindreht. Damit ist der Wähler auf den 95. Kontakt befördert. Wenn die Leitung des gewünschten Teilnehmers an diesem Kontakt angeschlossen liegt, so wird wiederum der c-Ast zunächst zur Wirksamkeit gebracht. Zwei hintereinandergelegene Prüfrelais P1 und P2, welche mit Erde über Arbeitskontakt k, auf Arbeitsseite geschalteten Wechselkontakt $v1_{III}$, in der Ruheseite liegenden Wechselkontakt z_I, $v2_{II}$ Ruhekontakt (damit der Prüfvorgang erst nach Abfallen des V2, also nicht schon während des Drehvorganges erfolgen kann) auf den c-Ast des Wählerarmes wirken, prüfen nunmehr, wie auf der linken Seite des Schaltbildes ersichtlich, ob der Vorwähler des betreffenden Teilnehmers sich noch in der Ruhelage befindet und das T 600 + 12-Relais mit Spannung am Ruhekontakt liegt. Ist dies der Fall, so kommen die Prüfrelais und das T-Relais gleichzeitig zum Ansprechen. Das T-Relais des gerufenen Vorwählers schaltet mit den Kontakten t_I und t_{III} die R-Relaiswicklung des gerufenen Teilnehmers ab, damit bei seinem Aushängen der Vorwähler nicht anläuft. Die beiden P-Relais schalten mit Kontakt $p2_I$ und $p2_{II}$ a- und b-Leitung durch und sperren mit Kontakt $p1_{II}$ durch Kurzschluß von P1 900 die eingestellte Teilnehmerleitung gegen Anruf durch einen zweiten Teilnehmer. Kontakt $p1_I$ erregt ein Läuterelais L 800 und dieses legt mit seinen Kontakten l_I und l_{III} geerdeten Polwechslerrufstrom an die Teilnehmerleitung. Schon beim Ansprechen des V1-Relais ist durch Kontakt $v1_I$ über ein Relais K 3000 der Polwechsler in Tätigkeit gesetzt worden und ein Kontakt k_{III} hat den Wechselunterbrecher I, II, zur Wirkung gebracht. In dem Stromkreis des L-Relais wird nun zugleich ein 100 ohmiges Anlaßrelais betätigt, dessen Kontakt an_{II} den Stromkreis zu dem Hilfsschaltermagneten D 300 vorbereitet. Durch das gemeinsame Spiel des Wechselunterbrechers I, II und betätigt durch den Kontakt 1_{III}, wird der Drehmagnet ungefähr im Sekundenrhythmus periodisch weitergeschaltet. Da er 10 schrittig ausgeführt ist, wird er als 10-Sekundenschalter bezeichnet. Wenn er einmal aus der Ruhelage abgelenkt ist, bleibt das An 100-Relais über eine Rücklaufkontaktbank mit der Schrittbezeichnung 1—10 erregt. Das L-Relais, welches sofort nach dem Prüfen ein erstesmal betätigt wurde, wird nun über eine zweite Kontaktbank dieses 10-Sekundenschalters alle 10 Sekunden periodisch kurz erregt. Der erste zum Teilnehmer entsendete Rufstromkreis wird als „erster Ruf" bezeichnet, die weiteren Rufstromstöße als „Weiterruf". Der rufende Teilnehmer muß inzwischen davon benachrichtigt werden, daß sein Anruf von Erfolg begleitet war und so erhält er durch Kontakt 1_{II} und durch den beim Eindrehen betätigten Wellenkontakt w auf die beiden Induktionswicklungen A 100 und B 100 ein Summerzeichen aus dem Polwechsler, ein sog. Freizeichen übertragen.

Wenn nun der gerufene Teilnehmer, durch Ansprechen seines Weckers alarmiert, in das Gespräch eintritt, so muß der Rufstrom abgeschaltet werden. Der Prüfkontakt $p2_{III}$ hat ein Y 420-Relais an die a-Leitung gelegt, während am b-Ast eine geerdete, die Sprechleitung symmetrierende Drossel liegt. Ein Teil der Wicklung des Y-Relais Y 80 ist zunächst durch einen Kontakt dieses Relais kurzgeschlossen, damit es nicht allzu empfindlich anspricht, etwa durch den Rückentladungsstoß des aus der Teilnehmerleitung zurückflutenden Rufstromes. Wenn nun aber der gerufene Teilnehmer aushängt, und ebenfalls Schleifenschluß macht, so kommt Y über die Sprechstellenschleife und die Drossel zum Ansprechen. Ein Kontakt y_{III} erregt sofort das Relais Z und dieses schaltet mit Kontakt z_{III} das L-Relais vom 10-Sekundenschaltwerk ab. Das Relais Z hält sich fortan über $v1_{III}$-Kontakt. Dieses Relais dient der Vorbereitung des Zählstromstoßes. Die Zählpflicht ist nämlich durch die Meldung des gerufenen Teilnehmers eingetreten. Die Sprechstellung ist nunmehr vollständig durchgeführt, die rufende Sprechstelle wird über A- und B-Relais aus der Zentralbatterie gespeist, die gerufene Sprechstelle aus dem Y-Relais und aus der Drossel Dr. Das Erregtsein dieser Relais besagt, daß in der betreffenden Verbindungshälfte Schleifenschluß besteht, also der Teilnehmer noch nicht eingehängt hat. Dieses Kennzeichen bezeichnet man als die „Aushängeüberwachung". Wenn der gerufene Teilnehmer einhängt, so wird jetzt das Y-Relais abfallen, wenn der Rufende einhängt, das A- und B-Relais. Die Reihenfolge kann dabei willkürlich sein und soll der Reihe nach betrachtet werden. Gewöhnlich hängt der Gerufene zuerst ein und Y fällt ab. Dann ist der c-Ast der beiden Prüfrelais an dem Kontakt y_{III} unterbrochen, da ja z_I in die Arbeitsstellung übergegangen ist. Das abfallende P-Relais liefert mit Kontakt $p1_{III}$ über die bereits erwähnte Induktionswicklung A 100 und B 100 ein Besetztzeichen zum rufenden

Teilnehmer. Dadurch wird nun auch der rufende Teilnehmer veranlaßt, einzuhängen und A- und B-Relais fällt ab. Das V1-Relais am Kontakt a_{II} nunmehr länger als 200 ms unterbrochen, fällt ab und leitet die Auslösung der Verbindung ein. Über Kontakt k, den in die Ruhestellung zurückkehrenden Wechselkontakt $v1_{III}$, den noch in Arbeitsstellung befindlichen Kontakt z_{III} wird unmittelbare Erde an den c-Ast zum Vorwähler des rufenden Teilnehmers gelegt. Dort liegt der Zähler des Teilnehmers Z 100 parallel zu T 12, welcher zwar über den Widerstand im Prüfstromkreis nicht ansprechen konnte, jetzt aber durch die Stromverstärkung sicher durchgezogen wird, so daß er eine Zähleinheit markiert. Durch das abfallende V1-Relais ist mit Kontakt $v1_{III}$ auch das Z-Relais von Erde abgetrennt und fällt nun mit einer Verzögerung von 200 ms nach dem V1-Relais ab. Diese Zeitdifferenz bestimmt die Zeitdauer des Zählimpulses. Kontakt z_{III} kehrt nun auch in seine Ruhelage zurück und legt die Erde, die erst zur Zählung gedient hat, auf den Auslösemagneten des Hebdrehwählers um, welcher elektromagnetisch die Sperrklinken des Wählers aushebt, so daß dieser einer Federkraft folgend, in die Ruhelage zurückschnellt.

Neben diesem normalen Verlauf dieser Verbindung sind nun eine Reihe von Sonderfällen zu beachten, zunächst der, daß der Teilnehmer aushängt und gleich wieder einhängt. Die Belegung im c-Ast erfolgt wie vorhin und das C-Relais spricht an. Da aber der Teilnehmer auf die Dauer keinen längeren Schleifenschluß macht, fällt A- und B-Relais wieder ab, ehe der Wähler gehoben hat. Die Unterbrechung der Schleife wirkt zunächst einmal als ein Impuls und zwar als Hubimpuls, da V1 und V2, wie vorhin beschrieben, zum Ansprechen kommen. Der Wähler hebt einen Schritt an, die Kopfkontakte legen um, das C-Relais fällt ab und da ja das A-Relais länger unterbrochen wird, auch das V1-Relais. Über den vorhin zuletzt beschriebenen Auslösestromkreis k Arbeitskontakt, $v1_{III}$ Ruhekontakt, z_{III} wird der Auslösemagnet erregt und führt den Wähler zurück.

In zweiter Linie ist der Fall zu betrachten, daß der gerufene Teilnehmer besetzt ist. In diesem Fall prüft nach Einstellung des Wählers auf Kontakt 95 P1 29 + 900 und P2 40 parallel zu einem bereits angesprochenen Relais P1 29 + P2 40, die 900-Ohm-Wicklung ist also durch das angesprochene Relais überbrückt und das Relais kommt nicht zum Durchzug. Kontakt $p1_{III}$ gibt, wie vorhin nach Einhängen eines gerufenen Teilnehmers Besetztzeichen zum Rufenden und ohne daß Y- und Z-Relais erregt worden wäre, kommt die Auslösung nach dem vorbeschriebenen Stromkreis zustande.

Ist nun der Teilnehmer Inhaber einer Nebenstellenanlage und besitzt mehr als eine Hauptleitung, so verlangt man, daß der Wähler unter den Leitungen des Teilnehmers selbst eine freie aussucht. Die Leitungen werden hintereinander etwa auf den Kontakten 95, 96, 97, 98 angeordnet und wenn der Teilnehmer auf Kontakt 95 eingestellt hat und die daran angeschlossene Leitung besetzt ist, dann soll der Wähler selbsttätig bis auf Leitung 98 weiterprüfen, also eine freie Auswahl vollziehen. Das Kennzeichen, daß über Kontakt 95 eine Mehrzahl von Leitungen desselben Teilnehmers ein sog. Mehrfachanschluß erreicht wurde, liefert eine 4. Kontaktbank des Wählers, welche in dem Schaltbild mit mk bezeichnet ist, und so sehen wir, daß nach Beendigung der zwangläufigen Einstellung, also nach Abfall des V2-Relais 200 ms nach dem letzten Impuls der zweiten Reihe der Drehmagnet D 57 über $p1_{II}$, mk, $v2_{III}$, b_{II} und den Kontakt des Wechselunterbrechers im Rahmen I, II betätigt wird. Der Drehmagnet veranlaßt Drehschritte, solange Kontakt mk geschlossen ist, also noch freie Leitungen in Frage kommen, bzw. bis der Kontakt $p1_{II}$ nach Ansprechen des Prüfrelais über eine freie Leitung diesen Stromkreis unterbricht.

Übergang zum Tausender-System. (Abb. Anh. 10.)

Wenn mehr als 100 Teilnehmer mit einem hundertteiligen Wähler eingestellt werden sollen, so muß eine Unterteilung der Wähler in Gruppen erfolgen. Vor den Leitungswähler muß ein zweiter Einstellwähler geschaltet werden, welcher die Auswahl der Leitungswählergruppen vornimmt und daher den Namen Gruppenwähler führt. In einem Hebdrehwählersystem ist auch dieser Gruppenwähler ein Hebdrehwähler und die 10 Hundertergruppen der Leitungswähler liegen an den 10 Hubstufen dieses Wählers. Zwischen Gruppenwähler und Leitungswähler wird wiederum die Gleichzeitigkeit der Gespräche berücksichtigt und ähnlich wie der I. Vorwähler im erwähnten Schaltbild des Hundertersystems die Auswahl eines freien Leitungswählers vorgenommen hat, so besorgt jetzt der Gruppenwähler auf die Hubstufe der betreffenden Gruppe zwangläufig eingestellt, mit Hilfe seiner Drehschritte die freie Auswahl unter den an den betreffenden Kontaktkranz angeschlossenen Leitungswählern der betreffenden Hundertergruppe. Auch der Speisungsstromkreis erfährt eine gewisse Veränderung, insofern nunmehr der rufende Teilnehmer von dem Gruppenwähler aus, der gerufene von dem Leitungswähler aus gespeist wird. Solange die ganze Verbindung in dem gleichen Amt verläuft, wäre es gleichgültig, von welchem Wähler aus die Speisung erfolgt, aber bei Verbindungen, die von Amt zu Amt laufen, soll zur Erzielung gleichmäßiger Speisung und geringster Leitungsverluste die Speisung jeweils aus dem Anschlußorgan des Teilnehmers, also aus seinem Anschlußamt erfolgen. Ohne zunächst die Rückwirkungen auf den Leitungswähler zu betrachten, wollen wir nur die grundsätzlichen Vorgänge bei Einstellung des Gruppenwählers verfolgen.

Der Vorwähler wirkt in derselben Weise wie vorbeschrieben und belegt über ein C-Relais im c-Ast den Gruppenwähler. Das C-Relais kommt im Ruhezustand des Wählers zum Ansprechen und schaltet mit einem Kontakt c_{II} eine lokale Hilfswicklung ein. Im Speisungsstromkreis liegen wiederum die beiden Linienrelais A und B mit ihren Induktionswicklungen zur Signalübertragung. Das erste Signal, welches sofort bei Belegung übertragen wird, ist das Amtszeichen, dessen Bedeutung noch erwähnt wird. Nach erfolgter Belegung bis zum Anheben des Wählers liegt es über b_I Arbeit-, Kopfruhekontakt an den Übertragungswicklungen. Durch das Ansprechen des A- und B-Relais wird sogleich das V1-Relais betätigt und V2 kurzgeschlossen. Der Wähler steht zur Entgegennahme der ersten Stromstoßreihe bereit. Die zu wählende Rufnummer soll diesmal 395 lauten. Die ersten drei vom Teilnehmer bewirkten Schleifenunterbrechungen bringen das A-Relais dreimal zum Abfallen und während der ersten Unterbrechung spricht wieder das V2-Relais an und bleibt, da es kurzgeschlossen, nicht unterbrochen wird, während der ganzen Stromstoßreihe erregt. Über Kontakt $v1_{III}$, a_I werden die Unterbrechungen als Impulse in das Relais J 500 geleitet und von diesem mit Kontakt i_I über eine niederohmige Wicklung des V2-Relais, V2 5 in den Hubmagneten H 60 geleitet. Der Wähler hebt drei Schritte, dann fällt 200 ms nach dem letzten Impuls das V2-Relais durch a_{II} nunmehr dauernd kurzgeschlossen ab und nun ist folgender Stromkreis geschlossen: Über den inzwischen geschlossenen Kopfkontakt k, über Prüfrelaiskontakt p_{III}, $v2_{II}$, $v1_{II}$ in seiner Arbeitsstellung, i_{II} wird der Drehmagnet betätigt, dessen Kontakt d erregt andrerseits das J-Relais im gleichen Stromkreis, welches den Stromkreis des D-Magneten unterbricht und so geht unter schrittweisem Eindrehen des Wählers das Wechselspiel weiter, bis das Ansprechen des Prüfrelais P 1000/60 über den c-Ast mit Kontakt p_{III} diesem Spiel ein Ende macht. Damit ist also in der dritten Hubstufe ein freier Leitungswähler ausgesucht. Die nächsten vom Teilnehmer entsendeten Stromstöße 9 und 5 werden nun über die Verbindungsleitungen zum Leitungswähler weitergegeben. Kontakt p_I hat die a-Leitung, p_{II} die b-Leitung durchgeschaltet und wenn nun der Teilnehmer stromstoßweise das A-Relais wieder aberregt, so wird über a_{III}, c_I die Stromstoßreihe mit Erdstößen an die a-Leitung weitergegeben, während Kontakt $v2_{III}$ sog. Steuerspannung auf den b-Ast zum Leitungswähler legt. Der Gruppenwähler übernimmt also die Übertragung der Impulse.

Die Speisung der am Gespräch beteiligten Sprechstellen ist nunmehr aufgeteilt, die rufende Sprechstelle wird aus dem I. Gruppenwähler, die gerufene aus dem Leitungswähler gespeist. Hinter den Gruppenwähler ist an Stelle eines Leitungswählers für beiderseitige Speisung lediglich ein solcher für einseitige Speisung zu schalten. Ohne daß das Schaltbild hier weiter beschrieben werden soll, sei nur kurz hier angegeben, daß beim Aushängen des gerufenen Teilnehmers eine Minusspannung auf den b-Ast zum Gruppenwähler zurückgegeben wird.

Wenn nun der rufende Teilnehmer einhängt, so fällt durch Unterbrechung der Schleife des rufenden Teilnehmers das A- und B-Relais ab und das C-Relais, welches durch Kopfruhekontakt im Belegstromkreisunterbrochen wurde, und durch a_{II} in seiner lokalen Haltewicklung nunmehr dauernd kurzgeschlossen ist, kommt nach 200—250 ms ebenfalls zum Abfallen. Kontakt c_{III} schaltet ein durch Kopfkontakt geerdetes Zählrelais $Z\,500$ an den b-Ast, welches über die vorhin erwähnte Spannung zum Ansprechen kommt. Kontakt z_{III} dieses Relais legt über 40 Ohm unmittelbare Erde an den c-Ast zum Vorwähler, so daß dort wiederum der Zähler zum Ansprechen kommt. Diesen Vorgang nennt man die Zählstoßübertragung. Nach Öffnung des Kontaktes c_{II} fallen auch die Relais V1 und V2 ab und nunmehr wird das Prüfrelais kurzgeschlossen und ebenfalls abgeworfen und dadurch der Auslösemagnet über Kopfarbeitskontakt, p_{III} Ruhekontakt, $v2_{II}$ Ruhekontakt, $v1_{II}$ Ruhekontakt unter Strom gesetzt, so daß der Wähler in die Ruhelage zurückkehrt. Erst wenn diese Ruhestellung erreicht ist, darf der Wähler wiederum einem Wähler zugänglich gemacht werden und zu diesem Zwecke wird der Belegstromkreis im c-Ast einerseits durch einen Ruhekontakt m des Auslösemagneten, andrerseits durch einen Kopfruhekontakt wieder hergestellt, wenn der Auslösevorgang völlig abgeschlossen ist. Diese Sperrung nach rückwärts gegen zu frühe Wiederbelegung nennt man „rückwärtige Sperrung".

In einigen Schaltungen wird das V1-Relais mit einer zweiten Wicklung nach Abfallen des C-Relais durch Kontakt c_I an die a-Leitung gelegt und im Leitungswähler wird Erde an die a-Leitung angeschaltet, wenn die Zählpflicht eingetreten ist. Die Dauer des Zählstoßes wird dann nicht allein von der Abfallverzögerung des V1-Relais abhängig, sondern durch z_I-Kontakt erst durch die Abgabe des Zählstoßes begrenzt.

Die Beschreibung dieser grundlegenden Schalteinrichtungen dürften genügen, einen ersten Begriff von den Einstellvorgängen der Sa-Technik zu vermitteln. Wir leiten aus ihnen im einzelnen noch die grundsätzlichen Vorgänge ab.

Grundbegriffe der Sa-Technik.

Bei aller Verschiedenheit der Sa-Systeme, der Wählerkonstruktionen und der Schaltungen haben sich doch für alle einige Grundbegriffe herausgebildet, die als elementare Vorgänge durchwegs wiederkehren.

Die Belegung.

Darunter versteht man die Inanspruchnahme eines Schaltorganes für die Dauer einer Fernsprechverbindung, ob nun dieselbe zu einem Gespräch führt, oder nur zu einer fälschlichen Inanspruchnahme, zu einer sog. Blindbelegung. Die Belegung führt das Schaltorgan in den Arbeitszustand über und macht es gleichzeitig für andere Verbindungen unzugänglich. Der Sinn der Belegung ist der, für die Einstellvorgänge benötigte Hilfsstromkreise herzustellen, welche zum Zwecke der Stromersparnis, oder auch zum Schutze gegen ungewollte Betätigung hochwertiger Organe nicht dauernd bereitstehen sollen. Die Belegung erfolgt zumeist im Hilfstromkreis, im sog. c-Ast, lediglich bei den mit der Teilnehmerleitung unmittelbar zusammenhängenden Organen und im Verbindungsverkehr über längere Leitungen, besonders im zweiadrigen Verkehr wird die Belegung über einen, oder beide Sprechäste vorgenommen. Es gibt auch Fälle einer sog. Vorbelegung, bei denen der Belegvorgang ein den Einstellvorgängen zeitlich vorauszueilender Vorgang ist, welcher auf dem gleichen Weg, wie die Einstellvorgänge sich abspielt, dann aber unter Benützung der zeitlichen Aufeinanderfolge den Weg für die Einstellvorgänge freigibt. Die Belegung bleibt dann lokal festgehalten und wird durch einen besonderen Vorgang die Auslösung über ein zusätzliches Kriterium wieder aufgehoben. Die Belegung soll nur solange dauern, als das Schaltorgan für den Verbindungsaufbau benötigt wird, soll also durch Einhängen des rufenden Teilnehmers unter Umständen auch des gerufenen Teilnehmers aufgehoben werden. Deshalb muß direkt oder indirekt das Kennzeichen für den ausgehängten Zustand, Schleifenschluß bei der Teilnehmersprechstelle den Belegungsvorgang einleiten und aufheben.

Aushängeüberwachung und Einhängeüberwachung.

Ein für die Amtsbelegung verantwortliches Schaltorgan, in der Regel die beiden Drosselrelais, über welche den Sprechstellen der Speisestrom zugeführt wird, übernehmen die Überwachung der Sprechstellenschleife des Teilnehmers. Sobald der Teilnehmer einhängt, fallen die Speisungsrelais ab und veranlassen damit das Kennzeichen des Einhängens, unter Umständen die Auslösung des Wählers bzw. die Einleitung der Zählung. Dabei ist zu unterscheiden zwischen Aushängeüberwachung des rufenden Teilnehmers, der die Verbindung veranlaßt, und Aushängeüberwachung des gerufenen Teilnehmers, der beim Aushängen die Zählpflicht veranlaßt, wenn es sich um Einzelgesprächszählung handelt. Entsprechend der Verteilung der Speisungsstromkreise in einem Tausendersystem, des Rufenden vom Gruppenwähler aus, des Gerufenen vom Leitungswähler aus, wirkt die Aushängeüberwachung unmittelbar auf das speisende Schaltorgan. Unter allen Umständen löst der rufende Teilnehmer beim Einhängen die Verbindung aus, da er ja auch den Aufbau veranlaßt hat. Nur in ganz veralteten halbautomatischen Systemen ist die Auslösung der Verbindung von dem gerufenen Teilnehmer abhängig gemacht und wirkt sofort, wenn der Gerufene besetzt erscheint. Man spricht in diesem Fall von reiner

Rückauslösung. Viele Systeme veranlassen das Zusammenfallen der Verbindung bis zum ersten Einstellwähler von rückwärts her, wenn der gerufene Teilnehmer besetzt erscheint, oder nach Gesprächsbeendigung eingehängt hat. In einem Hunderttausendersystem fallen in diesem Fall Leitungswähler, III. und II. Gruppenwähler zusammen, während der I. Gruppenwähler mit dem Speisungsstromkreis des rufenden Teilnehmers unter Angabe des Besetztzeichens belegt bleibt. Man spricht in diesem Fall von teilweiser Rückauslösung. Um die Verbindungsleitung nicht mit Schaltaufgaben zu überlasten, verzichtet man neuestens auf Rückauslösung vollständig und überläßt dem rufenden Teilnehmer die Auslösung der Verbindung völlig. Man hat in diesem Falle eine einseitige Auslösung durch den rufenden Teilnehmer.

Im Leitungswähler gibt es Ausführungen, wo die Aushängeüberwachung nicht im Speisungsstromkreis liegt, sondern in einem Hilfsstromkreis, der erst über die Sprechstellenschleife geschlossen den Speisungsstromkreis an die Teilnehmerleitung anschaltet. In diesem Fall übernimmt der Speisungsstromkreis allein die Einhängeüberwachung. Die häufigste Ausführung dieser Art ist die Aushängeüberwachung im Rufstromkreis, welche für den Fall, daß der Teilnehmer während des Rufimpulses aushängt, den Ruf sofort unterbricht und in die Sprechstellung schaltet. Das Einhängen bewirkt unter allen Umständen die Unterbrechung des Speisungsstromes an der Sprechstellenschleife. Ob dieser Stromkreis dann für nochmaliges Aushängen bereitsteht, oder nach dem Abfallen der Speisungsrelais auch im Leitungswähler abgeschaltet wird, ist eine Frage der Leitungswählerkonstruktion. Wenn man den Sprechstromkreis für mehrmaliges Aushängen bereitstellt, so muß der gerufene Teilnehmer gleichzeitig blockiert werden. Wenn man nach dem Einhängen den Sprechstromkreis für immer abtrennt, so besteht die Gefahr, daß ein unreines Aushängen, also eine Prellung, welche wie ein kurzzeitiges Wiedereinhängen wirkt, die Sprechmöglichkeit unterbindet, ohne daß das eigentliche Gespräch zustande gekommen ist. Um diesen Nachteil zu mildern und die Blockade zu vermeiden, schafft man in Leitungswählern mit Steuerschaltern manchmal zwei Sprechstellungen hintereinander mit einer dazwischen gelegenen Einhängestellung. Die neuzeitlichste Ausführung ist die Blockadeform mit Signalisierung.

Speisung.

Einzelne Aufgaben der Speisungsstromkreise wurden bereits in früheren Punkten behandelt. Die Schaltungstechnik der Sa-Systeme ist nur Mittel zum Zweck und dient der Herstellung eines einwandfreien Sprechstromkreises, der durch die Hilfseinrichtungen der Schaltungstechnik nicht beeinträchtigt sein darf. Die Speisung erfolgt in den neuzeitlichen Sa-Systemen durchwegs nach dem Zentralbatteriesystem, d. h. jede Sprechstelle wird aus ihrem Anschlußamt, in dem die Teilnehmeranschlußleitung einmündet, über Speisedrosseln aus der Amtsbatterie gespeist. Wir haben bei der Aushängeüberwachung bereits eine Aufgabe der Speisedrosseln kennengelernt; für den rufenden Teilnehmer kommt dazu noch eine weitere Aufgabe, die der Impulsgabe. Da die Speisedrosseln, oder wie wir künftig sagen wollen, die Speiserelais oder Linienrelais unmittelbar mit der Sprechstellenschleife in Verbindung stehen, übernehmen sie im ersten Gruppenwähler auch die Entgegennahme der Impulse. Die Speisung des rufenden Teilnehmers liegt heute in fast allen Systemen im I. Gruppenwähler, die Speisung des gerufenen Teilnehmers im Leitungswähler. Jede Speisung erfordert die galvanische Abrieglung der weiterführenden Sprechleitung durch Kondensatoren oder Translatoren und die Anordnung einer Drosselbrücke zur Sprechleitung. Speisung beider Teilnehmer von einem Schaltorgan aus ließe also eine Abrieglung ersparen. Und so hat man verschiedentlich entweder den rufenden und gerufenen Teilnehmer vom Leitungswähler aus, oder beide Teilnehmer vom I. Gruppenwähler aus gespeist. Solange eine Verbindung als intern im gleichen Amt verläuft, ist dies zulässig, wenn dagegen die Verbindung über mehrere Ämter geführt werden muß, so würde entweder der Rufende (bei Leitungswählerspeisung) oder der Gerufene (bei Gruppenwählerspeisung) zu wenig Speisungsstrom erhalten und so muß für diesen Fall eine Speisung in dem betreffenden Amt nachgeholt werden. Es bleibt also der Vorteil der beiderseitigen Speisung aus dem gleichen Organ bei internen Verbindungen bestehen, in denen die Dämpfung ohnehin verschwindend ist, dagegen wird bei Verbindungen von Amt zu Amt ein Mehraufwand benötigt, der eine erhöhte Dämpfung zur Folge hat. Es ist also unzweckmäßig die Speisung des gerufenen Teilnehmers im Verkehr von Amt zu Amt in den ankommenden Gruppenwähler zu legen, sondern das richtige ist, alle Verbindungen gleichmäßig zu behandeln und den rufenden Teilnehmer grundsätzlich aus dem I. Gruppenwähler, den gerufenen aus dem Leitungswähler zu speisen. Der Speisungstromkreis soll symmetrisch gegen Erde sein, hohe Sicherheit gegen Übersprechen über die Speisedrosseln bieten und durch die Brücken- und Abriegelungskondensatoren nur geringe Dämpfung erzeugen. Aus letzterem Grunde wird neuestens Abriegelung mit Kondensatoren gegenüber der Anwendung von Translatoren bevorzugt. Die Speisedrosseln im I. Gruppenwähler können zwei getrennte Relais oder ein Relais mit zwei getrennten, auf den gleichen Kern gewickelten, an a- und b-Leitung liegenden Spulen sein. Man bezeichnet vielfach das an der a-Leitung gelegene Speisungsrelais als A-Relais, das an der b-Leitung gelegene als B-Relais. Wie eben erwähnt, kann nun das A-Relais auch eine zweite symmetrische Wicklung an der b-Leitung liegen haben.

Die Einführung des B-Relais liefert für schaltungstechnische Aufgaben einen wertvollen Hilfsstromkreis und ist insbesondere für die Fernamtstrennung über die Sprechstellenschleife zweckmäßig. Die Speisung des gerufenen Teilnehmers aus dem Leitungswähler kann ebenfalls über ein A- und B-Relais erfolgen, oder über eine in Brücke liegende, mit zwei Wicklungen versehene Speisedrossel. Die Impulsrelais lassen sich durchaus in einer Form ausführen, daß sie als Speisedrosseln ihre Aufgaben erfüllen. Es ist nur eine schaltungstechnische Frage, ob man im Leitungswähler die Impulsrelais in den Speisungsstromkreis des gerufenen Teilnehmers umschaltet, oder ein besonderes Speisungsrelais vorsieht. Fernamtstrennung über Sprechleitung erfordert auch hier wieder zwei Relais.

Die Aufteilung der Speisedrosseln auf zwei Relais darf die Symmetrie gegen Erde nicht stören. Beide Relais müssen den gleichen Schein- und Wirkwiderstand besitzen. Batterie und Erde ist hinsichtlich der Symmetrie für Sprechstrom gleichwertig. Für den Speisungsstrom entsteht die weitere Aufgabe der Frittung. Es zeigt sich nämlich, daß lose aufeinanderliegende Kontakte für den Sprechstrom mit seinen geringen Spannungswerten zeitweise Unterbrechungen hervorrufen, auch wenn sie aus bestem Kontaktmaterial sind und gut unterhalten werden. Mikroskopische Vorgänge schaffen an den Berührungsstellen Übergangswiderstände, die von den geringen Spannungswerten nicht überbrückt werden können. Diese Übergangsstellen müssen daher „gefrittet" werden, dadurch, daß man die Schaltungen so ausführt, daß über alle, in der Sprechverbindung gelegenen Relais-, Wähler-, Kipper-, Klinken- und Steckerkontakte dauernd ein geringer Gleichstrom von 2 bis 3 Milliampere fließt. Wo sich dieser Stromfluß nicht von selbst ergibt, wird über Graphitwiderstände Spannung und Erde angelegt, so daß kein stromloser Kontakt im Sprechstromkreis übrigbleibt. Andrerseits dürfen diese Fritterzusatzstromkreise die Symmetrie nicht stören.

Nummernwahl.

Zur zwangläufigen Einstellung des Wählers auf die Rufnummer des gewünschten Teilnehmers muß der rufende Teilnehmer sog. Wählimpulse, also Stromstoß- und Stromunterbrechungsreihen von bestimmtem Zeitmaß über die Sprechstellenschleife in das Amt entsenden, so daß die Linienrelais, oder wenigstens eines derselben durch diese Impulse beeinflußt, über seine Kontakte Einstellstromstöße in die Schaltmagnete des Wählers weitergibt. Kommen mehrere Wähler hintereinander, oder im einzelnen Wähler mehrere Schaltmagnete nebeneinander zur Betätigung, so muß weiterhin dafür gesorgt werden, daß die einzelnen Stromstoßzüge in den richtigen Schaltmagneten „gesteuert" werden. Im Zentralbatteriesystem führt die Sprechstelle des Teilnehmers keinerlei Spannung, es kann dagegen allenfalls Erdpotential an die Einrichtung herangeholt werden. Man bezeichnet danach ein System, welches zur Nummernwahl die Anlegung von Erde als Hilfsmittel verwendet, als Erdsystem, ein System, welches lediglich über die Teilnehmerschleife seine Impulse sendet, als Schleifensystem. Da die Schaltmagnete der Wähler und die Impulsübertragungseinrichtungen die Einhaltung gewisser Schaltzeiten erfordern, ist auch die Stromstoßgabe bei der Sprechstelle an gewisse Zeitmaße gebunden. Ehe es gelungen ist, eine einfache, zuverlässige und billige Einrichtung für Stromstoßerzeugung bei der Teilnehmersprechstelle zu schaffen, wie sie heute unter dem Namen

Abb. 11. Vorderansicht einer Wählscheibe von Siemens & Halske (mit Ziffern- und Buchstabenbezeichnung der Nummernöffnung).

Abb. 12. Rückansicht der Wählscheibe von Siemens & Halske.
a Antriebsschneckenrad der Nummernspindel, b Sperrfeder. c Fliehkraftbremse d Schnecke zum Antrieb der Fliehkraftbremse und des Impulskontaktes, e isolierende Unterbrecherscheibe für den Impulskontakt, f Befestigung des Kontaktpaketes, g Arbeitskontakt der Wählscheibe, h Impulskontakt, i Feder zur Entsperrung der Wählscheibe im ausgehängten Zustand, k Feder zur Sperrung der Wählscheibe durch den Gabelkontakt.

Wählscheibe vorliegt, sind eine Reihe von Lösungen zur Ausführung gekommen. Die Wählscheibe erzeugt die Wählimpulse an der Sprechstelle und entsendet sie in das Amt. Man spricht in diesem Fall von einer teilnehmererzeugten Impulsgabe. Man kann natürlich auch, wenn der Teilnehmer nach erfolgtem Aushängen mit dem Einstellwähler des Amtes verbunden ist, von diesem aus gegen die Sprechstelle hin fortlaufend Impulse erzeugen, welche dann bei der Sprechstelle durch ein Einstellwerk begrenzt werden. Die Wähleinrichtung des Teilnehmers besteht alsdann in einer Einstellvorrichtung, welche für jede Dekade 10 Kontakte enthält. Zugleich muß diese Einstellvorrichtung ein Schrittschaltwerk enthalten, welches durch die jetzt amtserzeugten Impulse auf den durch die Nummerneinstellung betätigten Kontakt hingedreht

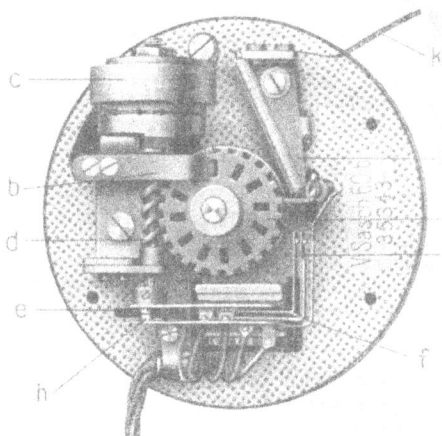

wird. Sobald der eingestellte Kontakt gefunden ist, wird die Entsendung weiterer Impulse aus dem Amt beendet. Die Impulse, welche zur Teilnehmersprechstelle geleitet wurden, werden gleichzeitig zur Einstellung des Wählers im Amt benützt. Die amtserzeugte Impulsgabe ist heute allgemein verlassen.

Eine neuzeitliche Teilnehmerwählscheibe enthält einen Impulskontakt und einen Arbeitskontakt. Dieser legt, wie in Abb. 5 angedeutet, Erde an die kurzgeschlossene Sprechstellenschleife. Die zweite Feder des Arbeitskontaktes besorgt den Kurzschluß einerseits des Weckers und des Kondensators, welche impulsentstellend wirken, andrerseits des Mikrophons und der Induktionsspule, damit die Impulse keine Knackgeräusche erzeugen können und die Mikrophonkontakte nicht überlastet werden und verbrennen. Die Impulsgabe wird neuestens durchwegs durch Schleifenunterbrechung erzeugt und dazu ist in der a-Leitung ein Unterbrecherkontakt des Nummernschalters nsi vorgesehen. Derselbe ist auch auf der Rückseite der Wählscheibenkonstruktion zu ersehen. Um ein bestimmtes Zeitmaß einhalten zu können, wird die Impulsgabe in den vom Teilnehmer unbeeinflußten Wählscheibenrücklauf verlegt, während der Aufzug nur vorbereitend den Arbeitskontakt betätigt. Die Vorgänge sind also kurz zusammengefaßt folgende:

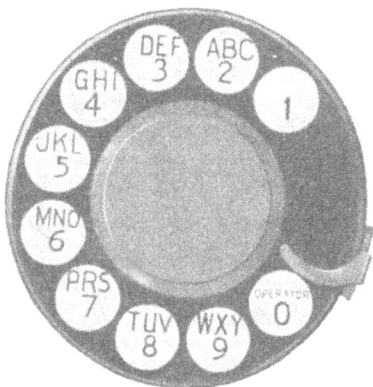

Abb. 13. Amerikanische Wählscheibenkonstruktion mit Buchstaben- und Ziffernbezeichnung. (Zur Wahl von Amtsnamen geeignet.)

a) in einem Erdsystem: Wählscheibenaufzug: Schleifenschluß unter Anlegung von Erde. Wählscheibenablauf: Unterbrechung der a-Leitung im Impulsrhythmus, ungefähr 60:40 ms. Nach dem letzten Impuls: Rückkehr des Arbeitskontaktes in die Ruhelage.

b) Im Schleifensystem: Beim Aufzug der Wählscheibe: Schleifenschluß. Beim Ablauf der Wählscheibe impulsweise Unterbrechung der Schleife.

Das absolute Zeitmaß des Wählscheibenablaufes ist heute einheitlich bei fast allen Systemen eine Sekunde für vollen Ablauf. Dabei ergibt sich ein Impuls von 60 ms, ein Impulszwischenraum von etwa 40 ms, so daß also bei der Teilnehmersprechstelle 60 ms die Schleife unterbrochen und dann 40 ms wieder geschlossen wird. 30—200 ms nach dem letzten Impuls kehrt der Arbeitskontakt wieder in die Ruhelage zurück. Diese Zeitmaße erlauben je nach der verschiedenen Konstruktion der Systeme engere oder weitere Toleranzen, die nach unten begrenzt sind, durch die Zeitsicherheiten der Wählereinstellung, nach oben durch die Einhängeüberwachung. Im Erdsystem ist eine Begrenzung nach oben nicht gegeben. Solange der Arbeitskontakt der Wählscheibe Erde anlegt, erfolgt keine Auslösung der Verbindung. Im Schleifensystem ist die höchstzulässige Impulsdauer etwa 100 ms in den deutschen Konstruktionen, 200—300 ms und darüber bei einigen ausländischen Konstruktionen. Länger dauernde Impulse wirken im Amt als Einhängen. Wenn man um die Sicherheit eines Systems zu erhöhen, zu lange Impulsdauer noch zuläßt, so besteht andrerseits die Gefahr, daß der Teilnehmer bei kurzzeitigem Einhängen, Flackern und dergleichen die Verbindung nicht auslöst. Eine über 250 ms erweiterte zulässige Unterbrechungsdauer muß als zu reichlich bezeichnet werden. Das Impulsverhältnis hängt von der Konstruktion der Schaltgetriebe ab, nämlich von dem Zeitbedarf von Arbeitshub und Rückbewegung. Man will natürlich für beide Bewegungsvorgänge gleiche Zeitsicherheit schaffen.

Steuerung.

Um die Stromstoßreihen, die der Teilnehmer entsendet, an den richtigen Wähler und Schaltmagneten weiterzugeben, müssen sie gewissermaßen über eine Weichenstelleinrichtung vom Impulsstromkreis in den richtigen Impulsbetätigungsstromkreis geleitet werden. Man unterscheidet teilnehmererzeugte Steuerung, oder amtserzeugte Steuerung. Die Erdsysteme erzeugten die Steuerung an der Teilnehmersprechstelle durch Anlegung der Erde mit dem Arbeitskontakt der Wählscheibe. Über den b-Ast der Leitung wirkt diese Erde auf ein Steuerrelais, welches die Steuerung von Wähler zu Wähler weitergibt, und so jeweils vor dem ersten Impuls den Einstellweg bereitstellt. Im I. Gruppenwähler wird für diesen Zweck neben den beiden Linienrelais A und B ein Differentialrelais X vorgesehen, welches in Reihe mit A und B liegend bei Erdung der Schleife erregt wird, nach Wegnahme der Erde durch Differentialwirkung wieder zum Abfall kommt. Ein x-Kontakt steuert die Impulsbetätigungsstromkreise. (Abb. 14.)

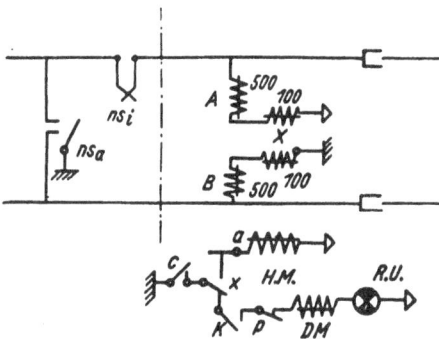

Abb. 14. Prinzipschaltbild eines Erdsystems oder ABX-Systems mit Teilnehmer erzeugter Steuerung.

Im Schleifensystem benützt man die zwangläufige Aufeinanderfolge von Vorgängen, um die Steuerung vorzubereiten und läßt dann durch die Impulszüge selbst die Steuerung im Amt vollziehen. Wenn z. B. der Teilnehmer die Rufnummer 23965 wählt, so kann man für die

Einstellvorgänge mit Sicherheit folgendes aussagen: Beim Aushängen des Teilnehmers wird Schleifenschluß gebildet und der Einstellwähler belegt. Dann vergeht 1 Sek. bis 5 Sek., dann folgen zwei Impulse, dann vergeht wieder etwa 1 Sek., dann folgen 3 Impulse, nach wiederum 1 Sek. folgen 9 Impulse und in gleichen Zeitzwischenräumen 6 und 5. Nun wissen wir auch bereits, daß die ersten zwei Impulse in den Hubmagneten des I. Gruppenwählers fließen sollen und zwar ist dieser Schaltmagnet, was auch gewählt werden mag, immer derjenige, welcher zuerst an die Reihe kommt. Wir können also den Impulsbetätigungsstromkreis nach der Belegung des Einstellstromkreises zunächst sofort für den Hubmagneten bereitstellen. Die Abschaltung dieses Stromkreises und die Betätigung des Drehmagneten für die Freiwahl fällt unter allen Umständen in die Pause zwischen die erste und zweite Stromstoßreihe und wir brauchen im Wähler ein Organ, welches uns das Eintreten dieser Pause meldet. Wir wissen bereits aus den beschriebenen Schaltbildern, daß die ersten Impulse im I. Gruppenwähler, oder im Leitungswähler (bei Hundertersystem) ein Relais zum Ansprechen bringen, welches während der ganzen Stromstoßreihe erregt bleibt und nach dem letzten Stromstoß, wenn es nämlich länger als 200 ms kurzgeschlossen wird (erste Pause) zum Abfallen kommt. Durch Abfallen dieses Relais wird nun der Stromkreis des Drehmagneten geschlossen und der Wähler eingedreht, bis er prüfen kann. Wenn nun ein System mehr als einen Einstellwähler hintereinander benötigt (bei mehr als 100 Teilnehmern), so müssen die Impulse und die Steuerung von dem ersten Einstellwähler an die nächsten weitergegeben werden und wir sprechen von einer

Impulsübertragung und Steuerungsübertragung.

Es ist üblich, den ersten Einstellwähler mit dieser Übertragung zu belasten. Alle derartigen technischen Aufgaben erfordern technischen Aufwand und so werden im Interesse größter Wirtschaftlichkeit die Aufgaben in jene Wähler verlegt, die in geringerer v. H.-Zahl im Amt bereitgestellt werden müssen. Dieser Wähler ist der I. Gruppenwähler. Man könnte natürlich, und das ist in der ersten Zeit der Automatik vielfach geschehen, die Impulsgabe der Teilnehmerschleife unmittelbar von den einzelnen Wählern nacheinander abgreifen lassen und schließlich vom Leitungswähler aus beiderseitig speisen. Jedoch werden die einzelnen Wähler durch diese Zusätze zu teuer. Die Impulsübertragung im I. Gruppenwähler erfolgt in der Regel über die a-Leitung mit Hilfe eines zweiten Kontaktes des A-Relais, der impulsweise Erde an diese Leitung anlegt. Die Steuerungsübertragung erfolgt in der Regel über den b-Ast durch Anlegung von Spannung durch einen Kontakt des V2-Relais, welcher weiterhin die Aufgabe übernimmt, alle Schaltungszusätze, welche impulsentstellend wirken könnten, aus dem Impulsübertragungsstromkreis herauszunehmen. Die Entgegennahme der Steuerspannung in den einzelnen Wählern erfordert ein B-Relais und mit dem gleichen Aufwand kann auch die Steuerung in jeder Wählerstufe örtlich erzeugt werden, so daß die Steuerungsübertragung in Fortfall kommt. Die Verbindungsleitung von Wähler zu Wähler wird damit um eine Aufgabe entlastet. Die Impulsgabe wird bei örtlicher Steuerung entweder parallel über beide Äste, oder nur über einen Ast, oder schleifenförmig, also bifilar über beide Äste gegeben. Letztere Form gibt das geringste Maß von gegenseitiger Beeinflussung verschiedener Verbindungsleitungen.

Impulsübertragungsschaltungen. Abb. 15 zeigt einen derartigen Übertrager, wobei das A-Relais durch Erdimpulse über die a-Leitung erregt, Schleifenunterbrechungen in die Amtsleitung weiter gibt. Um die störenden Einflüsse der Schleifendrossel und der Kondensatoren zu beseitigen, wird durch die Impulse ein B-Relais, welches sonst kurzgeschlossen ist, nach Art der V2-Relais erregt, schaltet die Kondensatoren ab und schließt die Drossel kurz.

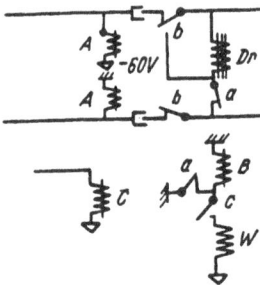

Abb. 15. Prinzipschaltbild einer Impulsübertragung.

Freiwahl.

Der Aufbau einer Verbindung im Wähleramt vollzieht sich teils durch zwangläufig betätigte Einstellung oder Einstellwahl, teils durch freie Auswahl unter sich vielfacher, für die Verkehrsgleichzeitigkeit bereitgestellter Schaltorgane. Eine Freiwahl vollzieht also der I. Vorwähler, wenn er einen freien Einstellgruppenwähler sucht, eine Freiwahl vollzieht der Gruppenwähler, wenn er auf eine Dekade zwangläufig angehoben eindreht und über seine Drehschritte im Tausendersystem einen freien Leitungswähler, im Zehntausendersystem einen freien Gruppenwähler sucht. Eine Freiwahl vollzieht der Leitungswähler, wenn er auf einen Mehrfachanschluß zwangläufig eingestellt, von der Sammelnummer aus unter der Vielzahl der zum Teilnehmer führenden Leitungen eine nicht belegte aussucht. Die Freiwahl wird also vom Teilnehmer zwar veranlaßt, aber nicht betätigt. Betätigt wird die Freiwahl vom Wähler selbst und zwar durch eine selbsterzeugte Impulsgabe und eine selbsterzeugte Steuerung, die hier als „Prüfen" bezeichnet wird. Die Impulsgabe erfolgt entweder aus einer an den Schaltmagneten einseitig angeschlossenen Stromunterbrechungseinrichtung, Unterbrechermaschine, oder Relaisunterbrecherkette oder dadurch, daß der Schrittschaltmagnet mit einem Arbeitskontakt versehen und mit seinem Anlaßrelais zu einem Wechselspiel zusammengeschaltet oder mit einem mechanischen Selbstunterbrecherkontakt betätigt wird. Gesteuert wird die Freiwahl dadurch, daß über einen Hilfs-stromkreis, den c-Ast des Wählers, ein Hilfsrelais entweder betätigt, oder aberregt wird, welches den Schaltstromkreis des Magneten unter-bricht. Die Steuerung kann also entweder darin bestehen, daß ein im Ruhezustand am c-Ast gelegenes Relais über einen Prüfkontakt ein Potential findet, daß es zum Ansprechen kommt und dadurch den Stromkreis des Einstellvorganges unterbricht, oder dadurch, daß das Prüfrelais zunächst erregt ist, über ein Potential, welches es an den Prüfkontakten vorfindet, bis es an einer freien Leitung angelangt, durch Fehlen dieses Potentials zum Abfallen kommt. Es handelt sich also in einem Fall um Arbeitsstromsteuerung und -prüfung, im andern Fall um Ruhestromsteuerung und -prüfung. Noch ein Sonderfall der Steuerung der Freiwahl ist in Verwendung gekommen, daß man näm-lich, den Schrittschaltmagneten unmittelbar seine Einstellströme über den c-Ast führen läßt, entweder in der Weise, daß er am Unterbrecher liegend, über den c-Arm bei besetzter Leitung Erde vorfindet und nun schrittweise auf den nächsten Kontakt befördert wird, bis bei freier Leitung die Erde fehlt und ein weiteres Ansprechen unterbleibt, oder in der Weise, daß der Schaltmagnet in einem lokalen Stromkreis zum Ansprechen kommt und über den c-Ast einer besetzten Leitung jeweils durch Kurzschluß wieder abgedrückt wird, so daß er einen weiteren Schritt macht. Diese Methoden, welche die raschesten Schaltzeiten liefern, haben den Nachteil, daß hohe Leistungen über den c-Ast, also unmittelbar über den Wählerkontakt geführt werden müssen. Die Be-wertung der einzelnen Prüfmethoden erfolgt am besten vom Standpunkt der Zeitsicherheiten, wobei das Verweilen des Wählers auf einem be-stimmten Kontakt, einerseits die Schaltzeit des Prüfrelais zum An-sprechen oder Abfallen (je nach Arbeits- oder Ruhestrommethode) im Vergleich zu setzen ist. Der Forderung möglichst hoher Zeitsicherheit für die Freiwahlvorgänge steht entgegen die Forderung einer kurzen Dauer der Freiwahlvorgänge. Die Freiwahl zum Aussuchen des I. Grup-penwählers soll so rasch erfolgen, daß der Teilnehmer nicht Zeit findet, die Wählscheibe vorher ablaufen zu lassen ($\frac{1}{2}$—1 Sek.). Sieht man ein Amtszeichen vor, als Kennzeichen für den Abschluß der ersten Frei-wahl, so kann die Zeit höher bemessen werden. Die Freiwahl der Grup-penwähler muß zwischen die einzelnen Stromstoßreihen fallen, also in die Zeit vom völligen Rücklauf der Wählscheibe in die Ruhelage, bis zum Beginn der nächsten Rücklaufbewegung. Diese Zeit ist also ab-hängig von der Aufzugszeit, also auch vom Aufzugsweg und ist bei der Wahl der Ziffer 1 am ungünstigsten, bei Wahl der Ziffer 0 am günstigsten. Wenn ein Teilnehmer ohne jede Ruhepause Nummer auf Nummer wählt, wie dies vor allem die Fernsprechbeamtinnen in den Fernvermittlungsstellen tun, so muß auch im Fall kürzester Freiwahl-zeit die Wählereinstellung gesichert sein. Bei einer ohne Leerlaufzeit

(Spatium) ausgeführten Wählscheibe kann die Ziffer 1 nach 170 bis
200 ms, die Ziffer 2 nach 250—300 ms, die Ziffer 3 nach 350 bis
400 ms auf die vorhergehende Zahl folgen und ebensolange Zeit steht
zur Freiwahl der nächstfolgenden Ziffer zur Verfügung. Diese Zeiten
haben also ihre starke Rückwirkung auf die Wählerkonstruktion
und auf die Schalteinrichtungen. Wenn man beispielsweise das V2-
Relais des Steuervorgangs mehr als 200 ms abfallverzögert machen
würde, so bliebe bei darauffolgender Wahl der nächsten Ziffer 1 keine
Zeit zur Freiwahl mehr übrig. Man legt deshalb in die Wählscheibenkonstruktion vielfach eine Leerlaufzeit von 100—150 ms, die ohne
Verschlechterung des Systems ohne weiteres ertragen werden kann,
man stellt andererseits Wählerkonstruktionen her, welche bei einer
Freiwahl über 10 Kontakte mit einer Schrittgeschwindigkeit von 40
bis 50 pro Sekunde laufen. Es gibt auch Wählerkonstruktionen, welche
durch vorherige Einstellung auf einen freien Kontakt auf die Freiwahl
zwischen den Stromstoßreihen ganz oder teilweise verzichten können.
Systeme mit mehr als 10 Freiwahlschritten legen entweder die Prüf-
schritte paarweise nebeneinander, oder wie dies bei Maschinenwählersystemen geschieht, sie speichern die Stromstoßreihen ohne Freiwahl
und steuern den Ablauf der Impulsreihen von dem Speicher, entsprechend dem Zeitbedarf der Freiwahl.

Prüfung.

Die Prüfung ist ein Hilfsvorgang für Freiwahl und Einstellwahl,
welcher aus dem Potential eines eingestellten Kontaktes den Zustand
der daran angeschlossenen, an Parallelkontakten liegenden Sprechleitung
kennzeichnet und danach den Verbindungsaufbau beeinflußt. Bei Freiwahl erzeugt die Prüfung das Stillsetzen des Wählers auf einer freien
Leitung bzw. auf Signalkontakten (im Falle sog. Durchdrehens z. B.).
Bei Einstellung des Leitungswählers auf einen bestimmten Anschluß
meldet der Prüfvorgang dessen Frei- oder Besetztsein und schaltet im
Fall des Freiseins vorbereitend den Aushängestromkreis an, im Fall
des Besetztseins das Besetztsignal. Neben frei und besetzt kann die
Prüfung auch noch eine dritte Unterscheidung liefern, nämlich fern-
besetzt, wenn es sich um Aufschaltung oder Fernamtstrennung handelt.
Die Prüfpotentiale werden in diesem Fall abgestuft und die Prüfrelais
mit entsprechenden Empfindlichkeitsstufen ausgeführt. (Vgl. später
Prüfvorgänge im Ortsfernleitungswähler.)

Sperrung.

Hat die Prüfung ergeben, daß ein Kontakt zum Aufbau der ankommenden Verbindung geeignet ist, so muß unmittelbar für die Dauer
der Verbindung Besitz davon ergriffen werden, damit sich nicht etwa
ein anderer Wähler, an dem der gleiche Kontakt vielfach geschaltet liegt,

parallel auf den Kontakt einstellen kann und so eine fehlerhafte Doppelverbindung herstellt. Haben wir bei Beschreibung der Prüfung davon
gesprochen, daß am c-Ast ein bestimmtes Potential als Grundlage für
den Prüfvorgang anliegt, so ist es Aufgabe der Sperrung, sobald die
Prüfung erfolgt ist, den eingestellten Kontakt mit diesem Belegkenn-
zeichen zu versehen. Die Sperrung ist also die Anlegung eines Potentials
an die Prüfkontakte, welches das Aufprüfen weiterer Wähler verhindert.
Ist der Wähler durch einen Prüfvorgang von vorne belegt worden, so
wird dieses Prüfrelais selbst die Sperrung vollziehen, oder wenigstens
veranlassen. Ist der Wähler durch irgendeinen anderen Vorgang, mechanischen Eingriff, Störung, durch einen noch nicht abgeschlossenen Auslösevorgang von rückwärts her un-
zugänglich, so muß er selbst die

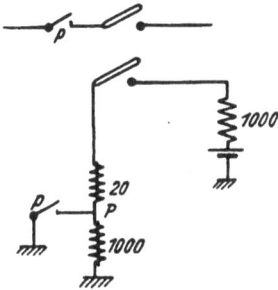

Abb. 16. Prinzipschaltbild eines Prüfvorganges mit unvollkommener Sperrung.

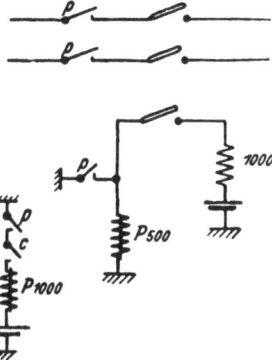

Abb. 17. Prinzipschaltbild eines Prüfvorganges mit vollkommener Sperrung.

Sperrung des Prüfvorganges als sog. rückwärtige Sperrung veranlassen.
Solange ein Wähler nicht gesperrt ist, ist er jedem prüfenden Wähler
zugänglich. Das erfordert andrerseits, daß nach erfolgter Prüfung möglichst ohne jeden Zeitverlust die Sperrung sofort erfolgt. Der einfachste
Fall ist dabei jener, daß, wie Abb. 16 anzeigt, ein hochohmiges Relais
über den Prüfkontakt zum Ansprechen kommt, dann mit einem Arbeitskontakt seine hochohmige Wicklung kurzschließt und sich nun mit
seiner niederohmigen Wicklung im Prüfstromkreis hält. Will dann ein
zweiter Wähler parallel prüfen, so ist seine hochohmige Wicklung P 1000
durch die niederohmige Sperrwicklung des parallelliegenden Wählers
P 20 praktisch kurzgeschlossen.

Da der Kurzschluß kein vollkommener ist, spricht man mitunter
von unvollkommener Sperrung. Abb. 17 zeigt eine vollkommene Sperrung, bei der das Relais sich in einem lokalen Stromkreis über Beleg-
kontakte hält und den Prüfast unmittelbar erdet. In beiden angegebenen
Bildern ist mit Erde gegen Spannung geprüft, so daß also die Spannung
an dem gemeinsamen Punkt der parallelliegenden Stromkreise liegt.

Dies ist namentlich beim Verbindungsverkehr mehrerer Ämter wichtig, wo unter Umständen die Batteriespannungen verschieden hoch liegen können und, wenn die Spannung am Wählerarm liegt und gegen Erde geprüft wird, ein Ausgleichsstrom über die parallelgeschalteten Wählerarme entstehen kann, der den Prüfvorgang stört. Ein Fall einer schlechten Sperrung wäre der, daß das ansprechende Prüfrelais erst ein Hilfsrelais durch Unterbrechung oder Kurzschluß zum Abfallen bringen müßte und dieses darauf Erde zur Sperrung anlegen würde. Die Zeit vom Ansprechen des Prüfrelais bis zum Abfallen dieses Hilfsrelais würde dann die tote Zeit bedeuten, in der ein Parallelprüfen und damit eine Doppelverbindung möglich ist.

Rückwärtige Sperrung.

Ein Sonderfall der Sperrung ist, wie erwähnt, die rückwärtige Sperrung, welche einen Wähler solange unzugänglich macht, als er nicht zur Entgegennahme einer neuen Verbindung in der Ruhelage bereitsteht. Die rückwärtige Sperrung stellt die Forderung für die Auslösung, daß erst das zuletzt in die Ruhelage zurückkehrende bewegliche Organ des in der Auslösung begriffenen Wählers, das Freipotential an den Prüfkontakt wieder anschalten darf. Ist dieses Organ die Wählerwelle selbst, so wird ein Kopfkontakt diesen Vorgang übernehmen. Ist der Prüfstromkreis ein Arbeitsstromkreis, so wird ein Kopfruhekontakt ihn vorbereiten. Hat der zu belegende Wähler einen Steuerschalter, der zuletzt in die Ruhelage zurückkehrt, so wird man den Prüfstromkreis über die Ruhestellung dieses Steuerschalters leiten. Man sieht hier schon, wie zweckmäßig es ist, den Prüfstromkreis als Arbeitsstromkreis auszuführen, weil man dann beispielsweise durch Herausnehmen des Wählers ohne weiteres den Prüfstromkreis unterbrechen und damit den Wähler rückwärtig sperren kann. Man spricht in diesem Sinne wohl auch von einer selbsttätig wirkenden Sperrung.

Durchschaltuug.

Infolge der Vielfachschaltung der Wählerkontakte ist es unvermeidlich, daß ein Wählerarm über Kontakte hinwegdreht, an denen eine stehende Fernsprechverbindung liegt. Diese darf natürlich durch keinerlei Geräusche, Kratzen oder Knacken, gestört werden und dies ist nur möglich, wenn durch das Darübergleiten der Wählerarme in der bestehenden Verbindung keine Potentialveränderung entsteht. Es müssen also a- und b-Arm des in Bewegung befindlichen Wählers von Erde oder Spannung völlig abgeschaltet sein und erst, wenn der Wähler nach erfolgter Prüfung und Sperrung auf einem Kontakt stillsitzt, dürfen diese Potentiale angelegt werden. Während der Wählerbewegung bleiben a- und b-Ast zum Wählerarm unterbrochen und erst nach der Stillsetzung des Wählers, also nach erfolgter Prüfung, werden die Wählerarme durch Kontakte des Prüfrelais oder eines Hilfsrelais desselben durchgeschaltet. Was von der Einstellung des Wählers gilt, gilt natürlich auch von der Auslösung, d. h. ehe der Wähler in die Ruhelage zurückzukehren beginnt, muß die Durchschaltung des a- und b-Armes bereits aufgehoben sein und so beginnt die Auslösung eines Wählers in der Regel mit Öffnung des Prüfstromkreises und Abfallen des Prüfrelais.

Auslösung.

Die Auslösung des Wählers ist die Rückführung in die Ruhelage, welche möglichst rasch nach Beendigung des Gespräches vollzogen werden soll. Die Einwirkung von außen besteht in der Regel in der Unterbrechung des Belegungsstromkreises und das abfallende Belegrelais führt dann örtlich den Auslösevorgang durch. Entweder betätigt es den Auslösemagneten, oder es dreht den Wähler, wenn derselbe eine Kreislaufbewegung zu vollführen hat, in die Ruhelage zurück. Bei den Wählern, welche die Aus- und Einhängeüberwachung zu vollziehen haben, wird der Auslösevorgang von der Sprechstelle aus über den Speisungsstromkreis eingeleitet und diese Wähler geben durch Unterbrechung der Beleg- und Prüfstromkreise den Auslösevorgang an die anderen Wähler, die kein Schaltorgan im Sprechstromkreis liegen haben, weiter. Die Auslösung beginnt in der Regel mit der Unterbrechung des Prüfstromkreises, mit der Aufhebung der Durchschaltung und betätigt, wie erwähnt, die rückwärtige Sperrung, bis der Auslösevorgang vollzogen ist. Teilweise Rückauslösung wurde in veralteten Systemen angewendet, wobei der stehenbleibende Verbindungsrest Besetztzeichen zum rufenden Teilnehmer lieferte. Ungewollte Auslösung bezeichnet man als Zusammenfallen der Verbindung oder Unterbrechung der Verbindung. Sie kann veranlaßt sein durch Kontaktstörungen im Prüfstromkreis, durch zeitweises Stromloswerden eines Gestells, durch Prellungen an Kontakten, oder was die Regel bildet, durch Falschmanipulationen des rufenden oder gerufenen Teilnehmers.

Damit sind die allen Wählern gemeinsamen Aufgaben besprochen und es gilt, die den einzelnen Wählern zukommenden Aufgaben besonders zu behandeln.

Anschlußorgan

nennt man das im Amt einmündende Ende der Teilnehmeranschlußleitung mit den demselben gesondert zugeordneten Schalteinrichtungen zur Betätigung eines Amtsanrufes. Die Ausführung des Anschlußorganes hängt von den gewählten Schalteinrichtungen ab und umfaßt

im Vorwählersystem 2 Relais und 1 kleinen Drehwähler, den sog. I. Vorwähler,

im Anrufsuchersystem 1 oder 2 Relais, im ersteren Falle meist ein Stufenrelais und die Kontakte am Anrufsucher.

Es sind auch Schalteinrichtungen für Anrufsuchersysteme entwickelt worden, in denen das Teilnehmeranschlußorgan kein Relais enthält, während ein Anrufsucher oder mehrere dauernd in Umlauf gehalten, über die Teilnehmerleitungen wegprüfen, ob keine durch Schleifenschluß den ausgehängten Zustand kennzeichnet. In Ämtern mit Einzelgesprächszählung oder mit Stichprobenzählung wird mit dem Anschlußorgan des Teilnehmers auch der Teilnehmerzähler verbunden. Die Relais des Anschlußorgans prüfen auf Schleifenschluß beim Teilnehmer und kennzeichnen dadurch das Aushängen, lassen dabei den Vorwähler oder Anrufsucher an, während das zweite Relais den Wähler stillsetzt, sobald es als Prüfrelais einen freien zweiten Vorwähler oder Einstellwähler gefunden hat. Die Aushängeüberwachung geht vom Anlaß- auf den Beleg- und Prüfstromkreis über und wird rückwärts vom Einstellwähler über den Speisungsstromkreis desselben betätigt. Vom Anschlußorgan der Anrufseite besteht eine unmittelbare Verbindung zur gerufenen Seite, wo die Teilnehmerleitung an den Kontakten der Leitungswähler vielfachgeschaltet anliegt. Die Teilnehmerleitung ist im sog. Wechselverkehr oder doppelt gerichteten Verkehr, d. h. ankommend und abgehend benützbar und so muß im Amt die eine Seite der anderen Seite ein Kennzeichen liefern über Frei- und Besetztsein, d. h. wenn der Teilnehmer gerufen ist, muß das Anlassen des Vorwählers oder Anrufsuchers vermieden werden durch Abtrennung des Anlaßstromkreises; wenn der Teilnehmer als Rufender an einem Gespräch beteiligt ist, so muß das Prüfrelais des Leitungswählers Besetztzeichen liefern und am Ansprechen verhindert werden. Man läßt praktisch das Prüfrelais des Leitungswählers auf die Ruhestellung des Prüfrelais des Vorwählers oder Anrufsuchers prüfen und erzielt dadurch die Ausscheidung.

Vorwahl.

Darunter versteht man die Auswahl eines freien I. Einstellwählers, also jene Freiwahl, welche der ersten Stromstoßreihe vorausgeht. Es wurde bereits erwähnt, daß selbst in größten Ämtern nur 6—7% aller Teilnehmer gleichzeitig sprechen. Der Prozentsatz an ersten Einstellwählern läßt sich um so niedriger halten, je größer man die Gruppe wählt, welche diese Wähler erreichen kann. Die Belastungsschwankungen gleichen sich in großen Gruppen am vollkommensten aus, jedoch erreicht die Ersparnis auch hierin einen Höchstwert, der etwa bei der Zusammenfassung von 2000 Anschlußorganen liegt. Es werden also für 2000 Anschlußorgane etwa 100—140 I. Einstellwähler bereitgestellt. Da aber die ersten Vorwähler nur 10 Ausgänge besitzen, so pflegt man hinter dieselben noch eine Reihe Mischwähler einzuschalten, ebenfalls 10- bis 15schrittige Drehwähler, welche von dem I. Vorwähler aus gesucht und belegt, einen freien Einstellwähler belegen. Die Leitungsführung von den Kontakten der ersten Vorwähler zu den Drehpunkten der zweiten und von den Kontakten der zweiten zu den Schaltarmen der Einstellwähler wird so aufgebaut, daß sich eine möglichst gleichmäßige Verkehrsverteilung, Mischung und eine möglichst allgemeine Zugänglichkeit aller Einstellwähler für alle Vorwähler ergibt. Die Hilfsmittel hierfür, Verschränkung, Staffelung, Übergreifen und rückwärtige Sperrung müssen später behandelt werden. Beim Vorwähler liegt die Teilnehmerleitung am Drehpunkt des Wählers, die ins Amt weiterführenden Leitungen liegen an den Kontakten. Rahmenweise werden die Vorwählerkontakte vielfachgeschaltet und dann über Verteiler unter Anwendung der erwähnten Maßnahmen zum Verkehrsausgleich an die Drehpunkte der II. Vorwähler weitergeführt. Von den Kontakten der II. Vorwähler führen Verbindungsleitungen zu den Einstellgruppenwählern. Wenn ein II. Vorwähler an seinen Ausgängen keinen freien Einstellwähler mehr erreichen kann, so wird dem I. Vorwähler der Zugang zum Drehpunkt dieses II. Vorwählers unterbunden.

Beim Anrufsucher wird die ins Amt weiterführende Leitung an den Drehpunkt gelegt, wärend die Teilnehmerleitungen an den Kontakten des Anrufsuchers liegen. Dadurch kann die Zahl der Anrufsucher auf die Höchstzahl gleichzeitiger Gespräche vermindert werden. Da hinter dem Anrufsucher gegen das Amt zu nur eine geringe Zahl von Ausgängen besteht, entfallen die besonderen Zusätze für Verkehrsausgleich und werden die Verbindungsleitungen zur nächsten Wählerstufe schon auf einen geringen Vomhundertsatz vermindert. Der Vorwähler ist eine Einrichtung für größte, verkehrsreichste Ämter, wo man auf rasche Einstellung Wert legt. Der Anrufsucher eignet sich besonders für kleine und mittelgroße Ämter, ist jedoch auch großen Verkehrsanforderungen gewachsen. Auch beim Anrufsuchersystem kann die Vorwahlstufe nochmals unterteilt werden, indem hinter die ersten Anrufsucher, zweite, oder II. Vorwähler eingeschoben werden. Besonders die letztere Form ist häufig, weil diese II. Vorwähler mit Voreinstellung arbeitend, keine Laufzeit benötigen und so die Freiwahlzeit nicht verlängern.

Nun betrachten wir kurz die Sonderaufgaben des Leitungswählers, soweit sie nicht unter den allgemeinen Begriffen bereits erwähnt wurden. Nach der zwangläufigen Heb- und Dreheinstellung und nach erfolgter Freiprüfung besorgt der Leitungswähler

die Rufanschaltung.

An die zum gerufenen Teilnehmer abgehenden Verbindungsleitungen muß beiderseitig Rufstrom angeschaltet werden. Ist der Rufstrom geerdet, oder über Batterie geerdet, so kann einseitige Anschaltung genügen, wenn an dem zweiten Aste Erde bzw. Batterie für die Aushängeüberwachung bereits angeschaltet bleibt. Damit der Rufstrom nicht in die ankommende Verbindung eindringt, und nicht etwa den rufenden

Teilnehmer belästigt, wird entweder bei jedem Rufstromstoß, oder bis zum Eintreten des gerufenen Teilnehmers in die Verbindung die ankommende Verbindungsleitung durch Ruhekontakt oder Steuerschalterstellungen unterbrchen.

Erster Ruf.

Der wesentlichste Vorteil der Automatik, die wartezeitlose Verkehrsmöglichkeit, wird am besten gewahrt, wenn man unmittelbar an den Prüfvorgang die Entsendung eines ersten, für den Leitungswähler individuellen Rufstromstoßes vorsieht. In der Regel wird durch das Prüfen und die darauffolgende Durchschaltung der Rufstoß eingeschaltet, durch ein abfallverzögertes Relais im Leitungswähler dann begrenzt. Die Rufstöße werden ½—1 Sek. lang gehalten.

Weiterruf, 10-Sekundenruf, 5-Sekundenruf, 3-Sekundenruf.

So bezeichnet man die auf den ersten Rufstoß folgenden periodischen weiteren Rufstöße, die durch ein dem Wählerrahmen zugeordnetes Hilfsschaltwerk, den sog. 10-, 5- oder 3-Sekundenschalter bewirkt werden. Zur Vermeidung allzugroßen Aufwandes für den Leitungswähler werden möglichst viele Hilfsorgane rahmenweise oder gestellweise, oder für das ganze Amt zusammengefaßt. Das hat natürlich den Nachteil, daß über die Phase oder die Winkeleinstellung des Wählerarmes im Augenblick nach dem ersten Ruf zunächst nichts ausgesagt werden kann. Es kann vorkommen, daß auf den ersten Ruf sofort der Weiterruf folgt, es kann bei 10-Sekundenschaltung aber auch 9 Sek. dauern, bis der nächste Stromstoß folgt. Diese Ungleichheit der Phase hat ja den ersten Ruf notwendig gemacht. Andrerseits ist bei der heutigen Inanspruchnahme der Menschen, dem Lärm der Straßen und Geschäftshäuser ein periodischer Weiterruf unentbehrlich. Man hat, um beide Zwecke zu vereinigen und die Härten der Phase zu beseitigen, den 10-Sekundenschalter beschleunigt und läutet periodisch alle 5 oder 3 Sek. Dabei kann schließlich der erste Rufstoß in Fortfall kommen.

Da andrerseits der 3-Sekundenruf aufdringlich wirkt und im Amt hohen Rufstrombedarf erzeugt, so ist der schaltungstechnische Aufwand für den ersten Rufstoß gerechtfertigt, um so mehr, als er den Verkehr beschleunigt, die Wählerbelegungsdauer verkürzt.

Zählung.

Die Gebührenerfassung für die Dienstleistung des Fernsprechverkehrs erfolgt entweder in Form einer Pauschalsumme, oder der Einzelgesprächszählung bzw. einer auf stichprobenweiser Einzelgesprächszählung aufgebauten Pauschalierung. Hinsichtlich der Einzelgesprächszählung ist zu unterscheiden: Zählung der Gesprächseinheit, ohne Zeit- und Entfernungsberücksichtigung, Gesprächszeitzählung ohne Rücksicht auf die Gesprächseinheit und Gesprächszählung nach Einheiten, unterteilt nach Zeit und Zone.

Das Eintreten der Zählpflicht hängt ab:

1. vom Aushängen des rufenden Teilnehmers,
2. vom Eintritt des gerufenen Teilnehmers in das Gespräch und
3. von der Zählpflichtigkeit der betreffenden Sprechstelle. (Also wenn es sich nicht um sog. zählunterdrückte Nummern handelt.)

Reine Pauschgebührenerhebung fordert im Amt keinen technischen Aufwand für die Zählung selbst, begünstigt dagegen ein Vielsprechen und stellt hohe Anforderungen an die Wählerzahl. Stichprobenweise Einzelzählung für gestaffelte Pauschgebühr fordert die Möglichkeit zeitweiligen Einbaues von Zählstromkreisen und damit den wesentlichsten Teil des technischen Aufwandes für Einzelzählung.

Die heute im Ortsverkehr zumeist angewendete Zählung nach Gesprächseinheiten ohne Zeitberücksichtigung fordert beim Aushängen des rufenden Teilnehmers die Einschaltung eines Zählstromkreises in die Verbindung, beim Aushängen des gerufenen die Einleitung der Zählung vom Leitungswähler aus, eine Art Speicherung des Zählstoßes und die Abgabe des Zählstoßes selbst beim Einhängen des rufenden Teilnehmers oder noch während des Gesprächs. Der Leitungswähler gibt die Zähleinleitung über den b-Ast gewöhnlich zurück auf den I. Gruppenwähler. Dieser übernimmt die Zählstoßübertragung auf den c-Ast oder Zählast (bei Anrufsuchern) und schließlich die Abgabe des Zählstoßes.

Zeitzählung ohne Rücksicht auf Gesprächseinheit, unter Addition der Gesprächsdauerwerte kann mit Amperestunden oder Elektrolytzählern, oder mit mit dauernd umlaufenden Wählern zeitweise verkuppelten Einzelzählwerken vorgenommen werden, wenn man vom Leitungswähler aus beim Eintreten des gerufenen Teilnehmers das Kennzeichen der eintretenden Zählpflicht zur Zählleitung weitergibt. Beispielsweise kann im angegebenen Stromkreis des Gruppenwählers der Kontakt z_{III} einen periodischen, für das ganze Amt gemeinsamen Erdungskontakt anschließen, welcher etwa alle Minuten den Zähler um einen Schritt durch unmittelbare Erdung des c-Astes voranschaltet. So könnte etwa eine Zähleinheit von 5 Pf. auf den Teilnehmerzähler pro Minute registriert werden. Dies wäre eine Zählung während des Gesprächs.

Soll andrerseits die Abgabe der Zählstöße nach dem Gespräch erfolgen, so müssen die fälligen Zähleinheiten gespeichert werden, etwa in einem Übertrager für Zeit- und Zonenzählung und können nun als Vielfaches einer Grundgebühreneinheit auf den Teilnehmerzähler aufgedrückt werden, wenn das Gespräch beendet ist. Die Auslösung der Verbindung muß dann für die Dauer dieses Zählvorganges hingehalten werden. Andrerseits ist Zeit- und Zonenzählung auch während des Gesprächs möglich, sowohl in Einheiten eines Schrittzählers, als auch mit einem Elektrolyt- oder Amperestundenzähler, wenn man das Kriterium der Entfernnng zur Abstufung der Zählstromstärke benützt und so den Zähler Amperestunden festhalten läßt. Gewiß bedeutet die Zählung technischen Mehraufaufwand für die Amtseinrichtung, jedoch besitzt sie auch hohe verkehrsgestaltende Bedeutung. Schon die Einzelzählung an sich, andrerseits aber besonders die Zeitzählung verhindert gedankenlosen Mißbrauch des Fernsprechers und vermindert dadurch den Wähleraufwand im Amt, andrerseits erlaubt sie an Hand eines auf die Technik zugeschnittenen Staffeltarifes eine wirtschaftlich wertvolle Verkehrsverteilung an Hand der tatsächlichen und gewünschten Belastungskurve über den Tag. Man könnte theoretisch den Gesprächstarif im umgekehrten Verhältnis der Gesprächsdichte über die Tagesstunden verteilen und so die Hauptverkehrsstunden entlasten, verkehrsschwache Stunden mehr belasten. Zu erwähnen ist noch, daß das Kennzeichen der eintretenden Zählpflicht schaltungstechnisch einerseits als Aushängeüberwachung, ferner zur Anschaltung des Speisungsstromkreises, andrerseits zur Rufstromabschaltung und zur Herstellung eines sprechtechnisch günstigen Schaltungszustandes auf den Verbindungsleitungen mitverwendet werden kann.

Signalgabe.

Im Handbetriebssystem hat nicht nur der Teilnehmer der Beamtin Mitteilungen zu machen, sondern auch die Beamtin dem Teilnehmer. Sie wiederholt die gewünschte Teilnehmerrufnummer und meldet den Anschluß frei oder besetzt. Auch diese Aufgaben müssen dem Wähler auferlegt werden, in Form von Signalen. Hat die Beamtin sich gemeldet: „Hier Amt", so liefert der I. Einstellwähler nach Beendigung der Vorwahl das sog.

Amtszeichen, ein hohes Summersignal im Rhythmus des Morse-a, welches über zwei Induktionswicklungen der Speisedrosseln auf die Leitung übertragen wird. Die Notwendigkeit des Amtszeichens ist umstritten. Die Freiwahlzeit kann bei Vorwählern und bei den meisten Anrufsuchern so kurzgehalten werden, daß sich hierfür das Amtszeichen erübrigt. Jedoch ist es für verschiedene Nebenstellenanlagen im Amtsverkehr der Nebenstellen in abgehender Richtung zweckmäßig, dieses Zeichen für Durchschaltung zu einem Einstellwähler zu verwenden. Im Schleifensystem kann überdies durch zu kurzes Einhängen die Verbindung unausgelöst bleiben, oder durch unreines Aushängen mit Prellung ein oder einige ungewollte Impulse entstehen. In jedem der Fälle ist es wertvoll, wenn das Amtszeichen besagt, daß der Einstellwähler in Ruhelage zur Entgegennahme der ersten Stromstoßreihe bereitsteht. Die Leitungswählerschaltung ohne Rückauslösung mit mehrmaliger Aushängemöglichkeit bedeutet die Blockade des gerufenen Teilnehmers durch den Rufenden. Diese Blockade wird ungewollt erzeugt, wenn der Rufende ein Zentralumschalter mit schleppender Bedienung ist. Dabei ist es wiederum zweckmäßig, daß der gerufene Teilnehmer nicht im blockierten Zustande zu wählen beginnt und schließlich mitten unter der Nummernwahl plötzlich freigegeben wird und dann eine falsche Rufnummer erhält. Das Amtszeichen vermag auch dieses zu verhindern.

Das Freizeichen ertönt im gleichen Augenblick, wie die Rufstromstöße zum gerufenen Teilnehmer fließen. Dem ersten Ruf entspricht also ein erstes Freizeichen, welches den erfolgreichen Aufbau der Verbindung augenblicklich meldet und so wiederum unnötige Belegungsdauer vermeidet.

Das Besetztzeichen besagt, daß der gerufene Teilnehmer besetzt ist und veranlaßt den rufenden Teilnehmer nach der Anweisung im Fernsprechbuch einzuhängen und nach einigen Minuten neu anzurufen. In der Besetztstellung zu warten, ist zwecklos, es sei denn, daß das System für Wartestellung entwickelt ist. Da aber die Wartestellung bei vielsprechenden Teilnehmern einen erheblichen Wählermehrbedarf veranlaßt, indem sich die Wähler scharenweise auf den gerufenen Teilnehmer einstellen und in der Wartestellung belegt bleiben, da weiterhin die Gefahr von Doppelverbindungen entsteht, wenn mehr als ein Leitungswähler wartet, so sind Wartestellungen nirgends in größerem Umfang eingeführt worden. Das Besetztsignal ist eigentlich ein Sonderfall der Anwendung dieses Signals, welches besser im Fernsprechbuch bezeichnet würde als Signal: „Einhängen und nochmals wählen". Es hat sich nämlich als zweckmäßig erwiesen, das Besetztzeichen in einer Reihe von vorübergehenden Störungsfällen zur Anwendung zu bringen. Wenn beispielsweise in einer Freiwahlstufe sämtliche Ausgänge fehlen, so dreht der Wähler durch bzw. die Drehbewegung wird „abgeschaltet" und in beiden Fällen wird dem Teilnehmer Besetztzeichen gegeben, in diesem Falle also ein „Straßenbesetztzeichen", welches angibt, daß in der betreffenden Richtung alle Verkehrsstraßen belegt sind. Größere Bedeutung gewinnt das Zeichen in dieser Form in fein verästelten, dezentralisierten Großstadtnetzen bzw. in Sa-Netzgruppen, wo mit knappen Leitungszahlen gearbeitet werden muß.

In allen übrigen Fällen leitet man Anrufe, welche nicht zum Erfolg führen, an eine Auskunftsstelle, welche man als Hinweis bezeichnet: Nicht angeschlossene Wählerdekaden, verreiste Teilnehmer, umgeänderte Rufnummern, verlegte Sprechstellen. Der Hinweis ist der letzte Rest der Auskunftstätigkeit der Handamtsbeamtin.

Wähleraufbau

Unter Wähleraufbau versteht man die Hintereinanderreihung von Wählerstufen, welche zur Herstellung einer Verbindung dienen. Die Wählerstufen sind dabei die unter sich gleichwertigen, durch Freiwahl erreichten Einstellwähler, welche hintereinander am Verbindungsaufbau beteiligt sind. In einem Hundertersystem umfaßt der Wähleraufbau I. Vorwähler oder Anrufsucher und Leitungswähler. In einem Tausendersystem I., II. Vorwähler, I. Gruppenwähler, Leitungswähler. Der I. Gruppenwähler wird durch die erste Stromstoßreihe auf eine Hubstufe zwangläufig angehoben, die einzelnen Hubstufen führen zu den 10 Hundertergruppen dieses Systems und die Drehschritte der einzelnen Hubstufen dienen zur Auswahl freier Leitungswähler der betreffenden Hundertergruppe. Da die Zahl der I. Gruppenwähler bereits auf etwa 50 bis 60 anwächst und über die Kontaktzahl der ersten Vorwähler hinaus vermehrt werden muß, werden II. Vorwähler eingeschoben.

Im Zehntausendersystem muß noch eine Auswahl der Tausendergruppen vorweggenommen werden und der I. Gruppenwähler diese Aufgabe übernehmen. An den 10 Hubstufen des I. Gruppenwählers liegen also die Zugänge zu den 10 Tausendergruppen. Die Freiwahl der Drehschritte in den einzelnen Hubstufen dient zur Auswahl freier, sog. II. Gruppenwähler, an deren Hubstufen dann die einzelnen Hundertergruppen des betreffenden Tausenders liegen. Es strahlen also von den Hubstufen der I. Gruppenwähler 9—10 Leitungsbündel aus, welche den Rufnummern 1000—9000 entsprechen. Sie führen zu den sog. II. Gruppenwählern und von jedem dieser Gruppenwähler strahlen wieder 10 Leitungsbündel aus, die zu den Leitungswählern der betreffenden Hundertergruppe führen. So entstehen im ganzen 10 × 9-Hundertergruppen, entsprechend der Rufnummern 1100—9900. (0 als Anfangsdekade wird gewöhnlich für Hilfszwecke und besondere Rufnummern verwendet.)

Im Hunderttausendersystem wird der Aufbau folgerichtig weitergeführt. Vor die erste Gruppenwählerstufe tritt eine weitere zur Ausscheidung der Zehntausendergruppe, die hier wiederum als I. Gruppenwähler bezeichnet werden. Neu ist im Hunderttausendersystem nur der Umstand, daß nunmehr die Wähler nicht mehr örtlich im gleichen Amt untergebracht werden. Auch im Zehntausendersystem können be-

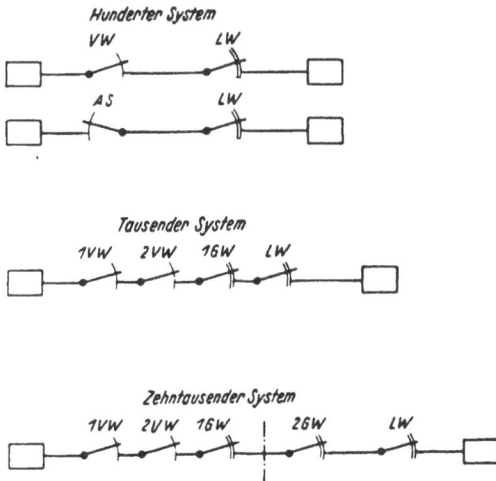

Abb. 18. Wähleraufbau des Hunderter-, Tausender-, Zehntausendersystems. (Sog. Wählerübersichtsplan.)

sondere Umstände dazu drängen, eine Aufteilung nach verschiedenen Ämtern vorzunehmen. Hier kommt nun einer der Hauptvorzüge des Sa-Systems zum Ausdruck, die Möglichkeit der Unterteilung, ohne Wählermehrbedarf. Gerade die Hintereinanderschaltung verschiedener Wählerstufen ergibt zwanglos diese Möglichkeit. Wenn ein Stadtnetz 100000 Teilnehmer besitzt (nach deutschen Verhältnissen handelt es sich dabei um eine Stadt mit ungefähr 1 Million Einwohner), so schafft man zur Verkürzung der mittleren Anschlußleitungslänge nicht eine Vermittlungsstelle, sondern ungefähr 10 mit je 10000 Anschlußmöglichkeiten. Wo es die Verhältnisse wünschenswert erscheinen lassen, können mehrere solcher Zehntausendergruppen in ein Haus verlegt werden. Es gibt also ein Amt mit der Rufnummer 20000, ein anderes Amt mit der Rufnummer 30000, 40000 usw. Hinter den I. Gruppenwählern kreuzen sich nun die Verbindungsleitungen von Amt zu Amt und der Aufbau einer Verbindung über zwei Ämter erfolgt in der gleichen Weise, wie wenn er im gleichen Amt verläuft. Wenn z. B. in diesem Netz der Teilnehmer mit Rufnummer 29456 den Teilnehmer mit der Rufnummer 74650 zu sprechen wünscht, der an ein anderes Zehntausenderamt angeschlossen ist, so sendet er zunächst 7 Stromstöße und hebt seinen I. Gruppenwähler auf die 7. Hubstufe an. Zur Freiwahl eines II. Gruppenwählers dreht der erste Gruppenwähler auf der 7. Hubstufe ein, an der nun unmittelbar Verbindungsleitungen nach dem Amt 70000 angeschlossen sind. Die einzelnen Hubschritte des I. Gruppenwählers führen in diesem Fall durchwegs auf abgehende Verbindungsleitungen, in der dritten Hubstufe in das Amt 30000, von der 4. Hubstufe in das Amt 40000, von der 7. in das Amt 70000, wie eben beschrieben usw. Nur die an der zweiten Hubdekade liegenden Leitungen führen in das eigene, also in das 20000er Amt als interne Verbindung. Und nur für Verbindungen eines 20-Tausenderteilnehmers mit einem 20-Tausenderteilnehmer verläuft die Verbindung intern und sind alle Wählerstufen voll in dem Amt enthalten. Deshalb werden derartige Ämter vielfach als Vollämter bezeichnet. Verfolgen wir die angefangene Verbindung weiter. Der erwähnte Teilnehmer sendet an zweiter Stelle 4 Impulse und hebt den ankommenden Gruppenwähler im Amt 70000, welcher fest an der aus dem Amt 20000 ankommenden Verbindungsleitung liegt, auf die vierte Hubstufe, wo er einen freien III. Gruppenwähler aussucht. Durch die nächstfolgenden 6 Stromstöße wird dieser III. Gruppenwähler 6 Schritte angehoben und sucht nun in dem 746. Hundert einen freien Leitungswähler aus, auf dem mit 5 Hubschritten und 10 Drehschritten der gewünschte Teilnehmeranschluß erreicht wird. Die Wähler der einzelnen Wählerstufen sind in ihrer Zahl jeweils nach der Gleichzeitigkeit des Verkehrs in der Hauptverkehrsstunde zu bemessen und hierfür müssen entweder Berechnungen nach der Wahrscheinlichkeitsrechnung oder praktische Erfahrungswerte zugrunde gelegt werden. Für die Ausbildung des Verbindungsleitungsnetzes aber hat der erwähnte Wähleraufbau eines Hunderttausendersystems die Rückwirkung, daß von jedem der 10 Vollämter zu jedem unmittelbare abgehende und ankommende Verbindungsleitungen vorgesehen werden müssen. Allgemein gesprochen fordert ein Netz von n Vollämtern $n \cdot (n - 1)$ Verbindungsleitungsstränge, bei 10 Vollämtern also 90. Die Rückwirkung des Wähleraufbaues auf die Netzgestaltung ist einerseits eine Verminderung der mittleren Anschlußleitungslänge der Teilnehmer, weil den 10 Ämtern 10 Anschlußbezirke mit vermindertem Flächeninhalt entsprechen, anderseits eine quadratische Zunahme der Verbindungsleitungsbündel. Dadurch ist einer weiteren Dezentralisation zunächst Halt geboten und die Ausführung der Ämter als Vollämter nur für das Stadtinnere gerechtfertigt. Wie wir sehen werden, gibt es aber auch eine Möglichkeit, an die Vollämter Teilämter anzuschließen, welche nur mit ihrem Vollamt durch Verbindungsleitungen verbunden sind und es entsteht eine weitere Dezentralisationsmöglichkeit für die Randgebiete der Großstadtnetze. Für diese Teilämter entsteht die Aufgabe, beim Aushängen des rufenden Teilnehmers die Verbindung sofort mittels Freiwahl in das Vollamt durchzuschalten, so daß das ganze Verbindungsleitungsnetz dieses Vollamts zugänglich wird. Die einzelnen Wählerstufen eines Hunderttausendersystems sind endgültig folgende: 1. Vorwahlstufe, 2. Vorwahlstufe, 1. Gruppenwählerstufe, 2. Gruppenwählerstufe, 3. Gruppenwählerstufe, Leitungswählerstufe. Für den Verbindungsverkehr von Vollamt zu Vollamt liefert die 1. Gruppenwählerstufe die abgehenden, die 2. Gruppenwählerstufe die ankommenden Wähler. Die Verbindungsleitungen der Vollämter liegen also am Kontaktkranz der I. Gruppenwähler und am Schaltarm der ankommenden II. Gruppenwähler. So bildet ein Sa-System ein mechanisches Abbild für den Zahlenaufbau, dessen Periodizität in den Dekaden es wiedergibt.

Das Deutsche Reichspostsystem.

In Deutschland ist die Fernsprechtechnik der öffentlichen Netze in der Hand der Deutschen Reichspost und diese hat hierfür ein in den Grundzügen einheitliches System zur Anwendung gebracht. Die Schaltungen sind von der Firma Siemens & Halske im Benehmen mit der Deutschen Reichspost entwickelt und werden nach einheitlichen Unterlagen von Siemens & Halske, Mix & Genest und der Autofabag hergestellt. In Bayern besitzt der Leitungswähler eine kleine Abart, welche ebenfalls Erwähnung finden soll. Es soll in erster Linie die Beschreibung der Schalteinrichtungen erfolgen, weil diese die beste Grundlage für die Wirkungsweise des Systems ergeben. Die Schaltungen erfahren auch gewisse Rückwirkungen aus der Wählerkonstruktion und hierin

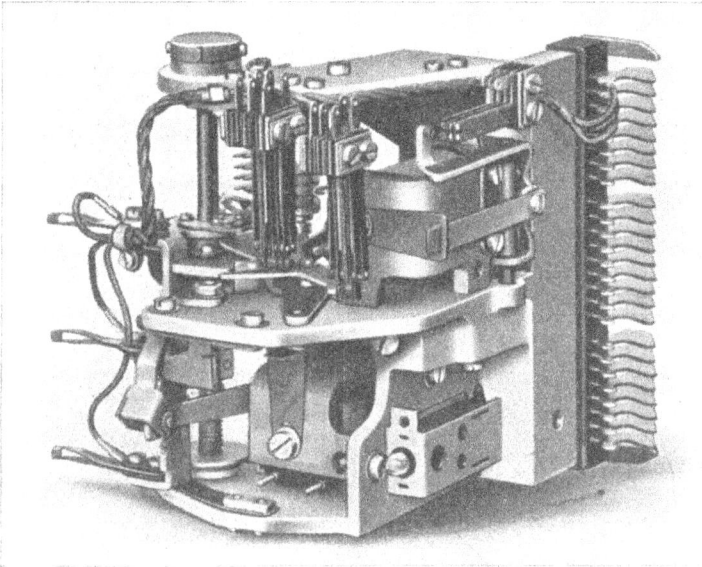

Abb. 19. Hebdrehwähler von Siemens & Halske, neuere Bauart,
sog. Viereckswähler, Modell 26 (Seitenansicht).

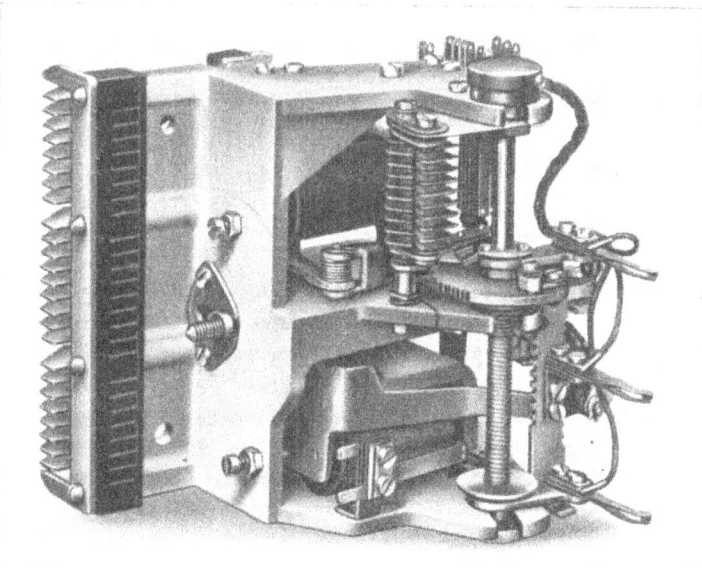

Abb. 20. Viereckswähler 26 von Siemens & Halske
(Rückansicht).

hat sich im Laufe der letzten fünf Jahre eine zweimalige Umstellung vollzogen. Ursprünglich war der nach dem Modell von Strowger, von Siemens & Halske entwickelte Hebdrehwähler zur Anwendung gekommen, dann wurde der sogenannte Wähler 26, ein Viereckswähler nach dem Hebdrehwählerprinzip von Siemens & Halske entwickelt, dem schon im Jahre 1927 eine weitere Hebdrehwählerkonstruktion, der sogenannte Wähler 36 folgte, der gewissermaßen eine Verkleinerung des Wählers 26 darstellt. Die neuen Wähler besitzen einen vertikalen Rahmenaufbau, ergeben dadurch geringe Raumbreite und können so jeder Gebäudeform in beweglicher Weise angepaßt werden. Im Gegensatz zum

Abb. 21. Viereckswähler 26 von Siemens & Halske
(Vorderansicht mit Kontaktbank).

Strowgerwähler, welcher anhebt, eindreht und bei der Auslösung auf dem gleichen Wege wieder in die Ruhelage zurückkehrt, so daß die ersten Kontakte immer doppelt bestrichen werden, vollführt der neue Hebdrehwähler eine Kreislaufs- oder Vierecksbewegung. Nach dem Anheben dreht er ein. Bei der Auslösung dreht er mit kurzgeschlossenem Prüfrelais durch, fällt rückwärts herab und kehrt unterhalb der untersten Hubstufe in die Ruhestellung zurück. Dies hat ihm den Namen Viereckswähler gegeben. Von den Strowgerwählern unterscheiden sich die Schalteinrichtungen hauptsächlich dadurch, daß dort zur Vornahme der Auslösung erst das Prüfrelais abgeschaltet wurde und dann dadurch der Auslösemagnet zur Betätigung gelangte. Auch im Viereckswähler wird das Prüfrelais entweder abgeschaltet oder kurzgeschlossen und in diesem Zustand nochmals der Drehmagnet betätigt, so daß der Wähler vollständig durchdreht. Mechanische Kontakte des Wählers sorgen in diesem Zustande dafür, daß er am Ende der Drehstellung herabfällt und in die Ruhelage zurückschnellen kann. Während nun der Wähler 26 zur Drehbewegung ein Zahnrad besitzt, welches die Hubbewegung

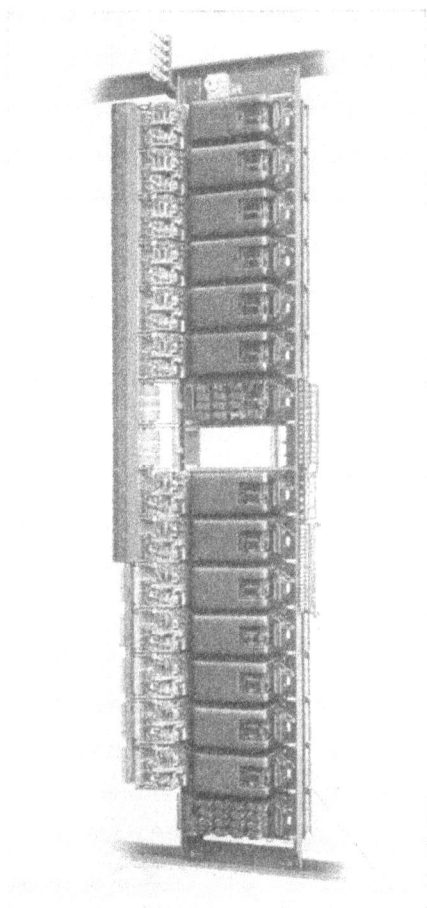

Abb. 22. Leitungswählerrahmen mit 15 Orts-fernleitungswählern von Siemens & Halske (Modell 26).

Abb. 24. Gruppenwählerrahmen mit 15 II., III. Gruppenwählern (nach Wählermodell 26 Siemens & Halske, mit schmalem, säulen-förmigem Aufbau).

nicht mitmacht, hat Wähler 36 einen gezahnten Zylinder, so daß einige Klinkenumschaltungen erspart werden können. Der Zylinder vermehrt in zweckmäßiger Weise das Hubgewicht, so daß auch für die Rückstellvorgänge genügende Massen- und Direktionskräfte vorhanden sind. Die Schaltungen für Wähler 26 und 36 unterscheiden sich im wesent-

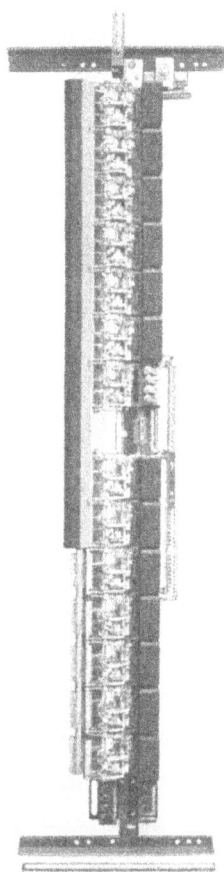

lichen nur durch die mechanischen Kontakte, Kopf- und Wellenkontakte, welche durch die Wählerkonstruktion bedingt sind. Bei Besprechung

Abb. 23. Vergrößertes Bild der Leitungswählerrelaissätze
(Siemens & Halske, Wähler 26).

der Schaltungen soll im einzelnen auch die Wirkung dieser mechanischen Kontakte erwähnt werden.

Auch die I. und II. Vorwähler haben gegenüber der früheren Ausführung eine Abänderung erfahren, welche im wesentlichen auf gedrängtere Raumausnützung abzielt. Ein weiterer Unterschied besteht in dem Abschaltungsstromkreis, der hier für den einzelnen Vorwähler örtlich abgegrenzt ist. Wir betrachten nunmehr den Verbindungsaufbau an Hand der Prinzipschaltbilder eines Zehntausendersystems. Dieses kann

Abb. 25. Gestellreihe mit Viereckswähler Modell 26
von Siemens & Halske.

dann unmittelbar auch als Hunderttausendersystem gelesen werden, wenn man die Anordnung des II. Gruppenwählers wiederholt.

Prinzipschaltbild des I. Vorwählers. (Abb. Anh. 29.)

Gegenüber dem bereits beschriebenen I. Vorwähler zeigt der des neueren Systems nur geringfügige Unterschiede. Diese beziehen sich im wesentlichen auf die Abschaltung. Wiederum besitzt er ein Anlaßrelais R mit 2 × 500 Ohm und ein mit T bezeichnetes Prüf- oder Trennrelais. Der Zähler Z 100 liegt im c-Ast parallel zur 10-Ohm-Wicklung des Prüfrelais. Wenn der Leitungswähler sich auf die Teilnehmerleitung ein-

Abb. 26. Neue Vorwählerkonstruktion von Siemens & Halske mit raumsparender Magnetanordnung (Vorderansicht).

Abb. 27. Neue Vorwählerkonstruktion (Seitenansicht).

stellt, so erregt sein über Erde am c-Ast liegendes Prüfrelais zwei in Reihe liegende Wicklungen des Prüfrelais T über den in Ruhestellung stehenden c-Arm des Vorwählers.

Wenn der rufende Teilnehmer aushängt und Schleifenschluß macht, spricht das R-Relais an und Kontakt r_{III} betätigt den Drehmagneten. Für fünf Schienen mit fünfzig Vorwählern ist ein gemeinsamer Relaisunterbrecher, bestehend aus Relais I und II, vorgesehen, welcher die schrittweise Betätigung der Drehmagnete be-

Abb. 28. Hebdrehwählerkonstruktion von Siemens & Halske, sog. Viereckswähler Modell 36 (Vorderansicht mit Kontaktbank).

sorgt. Im Stromkreis des Drehmagneten D 55 kommt zunächst I 1500 zum Ansprechen, betätigt mit einem Kontakt das 500-ohmige II-Relais, dieses schließt mit einem Stufenkontakt erst über 50 Ohm, dann über unmittelbare Erde das I-Relais kurz, so daß dieses verzögert zum Abfall kommt. Wenn I abgefallen ist, so fällt auch wenige ms später das II-Relais ab, wobei der Stromkreis des Drehmagneten mit Funkenlöschung stufenweise geöffnet wird, so daß er zunächst nur über 11 500 Ohm geschlossen bleibt. Der Drehmagnet fällt infolgedessen ab, aber schon nach etwa 15 ms spricht das I-Relais neuerdings an und das Spiel beginnt von vorne. So wird der Vorwähler schrittweise vorangeschaltet und prüft dabei über den c-Ast auf ein Erdpotential, über welches das T-Relais zum Ansprechen kommen kann. Ist dieses gefunden und zwar über eine freie Leitung, so spricht T 600 + 10 an, unterbricht mit Kontakt t_{III} den Stromkreis des Drehmagneten und setzt so den Wähler still und sperrt gleichzeitig die eingestellte Leitung durch Kurzschluß von T 600. Der Kurzschlußstromkreis wirkt nach Abfallen des R-Relais über einen Arm des Vorwählers in dessen Arbeitsstellung 1—11, welche auch als Rücklaufkontaktbank bezeichnet wird. Der I. Vorwähler kehrt also nach jedem Arbeitsspiel in die Ruhelage zurück und nur diese Ruhestellung ist für den aufprüfenden Leitungswähler das Kennzeichen dafür, daß die Teilnehmerleitung frei ist. Wenn ein Vorwähler gesperrt hat, so liegt die Prüfspannung über einen Vorschaltewiderstand von T-10-Ohm unmittelbar am c-Ast und ein II. Vorwähler, der sich parallel auf die gleiche Leitung einstellen wollte, ist in seinem Prüfstromkreis von 610 Ohm durch diese 10 Ohm praktisch kurzgeschlossen, so daß dessen T-Relais über die gleiche Leitung nicht ansprechen kann.

Ein Sonderfall ist der, daß der I. Vorwähler alle für ihn erreichbaren II. Vorwähler besetzt findet, also über keinen seiner Kontakte prüfen kann. In diesem Fall prüft das T-Relais auf ein sogenanntes Abschalterelais, welches für die Gestellhälfte, also für 50 Vorwähler gemeinsam ist, G 250 + 5500. Dieses G-Relais entzieht mit seinem Wechselkontakt g dem Relaisunterbrecherrelais II 500 die Erde, so daß es erst nach 5 Sekunden, betätigt durch den 5-Sekunden-Schalter des Amtes zum Ansprechen kommen und den Vorwähler wieder freigeben kann. In dieser Haltestellung wird über das Relais LA (Leitungsabschaltung) unter Verwendung des Hilfsrelais GH Besetztzeichen zum rufenden Teilnehmer übertragen, damit er einhängen und neu anrufen soll. In einem richtig dimensionierten Amt sind Besetztfälle in der ersten Vorwahlstufe nur seltene, Sekunden dauernde Fälle und, wenn der I. Vorwähler durch Freigabe des G-Relais für eine weitere Drehbewegung freigegeben wird, so hat sich inzwischen auch ein freier Ausgang zu einem II. Vorwähler ergeben. Die Abschaltung, die einen der Grundbegriffe der Sa-Technik bildet, kann auf diese Weise für eine geringe Zahl von Organen örtlich zusammengefaßt werden, so daß sich bei Erweiterung um neue Teilnehmeranschlüsse keine Rückwirkungen ergeben. Vor allem braucht vom II. Vorwähler aus keinerlei Rücksignalisierung auf den I. Vorwähler zu erfolgen, sondern die Tatsache des Durchdrehens auf den 11. Schritt kennzeichnet alle Ausgänge als belegt. Im Prüfzustand des I. Vorwählers liegt die 10-Ohm-Wicklung des T-Relais und parallel dazu der Zähler Z 100 am c-Ast und, wenn die Prüferde am c-Ast vom Gruppenwähler her in ihrem Vorschaltwiderstand auf wenige Ohm vermindert wird, spricht Z 100 an und legt eine Zähleinheit fest. In der a- und b-Leitung, welche durch die Kontakte t_I und t_V durchgeschaltet wird, bleibt kein Kennzeichen für das Aushängen des Teilnehmers liegen. Die Aushängeüberwachung des I. Vorwählers geht also mit der Prüfung an den c-Ast über. Die Auslösung muß von rückwärts her durch Unterbrechung des c-Astes erfolgen. Dann wird nämlich das T-10-Relais zum Abfallen gebracht und, nachdem das R-Relais ebenfalls stromlos ist, dreht der Wähler so lange, bis die Rückstellkontaktbank 1—11 dem Drehmagneten die Spannung entzieht, d. h. er kehrt in die Ruhelage zurück und stellt damit auch den Prüfstromkreis des Leitungswählers wieder her.

Prinzipschaltbild des II. Vorwählers. (Abb. Anh. 30.)

Der II. Vorwähler besitzt ebenfalls in der Ruhestellung keinerlei Schaltorgane an der a- oder b-Leitung. Sein Anlassen, wie seine Rückstellung erfolgt über die Hilfsstromkreise des c-Astes. Über den ankommenden c-Ast prüft, wie eben beschrieben, das an Spannung liegende T-Relais des I. Vorwählers gegen Erde. In diesem Prüfstromkreis liegt im II. Vorwähler ein Ruhekontakt des T-Relais t_V, dann eine Wicklung des Anlaßrelais R 350, welches durch eine Kupferwicklung abfallverzögert ist, dann eine Sperrtaste, welche es gestattet, einen gestörten II. Vorwähler kurzzeitig abzutrennen, und schließlich der Arbeitskontakt der Abschaltung g. Aufgabe des II. Vorwählers, oder wie man ihn auch bezeichnet, des Mischwählers, ist es ja, dem 10schrittigen I. Vorwähler über seine 15 Schritte Zugang zu etwa 100 I. Gruppenwählern zu vermitteln. Dabei sind bekanntlich die Drehschritte mehrerer Rahmen I. Vorwähler unter sich vielfachgeschaltet und sind ebenso die Drehschritte der einzelnen Rahmen II. Vorwähler aus herstellungstechnischen Gründen unter sich gevielfacht. Es muß nun vermieden werden, daß ein I. Vorwähler auf einen II. Vorwähler aufläuft, dem andere II. Vorwähler bereits alle Ausgänge zu I. Gruppenwählern weggenommen haben. Jeder I. Gruppenwähler muß also ein schaltungstechnisches Kennzeichen dafür liefern, daß er noch frei ist und muß dieses Kennzeichen an jene Vorwähler übertragen, von denen aus er zugänglich ist. Diesen Vorgang bezeichnet man als Abschaltung oder Anschaltung. Es wird beispielsweise ein Relais G in parallelen Stromkreisen durch Ruhekontakt all jener Gruppenwähler erregt gehalten, zu welchem der II. Vorwähler Ausgang besitzt und, wenn der letzte dieser Gruppenwähler in Arbeitsstellung geht, so fällt das G-Relais ab, und sein Kontakt g unterbricht einerseits den Prüfstromkreis des I. Vorwählers, bringt andrerseits eine Abschaltelampe. Wenn das Anlaßrelais R 350 zum Ansprechen gekommen ist, so schaltet es mit einem voreilenden Kontakt den c-Ast des II. Vorwählers durch zum Wählerarm, so daß das T-Relais nunmehr an der vom I. Vorwähler angelegten Spannung liegt und zum Prüfen bereit- steht. Ein zweiter Kontakt des R-Relais $r_{II\ III}$ schaltet den Dreh- magneten an den Relaisunterbrecher, so daß der Wähler zu drehen be- ginnt. Das Ansprechen des T-Realis unterbricht mit Kontakt t_{III} den Drehvorgang und setzt den Wähler still. Kontakt t_V schaltet dabei das Anlaßrelais R 350 ab und sperrt den eingeschalteten I. Gruppen- wähler durch Kurzschluß der 250-Ohm-Wicklung und des Widerstandes R 450. a- und b-Leitung werden durch 2 Kontakte durchgeschaltet, eine Kontrollampe im Wählerrahmen leuchtet auf. Der II. Vorwähler hat im Gegensatz zum I. Vorwähler keine Ruhestellung, sondern bleibt bei Aus- lösung in der Kontaktbahn stehen, wo er steht. Wenn der I. Vor- wähler auf seinen c-Ast prüft und er steht bereits auf einem freien I. Gruppenwähler, so spricht das Prüfrelais T schneller an, als der Dreh- magnet den ersten Schritt macht. Eine Einstellzeit des II. Vorwählers kommt damit für die Freiwahl nicht in Frage. Auch nach der Auslösung fällt das T-Relais ab, ohne den Wähler noch einmal um einen Schritt weiterzuschalten. Manchmal erhebt man die Forderung des sogenannten Fahrstraßenwechsels, d. h. man verlangt, daß der II. Vorwähler bei mehr- maligem Aushängen des rufenden Teilnehmers nicht wieder den gleichen I. Gruppenwähler belegt, der unter Umständen gestört sein kann, sondern bei der Auslösung schrittweise weiterschaltet. In diesem Fall läßt man das R-Relais mit einer niederohmigen Wicklung in Reihe mit T 8 im c-Ast erregt und macht es so abfallverzögert, daß über den in Ruhelage zurückgekehrten t-Kontakt und über den noch in Arbeits- stellung befindlichen r-Kontakt eben noch ein Schritt gemacht wird.

Prinzipschaltbild des I. Gruppenwählers. (Abb. Anh. 31.)

Der I. Gruppenwähler wurde bereits kurz beschrieben und kann infolgedessen hier kürzer behandelt werden. Die Aufgaben des im Schalt- bild wiedergegebenen Wählers sind die gleichen, abgesehen von den mechanischen Bewegungsvorgängen, die der Viereckswähler erfordert. Im c-Ast erfolgt im Prüfstromkreis des I. und II. Vorwählers die Be- legung und erregt das C-Relais. Kontakt c_{III} betätigt den lokalen Haltestromkreis des C-Relais und erregt über Wicklung J 250 und J 1000 nach Ansprechen des A- und B-Relais das Relais J, welches hier Hilfs- dienste zu leisten hat, zur Abgabe des Amtszeichens. Kontakt i_{II} schaltet das Amtszeichen an die Induktionswicklung A 50 und B 50 der beiden als Speisungsdrosseln dienenden Linienrelais, welche das Signal zum rufenden Teilnehmer übertragen. Ein durch Kondensatoren hal- bierter Translator riegelt die Sprechleitung nach der Seite des gerufenen ab und zwei 50 000-Ohm-Widerstände sorgen für einen schwachen Fritterstrom über die im Sprechstromkreis liegenden Kontakte. Wenn der Teilnehmer die erste Stromstoßreihe sendet, fällt das A 500-Relais ab und Kontakt a_{II} leitet über das Wählkontrollrelais die Impulse in den Hubmagneten. Kontakt a_I gibt bei Beginn des ersten Impulses V 80-Relais frei, so daß dieses etwa 10 ms nach Beginn des ersten Impulses anspricht und etwa 150 ms über den letzten Impuls hinaus dauernd erregt bleibt, da die Arbeitsstellung des Kontaktes a_I einen den Abfall verzögernden Kurzschluß bewirkt. Mit dem Anheben des Wählers werden die Kopfkontakte betätigt, Kopfruhekontakt unterbricht das Amtszeichen und den Erregerstromkreis des J-Relais, Kopfarbeitskontakt bereitet den Stromkreis des Drehmagneten vor. Wenn nun die erste Stromstoßreihe vorüber und V 80 nach dem letzten Impuls abgefallen ist, so schließt sich über Kontakt v_{III} der Stromkreis des Drehmagneten, der sofort durchzieht und seinen Kontakt d betätigt. d erregt nun das J 500-Relais, welches den Drehmagneten mit Kontakt i_I unterbricht und so dreht der Drehmagnet im Wechselspiel mit J den Wähler auf der betreffenden Hubstufe schrittweise ein, bis das P-Relais über den Prüfstromkreis des c-Astes einen freien II. Gruppenwähler gefunden hat und zum Ansprechen kommt. Dann unterbricht Kontakt p_{II} den Stromkreis des Drehmagneten und setzt so den Wähler still, zwei p_{III}-Kontakte schalten a- und b-Leitung durch und p_I-Kontakt sperrt den Wähler durch Anlegen unmittelbarer Erde an P 60. Damit ist die Einstellung des I. Gruppenwählers beendet und es folgen die Impulsübertragungsvorgänge. Auch die weiteren Stromstoßreihen bringen das A-Relais impulsweise zum Abfallen und das V-Relais bleibt während der Stromstoßreihe erregt. Ein Kontakt des V-Relais v_I verstärkt dabei jeweils durch Kurzschluß einer Teilwicklung des B-Relais die Stromstärke für das A-Relais, ein Kontakt a_{III} des A-Relais gibt die Impulse als Erdstromstöße über die a-Leitung weiter, Kontakt v_{II} legt Steuerspannung an den b-Ast. So vollzieht sich die Impulsübertragung aus der vom Teilnehmer gelieferten Form der Schleifenunterbrechung in Erdstromstöße über die a-Leitung, Steuerspannung über die b-Leitung, wobei die Steuerspannung etwa 10 ms nach Beginn des ersten Impulses einsetzt und etwa 150 ms über den ersten Impuls hinaus andauert. In diesem Zustand kann der I. Gruppenwähler beliebig viele Stromstoßreihen übertragen, bis die gerufene Teilnehmersprechstelle erreicht ist. Dann erwächst ihm die Aufgabe der Zählstoßübertragung. Die vom Leitungswähler auf den b-Ast gelegte Zählspannung kann nach Abfallen des C-Relais auf Z 500 wirken und wird durch Kontakt z_I als unmittelbarer Erdstromstoß auf den Zähler des Teilnehmers weitergeleitet. Sind mehrere Zählstromstöße abzugeben, so wird durch Erdung der a-Leitung von rückwärts her das P-Relais erregt gehalten, das Z-Relais stoßweise betätigt. Kontakt z_{III} wird im Fall der Mehrfachzählung unwirksam gemacht.

Die Auslösung wird durch Abfallen der Speisungsrelais A und B erzeugt, welche wiederum das C-Relais kurzschließen und so zum Abfall bringen. Das abfallende C-Relais schließt P 60 kurz, damit als Beginn des Auslösevorgangs die Durchsschaltung der Wählerarme aufgehoben wird. Dann betätigt Kontakt p_{II} neuerdings den Drehmagneten, der den Wähler mit kurzgeschlossenem Prüfrelais, also ohne Möglichkeit eines erneuten Aufprüfens völlig durchdreht, bis er rückwärts herabfällt und nun durch Öffnen des Kopfarbeitskontakts den Stromkreis des Drehmagneten freigibt. Erst in dieser Ruhestellung wird durch Kopfruhekontakt über das C-Relais der Belegstromkreis wiederhergestellt (rückwärtige Sperrung). Als Sonderfälle wären noch kurz zu beachten: Belegung des Wählers und sofortiges Wiedereinhängen ohne Nummernwahl; hierbei wird über c_I Arbeit-, a_{II} Ruhekontakt wiederum der Hubmagnet betätigt, über den Kopfkontakt sodann der Drehmagnet und der Wähler dreht in der ersten Hubstufe durch, nachdem er den c-Ast unterbrochen hat. Zum Umlegen des Kopfruhekontaktes im Belegstromkreis ist diese Schaltbewegung nötig.

In diesem Zusammenhang muß auch kurz die Fernamtstrennung behandelt werden, über die später zu sprechen ist. Im Fall der Fernamtstrennung legt die Beamtin unmittelbare Erde auf a- und b-Leitung der stehenden Verbindung. Das A 500-Relais bleibt dadurch erregt, das B-Relais kommt zum Abfall. Über die Kontaktkette b_{II}, v_I wird dabei das C-Relais kurzgeschlossen und die Auslösung nach erfolgter Zählung bewirkt.

Wenn der Wähler durchdreht, schließen die Kontakte w_{11} und liefern das Besetztzeichen auf die Induktionswicklungen der Linienrelais. Über eine sogenannte Durchdrehtaste und ein Durchdrehkontrollrelais können diese Fälle als Maßstab für die Überlastung signalisiert werden. Die Kontaktkette b_I Ruhekontakt, Wellenruhekontakt w liefert das Kennzeichen, daß der Gruppenwähler frei ist und erregt parallel mit anderen Gruppenwählern das G-Relais der Abschaltung. Das Relais FK dient, wie bereits im Fall der Mehrfachzählung erwähnt, dazu, die aufgebaute Verbindung über die rückwärtige a-Leitung festzuhalten und allenfalls Bedienung zu alarmieren. Zum Eintreten in den Gruppenwähler ist eine Parallelklinke vorgesehen mit einer Möglichkeit, über ein Sperrelais den Wähler im c-Ast zu belegen und gegen anderweitige Belegung durch Anlegung von Spannung über 10 Ohm (Sp. 10) zu sperren.

Prinzipschaltbild des II. Gruppenwählers. (Abb. Anh. 32.)

Der II., III. und IV. Gruppenwähler ist jene Wählerstufe, welche zur Erweiterung eines Systems je um eine Dekade notwendig ist. Die Aufgaben des I. Gruppenwählers und die des Leitungswählers sind vom Tausendersystem ab die gleichen, mit der Erweiterung auf 10000-Anschlüsse wird der II. Gruppenwähler notwendig und für Hunderttausender- und Millionensysteme wiederholen sich die gleichen Aufgaben im III. und IV. Gruppenwähler. Auch dann, wenn die Leitungen zwischen dem I. und II. Gruppenwähler als Verbindungsleitungen von Vollamt zu Vollamt verlaufen und dreiadrig ausgeführt werden, behält der Gruppenwähler die vorliegende Form. Wird mit zweiadrigem Verbindungsverkehr gearbeitet, so kann unter Einfügung besonderer Übertrager für zweiadrigen Verkehr ebenfalls dieser Gruppenwähler verwendet werden. Weiterhin dient er als Ferngruppenwähler für den Aufruf automatischer Ortsteilnehmer vom Fernschrank aus.

Entsprechend dem Größenverhältnis zwischen Relais und Wähler, welches die Anordnung dreier Relais nebeneinander im Relaissatz gestattet, versucht man zur Vermeidung von Leerräumen in den Schalteinrichtungen möglichst mit 3 Relais oder mit einem Vielfachen von 3 auszukommen. Der vorliegende Gruppenwähler besitzt drei Relais und zwar ist gegenüber der früheren Gruppenwählerausführung das Steuerrelais B eingespart und die Steuerung lokal vorgenommen. Da die Steuerung nach Beendigung der Hubimpulse ihre Aufgabe vollendet hat, da andrerseits das Prüfrelais erst nach dem 1. Drehschritt benötigt wird, so kann das P-Relais beide Aufgaben übernehmen.

Die Belegung dieses Gruppenwählers erfolgt durch ein geerdetes Prüfrelais über den c-Ast und zwar wird über Kopfruhekontakt gegen Spannung geprüft. Kopfruhekontakt besorgt die rückwärtige Sperrung und macht den Wähler also nur dann zugänglich, wenn er sich einstellbereit in der Ruhelage befindet. Wenn das C-Relais in diesem Stromkreis angesprochen hat, so schaltet es zur Stromersparnis eine hochohmige Wicklung C 1200 vor und schaltet den Belegstromkreis derart um, daß er auch nach Öffnen des Kopfkontaktes aufrechterhalten bleibt. Die Einstellung des Wählers erfolgt durch die Erdimpulse über die a-Leitung, die Steuerspannung wird im Gruppenwähler durch keine aktive Wicklung abgegriffen. Die über a-Leitung fließenden Impulse werden durch entgegengesetzt gerichtete auf der b-Leitung gegen Überhörerscheinungen kompensiert. Das A-Relais 2×500 spricht auf die Erdimpulse an und gibt sie mit Kontakt a_I in den Hubmagneten weiter. Gleichzeitig wird als Steuerrelais P 500 erregt, welches nach erfolgtem Anzug durch Kurzschluß über Kontakt p_I an der P 1000-Wicklung abfallverzögert wird und während der ganzen Stromstoßreihe, etwa 10 ms nach Beginn des ersten Impulses entsprechend und 150 ms nach dem letzten Impuls abfallend, erregt bleibt. Ohne vorhergehende Belegung im c-Ast kann der Wähler keine Schaltbewegung ausführen. Wenn der letzte Stromstoß vorüber ist, so fällt das P-Relais ab und stellt damit über Kontakt p III den Stromkreis des Drehmagneten her. Nunmehr beginnt derselbe mit A 500 im Wechselspiel zu arbeiten, wobei der Wähler in der eingestellten Hubdekade schrittweise eingedreht wird. Noch ehe Kontakt d das A-Relais zum erstenmal erregt hat, hat schon der Wellenkontakt w-Ruhe einerseits den Hubmagneten abgetrennt, andrerseits zur Vermeidung von Knackgeräuschen zum rufenden Teilnehmer das A-Relais von der a-Leitung abgeschaltet. Die Anlegung von Erde über a_{III} an den b-Ast ist bedeutungslos, weil das Gegenpotential fehlt bzw. am Gruppenwähler ebenfalls Erde am Kondensator liegt. Das Eindrehen wird durch den Prüfvorgang begrenzt, sobald P $1000 + 60$ über die c-Leitung entweder einen freien III. Gruppenwähler im Hunderttausendersystem oder einen freien Leitungswähler im Zehntausendersystem belegen kann. Dann schalten die Kontakte des Prüfrelais p_{II} und p_{III}, die während der Drehbewegung unterbrochenen Schaltarme zur ankommenden a- und b-Leitung durch und p_{III}-Ruhekontakt trennt das Wechselspiel zwischen Drehmagnet und A-Relais auf. In dieser Stellung ist der Gruppenwähler also über den c-Ast mit aktiven Schaltorganen an der Verbindung beteiligt, a- und b-Leitung sind frei von jeder Brücke für den Sprechstromkreis durchgeschaltet. Wenn der Wähler keine Möglichkeit findet, auf einen Ausgang zu prüfen, so wird auf seinem letzten Drehschritt über die Kontakte w_{11} lokal geprüft und dabei ein Straßenbesetztzeichen auf die Leitungen übertragen. Auch das A 600-Relais wird in diesem Prüfstromkreis erregt, damit das Besetztzeichen über den b-Ast gegen Erde zurückfließen kann. Durch die Betätigung einer Durchdrehtaste können die Durchdrehfälle wiederum registriert werden, indem ein Durchdrehkontrollrelais die Einzelfälle alarmiert. In diesem Falle bleibt das P- und A-Relais gebunden und der Wähler festgehalten, so daß der Alarm örtlich eingegrenzt werden kann, andernfalls löst der Wähler durch Abfall des C-Relais auch in der Durchdrehstellung aus. Der normale Auslösevorgang wird durch Unterbrechung des C-Relais im Belegungsstromkreis des I. Gruppenwählers eingeleitet, C entzieht P die Erde, so daß es abfällt und die Durchschaltung von a- und b-Leitung aufhebt; dann leitet Kontakt p_{III} durch erneute Betätigung des Drehmagneten die Rückstellung des Wählers ein und, wenn dieser völlig in die Ruhelage zurückgekehrt ist, stellt er mit Kopfruhekontakt seinen Belegstromkreis wieder her.

Prinzipschaltbild des Leitungswählers. (Abb. Anh. 33.)

Es handelt sich bei den vorliegenden Schaltbeschreibungen in erster Linie darum, Grundbegriffe für die Beurteilung und das Lesen von Schaltbildern zu gewinnen, insbesondere eine Methode, um schwierige Schaltbilder nach einem bestimmten Gesichtspunkt zu durchdringen. Es ist dabei gleichgültig, welcher der vielen im Betrieb befindlichen Leitungswähler hier beschrieben wird. Es wird absichtlich eine möglichst komplizierte Schaltung gewählt, einmal, weil ein Leitungswähler mit einfacherer Schaltanordnung bereits beschrieben wurde, dann aber auch, weil das Lesen solcher Schaltbilder derartig schult, daß dann einfachere ohne Erläuterung entziffert werden können.

Der vorliegende Leitungswähler ist ein sogenannter Leitungswähler für Orts- und Fernverkehr und die für beide Aufgaben erwachsenden Forderungen sollen in diesem Zusammenhang bereits vorweggenommen werden, ehe über die Forderungen des Fernverkehrs genauer gesprochen wird.

Die Aufgaben für die Ortsvermittlung sind, wie bereits erwähnt, für den Leitungswähler folgende: Belegung, hierauf Hubeinstellung, zwangsläufige Dreheinstellung, bei Teilnehmern mit mehr als einer Anschlußleitung hierauf Freiwahl über diese Leitungszahl, Prüfung auf Frei- oder Besetztsein des rufenden Teilnehmers, Anschaltung des Rufstroms zum ersten Ruf, automatischer Weiterruf, Aushängeüberwachung, Speisung des gerufenen Teilnehmers, Einhängeüberwachung, Zähleinleitung rückwärts zum Gruppenwähler beim Aushängen des gerufenen Teilnehmers, endlich Auslösung der Verbindung.

An ihre Stelle treten nun im Dienst der Fernvermittlung folgende Aufgaben: Belegung, Hubeinstellung und zwangsläufige Dreheinstellung wie im ersten Fall; hierauf trennen sich die Wege grundsätzlich und in diesem Augenblick muß die Fernverbindung als solche gekennzeichnet werden durch das sogenannte Fernkriterium, welches über die a-Leitung zum Leitungswähler vermittelt und dort örtlich festgehalten wird und welches nun die Abwicklung der fernamtsmäßigen Aufgaben im Leitungswähler veranlaßt. Diese sind bei freiem Teilnehmer: Anhalten in einer Wartestellung, bis die Beamtin in die Verbindung eintreten will, nach Vornahme der sogenannten Prüfung durch die Fernbeamtin bei freiem Teilnehmer Abgabe des Freisignals, bei besetztem Teilnehmer Parallelschaltung auf die stehende Verbindung unter Abgabe des Ortsbesetztzeichens, bei einem Mehrfachanschluß, wo also mehrere Leitungen zu einem Teilnehmer führen bei Freisein einer Leitung Aufschaltung auf diese freie Leitung und Abgabe von Freisignal, bei Besetztsein aller Leitungen, Aufschaltung auf die erste ortsbesetzte Leitung, unter Abgabe des Besetztzeichens, Herstellung eines provisorischen Sprechstromkreises, über den die Beamtin zum Unterbrechen des Gespräches auffordern kann, Möglichkeit der Fernamtstrennung durch die Beamtin im Besetztfalle, selbsttätige Herstellung der Fernsprechstellung, bei freiem Teilnehmer Anläuten durch die Hand der Fernbeamtin mit beliebiger Zahl und Dauer der Läutimpulse, Aushängeüberwachung in Form eines Lampensignals bei der Fernbeamtin, bis der Teilnehmer in das Gespräch eintritt, selbsttätige Einschaltung des Fernsprechstromkreises beim Eintreten des Teilnehmers und Unterbrechung der Lampe am Fernplatz, Unterbrechung des Speisungsstromkreises durch die Einhängeüberwachung und erneutes Aufleuchten der Signallampe am Fernplatz als Schlußlampe, endlich Auslösung der stehenden Verbindung. Für den im Ortsgespräch befindlichen Leitungswähler ergibt sich weiterhin die passive Möglichkeit, daß er vom Fernamt getrennt werden kann.

Zur Lösung dieser vielgestaltigen und unterschiedlichen Aufgaben besitzt der Leitungswähler dieser Ausführung einen Hilfsdrehwähler, den sogenannten Steuerschalter, welcher je nach der einzelnen Phase der Verbindung schrittweise weitergeschaltet, über seine Arme die jeweils benötigten Stromkreise herstellt. Im Schaltbild sind die Arme mit römischen Ziffern, die Schritte mit arabischen Ziffern bezeichnet, die Kontakte sind durch Punkte dargestellt, zwischen denen also die Schaltarme des Wählers in der bezeichneten Schrittstellung unmittelbare leitende Verbindungen herstellen. Die Trennung der Aufgaben für Orts- und Fernverkehr wird nun dadurch bewirkt, daß das als Kennzeichen der Fernverbindung erregte Relais J die Weiterschaltung des Steuerschalters in der Weise beeinflußt, daß er die für den Ortsverkehr dienenden Stellungen blind überläuft und in anderen Stellungen anhält, die für den Fernverkehr benötigt werden. Eine seitwärts angebrachte Tabelle besagt, daß Steuerschalterstellung 1, also Schritt 1 oder Ruhestellung dem Anheben und der Belegung, Schritt 2 dem zwangsläufigen Eindrehen, Schritt 3 der Unterscheidung Orts- oder Fernverbindung dient, Schritt 4 im Fernverkehr als Wartestellung zur Einleitung der Prüfung, Schritt 5 und 6 zur Auswahl freier Leitungen bei Mehrfachanschlüssen, Schritt 7 als Besetztstellung für den Ortsverkehr, Schritt 8 als Ortsbesetzt- und Aufschaltestellung im Fernverkehr, Schritt 9 als Durchgangs- und Hilfsstellung (mit Trennung der Fernverbindung über den Speisungsstromkreis), Schritt 10 als Fernverbindung mit Ferntrennung bei Verwendung von Anrufsuchern (Ferntrennung über den c-Ast), Schritt 11 eine vorbereitende Auslösestellung für Fernverbindung, Schritt 12 erster Ruf bei Ortsverbindungen, 13 Weiterruf, 14 Sprechstellung im Ortsverkehr, 15 vorbereitende Auslösestellung im Ortsverkehr, 16 Auslösung und Rückkehr in die Ruhelage.

Diese Stellungen geben zugleich das Gerippe, nach dem eine derartige Schaltung gelesen werden muß. Und es soll die Besprechung des Schaltbildes auch zugleich nach diesen Gesichtspunkten erfolgen, damit ein „Lesen" des Schaltbildes ohne Beschreibung und auch ohne genauere Kenntnis der Schaltvorgänge ermöglicht wird.

a) Ortsverbindung.

1. Belegung. Diese erfolgt über den c-Ast über Steuerschalterstellungsarm II 1 gegen Spannung und erregt das C-Relais über seine Wicklung C 150. Diese Steuerschalterstellung ist zugleich rückwärtige Sperrung, da der Steuerschalter das zuletzt in seine Ruhelage zurückkehrende Organ ist. Solange der Wähler nicht in seiner Ruhelage ist, wird der Steuerschalter von Schritt 16 nicht nach Schritt 1 weiterbefördert und solange der Steuerschalter nicht in Schritt 1 steht, kann der Wähler nicht neu belegt werden. Ist das C-Relais einmal erregt, so überbrückt es mit Kontakt c_{II} die Steuerschalterstellung und schaltet eine stromsparende Wicklung vor.

2. Anheben des Wählers. Die Verfolgung des Stromkreises zum Hubmagneten über Steuerschalterstellung V 1 zeigt, daß die Einstellimpulse über Kontakt a_I und f_{III} kommen müssen. Ein vor dem Hubmagneten gelegenes V 0,5-Relais kommt dabei zum Ansprechen und schaltet über Kontakt c_I und v_I eine 1000ohmige Haltewicklung ein. Die Kontakte v_{II} an a- und b-Leitung trennen dabei impulsentstellend wirkende Schaltungszusätze vom Impulsstromkreis ab. Das Impulsrelais A 2 × 500 liegt einerseits an Spannung, andrerseits über Steuerschalterarm III 1, an der ankommenden a-Leitung, über welche die durch Erdstöße übertragenen Impulsstöße gegeben werden. An der ankommenden b-Leitung liegt über Arm IV 1 B 2 × 500 an Erde. Die Übersicht der Steuerschalterstellungen besagt, daß Stellung 2 für das zwangsläufige Eindrehen vorgesehen ist. Es muß also am Schluß der Hubbewegung eine Fortschaltung des Steuerschalters bewirkt werden durch kurzzeitige Erdung des Schrittmagneten S 55. Das Schaltbild besagt, daß Kontakt f_I, also der Kontakt des Fortschalterelais F 60 diese Fortschaltung besorgen muß. Es gilt also zu suchen, auf welchem Wege F 60 aus Steuerschalterstellung 1 nach 2 befördert wird. Es zeigt sich, daß über Kopfwechselkontakt Arbeitsseite, I 1, b-Ruhe- und a-Ruhekontakt Erde an F angeschaltet wird und dieses mit Kontakt f_I einen Schritt des Steuerschalters veranlaßt. Der Zeitpunkt ist nach erfolgtem Umlegen des Kopfkontaktes durch Abfallen des B-Relais also durch das Ende der ersten Stromstoßreihe festgelegt. Andrerseits ergibt sich für das Einsetzen der Steuerspannung während des ersten Impulses die Forderung, daß, wenn der Kopfkontakt in die Arbeitslage umgelegt ist, das B-Relais durchgezogen haben muß. Das wäre ungefähr 12 ms nach Beginn des ersten Impulses und die Ansprechbedingungen für B wären sehr streng. Deshalb schaltet man noch einen a-Ruhekontakt in den Fortschaltestromkreis ein und nunmehr heißt die Bedingung, daß b_I-Kontakt nach Umlegen des Kopfkontaktes spätestens dann geöffnet haben muß, wenn der erste Impuls zu Ende ist und a_I in die Ruhelage zurückkehrt, d. h. nicht 12 ms, sondern 60 ms nach Beginn des ersten Impulses, eine Bedingung, die leicht einzuhalten ist. Der Schrittschaltmagnet S 55 ist mit einem mechanischen Kontakt ausgerüstet, der F 60 kurzschließt. Dadurch wird die Betätigungsdauer des Schaltmagneten von der Abfallverzögerung des F 60-Relais abhängig gemacht.

3. Zwangläufiges Eindrehen (Steuerschalterstellung 2). Man verfolgt am besten den Stromkreis, ausgehend vom Drehmagneten D 55 und sieht, daß über Steuerschalterarm V 2 der gleiche Impulsstromkreis nunmehr auf den Drehmagneten wirkt, der vorhin den Hubmagneten betätigt hat. Auch bleiben A 2 × 500 und B 2 × 500-Relais für eine weitere Stromstoßreihe an a- und b-Leitung liegen (über III 2 und II 2). Nach Ablauf der letzten Stromstoßreihe muß wieder der

Steuerschalter um einen Schritt weiterbefördert werden. Von Relais F 60 ab ist über eine Steuerschalterstellung 2 ein Stromkreis gegen Erde zu suchen. Kontakt u_{II} in Reihe mit a_{III} stellt diesen Stromkreis dar, der das Ansprechen des U-Relais nach dem letzten Impuls zur Voraussetzung hat. U 10 in Reihe mit U 500 ist durch den beim ersten Drehschritt betätigten Wellenkontakt w über IV 2 an b_I, a_I-Ruhekontakt gelegt worden. Unter den gleichen Bedingungen, unter denen über die Steuerschalterstellung 1 das F-Relais betätigt wurde, spricht jetzt das U-Relais an und betätigt Kontakt u_{II} und damit den Steuerschaltertransport. In Stellung 3 bleibt das U-Relais zunächst erregt. Kontakt u_{III} unterbricht das V-Relais, so daß A- und B-Relais an die abgehende a- und b-Leitung angelegt werden.

4. Scheidung Orts-Ferngespräche (Steuerschalterstellung 3). Von Stellung 3 ab unterscheiden sich Orts- und Fernverbindung. Das Unterscheidungsmerkmal ist für Fernverbindung Ansprechen des J-700-Relais über Steuerschalterstellung III 3, über eine vom Fernamt über die Leitung angelegte Minusspannung, welche man als Fernkriterium bezeichnet. Das J-Relais hält sich mit seinem Kontakt i_{III} in Reihe mit einem V-Relais über seine 300-Ohm-Wicklung lokal. Der Steuerschalter eilt durch Selbsttransport über unmittelbare Erdung des F 60-Relais sofort weiter in die Stellung 4. Der Vorteil des Wechselspiels zwischen S 55 und F 60 äußert sich darin, daß der Steuerschalter, wenn er Erde über seine Schaltarme an F angelegt erhält, unmittelbar weiterdrehen kann.

In Steuerschalterstellung 4 zeigt sich zum erstenmal der Einfluß des J-Relais. Über i_I-Ruhekontakt liegt unmittelbare Erde an Arm II 4 und damit an F 60, und der Steuerschalter eilt weiter in Stellung 5 und über Selbsttransport weiter in Stellung 6.

5. Auswahl des Mehrfachanschlusses (Steuerschalterstellung 6). Das Kennzeichen dafür, daß die eingeschaltete Leitung einem Mehrfachanschluß angehört, ist der mechanische Schließkontakt Sk, welcher über p_I, t_I, Kopfkontakt, III 6 das A 500-Relais erregt, so daß dieses über a_I, f_{III}, IV 6, U 10 den Drehmagneten D 55 betätigt. Das U-Relais verhindert mit Kontakt u_{II} zunächst den Weitertransport des Steuerschalters, ehe die Auswahl der Mehrfachleitungen abgeschlossen ist. Wegen seiner Kupferverzögerung bleibt es während der Drehschritte dauernd erregt. Der Drehmagnet schließt andrerseits mit seinem Kontakt das A 500-Relais kurz und so kommt das Wechselspiel zwischen A und Drehmagnet zustande, welches so lange dauert, bis das Prüfrelais P 1000 + 60 über II 6 an Erde liegend, über eine freie c-Leitung des Mehrfachanschlusses auf das im Ruhezustand befindliche T-Relais des betreffenden Vorwählers prüfen kann. Dann unterbricht p_I das Wechselspiel, u_{II} geht in die Ruhestellung zurück und schaltet den Steuerschalter in Stellung 7.

War der Teilnehmer kein Mehrfachanschluß, sondern Inhaber einer Einzelleitung, so wurde lediglich in Stellung 6 das Prüfrelais betätigt und dann sofort nach Stellung 7 weitergeschaltet. Wenn der Teilnehmer besetzt ist, oder wenn alle Anschlüsse des Mehrfachanschlusses besetzt sind (im letzteren Falle unterbricht nach dem letzten Drehschritt Kontakt sk), so hat das P-Relais nicht angesprochen und der Steuerschalter wird in Stellung 7 festgehalten, wo durch den Arm III 7 über die Induktionswicklungen der Relais E, B und A das Ortsbesetztzeichen zum rufenden Teilnehmer übertragen wird. Hängt der rufende Teilnehmer hierauf ein, so wird von den Gruppenwählern her der c-Ast unterbrochen und das C-Relais zum Abfallen gebracht, und über a_{III}-Ruhe-, c_I-Ruhekontakt geht der Steuerschalter weiter in die Stellung 8, hierauf nach 9, 10, über i-Ruhekontakt nach 11, wo der eigentliche Auslösevorgang beginnt. Über p_I, t_{II}, c_{III} Ruhe-, Kopfkontakt, III 11 wird das A-Relais betätigt und beginnt über seinen Kontakt a_I, f_{III}, IV 11 ein Wechselspiel mit dem Drehmagneten, welches den Wähler durchdreht, so daß er rückwärts herunterfällt und die Kopfkontakte umlegt. Nunmehr wird über Kopfruhekontakt und II 11 der Steuerschalter nach Stellung 12 weitertransportiert, von Stellung 12 mit Langsamunterbrecher nach 13 über a_{III}-Ruhe, c_I-Ruhe-, b_{III}-Ruhe-, c_{III}-Ruhe- von Stellung 13 nach 14, über p-Ruhe- nach 15 und 16 und über Kopfruhekontakt weiter in die Ausgangsstellung 1, wo er wieder belegungsfähig wird.

6. **Verlauf einer Ortsverbindung bei freiem Teilnehmer.** In diesem Fall hat in Steuerschalterstellung 6 das P-Relais angesprochen, p_I schaltet von Schritt 7 über I 7 F 60 weiter nach 8, p_{III} über e_I weiter nach 9, über unmittelbare Erde weiter nach 10, über i_I weiter nach 11, über p_I weiter nach 12, die erste Steuerschalterstellung, die nun wieder für eine Ortsverbindung Bedeutung gewinnt. Über IV 12 liegt unmittelbare Erde am abgehenden b-Ast, der gegen den rufenden Teilnehmer zu unterbrochen ist, während am a-Ast über III 12 und ein im Rahmen gelegenes kupfergedämpftes R-Relais und ein Rufkontrollrelais die Rufmaschine anliegt. Es fließt also ein Rufstromstoß zum Teilnehmer, welcher solange dauert, bis der Langsamunterbrecher über I 12 den Steuerschalter weiterschaltet nach 13. Über E 100, B 100, A 100, II 12 ist ein kurzes Freizeichen zum rufenden Teilnehmer übertragen worden. In Stellung 13 vollzieht sich der automatische Weiterruf, betätigt durch ein am 10-Sekundenschalter liegendes L-Relais, welches mit seinem Kontakt l_I rahmenweise die Leitungswähler an Rufstrom anschaltet, etwa alle 10 Sekunden auf 1½ Sekunden. Gleichzeitig wird durch Kontakt l_{III} und Steuerschalterstellung II 13 ein im gleichen Rhythmus arbeitendes Freizeichen zum rufenden Teilnehmer übertragen.

Die Aushängeüberwachung liegt beim Relais U 700, welches während der Rufstromstöße von dem, dem Minuspol der Batterie überlagerten

Rufstrom durchflossen wird, während der Zwischenräume zwischen den Rufstößen über l-Ruhekontakt an Batterie liegt. Andrerseits wird es durch III 13 an die a-Leitung gelegt, während die b-Leitung über IV 13 geerdet ist. Sobald also der gerufene Teilnehmer aushängt und dadurch Schleifenschluß bildet, gleichviel, ob während der Rufstöße oder in den Zwischenräumen, kommt U 700 zum Ansprechen und schaltet mit Kontakt u_{II} den Steuerschalter in die Sprechstellung 14. U 700 besitzt eine starke Kupferdämpfungswicklung, in welcher beim Durchgang des Rufstromes ein dem Primärstrom entgegengesetzter Sekundärstrom erzeugt wird, so daß das Relais durch den Rufstrom nicht zum Ansprechen kommt, sondern erst, wenn über die Teilnehmerschleife Gleichstrom fließen kann.

Die Sprechstellung 14 schaltet mit Steuerschalterarm III die a-Leitung, mit Steuerschalterarm IV die b-Leitung zum rufenden Teilnehmer durch. . Nunmehr können A- und B-Relais als Speisungsdrosseln des gerufenen Teilnehmers mit ihren 500-Ohm-Wicklungen über die Sprechstellenschleife ansprechen und dadurch die Einhängeüberwachung übernehmen. Über V 14 und eine Drossel O 750 wird Zählspannung an den b-Ast gelegt und über E 750 die a-Leitung symmetriert.

Wenn der gerufene Teilnehmer einhängt, fallen A- und B-Relais ab. Jedoch bleibt der Leitungswähler in Sprechstellung und wenn der Teilnehmer ein zweites Mal aushängt, kann er wieder weitersprechen, vorausgesetzt, daß der Rufende inzwischen nicht eingehängt hat. Da der Prüfstromkreis zu seinem Vorwähler geschlossen bleibt, ist er auch durch den rufenden Teilnehmer blockiert, bis dieser einhängt und kann solange weder anrufen noch angerufen werden. Ein Mißbrauch dieser Möglichkeit hat sich bis jetzt nirgends ergeben. Andrerseits wird durch Kontaktprellung beim Ein- und Aushängen, durch falsche Manipulation bei Weitergabe des Gesprächs an Nebenstellen oder bei sonstiger irrtümlicher Schleifenunterbrechung die zählpflichtig gewordene Verbindung nicht ungewollt aufgerissen und dieser Vorteil überwiegt. Durch Einbau eines Thermokontaktes Th, der nach einigen Sekunden P 60 kurzschließt, kann überdies die Blockade auf wenige Sekunden beschränkt bleiben. Andernfalls kommt im Leitungswähler eine Alarmlampe und ein Blockadesignal im Amt, wenn dieselbe längere Zeit bestehen bleibt. Die Auslösung aus Stellung 14 erfolgt durch Unterbrechung des c-Astes, d. h. durch Einhängen des rufenden Teilnehmers. Durch Abfallen des C-Relais wird auch das P-Relais abgeworfen und nun wird durch p_I-Kontakt der Weitertransport in Stellung 15 vorgenommen und anschließend daran nach 16, wo durch das Wechselspiel zwischen A-Relais und Drehmagnet in der für Stellung 11 bereits beschriebenen Weise die Rückstellung erfolgt.

b) Fernverkehr.

Der Verlauf der Verbindung unterscheidet sich von dem oben beschriebenen von Stellung 3 ab. Das J-Relais hat angesprochen und zusammen mit dem V-Relais lokal gehalten, dann ist der Steuerschalter durch Selbsttransport über I 3 nach Stellung 4 weitergeeilt.

1. Prüfeinleitung im Fernverkehr. Kontakt i_I hat bei II 4 unterbrochen und es wird der Steuerschalter in Stellung 4 angehalten und zwar, wie eine zweite Steuerschalterstellung I 4 besagt, bis neuerdings das A-Relais den Kontakt a_I betätigt. Weiterhin ist zu sehen, daß III 4 das A-Relais noch einmal an die ankommende a-Leitung legt.

Die Beamtin prüft durch Anlegung von Erde an die a-Leitung und betätigt damit das A-Relais und nun erst wird der Steuerschalter von Stellung 4 weiterbefördert.

Es handelt sich also bei dieser Ausführung des Leitungswählers um eine Vorbereitungsstellung, in der die Fernbeamtin die Verbindung aufbauen kann, ohne zunächst den gerufenen Teilnehmer in seinem Gespräch zu stören. Erst wenn sie die Verbindung benötigt zum unmittelbaren Anschluß an eine Fernleitung, hat sie durch Vornahme der Prüfung den Teilnehmeranschluß zu belegen. In dem Augenblick, wo die Beamtin die Prüfung vollzieht, erhält der Anschluß des gerufenen Teilnehmers den Charakter des Ferngesprächs im Prüfstromkreis übermittelt.

Es gibt auch eine andere Ausführung des Ortsfernleitungswählers, bei dem nach erfolgtem Verbindungsaufbau die Verbindung sofort auf die Teilnehmeranschlußleitung aufläuft, diese zwar blockiert, aber zunächst nicht anläutet. Dabei wird sie ortsbesetzt, nicht fernbesetzt gemacht und die so hergestellte Verbindung kann unter Umständen später durch eine andere Fernbeamtin, die voreiliger ist, noch getrennt werden. Die Sprechstelle des Teilnehmers ist auch schon in der Wartezeit unnötig in Anspruch genommen. Da die erste Ausführung des Leitungswählers somit logischer erscheint, wurde deren Schaltbild hier wiedergegeben.

Die Stellung 5 als Übergangsstellung besitzt besondere Bedeutung für Mehrfachanschlüsse. Es wurde einleitend bereits bemerkt, welche Fälle hierbei eintreten können. Die Leitungen des Mehrfachanschlusses können teilweise frei oder alle ortsbesetzt oder alle fernbesetzt sein. Wenn noch eine Leitung frei ist, so soll der Leitungswähler die ortsbesetzten unbehelligt lassen und sich auf die freien einstellen. Wenn alle Leitungen ortsbesetzt sind, so soll sich der Leitungswähler auf die erste dieser ortsbesetzten Leitungen einstellen. Wenn alle Leitungen fernbesetzt sind, so soll der Leitungswähler durchdrehen und Fernbesetztzeichen liefern. Es muß also vor Beginn der Drehbewegung für die freie Auswahl der Leitungen den Schaltorganen der Drehbewegung bereits ein Kennzeichen dafür übermittelt werden, ob noch eine Leitung frei ist und diese Aufgabe übernimmt der b-Ast. Vor den Kontakten, an denen die Leitungen des Mehrfachanschlusses liegen, ist ein unbesetzter Vorkontakt angeordnet, welcher auch als Sammelnummer bezeichnet wird. Wenn beispielsweise ein Teilnehmer mit der Sammelnummer 27931 fünf Leitungen zur Auswahl besitzt, so liegen diese an 27932—27936 angeschlossen. 27931 ist Vorkontakt, Sammelnummer. Der a-Kontakt dieser Nummer bleibt frei von irgendeinem Anschluß, der b-Kontakt dient der Besetztprüfung. Wenn sämtliche Leitungen eines Mehrfachanschlusses ortsbesetzt oder auch fernbesetzt sind, so liegt Spannung an diesem Kontakt über einem v-Arbeitskontakt und über III 5 wird ein O-Relais erregt, welches sich mit Kontakt o_I über i_I lokal hält. Dieses O-Relais schaltet den Prüfstromkreis des c-Astes von dem Freiprüfrelais P 1000 + 60 auf das Ortsbesetztprüfrelais T 40 um. Während nunmehr P 1000 + 60 nur über eine freie Leitung ansprechen kann vermöge seines hohen Widerstandes, kann T 40 auch parallel zu einem bereits angesprochenen P 60-Relais oder auch lokal über J- und V-Relais ansprechen, wenn es nicht über den c-Ast durch unmittelbare Erdung kurzgeschlossen ist. Unmittelbare Erdung im c-Ast ist nämlich das eindeutige Kennzeichen für eine Fernverbindung. T 40 spricht parallel zu P 60 eines anderen Leitungswählers an, wenn der vom Leitungswähler eingestellte Teilnehmer als gerufener Teilnehmer an seiner Ortsverbindung beteiligt ist. Es spricht lokal über J 300 und V 400 an, wenn der Teilnehmer als rufender an einem Ortsgespräch beteiligt ist, dann ist nämlich der c-Ast unterbrochen, da der Vorwähler aus der Ruhestellung herausgedreht ist. Da Kontakt t_I in Reihe mit p_I liegt, so kann der Wähler ebenso durch Ansprechen des T-Relais wie des P-Relais auf einem Kontakt stillgesetzt werden. Von Steuerschalterstellung 5 geht der Steuerschalter durch Selbsttransport nach 6 und hier vollzieht sich in der bereits beschriebenen Weise die Auswahl der Leitung des Mehrfachanschlusses, nur daß jetzt das T-Relais bei Besetztsein aller Leitungen das Stillsetzen besorgt. Ist keine der Leitungen frei, sondern alle fernbesetzt, dann dreht der Wähler, bis Kontakt sk unterbricht und liefert dann in Stellung 7 das Fernbesetztzeichen. War eine Leitung frei oder hat es sich um eine freie Einzelleitung gehandelt, so hat in Stellung 6 das P-Relais angesprochen. Über u_{II}-Ruhekontakt gelangt der Steuerschalter in die Stellung 7, in der nun unter allen Umständen das T-Relais als Prüfrelais an den c-Ast gelegt wird. Zwei Kontakte t_{II} schalten a- und b-Leitung durch und entweder über p_I- oder t_I-Kontakt wird in Stellung 8 weitergeschaltet. War die Leitung frei und hatte das P-Relais angesprochen, so transportiert über e-Ruhekontakt der Steuerschalter über 8 nach 9, von 9 durch unmittelbare Erdung in die Fernsprechstellung 10.

2. Ferntrennung. War dagegen der Teilnehmer besetzt, so wird zunächst in Stellung 8 der Weitertransport angehalten und über die

Induktionswicklung E 100, B 100, A 100 „Ortsbesetztsignal im Fern-verkehr" übertragen. Die Beamtin kann nun, nachdem der Leitungs-wähler parallel zur Ortsverbindung auf die Teilnehmerleitung eingestellt ist, den gewünschten Teilnehmer mit den Worten verständigen: „Ist hier 27931, das Fernamt ruft, ich trenne". Hierauf legt sie Spannung an die a-Leitung, betätigt dadurch das über t_{III}, a_{III} an Erde liegende E 750-Relais und veranlaßt durch Kontakte e_I den Weitertransport in Stellung 9. Die Ferntrennung selbst nimmt verschiedene Form an, je nachdem, ob es sich um Anrufsucher- oder Vorwählersystem handelt. Während im Anrufsuchersystem die Trennung im c-Ast durch un-mittelbare Erdung des Wählerarmes in Steuerschalterstellung 10 er-folgt, wird im Vorwählersystem über III 9 und IV 9 Erde an a- und b-Leitung gelegt und dadurch das A-Relais erregt gehalten, das B-Relais abgedrückt. Die Kontaktfolge a_{III}-Arbeit, b_{III}-Ruhe veranlaßt so-dann die Weiterschaltung des in Sprechstellung befindlichen Leitungs-wählers von Stellung 14 nach 15 und 16 bzw., wenn der Teilnehmer als Rufender an dem Gespräch beteiligt war, die Ferntrennung am I. Gruppen-wähler in der bereits beschriebenen Weise. Nachdem die Trennung sich ausgewirkt hat, gelangt der Leitungswähler in die Sprechstellung 10, in der A- und B-Relais über III 10 und e_{III}, bzw. IV 10 als Speisungs-relais anliegen. Die Aus- und Einhängeüberwachung wird hier zur Steuerung eines Lampensignals bei der Fernbeamtin verwendet und wirkt im Fernplatz auf ein hochohmiges, in Schleife liegendes Signalrelais S, welches über O 750, a_{II}, i_{II}, II 10 Spannung über den b-Ast und über E 750, t_{III}, a_{III} Erde über die a-Leitung zugeführt erhält. Hängt dagegen der gerufene Teilnehmer aus, so nehmen die a-Kontakte a_{III} und a_{II} Spannung und Erde weg und legen sie beim Einhängen des gerufenen Teilnehmers wieder an. Auch Flackerzeichen können so ins Fernamt übertragen werden.

3. Die Auslösung einer Fernverbindung erfolgt über den c-Ast durch Unterbrechung des J-Relais, wobei Kontakt i_I den Steuerschalter von Stellung 10 nach 11 befördert, wo sich in der bereits beschriebenen Weise die Auslösung vollzieht.

Reine Ortsleitungswähler

unterscheiden sich von den eben beschriebenen durch Wegfall der Steuerschalterstellungen 4, 5, 8, 9, 10, 11. Sie sind mit 10teiligem Steuerschalter ausgerüstet unter Wegfall der Relais J, T, O und E, im übrigen kann der Grundgedanke ihrer Schaltanordnung unmittelbar aus dem erwähnten Schaltbild entnommen werden.

Damit dürfte die Wirkungsweise der Schalteinrichtungen eines neu-zeitlichen Schleifenamtes, welches die weitestgehenden Forderungen er-füllt, klargelegt sein. Es sind damit die hintereinander in Wirkung tretenden Schalteinrichtungen für den Aufbau einer Verbindung be-

handelt. Es gilt andrerseits, die für die Bewältigung des Verkehrs bereit-
zustellenden Wählerzahlen zu erfassen, den Zusammenbau dieser Wähler
zu Rahmen und Gestellen zu betrachten und schließlich den Aufbau
eines Amtes und eines Ortsnetzes nach dem Reichspostsystem zu behandeln. Dabei soll die letztere Aufgabe als die Grundlage für die Ausgestaltung der Ämter vorweggenommen werden.

Netzgestaltung für große, mittlere und kleine Ortsnetze nach dem Reichspostsystem.

Wenn ein Ortsfernsprechnetz auf Sa-Betrieb umgeleitet werden
soll, so ist eine der wichtigsten Aufgaben die Netzgestaltung. Die Vorteile des Sa-Systems können nur dann voll zur Geltung kommen, wenn
man sich nicht scheut, ohne Rücksicht auf das bestehende, an das Hand-
amtssystem angepaßte Netz eine Umgestaltung vorzunehmen, wie sie
den Möglichkeiten des Sa-Betriebes entspricht. Zunächst gilt es, die
Frage zu entscheiden, ob das System als Tausender-, Zehntausender-,
Hunderttausender- oder Millionensystem ausgeführt werden soll. Man
berechnet, ausgehend von der Teilnehmerzahl im Augenblick der Umschaltung, ungefähr die 3—5fache Teilnehmerzahl, entsprechend einem
Teilnehmerzugang in einem Zeitabschnitt von 15—25 Jahren, welcher
der Lebensdauer der Sa-Einrichtungen entspricht. Nach 25 Jahren
sind Sa-Einrichtungen zwar nicht mechanisch oder elektrisch unbrauch-
bar geworden, aber erfahrungsgemäß so überaltet, daß sich wenigstens
eine teilweise Erneuerung als notwendig erweist, bei der auch eine
grundsätzliche Umstellung auf höhere Dekaden erfolgen kann. Es
muß mindestens als unschön bezeichnet werden, wenn ein Ortsnetz
nach einigen Jahren plötzlich zu höherer Stellenzahl übergehen muß
und hat gewisse betriebstechnishce Nachteile, wenn die Stellenzahl
nicht für alle Rufnummern des Ortsnetzes die gleiche ist. Eine Reihe
Wählfehler der Teilnehmer durch Irrtum in der Rufnummer werden
dann in Kauf genommen werden müssen. Es wird also ein Ortsfernsprechnetz mit 200—400 Teilnehmern am Tag der Einschaltung nach
dem Tausendersystem, ein Fernsprechnetz mit 2000—4000 Teilnehmern
am Tag der Einschaltung als Zehntausendersystem, ein Fernsprechnetz
mit 20000—40000 Teilnehmern als Hunderttausendersystem, ein Netz
mit 200000—400000 Teilnehmern als Millionensystem auszuführen sein.
Teilnehmernetze, welche zwischen diesen Stufen liegen, werden zweckmäßig nach dem nächst höheren System bemessen.

Nach Festlegung des Systems hinsichtlich der Größe, oder wie
man dies auch bezeichnet, des geplanten Endausbaues ist die Frage der
örtlichen Unterbringung, allenfalls der Aufteilung der Vermittlungsstellen über den Stadtbezirk zu bestimmen. Städte mit bis zu 10000 Teilnehmeranschlüssen besitzen im Handbetriebssystem meist nur eine

einzige zentralgelegene Vermittlungsstelle, an welche sämtliche Teilnehmer mit unmittelbaren Anschlußleitungen angeschaltet sind. (Vgl. Abb. 34.) Mit zunehmender örtlicher Ausbreitung des Stadtnetzes werden die Anschlußleitungslängen der entfernt gelegenen Teilnehmer außerordentlich groß und da der Kilometer Anschlußleitung ungefähr mit 100 M. Aufwand bewertet werden kann, entstehen erhebliche Kosten für das Anschlußleitungsnetz eines solchen Netzgebildes. Andrerseits war im Handbetriebssystem der Anschluß an ein einziges Vermittlungsamt aus betriebstechnischen Gründen dringend geboten, weil nur auf diesem Wege die Herstellung der Verbindung durch eine einzige Person über das Vielfachklinkenfeld möglich war. Jede Dezentralisation im Handbetrieb erfordert die Beteiligung zweier Beamtinnen am Aufbau einer Verbindung und dadurch ungefähr den 1,5 fachen Personalbedarf gegenüber Zentralisierung auf ein Amt. Die Ersparnisse an Leitungskosten würden also durch erhöhte Personalkosten ausgeglichen. Die mittlere Anschlußleitungslänge, d. h. die Gesamtzahl der im Ortsfernsprechnetz verwendeten Anschlußleitungskilometer, geteilt durch die Zahl der Hauptanschlüsse, wird in solchen Netzen sehr groß. Die größte, mittlere, praktisch ausgeführte Anschlußleitungslänge bestand in Hamburg mit über 6 km.

Die Sa-Technik schafft die Möglichkeit der Dezentralisation, ohne die Nachteile erhöhten Personalbedarfes, oder apparatentechnischen Bedarfes in Kauf nehmen zu müssen. So entsteht bei Umstellung auf Sa-Betrieb zunächst die Frage, wieviele Sa-Ämter sollen in dem Ortsfernsprechnetz errichtet werden und wohin sollen sie verlegt werden? Es gilt daher, das Stadtgebiet in zweckmäßiger Weise so aufzuteilen, daß das neu entstehende Sa-Netz ein Minimum von leitungstechnischen, apparatentechnischen und Betriebskosten ergibt. Die Lösung hängt ab von der Größe des Stadtgebietes und von dessen Form, von der Möglichkeit der Unterbringung der einzelnen Vermittlungsstellen, allenfalls der Grunderwerbung und von den Kosten, welche die Umstellung des vorhandenen Leitungsnetzes auf die künftige Form erfordert. Zweifellos hat die bestehende Leitungsform auf die künftige Ausführung einen gewissen Einfluß, jedoch muß die Planung auf weite Sicht vorgenommen werden, auch wenn sich im Augenblick erhöhte Umbaukosten ergeben.

Wir betrachten zunächst die Aufgabe für ein Stadtnetz mit etwa 20 000 Teilnehmern im Augenblick der Umstellung. Ein derartiges Netz ist als Hunderttausendsystem zu planen und sollen 8—9 Vermittlungsstellen für je 10 000 Anschlußorgane, entsprechend den 10 Dekaden, welche der Hebdrehwähler liefert, geschaffen werden. Inwieweit diese Zehntausendereinheiten ihre Gebiete durch Teilämter I. und II. Grades weiter versorgen, hängt von der Form der Stadtbezirke und der Verteilung der Sprechstellen auf dieselben ab. Alle größeren Städte und die angegebene Teilnehmerzahl entspricht in Deutschland einer Stadt

von 300000—400000 Einwohnern, haben in ihrer Mitte ein Gebiet
dichtester Besiedlung und regsten Geschäftslebens, die City nach eng-
lischer Ausdrucksweise. Hier herrscht die größte Teilnehmerdichte und

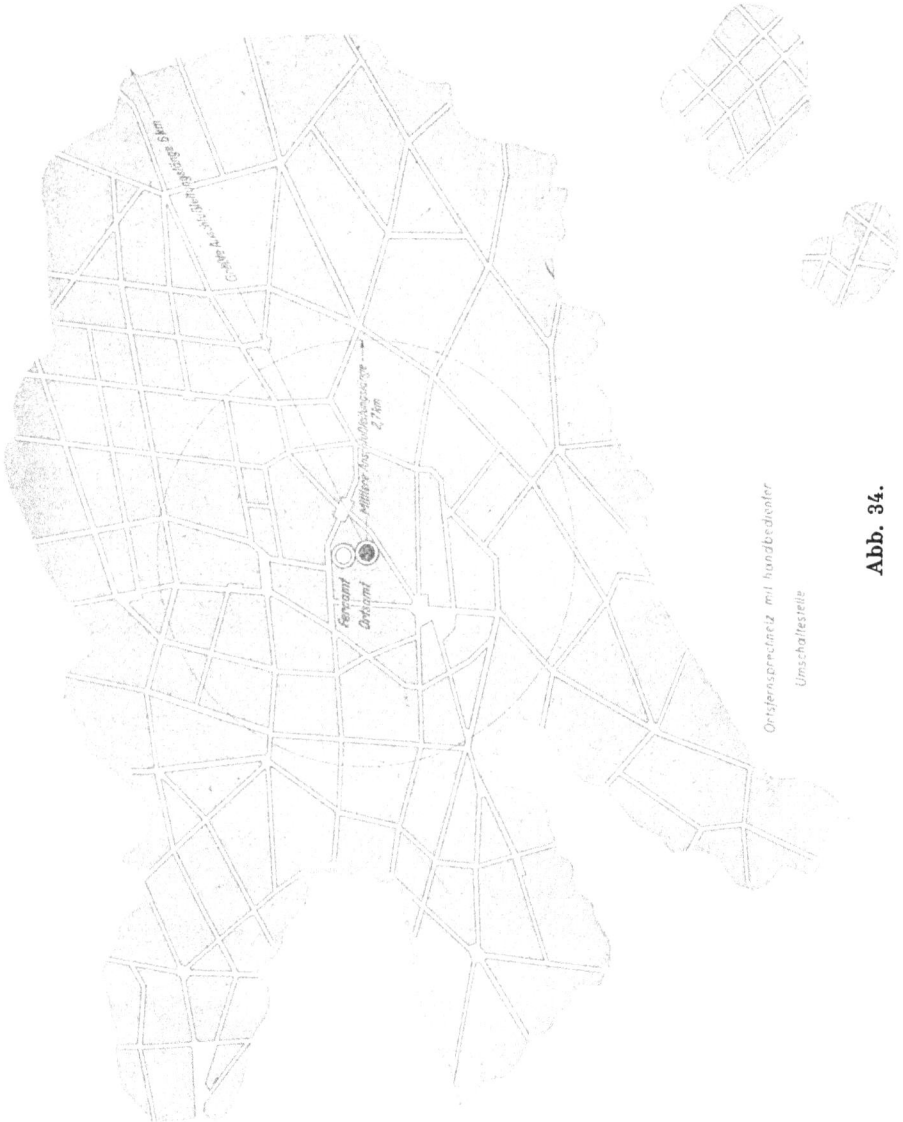

Abb. 34.

ist der rascheste Teilnehmerzugang zu erwarten. Dieses Gebiet muß so
abgegrenzt werden, daß es für die gleiche Zahl von Jahren Anschlußmöglichkeit verbürgt wie die Außenbezirke und muß unter Umständen
mehr als eine Zehntausendereinheit erhalten. Gewöhnlich ergibt sich

5*

eine natürliche Abgrenzung durch die Straßenzüge, Flußläufe, Anlagen und dgl. Die Teilnehmer liegen in diesem Gebiet in der Regel so dicht, daß es nur eine geringe Flächenausdehnung erhalten kann, die mittlere Anschlußleitungslänge wird an und für sich in diesem Gebiet besonders klein und so können unbedenklich mehr als eine Zehntausendereinheit in einem Gebäude vereinigt werden. Rings um dieses Verkehrszentrum, welches in der nebenstehenden Abb. 35 mit I bezeichnet ist, müssen sektorartig 5—7 umliegende Stadtbezirke abgeteilt werden, welche in dem angenommenen Bild mit II—VI bezeichnet sind. In jeden dieser Bezirke soll ein Vollamt, allenfalls mit mehreren Teilämtern so verlegt werden, daß sich ein Minimum von Leitungskosten ergibt. Dabei ist zu beachten, daß starke Kabelstränge pro Leitung weniger kosten als schwache, so daß der Ort geringster Leitungskosten nicht ganz mit dem Ort geringster Leitungslänge zusammenfällt. Insoweit die Bebauung eines Stadtgebietes zeitlich fortschreitet, insbesondere in der Peripherie der Stadt kann mit der Zeit eine gewisse Verschiebung des günstigsten Lageortes eintreten und weil diese Verhältnisse auf 20 Jahre nur ungefähr festgestellt werden können, so kann auch die Platzauswahl nur auf 100 bis 500 m genau erfolgen. Sie ist überdies abhängig von der Möglichkeit, einen Unterbringungsort, allenfalls einen Bauplatz zu erwerben. Bei der Planung für mehrere Jahrzehnte voraus bedient man sich zweckmäßig der Bebauungspläne, welche die Stadtbauämter entwickeln und welche einerseits geplante Wohnungsgebiete, Zusammenlegung von Fabrikgebieten, Entwicklung des Straßenbahnnetzes, des Eisenbahnnetzes und dgl. enthalten. Kreisförmig, wie die theoretische Idealform des Anschlußbereiches wäre, kann nur der zentrale Stadtbezirk abgegrenzt werden. Die Randgebiete sind in ihrer Flächenform völlig vom Stadtbild abhängig. Man kann die günstigste Lage der Vollämter für diese Gebiete nicht ermitteln, ohne sich sogleich über die Lage ihrer Teilämter klar zu sein. So wird man beispielsweise, wie in Abb. 35 gezeigt, den Stadtbezirk III in vier Unterbezirke unterteilen, deren dichtester 1 unmittelbar an das Vollamt selbst angeschlossen wird. Der Stadtbezirk 2 wird von einem Teilamt I. Grades, der Bezirk 3 von einem Teilamt II. Grades versorgt werden, ebenso der Bezirk 4 von einem Teilamt I. Grades. Es ist ein Grundsatz, daß mit zunehmender Entfernung vom Mittelpunkt der Stadt die Teilnehmerdichte ungefähr proportional abnimmt. Und so werden die Teilamtsbezirke bei ungefähr gleicher mittlerer Anschlußleitungslänge ungefähr gleiche Flächengebiete erhalten, andererseits aber, wie es dem Teilamtsaufbau entspricht, nach außen immer geringere Anschlußzahl.

Beliebig weit aber kann auch die Dezentralisation im Sa-Betrieb nicht getrieben werden. Jedes Amt erfordert seinen hochbautechnischen Aufwand für die Unterbringung, erfordert seine Stromlieferungsanlage und seine gesonderte Unterhaltung, wenn auch in den kleinsten Ämtern eine dauernde Bedienung erspart werden kann. Wenn sich also durch Aufteilung in mehrere Ämter auch die Wählerzahl nicht vermehrt, so

vgl. ETZ. 25 H 22. Telephontechn. Betrachtungen anläßlich der Neugestaltung der Telephonanlage Nürnberg-Fürth v. ORR. Fritz Schmid, München.

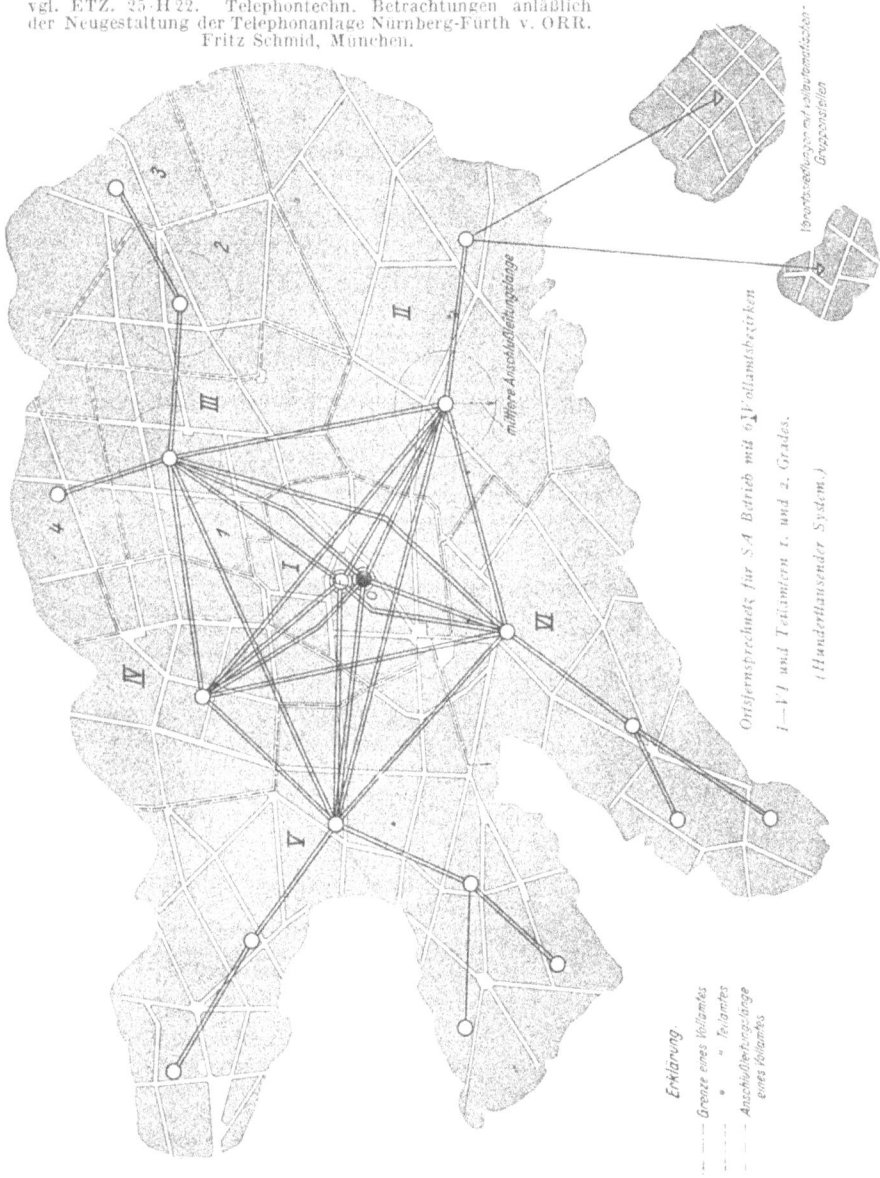

Abb. 35. Stadtplan mit dezentralisiertem Ortsfernsprechnetz.

entstehen doch zusätzliche Kosten für Unterbringung, Bedienung und Stromversorgung. Immerhin kann in einem Stadtnetz, welches bei absoluter Zentralisation und Handbetrieb eine mittlere Anschlußleitungslänge von 3—4 km besaß, dieselbe auf 1,5—1,7 km verringert werden, so daß sich für den Teilnehmer eine Einsparung von etwa 150 M. ergibt. Früher war es üblich, die Lage der Vermittlungsstelle nach einer sog. Schwerpunktsmethode festzulegen, diese berücksichtigt aber nur die mittlere Anschlußleitungslänge, nicht den Umstand, daß mit zunehmender Aderzahl der Leitungspreis sich vermindert. Es werden also die dichten Gebiete zu klein, die Peripheriegebiete, in den jeder km höhere Kosten verursacht, zu groß bemessen. Die Vermittlungsstellen müssen unter Berücksichtigung des Kabelpreises weiter vom Verkehrsschwerpunkt gegen die Randgebiete verschoben werden.

Anderseits verlangt ein Minimum von Leitungsbedarf auch die Berücksichtigung der Verbindungsleitungen. Für ein Netz mit n Vollämtern sind, wie die Abb. 35 zeigt, $n \cdot (n-1)$ Verbindungsleitungsstränge erforderlich. Und diese Leitungskosten werden wieder um so größer, je weiter die Vollämter vom Verkehrsschwerpunkt entfernt liegen, so daß die Forderung minimaler Leitungskosten die Lage des Amtes näher gegen den Schwerpunkt rückt. Unter Berücksichtigung aller dieser Momente muß auf Grund eines Stadtplanes, eines Kabelversorgungsplanes, unter Umständen unter teilweiser Berücksichtigung des vorhandenen Kabelnetzes eine Kostenrechnung aufgenommen werden, welche das Minimum an Leitungskosten und damit die Lage der Ämter ergibt. Das Fernamt wird mit dem zentral gelegenen Amt verbunden, oder in dessen Nähe untergebracht. Außerordentlich zweckmäßig ist es, wenn es im gleichen Gebäude gelegen ist.

Neben der Zahl der Verbindungsleitungsstränge zwischen den einzelnen Ämtern ist die Zahl der Einzelleitungen dieser Stränge, also die Stärke dieser Stränge von Einfluß. Man spricht von einem Interessenfaktor eines Amtes, bezogen auf ein anderes und versteht darunter den Bruchteil des Verkehrs, gemessen am Gesamtverkehr des Amtes, welcher zu dem betreffenden Amt strebt. Es ist in der Zeit der Handamtstechnik meist sehr schwer, gute Unterlagen für die später nach erfolgter Dezentralisation sich entwickelnden Interessenfaktoren zu erhalten.

Die Teilämter erhalten nur Verbindungsleitungsstränge zu ihrem zugehörigen Vollamt, die Teilämter II. Grades zu ihrem Teilamt 1. Grades. Kleinste Teilämter, wie sie etwa in weitentlegene Siedlungsanlagen hinein verlegt werden, erhalten unter Umständen nur ein Verbindungsleitungsbündel, über welches im Wechselverkehr die Verbindungen beider Richtungen geleitet werden. Die anderen Teilämter erhalten zwei Leitungsbündel, ein ankommendes und ein abgehendes. Für ganz kleine Versorgungsgebiete weitentlegener Wohnungsanlagen kommen vollautomatische Gruppenstellen in Frage, wie sie im Bezirk II angedeutet sind, welche den Anschluß von 10 Teilnehmern an eine, zwei oder drei Verbindungsleitungen gestatten.

Es entsteht nun die Aufgabe, für alle in einem derartigen Netz möglichen Verbindungen den Wähleraufbau festzulegen, so daß aus diesem wieder das Zusammenwirken der Schalteinrichtungen ersehen werden kann. Man nennt Pläne, welche diese hintereinander, in einer Verbindung enthaltenen Wählergattungen erkennen lassen, Wählerübersichtspläne und benützt diese zur Festlegung und Beurteilung der Schaltungen.

Andererseits muß das Nebeneinander der in jeder Wählerstufe für die Gleichzeitigkeit des Verkehrs benötigten Wähler ebenfalls festgelegt werden und zwar entweder durch Berechnung oder nach Erfahrungswerten aus der Handamtszeit und die Zahl der in jeder Wählerstufe benötigten Wähler wird in den sog. Gruppenverbindungsplänen zusammengestellt. Die Gruppenverbindungspläne lassen dann zugleich die Beschaltung der einzelnen Wählerhubstufen erkennen und bilden die Grundlage für die Bestellung der Wählerzahlen, wenn die Wählerübersichtspläne die zu bestellenden Schalteinrichtungen liefern. Für die Berechnung der Wählerzahlen ist eine umfangreiche Wissenschaft, die sog. Verkehrstheorie entwickelt worden, die in einem späteren Abschnitt besonders behandelt werden soll. Hier sei nur erwähnt, daß man die Teilnehmerzahl, die durch den Teilnehmer pro Tag erzeugten Anrufe und Belegungen auf die Hauptverkehrsstunde anteilmäßig verrechnet und daß man so zu gewissen Verkehrswerten für jede Wählerstraße kommt, für welche aus Erfahrungskurven die benötigten Wählerzahlen abgegriffen werden können. Hier sollen nur mittlere Erfahrungswerte angegeben werden. Die ersten Vorwähler des Teilnehmers müssen entsprechend der Teilnehmerzahl, also 100% vorgesehen werden. Da die Ämter einen jährlichen Zugang von etwa 5—10% erfahren und man nicht fortgesetzt bauen und erweitern will, werden etwa Reserven für 3 Jahre, d. h. in der Höhe von 15—30% der am Tage der Einschaltung vorhandenen Anschlüsse vorgesehen. Die II. Vorwähler vereinigen die Verkehrswerte mehrerer Hundertergruppen, wie wir in einem späteren Abschnitt bei Besprechung der Mischung und Verschränkung sehen werden und es sind im Amt etwa 10—15% erforderlich. Ämter mit mehr als 2000 Anschlußorganen werden in Zweitausendergruppen unterteilt, die hinsichtlich Unterhaltung und Internverkehr selbständige Einheiten für sich bilden. Hinsichtlich des ankommenden und abgehenden Verkehrs zwischen anderen Ämtern mischen sich die Verkehrswerte der einzelnen Zweitausendergruppen wieder zu einem einheitlichen Amt. Die II. Gruppenwähler teilen sich nun in interne und ankommende, interne, entsprechend dem Prozentsatz des Verkehrs, der im eigenen Amt bleibt und ankommende, entsprechend des Zahl, der aus den verschiedenen Vollamtsrichtungen ankommenden Verbindungsleitungen. An jeder ankommenden Leitung liegt fest ein ankommender II. Gruppenwähler. Die Zahl der internen Gruppenwähler hängt von dem Prozentsatz des Internverkehrs ab und beträgt 4—8%, die III. Gruppenwähler sind entsprechend dem Dekadenaufbau des Systems bereits nach Tausendergruppen getrennt und müssen etwa mit 8—12% vorgesehen werden. Die Leitungswähler gliedern sich nach Hundertergruppen und müssen mit 12—15%, in größten Ämtern bis 20% bemessen werden. Es entspricht den Gesetzen der Wahrscheinlichkeitsrechnung, daß der Prozentsatz der bereitgestellten Schalteinrichtungen um so kleiner wird, eine je größere absolute Zahl zur Verfügung steht. Man kann von 2000 Teilnehmern leichter sagen, daß höchstenfalls 100 gleichzeitig sprechen, als von 100 Teilnehmern, daß nie mehr als 5 gleichzeitig sprechen. Man spricht von einem Wählerbündel oder Leitungsbündel, wenn eine Vielzahl von Schalteinrichtungen oder Leitungswegen zur Bewältigung einer bestimmten Verkehrsgröße zur freien Auswahl zur Verfügung steht. Die Ausnützung eines Bündels wird also um so günstiger, je größer es ist.

Ist die Zahl der für Internverbindungen benötigten Wähler festgelegt, so erfolgt die Berechnung der Wählerzahlen für den Verbindungsverkehr und schließlich für die Teilämter.

Das Teilamt ist ein örtlich aus dem Vollamt herausgenommener Teil und kann je nach seiner Teilnehmerzahl verschiedene Wählerstufen enthalten. Zum Aufbau seiner Verbindungen, auch seiner Internverbindungen nimmt es die Wähler des Vollamts teilweise in Anspruch, daher sein Name. Wenn der rufende Teilnehmer aushängt, so wird die Verbindung selbsttätig in das zugehörige Vollamt durchgeschaltet, in dem der I. Einstellwähler steht, genau wie wenn der Teilamtsteilnehmer an das Vollamt angeschlossen wäre. Denn nur von den Hubdekaden dieses I. Gruppenwählers aus sind strahlenförmig alle Verbindungswege zugänglich. In ankommender Richtung zweigen die Verbindungsleitungen zum Teilamt entweder hinter dem II., III. oder IV. Gruppenwähler ab, je nach der Größe des Teilamts und führen im Teilamt, wenn es nur 100 Teilnehmer besitzt, unmittelbar an Leitungswähler, wenn es 1000 Teilnehmer besitzt, an ankommende III. Gruppenwähler, hinter denen Leitungswähler liegen. Ist an das Teilamt ein Teilamt II. Grades angeschlossen, so zweigt von einer Hubdekade des III. oder IV. Gruppenwählers ein Leitungsbündel nach diesem Teilamt II. Grades ab und führt dort bei 100 Anschlußmöglichkeiten an ankommende Leitungswähler, bei 1000 Anschlußmöglichkeiten an ankommende Gruppenwähler. Auch der Teilnehmer des Teilamtes II. Grades wird beim Aushängen sofort durch das Teilamt I. Grades hindurch in das Vollamt durchgeschaltet an den I. Gruppenwähler. Eine wichtige Frage ist für die Teilämter der Aufbau einer Internverbindung, also der Aufruf des Teilnehmers des eigenen Teilamtes. Zunächst muß eine derartige Verbindung von dem beim Aushängen belegten I. Gruppenwähler über II. Gruppenwähler und ankommende Verbindungsleitung wieder in das Teilamt zurückkehren, also 2 Verbindungsleitungen unnötig belegen. Wenn der Internverkehr eines solchen Teilamtes nur wenige Prozent, 2—5% etwa beträgt, so ist dies wirtschaftlich tragbar und gerechtfertigt. Wenn aber der Prozentsatz des Internverkehrs höher steigt, und wenn die Länge der Verbindungsleitungen wächst, so wird der Bedarf an Leitungen für Blindbelegungen so kostspielig, daß sich eine Einrichtung lohnt, um bei Internverbindungen nach erfolgtem Verbindungsaufbau die ankommende und abgehende Verbindungsleitung abzustoßen, gewissermaßen zu überbrücken und in diesem Falle spricht man von einem Teilamt mit Überbrückungsverkehr, wenn das andere ein Teilamt ohne Überbrückungsverkehr war. Dabei ist bei Teilämtern II. Grades auch für den Verkehr mit dem Teilamt I. Grades je nach Zweckmäßigkeit Überbrückung in diesem Teilamt möglich, wenn der gerufene Teilnehmer dort angeschlossen ist. Haben wir nun alle Ämterverbindungsmöglichkeiten kennengelernt, so sollen diese an Wählerübersichtsplänen kurz betrachtet werden (Abb. Anh. 36).

In erster Linie soll das Vollamt A, welches für einen Anfangsausbau von 2600 Teilnehmern (also für einen Endausbau von 10000) bemessen ist, näher betrachtet werden. Eine Teilnehmersprechstelle liegt am I. Vorwähler, wenn es sich um einen Zwischenstellenumschalter handelt unter Vorschaltung einer Speisespule Sp; hinter dem I. Vorwähler folgt ein II. Vorwähler, dann der I. Gruppenwähler, der in dem Wählerübersichtsplan, wie alle Hebdrehwähler mit zwei Kreisbogen bezeichnet wird. Diese deuten also die zwei Bewegungsarten an. Es gibt eine ganze Reihe von I. Gruppenwählern, welche den verschiedensten Aufgaben dienen, dem Internverkehr, dem ankommenden Verkehr von Teilämtern, dem aus dem Fernamt ankommenden Ortsvermittlungsverkehr, dem Anschluß größerer vollautomatischer Nebenstellenanlagen. Die Kontakte dieser Hebdrehwähler sind unter sich vielfach geschaltet, wie dies durch die dargestellten Sammelschienen angedeutet werden soll, welche auch den Eintrag der Dekaden enthalten. Von diesen Sammelschienen strahlen nun die Wege aus zu den Vollämtern des gleichen Stadtnetzes, von denen im Wählerübersichtsplan eines, F, angedeutet ist. Nach Art der Darstellung würde dasselbe an der 5. Hubstufe des I. Gruppenwählers erreicht werden, also die Nummer 50000 besitzen. Es zeigt sich weiterhin, daß das eigene Vollamt A die Rufnummer 60000 besitzt, denn von Sammelschiene 6 aus geht die Verbindung zu dem internen II. Gruppenwähler in das eigene Vollamt. Auch II. Gruppenwähler sind in größerer Zahl vorhanden, neben dem internen Gruppenwähler, aus dem 50000er Vollamt ankommende und wenn wir noch weitere Vollämter, G, H usw. voraussetzen, so besitzt jede Leitung, welche von einem solchen Vollamt in das Vollamt 60000 führt, einen ankommenden II. Gruppenwähler, welcher mit den internen vielfach geschaltet ist. Hinter den II. Gruppenwählern erscheinen wieder als

Sammelschienen die vielfach geschalteten Kontaktbänke und lassen erkennen, welche Tausenderdekaden unmittelbar in dem 60000er Vollamt liegen und welche zu den Teilämtern des Vollamtes führen. Es zeigt sich hier, das 60000, 61000 und 63000 im eigenen Vollamt bleibt, während 66000 zu dem Teilamt ohne Überbrückungsverkehr B, 67000, 68000 und 69000 zu den Teilämtern mit Überbrückungsverkehr C, D und E führt. Die Aderzahlen sind dabei durch Querstriche angedeutet und man sieht, daß zum Teilamt B, welches offenbar nahegelegen ist, dreiadriger Verkehr führt, während zu den anderen mit Überbrückungsverkehr ausgerüsteten, also ferner gelegenen Teilämtern zweiadriger Verkehr mit vorgeschalteten Übertragern verwendet ist. Von den internen Dekaden des Vollamts aus geht es zu den III. Gruppenwählern des einzelnen Tausenders und über diese zu den Leitungswählern. Das Fernamt stellt mit seinem Verkehr gewissermaßen ein Vollamt des Stadtnetzes dar und besitzt seine ersten ankommenden Einstellwähler, die hier als I. Ferngruppenwähler bezeichnet werden und mit den I. Gruppenwählern des Vollamts vielfachgeschaltet sind. Für die vom Fernamt aufzubauenden Ortsverbindungen mischt sich also der Verkehr an der Kontaktbank des I. Gruppenwählers mit dem gewöhnlichen Ortsverkehr. Ausgeschieden und besonders schaltungstechnisch behandelt wird er nur, wie erwähnt, durch das Fernkriterium, welches auf den Ortsfernleitungswähler wirkt. Ein Teil des Fernamts ist das sog. Meldeamt, wo die Ferngespräche angemeldet werden, eine Verkehrseinrichtung, welche den aus dem Ortsnetz zum Fernamt strebenden Verkehr enthält. In dem vorliegenden Schaltbild ist dieser Verkehr über die 10. Hubstufe des I. Gruppenwählers, also über die Dekade O geleitet.

Teilamt ohne Überbrückungsverkehr B besitzt I. und II. Vorwähler, dahinter besondere Übertrager für Speisung des rufenden Teilnehmers aus der Teilamtsbatterie. Es werden also von den Aufgaben des I. Gruppenwählers, die der Speisung und damit auch der Impulsübertragung herausgenommen und in dem Teilamt belassen, so daß der dahinter gelegene I. Gruppenwähler des Vollamtes, der hier den Namen ankommender Gruppenwähler führt, die Schaltung eines gewöhnlichen II. Gruppenwählers erhält. Es wäre unzulässig, den Teilnehmer aus dem Vollamt zu speisen, weil dadurch die Speisestromstärke allzusehr von der Leitungslänge abhängig wäre. Der Übergang vom Teilamt in das Vollamt erfolgt also an jener Stelle, wo durch die beiden Vorwahlstufen die größtmögliche Zusammenfassung zu einem einzigen abgehenden Leitungsbündel erfolgt ist. So benötigen die abgehenden Verbindungsleitungen auch nur eine Zahl von 2—5% der angeschlossenen Teilnehmer. Der ankommende Verkehr geht im Teilamt unmittelbar an den III. Gruppenwähler und über diesen an den Ortsfernleitungswähler. Der ganze interne Verkehr muß den Umweg über das Vollamt nehmen, belegt also eine abgehende Verbindungsleitung, den ankommenden Gruppenwähler, den II. Gruppenwähler im Vollamt und eine abgehende Verbindungsleitung zum Teilamt. Wie bereits erwähnt, kann diese Blindbelegung nur dann vertreten werden, wenn der Prozentsatz der internen Verbindungen nur etwa 2—3 v. H. ausmacht und die Leitungslänge vom Vollamt zum Teilamt gering ist.

Teilamt mit Überbrückungsverkehr C enthält den gleichen I. Vorwähler, wie die vorbeschriebenen Ämter, dahinter aber einen II. Vorwähler für Umsteuerung. Derselbe besitzt zwei ineinandergeschobene Kontaktbänke, eine sog. interne Kontaktbank und eine abgehende Kontaktbank, so bezeichnet nach den daran angeschlossenen Schaltorganen, den internen Gruppenwählern, bzw. abgehenden Übertragern. Auch beim Teilamt mit Überbrückungsverkehr wird beim Aushängen die Verbindung sofort in das Vollamt durchgeschaltet, weil nur vom I. Gruppenwähler des Vollamtes aus alle Verkehrsrichtungen offenstehen. Im Teilamt wird aber im Speisungsstromkreis des abgehenden Übertragers ein Kennzeichen dafür festgehalten, ob die Verbindung eine interne ist. Ein zweiter Kontakt des Impulsrelais (der erste überträgt die Impulse an den Gruppenwähler des Vollamtes) betätigt einen kleinen Drehschalter, auf den die ersten Impulsreihen als Drehschritte summiert werden. Teilamt C hat die Rufnummer 68000. Wenn der Teilnehmer erst 6 Stromstöße schickt, daran anschließend 8 und der Drehschalter somit 14 Drehschritte gemacht hat, so ist die Verbindung als intern gekennzeichnet und der abgehende Übertrager veranlaßt auf den II. Vorwähler zurückwirkend, daß dieser nochmals anläuft und jetzt über die zweite, die interne Kontaktbank auf einen internen Gruppenwähler prüft. Den kleinen Drehschalter des abgehenden Übertragers bezeichnet man als Mitlaufwerk. Die Kontaktbankausscheidung des II. Vorwählers geschieht dadurch, daß die abgehenden Ausgänge einen Prüfstromkreis am c-Ast des II. Vorwählers besitzen, die internen am d-Ast. Bei Umsteuerung von abgehendem Verkehr auf internen Verkehr wird zunächst der Prüfstromkreis des II. Vorwählers vom c-Ast auf den d-Ast umgeschaltet. Da das Prüfrelais im c-Ast unterbrochen zum Abfallen kommt, beginnt der Wähler neuerdings zu drehen, bis er über den neuen Prüfstromkreis am d-Ast auf eine interne Leitung prüfen kann, an der ein interner Gruppenwähler liegt, welcher der Schaltung nach ein I. Gruppenwähler wie im Vollamt ist, dem Stande des Verbindungsaufbaues (der Wahlstufe) entsprechend dagegen ein III. Gruppenwähler. Sobald die Umsteuerung vom c-Ast auf den d-Ast vollzogen ist, wird die abgehende, während des Verbindungsaufbaues blindgelegte Leitung wieder freigegeben und das Mitlaufwerk zurückgestellt.

Ist die Verbindung dagegen keine interne, sondern führt in ein Vollamt oder anderes Teilamt des Ortsnetzes, so entscheidet sich dies spätestens nach Wahl der zweiten Ziffer. Bei allen anderen Schrittzahlen, außer 14, wird das Mitlaufwerk dann stillgesetzt und die Verbindung läuft über den abgehenden Übertrager an den ankommenden Gruppenwähler im Vollamt, wie im Falle des Teilamts ohne Überbrückungsverkehr. Wenn die Rufnummer des Teilamts 68000 ist, so kann bei Wahl von 2, 3, 4 und 5 an erster Stelle sofort das Stillsetzen des Mitlaufwerkes erfolgen, welches von der Kontaktbank selbst veranlaßt wird. An all den Kontakten, außer 6 und 14 wird im Stillstand dieses Stillsetzen durch Erregung eines Relais bewirkt, welches den Impulsstromkreis zum Drehmagneten öffnet. 6 ist eine sog. Raststellung, von der der Wähler weiterdreht, 14 wirkt unmittelbar zurück auf den II. Vorwähler zum Zwecke der Umsteuerung.

Teilamt II. Grades für Umsteuerung K besitzt genau die gleichen Schaltungen wie ein Teilamt I. Grades, nur ist es in der Regel kleiner und besitzt keine Gruppenwählerstufe. Die ankommenden Leitungen führen unmittelbar auf den Ortsfernleitungswähler, für den internen Verkehr ist eine andere Wählergattung mit beiderseitiger Speisung benötigt. Die Unterschiede, welche dem Teilamt den Charakter eines Teilamtes II. Grades geben, liegen in seinem zugehörigen Teilamt I. Grades oder Knotenamt und bestehen darin, daß seine abgehenden Verbindungsleitungen nicht unmittelbar in das Vollamt an den ankommenden Gruppenwähler verlaufen, sondern zunächst in das Knotenamt, in dem noch einmal ein Umsteuerwähler, der sog. Richtungswähler gelegen ist, welcher die abgehenden Verbindungsleitungen des eigenen Amtes mit denen des Teilamtes II. Grades mischt. Diese Zusatzeinrichtungen zeigt das

Knotenamt E. Dieses ist für seine eigenen Teilnehmeranschlüsse ein Teilamt I. Grades mit allen hierfür bereits beschriebenen Schalteinrichtungen. Daneben besitzt es für sein Teilamt II. Grades an jeder von diesem ankommenden Verbindungsleitung einen Richtungswähler, der II. Vorwähler für Umsteuerung und Mitlaufwerk zugleich ist. Eine Impulsaufnahmeeinrichtung, welche an dem Impulsstromkreis des ankommenden Gruppenwählers parallel abgezweigt ist, nimmt das Kennzeichen dafür entgegen, daß die Verbindung in das Vollamt strebt, oder in das Knotenamt und veranlaßt im letzteren Fall die Umsteuerung seines starr zugeordneten Vorwählers von der abgehenden auf die interne Kontaktbank, an der ein ankommender Gruppenwähler für den Verkehr Teilamt — Knotenamt vielfachgeschaltet mit dessen I. Gruppenwähler, aber mit den Schalteinrichtungen eines gewöhnlichen II. Gruppenwählers liegt. Da die vom Knotenamt in das Vollamt verlaufenden, abgehenden Verbindungsleitungen einmal von Teilnehmern des Knotenamtes, ein andermal von Teilnehmern des Teilamtes II. Grades in Anspruch genommen werden, muß an der Parallelschaltungsstelle ein Sperrübertrager eingefügt werden, welcher bei Inanspruchnahme der Leitung durch das Mitlaufwerk diese gegen den Richtungswähler zu sperrt, bei Inanspruchnahme durch den Richtungswähler gegen das Mitlaufwerk.

Der Verkehr zum Teilamt II. Grades geht von einer Hubdekade des an-kommenden III. Gruppenwählers im Knotenamt aus über Übertrager für zweiadrigen Verbindungsverkehr zum ankommenden Leitungswähler. Die Schalteinrichtungen selbst sollen in diesem Zusammenhang kurz wiedergegeben werden.

Der II. Vorwähler für Überbrückungsverkehr ist nach Schaltbild 38 ausgeführt (Abb. Anh. 38). Neben den grundsätzlichen Schalteinrich-tungen des II. Vorwählers, enthält er lediglich ein Umsteuerrelais U, welches im d-Ast gelegen ist. Vom I. Vorwähler über c-Ast belegt, bringt er das R-Relais zum Ansprechen und dieses betätigt mit Kontakt r_{II} den Drehmagneten. Gleichzeitig wird durch Kontakt r_{II} im c-Ast das T-Relais zur Prüfung angeschaltet und zwar mit voreilendem Kon-takt, so daß bei freier Leitung das T-Relais ansprechen kann, ehe der Vorwähler noch einen Schritt zu machen braucht. An dem c-Ast liegen die Übertrager für abgehenden Verkehr. Über den d-Ast besteht eine Hilfsverbindung zum Umschaltekontakt des Mitlaufwerkes. Es wird also zunächst in freier Wahl eine abgehende Leitung belegt, das T-Relais schaltet a- und b-Arm durch. Wenn nun der Übertrager für abgehenden Verkehr das Kennzeichen für Umsteuerung auf die interne Kontakt-bank gibt, so erregt er durch Erdung des d-Astes das U-Relais und dieses schaltet mit Kontakt u_I den Prüfstromkreis auf den d-Ast um. Durch Kontakt u_{III} wird das R-Relais gedämpft, so daß es abfallver-zögert wird, überdies wird der Haltestromkreis des I. Vorwählers auf die Arbeitsseite des Kontaktes r_{III} umgeschaltet. Von t_I ist das R-Relais über den parallelen Weg zu U 1000 gehalten und der Dreh magnet wird neuerdings betätigt, wobei die Prüfung des T-Relais über den d-Ast erfolgt, an welchem nur interne Leitungswähler angeschlossen sind. Ist die Prüfung erfolgt, so spricht das T-Relais neuerdings an, schaltet die während der Drehbewegung unterbrochenen a- und b-Arme wieder durch und nunmehr kommt das R-Relais zum Abfall. Das U-Relais dagegen bleibt mit U 6,5 im d-Ast erregt. Die Auslösung erfolgt durch Unterbrechung des Prüfstromkreises vom abgehenden Über-trager im c-Ast, vom internen Leitungswähler aus im d-Ast. Dabei erfolgt eine Drehbewegung nicht mehr, der Vorwähler bleibt in der Kon-taktbank stehen. Es hängt ganz von dem Verhältnis des internen Ver-kehrs zum abgehenden Verkehr ab, wie interne Ausgänge und abgehende Ausgänge auf die Drehschritte verteilt werden. Am zweckmäßigsten ist im Interesse kürzester Laufzeit eine Abwechslung von aufeinander-folgenden abgehenden Leitungen und internen Leitungen.

Prinzipschaltbild des Übertragers für Überbrückungsverkehr.
(Abb. Anh. 39).

Mit Rücksicht auf das bereits erwähnte Schaltbild des I. Gruppen-wählers, welches diesem Schaltbild in den Aufgaben wie in der Ausführung sehr ähnlich ist, kann die Beschreibung hier kurzgefaßt werden. Im c-Ast liegt das Belegungsrelais C, welches anzug- und abfallverzögert ist, anzugverzögert auf etwa 30—40 ms, abfallverzögert auf 150—200 ms. Im Speisungsstromkreis liegen A- und B-Relais. Die für das Schleifensystem allgemein angewendete Relaiskette C, V1, V2 kehrt auch im Übertrager wieder und wird nach Ansprechen des C-Relais über den c-Ast durch Kontakt c_I angeschlossen. Während der Stromstoßreihen gibt Kontakt a_{III} das V2-Relais frei, so daß dieses 10 ms nach Beginn des ersten Impulses ansprechend, bis 150 ms nach dem letzten Impuls erregt bleibt. Die Impulsübertragung erfolgt durch Kontakt a_I über den a-Ast, die Steuerung durch $v2_{III}$ über den b-Ast. Der Drehmagnet D 55 des Mitlaufwerkes wird über den zweiten Kontakt a_I des Impulsrelais schrittweise betätigt, solange das Stillsetzrelais F 1500 nicht erregt ist. Die Kontaktbank I des Mitlaufwerks besorgt die Impulsspeicherung, das Stillsetzen und die Umsteuerung. Die anderen Kontaktbänke des Mitlaufwerkes spielen die Rolle von Kopfkontakten und kennzeichnen die Arbeitsstellung, bzw. Ruhestellung. Der Übertrager wird in der Regel zweiadrig verwendet.

Die Arbeitsvorgänge sind folgende: Belegung mit Spannung über den c-Ast. C spricht an, c_I erregt V1 800 und C 150, letzteres als lokale Haltewicklung zur Aushängeüberwachung, $v1_I$ legt Erde an die b-Leitung und bewirkt dadurch die Belegung des nächsten Schaltorganes (Richtungswähler oder zweiadrig ankommender Gruppenwähler). V2 wird durch a_{III} sofort kurzgeschlossen. Über v1, Ruhestellung des Armes II, b_{III} und die Induktionswicklung ertönt Amtszeichen. Der Teilnehmer wählt, unterbricht die Schleife und wirft dadurch das A-Relais impulsweise, B während der Stromstoßreihe dauernd ab. a_I gibt die Impulse über die a-Leitung weiter, a_{III} gibt das V2-Relais frei, a_I betätigt D 55. Wenn z. B. drei Impulse gesendet werden, macht der Drehmagnet drei Drehschritte. Ist die Nummer des Teilamtes 68000, so ist durch die drei Drehschritte bereits angedeutet, daß die Verbindung keine interne ist und das F-Relais liegt wie an sämtlichen, mit n bezeichneten Kontakten auch an diesem Drehschritt an. F 1500 spricht an und setzt mit Kontakt f_{III} den Drehmagneten für diese Verbindung still, da eine Umsteuerung nicht mehr in Frage kommt. Hätte der Teilnehmer dagegen in erster Linie 6 gewählt, so würde Arm I auf dem 6. Kontakt ins Leere prüfen und das Mitlaufwerk auch die nächsten Stromstoßreihen mitmachen. Kontakt $v2_{II}$ schaltet Arm I während der Drehschritte von Erde ab, so daß dieser Arm nur im Stillstand wirken kann. Bei Wahl der zweiten Stelle 8 würde also der Drehmagnet D 55 acht weitere Schritte vorandrehen, bis auf Kontakt 14, welcher als n 2-Kontakt die Umsteuerung vollziehen würde. Es hat sich zweckmäßig erwiesen, die Umsteuerung mit der ersten Stromstoßreihe vorzubereiten, indem dabei über den Kontakt n_1 ein U-Relais erregt wird, welches sich über Kontakt u_I lokal hält. Dieses Relais kann mit u_{III} den eigentlichen Umsteuerkontakt durchschalten, so daß für den Fall, daß die gleiche Stromstoßsumme statt durch 6 + 8, beispielsweise durch 5 + 9 oder durch 7 + 7 Impulse erzeugt würde, nicht zu einer ungewollten Umsteuerung führt. Wählt der Teilnehmer 67, so erregt er zwar auch das U-Relais über n_1-Kontakt, doch bleibt dies belanglos, weil mit der nächsten Reihe dann das F-Relais erregt wird.

Fall 1: Umsteuerung: Über c_I, $v2_{II}$, $b1_I$, Kontaktbank I, Kontakt n2, (Schritt 14) u_{III} wird über ein S 1500-Relais, das im Schaltbild des II. Vorwählers erwähnte U-Relais betätigt und reißt den c-Ast auf. Das T-Relais im II. Vorwähler fällt ab, A und B werden stromlos und Kontakt b_I nimmt Erde vom d-Ast, so daß der II. Vorwähler nun auf einen anderen Kontakt drehen muß. Durch a_{III} kurzgeschlossen, fällt C 150 ab und etwas verzögert dagegen V1-Relais. Die Auslösung der zum Amt führenden Leitung und der daran angeschlossenen Schaltorgane erfolgt durch dauerndes Anlegen von Erde an a und Spannung an b. S 500 und V2 400 liegen nach Abfall des Kontaktes $v1_{II}$ in einem lokalen Stromkreis über die Arbeitsstellung des Schaltarmes 3 in Reihe und Kontakt $v2_{II}$ schließt den Drehmagneten an den Relaisunterbrecher zum Zwecke der Rückstellung an. Das Mitlaufwerk wird also in die Ruhestellung zurückgedreht. Dann wird S 500 und die Minusspannung über die Ruhestellung des Armes III an den b-Ast geschaltet, während gleichzeitig s_I Erde zur Auslösung an die a-Leitung legt. Sobald die Auslösung gewirkt hat, wird vom b-Ast des ausgelösten Schaltorgans die Erde vom b-Ast weggenommen und S fällt ab und schaltet mit Kontakt s_{II} den c-Ast für die neue Belegung durch, nachdem es ihn zur rückwärtigen Sperrung für die Dauer der Rückstellung unterbrochen hat.

Fall 2: Abgehende Amtsverbindung: Die erste oder zweite Stromstoßreihe hat das F-Relais erregt, Kontakt f_{III} das Mitlaufwerk stillgesetzt. Die weiteren Impulsreihen gehen durch den Übertrager hindurch, von Kontakt a_I über die a-Leitung weitergeleitet, während $v2_{III}$ Steuerspannung liefert. Nachdem der gerufene Teilnehmer ausgehängt hat, wird vom Amt Spannung an den b-Ast gelegt zur Zähleinleitung und wenn der rufende Teilnehmer einhängt und C zum Abfall kommt, wird über c_{III} das Zählrelais Z 500 betätigt und gibt mit Kontakt z_I den Zählstoß über den c-Ast weiter. Durch das darauffolgende Abfallen von V1 wird die Dauer des Zählstoßes begrenzt. Handelt es sich um eine Mehrfachzählung, so wird über die a-Leitung eine zweite Wicklung des V1-Relais, durch Anlegen von Erde an die a-Leitung erregt gehalten, während am b-Ast impulsweise Zählspannung angelegt wird. Kontakt z_I gibt diese Zählimpulse über den c-Ast weiter. Nach dem letzten Zählstoß gibt der Zähl-Übertrager die a-Leitung frei und die Auslösung erfolgt wie vorhin beschrieben.

Fall 3: Teilnehmer wählt nicht. Wenn der Teilnehmer aushängt, ohne zu wählen, so würde er die Amtsleitung unnötig belegen und
so wird eine zeitliche Überwachung eingesetzt, welche nach 15—20 Sekunden die Leitung zwangläufig freigibt. Durch einen 10-Sekunden-
schalter wird Relais I 3000 erregt. Über die Ruhestellung des Armes I
schaltet dieses Relais seine lokale Haltewicklung I 2000 an und wenn
nun ein um 10 Schritte winkelversetzter Kontakt des 10-Sekunden-
schalters bestrichen wird, so legt dieser über Kontakt 1_I Erde an den
d-Arm und betätigt die Umsteuerung auf intern bzw. eine später noch
zu beschreibende Abfangeinrichtung.

Prinzipschaltbild des Richtungswählers (Abb. Anh. 40).

Derselbe enthält, wie erwähnt, die Schaltorgane eines II. Vorwählers
für Überbrückungsverkehr, Prüfrelais (hier nicht mit T, sondern mit P bezeichnet), Anlaßrelais und Umsteuerrelais, sowie die Schaltorgane des Mitlaufwerkes, Drehwähler Dm, Abschalterelais, hier mit R bezeichnet und die
beiden Linienrelais A und B. In der vorliegenden Ausführung ist der
Richtungswähler für zweiadrigen Verkehr gedacht. Wenn der Übertrager
für Überbrückungsverkehr belegt wird, legt er seinerseits Erde an den
b-Ast und erregt im Richtungswähler C 700. Dieses schaltet mit Kontakt c_{III} Erde an das Abschalterelais R 500. c_I erdet das Prüfrelais
und c_{I0} betätigt als nacheilender Kontakt den Drehmagneten D 55.
Ist der Wähler auf einen freien Kontakt eingestellt, so kann er sofort
prüfen und sperren, ohne einen Schritt drehen zu müssen, andernfalls
dreht er über den c-Ast auf eine zum Amt führende Leitung prüfend,
bis das P-Relais ansprechend durch Kurzschluß von P 1000 die eingestellte Leitung sperren kann. Kontakt p_{II} unterbricht den Drehmagneten und setzt damit den Drehwähler still. Nun sind a- und b-
Leitung zum Amt durchgeschaltet, die beiden hochohmigen Relais
A 2000 und B 2000 liegen parallel zu den Linienrelais der Gruppenwähler und machen den Steuervorgang und die Impulsgabe mit. Die vom
A-Relais aufgenommenen Impulse werden über a_I, R 3 in den Drehmagneten des Mitlaufwerkes Dm geleitet und die Ausscheidungskon-
taktbank m_I steuert die Vorgänge. Solange das Mitlaufwerk nicht
stillgesetzt werden darf, wird R 500 am Ende einer jeden Stromstoßreihe
von neuem angelegt. Hat beispielsweise das Knotenamt die interne
Rufnummer 67, so wird am 6. Kontakt R 500 erregt gehalten. Folgt
nun anschließend daran die Wahl der Nummer 7, so wird U 2000 über
den 13. Kontakt betätigt und legt mit seinem Kontakt u_{II} den Prüfstromkreis auf den d-Ast um, so daß der Umsteuerwähler auf einer internen Kontaktbank auf einen internen Gruppenwähler prüft.

R und U halten sich dabei gegenseitig fest. Nachdem das Prüfrelais auf eine interne Leitung geprüft hat, übernimmt es das Halten
des U-Relais. Nach der nächsten Stromstoßreihe fällt durch I unter-

brochen, das R-Relais ab, das Mitlaufwerk steht still. Die Zählspannung kann auf jeden Fall über den b-Ast übertragen werden, ob nun die Verbindung zum Hauptamt oder zum internen Gruppenwähler geht. Die Auslösung des Richtungswählers erfolgt durch Anlegung von Erde an a und Spannung an b und betätigt gleichzeitig A- und B-Relais. a_{III} und b_{III} schließen die lokale Haltewicklung C 200 kurz und bringen sie zum Abfall. (Der kurzzeitige Kurzschluß während der Impulsgabe ist dazu nicht ausreichend.) Dadurch fällt das P-Relais ab und über Relaisunterbrecher eilt, betätigt durch c_{II}, das Mitlaufwerk in seine Ruhelage zurück, während der Umsteuerwähler in der Kontaktbank stehen bleibt. Solange die Rückstellung dauert, liegt über m_{II} und B 2000 Erde an der b-Leitung und wird das Sperrelais S 500 des Übertragers für Überbrückungsverkehr erregt gehalten. Ist dagegen das Mitlaufwerk in der Nullstellung angelangt, so wird C 700 an Spannung gelegt, S fällt ab, nimmt Erde von der a-Leitung und der Auslösungsvorgang ist beendet. Der Fall einer zum Hauptamt strebenden Verbindung ist dadurch gekennzeichnet, daß nach der ersten oder zweiten Stromstoßreihe R 500 zum Abfall gebracht wird (über Kontaktbank m_I), so daß durch Unterbrechung bei r_I die Abgabe weiterer Stromstöße in den Drehmagneten unterbleibt. Lediglich A- und B-Relais machen die weitere Impulsgabe im Leerlauf mit. Für die einzelnen Einstellvorgänge muß jeweils durch eine Abschaltung geprüft werden, ob auch noch Ausgänge frei sind und zwar durch eine interne Abschaltung, wenn Kontakt u_I betätigt wurde, ob noch interne Ausgänge bestehen, durch eine externe Abschaltung, damit der Umsteuerwähler nach erfolgter Belegung nicht unnötig dreht, wenn keine Leitung mehr zum Hauptamt zur Verfügung steht. In beiden Fällen wird das Besetztzeichen auf die Leitung übertragen, das Besetztzeichen für das Hauptamt allerdings erst in dem Augenblick, wo durch Abfallen des R-Relais festgelegt wurde, daß die Verbindung ins Hauptamt gestrebt hatte. Das interne Besetztzeichen wird erst benötigt, wenn die interne Umsteuerung angefordert wurde und kommt durch Nichtansprechen des P-Relais zur Abgabe. Die Sperrung des Richtungswählers gegen Auflaufen der Verbindung erfolgt durch Anlegen unmittelbarer Erde an den b-Ast, wobei im Überbrückungsübertrager das S-Relais anspricht und andrerseits seinen Zugang im c-Ast unterbricht.

Prinzipschaltbild des Speisungsübertragers für Teilämter ohne Überbrückungsverkehr (Abb. Anh. 41).

Dieser Übertrager hat lediglich die Speisung des rufenden Teilnehmers, Impulsübertragung, Zählstoßübertragung und rückwärtige Sperrung zu betätigen. Über den c-Ast belegt, betätigt er ein anzugverzögertes C-Relais und schaltet dadurch a- und b-Leitung durch und schließt in einem lokalen Stromkreis die Kette C 700, V1, V2 an. A-

und B-Relais sprechen über Schleife an (noch vor C) und über A 100 und B 100 ertönt das Amtszeichen. Mit dem ersten Impuls kommt ein J 600-Relais zum Ansprechen, welches die Rolle eines Kopfkontaktes spielt und die Arbeitsstellung des mit dem Übertrager zusammen arbeitenden ankommenden Gruppenwählers kennzeichnet. Kontakt $V1_{II}$ legt Erde an den c-Ast zum Hauptamt und dieser Übertrager wird nur dreiadrig benützt, so daß der dreiadrig ankommende Gruppenwähler belegt wird. Die Erde über das hochohmige E 6500-Relais ist nicht ausreichend, das C-Relais des Gruppenwählers zu betätigen. Die Stromstöße werden vom A-Relais aufgenommen, vom Kontakt a_{III} weitergegeben, $V2_{III}$ liefert Steuerspannung. Die am b-Ast übertragene Zählspannung betätigt nach Abfallen des C-Relais Z 500 und z_{II} gibt den Zählstromstoß an den c-Ast weiter. Die Auslösung erfolgt durch Abfallen von A- und B-Relais, wodurch erst C, dann V1 abgeschaltet wird und schließlich das J-Relais abfällt und nun ist der Übertrager rückwärts gesperrt, bis im Amt der Gruppenwähler in die Ruhelage gelangt ist. Dieser Zustand, der beim Übertrager für Überbrückungsverkehr durch die Rückstellung des Mitlaufwerkes örtlich gekennzeichnet ist, muß hier über den c-Ast zurückgemeldet werden. Der in Ruhelage zurückgekehrte Gruppenwähler legt Spannung an den c-Ast und über diese kann nach Abfallen des J-Relais E 6500 ansprechen und stellt dadurch mit Kontakt e_I den Belegstromkreis wieder her. Kontakt e_{III} betätigt die Anschaltung, e_{II} eine Beleglampe. Im Fall der Fernamtstrennung wird Erde auf a- und b-Leitung gelegt, A gehalten, B abgedrückt, damit auch V2 kurzgeschlossen und über die Kontaktkette $v2_I$, b_{III}, J 2,5 das C-Relais kurzgeschlossen und so die Auslösung bewirkt. Das J-Relais spricht im Kurzschlußstromkreis an und sorgt für richtige Durchführung der Sperrung.

Diese schaltungstechnischen Angaben werden den Wählerübersichtsplan insoweit verständlich gemacht haben, daß die Bausteine des Verbindungsaufbaues in ihrer Hintereinanderfolge klar liegen. Es handelt sich nun um die Aufstellung der (Abb. Anh. 37) Gruppenverbindungspläne. Diese sollen gewissermaßen die nebeneinander anzuordnenden Wählerzahlen der einzelnen Wählerstufen und die Dekadenbeschaltung angeben. Zunächst sei das Vollamt A betrachtet. Die Rufnummer 60000—61999 bilden zusammen eine Zweitausendergruppe, für welche 2000 I. Vorwähler vorgesehen werden müssen. Von diesen II. Vorwählern nun mit ihren 20000 Ausgängen muß eine Leitungsführung auf die wesentlich geringere Zahl von II. Vorwählern dergestalt erfolgen, daß möglichst jeder Teilnehmer jeden Gruppenwähler erreichen kann, daß die einzelnen Wähler möglichst gleichmäßige Belastung erfahren, daß die Verkehrsmöglichkeiten der einzelnen Hunderte sich möglichst vollkommen ausgleichen. Dazu werden Kabelführungspläne oder Verbindungspläne aufgestellt und werden im Amt

zwischen I. und II. Vorwähler einerseits, zwischen II. Vorwählern und
I. Gruppenwählern andererseits, Verteiler, sog. Zwischen- oder Rangierverteiler angeordnet, an denen an Hand der Verbindungspläne die
Mischung vorgenommen wird. In diesem Zusammenhang soll weder
auf die mathematischen Grundlagen der Wählerberechnung noch auf
die Ausführung dieser Mischung näher eingegangen werden. Unter
Zugrundelegung der Erfahrungszahlen, daß 12—15% II. Vorwähler benötigt werden, werden hinter den 2000 I. Vorwählern 300 II. Vorwähler
vorgetragen. Diese 15 schrittigen Drehwähler besitzen nun wieder
4500 Ausgänge, welche über einen weiteren Rangierverteiler zu den
I. Gruppenwählern geleitet werden müssen. Ein Amt der angegebenen
Größe benötigt etwa 6% I. Gruppenwähler und so sind 120 in dem
Gruppenverbindungsplan vorgetragen. Es ist nun üblich, alle unter sich
einheitlich beschalteten Wähler ein und desselben Amtes, deren Kontaktbänke also vielfach geschaltet sind, als einheitliche Wählerstufe nebeneinander zu zeichnen. Dahinter werden als kleine Kreise die einzelnen
Dekadennummern angegeben. Da das Amt die Rufnummer 60000 besitzt, liegen an der 6. Hubstufe, wiederum über einen Rangierverteiler
geleitet, die Ausgänge zu den internen II. Gruppenwählern, die in diesem
Fall in der gleichen Zahl, also ebenfalls mit 120 vorgesehen sind. Auch
mit diesem II. Gruppenwähler ist eine Reihe anderer vielfach geschaltet,
nämlich die von anderen Vollämtern ankommenden II. Gruppenwähler.
Zwischen I. und II. Gruppenwählern vollzieht sich ja der Austausch der
$n \cdot (n-1)$ Verbindungsleitungsstränge zwischen den Vollämtern. Über
die Dekaden 0,1 und 2 werden wiederum nach einem bestimmten Mi-
schungssystem die III. Gruppenwähler erreicht, die unter sich nun
schon nach Tausendergruppen unterteilt sind. Insgesamt sind 8% benötigt, also 80 für das volle Tausend. An ihnen liegen schließlich die
Leitungswähler mit 12—15 Leitungswählern pro Hundert, aufgeteilt
nach den einzelnen Dekaden.

Wenn neben der vollen Zweitausendergruppe noch eine angefangene
besteht, wie dies in dem Gruppenverbindungsplan mit 750 weiteren
I. Vorwählern angedeutet ist, so werden diese in einer weiteren Wähler-
reihe vorgetragen. Den 750 I. Vorwählern entsprechen 140 II. Vorwähler. Wegen des kleineren Bündels wird der Prozentsatz relativ
höher. 45 I. Gruppenwähler nehmen den Verkehr dieser angefangenen
Zweitausendergruppe auf. An den vielfachgeschalteten Kontaktbänken
mischt er sich mit den von den anderen Gruppenwählern zuströmenden
Verkehrseinheiten. Beim II. Gruppenwähler tritt in der gerufenen
Richtung wiederum die Spaltung in die volle Zweitausendergruppe und
die angefangene Zweitausendergruppe ein. Den I. Gruppenwählern
entsprechen an vielfach geschalteten I. Einstellwählern 100 Ferngruppenwählern, welche unmittelbar über Klinke und Übertrager vom
Fernamt aus belegt werden und die Schaltung von II. Gruppenwähler

haben, ferner die von den Teilämtern ankommenden Gruppenwähler ebenfalls mit der Schaltung von II. Gruppenwählern, soweit sie nicht zweiadrig betrieben werden.

In den Teilämtern ergibt sich, soweit sie mit Vorwählersystem eingeführt werden, entsprechend der Teilnehmerzahl ein ebensogroßer Aufwand an I. Vorwählern. Die an Verteilern gemischten Ausgänge führen zu 10—12% II. Vorwählern, zu 8—10% Übertragern und zwar im Fall des Teilamts ohne Überbrückungsverkehr B zu Übertragern für Speisung und dreiadrigen Verkehr mit dem Vollamt, bei Anwendung von Überbrückungsverkehr zu Mitlaufwerksübertragern für zweiadrige Verbindungsleitungen zum Vollamt. Von den II. Gruppenwählern des Vollamtes gehen andererseits in den betreffenden Hubdekaden 6, 7, 8 und 9 die Verbindungsleitungen zu den Gruppenwählern ab, die als ankommende Gruppenwähler in den Teilämtern liegen. Ist ein Teilamt zugleich Knotenamt, wie das Amt E, so führen die vom Teilamt II. Grades aus ankommenden Verbindungsleitungen auf Richtungswähler und von diesen über eine Kontaktbank und Sperrungsübertrager auf die zum Hauptamt abgehenden Verbindungsleitungen, andererseits über die interne Kontaktbank zu besonderen, aber in der Kontaktbank mit ankommenden und internen Gruppenwählern vielfach geschalteten Hebdrehwählern. Die Zahl hängt wieder vom Prozentsatz des internen Verkehrs ab. Der zum Teilamt II. Grades strebende Verbindungsverkehr geht andererseits von einer besonderen Hubdekade des III. Gruppenwählers aus an die ankommenden Leitungswähler.

Bau von Sa-Ämtern.

Es gibt heute Sa-Ämter von 10 und solche von mehreren Hunderttausend Teilnehmern. In Deutschland entstehen größere als für 30000 bis 40000 Teilnehmer wohl nirgends und auch diese sind dem dekadischen Aufbau der deutschen Systeme entsprechend nach Zehntausendereinheiten unterteilt. Es wird also im folgenden ein Zehntausenderamt zugrunde gelegt und als sog. großes Sa-Amt bezeichnet. Hinsichtlich der Bedienung ist also zu unterscheiden zwischen Ämtern, die Tag und Nacht bedient sind, oder vollbedienten Ämtern, solchen, die nur während der Hauptverkehrsstunden, aber täglich bedient sind, in denen der Werkmeister neben der Amtspflege auch Sprechstellenpflege zu besorgen hat, die wir als bediente bezeichnen wollen, und solchen Ämtern, die nur vorübergehend, etwa alle 14 Tage auf Stunden besucht werden, die wir als unbediente bezeichnen wollen. Kleine Ämter sind also im Sinne obiger Bezeichnung die bedienten Ämter mit 250—1000 Teilnehmern, die unbedienten Ämter mit 30—250 Teilnehmern.

Die Größe des Amtes hat auch ihre Rückwirkung auf die Unterbringung. Ein Sa-Amt ist eine so große Kapitalanlage, daß man einen

Einbau nur wagen kann, wenn der Verbleib auf mindestens 10—15 Jahre sichergestellt ist. Man wird also für Sa-Ämter von mehr als 200—1000 Teilnehmern nur eigene Gebäude, oder mit mindestens 10jährigen Verträgen angemietete Räume benützen, für größere Ämter kommen nur eigene Gebäude in Frage. Kleine Ämter mit unter 200 Teilnehmern können auch auf 3—4 Jahre notdürftig untergebracht und dann verlegt werden. Jedoch ist es zweckmäßig, auch hierfür 10jährige Mietverträge abzuschließen.

Es ist durchaus verfehlt, wenn man für die Unterbringung der Sa-Einrichtungen eigene Prunkgebäude schafft, wenn man die Einrichtungen in Straßenfront verlegt, wo vermietbare Geschäftsräume eingebaut werden könnten. Es ist ein Hauptvorzug der Sa-Technik, daß sie in den Räumen außerordentlich genügsam ist und weit geringere Anforderungen stellt, als die Unterbringung von Handämtern. Eine Wirtschaftsrechnung kann dies zugunsten der Sa-Technik mit großem Vorteil buchen und beim Bau von Sa-Einrichtungen sollen durchweg Rückgebäude, höher gelegene Stockwerke und dgl. verwendet werden.

Diese Genügsamkeit darf aber nicht dazu führen, die Lebensbedingungen der Sa-Ämter zu übersehen. Diese sind: Möglichst staubfreie Lage, gegen Witterungsstürze geschützte Räume. Andererseits bestehen gewisse Bindungen mit Rücksicht auf das Kabelnetz, auf die Unterbringung der Stromlieferungsanlagen und auf die Anordnung in der Nähe des errechneten Lagepunktes im Netzgefüge. In den meisten Fällen müssen Sa-Ämter an bedeutsame Plätze verlegt werden, mitten in das Geschäftsviertel und kommen hochwertige Bauplätze in Frage. Dann ist es zweckmäßig, die Automatik in ein Hintergebäude zu verlegen, welches eigens für ihre Zwecke errichtet wird. Bei Unterbringung in einem Stockwerk eines großen Vordergebäudes muß mit Rücksicht auf die Raumreserven zur späteren Erweiterung reichlicher Raum verschwendet werden, oder zunächst durch Einbau von Wohnungen anderweitig nutzbar gemacht werden. In einem als Zweckbau ausgeführten Hinterhaus kann unter Umständen der Erweiterung entsprechend, auch der Hochbau erweitert werden und die Wirtschaftlichkeit erhöht sich durch Vermeidung zu frühzeitiger Kapitalanlage. Ein schwieriges Kapitel ist der Einbau der Sa-Einrichtungen in bereits vorhandene Gebäude. Da die größten Städte bereits für ihre Handvermittlungseinrichtungen eigene Gebäude besitzen, die Leitungsnetze bereits zu diesen streben, ist die Unterbringung der Sa-Einrichtungen in diesen alten, durchaus nicht als Zweckbau ausgeführten Gebäuden unvermeidlich, vielfach gerade die Regel. Hier ist es nun ein besonderer Vorzug der deutschen, insbesondere der Siemensschen Sa-Einrichtungen, daß sie eine unbegrenzte räumliche Beweglichkeit besitzen, an Raumhöhe und -Breite so geringe Anforderungen stellen, daß sie in jedes alte Gebäude eingefügt werden können. Insbesondere die neue und neueste Wählerkonstruktion hat säulenartige, schmale vertikale Rahmen geschaffen, welche auch beim Vorhandensein von Kaminen, Zwischenwänden, Trägern, Säulen eine absolut befriedigende Raumausnützung ergeben. Zur Unterbringung eines Sa-Amtes sind folgende Räume in einem Gebäude benötigt:

1. **Der Kabelmuffenraum.** Dies ist jene Stelle, wo die Kabel und zwar Verbindungsleitungskabel, Teilnehmeranschlußkabel und Nebenstellenkabel aus den unterirdischen Kabelkanälen, vereinzelt auch aus oberirdischen Leitungssträngen einmünden. Die Kabel werden an Kabelverteilerpunkten auf ihrem Wege zur Vermittlungsstelle zu größeren Kabeleinheiten zusammengefaßt und in die Vermittlungsstelle münden Kabel mit bis zu 1000 Doppeladern ein. Ein Zehntausenderamt benötigt ungefähr 17000 Doppeladern ankommender Leitungen mit Reserven. Das sind ungefähr 40—50 große Kabel mit einem Querschnitt von 8—10 cm Durchmesser. Der ganze Kabelstrang ergibt also einen Querschnitt von $1/_2$ qm. Praktisch kommen die Kabel aus verschiedenen Richtungen zusammen, meist durch Zementblockstränge, welche schließlich in einem Mündungsschacht zusammengefaßt sind und von hier auf dem kürzesten Weg in den Kabelmuffenraum geführt werden. Sie enden an dem sog. Muffengestell, einem als Wandgestell oder bockförmig ausgeführten Muffenträger (Abb. 42), an welchem die Muffen nebeneinander angeordnet werden. Die Kabel müssen in diesem Raum auf 25 paarige Bleikabel umgespließt werden und diese Spließstelle wird mit sog. Überführungsmuffen überzogen. Die Überführungsmuffen werden nebeneinander teilweise auch in der Höhe versetzt nebeneinander an dem Bock oder an den Wänden angeordnet und von ihnen aus steigen die 25 paarigen Kabel empor zum Hauptverteiler in den Einführungsraum. Die einzelne Kabelmuffe benötigt eine Breite von 20—25 cm, so daß für die 50 Muffen ungefähr 12—15 m Gestellänge, bzw. Wandbreite benötigt sind. Am schönsten ist es, wenn an einem Muffenbock, der freistehend in der Mitte des Kabelmuffenraumes steht, die Muffen beiderseitig angebracht werden können und dann ergibt sich für ein Zehntausenderamt eine Länge des Bockes von 6—7 m. Mitunter wird der Abstand der Muffen so gewählt, daß die Kabel von ihnen aus senkrecht zu den Sicherungsschienen emporsteigen können, namentlich dann, wenn der Verteiler unmittelbar über dem Kabelmuffenraum angeordnet werden kann. Der Kabelmuffenbock und der Kabelmuffenraum wird dadurch etwas länger, die Verkürzung und übersichtliche Führung der abgespließten Kabel wiegt aber den Mehrbedarf an Raum auf. Bei kleineren Ämtern kann die Abmessung proportional hieraus errechnet werden.

2. **Der Einführungs- oder Hauptverteilerraum.** (Vgl. Abb. 42.) Der Hauptverteiler ist ein Gestell, an dem die einmündenden Teilnehmeranschlußleitungen, die ankommenden und abgehenden Ver-

bindungsleitungen und die Nebenstellenleitungen übersichtlich an sog. Verteilerleisten, d. h. an Lötstiftreihen angeordnet werden, um dann über eine zweite Lötstiftreihe mit den sog. Innenkabeln in den Umschalteraum weiterzuführen. Zwischen den beiden Verteilerseiten wird mit sog. fliegenden Drähten die Rangierung vorgenommen, d. h. zwischen

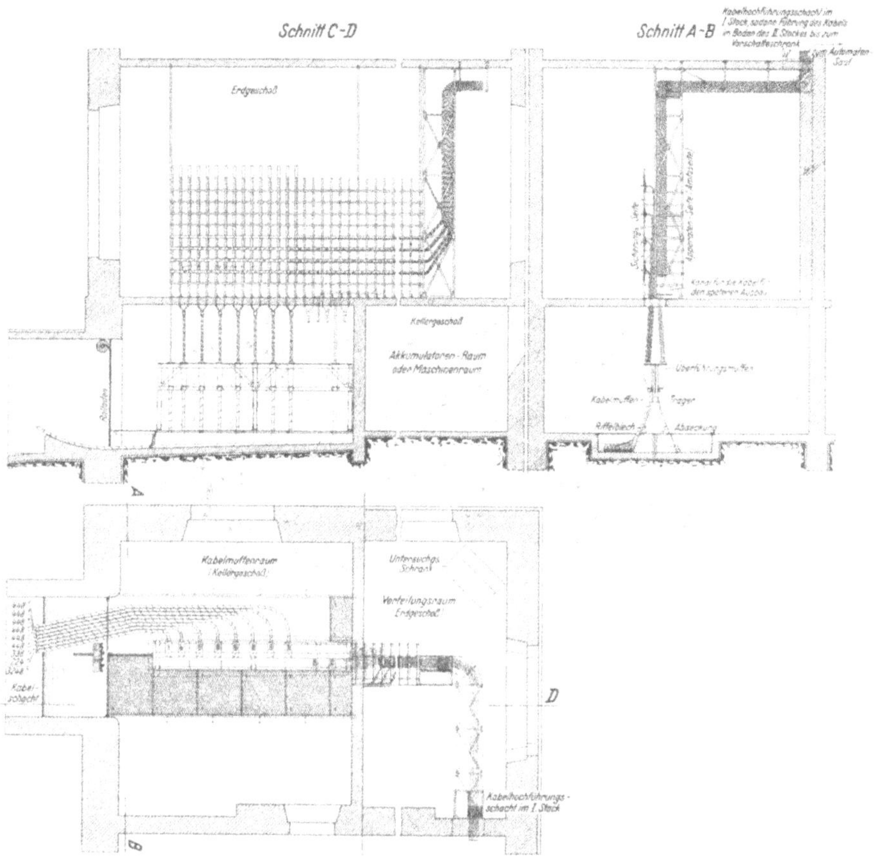

Abb. 42. Kabelmuffen- und Verteilerraum eines Sa-Amtes für 10000 Teilnehmer im Endausbau.

ankommender und zum Amt weiterführender Seite wird eine beliebige Durchverbindung hergestellt. Die vom Kabelmuffenraum aufsteigenden Kabel werden vor ihrem Eintritt in das Amt mit einer Sicherung versehen und deshalb nennt man die ersterwähnte Verteilerseite auch die Sicherungsseite des Verteilers. Den senkrecht aufsteigenden Kabeln entsprechend, sind die Sicherungsleisten dieser Verteilerseite auch senkrecht angeordnet mit sog. Buchten, von denen gewöhnlich 5 auf einen laufenden Meter Verteilerlänge treffen. Die einzelnen Kabeladern werden der Reihe nach an diese Sicherungsseite herangeführt und durch die systematische Ausformung der Kabeladern bestimmt sich die Aufeinanderfolge der Verteilerpunkte auf dieser Seite.

Die Verteilerseite, an der die zum Amt abgehenden Verbindungsleitungen liegen, wird meist mit horizontalen Verteilerschienen ausgeführt, zu denen die zum Amt weiterführenden Kabelleitungen verlaufen. Auf der Oberseite der horizontalen Fächer liegen alsdann die fliegenden Verbindungen. Wenn dieselben auf dem Übergang von der vertikalen zur horizontalen Seite nach oben oder nach unten geführt werden müssen, so werden sie durch eiserne Schraubenringe geführt und so zwangweise zusammengefaßt. Als Material für die Leitungen verwendet man sog. flammsichere, verdrillte Verteilerdrähte. An der

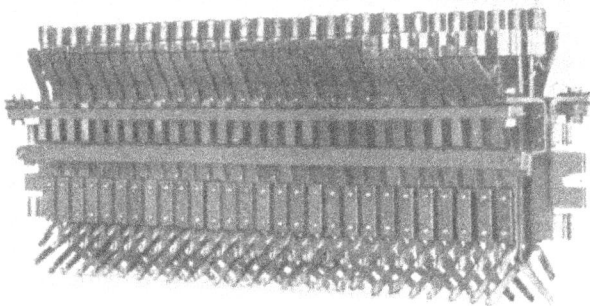

Abb. 43. Sicherungsstreifen für 25 Doppeladern mit selbstmeldenden, rücklötbaren Sicherungen für Hauptverteiler 80.

horizontalen Seite des Verteilers sind die Verteilerstifte nach Rufnummern geordnet, um so ein leichtes Aufsuchen der einzelnen Teilnehmerleitung zu ermöglichen. Da an der Sicherungsseite der größte Raumbedarf entsteht, so ist das Ausmaß des Hauptverteilers überwiegend durch diese Seite bestimmt. Die neueren Sicherungsstreifen, die in Deutschland in Hauptverteilerkonstruktionen verwendet werden, sind Hitzdrahtsicherungen in 25teiligen, doppeladrigen Streifen (Abb. 43) mit einem ungefähren Raumbedarf von 25—30 cm. Es werden gewöhnlich 8 Sicherungsstreifen übereinander angeordnet und ergeben eine gesamte Verteilerhöhe von etwa 3 m und eine Anschlußmöglichkeit von 200 Doppeladern in der vertikalen Bucht. Der laufende Meter Verteilerlänge gestattet dann den Anschluß von 1000 Doppeladern. Ein Sa-Amt für 10000 Teilnehmer benötigt erfahrungsgemäß mit Rücksicht auf Kabelreserven, Verbindungs-, Nebenstellenleitungen usw. 17000—18000 Verteilerpunkte, also 18 m Gesamtverteilerlänge. Um genügende Zugänglichkeit für alle Sicherungen zu erzielen, muß auf der Sicherungsseite eine fahrbare Bühne angeordnet werden. Die Sicherungen sind als selbstmeldende Sicherungen ausgeführt, d. h. beim Durchgehen legen sie Erde an eine Signalschiene und veranlassen einen Alarm, welcher durch Signallampen lokalisiert wird. An einem Ende des Verteilers werden die Amtskabel aus den horizontalen Verteilerbuchten herausgeführt und in das Sa-Amt in sog. Steigschächten emporgeleitet. Im Interesse geringsten Raumbedarfs und einer sauberen Kabelführung muß darauf gesehen werden, daß Kreuzungen und Verdrillungen vermieden werden und daß namentlich bei Erweiterung des Verteilers die Beifügung weiterer Kabel immer in der gleichen Richtung erfolgen kann. Es sollen also die an den verlängerten Verteiler neu anzulötenden Kabel jeweils oben auf das vorhandene Kabelpaket aufgelegt werden können. Wo die zum Verteiler strebenden Kabel nicht unmittelbar von unten zugeführt werden können, bzw. wo die vom Verteiler zum Amt weiterführenden Kabel nicht unmittelbar an einem Vereilerende hoch geleitet werden tkönnen, empfiehlt es sich, ein Podium vorzusehen, unter welchem die Kabel in flachen Paketen geführt werden, jedoch sind derartige Podiums Staubsammler und möglichst zu vermeiden. Vom Verteilerraum zum Wählerraum ist ein Durchbruch von 50 × 50 cm in einem Zehntausenderamt erforderlich, der am besten an derjenigen Stelle erfolgt, wo die untersten Kabel an die Vorwählergestelle abgezweigt werden können.

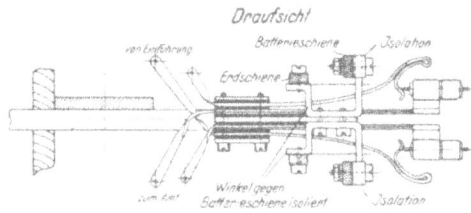

Abb. 44. Anordnung der Sicherungen im Sicherungsstreifen.

Der Verteilerraum ist zugleich Sitz der Untersuchungsstelle und Störungsmeldestelle und die Konstruktion der Sicherungsstreifen ist eigens für diesen Zweck durchgebildet worden. Mit Hilfe eines besonderen Steckers, des Untersuchungstrennstreckers, welcher vierpolig ausgeführt ist, gelingt es nämlich, die federnden Kontakte an den Sicherungen abzuheben und dadurch durch einfaches Aufdrücken des Steckers die Sicherungsstreifen Amtsseite gegen Leitungsseite zu trennen und über den Stecker dem Meßtisch zugänglich zu machen. Die Meßeinrichtungen und Störungsmeldeeinrichtungen sind keine spezifisch mit der Sa-Technik verbundene Einrichtung und sollen hier nur kurz erwähnt werden. Selbstverständlich hat der Untersuchungstisch Meßeinrichtungen, um die Leitungen einzeln auf Isolation und Leitungswiderstand prüfen zu können, daneben Einrichtungen zur Überprüfung der Impulsgabe von der Teilnehmerwählscheibe aus, anderseits die Möglichkeit, über das Amtsanschlußorgan den Aufbau von Verbindungen zu prüfen und so zunächst bei Störungsfällen amtsseitige und leitungsseitige Störungen auszuscheiden. Die einzelnen Störungsuntersuchungstische sind mit Steckkontakten in den einzelnen Verteilerbuchten fest verbunden und der Hilfsbeamte hat jeweils den Trennstecker, bei der gestört gemeldeten Leitung einzudrücken und mit einem Steckkontakt eines Untersuchungstisches zu verbinden.

Die Störungsmeldestelle besteht aus der eigentlichen Störungsmeldestelle und der Untersuchungsstelle, die beide im Hauptverteilerraum untergebracht werden. Die Einrichtung der Störungsmeldestelle richtet sich nach der Größe des Amtes und nach der Anzahl der gleichzeitig anfallenden Störungsmeldungen und muß in Zehntausenderämtern während der Hauptdienststunden mit 1—2 Personen dauernd besetzt sein. An Hand eines Eintrages in dem amtlichen Fernsprechbuch werden die Teilnehmer angehalten, sich an die Störungsstelle ihres eigenen Vermittlungsamtes zu wenden und betätigen so den Anruf der Störungsmeldestelle. Vielfach wird hier eine sog. Störungskartothek geführt, die meist nach Rufnummern geordnet ist und namentlich auf gewohnheitsmäßige Störungsmelder hinweist. In gut geführten Ämtern kann sich eine Störungskartothek damit begnügen, daß mehrere Hauptanschlüsse zusammen (etwa 10), eine Störungskarte führen.

Der Raumbedarf für den Hauptverteilerraum ist somit in erster Linie gegeben durch das Ausmaß des Hauptverteilergestells, welches abhängig von der Leitungszahl angegeben wurde. Auf der Sicherungsseite, welche dem Licht zugekehrt sein soll, muß Platz für das fahrbare Gestell vorhanden sein und für die Unterbringung der Untersuchungstische; im allgemeinen sind 2—2,50 m auf dieser Seite ausreichend. Die Verteilertiefe beträgt 80—90 cm, auf der rückwärtigen Seite des Verteilers der sog. Apparaten- oder Amtsseite genügen $1\frac{1}{2}$—2 m. Es ergibt sich also eine Breite des Verteilerraumes von 5 m im Mindestausmaß.

Soweit in einem Amt noch oberirdisch eingeführte Leitungen vorhanden sind, führt man diese über den Einführungsschrank in Steigschächten ebenfalls über den Hauptverteiler an die Sicherungsschienen heran.

3. Der Wählersaal oder Vermittlungsraum. Im Interesse kürzester Kabellängen soll dieser Raum unmittelbar neben oder über dem Verteilerraum gelegen sein. Um ein sicheres Arbeiten der Umschalteinrichtungen zu gewährleisten, soll er staubfrei gelegen, möglichst der Wetterseite abgekehrt und mit natürlichem Licht versehen sein. Wenn man einen Neubau zur Verfügung hat, so wird man dessen Ausmaße nach den Gestellabmessungen der Wähler bestimmen. Die folgenden Betrachtungen sollen sich auf das Wählersystem von Siemens & Halske 1927 beziehen.

Die Tragfähigkeit des Wählersaals soll 400—500 kg pro qm betragen. Dieselbe Tragfähigkeit muß natürlich für Gänge, Stiegen und

Nebenräume, über welche die Wähler herangeschafft werden müssen, gewährleistet sein. Die Auflagerdrücke sind punktförmige und verteilen sich entsprechend den Gestellreihen, die unter sich 1 m Abstand besitzen und in etwa $1^{1}/_{2}$ m Abstand durch den Gestellfuß unterstützt werden, in einer statisch nicht eindeutig zu berechnenden Weise auf die Gestellfüße. Es müssen daher an der Auflagerstelle des Gestellfußes, die unter Umständen an Hand des Wähleraufstellungsplanes vorhergesagt werden kann, Drücke von 400 kg aufgenommen werden können. Bei Verwendung von Holzböden können die Auflagerstellen von besonderer Wichtigkeit sein, andererseits gestatten es die Gestellkonstruktionen, Hilfsfüße an beliebiger Stelle einzufügen.

Als Bodenbelag wird am besten Parkettboden oder Linoleum gewählt, auch eine andere staubfreie Fußbodenkonstruktion. Eine Dämpfung der mechanischen Schwingungen ist mit Rücksicht auf die Gestellkonstruktionen und die akustische Geräuschübertragung auf die stehenden Verbindungen wünschenswert.

Die Raumhöhe ist bestimmt durch die Gestellkonstruktion und soll nicht unter 3 m betragen. In ganz zwingenden Fällen kann Raumhöhe auf 2,70—2,80 m erniedrigt werden, dabei müssen aber für die Kabelführung unnormale Hilfskonstruktionen entwickelt werden. Erwünscht ist es, besonders bei großer Saaltiefe, eine Raumhöhe von etwa 3,50—3,80 m zu verwenden, so daß die Kabellegungsarbeiten über den Gestellen von dem Personal wenigstens sitzend ausgeführt werden können. Im übrigen ist es ein besonderer Vorzug der Schrittwählersysteme auch in der Raumhöhe außerordentlich anspruchslos zu sein und in jedem alten Gebäude Unterbringungsmöglichkeit zu geben, während Maschinenwählersysteme vielfach Stockwerkshöhen von 4,5 und mehr Metern verlangen.

Die Grundfläche eines Wählerraumes richtet sich in der Zahl ihrer Quadratmeter nach der Größe des Amtes und ist dieser angenähert proportional. Man berechnet den Flächenbedarf am besten nach einer Zweitausendereinheit und hierfür kann für die neueste Wählerkonstruktion eine Grundrißfläche von 60—80 qm zugrundegelegt werden, wobei Gänge miteingerechnet sind. Über die Form des Grundrisses kann schwer eine Vorschrift gemacht werden. Die Bauverhältnisse verlangen meist zwingend eine bestimmte Formgebung und die Wählertechnik kann sich ihr jederzeit anpassen. Zwischen den einzelnen Gestellreihen wird allgemein 1 m Zwischenraum gelassen, in Fällen der Raumknappheit können 90 cm, ja sogar 80 cm gewählt werden. Die Wählergestelle müssen von jeder Außenwand mindestens um 1 m abgerückt werden, für Bedienungsgänge werden 1,30—1,80 m freigelassen und diese werden auf die Fensterseite gelegt. Man kann dann für die bedienenden Werkmeister kleine Tischchen vorsehen, an welchen sie kurze Störungsmeldungen schreiben, oder kleine Untersuchungen an Wählern und

Relaissätzen vornehmen können. Eine Tischfläche von 80 × 40 cm
entspricht im allgemeinen diesen Anforderungen. Säulen, Pfeiler,
Kamine und Mauerreste, die im Innern des Wählerraumes stehenbleiben
müssen, legt man am besten in eine Gestellreihe und bemißt danach
den Abstand der einzelnen Gestellreihen. Am günstigsten wirkt eine
Anordnung derart, daß die Gestelle gegen den Hauptbedienungsgang
zu ausgerichtet sind und die Unterschiede der Breite gegen die Rück-
wände ausgleichen. Bei den neuen Gestellkonstruktionen kann auch
im Innern der Gestellreihen der Ausgleich erfolgen, wenn auf gerade
Außenseite Wert gelegt wird. Natürliches Licht von beiden Seiten ist
für die Bedienung in jedem Fall zweckmäßig, ergibt aber langgestreckte,
der Außentemperatur stark ausgesetzte Raumformen. Und so hat man
bei Zehntausendereinheiten vielfach eine Raumbreite gewählt, welche
in der Mitte nur durch künstliches Licht erhellt werden kann. Es hängt
im übrigen von der Ausführung des Gebäudes ab, ob in der Mitte der
Gestellreihen ein Zwischengang vorgesehen werden muß, oder ob die
Gestellreihen von Außengang zu Außengang durchgeführt werden
müssen. Für den Hochbau ist es meistens günstig, eine freitragende
Länge von 5—6$^{1}/_{2}$ m mit Zwischenpfeilern abzustützen und dann ergibt
sich eine Raumbreite von 10—13 m. Die Unterbringung von 400 Anschlußorganen nach dem neuesten Vorwählersystem erfordert etwa
4,80 m Gestellänge. Und dann können beiderseits 1,30 m Außengang
und 80 cm Innengang mit Säule vorgesehen werden (Abb. Anh. 45).

Die Anordnung der Wähler erfolgt zweitausendergruppenweise und
in den Mittelpunkt des Wählerraumes verlegt man die Schalteinrichtungen für den Verbindungsverkehr. Innerhalb der Zweitausendergruppen werden grundsätzlich Vorwähler und Leitungswähler, also
jene Organe, an welche die Teilnehmeranschlußkabel herangeführt
werden müssen, hundertergruppenweise zusammengefaßt. Die vorhin
erwähnte 4,80 m breite Gestellreihe umfaßt also nebeneinander angeordnet das 50 cm breite Vorwählergestell, das 70 cm breite Leitungswählergestell, deren Aufeinanderfolge sich viermal wiederholt. Fünf derartige Gestellreihen umfassen also Leitungswähler und Vorwähler für
eine Zweitausendergruppe. Dahinter fügt man die II. Vorwähler, die
ersten Gruppenwähler ein und in der Nähe der beiden Gestellreihen
die Rangierverteiler. Für eine Zweitausendergruppe sind etwa 1$^{1}/_{2}$
bis 2 m breite Rangierverteiler benötigt.

Die Rangierverteiler erhalten eine ähnliche Ausführung wie der
Hauptverteiler, vertikale und horizontale Buchten, jedoch werden sie
nicht mit Sicherungen versehen, sondern erhalten beiderseits nur Löt-
ösenstreifen und können dadurch auch wesentlich seichter gehalten
werden. Da die Verteilertiefe mit der Verteilerbreite wächst, kann der
Rangierverteiler für eine Zweitausendergruppe mit einer Tiefe von
30—35 cm ausgeführt werden und fügt sich so in die Gestellreihen ein.

Die Rangierverteiler zwischen I. und II., II. und III. Gruppenwählern, III. Gruppenwählern und Leitungswählern werden unter Umständen mit den anderen zusammengefaßt, können aber auch, wenn es für die Platzausnützung zweckdienlich ist, aufgeteilt werden. Mit der Aufstellung der internen II. Gruppenwähler und der III. Gruppenwähler sind die Gestellreihen der Zweitausendergruppe vollzählig, unter Umständen müssen noch besondere Gruppenwählerstufen für den Anschluß von Gruppenstellen, selbstkassierenden Sprechstellen, vollautomatischen Nebenstellenanlagen und dgl. vorgesehen werden.

Der Wählerbedarf hat natürlich auf die Wähleraufstellung einen großen Einfluß. Dabei ist zu beachten, daß der Verkehr erfahrungsgemäß eine geringe Zunahme aufweist und daß insbesondere Tarifänderungen eine bedeutende Veränderung der Verkehrsziffer nach sich ziehen können. Der Ausbau muß also so erfolgen, daß in allen Wählerstufen 30—50% Reserven bleiben. Bei den früheren 15teiligen Leitungswähleranlagen war es üblich, bei der Einschaltung 10—12% Leitungswähler einzuschalten und die übrigen als Reserven zu belassen. Bei der neuen Wählerkonstruktion werden die Rahmen 20teilig und, wenn es sich nicht um besondere verkehrsreiche Ämter wie im Zentrum der Großstädte handelt, so können die Rahmen aufgeteilt, unter Umständen halbiert werden. In Tausenderämtern ergibt sich beispielsweise ein Bedarf von 8 Leitungswählern pro Hundert, dann hält man zwei Leitungswählerkontaktsätze als Reserven frei und teilt den 20teiligen Rahmen in zwei 10teilige auf. Im Wähleraufstellungsplan sind alsdann jedem Leitungswählergestell zwei Vorwählergestelle zuzuordnen.

Von großem Einfluß auf die Zahl der benötigten Leitungswähler ist die Verteilung der Mehrfachanschlüsse. Alle jene Teilnehmer, welche mehr als eine Hauptanschlußleitung besitzen, sollen so angeschlossen werden, daß der Leitungswähler nach Aufruf einer Nummer eine freie Auswahl unter den vorhandenen Leitungen vornimmt. Einen derartigen Anschluß nennt man einen Mehrfachanschluß, einen zur Auswahl derselben bestimmten Leitungswähler einen Mehrfachleitungswähler. Die Mehrfachanschlüsse sind die Träger des Hauptverkehrs und bedeuten für die Hundertergruppen die größte Belastung. Man braucht sich nur zu überlegen, daß ein Teilnehmer nur dann drei Hauptanschlüsse nimmt, wenn in der Hauptverkehrsstunde zwei Leitungen voll in Anspruch genommen sind und die dritte eben noch in dem Maße, wie ein gewöhnlicher Hauptanschluß. Es wäre durchaus falsch, bei Aufstellung des Verkehrseinflusses einem Dreiermehrfachanschluß das gleiche Gewicht zu geben wie drei einzelnen Hauptanschlüssen. Man kann sich über das Gewicht der Verkehrsgrößen dadurch eine Vorstellung machen, daß man sich den auf die Hauptverkehrsstunde entfallenden Prozentsatz an Leitungs- und Wählerbedarf für den einzelnen Hauptanschluß errechnet. Einzelne Hauptanschlüsse zu Hundertergruppen zusammengefaßt, benötigen erfahrungsgemäß etwa 10 Leitungswähler, der einzelne Hauptanschluß somit 0,1 Einheiten an Verkehrsorganen. In einem Dreiermehrfachanschluß sind in der Hauptverkehrsstunde zwei Leitungen vollbesetzt und die dritte wirkt wie ein gewöhnlicher Hauptanschluß, wenn die Leitungszahl dem Verkehr richtig angepaßt ist. Der anteilmäßige Bedarf an Schaltorganen beträgt also ungefähr 2,1 gegenüber 0,3 bei gewöhnlichen Einzelhauptanschlüssen. Sinngemäß würde ein Siebener-Mehrfachanschluß einen Bedarf an Schaltorganen gleich 6,1 erfordern. Die Berechtigung dieses Vergleiches erkennt man sofort, wenn man den Versuch unternimmt, in eine mit 10 Leitungswählern ausgerüstete Hundertergruppe einen 11er Mehrfachanschluß zu verlegen, welcher das Gewicht 10,1 besitzt, d. h. die 11. Leitung würde dem Teilnehmer nichts nützen, weil dafür die gleichzeitig benötigten Schaltorgane in Form von Leitungswählern fehlen.

Die so erhaltenen Belastungswerte der einzelnen Mehrfachanschlüsse darf man nun freilich nicht zahlenmäßig addieren, denn die Hauptverkehrsspitzen der einzelnen fallen nicht zeitlich zusammen. Hier sind die später zu erwähnenden Gruppenabzüge nach Direktor Langer für die Verkehrszusammenfassung am Platz. Doch betragen diese Abzüge bei der Aufteilung von 6—7 Mehrfachanschlüssen auf das Hundert nur 15—25% und man rechnet nach der sicheren Seite, wenn man die Zahlenwerte addiert. Man kann nach dieser Methode eine gleichmäßige Verteilung der Verkehrslasten auf die einzelnen Hundertergruppen dadurch erzielen, daß man beispielsweise für ein Zehntausenderamt folgende Aufstellung macht:

Vorhanden sind: 75% einfache Hauptanschlüsse $=$ 7500

3,1%	Reserven.		$=$ 310
5%	Zweier-	,,	$=$ 500
2,2%	Dreier-	,,	$=$ 220
0,7%	Vierer-	,,	$=$ 70
0,3%	Fünfer-	,,	$=$ 30
0,1%	Sechser-	,,	$=$ 10
0,05%	Achter-	,,	$=$ 5

Die gesamten Verkehrswerte für das Amt betragen alsdann $7500 \cdot 0{,}1 + 310 \cdot 0 + 500 \cdot 1{,}1 + 220 \cdot 2{,}1 + 70 \cdot 3{,}1 + 30 \cdot 4{,}1 + 10 \cdot 5{,}1 + 5 \cdot 7{,}1 = 2190$. Diese Verkehrswerte sollen gleichmäßig auf Hundertergruppen aufgeteilt werden, so daß für jede ein Verkehrswert von 22 entsteht. Dies kann für eine Hundertergruppe in der Weise erfolgen, daß man 75 H, 3 Reserven, 5 Zweier-, 2 Dreier- und 1 Sechser-Mehrfachanschluß in das Hundert verlegt.

Die Belastung wird dadurch $7{,}5 + 5{,}5 + 4{,}2 + 5{,}1 = 22{,}3$. Ähnlich kann die Aufteilung auf andere Gruppen erfolgen. Mit dem Genauigkeitsgrad, mit dem man aus der Zeit der Handamtstechnik Verkehrs-werte erhalten und nach Einführung des Sa-Betriebes auf 5 bis 10 Jahre voraus einschätzen kann, gibt die vorliegende Näherungsrechnung eine wohlbefriedigende Belastungsverteilung. Es hat ja keinen Zweck, bei unsicheren Unterlagen mit Hilfe einer Wahrscheinlichkeitsrechnung auf mehrere Dezimalstellen genau zu rechnen.

Die Unterbringung der Mehrfachanschlüsse in den Leitungswähler-hunderten ist eine noch umstrittene Frage und vielfach werden die Mehrfachanschlüsse grundsätzlich in besondere Hundertergruppen zu-sammengefaßt. Unter Umständen kann die Maßnahme durch eine Verkehrsentwicklung, die nicht vorauszusehen war, geradezu unum-gänglich notwendig werden. Von vorneherein damit zu rechnen, emp-fiehlt sich meines Erachtens nicht, da man ein Sa-Amt erweiterungsfähig bauen muß und wie erwähnt, 20—30%ige Reserven in die auf den Gleichzeitigkeitsverkehr reduzierten Wählergassen legen muß. So ent-steht für diese Reserven im Anfangsausbau ein zunächst brachliegender Kapitalaufwand, während andererseits für die Mehrfachanschlüsse an einer anderen Stelle des Amtes ein Sonderaufwand getrieben wird. Legt man Mehrfachanschlüsse beim Neubau eines Sa-Amtes ganz oder teilweise in die Hundertergruppen herein und die von der Firma Siemens & Halske hergestellten Leitungswähler gestatten dies ohne nennens-werten technischen Mehraufwand, so werden die für später vorzusehen-den Reserven sofort nutzbar gemacht und die Errichtung besonderer Mehrfachleitungswählergruppen erfolgt nach Bedarf und ergibt eine stufenweise Entlastung nach der Zunahme des Verkehrs. Freilich muß damit eine Rufnummeränderung in Kauf genommen werden.

Sa-Nebenstellenanlagen mit unmittelbarem Amtsverkehr in beiden Richtungen kommen nicht an Leitungswähler, sondern an Gruppen-wähler zu liegen und damit steht die Zusammenfassung in besondere Hundertergruppen außer Frage. Gleichzeitig tritt mit dieser Verlegung die wünschenswerte Entlastung der einzelnen Leitungswähler-Hunderter-gruppen ein.

Ist nach den vorliegenden Angaben der Aufstellungsplan einer Zweitausendergruppe geschaffen, so kann er in einer durch den Raum bedingten gegenseitigen Anordnung im Zehntausenderamt fünfmal wiederholt werden. In die Mitte dieser Zweitausendergruppen legt man den Verbindungsverkehr, d. h. man führt von den Dekaden sämtlicher I. Gruppenwähler die abgehenden Verbindungsleitungen zum Rangier-verteiler, wo die aus den einzelnen Zweitausendergruppen ankommenden Bündel zusammengefaßt und nach dem Mischungsplan rangiert werden, um dann von der zweiten Verteilerseite aus über die Kabelkanäle in den Hauptverteilerraum zu führen. Die von den einzelnen Vollämtern ankommenden Leitungsstränge münden andererseits im Hauptver-teilerraum ein und gehen über die Kabelkanäle in die Gruppe der an-

kommenden II. Gruppenwähler, nachdem sie vorher ebenfalls an einen
Rangierverteiler gelangt sind. Jede ankommende Leitung führt zum
Schaltarm eines II. Gruppenwählers und alle diese II. Gruppenwähler
sind unter sich vielfachgeschaltet und vielfach mit den internen II. Gruppenwählern, eine Schaltung, die wiederum am Rangierverteiler ausgeführt wird.

Wenn Teilämter an das Vollamt angeschlossen sind, so können auch
ankommende I. Gruppenwähler und abgehende II. Gruppenwähler oder
III. Gruppenwähler in Frage kommen. Diese sind jeweils mit der internen Gruppenwählerstufe vielfach zu schalten. Der Verkehr mit dem
Fernamt hat den Charakter des Verbindungsverkehrs mit einem Vollamt. Die ankommenden II. Gruppenwähler werden dabei vielfach als
II. Ferngruppenwähler bezeichnet. Wenn das Fernamt mit einem
Vollamt im gleichen Gebäude liegt, so kann es zweckmäßig sein, die von
den I. Ferngruppenwählern und die von den I. Gruppenwählern dieses
Vollamtes .abgehenden Verbindungsleitungen unter sich vielfach zu
schalten. An weiteren, für das ganze Amt gemeinsamen Einrichtungen
enthält das Amt die Signalmaschine, meistens zwei Maschinensätze, die
einerseits über das Netz und andererseits mit selbsttätiger Umschaltung
aus der Amtsbatterie angetrieben werden können. Sie liefern Rufstrom,
die Summertöne und die periodischen Unterbrechungen dieser Töne im
Rhythmus der Zeichen. Einige Nockenwellen werden auch als Zeit-
schaltereinrichtungen verwendet für besondere Hilfssignale, die zeitlich
verzögert werden sollen. (Blockade, Teilnehmer wählt nicht, fehlender
Ruf.) Mit der Signalmaschine ist ein Signalverteilungs- und Über-
wachungsgestell verbunden. Gemeinsame Kontaktgeber oder Unter-
brechermaschinen sind heute nicht mehr üblich, weil sie die Gefahr von
Doppelverbindungen durch synchrone Betätigung von Wählern erhöhen
und im Störungsfall große Ämterteile stillegen. An ihre Stelle sind
Relaiswechselunterbrecher getreten, welche individuell im Wähler eingebaut sind.

Die Montage eines Sa-Amtes besteht also in der Anfertigung der
Eisengestelle, in welche die einzelnen Wählerrahmen nach Angabe des
Wähleraufstellungsplanes eingefügt werden und aus der Verdrahtung
der einzelnen Wählerrahmen. Die aus dem Hauptverteilerraum empor-
steigenden Anschluß- und Verbindungskabel werden in sog. Kabelkanälen über den Wählergestellen verlegt (Abb. 46) und zu den einzelnen
Gestellverteilern geführt. Hier sind die Kontaktbankvielfache der
Leitungswähler und die Rahmenverteiler an den Vorwählergestellen an
die einzelnen Anschlußleitungen anzulöten. Bei früheren Wählerkonstruktionen war auch für den Anschluß der Kontaktbänke ein besonderer Verteiler nötig, während die neuen Kontaktbankkonstruktionen
Vielfachlötösen und Anschlußlötösen besitzen und so jederzeit als Verteiler verwendet werden können. Die Kabel, sog. Baumwollkabel mit

einer Aderzahl von 20 Doppeladern oder 10 3fach-Adern werden halbkreisförmig an der Kontaktbank ausgeformt und eingelötet. Durch
den unmittelbaren Zusammenbau von Wählern und Relaissätzen, von
Leitungswählern und Vorwählern andererseits werden in den deutschen

Abb. 46. Verkabelung der vertikalen Wählerrahmen (Leitungswähler
von Siemens & Halske Wähler 26).

Schrittwählersystemen die Kabelmengen ein Minimum, während in
gleichgroßen Maschinenwählersystemen, wo der gemeinsame Wellen-
antrieb einerseits eine Zusammenfassung der Getriebe, andererseits
der Relaissätze an einem Ende der Gestellreihen erfordert, große Ver-
bindungskabelmassen benötigt werden.

Neben den Anschluß- und Verbindungsleitungen sind die Strom-
zuführungs- und Signalleitungen zu verlegen, erstere gewöhnlich längs

der Gestellreihen auf Seite der Bedienungsgänge als blanke Sammelschienen aufgebaut. Mit jedem Gestell wird eine gesonderte Soffiten-
beleuchtung verbunden, ferner werden Anschlüsse für elektrische Löt-
kolben und für Stecklampen an den Gestellschienen eingebaut, derart,
daß die Gestelle voll erreichbar sind. Eine besondere wichtige Maßnahme ist bei der Montage der Ämter die richtige Durchführung von
Rangierungen, die bei der Besprechung der Verkehrstheorie noch behandelt werden sollen. Die Abschaltung, die gewöhnlich zweitausendergruppenweise an besonderen Abschaltgestellen zusammengefaßt wird,
erfordert eine weitere von Gestell zu Gestell verlaufende Verdrahtung,
an Hand eines besonderen Schaltbildes.

Die Aufgaben der Abschaltung sind:

1. Unnötiges Drehen von Vorwählern zu vermeiden, wenn diese
   nicht durch Prüfen auf ein freies Einstellorgan stillgesetzt werden
   können.

2. Zu vermeiden, daß ein I. Vorwähler auf einen II. Vorwähler
   aufprüft, welcher keine Ausgänge mehr frei hat, während er
   mit einem anderen Schritt einen II. Vorwähler erreichen könnte,
   welcher noch freie Ausgänge besitzt.

3. In jedem Falle, wo die Abschaltung dazu führen soll, daß der
   Teilnehmer einhängt und später anruft, muß durch die Abschaltung ein Besetztzeichen auf die Teilnehmerleitung gegeben
   werden, welches gewöhnlich vom I. Vorwähler aus auf die Leitung
   induktiv übertragen wird (LA-Relais im angegebenen Schaltbild).

4. In Fällen der Mehrfachzählung muß dann, wenn Zähl- und Prüfstromkreis auf einem Ast (c-Ast) vereinigt sind, während eines
   Zählvorganges das Aufprüfen anderer Wähler verhindert werden,
   weil diese einerseits diese Leitung nicht gesperrt finden, andererseits den Zählstoß in Parallelschaltung entgegennehmen würde.
   Es wird also von jedem I. Gruppenwähler aus an alle jenen
   II. Vorwähler, welche auf ihn prüfen können, das Kennzeichen
   dafür zurückgegeben, daß er sich im Zählzustand befindet, durch
   ein kupferverzögertes, im Zählstromkreis gelegenes Relais und
   solange wird der Zugang zu dem betreffenden Wähler gesperrt,
   d. h. allen II. Vorwählern, welche auf diesen Gruppenwähler
   prüfen könnten, wird die Belegungsmöglichkeit entzogen.

5. Besondere Aufgaben erwachsen für die Abschaltung in Teilämtern. Hier ist zu unterscheiden zwischen einer Internab-
   schaltung und einer Externabschaltung, je nachdem, ob für die
   internen oder abgehenden Ausgänge keine Leitung mehr zur
   Verfügung steht. Im Mitlaufwerksystem, wo die Freiwahl sich
   zunächst auf die abgehenden Ausgänge einstellt, muß zunächst
   diese Abschaltung zur Wirkung kommen und ähnlich wirken

wie bei den I. Gruppenwählern (Punkt 2). Dabei ist ein Sonderfall zu beachten, wenn nämlich der Internverkehr im Verhältnis zum abgehenden Verkehr sehr groß wird, so wird die geringe Zahl der Ausgänge für den Verkehr einen Engpaß bedeuten, welcher nur für Blindbelegungen in Anspruch genommen wird. Wäre keine abgehende Leitung mehr frei, so würde der Teilnehmer keine Internverbindung erreichen können, weil er dazu den abgehenden Übertrager für Umsteuerung benötigt. Man sieht deshalb überzählige Übertrager für Internverkehr vor, schaltet diese erst beim Besetztsein aller abgehenden an. Ist der Teilnehmer auf einen derartigen Übertrager gekommen und wählt keine interne Nummer, so erhält er nachträglich Besetztzeichen.

Aber auch die Umsteuerung vom abgehenden Übertrager auf Intern darf nur dann angereizt werden, wenn interne Schaltorgane frei sind und so müssen die ersten internen Einstellwähler eine Abschaltung betätigen, welche dann, wenn Umsteuerung auf Intern angefordert wird, ein Durchdrehen des II. Vorwählers auf der internen Kontaktbank verhindert und dem Teilnehmer Besetztzeichen liefert. Gewöhnlich wird für diesen Zweck der II. Vorwähler für Umsteuerung mit einem Abwerfrelais ausgerüstet.

Wird zunächst die Verbindung intern aufgebaut und etwa durch Wahl einer Kennziffer extern umgesteuert, so kehren sich die Vorgänge bei der Abschaltung um. Wenn Querverbindungen, also doppelte Umsteuervorgänge in Frage kommen, so haben sich die Abschaltevorgänge auch hierfür anzupassen.

Die Abschaltung, oder wie sie je nach ihrer schaltungstechnischen Auswertung auch bezeichnet wird, die Anschaltung, stellt also eine Zusammenfassung von Schaltkriterien aller Wählerstufen dar, die wiederum abhängig ist von der Rangierung und von dem Aufbau der Verkehrsstraßen. Umgekehrt muß man bemüht sein, bei dieser Rangierung eine allzu große Komplikation der Abschaltung zu vermeiden.

Durchdrehabschaltung: Der Zweck der Abschaltung ist hier:

1. Unnötiges Drehen und damit unnötige Erhitzung von Wählern zu vermeiden.

2. Überlastung von Verkehrsstraßen dem Amt zu melden. Sie kann bei allen jenen Wählern, welche ihre Freiwahl mit dem ersten Schritt beginnen und immer wieder in die Ruhestellung selbsttätig zurückkehren, auch dadurch erfüllt werden, daß man sie durchdrehen läßt auf den 11. Schritt, da eine Prüfmöglichkeit schafft und beim Prüfen auf diesen Hilfsstromkreis den Alarm veranlaßt. Auf diese Weise kann die Abschaltung verbilligt werden, weil sie für sich abgeschlossen wirkt und nicht von einem Wähler zur nächsten Wählerstufe zurückwirken muß.

Die neue Abschaltung des I. Vorwählers, die in diesem Sinne wirkt, wurde bereits bei Beschreibung des I. Vorwählers behandelt.

Die Abschaltung des II. Vorwählers ist so gewählt, daß sie in gleicher Weise den Zugang für den I. Vorwähler und die Vornahme einer Drehbewegung sperrt. Der Kontakt g des in Arbeitsstellung befindlichen Anschalterelais G stellt den Belegstromkreis her und sorgt somit dafür, daß der I. Vorwähler nur auf ihn prüfen kann, solange G erregt ist und da das Anlaßrelais R 350 in diesem Stromkreis gelegen ist, daß auch der Drehmagnet nur dann betätigt werden kann, wenn G erregt ist. Die Erregung des G-Relais aber wird vom I. Gruppenwähler aus bewirkt, wie aus dessen Schaltbild zu ersehen ist, indem alle für den II. Vorwähler zugänglichen I. Gruppenwähler über b_I Ruhekontakt, Wellenruhekontakt, parallel zueinander ihr Anschalterelais erden. Ist der letzte dieser Wähler belegt, so fehlt die Erde, das G-Relais fällt ab und die Zugänge zu den II. Vorwählern sind gesperrt. Es gilt also, die Gruppenwählerabschaltekontakte je nach der Zugänglichkeit zusammenzufassen und nur immer so viele II. Vorwähler zu sperren, als zu dem betreffenden Gruppenwähler Zugänge besitzen.

Abschaltung während der Zählung, insbesondere der Mehrfachzählung. Der Zählzustand, insbesondere der der Mehrfachzählung äußert sich im I. Gruppenwähler durch Erregung des Fangkontrollrelais FK im Stromkreis von P 600. Dieses FK-Relais veranlaßt in gleicher Weise wie die Kontaktfolge b Ruhe-, Wellenruhekontakt die Abschaltung der vorerwähnten G-Relais für die Dauer der Zählung. Der Grund dieser Abschaltung ist, wie erwähnt, der, daß, solange z_I Kontakt direkt Erde über 40 Ohm an den c-Ast legt, eine Sperrung eines über diese Leitung prüfenden II. Vorwählers gegen den im Zählzustand stehenden II. Vorwähler unmöglich wäre, so daß sich dieser II. Vorwähler mit seinem I. Vorwähler an der Mehrfachzählung beteiligen würde.

Alarmierung der Abschaltung. Die Abschaltung liefert wertvolle Aufschlüsse über die Verkehrsbelastung der einzelnen Straßen und wird deshalb mit einem Lampensignal und mit einem akustischen Signal gemeldet.

Ämterpflege.

Die Betriebsgüte eines Sa-Amtes hängt wesentlich ab von seiner Instandhaltung. Man kann in der Pflege der Sa-Ämter zu viel und zu wenig tun, beides ist praktisch üblich. Es werden beispielsweise Unmengen von Fehlern durch unsachgemäßes Abstauben erzeugt. Ämterbetrieb ist eine Wissenschaft für sich und eine Sache reicher Erfahrungen, die sich auf das einzelne System spezialisieren muß. Eine gute Ämterpflege ist nur dadurch zu erzielen, daß das Personal lange Zeit auf seinem Posten bleibt, mit seinen Einrichtungen verwächst und jahrelange Erfahrungen sammelt. Die Ämterpflege muß weiterhin die Unterlage für Neuentwicklung und Neubau weiterer Ämter liefern und muß den Konstruktionsfirmen, welche keinen großen Betrieb selbst unterhalten, die Erfahrungen für Neukonstruktionen vermitteln.

Der Betrieb von Sa-Einrichtungen hat zunächst zwei große Aufgabengruppen zu bewältigen:

1. Erfassung, Überprüfung und Regelung der Verkehrswerte des Amtes;

2. Laufende Instandhaltung, Überprüfung der Wählereinrichtungen und Beseitigung von Störungen.

1. Betriebsüberwachung.

Man weiß heute allgemein, daß man, um eine gewisse Zahl von Ampere durch einen Draht zu befördern, einen gewissen Querschnitt vorsehen muß und berechnet diesen Querschnitt so, daß er nicht zu reichlich und nicht zu knapp ist. Auch für den Strom des Verkehrs in allen seinen Verzweigungen durch die Wählergassen muß der richtige Querschnitt bereitgestellt werden, in Form richtig bemessener Wählerzahlen. Zu reichliche Reserven erfordern namhafte Wählerverschleuderung und Mehrkosten in dem Anlagewert in der Höhe von 30 und mehr Prozent. Zu knappe Bemessung ergibt schlechten Betrieb, verärgert die Teilnehmer und erzeugt unangenehme Störungen des Verkehrs, hindert den Abfluß und damit die ordnungsgemäße Verkehrsabwicklung. Die Abschaltung wurde schon als Mittel dazu erwähnt, zu knapp bemessene Verkehrsstraßen zu kennzeichnen und zu ihrer Verstärkung aufzufordern. Gutgeleitete Fernsprechbetriebe halten eigene Meßabteilungen zur Überwachung des Verkehrs[1]). Alle dahingehenden Beobachtungen werden wesentlich unterstützt, wenn die Wähler besondere Registriereinrichtungen besitzen, welche es gestatten, entweder für den einzelnen Wähler oder rahmenweise mit Hilfe eines Registrierinstrumentes Aufzeichnungen vorzunehmen. In den beschriebenen Schaltbildern ist eine besondere Registriertaste RT angegeben, welche zum mindesten die Erfassung der Belegungsdauer und der Belegungszahl ermöglicht. Man kann im einzelnen noch weitergehen und beispielsweise im Leitungswähler die Sprechstellung, im I. Gruppenwähler die Zählung einer Registrierung zugänglich machen. Auf diese Weise kann mit geringsten Kosten eine zuverlässige Erfassung der Verkehrswerte vorgenommen werden. Die Dauer der Belegungen gibt schließlich auch Aufschlüsse darüber, ob Fehlanrufe erfolgen (sofortiges Wiedereinhängen), wieviel Belegtfälle eintreten. (Überlastung einer Sprechstelle.) Der Verkehr eines Amtes weist im allgemeinen eine große Gleichförmigkeit auf, so-

---

[1]) Die Verkehrsabteilung beim Gemeindetelephon in Amsterdam von Dr. Maitland, Fernmeldetechn. 27. Heft 7.

wohl hinsichtlich der Richtung, als auch der Verkehrsdichte. Örtliche und zeitliche Spitzen können natürlich in besonderen Fällen vorkommen, z. B. beim Aufbau von Messen in einem bestimmten Stadtteil, bei Ausstellungen, Festen u. dgl. Hier ist eine besondere Aufgabe der Verkehrsbeobachtung für die Aufnahme dieser Spitzen zu sorgen. Weiterhin liefert die Verkehrsbeobachtung statistische Angaben über die Einzelzeitwerte der Belegungen. Z. B.

1. Blindbelegung, bis der Teilnehmer mit der Wählung beginnt (im Mittel 2—5 Sek.).
2. Dauer des Wählvorganges.
3. Mittlere Wartezeit vom ersten Ruf bis zum Aushängen des Teilnehmers (in Geschäftsvierteln 9—10 Sek., in kleinen Städten 10—12 Sek., auf dem Lande im Sommer bis 15 Sek.). Diese Zeitwerte sind besonders wertvoll für die Frage der Vorbereitung im Fernverkehr.
4. Mittlere Gesprächsdauer.
5. Mittlere Zeitdauer vom Einhängen des Gerufenen bis zum Einhängen des Rufenden (mittlere Blockadezeit).
6. Mittlere Wartezeit vom Einhängen des Rufenden bis zum Einhängen des Gerufenen (bei reiner Rückauslösung).
7. Zeitdauer für die volle Auslösung der Verbindung, einschließlich Sperrzeit der Mehrfachzählung.

Die Zeitwerte von 1 und 2 liefern zusammen die sog. Blindbelegungszeit bei Überbrückungsverkehr und sind eine sehr entscheidende Verkehrsgröße. Andrerseits werden vom Standpunkt der Verkehrsgüte folgende Feststellungen gewünscht:

1. Wieviel Teilnehmeranrufe in Prozent der erfolgreichen, zu bezahlten Gesprächen führenden Belegungen hängen nur aus und gleich wieder ein, ohne zu wählen?
2. Wieviel Teilnehmer brechen während der Wählung ab? Nach der 1., 2., 3., 4., 5. Zahl usw.? Hat die Stellenzahl der Rufnummern Einfluß auf diesen Anteil von Fehlbelegungen und nach welchem Gesetz? Wieviel Teilnehmer hängen bei der vorletzten Zahl ein und würden den Teilnehmer mit der Endziffer 1 fehlerhaft anrufen, wenn die Rückkontrolle es nicht verhindern würde?
3. Wieviel falsche Verbindungen werden durch Fehler des Teilnehmers hergestellt? Allenfalls ausgeschieden nach Fernsprechapparaten, Wählscheibenkonstruktionen dieses Bezirks, oder abhängig von Leitungslängen, von Freileitungen und Kabeln, reinen Hauptanschlüssen, Zwischenstellen, Zentralumschalter und Sa-Nebenstellenanlagen?
4. Welche Fehlverbindungen werden durch Verschulden des Amtes hergestellt, ebenfalls nach obigen Gesichtspunkten unterteilt.

5. Wieviel Prozent Besetztfälle liegen vor? Hier ist es besonders wertvoll, Besetztfälle im Leitungswähler automatisch mit Bezug auf eine bestimmte Rufnummer registrieren zu können? Welcher Teilnehmer erzeugt unzulässig viele Besetztfälle in abgehender oder ankommender Richtung? (Mit Rücksicht auf die Forderung der Fernsprechordnung zur Anlegung eines weiteren Hauptanschlusses bei mehr als 7 Besetztfällen im Tag.)

6. Wieviel Teilnehmer und welche Teilnehmer, insbesondere welche Nebenstellenanlagen melden sich erst nach der mittleren Wartezeit? Dies kann Anlaß zu einer Verwarnung der Teilnehmer werden.

7. Wieviel Prozent der Verbindungen werden Doppelverbindungen und an welcher Stelle?

8. Wieviel Prozent der Verbindungen fallen während des Gesprächs zusammen und an welcher Stelle?

9. Wieviel Verbindungen fallen ohne Eintritt der Zählpflicht zusammen oder zählen mehrmals?

10. Wieviel Teilnehmer gelangen an nicht angeschlossene Dekaden? (Hinweis), bzw. auf verlegte Anschlußnummern.

11. Wieviel Verbindungen zählen nicht, trotz Eintritt der Zählpflicht?

12. Welche Sprechstellen können nicht angerufen werden, oder erhalten Dauerruf, oder läuten zu schwach?

13. Wieviel Verbindungen fallen beim Aushängen des Gerufenen zusammen? (Insbesondere bei ungünstigen Apparatkonstruktionen und bei Systemen mit Rückauslösung und Entblockierung.) Bei Leitungswählern mit zwei Sprechstellungen, wieviel Gespräche werden auf der zweiten Sprechstellung geführt infolge von Prellungen oder Falschmanipulationen?

14. In wie vielen Fällen wird durch prellendes Aushängen des rufenden Teilnehmers oder durch Flackern ungewollt eine erste Ziffer gewählt? (Bedeutung des Amtszeichens, Rückwirkung auf die Apparatekonstruktion.)

15. In wieviel Fällen kommt der Blockadealarm? (Notwendigkeit der Blockadesignalisierung.)

16. Wird das Fangen von Teilnehmern gefordert?

17. Bei Mehrfachanschlüssen ohne Abhängigkeit der Weiterschaltung von der Sammelnummer: In wieviel Fällen wird durch Besetztsein der gerufenen Nummer ungewollt weitergeschaltet?

18. In wie vielen Fällen wird bei automatischer Fernvermittlung ungewollt aufgeprüft, ungewollt getrennt, ohne Verständigung getrennt, ein falscher Teilnehmer eingestellt und getrennt, versagt die Trennung, versagt die Schlußzeichengabe, die Auslösung?

19. Wieviel Verbindungen müssen wegen schlechter Verständigung abgebrochen werden? (Frittung!)

20. Wieviel Prozentsätze sind zählpflichtige Gespräche mit normalem
Verlauf?
21. Wieviel Prozent sind nichtzählpflichtige Gespräche mit normalem Verlauf?
Der Prozentsatz der erfolgreichen Verbindungen zur Gesamtzahl
von Belegungen liefert die Betriebsgüteziffer. Alle vorerwähnten Einflußgrößen müssen dem Betriebsmann anteilmäßig bekannt sein, wenn
er seinen Betrieb durchschaut und müssen, wenn sie nicht durch selbsttätige Registrierung festgestellt werden können, an besonderen Über-
wachungstischen stichprobenweise erfaßt werden, bzw. durch fortlaufende Herstellung von Prüfverbindungen ermittelt werden.

Die Überwachungstische sind so ausgeführt, daß 10—15 Anschlußleitungen in Parallelschaltung angelegt werden können und nun eine voll-
ständige Überwachung hinsichtlich Nummerwahl, Belegungszahl, Belegungsdauer, Verlauf des Verbindungsaufbaues, Zählung u. dgl. gestatten.

Die Überwachung des Verbindungsverkehrs der einzelnen Ämter
spielt eine besonders wichtige Rolle, weil hier die Anpassung an den
Verkehr genauestens erfolgen muß. Zu reichliche Bemessung der
Wege verursacht hier nicht nur unnötige Wähler-, sondern auch unnötige Leitungskosten. Man bestimmt den sog. Interessenfaktor,
den Verkehrsanteil des Verbindungsverkehrs von einem Amt zum andern
am Gesamtverkehr des Netzes. Maitland gibt für den Interessenfaktor,
folgende Definition. Zwei Ämter J und K erzeugen in der Hauptverkehrsstunde den Gesamtverkehr a_i, bzw. a_k. Ein Teil davon, nämlich der
Prozentsatz a_{ik} geht vom Amt J in das Amt K. In dem Gesamtnetz
wird in dieser Hauptverkehrsstunde Σa erzeugt. Dann ist der Interessenfaktor des Amtes J in bezug auf K:

$$f_{JK} = \frac{a_{ik}}{a_i \cdot a_k} \sum a .$$

Umgekehrt errechnet sich der Verkehrsanteil aus dem Interessenfaktor

$$a_{ik} = f_{JK} \cdot \frac{a_i \cdot a_k}{\sum a} .$$

Diese Interessenfaktoren müssen streng genommen schon vor der
Errichtung eines Amtes durch Zählungen im Handbetrieb ermittelt
werden und bestimmen einerseits die Lage des Amtes mit, andrerseits die
Zahl der vorzusehenden Verbindungsleitungen.

Über die maßstäbliche Festlegung der Verkehrswerte selbst soll in
dem Abschnitt über Verkehrstheorie gesprochen werden.

2. Instandhaltung des Amtes und Störungsdienst.
Die Unterhaltung des Amtes erfolgt nach 3 Gesichtspunkten:
1. Nach den vom Amt selbst gelieferten Störungssignalen.

2. Nach den Störungsmeldungen der Teilnehmer an den Störungs-meldestellen.

3. Nach einem fortlaufenden Prüfdienst und nach den Angaben der Verkehrsstatistik und der Überwachungstische.

Je vollkommener die dritte Form durchgebildet ist, desto weniger kommen die beiden ersteren zur Auswirkung. Es gibt Ämter, welche so vorzüglich unterhalten sind, daß man die Störungsmeldungen der Teil-nehmer nur zu einem geringen Prozentsatz in das Amt zu melden braucht. Es gibt andrerseits eine Menge von Ämtern, namentlich die kleinen Landzentralen, welche tage- und wochenlang unbedient bleiben und lediglich Signale über die Verbindungsleitungen übertragen, welche nach Stunden das Eintreten eines Werkmeisters veranlassen. Im Laufe der Entwicklung ist die Sa-Technik immer vollkommener und selbständiger geworden, wie die Technik überhaupt und dies drückt sich einerseits in der Ämterpflege, andrerseits auch in der Konstruktion der Schaltein-richtungen aus. Die ersten Dampfmaschinen waren ein unruhig wirken-des umfangreiches Getriebe mit einer Vielzahl von Hilfsorganen, die eines dauernden Eingriffes der Bedienung bedurften und dementsprechend leicht zugänglich außen angeordnet waren. Neuzeitliche Dampfmaschi-nen verdecken alle beweglichen Teile und wirken so wesentlich ruhiger. Ebenso ist es mit der Wählerkonstruktion, der Gestell- und Rahmen-konstruktion. Legte man der Störungsanfälligkeit entsprechend früher großen Wert auf das Zugänglichsein und Hervortreten aller Schalt-elemente, guten Einblick in die Kontaktbänke, die Relaissätze, Aus-wechselbarkeit aller Teile, so ist man heute wesentlich sicherer geworden, baut gedrängter, schränkt die Auswechselbarkeit ein und verlegt viele Schaltorgane in das Innere der Wählerkonstruktion, wo sie geschützter liegen, baut die Wählergestelle mit Rücksicht auf Raumersparnis für geringere Zugänglichkeit, ja vielfach sogar Rücken gegen Rücken, wenn dazwischen keine störungsanfälligen Teile liegen. Durch Einführung eines Doppelkontaktes, durch saubere Frittung der Sprechstromkreise, durch Erhöhung der Kontaktdrücke, Verbesserung der Kontaktstellen sind Kontaktstörungen fast völlig ausgeschlossen. Eingriffe in die Wähler sollen demnach nur gemacht werden, wenn ein unnormales Arbeiten be-obachtet wird. Feilen der Kontaktstellen, Nachspannen der Federn u. dgl. ist in einem gut konstruierten Sa-Amt zu vermeiden und wirkt eher ungünstig auf den Betrieb ein.

Über den Störungsmeldedienst durch die Teilnehmer wurde schon kurz gesprochen. Man gibt im Fernsprechbuch für die Teilnehmeran-schlüsse eines bestimmten Anschlußbezirkes die Nummer einer Störungs-meldestelle bekannt, ein Störungsmeldebeamter nimmt die Anrufe entgegen, trägt sie auf Zetteln ein und gibt sie zunächst an den Meßbeamten weiter. Dieser trennt zunächst die Leitung amts- und teilnehmerseitig, mißt, ob die Teilnehmereinrichtung in Ordnung ist und prüft dann die Amtsseite, bzw. gibt den Zettel zur Störungserledigung an das Sa-Amt weiter. Dieses untersucht, ausgehend von dem Anschlußorgan des Teilnehmers die Einrichtung und stellt die Störung fest, worauf der Zettel mit Erledigungsvermerk in die Störungsstelle zurückgeleitet wird. Mit einem nochmaligen Anruf des Teilnehmers, allenfalls mit der Aufforderung zur Vornahme einiger Probeverbindungen wird die Störungsmeldung abgeschlossen. Je nach Eigenart und Charakter der Teilnehmer kann es zweckmäßig sein, von der Störungsmeldestelle aus die einzelnen Teilnehmer aufzurufen und nach Wünschen und Beanstandungen zu fragen.

In der Störungsstelle werden besonders häufig vorkommende Störungen registriert, indem eine Störungskartei entweder nach Rufnummern oder nach Straßenzügen, nach Wählern oder Wählergattungen geführt wird. Heute erscheint es zu weitgehend, für jeden Wähler eine Störungskartei zu führen und kommt lediglich gruppenweise die Vornahme solcher Aufzeichnungen in Frage. Bei Bildung von Teilämtern würde die Errichtung einer dauernd bedienten Störungsstelle zu kostspielig werden, wenn das Amt nicht wenigstens 3000 Anschlußorgane besitzt. Hier ist es zweckmäßig, die Störungsstelle in das nächste Vollamt zu legen und von dort aus die Untersuchung und Störungsbehebung zu leiten. Es sind im Laufe der letzten Jahre in Deutschland, wie im Ausland sehr schöne schaltungstechnische Lösungen entstanden, Meßgruppenwähler und Meßleitungswähler, welche es gestatten, von einer ferngelegenen Störungsstelle aus sich auf einen bestimmten Leitungswähler einzustellen, hierauf diesen zur Einstellung auf den Teilnehmeranschluß zu bringen und nun an der gerufenen Stelle die Teilnehmeranschlußleitung zu messen, bzw. Amtsseite und Teilnehmerseite zu trennen. Der Gruppenwähler, der sechsarmig ausgeführt wird, umgreift den Leitungswähler ähnlich wie ein Fernnachwähler mit drei Armen von der ankommenden und abgehenden Seite, schaltet so alle Brücken aus und verlängert gewissermaßen die Teilnehmeranschlußleitung über seine Arme bis an die zentralisierte Störungsstelle herein. Solche Meßgruppenwähler sind in letzter Zeit vom Fernsprechamt München mit gutem Erfolg durchgebildet worden.

Das Signalwesen der Sa-Ämter ist heute hoch entwickelt und lokalisiert und signalisiert in kürzester Zeit die am meisten wiederkehrenden Amtsstörungen. Auch Leitungsstörungen können signalisiert und eingegrenzt werden. Man unterscheidet akustische und optische Signale, Signale für den Teilnehmer und Signale für das Amt.

Die Teilnehmersignale sind nicht bloß Hilfsmittel für die Störungsmeldung, sondern zum Teil wesentliche Elemente für die Verbindungsherstellung selbst, so namentlich das Ruf- und Besetztzeichen für den gerufenen Teilnehmeranschluß. Aber schon das Straßenbesetztzeichen, das Abschaltungsbesetztzeichen, das Abwerfbesetztzeichen am

II. Vorwähler, das Blockadebesetztzeichen sind Signale, welche dem Teilnehmer sagen: „Einhängen und neuwählen, hier liegt eine Störung vor". Wo Amtseinrichtungen hinsichtlich der Schaltzeiten unzulänglich sind, wo Fehlmanipulationen und Prellungen zu Störungen führen könnten, gibt man dem Teilnehmer ein weiteres Signal, so z. B. das Amtszeichen beim Aushängen, welches besagt: „Die Freiwahl ist beendet, ein einstellbereiter Gruppenwähler oder Leitungswähler ist gefunden, die Wahl kann beginnen." Auch Hinweiszeichen in Form von Tickergeräuschen sind bei massenhaftem Anruf falscher Dekaden zur Entlastung des eigentlichen Hinweisschrankes schon verwendet worden, namentlich, wenn durch Errichtung neuer Ämter massenhafte Umlegungen gleichzeitig vorgenommen werden müssen.

Die Teilnehmersignale haben für die Betriebsgüte hohe Bedeutung. Die Signale müssen laut, klar und eindeutig sein und sollen, weil man auf die musikalische Veranlagung der Teilnehmer nicht bauen darf, nicht nur durch die Tonhöhe, sondern namentlich durch den Rhythmus markant unterschieden sein. Man verwendet heute allgemein zwei Signale, welche sich hinsichtlich der Tonhöhe unterscheiden in hohen und tiefen Summerton und jede dieser Tonhöhen wird durch Zerhacken noch weiterhin unterschieden. Der hohe Ton liefert das Amts- und das Freizeichen, das Amtszeichen in kurzen Stößen im Rhythmus des Morse-a, das Freizeichen im Rhythmus der Rufstromstöße zum gerufenen Teilnehmer, also als ersten Ruf und 10-Sekundenruf. Das Besetztzeichen wird als dauernder dumpfer Summerton gegeben. Eine Kombination aus zwei hohen und zwei tiefen Tönen ergibt für die Fernbeamtin das Fernbesetztzeichen, welches für den Teilnehmer nicht hörbar wird. Vereinzelt hat man in Netzgruppen ein Straßenbesetztzeichen eingeführt, speziell für die Fernbeamtin, den dumpfen Summerton mit überlagertem Tickergeräusch, damit die Beamtin feststellen kann, ob der Teilnehmer keine Antwort gibt, oder ob sie wegen Mangel an Verkehrsstraßen die Verbindung nicht voll aufbauen kann. Auch ein Sperrzeichen wurde vereinzelt angewendet, als Umkehrung des Amtszeichens, welches im Hörer so lange als Schnarrgeräusch, auch bei vom Ohr abgenommenem Hörer wahrnehmbar ertönt, bis der Einstellwähler erreicht ist. Die Verwendung des Amtszeichens ist jedoch diesem vorzuziehen, weil das Sperrzeichen bei Verwendung mehrerer Wählerstufen hintereinander schwer abzugeben ist und das Amtszeichen doch nicht völlig ersetzen kann. Das Sperrzeichen ist durch seine Lautstärke auch für das Gehör unangenehm, namentlich dann, wenn der Teilnehmer den Hörer am Ohr hat und erst dann den Amtskipper oder die Gabel betätigt. Die Frage, soll mit dem Hörer am Ohr gewählt werden oder nicht, wirkt hier grundsätzlich herein, sie ist durch die Einführung des Amtszeichens, des Straßenbesetztzeichens, des Abschaltungs-Besetztzeichens, des ersten Rufsignals längst zugunsten des Wählens mit Hörer am Ohr entschieden worden. In kleinen Zentralen werden die Signale durch Lamellensummer erzeugt, vereinzelt durch Relaissummer und durch Polwechsler, in größeren Ämtern durch sog. Signalmaschinen, die mit der Rufmaschine gekuppelt sind.

Die Amtssignale. Im Gegensatz zu den erwähnten Teilnehmersignalen, die teilweise unmittelbar dem Verbindungsaufbau dienen, sind die Amtssignale zur Störungssignalisierung außschließlich bestimmt. Gewöhnlich wird der Ort der Störung durch ein Lampensignal örtlich festgelegt und mit geringer Zeitverzögerung durch einen Wecker die Aufmerksamkeit des Werkmeisters darauf gelenkt.

Die hauptsächlichste Störung, die in Sa-Ämtern eintritt, ist das Durchgehen von Sicherungen. Wie aus den Schaltbildern zu ersehen ist, sind die einzelnen Wähler durch individuelle Feinsicherungen geschützt, welche heute meistens als rücklötbare Zeitsicherungen ausgeführt werden. Sie sprechen bei genügend langer Dauer schon bei der Betriebsstromstärke an und schützen so die in ihrem Stromkreis gelegenen niederohmigen Schaltmagnete. Beim Hängenbleiben von Wählern kommen sie nach ungefähr 1 Minute zum Ansprechen und schalten darauf den Stromkreis des Schaltmagneten ab. Diese rücklötbaren Sicherungen, vergleiche Abb. 43, sind so ausgeführt, daß sie beim Ansprechen eine Kontaktfeder freigeben, welche an eine Signalschiene Erde anlegt und so am Gestell das Erscheinen einer roten Lampe veranlassen. Es ist im Gestell ein Hilfsrelais EA vorgesehen (Einzelallarm), welches nach einiger Zeit den Einschlagwecker zur Betätigung bringt.

Wenn dagegen die Hauptsicherung (für 6 Ampere) zum Ansprechen kommt, so betätigt diese unmittelbar das Relais GA, welches vorher durch die Sicherung kurzgeschlossen war und das Relais bringt einerseits die blaue Lampe zum Ansprechen, andrerseits den Rasselwecker Zum weiteren Schutz der Schaltmagnete gegen unzulässige Erwärmung ist wie im Schaltbild angegeben, ein Wählkontrollrelais im Rahmen vorgesehen (WK), welches im Stromkreis des Schrittschaltwerkes dauernd unter Strom bleiben würde. Dadurch wird über Verzögerungskontakte ein optischer Alarm mit grünen Lampen unter gleichzeitiger Betätigung des Rasselweckers vorgesehen. Bei Gruppenwählern dient der gleiche Alarm, betätigt durch das Durchdrehkontrollrelais DK dazu, die Überlastung einzelner Verkehrswege zu kennzeichnen.

Die weiteren Signale müssen für die einzelnen Gestelle gesondert betrachtet werden.

Im I. Vorwählergestell kennzeichnet das Auftreten einer mattweißen Lampe, daß Erdschluß auf der Teilnehmerleitung liegt, veranlaßt durch das Relais LA (hiefür kommen nur Anschlüsse ohne Nebenstelle in Frage). Es sind 2 LA Relais vorgesehen, für je eine Gestellhälfte. Hier liefert also das Amt rückwärts für die Störungsstelle Anhaltspunkte zur Leitungsüberwachung.

Wenn ein I. Vorwähler keine Ausgänge mehr zum II. Vorwähler besitzt und das Abschaltungsrelais erregt, so wird dadurch die gelbe Rahmen- und Gestellampe betätigt und kennzeichnet so den Mangel an Verkehrswegen. Im Wiederholungsfalle muß dann die Rangierung der Ausgänge geändert werden.

Im Gruppen- und Leitungswähleregstell hat man noch ein Kennzeichen für den Arbeitszustand eines Wählers durch Erregung einer weißen Lampe geschaffen, für den Fall, daß beispielsweise vor Antritt des Nachtdienstes noch eine Kontrolle vorgenommen werden soll, ob alle Wähler sich in Ruhelage befinden. Die Lampe kann durch einen Schalter abgeschaltet werden, da sie sonst bei Tag dauernd brennen müßte. Durch dieselbe Relaisanordnung (K), welche den Arbeitszustand eines Wählers kennzeichnet, können auch Hilfseinrichtungen Polwechsler, Motorunterbrecher und dgl. angelassen werden.

Im Leitungswählergestell ist noch ein sehr wertvoller Alarm vorgesehen der, sog. „fehlende Ruf", der eine halbmattweiße, halb-gelbe Lampe betätigt für den Fall, daß der Rufstrom zur gerufenen Teilnehmersprechstelle nicht abfließen kann. Der Aufbau dieses Alarms kann aus dem Leitungswählerschema in folgender Weise ersehen werden. Wenn nämlich der Rufstrom nicht fließen kann, so wird über ein im Signalgestell gelegenes Hilfsrelais der Stromkreis über Relais TA, Kontakte 3, 1, 4, Steuerschalterstellung V 12, p_{II}, b-Ast, v_{II}, B 500 Relais betätigt. Mit Kontakt b_{II} bindet sich das B-Relais über V 13 unter Betätigung einer Alarmlampe pro Leitungswähler zur Lokalisierung der Störung und wenn nun der rufende Teilnehmer nach mehrmaligem Anhören des Freizeichens einhängt, so bleibt der Leitungswähler durch Unterbrechung des Auslösestromkreises auf die Teilnehmerleitung eingestellt und meldet somit als für den Rufstrom unterbrochen. Namentlich bei Neueinschaltungen, wo durch die zahlreichen Arbeiten am Verteiler und in den Teilnehmeranschlußleitungen, durch die Umkupplungsarbeiten eine Reihe Unterbrechungen an den Ästen bestehen bleiben, liefert dieses Signal wertvolle Angaben zur Beseitigung der Störungen.

Im I. Gruppenwähler hat man schließlich noch einen Alarm vorgesehen, für den Fall, daß der Teilnehmer zwar aushängt, aber nicht wählt, das Signal: „Teilnehmer wählt nicht!" oder „Blindbelegung." Es baut sich über das Kennzeichen der Belegung ohne Umlegung der Kopfkontakte (Stromkreis des I. Relais) im I. Gruppenwähler auf und betätigt verzögert eine gelbe Lampe.

Diese Signale wirken wie eine selbsttäige Überwachung und kennzeichnen im Entstehen jede Unregelmäßigkeit, welche ein Schaltorgan bedroht. Mit Hilfe der Rahmensignale gelingt es, den Ort der Störung rasch festzustellen und an Hand der Gestellklinke (Überwachungsklinke) kann sich der Werkmeister auf die Verbindung aufschalten. Jeder I.,

II. und III. Gruppenwähler und Leitungswähler besitzt diese Klinke, welche zwei Parallelfedern für a- und b-Ast, eine Sperrungsfeder und einen zum c-Ast führenden Klinkenkörper besitzt. c-Ast und Klinkenkörper werden beim Stecken überbrückt und wenn der Wähler nicht bereits belegt war, so wird eine Sperrung gegen weitere Belegung vorgenommen. Über diese Klinken kann der Wähler beim Stecken unmittelbar belegt und gesperrt werden, während über a- und b-Ast beliebige Einstellvorgänge ausgeprüft werden können.

Wichtig ist weiterhin die Möglichkeit der jederzeitigen Sperrung mit Hilfe der Sperr- oder Prüftaste, welche jeweils den Belegstromkreis unterbricht. Sie kann auf den Schaltbildern im einzelnen nachgesehen werden. Auch dann, wenn der Wähler in die Arbeitsstellung geht (rückwärtige Sperrung), oder wenn der Relaissatz ausgehoben wird (Schließung des Belegstromkreises über Relaissatzkontakte), wird selbsttätig die Sperrung der Zugänge bewirkt.

An besonders bedeutsamen Stellen sind den einzelnen Wählern noch lokale Signallampen zugeordnet, so beim II. Vorwähler, wo die Kontrollampe KL über einen Gestellschalter im Belegtfalle betätigt wird und in raschester Weise das Suchen von Verbindungen gestattet. Am II. Vorwähler ist die Lampe dadurch besonders wichtig, daß er keine Ruhestellung besitzt, sondern in der Kontaktbank stehenbleibt. Will man die in einem Amt gleichzeitig stehenden Verbindungen feststellen, so kann man in einfachster Weise die Lampen der II. Vorwähler zählen. Bei Neueinschaltungen von Ämtern leisten diese Lampen wertvolle Dienste.

Auch der Leitungswähler besitzt eine Kontrollampe, welche während Abgabe des Besetztzeichens flackernd brennt und so Teilnehmer signalisiert, welche sich unnötig das Besetztzeichen längere Zeit anhören. Nach Einhängen des gerufenen Teilnehmers leuchtet die Besetzt-Lampe dauernd auf und signalisiert den Blockadezustand, welcher nach längerer Zeit zu einem Alarm führt. Neuerdings hat man auch den Weg eingeschlagen, statt eines Alarms einen Thermokontakt zu betätigen, welcher nach einigen Minuten die Leitung zum gerufenen Teilnehmer freigibt, also entblockiert (durch Kurzschluß der Prüfrelaiswicklung).

Es ist üblich, zum Zwecke der Amtspflege, in jedem Hundert besondere Prüfnummern freizulassen, besonders Nummern in der 9. Hubdekade, welche das sicherste Kennzeichen für einwandfreies Heben des Wählers liefert, unter Umständen werden auch in größeren Stadtnetzen mit mehreren Vollämtern Prüfnummern der einzelnen Vollämter in jedem derselben angeordnet, so daß ohne Inanspruchnahme des betreffenden Amtes Verbindungen über dieses Amt hergestellt werden können. Man ordnet für jede Gruppe einen oder zwei Sprechapparate an, welche mit Hilfe von Steckern auf die an Ringleitungen angeschlossenen Dienstnummern geschaltet werden können. So kann innerhalb des Amtes jeder Apparat auf jede Prüfnummer geschaltet werden.

Die wichtigste Aufgabe für die Unterhaltung der Ämter bleibt aber die fortlaufende systematische **Amtspflege** durch das Personal. Der im Aufbau gegebenen Unterteilung des Amtes in Zweitausendergruppen entsprechend, schafft man besondere, klar abgegrenzte Verantwortungsbereiche des Bedienungspersonals und ordnet jeder Zweitausendergruppe einen Gruppenführer mit Ersatzmann zu, mit einem oder zwei Hilfsmechanikern. Die Zahl hängt ab vom Alter des Systems, von der Größe des Verkehrs, vom Zustand des Amtes und von der Belastung des Werkmeisterpersonals mit Hilfsaufgaben (schriftl. Erledigung der Störungszettel, Meldungen, unter Umständen Beihilfe bei Zählerablesung). Zur Reinigung der Wähler werden meist angelernte Putzfrauen verwendet, welche mit Staubsauger und Pinsel die Entstaubung vornehmen.

Fußbodenreinigung des Amtes, Entstaubung der Wählergestelle, Lüftung und Beheizung müssen zweckmäßig geregelt werden. Die Bekämpfung der Staubbildung beginnt schon beim Bau durch Anordnung von fugenfreien Böden, am besten Linoleum, welches trocken gereinigt wird, durch Vorsehen von Ölfarbenanstrich im Wählersaal, welcher der Abscheidung kleiner staubbildender Mauerteilchen im Wege steht und der Staubablagerung eine glatte Oberfläche entgegensetzt. Statt des Ölfarbenanstriches wird vielfach eine Belegung der Wände mit Platten vorgesehen. Rauhe unbehauene Betonsäulen, komplizierte Trägerkonstruktionen sollen vermieden werden. Glatte regelmäßige Flächenbildung des Wählersaales, ohne Staubablagerflächen ist von größter Wichtigkeit.

Der Raum muß auf gleichmäßiger Temperatur, etwa normaler Zimmertemperatur gehalten werden. Öffnen der Fenster gegen staubige, rußende Straßen, oder bei nebligem oder feuchtem Außenwetter ist zu vermeiden. Schwitzwasserbildung bei Temperaturstürzen muß vermieden werden.

Die Entstaubung selbst geschieht entweder durch ortsfest im Keller eingebaute Entstaubungsanlagen, mit Saugerröhren, welche zwischen den Gestellreihen an verschiedenen Stellen münden. Dabei wird durch Rohrreibungsverluste der Wirkungsgrad sehr schlecht und man verwendet neuestens besser tragbare Staubsauger. In den Kabelpaketen und auf den Gestellschienen empfiehlt sich ein Lockern des Staubes mit Pinsel, mit gleichzeitigem Absaugen des Staubes durch die Saugdüse. An vorspringenden Kontakten der Wähler, Kopf- und Wellenkontakten und in den Relaissätzen soll der Pinsel nicht betätigt werden. Die Entstaubung der Gestelle muß oben begonnen und unten aufgehört werden, damit der herabfallende Staub erfaßt wird. Übermäßige Erhitzung, Eindringen von Feuchtigkeit und rascher Temperaturwechsel kann unter Umständen auf die Kontaktisolation ungünstig einwirken und die Kontakte verstellen. Große Ankerhübe und Kontakthübe vermindern allerdings die relative Wirkung dieser Einflüsse.

Das Bedienungspersonal hat neben der Erledigung der durch die Signale gemeldeten Störungen, der vom Teilnehmer angegebenen Störungen systematisch das Wähleramt durchzuprüfen in dem nach einem bestimmten Turnus die einzelnen Aufgaben des Wählers die Einstellvorgänge, Zählvorgänge usw. von Prüfnummern aus und zu Prüfnummern durchgeführt werden. Auch die Aufschaltung auf bestimmte Teilnehmerleitungen und die Herstellung der Verbindungen von denselben aus ist zweckmäßig. Dabei muß aber vermieden werden, daß der Teilnehmer unnötig alarmiert wird. An Hand von Bedienungsvorschriften muß das Bedienungspersonal in Zeiträumen von etwa 14 Tagen periodisch die sämtlichen Wähler durchprüfen und das Ergebnis dieser Prüfung in den Arbeitsnachweisen vortragen.

Die Erfahrungen des Werkmeisterpersonals müssen den leitenden Betriebsstellen dauernd zufließen und so müssen die Werkmeister entweder Störungsbücher, in welchen alle oder besonders auffallende Störungen vorzutragen sind, führen, oder man sieht nach einer in Bayern besonders bewährten Methode in jedem Gestell ein großes Prinzipschaltbild und Wählerbild vor und zeichnet bei den einzelnen Teilen des Wählers oder des Schaltbildes durch Striche die im Wählergestell oder Rahmen anfallenden Störungen ein. So können z. B. die zum Wähler führenden Schnüre, wenn sie sich verhängen, Störungsvermerke erhalten, Kopfkontakte, Wellenkontakte, Sperrklinken und dgl. Man wird so zwangläufig auf besonders störungsanfällige Teile hingeführt und dieses Material muß den Konstruktionsfirmen als Betriebserfahrung zufließen. Allzuvieles Führen von Störungsbüchern zieht das Bedienungspersonal von der eigentlichen Arbeit ab und muß vermieden werden.

Für die Behandlung des Wählergetriebes, der Federspannungen, Ankerklebstifte, Ankerhübe, Federdrücke usw., geben die Firmen Bauvorschriften heraus, welche fortlaufend überprüft werden müssen. Zur Festlegung der Federdrücke dienen Federwagen, welche auf 1 g genau eingestellt werden können. Für Klebstifte, Ankerhübe u. dgl. sind Hublehren in Stufen von $^1/_{10}$ mm zu $^1/_{10}$ mm entwickelt worden, welche zwischen Anker und Kern eingeschoben, den vorgeschriebenen Abstand ergeben. Justierzange und Federnbieger dienen zum Einstellen der Feder. Dabei ist streng darauf zu sehen, daß Justierungen der Federn nur im äußersten Bedarfsfall und von kundiger Hand vorgenommen werden, weil sonst vielfach die Elastizitätsgernze der Federn überschritten wird.

In gut geleiteten Betrieben erscheint monatlich oder halbmonatlich ein Betriebsgütenachweis, welcher allen beteiligten Dienststellen, insbesondere auch den Apparatenbezirken angibt, wo Schwächen des Betriebs liegen, so daß die Unterhaltung der Sprechstellen, insbesondere der Wählscheiben mit der des Amtes in Einklang kommt.

Inbetriebnahme von Sa-Ämtern und Überleitungsmaßnahmen.

Die Inbetriebnahme von Sa-Ämtern erfolgt unter den verschiedenartigsten Voraussetzungen. Meistens sind sie berufen, ein Handbetriebssystem zu ersetzen und nur in den seltensten Fällen wird durch die Veränderung von Anschlußbereichen in schon automatisierten Netzen die Umlegung von Teilnehmern von einem Sa-Amt auf ein anders bedingt. Ganz selten ist die Inbetriebnahme des Sa-Amtes möglich, ohne daß gleichzeitig erhebliche Umschaltungsarbeiten in den Leitungsnetzen mit vorgenommen werden müssen. In vielen Fällen ist mit der Einschaltung eine grundsätzliche Umänderung der Leitungsführung verbunden, etwa die Dezentralisation von einem einzigen Handamt auf 5—6 vollautomatische Vollämter, oder auch die Verlegung in ein neues Gebäude und die Verdrängung des Kabelnetzes nach dieser Stelle. Auch hinsichtlich der Zeitdauer der Umschaltungen bestehen größte Unterschiede. Während nämlich vielfach Ämter schlagartig in wenigen Minuten umgelegt werden, können die Umschaltungen in anderen Fällen 10—15 Jahre dauern. Je nach dieser Zeit nehmen auch die Überleitungsmaßnahmen ganz verschiedene Formen an, bzw. können besondere Einrichtungen hiefür völlig gespart werden. Es sollen im folgenden 3 Fälle von Überleitungen als charakteristische Einzelfälle besonders behandelt werden:

1. Ein nach dem Ortsbatteriesystem geschaltetes Stadtnetz mit zentraler Vermittlungsstelle erhält im gleichen Gebäude ein Sa-Amt, welches in einer Nacht in Betrieb genommen werden soll.
2. Ein nach dem Zentralbatteriesystem geschaltetes Stadtnetz, für etwa 13—15 000 Teilnehmer wird in einem Zeitraum von 4—5 Jahren automatisiert unter Bildung ven 5—6 Vollämtern und 8—10 Teilämtern unter völliger Umgestaltung des Leitungsnetzes. Einige Ämter sollen dabei Teilnehmer um Teilnehmer, andere auf einmal eingeschaltet werden.
3. In einem Großstadtnetz mit neuzeitlichen guterhaltenen Handvermittlungsstellen und einem bereits dezentralisierten Vermittlungsnetz entschließt man sich eine alte Handamtseinrichtung durch ein Sa-Amt zu ersetzen und rechnet mit einem völligen Umbau des Ortsnetzes in 10—15 Jahren.

Grundsatz für alle Umschaltungen ist, die Überwachung für alle Umschaltarbeiten möglichst an einer Stelle zu zentralisieren und nicht voneinander abhängige, örtlich getrennte Arbeiten ohne genügende Fühlungnahme vornehmen zu lassen. Arbeiten, welche von Witterungseinflüssen, oder sonstigen unsicheren Faktoren abhängen, sind bei der Umschaltung möglichst vorwegzunehmen.

Der Zeit-Punkt der Einschaltung eines Amtes wird, da er einen Einschnitt in die Verkehrsabwicklung, gewissermaßen wie eine Operation bedeutet, natürlich in die verkehrsschwache Zeit gelegt. Da aber die Automatisierung den Übergang des Vermittlungsdienstes von der Beamtin an die Teilnehmer bedeutet und die Teilnehmer nur durch praktische Betätigung lernen, so verlegt man den Zeitpunkt der Einschaltung am zweckmäßigsten ¡in einen abfallenden Verkehrsast, etwa in die Abendstunden eines Samstages, damit der darauffolgende Sonntag Gelegenheit gibt, die ersten Störungen anläßlich der Umschaltung noch zu beseitigen, ehe der Montagmorgen die Haupverkehrsspitze bringt. Es ist sinnlos, ein Sa-Amt mitten in der Nacht, etwa bei völligem Verkehrsstillstand einzuschalten, denn einerseits wird dadurch das Umschaltepersonal in ungesunder Weise beansprucht und, wenn die Umschaltung vollzogen ist, so liegt das Amt tot und regungslos da und man weiß nicht, ob die Umschaltung geglückt ist, oder welche Fehler noch bestehen. Nur der Verkehr selbst kann hiefür ein Urteil liefern und zwar ein Verkehr, der vom Teilnehmer nicht mehr allzudringend angesehen wird, etwa am Samstag ab 5 Uhr oder 6 Uhr. Der mäßige Abendverkehr, oder der geringe Sonntagsverkehr geben dann in Ruhe Gelegenheit, Unreinigkeiten zu beseitigen, Restarbeiten nachzuholen und am Montag früh verläuft der Verkehr bereits ungestört über das neue Amt.

Bei allmählicher Einschaltung ist die größte Frage die, wie der Teilnehmer benachrichtigt werden soll, da ja die Umschaltung eine Rufnummeränderung bedeutet. War der Teilnehmer erst manuell, so sieht man in dem Amt einen Hinweisstecker vor und die gerufene Beamtin teilt mit: „Der Teilnehmer ist jetzt automatisiert und hat künftig die Rufnummer . . . ., streichen sie im Verzeichnis die alte Nummer." Die Umlegung großer Ämtereinheiten wird gern mit dem Neuerscheinen eines Teilnehmerverzeichnisses zusammengelegt, gelingt dies nicht, so werden Nachtragsverzeichnisse oder Deckblätter verteilt. Die Bindung an das Erscheinen des Teilnehmerverzeichnisses gelingt nur selten. Dagegen kann meistens den Handamtsteilnehmern schon die neue Rufnummer mit Erscheinen eines neuen Verzeichnisses gegeben werden, ehe die Umschaltung erfolgt.

Wir betrachten nun zunächst den

Fall 1: Ortsbatterienetze zeichnen sich gewöhnlich durch schlechte Unterhaltung der Leitungen und Sprechstellen aus, da das System hiefür die geringsten Anforderungen stellte. Die Leitungen meistens oberirdisch verlegt, besitzen geringe Isolation, sind großenteils kombiniert und doppelkombiniert, die Hausinstallationen besitzen erhebliche Ableitungen. Hier muß die Umleitung zum Sa-Betrieb mit der Erneuerung des Ortsleitungsnetzes einsetzen, welches größtenteils verkabelt, von Viererbildung freigemacht und in seiner Isolation verbessert werden muß. Vor der Umschaltung soll jede Leitung in der im Sa-Betrieb bestehenden Form einmal von der Störungsstelle aus durchgemessen sein und muß unter ungünstigsten Witterungsverhältnissen noch einen Iso-

lationswert von mindestens 50000 Ohm gegen Erde darstellen. Bei trocke-
nem Wetter gemessen, soll die Isolation nicht unter 200000 Ohm bis
1 Megohm liegen. Besonders zweckmäßig ist es, die Sprechstelleneinrichtungen für Sa-Betrieb vorübergehend bereits an die Leitung anzulegen
und mit ihrem Amtsanschlußorgan durchzuprüfen. Dabei kann dem
Teilnehmer gleich eine Unterweisung in der Handhabung mit praktischer
Nummernwahl, Vorführung der Signale usw. erteilt werden. Jedenfalls sollen solche Lernapparate an einigen öffentlichen Sprechstellen
vorher dem Publikum zugänglich gemacht werden.

Der neue Sa-Apparat muß parallel zu dem alten OB-Apparat an
die Teilnehmersprechstellen angelegt werden, andrerseits aber der alte
OB-Apparat bis zum Augenblick der Umschaltung im Betrieb bleiben.
Man pflegt die neue Sprechstelle bereits an ihrem endgültigen Platz
einzubauen und sie in dieser Form parallel an die Teilnehmerleitung zu
legen, mit einer Anweisung des Teilnehmers, den neuen Apparat erst
vom Zeitpunkt der Umschaltung an zu benützen. Plombieren der Nummernscheibe hat sich nicht als notwendig erwiesen. Dagegen ist es
vorteilhaft, in dem OB-Apparat die Brücke über den Fernsprechwecker,
welcher beim Einhängen Schleifenschluß macht, zu beseitigen, weil dann
der alte Ortsbatterieapparat auch nach erfolgter Umschaltung angeschlossen bleiben kann. Im übrigen bleibt der alte Apparat in der Nähe
seines ehemaligen Aufstellungsortes provisorisch angeschlossen und
wird kurze Zeit nach Umschaltung des Amtes abgeholt. Mancherorts
hat es sich eingeführt, Teilnehmer zum Abschneiden der alten Schnur
im Augenblick der Umschaltung zu veranlassen. Man bezeichnet irgendwie mit Kreide oder Papier die Stelle, wo der Teilnehmer auf eine Aufforderung des Amtes hin, oder beim Ertönen des Amtszeichens durchschneiden soll. Zweckmäßiger ist es, sich auf diese Maßnahme nicht zu
verlassen und von vornherein die Schleifenbrücke zu beseitigen, wenn
auch der Teilnehmer schließlich über den neuen Apparat angeläutet
werden muß. Nachdem man dem Teilnehmer sonst strenge vorschreibt,
keinen Eingriff in den Apparat vorzunehmen, ist es etwas unlogisch,
diese Forderung zu stellen. Auch wird mitunter voreilig oder an der
falschen Stelle abgeschnitten, da im entscheidenden Moment das in-
struierte Familienmitglied schließlich nicht anwesend ist. Noch schwieriger gestaltet sich die Einschaltung von Zwischen-Umschaltern und
Zentralumschaltern. Hier empfiehlt es sich unter Umständen einen
Wechselschalter einzubauen, welcher vom Teilnehmer im Augenblick
der Umschaltung auf den neuen Apparat umgelegt wird. Auch Siche-
rungselemente können als Trennstelle in Frage kommen. Zentralumschalter werden vorher vollständig installiert und zur Umschaltung
bereitgestellt. Das Umklemmen erfolgt durch Amtspersonal, welches
zum Zeitpunkt der Umschaltung von Sprechstelle zu Sprechstelle geht.
Für besonders lebenswichtige Betriebe, deren Verkehr nicht unter-

brochen werden darf, empfiehlt es sich, vom alten Apparat eine oder zwei Leitungen abzuschalten und bereits betriebsfähig an den neuen Zentralumschalter anzulegen, so daß der Verkehr auch im Augenblick der Umschaltung bereits auf einer oder zwei Leitungen aufrechterhalten werden kann.

Mit Errichtung eines Sa-Amtes wird meistens auch ein neuer Hauptverteiler errichtet, oder wenigstens der alte Hauptverteiler insoweit erweitert, daß er eine neue Anschlußmöglichkeit für die sämtlichen Teilnehmerorgane schafft. An der Amtsseite des neuen Verteilers liegt dann das automatische Anruforgan, z. B. der I. Vorwähler, an der Amtsseite des alten Verteilers die Anrufklinke. Von der Sicherungsseite des alten Verteilers geht die Leitung über Sicherung zum Teilnehmer, von der Sicherung des neuen Verteilers aus soll sie künftig zum Teilnehmer gehen. Sie wird also vor den beiden Sicherungen am alten und neuen Verteiler parallel angelegt und je nach Eindrücken der entsprechenden Sicherung ist der Teilnehmer zum manuellen Amt oder zum automatischen Amt durchgeschaltet. Der Umschaltevorgang selbst besteht darin, die Sicherungen im alten Verteiler hunterterweise herauszunehmen,

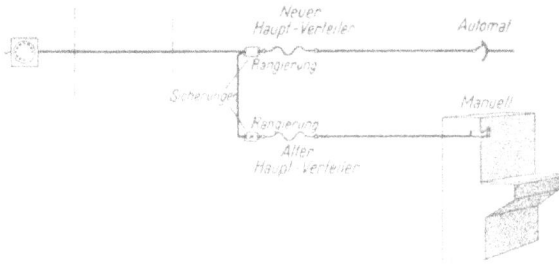

Abb. 47. Parallelschaltung der Teilnehmerleitung am alten und neuen Hauptverteiler vor Umschaltung zum Sa-Betrieb.

die Sicherungen am neuen Verteiler hunderterweise einzudrücken und die Umschaltung ist vollzogen. Es könnte in dieser Weise ein Amt mit 1000 Teilnehmern in etwa $1/4$ Stunde umgelegt sein. Praktisch sind aber vielfach noch Kombinationsspulen und dgl. abzutrennen, ehe man die neuen Sicherungen eindrücken kann und die Umschaltung nimmt etwa 1 Stunde in Anspruch. In größereren Ämtern mit 2—3000 Teilnehmern braucht sie dabei nicht länger zu dauern, da mehrere Gruppen parallel arbeiten können. Wichtig ist die Leitung von einer Stelle nach dem Gesichtspunkt, erst schädliche alte Amtsteile beseitigen, dann neue Sicherungen eindrücken. Sonst werden viele schädliche Schleifenschlüsse auf das Sa-Amt gelegt, oder Pumperscheinungen und dgl. erzeugt. Meistens setzt gleich nach der Einschaltung durch die Neugierde der Teilnehmer trotz aller Aufklärungen ein starker Verkehr ein, zunächst fehlerhaft, weil die Teilnehmer falsch manipulieren und nun kommt der zweitwichtigste Teil der Umschaltung, der Aufklärungsdienst. Im I. Gruppenwähler oder Leitungswähler schaltet man sich nach Maßgabe der Signale ein, untersucht Anschlüsse, welche Amtszeichen erzeugen, ohne zu wählen. Diese haben gewöhnlich den neuen und alten Apparat ausgehängt und kurbeln, oder versuchen, vom alten Apparat aus zu sprechen. Diese Nummern müssen an die Störungsstelle gegeben werden, welche sie mit Rufstrom anläutet und dann auffordert, den alten Apparat nicht mehr zu benützen und allenfalls eine Probewählung vorzunehmen. Man beobachtet die Nummernwahl der Teilnehmer, klärt sie, wenn sie die Nummerndekaden in falscher Reihenfolge wählen, auf, teilt die Bedeutung der Signale mit, wenn sie beispielsweise am Leitungswähler das Besetztzeichen anhören und glauben solange warten zu müssen, bis der der Teilnehmer frei wird, erteilt Auskunft über neue Rufnummern u. dgl. An Hand der mattweißen Lampe werden Erdschlüsse, mit dem „fehlenden Ruf" Leitungsunterbrechungen festgestellt und an die Störungsstelle weitergeleitet. Es müssen Verschränkungstafeln vorgesehen sein, welche das Suchen von Verbindungen von jeder Wählerstufe aus rückwärts und vorwärts gestatten und das Personal muß dahingehend geschult sein. Meist werden falsche Auskünfte erteilt und die Teilnehmer dadurch verärgert und verwirrt. Auf Abschaltung und Durchdreher ist besonders zu achten, weil sich dadurch Fehler in der Dimensionierung der Amtswege sofort äußern. Inzwischen sind apparatentechnische Abteilungen zu den Teilnehmern gekommen und besorgen das Anlegen von Zwischenumschaltern und Zentralumschaltern in Fühlungnahme mit einem Werkmeister im Amt, welcher jeweils bei ihrer Ankunft den Vorwähler freigibt. Um nämlich beim Eindrücken der Sicherungen am neuen Verteiler nicht auf besondere Sprechstelllen achten zu müssen, pflegt man diese an den t-Kontakten der Vorwähler nochmals zu isolieren und erst beim Eintreffen des Personals an der Sprechstelle freizugeben. Bis am Montag früh die Hauptverkehrsstunde einsetzt, haben sich die meisten Teilnehmer bereits angelernt und mit einem geringen Aufklärungsdienst gelingt es, den Betrieb in 2—3 Tagen normal zu gestalten.

Die Fernamtseinrichtung des Ortsnetzes muß bereits vorher Einrichtungen zum Anruf der Teilnehmer über Numernscheibe erhalten haben, wenn nicht etwa Vorschalteschränke verwendet werden. Sehr wertvoll ist es, wenn mit dem Ortsamt auch das Fernamt erneuert werden kann, dann wird die Umschaltung zeitlich zusammengelegt und die des Fernamts ist in der Regel schneller abgelaufen.

Fall 2: In Zentralbatteriesystemnetzen sind die größten Umschalteschwierigkeiten erspart. Einmal befinden sich die Leitungen gewöhnlich in einem für die Umschaltung annähernd geeigneten Zustand, sind reine Schleifen und gut isoliert. Ferner können nacheinander die ZB-Apparate gegen Sa-Apparate ausgetauscht und die alten Apparate beseitigt werden. Die Sa-Apparate können auch im ZB-System benützt werden. Im Augenblick der Umschaltung entfallen damit die beim Teilnehmer vorzunehmenden Arbeiten.

Um so größer werden die Umbauarbeiten in dem Leitungsnetz, welches eine völlige Umgestaltung erfährt. (Vergleiche Abb. 34 und 35). Es soll angenommen werden, daß zunächst ein Vollamt in einem Stadtteil eröffnet werden soll, welches vom zentralen manuellen Amt einige

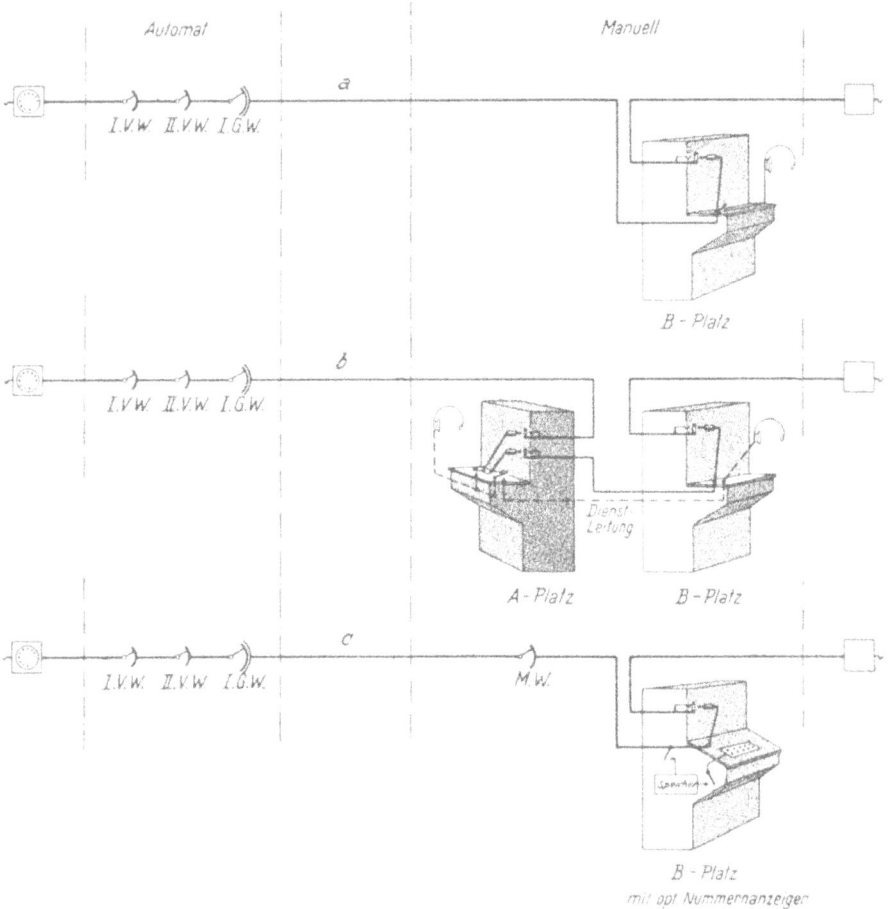

Abb. 48. Verbindungsverkehr vom Sa-Amt zum Handamt in teils automatisierten, teils handbetriebenen Ortsfernsprechnetzen.

km entfernt liegt. Entsprechend der Abgrenzung seines Anschlußbereiches müssen nun die Teilnehmeranschlußleitungen dorthin konzentriert werden, d. h. auf dem Wege zum Handamt müssen die Kabel an günstigen Verteilungspunkten abgefangen und in das Vollamt umgeleitet werden. Die Verbindungsleitungen von dem Vollamt zum manuellen Amt müssen ebenfalls vorbereitet werden. Im Augenblick der Umschaltung verläuft also das Teilnehmeranschlußkabel über das alte

Kabel, den alten Verteiler, an das alte manuelle Anschlußorgan. An der Abzweigungsstelle zum neuen Amt liegt an einem Kabelverteiler oder in einem Schacht ein Aderpaar bereit, welches zunächst noch nicht angeschlossen ist und über den neuen Verteiler an das automatische Anschlußorgan des neuen Vollamtes führt. Die Inbetriebnahme vollzieht sich dann am besten Teilnehmer um Teilnehmer und zwar kabelweise am besten während der Nachtzeit und, je nach den räumlichen Verhältnissen, können in der Nacht 1000—2000 Teilnehmer angeschlossen werden.

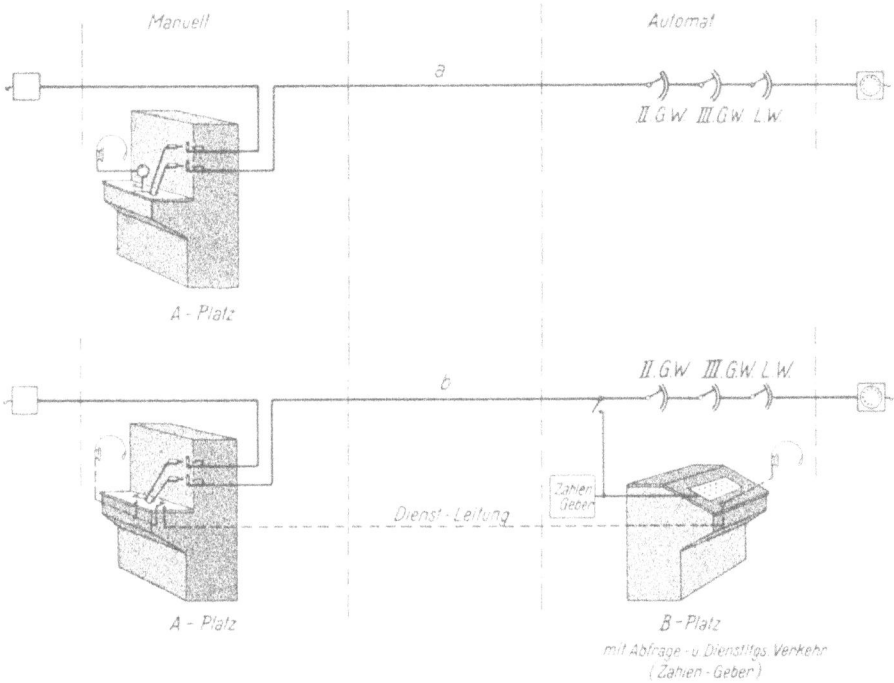

Abb. 49. Verbindungsverkehr der Handamtsteilnehmer mit dem Sa-Amt in teils automatisierten, teils handbetriebenen Ortsfernsprechnetzen.

Mit der Inbetriebnahme des ersten Selbstanschlußteilnehmers entstehen für das Ortsnetz die neuen Aufgaben des Vermittlungsverkehrs zwischen Handbetrieb und Automatik nach folgenden Richtungen: Der automatische Teilnehmer muß imstande sein, den Handamtsteilnehmer zu erreichen. (Verbindungsverkehr automatisch-manuell.) Der Handamtsteilnehmer muß imstande sein, den Sa-Teilnehmer zu erreichen. Alle diese Möglichkeiten zeigt am besten eine Übersichtsskizze, welche der Arbeit von Direktor M. Langer über Überleitung selbsttätiger Fernsprechämter[1]) entnommen ist. Der automatische Teilnehmer erhält

---

[1]) Fernmeldetechnik 1926, Heft 12.

entweder Anweisung den Handamtsteilnehmer durch Anruf einer bestimmten Nummer zu wählen, z. B. wenn er später zum Amt 20000 kommen soll, unter der Nummer 2. Ist nur ein einziges manuelles Amt vorhanden, so pflegt man nur eine einzige Nummer, etwa 9 für diesen Verkehr vorzusehen. Über den I. Gruppenwähler gelangt der Teilnehmer dann an einen B-Platz, nennt der Beamtin die gewünschte Rufnummer und diese steckt dieselbe über Verbindungsklinke zu. Wenn die B-Plätze diese Arbeit nicht mehr zu leisten vermögen, so können A-Plätze dafür herangezogen werden, welche dann über Dienstleitungsverkehr mit dem B-Platz verkehren. Dies ist besonders auch dann der Fall, wenn dem Teilnehmer keine Richtungsausscheidung durch Nummerwahl zugemutet werden soll. Diese beiden Vermittlungsformen erfordern wenig apparatentechnischen Aufwand, andrerseits aber für den Verkehr ziemlich viel Bedienungspersonal, so daß die Personaleinsparung durch die Automatisierung zunächst nur wenig fühlbar wird.

Eine andere Form, welche an Personal sofort spart, dafür aber höheren apparatentechnischen Aufwand kostet, ist der Verbindungsverkehr über optischen B-Platz. Bei diesen Maßnahmen zur Personalersparnis ist aber sorgsam zu prüfen, ob die plötzliche Abstoßung zahlreichen Personals volkswirtschaftlich oder betriebswirtschaftlich zweckmäßig ist. Die Personalpolitik beeinflußt also auch das Tempo der Umleitungsmaßnahmen. Der optische B-Platzverkehr arbeitet folgendermaßen:

Der Sa-Teilnehmer wählt unbekümmert darum, ob der gerufene Teilnehmer schon automatisiert ist oder manuell ist, dessen volle Nummer. Unter Umständen muß, um dies zu ermöglichen, noch im Handbetrieb eine Rufnummeränderung vorgenommen werden, welche den Teilnehmern ihre endgültige, im Sa-Betrieb zukommende Nummer zuteilt. Am Hauptverteiler wird dabei die Rangierung so geändert, daß die neuen Rufnummern der Reihe nach an den Vielfachklinken liegen bleiben, weil sonst das Aufsuchen von Klinken durch die B-Beamtin zu schwierig würde. Nach Wahl der ersten Stelle der endgültigen Rufnummer stellt der I. Gruppenwähler über eine Hubdekade, allenfalls noch über einen zwischengeschalteten Mischwähler zur Erzielung größerer Leitungsbündel sich auf eine B-Platzbeamtin ein und ein Hilfswähler sucht zugleich eine Speichereinrichtung aus, auf welche alsdann die späteren Stromstoßreihen auflaufen. Wenn die letzte Stromstoßreihe gespeichert ist, so werden auf einer Lampentafel nach Abb. 50 die gewählten Nummern aufgezeigt. Das vorliegende Lampenbild ist für vierstellige Zahlen ausgerüstet und da mit dem I. Gruppenwähler bereits eine Ausscheidung der ersten Stellen erfolgt ist, so ist die Einrichtung für ein Hunderttausendersystem ausreichend. Die Beamtin liest die aufleuchtende Nummer ab, ergreift einen Verbindungsstecker, welcher sodann automatisch mit der ankommenden Leitung verbunden

wird und führt ihn in die Klinke des gerufenen Teilnehmers ein. Jedem
Stecker ist eine Schlußlampe zugeordnet und das Aufleuchten dieser
Lampe sagt beim Stecken der B-Beamtin, welchen Stecker sie zu wählen
hat, auf welchen nämlich die Verbindung aufgelaufen ist. Ebenso wird auch
nach Beendigung des Gesprächs die Lampe noch als Schlußlampe betätigt und veranlaßt das Ziehen des Steckers. Die Leistung der Beamtin
steigert sich hierdurch auf 450 Verbindungen in der Stunde, gegenüber
350 im Falle des Verkehrs über A- und B-Platz und 250 über Abfrage-
verkehr am B-Platz. Die Wirtschaftsrechnung für die Zweckmäßigkeit
einer Maßnahme umfaßt also folgende Faktoren: Personalbedarf für den
Überleitungszustand, allenfallsiger Verbindungsleitungsbedarf, technischer Aufwand, der innerhalb des Zeitraumes der Überleitung zu ver-
zinsen und zu amortisieren ist. Eine Wiederverwertbarkeit der Ein-

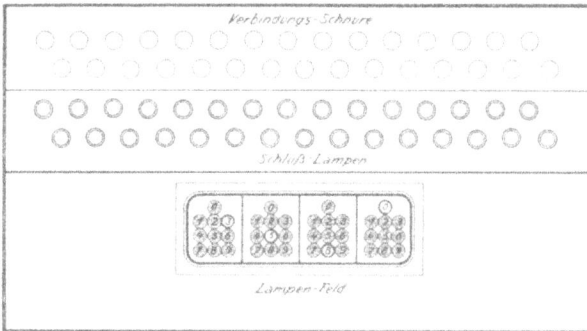

Abb. 50. Optischer B-Platzverkehr, Lampenfeld.

richtungen an anderen Orten darf wegen der hohen Montage- und Ab-
bruchskosten nur mit 20—30 % Altwert eingesetzt werden. Bei Maschinenwählersystemen kann der Speicher für optischen B-Platzverkehr
später als Bestandteil des Sa-Amtes weiterbetrieben werden und deshalb
wird diese Form des Überleitungsverkehrs von Vertretern der Maschinenwählersysteme mehr bevorzugt als von denen der Schrittwählersysteme.
Es ist klar, daß die Wirtschaftlichkeit abhängig ist von der Dauer der
Überleitung und mit zunehmender Zahl der Betriebsjahre immer mehr
zugunsten des höheren technischen Aufwandes spricht. Für die Teilnehmer ist wertvoll die einheitliche, einfache Verkehrsabwicklung, die
dem endgültigen Sa-Verkehr gleichkommt.

Neben den Aufgaben der Vermittlung entsteht die Aufgabe des Hin-
weises, da die Teilnehmer bei der fortschreitenden Umlegung nicht wissen,
inwieweit die Umlegung schon vollzogen ist. Man gibt daher zu Beginn
jedes Umlegungsabschnittes ein Nachtragsverzeichnis, mindestens eine
Rufnummergegenüberstellung alter und neuer Rufnummern heraus und,
wenn nun der Teilnehmer den gerufenen unter der alten Nummer ver-

langt, dieser aber bereits automatisiert ist, so gibt die B-Beamtin Bescheid: „Der Teilnehmer ist bereits automatisiert" oder „Der Teilnehmer hat jetzt die Rufnummer ...", oder endlich sie steckt den Stecker in eine Klinke mit Umlegungssignal, welches laut Bekanntmachung ebenfalls bedeutet: „Neue Rufnummer benützen!" So kann auch· bei Kabelarbeiten, welche wochen- und monatelang dauern, eine störungsfreie Umlegung erzielt werden, freilich unter starker Inanspruchnahme der B-Beamtinnen. Die Beamtin kann die neue Rufnummer des Teilnehmers und die Tatsache der Umlegung am einfachsten daraus erkennen, daß man nach fernmündlicher Verständigung jeweils beim Umlegen einer Leitung auf das Sa-Organ in die betreffende Klinke im Vielfachfeld aller Plätze einen sog. Hinweisstecker einführt, auf dessen weißem Rücken die neue Rufnummer aufgedrückt oder aufgeschrieben ist. Vor der Umschaltung werden zu diesem Zwecke entsprechend der Teilnehmerzahl multipliziert mit der Zahl der Vielfachklinken pro Teilnehmer, solche Hinweisstecker hergestellt und rufnummerweise geordnet, bereitgehalten.

Im optischen B-Verkehr fällt die Angabe dafür, daß der Teilnehmer nunmehr automatisiert ist, weg, die Verbindung baut sich in dem betreffenden Augenblick vollautomatisch zu ihm auf. Freilich muß die Umlegung dann auch tausendergruppenweise erfolgen.

Der Verbindungsverkehr vom Handamt zum Sa-Amt kann entweder dadurch abgewickelt werden, daß man die Abfrageplätze mit Wählscheibe ausrüstet und die A-Beamtin über die Verbindungsklinke den gewünschten Teilnehmer wählen läßt. Man kann, um die Wählarbeit zu verkürzen, dabei unter Umständen für die Gruppen getrennte Klinken vorsehen und die Einstellung unmittelbar über den II. Gruppenwähler leiten. Immerhin bedeutet die Wahl des gerufenen Teilnehmers für die Beamtin eine erhebliche Mehrbelastung, so daß die Leistung auf etwa 150 Verbindungen in der Stunde herabgedrückt wird. Wenn das Handamt bereits automatische Zählung hatte, so benützt man die Zählkriterien der Sa-Systeme zur selbsttätigen Zählung des Handamtsteilnehmers. Wenn man mit einem längeren Bestand dieses Verbindungsverkehrs rechnen muß, so werden besondere Zahlengeber-B-Plätze errichtet, welche der A-Beamtin die Verbindungsherstellung abnehmen. Diese B-Beamtinnen vermögen 4—500 Verbindungen in der Stunde herzustellen. Der Verbindungsverkehr zwischen A- und B-Platz kann wieder über Dienstleitungs- oder Abfragesystem abgewickelt werden. Im Dienstverkehr teilt der Handamtsteilnehmer der A-Beamtin die gewünschte Rufnummer mit, diese drückt die Dienstleitungstaste zur B-Beamtin, spricht dieser die Nummer zu, die B-Beamtin drückt ihre Zahlengebertastatur und erkennt an dem Aufleuchten einer Lampe, auf welcher Leitung sich die Verbindung aufbaut. Die Nummer dieser Leitung teilt sie der A-Beamtin mit z. B. „auf 112". Die A-Beamtin steckt sodann den Verbindungsstecker in die Klinke 112 und die beiden Teilnehmer sind verbunden. Für den A-Platz entspricht diese Verkehrsabwicklung, der in manuellen Netzen mit unterteiltem A- und B-Platz üblichen Verkehrsform. Beim Abfragebetrieb meldet sich der Handamtsteilnehmer und teilt die gewünschte Rufnummer mit, die A-Beamtin ersieht aus dem Hinweisstecker, daß der Teilnehmer bereits automatisiert ist und erwidert: „Ich gebe Sa-Vermittlung" und steckt ihren Verbindungsstecker in eine Verbindungsklinke zu einem freien B-Platz, die B-Beamtin meldet sich, der Teilnehmer wiederholt die neue gewünschte Rufnummer, die B-Beamtin drückt diese und schaltet sich aus. Diese Form des Verbindungsverkehrs ist in beinahe allen Netzen mit mehr als 10000 Teilnehmern für die Überleitung erforderlich, wenn sich nicht zufällig die gleichzeitige Umlegung aller Vermittlungsstellen ermöglichen läßt.

Es wäre nun in Ergänzung des Falles II noch die Umleitung der Teilnehmer des zentral gelegenen Sa-Amtes zu behandeln, unter der Annahme, daß diese an einem Abend erfolgen soll. Voraussetzung ist hiefür, wie erwähnt, daß keine kabeltechnischen Arbeiten im Zeitpunkt der Umschaltung notwendig werden und diese Forderung ist im allgemeinen für jene Teilnehmer erfüllt, welche an das zentrale Sa-Vermittlungsamt zu liegen kommen, in dem Gebäude der früheren Handvermittlungsstelle. Dann entsteht, wie im Falle I erwähnt, ein neuer Verteiler neben dem alten, mit kleinerem Ausmaß zunächst, weil an ihn nur die Teilnehmer des zentral gelegenen Anschlußbereiches zu liegen kommen, während am alten Verteiler unter Umständen alle Teilnehmer des zentralisierten Handvermittlungsnetzes lagen. Die Teilnehmerleitungen führen wieder zur Sicherungsseite des alten Verteilers, parallel dazu zur Sicherungsseite des neuen Verteilers und durch Herausnahme der alten Sicherungen und Eindrücken der neuen kann die Umschaltung vollzogen werden. Daß vor der Umschaltung sämtliche Leitungen durch kurzzeitige Anlegung an das Sa-Organ durchgemessen und durchgeprüft werden müssen, ist klar. Besonders wichtig ist bei einer derartigen Umleitung gute Organisation am alten Hauptverteiler, wo rasch und in klarer Reihenfolge die Sicherungen herausgenommen werden müssen, ehe sie am neuen eingedrückt werden. Unter Umständen kennzeichnet man die Sicherungen in ihrer gruppenweisen Reihenfolge der Umschaltung durch besondere farbige Papiere. So kann die Umleitung eines 5—6000er Amtes in einer Stunde erfolgen.

Fall 3: Unter den angegebenen Verhältnissen wird man unter allen Umständen den Verbindungsverkehr technisch so vollkommen, betriebstechnisch so günstig wie möglich gestalten. Das Mittel hierzu liefert der optische B-Verkehr, der bereits im Fall 2 beschrieben wurde. Jeder automatisierte Teilnehmer wählt sofort alle Teilnehmer seines Netzes, ohne sich um die späteren Umleitungsmaßnahmen zu kümmern. Die

Rufnummern werden sofort in einer für den Sa-Betrieb vorgesehenen Form abgeändert. Spätere Rufnummeränderungen, irgendwelche Abhängigkeiten vom Erscheinen der Teilnehmerverzeichnisse ergeben sich nicht. In Registersystemen kann man die Umrechnungsmöglichkeit weiterhin dazu verwenden, Rufnummern des manuellen Netzes, die sich nicht sofort in die endgültige Form abändern lassen, im Register umzurechnen. Die automatisierten Teilnehmer gelangen über den I. Gruppenwähler in Schrittwählersystemen an die optischen B-Plätze der einzelnen Handämter, in Maschinenwählersystemen werden sie auf alle Fälle mit dem Register verbunden und die gespeicherte Zahl entscheidet, ob die umgerechneten Stromstoßreihen auf die Wählereinrichtung oder das Lampenfeld ablaufen.

Ungleich schwieriger werden in diesem Fall die Fragen der Netzumgestaltung, die in dem Einzelfall völlig verschieden sind. Besonders wichtig ist es, bei der Umstellung sofort die endgültige Netzform der Sa-Technik zugrunde zu legen und die Umgestaltung mit ihren Rückwirkungen auf das Leitungsnetz durchzuführen. In allergrößten Ortsfernsprechnetzen nach dem Millionensystem werden Knotenämter geschaffen und die Verbindungsleitungen von den Unterämtern zu den Unterämtern aufgelassen, der Sa-Verkehr sofort über die Knotenämter geleitet. So hat man beispielsweise bei der Automatisierung von Berlin, welche sich auf etwa 10 Jahre erstrecken soll, das folgende Vorgehen gewählt[1]).

Man automatisiert möglichst knotenamtsbezirksweise und leitet den gesamten von den Handämtern ankommenden Verkehr an die im Knotenamt aufgestellten Zahlengeber, von denen aus die Verbindungen über die einzelnen Unterämter aufgebaut werden. Der Teilnehmer verlangt also bei seiner A-Beamtin die gewünschte Rufnummer, diese wird der Zahlengeberbeamtin entweder über Dienstverkehr zugesprochen, oder im Abfragebetrieb hat der Teilnehmer die Nummer am Zahlengeber zu wiederholen. Der Verkehr von den Sa-Ämtern zu den Handamtsteilnehmern wird durch Wahl der den Ämtern später zukommenden ersten Stellen unmittelbar über I. und II. Gruppenwähler an die als B-Platz mit Vielfachklinken ausgerüsteten Verbindungsschränke in den Handämtern zugeleitet. Diese Stellen werden also über bereits vorher geschaffene Knotenstellen zugänglich gemacht. Der Sa-Teilnehmer nennt der B-Beamtin nochmals die gewünschte Rufnummer und wird durch Steckerstecken verbunden, wobei automatische Zählung eintritt. Ein besonderer Übertrager für den Übergangsverkehr von Automatik zum manuellen Teil besorgt die Aushängeüberwachung und die Zählung. Der Verkehr der automatisierten Teilnehmer untereinander vollzieht sich selbsttätig über die Wählergassen, der Handamtsverkehr andrer-

---

[1]) Telegraphen- u. Fernsprech-Technik 1927, Heft 8. Telegraphendirektor Rettig, Berlin: „Die Einführung des Sa-Betriebes im Ortsnetz Groß-Berlin".

seits wird durch die Überleitungsvorgänge im Verkehr von Handamt zu Handamt nicht berührt.

Wie auch die Umleitung vor sich gehen mag, ein Gesichtspunkt ist in allen Fällen besonders zu beachten. Die Einführung der Selbstanschluß-Betriebe bedeutet den Übergang der Vermittlungstechnik vom Amt an die Teilnehmer. Die Betriebsgüte, namentlich der ersten Zeit, hängt ab von der richtigen Handhabung der Einrichtungen durch die Teilnehmer. Soll eine Umleitung glatt vor sich gehen, so muß für richtige Aufklärung der Teilnehmer gesorgt werden durch Veröffentlichungen in den Tageszeitungen, durch einführende Vorträge mit Lichtbildern und Filmen und durch Aufstellung von Versuchsapparaten, bzw. durch Einweisung der Teilnehmer bei Auswechslung der Sprechstellen. Klare übersichtliche Abfassung der Fernsprechbücher, rechtzeitige Auswechslung der veralteten Fernsprechbücher, lange Stilliegezeiten bei Veränderung von Rufnummern sorgen für einen geringen Prozentsatz von Fehlanrufen.

Die Frage Anrufsucher oder Vorwähler.

Bei Besprechung der Vorwahlstufe wurde der Anrufsucher bereits kurz gestreift. Von den heute in Betrieb stehenden Sa-Systemen verwendet etwa die Hälfte Vorwähler, die andere Hälfte Anrufsucher. In der Literatur der Sa-Technik ist die Frage, welche Einrichtung die zweckmäßigere ist, viel umstritten worden und hat im Konkurrenzkampf eine Rolle gespielt.

Technisch gesprochen ist der Unterschied zwischen den beiden Arten der Vorwahl folgender: Der I. Vorwähler ist ein einfaches billiges, individuell für jeden Teilnehmer vorgesehenes Schaltorgan, welches zusammen mit Anruf- und Trennrelais das sog. Anschlußorgan des Teilnehmers ausmacht. Auch der Zähler, der beim I. Vorwähler eingebaut wird, wird in Ämtern mit Einzelgesprächszählung zum Anschlußorgan gerechnet. Die Teilnehmerleitung liegt am Drehpunkt des Wählers, die Ausgänge führen gegen das Amt zu. Zusammen mit einem II. Vorwähler verwendet, liefert der I. Vorwähler Einstellzeiten von $^1/_{10}$ bis $^1/_2$ Sek. Er ist das schnellste Einstellorgan zur Vornahme der Vorwahl und hat sich in Ämtern mit hoher Gesprächsziffer am meisten eingebürgert. Das Besetztkennzeichen gegen den Leitungswähler zu wird dadurch geliefert, daß der Leitungswähler auf die Ruhestellung des Vorwählers prüft. Ist er aus der Ruhelage abgelenkt, so kann das Prüfrelais nicht ansprechen und meldet besetzt.

Beim Anrufsucher liegt die Teilnehmerleitung an der Kontaktbank, die zum Amt weiterführende Verbindungsleitung am Drehpunkt des Anrufsuchers. Die Zahl der Anrufsucher selbst kann auf die in der Hauptverkehrsstunde gleichzeitig benötigte Höchstzahl beschränkt

werden. Das Amtsanschlußorgan besteht nur aus Anlaß- und Trennrelais und kann bei zweckmäßiger Schaltung in einem Stufenrelais
vereinigt werden, ja es gibt sogar Anrufsucherschaltungen, in denen das
Anschlußorgan des Teilnehmers lediglich aus dem Zähler und aus den
Leitungsenden an den Kontaktbänken besteht. Anrufsucherkonstruk-
tionen sind in einer Vielzahl entwickelt worden, vom 10-teiligen Anrufsucher bis zum 500-teiligen. So kann denn auch der Wirtschaftsver-
gleich, Anrufsucher oder Vorwähler nur dann eindeutig entschieden
werden, wenn man alle verschiedenen Ausführungen einander gegen-
überstellt. Man findet eine Reihe von Vergleichsrechnungen, in denen
der Aufwand pro Teilnehmer im Vorwählersystem als horizontale
Gerade erscheint, der Aufwand im Anrufsucher mit einem konstanten
Summanden und einem mit der Gesprächsziffer des Teilnehmers proportional anwachsenden Summanden. Rein linear wird dieses Anwachsen wohl nie sein, da die vorzusehende Wählerzahl der Gesprächsziffer nicht proportional ist und man wird nur für zwei bestimmte Ausführungsformen eine derartige Kurvendarstellung entwickeln können.
Unter der Annahme 1 Relais pro Teilnehmer und einer Drehwähler-
anrufsucherkonstruktion neuzeitlichster Ausführung wird der Schnittpunkt der Vergleichskosten etwa bei 15—20 Anrufen pro Teilnehmer
liegen, einer Durchschnittszahl, die praktisch wohl nirgends erreicht
wird. Aber mit den Wirtschaftsfragen allein kann die Entscheidung
für den Anrufsucher nicht geführt werden. Die unbedingt kürzere Einstellzeit, Unabhängigkeit von gemeinsamen Hilfsorganen spricht für den
Vorwähler, die geringere Zahl der Ausgänge aus der I. Vorwahlstufe,
die einfachere Ausführung der Verschränkung und Rangierung, die geringere Kabelführung zur zweiten Vorwahlstufe, die einheitliche Durchbildung des Prüfstromkreises vom Leitungswähler auf frei oder besetzt und die Möglichkeit der Fernamtstrennung im c-Ast, der Zählung
im z-Ast, spricht für den Anrufsucher. Eines ist sicher, in kleinen Zentralen mit wenig sprechenden Teilnehmern bringt der Anrufsucher nicht
zu unterschätzende wirtschaftliche Vorteile. In allergrößten Ämtern
mit mehr als 10000—20000 Teilnehmern und reger Gesprächsziffer
wird man dem Vorwähler den Vorzug geben, dazwischen liegt ein Gebiet der Gleichwertigkeit beider Systeme.

Die Anrufsucher werden in ungeheurer Zahl von Ausführungen,
konstruktiver und schaltungstechnischer Art geliefert. Um die Einheitlichkeit der Wählerkonstruktion zu wahren, verwendet man vielfach
den Einstellwähler des Amtes als Anrufsucher, also in Hebdrehwähler-
systemen den Hebdrehwähler, in Schnelläufersystemen den Schnell-
läufer, in Stangenwählersystemen den Stangenwähler. Wo der Anrufsucher sehr große Gruppen umfaßt, Hunderter- oder 5-Hundertgruppen
z. B., da kann bei größeren Ämtereinheiten auf die zweite Vorwahlstufe
verzichtet werden und kann diese Einsparung ebenfalls zugunsten des

Anrufsuchers gebucht werden. Andrerseits liefert die zweite Vorwahlstufe wertvolle Umsteuermöglichkeiten und Überwachungsmöglichkeiten (Leitungsschutz), welche alle ihre Verwendung rechtfertigen. Die einzelnen Anrufsucherausführungen sollen im folgenden bei Besprechung der Systeme behandelt werden, hier seien nur die prinzipiellen Schaltanordnungen kurz gestreift.

Wenn für 50—100 Teilnehmer 10—12%, also 6—12 Anrufsucher bereitstehen, so muß bei Betätigung eines Anrufes durch den Teilnehmer zunächst entschieden werden, welcher Anrufsucher die Verbindung behandeln soll. Was in den Wählerstufen mit ihrer vorwärts gerichteten Wahl die Freiwahl besorgt, das muß beim Anrufsucher mit seiner „rückwärts gerichteten Wahl" durch Hilfsschaltung bewirkt werden.

Reihenanordnung der Anrufsucher.

Es liegt nahe, jeweils nur einen Anrufsucher anzureizen und zwar in einer bestimmten Zählrichtung beginnend, den ersten freien Anrufsucher und durch die Arbeitsstellung dieses Anrufsuchers den Anlaßstromkreis auf den nächsten weiterzuschalten. Man spricht dann auch von einer Kettenschaltung des Anlaßstromkreises. Dabei kann der Fall so gewählt werden, daß die Zählung immer von dem gleichen Wähler aus beginnt, so daß der letzte Wähler in dieser Reihe am wenigsten beansprucht wird, oder man kann ohne Ruhestellung die Zählung schrittweise fortschreiten lassen, indem man jeweils die Arbeitsstellung des zuletzt wirkenden durch Schalteinrichtungen örtlich festhält, oder man kann endlich zur Vermeidung zu starker Beanspruchung ein- und desselben Anrufsuchers über Stecker, Tasten und dgl. die Reihenfolge der Zählung von Zeit zu Zeit verschieben. Weiterhin ist zu beachten, daß unter Umständen, während ein Anrufsucher in der Einstellung begriffen ist, ein in der Zählrichtung vor ihm gelegener Anrufsucher frei werden kann, dieser würde sich alsdann das Anlaßkriterium zuschalten, also dem bereits betätigten Anrufsucher „wegstehlen". Unter Umständen könnte sich dieser Vorgang noch ein zweites und drittes Mal während einer Suchzeit vollziehen. Bei kurzen Suchzeiten und geringem Verkehr kann dies unbedenklich in Kauf genommen werden. Bei längeren Suchzeiten muß der einmal übernommene Anruf lokal gebunden werden, entweder über ein Relais, welches im Prüfstromkreis wieder abgeschaltet wird, oder besser, weil sonst der Wähler bei Störung im Prüfstromkreis immer fortdrehen würde, über eine Arbeitsstellungs-Kontaktbank. Der Anrufsucher macht dann eine Runde und kann er dabei nicht prüfen, so geht er wieder in die Ruhelage zurück, es sei denn, daß der Anruf noch besteht und ihn neuerdings anreizt. Gegen Dauerdrehen werden die Anrufsucher zum Teil auch durch Thermokontakte geschützt, welche nach einer gewissen Drehzeit den Anrufsucher stillsetzen und den Anruf auf einen anderen leiten, oder Besetztzeichen zum Teilnehmer geben.

Die Arbeitskontaktbank hat nämlich den Nachteil, daß der Anrufsucher nicht in der Kontaktbank stehenbleiben kann, sondern in die Ruhelage zurückgeleitet werden muß. In jedem Falle besitzt die Reihenschaltung den Nachteil, daß bei Störung des Weiterschaltungsstromkreises den Teilnehmern die Anrufmöglichkeit genommen ist. Die Anlaßkette muß bei Herausnehmen eines Anrufsuchers oder bei Störung desselben selbsttätig weitergeschaltet werden und so hat man vielfach zeitabhängige Hilfsstromkreise geschaffen, welche durch den Anlaßstromkreis betätigt, durch den Prüfstromkreis wieder abgeschaltet werden, Relaisketten oder Thermokontakte und welche neben dem gewöhnlichen Anlaßstromkreis einen besonderen Anrufsucher betätigen.

Parallelschaltung der Anrufsucher.

Beim Aushängen eines Teilnehmers betätigen sich gleichzeitig oder kurz nacheinander sämtliche Anrufsucher und der erste davon, welcher prüfen kann, setzt alle anderen still. Vom Standpunkt der Betriebssicherheit ist diese Anordnung die sicherste, sie hat andrerseits den höchsten Stromverbrauch, die höchste Inanspruchnahme der Wähler. Tritt während des Laufens der Anrufsucher ein zweiter Anruf ein, so wird dieser ebenfalls durch den nächstbesten Anrufsucher erledigt, die übrigen laufen weiter. Es werden so kürzeste Laufzeiten erzielt. Es ist ohne weiteres klar, daß eine derartige Anordnung namentlich in Schrittwählersystemen nur im kleinen Maßstab möglich ist, wenn die Anrufsucher nur in geringer Zahl vorhanden sind, nur wenige Teilnehmer versorgen und nur kurze Laufzeiten haben.

Gruppenteilung der Anrufsucher- und Wählersucherschaltungen.

Vielfach sieht man eine Gruppenteilung der Anschlußleitungen vor und ordnet ihnen Anrufsucher in der Weise zu, daß sie zunächst von einem Anrufsucher unmittelbar eingestellt werden können. Sind alle dieser Gruppe zugeteilten Anrufsucher besetzt, dann werden über eine Verteilereinrichtung Anrufsucher aus einer anderen Gruppe zugeschaltet. Man kann den Anrufverteiler auch grundsätzlich an jeder Verbindung beteiligen, indem man ihn schrittweise von Anrufsucher zu Anrufsucher weiterschaltet und so den Anlaßstromkreis von Wähler zu Wähler verteilt. Um dabei zur Laufzeit des Anrufsuchers nicht die Einstellzeit des Anrufverteilers zusätzlich aufwenden zu müssen, läßt man den Anrufverteiler jeweils nach Eintreffen einer Verbindung und erfolgter Einstellung des Anrufsuchers, oder auch nur nach dessen Anreiz zum Drehen sich sofort auf einen neuen Anrufsucher einstellen. Man macht dem Anrufverteiler den Vorwurf, daß er als einmaliges Schaltorgan für eine ganze Gruppe von Teilnehmern im Störungsfalle die ganze Gruppe stillegt und hat deshalb reine Reihen- oder Parallelschaltung bevorzugt.

Wenn der Anrufsucher als Hebdrehwähler ausgebildet wird, oder sonst Schaltbewegungen auszuführen hat, welche eine Steuerung voraussetzen, z. B. große und kleine Schritte, Stangenhub- und Bürstenwahl bei Stangenwählerkonstruktionen, so muß unter Umständen durch einen Hilfswähler, den man auch als Zehnersucher bezeichnet, zunächst das Kennzeichen abgegriffen werden, in welcher Hubstufe der anrufende Teilnehmer liegt, d. h. man läßt das Anlaßrelais einen Dekadenkontakt schließen und den Zehnersucher sich schrittweise darauf einstellen und bei jedem Einstellschritt einen Hubimpuls auf den Anrufsucher geben. Erst wenn er sich in dieser Weise zwangläufig eingestellt hat, beginnt die der Einerwahl entsprechende Bewegung, welche durch Einstellung und Prüfung auf die anrufende Teilnehmerleitung begrenzt wird. Die Einstellzeiten werden natürlich durch Betätigung eines Zehnersuchers etwas verlängert und so hat man sich beispielsweise bei der Anrufsucherkonstruktion von Mix & Genest damit beholfen, außer den 10 Hubdekaden eine Ruhestellungsdekade anzuordnen, bei der der Wähler nur einzudrehen braucht und den Teilnehmer ebenso schnell, wie ein Vorwähler findet. Es wird eine Gruppe von Teilnehmern, meistens ungefähr 10, einem Hebdrehanrufsucher derart zugeordnet, daß sie an der untersten Ruhestellungsdekade, mit reiner Drehbewegung erreichbar, angeschlossen sind. Ist innerhalb dieser 10 Anschlüsse bereits eine Verbindung aufgebaut, so muß durch eine Umgehungsschaltung über den Anrufverteiler die Einstellung eines II. Anrufsuchers mit Zehnersucher und Vorwahl erfolgen. Kommt noch ein dritter in derselben Zeit hinzu, so muß er natürlich warten, bis die vorhergehende Einstellung vollzogen ist. Die maximalen Einstellzeiten betragen hierbei 1—1½ Sek. und sind praktisch ohne Einfluß. Wenn der Teilnehmer auf das Amtszeichen achtet, so braucht er, um sich dasselbe ruhig zum Bewußtsein zu führen, allein 1—1½ Sek. und die Einstellzeit spielt daneben keine Rolle. Unter Umständen ist es unangenehm, wenn die Einstellzeiten starken Schwankungen unterliegen. In Maschinenwählersystemen, wo sich zwei Anrufsucherstufen und der Registersucher nacheinander einstellen müssen, sind Wartezeiten von 3 und mehr Sekunden hingenommen worden, auch in Ländern, wo man die Zeit sehr hoch bewertet.

Prinzipschaltbild eines Anrufsuchers (Abb. Anh. 51).

Es folge nun als Beispiel einer Anrufsucherschaltung die von Siemens & Halske für die deutsche Reichspost gelieferte: Der Anrufsucher ist hier ein 50-teiliger Drehwähler mit zwei 25-teiligen, nebeneinander angeordneten Kontaktbänken. Die Arme sind um 180 Grad versetzt. Da die Schaltbewegung reine Drehbewegung ist, kommen Hilfsschalter, wie Zehnerwähler und dgl. in Fortfall. Da ferner der Anrufsucher für kleine Zentralen mit kleinem und mittlerem Gesprächs-

verkehr bestimmt ist, ist eine einfache Kettenschaltung für den Anlaßstromkreis vorgesehen. Die Einstellzeit ist geringfügig größer als in
den Vorwahlstufen. Pro Teilnehmer ist ein Anruforgan, bestehend aus
einem Stufenrelais, verwendet, welches in der ersten Stufe als Anlaßrelais dient, in der zweiten Stufe im lokalen Prüfstromkreis als Trennrelais. Es wäre grundsätzlich verfehlt, wie es verschiedentlich geschieht,
ein für mehrere Teilnehmer gemeinsames Anlaßrelais vorzusehen, etwa
für 10—15 Teilnehmer gemeinsam, weil sich an diesem Relais dann
auch die Ableitungen und Isolationsfehler sämtlicher Leitungen addieren und dadurch oftmals ungewollt Anlaßbewegungen hervorgerufen
werden, auf welche kein Prüfen folgen kann. Der empfindlichste Kontakt des Anlaßrelais muß den Prüfstromkreis herstellen, damit jedem
Anlassen zwangläufig ein Stillsetzen entspricht. Der Anlaßstromkreis
hat also die Form: t-Arbeitskontakt erste Stufe, t-Ruhekontakt der
zweiten Stufe. Der Anrufsucher selbst besitzt Anlaß- und Prüfrelais.
Dabei kann das Anlaßrelais zugleich für den II. Vorwähler mitverwendet werden, da dieser Drehpunkt gegen Drehpunkt starr mit dem
Anrufsucher verbunden wird. Der Einstellvorgang vollzieht sich folgendermaßen: Wenn der Teilnehmer aushängt, spricht sein T-Relais
in der ersten Stufe an. Wenn man dabei den Abschaltkontakt t_{III} und t_I
als Selbstunterbrecherkontakt schaltet, so kann durch das Schnarren
des T-Relais ein Sperrzeichen erzeugt werden. In Bayern wird jedoch,
wie bereits erwähnt, darauf verzichtet. Kontakt $t_{I(u)}$ betätigt den Anlaßstromkreis des der Gruppe zugeordneten Anrufsuchers. Wenn das
P-Relais dieses Anrufsuchers noch nicht erregt ist, so kommt dessen
R-Relais zum Ansprechen, der Wähler beginnt zu drehen, bis er mit
seinem Prüfrelais P 40 + 1000 über t_{III} Arbeitskontakt die T-900-Ohm-
Wicklung findet. Mit dieser Wicklung zieht das T-Relais die zweite
Stufe durch und unterbricht damit den Anlaßstromkreis. Nach Ansprechen von P hat auch der II. Vorwähler zu drehen begonnen, bis
das T-Relais ansprechen kann. R-Relais fällt ab, und so wird der
Anlaßstromkreis dieser Teilnehmergruppe auf den nächsten Anrufsucher weitergeschaltet. Kann ein Anrufsucher innerhalb einer bestimmten Zeit nicht prüfen, so wird durch Thermokontakt der Anruf an den nächsten weitergegeben. Der Anlaßstromkreis wird über
die Kontakte r_{III} ringförmig weitergegeben, beginnt aber für jede
Teilnehmergruppe mit dem ihr zunächst zugeordneten Anrufsucher.
Diese sehr günstige Anrufsucherschaltung wird in Bayern für kleine
und mittelgroße Ämter durchwegs angewendet werden. Für den Zählstromkreis bringt der Anrufsucher die Beseitigung der Stromstufe im
c-Ast und wenn man auch im II. Vorwähler einen besonderen Zählarm
vorsieht und diesen im Stillstand erst durchschaltet, die Unabhängigkeit des Einstellvorganges von den Zählvorgängen und damit eine
wesentliche Vereinfachung der Abschaltung.

Stromlieferungsanlagen.

Die Stromlieferungsanlage ist das Herz der Fernsprecheinrichtung. Sie ist nicht wie in der Starkstromtechnik Selbstzweck und Hauptaufgabe, wo der Schwerpunkt auf möglichst billige Erzeugung des Stromes gelegt werden muß. Die Stromerzeugung und die Anlagekosten für die Stromlieferungsanlage bedeuten in der Fernsprechtechnik nur 1—5% der Gesamtkosten, haben aber auf die Betriebsgüte entscheidenden Einfluß. Nicht billigste Stromerzeugung, sondern absolute Betriebssicherheit und genaueste Einhaltung der Sollspannung ist daher für die Stromlieferungsanlagen der Fernsprechtechnik zu fordern. Reiner Maschinenbetrieb muß als undurchführbar bezeichnet werden, wenn man nicht mit häufigen Störungen rechnen will und wird um so schwieriger, je komplizierter das Netzgebilde ist, je weiter die Schalteinrichtungen entwickelt sind. Namentlich der zweiadrige Verkehr, der das Zusammenarbeiten zweier Amtsspannungen unvermeidlich macht, erfordert große Genauigkeit in der Einhaltung der Spannung. Man hört des öfteren von Systemen rühmen, daß ihre Schalteinrichtungen Spannungsschwankungen von 30—40% ohne weiteres aufnehmen können. Dabei ist selbstverständlich, daß auch die Teilnehmerspeisung um die gleichen Prozentsätze schwankt. Und dies ist aus ganz anderen Gesichtspunkten als den Einstellvorgängen, nämlich wegen der Forderungen des Weitfernverkehrs unzulässig. Ein System ist genügend spannungsunempfindlich, wenn es Schwankungen ± 10% um den Sollwert verträgt.

Die Gestaltung der Stromlieferungsanlage hängt sehr wesentlich von den Verhältnissen im öffentlichen Starkstromnetz und von der Lage des Amtes ab. Stützt sich eine Stromlieferungsanlage auf ein sehr zuverlässiges öffentliches Netz, oder auf zwei voneinander unabhängige Netzzuführungen, entweder mit unmittelbarem Hochspannungsbezug und gleichzeitigem Bezug von Niederspannung, oder auf Bezug von Gleich- und Wechselstrom aus zwei verschiedenen, voneinander unabhängigen Kraftquellen, so kann man die zur Sicherheit geschaffene Batteriereserve sehr klein halten und sich unter Umständen mit Pufferbetrieb begnügen. Wenn aber das öffentliche Netz auch nur ein- bis zweimal im Jahr Störungen von mehrstündiger, oder halbtägiger Dauer aufweist, so ist reiner Batteriebetrieb zu empfehlen.

Weiteren Einfluß auf die Form der Stromlieferungsanlage besitzen die herrschenden Tarife. Besitzt ein Ortsnetz, wie es mehr und mehr der Fall ist, Sperrzeiten und Zeiten billiger Stromabgabe, so kann man unter Ausnützung der billigen Abgabezeiten unter Umständen mit reinem Batteriebetrieb eine billigere Strombeschaffung erzielen als im Pufferbetrieb. Namentlich in den Ländern, welche mit Wasserkraftstrom arbeiten, ist man bestrebt, durch die Tarifgestaltung einen Belastungsausgleich herbeizuführen und hierzu ist reiner Batteriebetrieb mit seiner idealen Speichermöglichkeit hervorragend geeignet. Die Verwendung reinen Batteriebetriebes kann so gewissermaßen zu einer volkswirtschaftlichen Forderung werden. Die Ladung erfolgt dann meistens während der Nachtzeit und wird von dem für den Nachtdienst anwesenden Mechaniker stundenweise überwacht. Auch bei selbsttätigen Ladeeinrichtungen für reinen Batteriebetrieb kann man mit Sperrzeitzählern eine Einhaltung der billigen Stromabnahmezeit ermöglichen.

Pufferbetrieb.

Da dieser Pufferbetrieb in Starkstromnetzen viel verwendet wird, erübrigt es sich, auf die starkstromtechnische Seite besonders einzugehen. Mit der Pufferung entsteht durch die Fernsprechtechnik die Aufgabe der Einhaltung der zulässigen Spannung. Man wird die Pufferung in der Weise regeln, daß der Pufferstrom in der Hauptsache die Stromentnahme durch das Amt deckt. Auf diese Weise ist der Wirkungsgrad der Stromerzeugung am höchsten. Daneben fordert aber die Unterhaltung der Batterie, daß diese nicht dauernd im selben Ladezustand bestehen bleibt, sondern wenigstens in gewissen Grenzen zwischen Ladung und Entladung beansprucht wird. Die bekannte Ladespannungskurve besagt, daß bei völliger Aufladung aller 30 Zellen in einem 60-Volt-System zuletzt über 80 Volt Spannung entstehen würde. Wenn man auch bei der Pufferung nicht bis zur völligen Aufladung geht, wie es für die Batterieunterhaltung wünschenswert wäre, so lassen sich doch unzulässige Spannungserhöhungen nicht vermeiden. Diese müssen durch Zellenschalter, Gegenspannungszellen und dgl. unschädlich gemacht werden und damit entstehen wieder höhere Forderungen für die Bedienungsweise. Die Betätigung der Zellenschalter muß stufenweise erfolgen, angepaßt dem Ladevorgang, die ausgeschalteten Zellen müssen in der Ladung und Entladung nachgeholt werden. Auch Gegenzellen erfordern eine sorgsame Pflege.

Bedenklich für den Sprechstromkreis ist ferner der Augenblick, wo im Pufferbetrieb die Batterie vom Lade- in den Entladezustand übergeht, weil nämlich in diesem Augenblick ein starker Spannungssprung erfolgen kann, namentlich dann, wenn die Ladequelle hohen inneren Widerstand besitzt, also etwa über Vorschaltwiderstand arbeitet (so z. B. im Falle der Fernladung). Hier können Spannungssprünge entstehen, die im Mikrophon hörbar werden. Bei unmittelbarer Pufferung aus Maschinen gleicht sich die Pufferleistung dem Strombedarf an und die Spannungsschwankungen bleiben mäßig.

Zum Schutz des Sprechstromkreises gegen Kollektorgeräusche und Ankernutenschwingungen müssen im Speisungsstromkreis Drosseln, im Nebenschluß zur Maschine Ableitungskondensatoren vorgesehen werden.

Im übrigen sind diese Wechselspannungskomponenten durch die parallelgeschaltete Batterie kurzgeschlossen, so daß die Geräuschbeseitigung keine ernsten Schwierigkeiten bereitet.

Reiner Batteriebetrieb

ist die vom Standpunkt der Fernsprechtechnik günstigste Form der Stromlieferungsanlage. Sie liefert den reinsten Speisestrom und gewährleistet die genaueste Einhaltung der Spannungswerte. Die Bedienung wird außerordentlich einfach und kann durch Hilfspersonal mit kurzer Dienstzeit ausgeführt werden, so daß die Bedienungskosten geringer werden. In Netzen mit billiger Stromabgabe außerhalb der Sperrzeit ist er zugleich vielfach die billigste Form der Strombeschaffung. So ist man beispielsweise in Bayern allgemein zum reinen Batteriebetrieb übergegangen, nachdem eine Reihe von Versuchen mit Pufferbetrieben nicht befriedigt haben.

Bemessung und Ausbau einer Stromlieferungsanlage: Der Strombedarf eines Amtes hängt, abgesehen von dem System, von der Größe des Stadtnetzes und der Gesprächsziffer der Teilnehmer ab. Für die deutschen Schrittwählersysteme kann man allgemein für das Gespräch einen Bedarf von 0,04 Amperestunden zugrunde legen und erhält so für die Teilnehmerzahl und Gesprächsziffer den Tagesbedarf durch unmittelbare Multiplikation. Die Lebensdauer einer Batterie mit 10 Jahren entspricht dem Anwachsen eines Sa-Amtes auf doppelte Teilnehmerzahl unter gleichzeitiger Vermehrung der Gesprächsziffer um 20—30%. So empfiehlt es sich, bei Neueinrichtung eines Automatenamtes 2 Batterien zu 31 Zellen (mit Rücksicht auf Steigleitungsverluste) aufzustellen, welche nach dem pro Teilnehmer errechneten Strombedarf für $2\frac{1}{2}$ Tage ausreichend sind. Im Endzustand ihrer Lebensdauer ist die Batterie dann gerade noch für einen Tag ausreichend. Parallelschaltung neuer und alter Batterien zur Erweiterung der Kapazität hat sich ja nirgends besonders bewährt.

Die Maschinen werden so bemessen, daß zwei im Parallelbetrieb die höchste Ladestromstärke einer Batterie aufzubringen vermögen und durch diese Unterteilung in zwei Aggregate ergibt sich im Störungsfall einer Maschine zugleich eine zweckmäßige Reserve, welche es gestattet, mit doppelter Ladedauer die Batterie nur mit einer Maschine zu bedienen. Der Antrieb der Maschinen erfolgt wenigstens für ein Aggregat, wenn zwei getrennte Netzzuführungen möglich sind, von beiden Netzen mit umschaltbarer Kupplung. Hochspannungsbezug empfiehlt sich bei größeren Sa-Ämtern vielfach und liefert bei gleichzeitiger Beschaffung von Niederspannung eine zweckmäßige Netzreserve im Störungsfall. In den deutschen Schrittwählersystemen betragen die Stromkosten für das Gespräch ungefähr $\frac{1}{10}$ Pfennig[1]).

---

[1]) Vgl. Zeitschrift für Fernmeldetechnik. Jahrg. 27, H. 5. „Stromlieferungsanlagen unbedienter Sa-Ämter" von Hebel.

Ich habe für die Berechnung von Stromlieferungsanlagen aus Teilnehmerzahl, Teilnehmergesprächsziffer und spezifischem Strombedarf

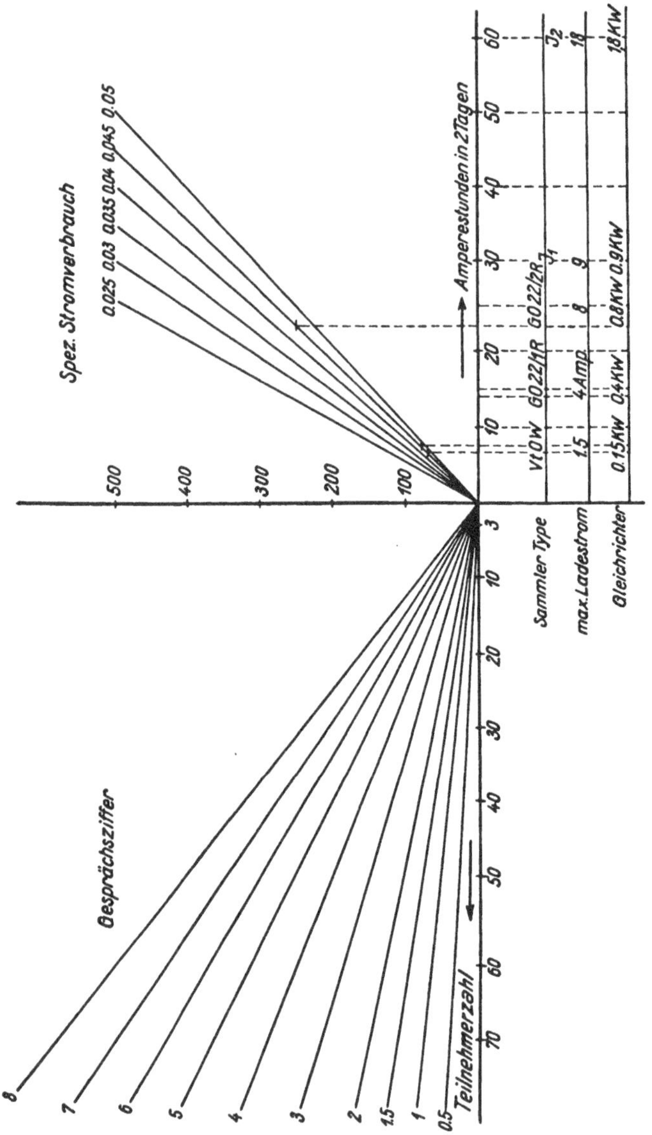

Abb. 52. Graphische Tafel zur Bemessung einer Stromlieferungsanlage in kleinen Sa-Ämtern.

eine graphische Methode entwickelt, welche aus den folgenden Abbildungen ersehen werden kann[1]). Die Ausführung der Stromlieferungs

---

[1]) „Die Wirtschaftlichkeit des geplanten automatischen Netzgruppensystems in den Ortsfernsprechanlagen Bayerns," von Dr. Ing. Schreiber.

anlagen selbst gestaltet sich besonders bei reinem Batteriebetrieb sehr
einfach. Zwei doppelpolige Wechselumschalter werden einer mit dem

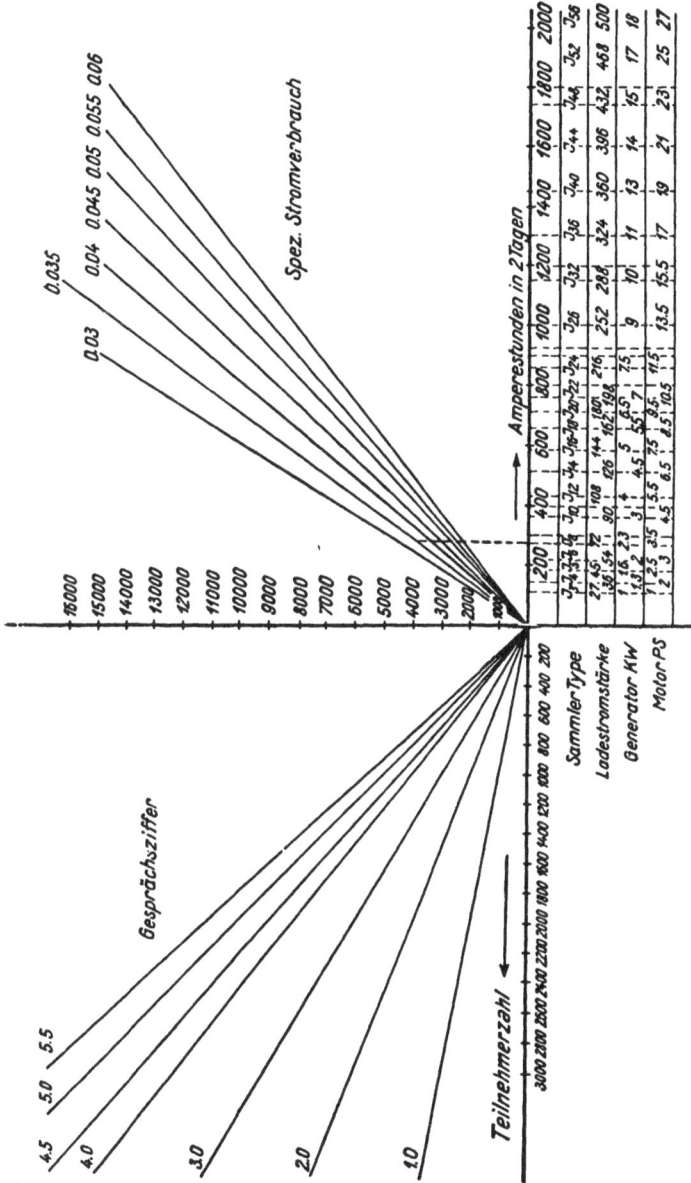

Abb. 53. Graphische Tafel zur Bemessung einer Stromlieferungsanlage in großen Sa-Ämtern.

Drehpunkt an die Lademaschine gelegt, während die eine Kontaktseite
zur Batterie I, die andere zu Batterie II führt. Wird eine Batterie I
gleichzeitig aus zwei parallelbetriebenen Maschinen geladen, so werden

die beiden Schalter auf Batterie I umgelegt. Ein dritter doppelpoliger Umschalter enthält am Drehpunkt die Leitungen zum Amt, an den Kontaktstellen wieder Batterie I, bzw. Batterie II. Im übrigen enthält die Schalttafel Volt- und Amperemeter mit Umschaltemöglichkeit für die einzelnen Kreise und die Anlaßeinrichtungen für die Motoren der Ladegeneratoren. An Stellen, wo jederzeitige Bedienung möglich ist, werden überwiegend umlaufende Maschinen verwendet, in unbedienten Zentralen bevorzugt man Gleichrichter. Indessen sind auch große bediente Sa-Ämter schon mit Erfolg mit Quecksilberdampf- und neuestens mit großen Argonalgleichrichtern ausgestattet worden.

Der Wirkungsgrad der Gleichrichter liegt höher als der der Ladeaggregate. Die Frage der Zweckmäßigkeit hängt auch von der Sicherheit des Netzes, von dessen Spannungsbeständigkeit ab. Es steht wohl außer Zweifel, daß sich die Gleichrichter ein noch weiteres Verwendungsfeld erkämpfen werden. Die Stromlieferungsanlage wird im Keller des Sa-Gebäudes errichtet, zur Erzielung kurzer Steigleitungen möglichst senkrecht unter dem Wählersaal, im Wählersaal selbst wird über eine Sicherungsschalttafel das System der Stromzuführungsschienen abgezweigt. Bei Kurzschlüssen im Amt soll sich die Wiedereinschaltung an dieser Tafel vollziehen.

Automatisierung des nahen Fernverkehrs.

Die bisher behandelten Sa-Einrichtungen dienten alle der Abwicklung des Fernsprechverkehrs im Ortskreis. Dabei ist der Begriff des Ortsverkehrs mehr tarifarisch zu verstehen, wie als Flächenbegriff. Während nämlich Ortsfernsprechnetze für 50—100 Teilnehmer nur eine Ausdehnung von etwa 1 qkm besitzen können, haben die größten Ortsfernsprechnetze, welche durch das Sa-System zu vollautomatischem Verkehr aller Teilnehmer zusammengeschlossen werden, die Netze der Großstädte mit ihren Vororten vielfach eine Ausdehnung von über 1000 qkm. Das sind jene Netzgebilde, welche an den Aufbau der Sa-Einrichtungen, an das Zusammenarbeiten der Teile, an die Sicherheit der Einstellvorgänge die höchsten technischen Anforderungen stellen. Und wenn man den einzelnen Vorortnetzen, welche immerhin eine gewisse Selbständigkeit der Verkehrsbeziehungen aufweisen, den Charakter eines selbständigen Netzes zuspricht, so sind diese sachgemäß dezentralisierten Ortsvermittlungsnetze eigentlich vollautomatische Netzgruppen, welche um den Ortstarif nach Gesprächseinheiten verrechneten Sofortverkehr gestatten.

Flächengebiete des gleichen Inhalts, welche nicht um ein Großstadtgebilde gruppiert sind, sondern nur um Verkehrssammelpunkte kleinerer Ordnung, genießen die Vergünstigung des Ortsgesprächstarifs bei gleichen Entfernungen nicht, sondern bei einer Teilnehmer-

zahl von weniger als 10000 Teilnehmern bedeutet der 5-km-Kreis
um die zentrale Vermittlungsstelle die Grenze des Ortsbereichs, bei
Vermittlungsstellen mit 10000—20000 Teilnehmern der 8-km-Kreis,
bei Vermittlungsstellen mit mehr als 20000 Teilnehmern der 10-km-
Kreis. Das Flächengebilde erweitert sich bei noch größeren Städten
um das baulich geschlossene Gebiet bzw. um Vorortsgebiete. Außerhalb des 5-km-Kreises beginnt der nahe Fernverkehr, zunächst die sog.
I. Fernzone mit einem Ring von 10 km, dann die II. Fernzone mit
einem zweiten Ring von 10 km und schließlich die dritte Fernzone mit
einem Ring von 25 km Breite. Mit gleicher Breite schließen sich daran
die weiteren Zonenringe, wobei die Entfernung nach dem Taxquadrat-
verfahren berechnet wird. Die Gebühr der Fernzonen richtet sich nach
der Gesprächsdauer. Diese verschiedene Gebührenerfassung und die
Dichte des Verkehrs sind die Unterscheidungsmerkmale des nahen
Fernverkehrs gegenüber dem Vorortsverkehr der Großstädte. Im
übrigen spielt im ganzen Lande der nahe Fernverkehr eine außerordentlich große Rolle und macht etwa 60% des Gesamtfernverkehrs aus, in
Bayern 65%. Dabei soll unter nahem Fernverkehr der Verkehr im
25-km-Kreis um den Ausgangsort verstanden werden. Die maximale
Verbindungslänge in diesem Gebiet wäre also 50 km und vereinzelte
Verbindungen können noch in die 75-km-Zone fallen.

Vorortsverkehr der Großstädte.

Der zum Ortstarif zugelassene Verkehr der Vororte mit einer
Großstadt ist ein außerordentlich reger, dichter Verkehr, ein stark
zentralistischer Verkehr und nur ganz geringe Bruchteile der Gespräche
der Vororte bleiben als Interngespräche in der eigenen Vermittlungsstelle. Der Verbindungsverkehr mit den großen Vermittlungsstellen im
Innern der Stadt bildet den Schwerpunkt. Diametralverbindungen sind
selten und lagern sich den gleichen Verkehrswegen über. Die Gebührenerfassung erfolgt in der gleichen Weise wie bereits für den Ortsverkehr
mit Einzelgesprächstarif beschrieben. Die Ämter selbst werden im
Innern als Vollämter ausgeführt, an den Randgebieten als Teilämter I.
und II. Grades, das Netzgebilde der Verbindungsleitungen zwischen den
Vollämtern ist maschenförmig, zwischen den Teilämtern in den Ausläufern sternförmig. Wenn die Vollämterzahl zu groß ist, als daß die
quadratisch zunehmende Verbindungsleitungsbündelzahl wirtschaftlich
noch gerechtfertigt werden könnte, so schafft man, wie dies im neuen
Berliner Fernsprechnetz in ausgezeichneter Weise durchgeführt ist,
Knotenpunkte, dem dekadischen Aufbau des Systems entsprechend
meistens 8—9, verlegt in jeden Stadtbezirk ein derartiges Knotenamt
und schließt daran die übrigen Ämter als sog. Unterämter an. Zwischen
diesen Knotenämtern besteht dann allein ein maschenförmiges Netz,

die Unterämter führen ihren Verkehr den Knotenämtern zu. Wenn das heutige Berliner Ortsfernsprechnetz den Unterämtern zunächst noch unmittelbaren abgehenden Verkehr zu allen Knotenämtern gibt, so ist dies ein Übergangszustand, da ja das heutige Netz aus einem Handbetriebsnetz herauswächst und kann jederzeit der endgültigen Netzform zugeführt werden. In der derzeitigen Anordnung besitzen die Unterämter Vollamtscharakter. Hebt man die unmittelbar zu allen Knotenämtern führenden Verbindungsleitungsstränge auf, so erhalten sie Teilamtscharakter. Dabei ist es nicht eine verkehrstechnische, sondern nur eine technische und eine Wirtschaftsfrage, ob der Prozentsatz des internen Verkehrs und die Entfernung es lohnt, Überbrückungsverkehr anzuwenden, oder ob man die Teilämter an ihr Knotenamt ohne Überbrückungsschaltung anschließt. Auch die Frage, ob und wieweit Teilämter II. Grades gebildet werden, muß auf Grund der örtlichen Verhältnisse entschieden werden. Bezeichnet n die Zahl sämtlicher automatischer Vermittlungsstellen, k die Zahl der Knotenämter, so würde im Falle der reinen Vollamtsschaltung ohne Knotenamtsbildung die Zahl der maschenförmig zu führenden Verbindungsleitungsstränge $n \cdot (n-1)$ betragen, wo n zwischen 40 und 50 liegt. Nach Abschluß der beiderseitigen Verknotung vermindert sich die Zahl der Verbindungsleitungsstränge auf $k \cdot (k-1)$, wo $k = 9 - 10$ bedeutet.

Selbstanschlußtechnik für nahen Fernverkehr.

Die Sa-Technik hat also ohne weiteres die technischen Mittel in der Hand, nicht nur den Ortsverkehr, sondern auch den nahen Fernverkehr vollautomatisch abzuwickeln, wenn es gelingt, eine dem Fernsprechtarif angepaßte selbsttätige Zählung für die einzelne Verbindung zu schaffen. Die Aufgaben für den Verbindungsaufbau selbst können unmittelbar aus den dezentralisierten Ortsfernsprechnetzen entnommen werden, lediglich der Zubau eines Übertragers für automatische Zeitzonenzählung schafft das Selbstanschlußnetzgruppengebilde für nahen Fernverkehr.

Wo diese Möglichkeit geboten ist, da lohnt die Frage, ob hiefür ein Bedürfnis vorliegt und diese Frage muß unbedingt bejaht werden. Der Fernsprechbetrieb des flachen Landes liegt heute noch sehr im Argen und gerade die Beschränkung der technischen Möglichkeiten steht der Entwicklung im Wege. Heute muß das Fernsprechnetz für den nahen Fernverkehr ebenso als unzulänglich bezeichnet werden wie die vorhandenen Vermittlungseinrichtungen. Die Fernsprechnetze aller Länder besitzen ein überwiegend maschenförmiges Gefüge mit vielen einzelnen, von Ort zu Ort verlaufenden Leitungen, welche jede für sich eine schlechte Verkehrsausnützung besitzen und teuer in der Unterhaltung werden. Stellt man sich die Aufgabe für die heute be-

reits vorhandenen Fernsprechstellen in ihrer gegenwärtigen Verteilung
ein möglichst wirtschaftliches Leitungsnetzgebilde zu schaffen, und er-

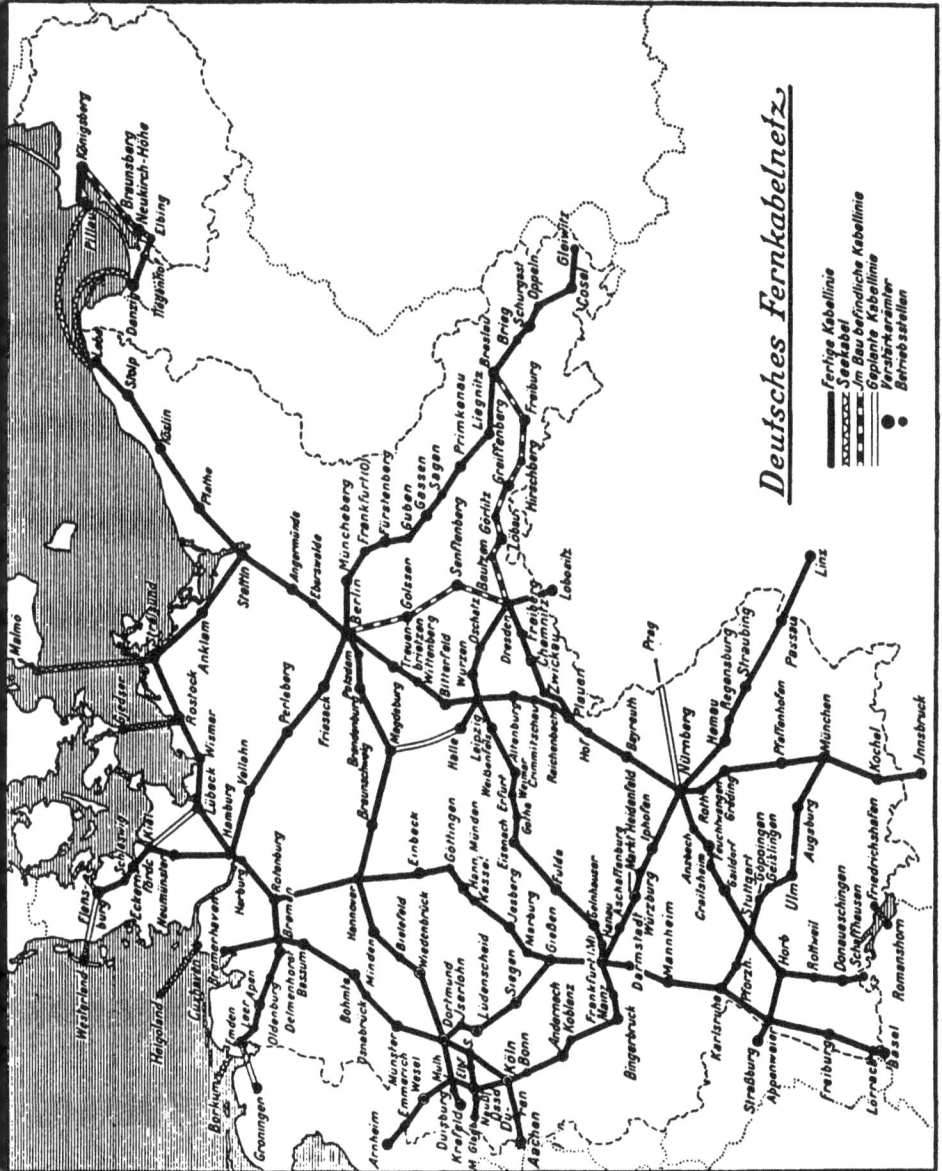

Abb. 54. Karte des deutschen Fernkabelnetzes nach dem Stand vom Jahre 1926.

streckt diese Frage über ein ganzes Land, so kommt man zu einem
völlig anderen Gebilde, als es heute besteht. Unsere Leitungsnetze
tragen das Gepräge ihrer historischen Entwicklung, eines allmählichen

stückweisen Aufbaues, welcher mit der Wirtschaftlichkeit sehr in Widerspruch steht. So ist es kein Wunder, wenn sich nicht nur in Deutschland, sondern in der ganzen Welt gegenwärtig eine völlige Umgestaltung dieser Netzgebilde vollzieht[1]).

In erster Linie ist diese Umgestaltung bestimmt durch die neue Entwicklung des Fernkabel- und Verstärkerwesens, welches für Deutschland die Möglichkeit zum Ausbau eines großen deutschen Fernkabelnetzes geschaffen hat. Dieses durchzieht in allen Richtungen von Verkehrsknotenpunkt zu Verkehrsknotenpunkt in starken Kabelsträngen das Land und schafft für den weiten Fernverkehr eine von Störungsanfälligkeit nahezu unabhängige, beinahe wartezeitlose Verkehrsmöglichkeit, für welche die Landesgrenzen keine Schranken bedeuten. Hat sich ja doch in allen Nachbarländern der Anschluß an die großen deutschen Fernkabellinien teils vollzogen, teils vorbereitet, so daß Deutschland das wichtigste Durchgangsland des europäischen Weitfernverkehrs wird (Abb. 54).

Die mit Aufwand großer Mittel rasch geförderte Verbesserung des Weitverkehrs übt nun aber auch ihre zwingenden Rückwirkungen auf den kürzeren Fernverkehr aus und schon entstehen überall sog. Bezirkskabelnetze, Zubringernetze für den weiten Fernverkehr. Es können die Fernkabel nur in den wichtigsten Verkehrsknotenpunkten unterbrochen und zugänglich gemacht werden und so müssen diese zugleich Sternpunkte und Sammelstellen des kürzeren Fernverkehrs, des Bezirksfernverkehrs werden. Entfernungen von 40—50 km mit einem Verkehrsumfang von 25—30% des Gesamtverkehrs bilden diesen Bezirksverkehr, welcher sich zwischen den Fernämtern benachbarter oder indirekt benachbarter Netzgruppengebilde abwickelt. Die Kabel für diesen Bezirksverkehr erhalten den gleichen Aufbau wie die Fernkabel selbst, werden zeitlich meist gleichzeitig mit diesen und in die gleichen Gräben verlegt, und benützen die gleichen Verstärkerämter. Auch der Bezirkskabelaufbau ist in Deutschland schon sehr weit fortgeschritten. Teilweise bedient sich der Bezirksverkehr auch noch der Teilstrecken der Fernkabel.

Das dritte Glied in dem systematischen Netzaufbau der Länder werden nun die Netzgruppengebilde, welche den sog. nahen Fernverkehr zu bewältigen haben. Dieser, wie erwähnt, 60—65% des Gesamtverkehrs umfassende Verkehr muß wartezeitlos ausgeführt werden und kann nicht spärlicher bedacht werden als die Fernkabelstrecken, wenn er nicht unangenehme Rückwirkungen auf die Verkehrsabwicklung auf den weiten Strecken ausüben soll, denn es kann nicht gut eine Verbindung Berlin—München auf den Anschluß München—Starnberg z. B.

---

[1]) Vgl. Fernmeldetechnik 1926, Heft 1, 2, 3: Telegraphendirektor Hebel, Das Ausstellungsobjekt der Netzgruppe Schaftlach auf der Deutschen Verkehrsausstellung München als Zukunftsbild des bayerischen Fernsprechwesens.

warten. Diese Netzgruppengebilde als Zubringergebilde für den Bezirksverkehr und Weitfernverkehr erhalten wieder zunächst einen sternförmigen Aufbau im Gegensatz zu den heute vorhandenen Maschennetzen, und da die Leitungskosten die der apparatentechnischen Einrichtungen überwiegen, so entsteht für die Betriebsform und die Apparatentechnik die Forderung, sich diesem Netzaufbau anzupassen; dabei sollen sie so beweglich sein, daß das Sterngebilde mit sog. Querverbindungen jederzeit unterbrochen werden kann, wenn es besonders geartete Verkehrsbeziehungen von Nachbarorten erfordern.

Nicht nur die Strömung des Verkehrs fordert indes den sternförmigen Aufbau, sondern auch zwei Grundgesetze für die Leitungsführung, deren eines durch die Verkehrstheorie bestätigt wird, während das zweite eine reine Wirtschaftsfrage ist.

Der Preis der einzelnen Doppelleitung ist in hohem Maße abhängig von der Stärke des Leitungsstranges und drängt dazu, möglichst viele Leitungen, wenn auch um den Preis eines geringen Umweges, auf gleichem Weg zu verlegen und in den gleichen Kabelmantel zusammenzufassen. Deshalb werden ja in den Ortsfernsprechnetzen die Zahlen der Verbindungsleitungsstränge möglichst kleingehalten, die Ausläufer als Teilämter ausgeführt und die Teilämter II. Grades in besonderen Knotenämtern zusammengefaßt (Abb. 55).

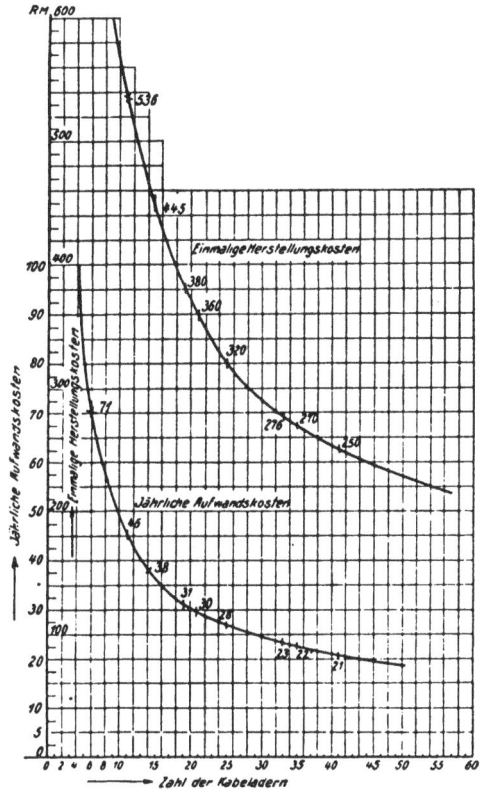

Abb. 55. Einheitskosten pro km unterirdischer Kabelleitung in Abhängigkeit von der Aderzahl.

Die Ausnützung der Leitungen zur Bewältigung einer bestimmten Verkehrsmenge wird um so günstiger, je größer einerseits die Verkehrsmenge, andrerseits das zur Auswahl des Verkehrs zur Verfügung stehende Leitungsbündel ist. Diese Steigerung der Leitungsausnützung hat bei ganz kleinen Leitungszahlen natürlich den größten Einfluß, während bei einer gewissen Bündelgröße, etwa von 50—100 ab durch weitere

Zusammenfassung kein Gewinn mehr erzielbar ist. Die heute bestehenden Fernleitungsnetze besitzen fast überall Bündel von 2—3 Leitungen, Stränge von 10—20 Leitungen und nur in den Hauptverkehrsrichtungen bestand eine größere Zusammenfassung.

Für die Neugestaltung des nahen Fernverkehrs entsteht also leitungstechnisch die Aufgabe, an Stelle des derzeitigen Maschennetzes ein Sternnetz mit dem Verkehrssammelpunkt als Sternpunkt auszubauen und die radial verlaufenden Zubringerlinien möglichst auf ihrem Verlauf zum Mittelpunkt zu verknoten, so daß Vermittlungsstellen II. Grades und I. Grades entstehen. Diese Leitungsstränge sind, soweit sie durch die Zusammenfassung über 10—15 Doppeladern angewachsen sind, in unterirdische Leitungen umzubauen, mit einem Kabelsystem, das pupinisiert, aber unverstärkt ebenfalls die Ausführung des Bezirkskabels besitzt, aber möglichst mit 0,9 mm Adern bemessen sein soll. Als Ausläufer und Zubringer des Weitfernverkehrs müssen die Netze in allen Teilen so bemessen sein, daß sie möglichst wartezeitlosen Verkehr gestatten.

Betrachtet man andrerseits, losgelöst von den Aufgaben der Netzgestaltung die Vermittlungsform in den Landfernsprechnetzen, so besteht heute als wesentlicher Nachteil die Beschränkung der Dienstzeit. Dadurch entgeht den Leitungen und Apparaten die Ausnützungsmöglichkeit, dem Fernsprecher sein wesentlichster Vorteil, die jederzeitige Benützbarkeit. Dieser Mangel steht dem Teilnehmerzugang im Wege und es weisen die Landbezirke eine relativ sehr geringe Teilnehmerdichte auf, die Entwicklung ist gehemmt durch die Unzulänglichkeit der Einrichtungen.

Vergleicht man Ortsverkehr und nahen Fernverkehr, so ist es begreiflich, daß die verkehrstechnische Bedeutung des Ortsverkehrs um so geringer wird, je weniger Teilnehmer ein Ortsfernsprechnetz hat und daß umgekehrt der nahe Fernverkehr um so bedeutender wird, je weniger der Ortsverkehr bedeutet, namentlich dann, wenn wichtige Verkehrszentren in der Nähe gelegen sind. Verglichen mit den Vororten eines Großstadtgebietes ist, auf den Teilnehmer bezogen, die Gesprächszahl wesentlich geringer, der Anteil des internen Verkehrs wegen der großen Entfernung der Orte immerhin etwas bedeutender als in den einzelnen Vorortsvermittlungsstellen. Die Forderung nach ununterbrochenem Fernsprechverkehr bei Tag und Nacht für Orts- und Fernverkehr macht den Fernsprecher auf dem flachen Lande erst lebensfähig und, da eine ununterbrochene Handbedienung wirtschaftlich nicht tragbar wäre, so ist die Einführung des Sa-Betriebes auf dem flachen Lande eine unabweisbare Verkehrsnotwendigkeit.

Damit entsteht die Aufgabe, mit den aus der Bildung der Großstadtnetze bekannten Umschalteeinrichtungen und angepaßt an das sternförmige in Hilfspunkten verknotete Leitungsnetz eine Automatisierung des nahen Fernverkehrs anzustreben. Tariftechnisch entsteht sodann die weitere Forderung, in diesen vollautomatischen Verbindungen die Gebühren nach Zeit und Zone abgestuft, dem deutschen Fernsprechtarif entsprechend zu erfassen. Aus diesen Erwägungen heraus ist die Sa-Netzgruppe entstanden, wie sie in Bayern für das ganze Land, teils im Bau, teils geplant sind und wie sie in der Schweiz[1]), in Oberitalien, in Holland und der Tschechoslowakei in Vorbereitung stehen. Andrerseits gibt die Betriebsweise im Überleitungsverkehr zwischen Sa-Ämtern und Handbetriebsämtern die Möglichkeit von dem Sa-Amt aus über besondere Nummern eine im zentralen Amt befindliche Vermittlungsbeamtin zu rufen, welche die Außer-Ortsverbindung mit der Wählscheibe herstellt und die fälligen Gebühren mit Zettel erfaßt. Diese Form der Automatisierung des flachen Landes, vielleicht ist es auch nur ein Vorbereitungsstadium für die vollautomatische Form, ist unter dem Namen des Überweisungssystems als halbautomatische Netzgruppe im außerbayerischen Reichspostgebiet geplant und teilweise durchgeführt.

Die vollautomatische Netzgruppe.

Die vollautomatische Netzgruppe ist ein mit den Schalteinrichtungen eines vollautomatischen dezentralisierten Großstadtnetzes aufgebautes Sa-Netz, welches neben der selbsttätigen Abwicklung des geringfügigen Ortsverkehrs auch die selbsttätige Abwicklung des überwiegenden nahen Fernverkehrs unter selbsttätiger Registrierung der Gebühren nach Zeit und Zone ermöglicht. In dieser Form gestattet die Sa-Netzgruppe ununterbrochenen wartezeitlosen Orts- und Netzgruppenverkehr unter Registrierung der fälligen Gesprächsgebühren auf den gleichen Zähler des Teilnehmers im Vielfachen einer Grundgebühr, auf der die Gebührenstufen als ganzzahliges Vielfaches aufgebaut sein müssen. Der Netzverkehr fordert zu den Einrichtungen für reinen Ortsverkehr die gleichen Zusätze wie der Verbindungsverkehr in Großstadtnetzen und stellt die Sa-Technik vor die besondere Aufgabe, wochenlang unbediente selbsttätig wirkende Sa-Zentralen zu schaffen.

a) **Die Planung von Sa-Netzgruppen.** So unerwünscht und unwirtschaftlich die maschenförmige Leitungsführung in den Fernleitungsnetzen auch ist, so hatte sie doch den einen Vorteil, keine Verkehrsscheidepunkte zu schaffen und jeweils unmittelbaren Verkehr von Nachbargebiet zu Nachbargebiet zu ermöglichen. Die Zusammenfassung zu Sterngebilden schafft engzusammengefaßte Flächengebiete, die ihren Verkehr einem zentral gelegenen Sammelpunkt zuführen. Damit entsteht die Frage, wie soll der Verkehr über die Grenzen abgewickelt

---

[1]) Die Netzgruppe Lausanne mit 17 Ämtern, mit Zeit- und Zonenzählung, Wechselstromwahl und Wechselverkehr zu den V 2-Ämtern kommt im Oktober 1928 in Betrieb.

werden. Mancherorts gelingt bei günstigster Gestaltung keine Gruppierung, welche zentralistischen Verkehrsfluß ergibt. Es bestehen mehrere Schwerpunkte, der Verkehr ist flächenhaft verteilt und rege Verkehrsgebiete haben eine Flächenausdehnung, welche über das zugrunde gelegte Normalmaß einer Netzgruppe weit hinausreicht. So sehr man bemüht sein mag, die Grenzlinien zweier Netzgruppengebiete in die Wasserscheide des Verkehrs zu legen, so wird eine solche Trennlinie vielfach nicht bestehen. Nachbarbeziehungen müssen zerschnitten werden. Andernfalls ergibt sich für den Teilnehmer und für die Betriebsverwaltung eine Umleitung des Verkehrs auf kostspieligen Umwegen, unter Umständen mit unangenehmer Wartezeit. So angenehm also die Netzgruppenbildung für die im Innern der Fläche gelegenen Orte ist, so unangenehm wäre sie für die am Rande gelegenen, wenn man nicht bemüht wäre, diese Härten zu vermeiden. Stellt man sich die Aufgabe, den gesamten nahen Fernverkehr im 25—30-km-Kreis zu erfassen, so muß dieser Kreis und damit das vollautomatisch zugängliche Netzgruppengebiet gewissermaßen mit dem Ausgangsorte wandern, sonst würde für die Randgebiete nur ein Sektor oder Segment zugänglich bleiben. Die Verkehrsabwicklung von Nachbarorten kann dabei unbedenklich über Umwege geleitet werden, wenn dies den Teilnehmer nicht schädigt, unter Umständen ihm gar nicht zum Bewußtsein kommt, ferner, wenn dieser Verkehr nur so unbedeutend ist, daß die Umwege keinen zu hohen Leitungsaufwand erfordern. Ist der Verkehr dagegen groß, so wird man mit automatischen Querverbindungen, die sowohl innerhalb der Netzgruppe tangential, als auch über den Rand der Netzgruppe verlaufen können, die Härten des sternförmigen Leitungsgebildes beseitigen und den Zusammenschluß einzelner Sterngebilde auf vollautomatischem Wege herstellen. Die Sa-Technik schafft dazu die Möglichkeit und dieser Möglichkeit muß man sich bewußt sein, wenn man an die Planung der Netzgruppengebilde herangeht.

Für die Planung selbst ergeben sich folgende Aufgaben:

1. Die Unterteilung des Landes nach Netzgruppengebieten, im besonderen die Festlegung der Schwerpunkte des Verkehrs, um welche die Netzgruppe gelagert sein soll.
2. Die Festlegung der Netzgruppengrenzen, entsprechend den Verkehrsbeziehungen mit möglichster Schonung des Verkehrs an den Randgebieten.
3. Die Aufstellung eines Ämterverbindungsplanes.
4. Die Aufstellung eines Kabelführungsplanes.
5. Die Festlegung des Wähleraufbaues und ihrer Schaltungen.

Die Festlegung der Verkehrsschwerpunkte ist meist von vornherein gegeben durch Größe und Bedeutung der Städte und ihre Einbeziehung in das Bezirks- und Fernkabelnetz. Die Netzgruppe erhält nur ein einziges Fernamt in ihrem Mittelpunkt, welches den Bezirks-

und Weitfernverkehr vermittelt und dieses Fernamt muß Anschluß finden an das Bezirks- und Fernkabelnetz. Zieht man um diese Sammelpunkte des Verkehrs Kreise mit ungefähr 25—30 km Radius, so werden sich diese teils berühren, teils überschneiden, teils werden dazwischen Flächengebiete übrigbleiben, deren hauptsächlichste Verkehrsbeziehungen ermittelt werden müssen. Gebirge und Flüsse ziehen natürliche

Abb. 56. Verteilung der Netzgruppenkennziffern über Bayern und Aufteilung des Landes in Netzgruppengebiete.

Innerhalb der einzelnen Netzgruppengebiete und zwischen angrenzenden Netzgruppengebieten besteht sogenannter Selbstwählnahverkehr, zwischen wichtigen Verkehrssammelpunkten in größerer Entfernung sogenannter Selbstwählweitverkehr nach Maßgabe der eingetragenen Linien. Die Kennziffern sind so verteilt, daß möglichst an keine Netzgruppe Netzgruppen mit gleicher Kennziffer angrenzen.

Grenzen des Verkehrs und diesen werden möglichst die Netzgruppengrenzen folgen. Wo man Verkehrsbeziehungen durchschneiden muß, legt man gleich das Bedürfnis zu Querverbindungen fest. So entsteht beispielsweise für Bayern die in Abb. 56 wiedergegebene Einteilung.

Man sieht, daß die Netzgruppengebiete um die Großstadt die größte Ausdehnung erfahren.

Nun gilt es die einzelnen Netzgruppengebiete für sich zu bearbeiten und das sternförmige Kabelnetz auszubauen und den einzelnen Ämtern, welche hier als Ortsfernsprechnetze mit selbständiger Zone den Namen Verbundämter führen, ihren Charakter als Verbundämter I. und II. Grades zuzuteilen, wie dies beispielsweise im beigefügten Plan der Netzgruppe Weilheim geschehen ist (Abb. Anh. 57). Hilfsknotenpunkte des

Verkehrs, welche günstig im Zug der Leitungsführung gelegen sind, werden zu Verbundämtern I. Grades (abgekürzte Bezeichnung V1-Ämter) Verbundämter am Rande der Netzgruppe von untergeordneter Bedeutung zu Verbundämtern II. Grades (V2-Ämter). Es ist zweckmäßig, in diesem Übersichtsplan unmittelbar die für die einzelnen Verkehrswerte benötigten Leitungszahlen einzutragen, weil hier die Leitungsbündel in ihrer getrennten Führung am deutlichsten zu erkennen sind. Für die Berechnung des Leitungsbedarfes erfolgen noch besondere Angaben im Abschnitt über Verkehrstheorie. Grundsätzlich ist dabei die Frage, ob die Schaltung des Amtes getrennte Leitungsbündel für ankommenden und abgehenden Verkehr erfordert, oder ob Wechselverkehr möglich ist. Letzterer ergibt größere Verkehrsmengen und damit günstigere Bündelleistung, also relativ geringeren Leitungsbedarf. Dafür müssen an den Enden ankommende und abgehende Schaltorgane liegen, was einen höheren Apparatenbedarf bedeutet. Vereinzelt führt man auch einige Leitungen rein ankommend, andere rein abgehend und den Rest zum Ausgleich der Verkehrsschwankungen für Wechselverkehr. Bei Verkabelung bildet der Übergang zum Wechselverkehr eine erwünschte Reserve. Geplant werden die Kabel meist für gerichteten Verkehr. Der Verkehr wird durchwegs zweiadrig durchgeführt. Bei Verwendung von Wechselstromwählung ist Kombinationsmöglichkeit geboten. Wechselstromwählung wird dabei meist bei Freileitungen und störungsanfälligen Leitungen verwendet, da sie gegen Isolationsfehler weniger empfindlich ist und die Amtseinrichtung abriegelt. Die Bemessung der Aderzahlen erfolgt am besten nach Kurvenscharen, wie später angegeben und muß bei Bestimmung von Kabeln für 10—20 Jahre voraus berechnet werden. Die Verkehrsentwicklung bei Überleitung vom Handbetrieb zum Sa-Betrieb und die Verkehrsentwicklung auf einen so langen Zeitabschnitt in die Zukunft ist dabei so unsicher, daß man immer auf Schätzung angewiesen ist. Man sieht am besten 2—2½ mal soviel Leitungen vor, als dem augenblicklichen Bedarf entsprechen und rechnet im Augenblick der Einschaltung mit einem 40—50%igen Verkehrszuwachs gegenüber dem Handbetrieb. Als Aderstärken kommen, wie erwähnt, fast nur 0,9-mm-Adern in Frage, bei besonders langen Leitungen zum Anschluß an längere Fernleitungen 1,4-mm-Leitungen. Diese werden dann in den zentrifugalen Leitungsstrang eingeschaltet. Der Kabelführungsplan (Abb. Anh. 58) legt weiterhin die Wege fest, auf welchen die Kabel verlegt werden müssen und zeigt so das Zusammenlaufen der einzelnen Leitungsstränge, welche den Kabelaufbau ergeben. Auch mitzuverlegende Teilnehmeranschlußkabel werden eingetragen. Im bahnbeeinflußten oder hochspannungsgestörten Gebiet errechnet sich aus dem Kabelführungsplan der zu erwartende Beeinflussungsgrad. Der Kabelführungsplan bildet unmittelbar die Grundlage für die Kabelbestellung.

Für die Festlegung der Schalteinrichtungen sind nun eine Reihe weiterer Gesichtspunkte zu berücksichtigen, welche den Systemaufbau betreffen.

b) Die Schaltsysteme für Sa-Netzgruppen. In den Teilamtsschaltungen der Großstädte wurde bereits ein Vermittlungssystem entwickelt, welches einen sternförmigen Netzaufbau gestattet. Tatsächlich sind eine Reihe Netzgruppen nach diesem System gebaut worden und arbeiten technisch vollkommen befriedigend. Diese Art der Schaltung wird als **Mitlaufwerksystem** bezeichnet, weil für die nicht im Sammelpunkt gelegenen Teilnehmer das Mitlaufwerk des Übertragers für Überbrückungsverkehr als Hilfsmittel zum Verbindungsaufbau verwendet wird. Die Netzgruppe nach dem Mitlaufwerksystem bildet gewissermaßen ein einziges Ortsfernsprechnetz und besitzt auch einen einheitlichen Rufnummernaufbau. Das Hauptamt ist mit den Vollämtern des zentralen Ortsfernsprechnetzes nach Vollamtsschaltung verbunden und die sämtlichen Verbundämter sind an das Hauptamt strahlenförmig als Teilämter I. und II. Grades angeschlossen. Wegen der Selbständigkeit hinsichtlich der Zone werden sie hier als V1- und V2-Amt bezeichnet. Auch die Bildung von V3-Ämtern ist technisch möglich und im Mitlaufwerksystem von größtem wirtschaftlichen Vorteil. Den wesentlichen Unterschied im Wähleraufbau bilden die Übertrager für Zeit- und Zonenzählung, welche mit dem Übertrager für Überbrückungsverkehr unter Zusatz von 2 Drehwählern und einigen Relais zusammengebaut werden. Die Zeit- und Zonenzählung erfordert also kein gesondertes Schaltorgan im Verbundamt, sondern nur eine geringfügige schaltungstechnische Erweiterung des Mitlaufwerkes und lediglich im Hauptamt muß für den zentrifugalen Verkehr in den vom Hauptamt ausgehenden Dekaden ein besonderer Übertrager für Zeit- und Zonenzählung gelegen sein. Im Vorgriff auf die spätere Beschreibung des Zeit- und Zonenzählers sei hier kurz erwähnt, daß bei der einheitlichen Verteilung der Rufnummern für das ganze Netzgruppengebiet die Erfassung der Entfernung an Hand der Rufnummer des gewählten Teilnehmers gelingt, deren Speicherung im Mitlaufwerk des Teilamts bereits zum Zwecke allenfallsiger Internumsteuerung notwendig war und welche hier gleichzeitig für die Zoneneinstellung mitbenützt werden kann.

Die Zahl der in einem Netzgruppengebiet gelegenen Ämter beträgt etwa 20—30, und so liegt es nahe, für die Ämter außerhalb des Hauptamtes und seines Ortsbereiches zwei oder drei Anfangsdekaden auszusparen. Das Hauptamt und die Vollämter des zentralen Ortsfernsprechnetzes bekommen somit die Anfangsdekaden 2 mit 6, für die Netzgruppe werden die Ausgänge über 7, 8 und 9 reserviert.

Der wählertechnische Aufbau sei an Hand eines Wählerübersichtsplanes verfolgt (Abb. 59). Ein V2-Amt nach dem Tausendersystem z. B. Bayerisch-Zell erhält I. Vorwähler oder Anrufsucher, II. Vorwähler für Umsteuerung. An deren erster abgehender Kontaktbank liegen die Über-

trager für Überbrückungsverkehr und Zeit- und Zonenzählung mit
ihrem Mitlaufwerk, an der zweiten Kontaktbank die internen Ausgänge
zu den I. Gruppenwählern und Leitungswählern. Der ankommende
Verkehr gelangt an ankommende Gruppenwähler, allenfalls unter Vorschaltung zweiadriger Übertrager. Die Kontaktbank des ankommenden
und internen Gruppenwählers ist vielfach geschaltet und führt zu den
Leitungswählern. Beim Aushängen läuft der II. Vorwähler zunächst
über die erste Kontaktbank an, sucht einen freien, fest an einer abgehenden Verbindungsleitung liegenden Zeit- und Zonenzähler aus und

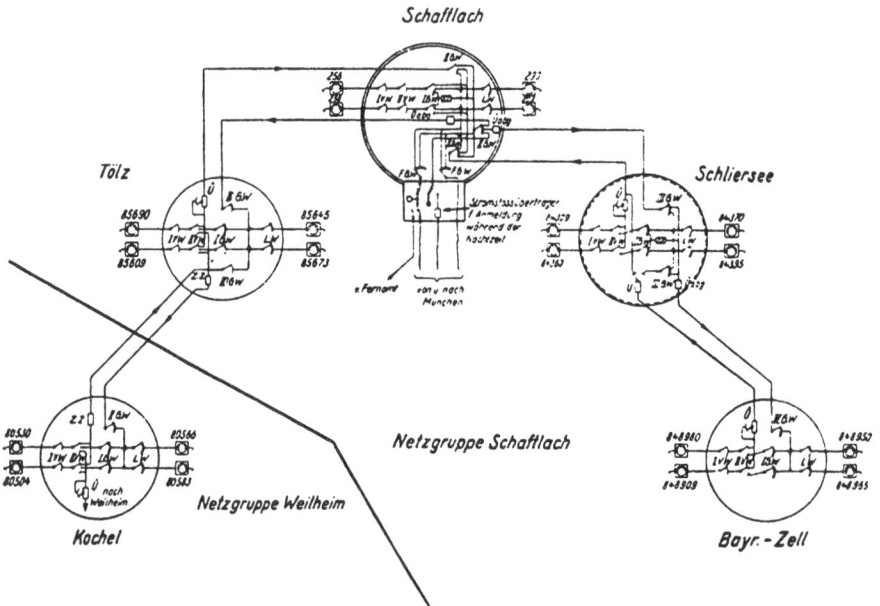

Abb. 59. Wählerübersichtsplan einer Netzgruppe nach dem Mitlaufwerksystem.

belegt die in das nächste Verbundamt abgehende Verbindungsleitung.
Über das Hilfsorgan in diesem Verbundamt, den bereits bekannten
Richtungswähler, schaltet sich die Verbindung durch an den ankommenden Gruppenwähler im Hauptamt. Der erwähnte Richtungswähler im V1-Amt ist Mitlaufwerk und II. Vorwähler für Umsteuerung
zugleich und schaltet die Verbindung nach seiner Belegung zunächst
ebenfalls über die erste Kontaktbank anlaufend sofort in das Hauptamt durch.

Die Einrichtungen des V1-Amtes sind genau die gleichen wie im
V2-Amt und enthalten nur jene Zusätze, welche zur Verknotung der
Leitungen notwendig sind, d. h. vom II. Vorwähler für Umsteuerung
führen über die erste Kontaktbank unmittelbare Verbindungsleitungen

über den Zeitzonenzähler in das Hauptamt. Die gleichen Leitungen werden auch über die erste Kontaktbank des Richtungswählers ausgewählt und wenn sie durch diesen belegt sind, gegen den II. Vorwähler des V1-Amtes gesperrt. Ein besonderer Sperrübertrager übernimmt die Aufgabe der wechselseitigen Sperrung. Die Schaltung des Richtungswählers ist in Abb. 31 wiedergegeben. Der Verkehr über das V1-Amt in das V2-Amt vollzieht sich über eine besondere Hubdekade, entweder des vom Hauptamte ankommenden Gruppenwählers oder des internen Gruppenwählers. Im letzteren Falle, wenn nämlich der Verkehr im V1-Amt entspringt, liegt in der abgehenden Leitung hinter der Hubstufe des I. Gruppenwählers ein besonderer Zeit- und Zonenzähler.

Das Hauptamt ist ein Vollamt des zentralen Ortsnetzes. In ländlichen Gebieten ist es mit dem einzigen Vollamt und mit dem Fernamt meist örtlich zusammengefaßt, in Großstadtnetzen wird es möglichst mit dem Fernamt örtlich zusammengelegt und soweit es möglich ist, in den Verkehrsschwerpunkt des Ortsfernsprechnetzes gelegt, in dem meist auch das größte Vollamt des Ortsnetzes sich befindet. Die übrigen Vollämter und das Fernamt verkehren mit dem Hauptamt, also mit dem Sternpunkt der Netzgruppe über Vollamtsverbindungsleitungen und zwar bildet jede Anfangsdekade ein besonderes Vollamt für sich, welches getrennte ankommende Leitungsbündel erfordert. Hat, wie in dem angenommenen Wählerübersichtsplan das Hauptamt nur etwa 300 Teilnehmer, so würde man es von 200—400 und weiter mit 5000 und 6000 numerieren, mit Rücksicht auf die Reserven in den nächsten Jahren. Das Netzgruppengebiet würde in drei Sektoren geteilt, in dem einen würden die Ämter mit 70000, im zweiten mit 80000, im dritten mit 90000 liegen. Wenn wir die Hubstufen des I. Gruppenwählers im Hauptamt betrachten, so würde die 2.—6. Hubstufe wieder in das Hauptamt führen, die 7. über einen Zeit- und Zonenzähler an einen abgehenden Netzgruppenwähler, an dessen Hubdekaden die abgehenden V1-Ämterrichtungen des einen Sektors liegen. Von der 8. Hubstufe des gleichen Gruppenwählers würde über andre Zeitzonenzähler eine andre Gruppe abgehender Netzgruppenwähler erreicht, an deren Hubdekaden die Verbindungsleitungen zu den V1-Amtsrichtungen des 2. Sektors liegen usw. Im V1-Amt führt die vom Hauptamt kommende Leitung an einen ankommenden III. Gruppenwähler und über diesen zu einem Ortsfernleitungswähler. Von einer anderen Dekade dieses ankommenden Gruppenwählers führen die Leitungsbündel in das V2-Amt weiter und zwar dürfen sie nur von einer einzigen Dekade aus weiterführen, sonst würde mit jeder Dekade ein getrenntes Leitungsbündel entstehen. Im V2-Amt gelangen die Leitungen an ankommende Gruppenwähler oder in Hunderterämtern an ankommende Leitungswähler.

Man ersieht schon bei Verfolgung einer derartigen Verbindung, daß sich für die Vergebung der Rufnummern gewisse Zwangläufigkeiten ergeben, welche durch das sternförmige Leitungsnetz bedingt sind. Zu diesen Forderungen kommen weitere mit Rücksicht auf die Speicherung im Mitlaufwerk.

Das Mitlaufwerk des Zeitzonenzählers ist ein Speicher für die aufeinanderfolgenden Stromstoßreihen und soll im Interesse geringsten technischen Aufwandes als ein einfacher Drehwähler ausgeführt werden können. Selbstverständlich kann man die Speicherung, ähnlich wie im Register eines Direktorsystems auch für Berücksichtigung des Stellenwertes einrichten, jedoch entspricht der technische Aufwand und die Kosten dieser Durchbildung. Die in Bayern verwendeten Mitlaufwerke erwiesen sich als ausreichend, wenn im Mitlaufwerk 3 Kontaktbänke mit je 32 Drehschritten verwendet wurden. Die Ausscheidung der Kontaktbänke erfolgt durch Relais, welche über die erste Stromstoßreihe von der ersten dieser 3 Kontaktbänke betätigt werden. Diese erste Kontaktbank bezeichnet man daher auch als Einstellkontaktbank. Den 3 Anfangsdekaden der Netzgruppe entsprechend 7, 8 und 9 wird gewöhnlich die dritte Kontaktbank als 9er Kontaktbank, die zweite als 8er, die erste als Einstell- und 7er Kontaktbank verwendet. D. h. beispielsweise: Am 8. Drehschritt der Einstellkontaktbank liegt ein Relais I, welches beim 8. Drehschritt durch den Wählerarm im Stillstand erregt wird und die Einstellkontaktbank abtrennt, die 8er Kontaktbank durchschaltet. Vom 8. Drehschritt bis zum 32. Drehschritt können alsdann die mit 8 beginnenden Rufnummern über die zweite und dritte Stelle ausgeschieden werden. Ein Rücklauf des Mitlaufwerkes in die Ruhestellung nach erfolgter Umsteuerung auf die 8er Kontaktbank wäre möglich, hat sich aber nicht als notwendig erwiesen. Um eine systematische Rufnummernvergebung für das ganze Netzgruppengebiet zu ermöglichen, stellt man einen Zeitzonenzählerbeschaltungsplan (Abb. Anh. 60) auf, der gewissermaßen ein Abbild der Kontaktbänke des Mitlaufwerkes ist unter Angabe der Rufnummer, aus deren Quersumme die Drehschrittzahlen entstehen und der Ortsnamen, die diesen Rufnummern zugehören. Um nämlich die Zone des Ortes festzulegen und die Umsteuervorgänge zu bewirken, muß nicht die gesamte Rufnummer gespeichert werden, sondern hierfür kommen höchstenfalls die ersten 4, meistens nur die ersten 2 und 3 Stellen in Frage. Diese ersten Stellen sind andrerseits für den Aufbau der Ortsverbindungen das Kennzeichen der Umsteuerung. Die durch sie aufgebaute Verbindung fällt nach der Umsteuerung wieder zusammen, deshalb spricht man von diesen ersten Stellen als von einer verdeckt in der Teilnehmerrufnummer enthaltenen Ortskennziffer und bezeichnet das Mitlaufwerksystem auch als verdecktes Kennziffersystem. Der Zeitzonenzählerbeschaltungsplan ist für die Orte der Netzgruppe Weilheim ausgefüllt und zeigt am 2.—5. Drehschritt liegend die Rufnummern des Hauptamtes Weilheim, die mit 200—6000 beginnen. Da diese Anfangsdekaden nur im Hauptamt vor-

kommen, ist mit der ersten Stelle der Ort eindeutig festgelegt. Mit
Rücksicht auf den Weiterausbau von Weilheim wird Dekade 5 als
Tausendersystem ausgeführt. Die Orte, deren Nummern mit 6 beginnen,
müssen mit der zweiten Ziffer ausgeschieden werden, das Mitlaufwerk
muß also auf dem 6. Drehschritt anhalten und eine weitere Stromstoßreihe aufnehmen. Wir bezeichnen daher Schritt 6—10, für welche dies
ebenfalls zutrifft, als Raststellungen. Über 8 und 9 wird dabei je ein
Umsteuerrelais erregt, welches die Einstellkontaktbank abtrennt, dafür
die 8er oder 9er Kontaktbank durchschaltet. Betrachten wir zunächst
die Orte der 8er Kontaktbank. Am 9. Drehschritt, entsprechend der
Schrittsumme 8 + 1 liegt Wessobrunn, am 10. Huglfing, am 11. Polling.
Dies waren alles V1-Ämter ohne V2-Amt. Wenn an einem V1-Amt
auch V2-Ämter liegen, so geht die Ausscheidung an die dritte Stellen-
reihe über, so z. B. bei der V1-Ämtergruppe Murnau. 8 + 4 = der
12. Drehschritt muß Raststellung werden, vom 13. Drehschritt ab beginnt sodann die Ausscheidung. 841—844 kennzeichnet den Ort Murnau
selbst, 845 V2-Amt Kohlgrub, 847 Obersöchering, 846 konnte nicht
vergeben werden, weil es die Raststellung für weiter zurückliegende Ruf-
nummerreihen abgeben muß. Dann kann über 848 noch eine nach
Murnau führende Dekade eingelegt werden. Die erste nach Peißenberg
führende Dekade ist sodann 80300, die weiteren 80400, 80500 und
80600 bilden die Reserve, 80700 würde Raststellung für Schongau.
Da nämlich an Schongau auch V3-Ämter angeschlossen werden, geht
die Ausscheidung an die vierte Stelle über und es bedeutet 807100,
807200, 807300 Schongau, 807400 Peiting, 807500 Rottenbuch, 807600
Schwabsoien, 807700 Kiensau. Mit dieser Quernummer 8 + 0 + 7 + 7
sind eben die 32 Schritte des Mitlaufwerks aufgebraucht und wir haben
für jeden Ort die maximal möglichen Reserven für Teilnehmerzuwachs
eingefügt. Wächst ein Ort über diese Reserven hinaus, so muß an die
letzte für ihn gültige Dekade eine weitere Stelle angefügt werden. Z. B.
müßte Murnau alsdann 848000 statt 84800 erhalten. Es möchte vielleicht scheinen, als ob durch diese reine Addition der Stromstöße eine
Verschleuderung der Wählerdekaden eintreten müßte. Indes darf die
Kennziffer eines Amtes immer nur eine sein. Wenn man für Kohlgrub
statt 84500 bei Anwachsen auf mehr als 100 Teilnehmer 84500 und
84600 verwenden würde, müßten von den Hubstufen des Murnauer
Gruppenwählers 5 und 6 getrennte Leitungsbündel nach Kohlgrub verlaufen. Andrerseits muß die Möglichkeit, die anderen Dekaden des Murnauer Gruppenwählers voll auszunützen, in einer zweckmäßigen Ausführung
des Beschaltungsplanes geschaffen werden. Da diese Rufnummernvergebung gewisse Bindungen von Ort zu Ort bedeutet, muß die Verteilung auf weite Sicht erfolgen und für jeden Ort für ein Anwachsen
auf 5—10fache Teilnehmerzahl Beweglichkeit vorsehen. Man wird die
Reserve soweit treiben, daß die Anschlußmöglichkeiten des Mitlauf-

werkes voll erschöpft werden. Als Beispiele für die Verkehrsabwicklung sollen noch kurz einige Verbindungsfälle besprochen werden und zwar:

1. Der Teilnehmer 256 in Schaftlach (vgl. Abb. 51) wünscht den Teilnehmer 848950 in Bayrisch-Zell zu sprechen. Beim Aushängen belegt er den I. Gruppenwähler über I. und II. Vorwähler, wählt sodann die erste Ziffer 8 und gelangt über die 8. Hubdekade des I. Gruppenwählers zu den Ausgängen in den 8er-Sektor der Netzgruppe. Mit dem abgehenden II. Gruppenwähler wird der in der 8er Dekade gelegene Zeit- und Zonenzähler belegt. Das Mitlaufwerk dieses Zeit- und Zonenzählers kann eine Ausscheidung nach 7er, 8er und 9er Kontaktbank ersparen, da der Zeitzonenzähler individuell in der betreffenden Straße liegt. Die Wahl von 4 stellt den abgehenden Gruppenwähler über Hubdekade 4 auf eine abgehende Verbindungsleitung nach Schliersee ein, wo der ankommende Gruppenwähler sogleich belegt wird. Das Mitlaufwerk des Zeit- und Zonenzählers hat 4 Drehschritte gemacht. Der Teilnehmer wählt 8, der ankommende Gruppenwähler in Schliersee stellt über die 8. Hubdekade eine Leitung nach Bayrisch-Zell ein und belegt dort den ankommenden IV. Gruppenwähler; der Zeitzonenzähler hat weitere 8 Drehschritte gemacht und wird nun über den 12. Drehschritt stillgesetzt, während von diesem aus gleichzeitig eine Verbindung nach dem Zonenpunkt Schaftlach—Bayrisch-Zell, also beispielsweise nach der 3. Zone besteht. Durch Wahl von 950 wird endlich in Bayrisch-Zell der gewünschte Teilnehmer über Gruppenwähler und Leitungswähler eingestellt, ohne daß der Schaftlacher Zeitzonenzähler diese Impulse mitmacht. Hängt der gerufene Teilnehmer in Bayrisch-Zell aus, so wird das Zählkriterium vom Leitungswähler auf die b-Leitung nach Schaftlach übertragen und im Zeitzonenzähler beginnt der Zeitschalter die Zeitüberwachung. Wenn der rufende Teilnehmer einhängt, wird die Verbindung ausgelöst, der Zeitzonenzähler hält die Verbindung zum I. Vorwähler noch einen Augenblick über die a-Leitung aufrecht und gibt über die b-Leitung die fälligen Zähleinheiten ab. Ein Hilfsdrehwähler im Zeitzonenzählersatz, der sog. Abgreifer, dreht so lange, bis er das vom Mitlaufwerk und Zeitschalter eingestellte Potential an einem Kontakt findet und jeder Schritt des Abgreifers veranlaßt einen Zählimpuls zum rufenden Teilnehmer. Die Einzelheiten der Zeit- und Zonenzählung sollen später beschrieben werden.

2. Der Teilnehmer 848950 wählt den Teilnehmer 290 in Schaftlach. Wenn der Bayrisch-Zeller Teilnehmer aushängt, wird über I. Vorwähler, II. Vorwähler, Zeitzonenzählübertrager, Richtungswähler in Schliersee sofort in Bruchteilen von Sekunden der ankommende Gruppenwähler in Schaftlach belegt. Um dem Teilnehmer Zugang zu allen Richtungen des sternförmigen Netzes zu gewähren, muß er ja vor Beginn der Nummernwahl selbsttätig in den Sternpunkt der Nummernwahl durch-

geschaltet werden. Der Teilnehmer wählt 2, der ankommende Gruppenwähler in Schaftlach hebt 2 Schritte und belegt einen Schaftlacher
Leitungswähler des zweiten Hunderts. Der Zeitzonenzählübertrager hat
auf der Einstellkontaktbank des Mitlaufwerkes 2 Drehschritte gemacht
und damit die Schaftlacher Zone eingestellt. Auch das Mitlaufwerk
des Richtungswählers in Schliersee hat diese 2 Schritte mitgemacht und
wurde dann endgültig abgeschaltet. Das R-Relais des in Abb. 31 wiedergegebenen Richtungswählers wurde abgeschaltet. Die Verbindung ist
ja, als ins Hauptamt führend gekennzeichnet und ein Umsteuervorgang
kommt nicht mehr in Frage. Über den Leitungswähler wird der gewünschte Teilnehmer gerufen. Hängt dieser aus, so betätigt die an
dem b-Ast angelegte Zählspannung den Zeitschalter des in Bayrisch-
Zell gelegenen Zeitzonenzählers.

3. Der Bayrisch-Zeller Teilnehmer 848980 wünscht den Bayrisch-
Zeller Teilnehmer 848950 zu sprechen. Beim Aushängen schaltet sich
die Verbindung wieder nach Schaftlach durch, wie vorhin beschrieben.
Die Wahl der Ziffer 8 hebt den ankommenden Gruppenwähler in Schaftlach 8 Schritte, dreht das Mitlaufwerk des Richtungswählers in Schliersee und des Zeitzonenzählers in Bayrisch-Zell ebenfalls 8 Schritte. Im
Zeitzonenzähler wird das Umsteuerrelais erregt und schaltet die
8er Kontaktbank durch. Der Teilnehmer wählt 4 an zweiter Stelle
und der Richtungswähler in Schliersee veranlaßt über den 12. Drehschritt des Mitlaufwerkes die Umsteuerung auf die interne Kontaktbank. Die Leitung nach Schaftlach und der eingestellte Gruppenwähler
wird freigegeben. Der Teilnehmer wählt 8 an dritter Stelle, der interne
Gruppenwähler in Schliersee hebt 8 Schritte, das Mitlaufwerk des Zeit-
und Zonenzählers in Bayrisch-Zell veranlaßt über den 20. Drehschritt
auf der 8er Kontaktbank die Umsteuerung des II. Vorwählers auf die
interne Kontaktbank in Bayrisch-Zell. Die Verbindungsleitung nach
Schliersee wird freigegeben, der interne I. Gruppenwähler in Bayrisch-
Zell belegt. Über Wahl von 950 wird intern der gewünschte Teilnehmer
gerufen. Der Zeit- und Zonenzähler und alle Verbindungsleitungen
sind ausgeschaltet, sie wurden nur auf einige Sekunden „blindbelegt".
Das Ortsgespräch hat den gleichen Aufbau wie im Tausendersystem
eines Vollamtes mit Einzelgesprächszählung.

4. Der Teilnehmer von Bayrisch-Zell 848980 wählt den Teilnehmer
von Schliersee 84370. Beim Aushängen erfolgt wieder Blindbelegung
bis Schaftlach, nach Wahl von 8 und 4 wie vorhin die Umsteuerung des
Schlierseer Richtungswählers auf die interne Kontaktbank, über dessen
dritte Hubstufe der Leitungswähler des betreffenden Hunderts erreicht
wird. Der Zeit- und Zonenzähler in Bayrisch-Zell hat dabei mit 8 Drehschritten die 8er Kontaktbank durchgeschaltet und auf deren $8 + 4 + 3$
$= 15.$ Drehschritt die Zone Bayrisch-Zell—Schliersee, die zweite Zone
festgelegt.

5. Der Teilnehmer 84309 Schliersee ruft 848950 in Bayrisch-Zell. Beim Aushängen erfolgt Blindbelegung des ankommenden Gruppenwählers in Schaftlach. Die Wahl von 8 hebt diesen 8 Schritte. Der Zeit- und Zonenzähler in Schliersee stellt mit 8 Drehschritten seines Mitlaufwerks die 8er Kontaktbank ein. Wählt der Teilnehmer an zweiter Stelle 4, so veranlaßt dieses Mitlaufwerk über den 12. Drehschritt auf der 8er Kontaktbank die Umsteuerung des II. Vorwählers in Schliersee auf die interne Kontaktbank, der interne Gruppenwähler wird belegt, die Leitung nach Schaftlach freigegeben. Wählt der Teilnehmer weiterhin 8, so hebt dieser interne Gruppenwähler 8 Schritte und belegt in freier Wahl der Drehschritte einen Zeitzonenzähler, einen abgehenden Übertrager nach Bayrisch-Zell, eine Verbindungsleitung dorthin und den ankommenden Gruppenwähler. Über 9—5—0 wird wie im Fall 1 der gewünschte Teilnehmer gerufen. Der Zeitzonenzähler in Schliersee konnte ohne Drehbewegung des Mitlaufwerkes ohne weiteres die Zone Schliersee—Bayrisch-Zell festlegen, da er nur in dieser Verkehrsstraße liegt.

6. Wir haben bereits erwähnt, daß gelegentlich zur Vermeidung von Härten an den Netzgruppengrenzen vollautomatische Querverbindungen geschaffen werden müssen, so z. B. zwischen dem Ort Tölz in der Netzgruppe Schaftlach und dem Nachbarort Kochel der Netzgruppe Weilheim. Sollen diese Teilnehmer des Nachbarortes ohne besondere Überlegung für den Teilnehmer, lediglich an Hand von Rufnummernwahl einstellbar sein, so muß auch die Rufnummer dieses Randortes in das Rufnummergefüge der Netzgruppe Schaftlach aufgenommen werden. Kochel erhält beispielsweise die Rufnummer 80000, der II. Vorwähler in Tölz erhält eine dritte Kontaktbank, an der die Leitungen nach Kochel liegen. Wählt Tölz 85690 den Teilnehmer 80566 in Kochel, so wird wiederum beim Aushängen der ankommende Gruppenwähler in Schaftlach belegt, bei Wahl der Ziffer 8, 8 Schritte angehoben und der Zeitzonenzähler in Tölz auf den 8. Mitlaufwerkschritt eingedreht. Die 8er Kontaktbank wird angeschaltet. Wenn nun der Tölzer Teilnehmer weiter 0 wählt, so wird über den 18. Drehschritt die Umsteuerung des II. Vorwählers in Tölz auf die dritte Kontaktbank vollzogen und über einen Zeitzonenzähler der ankommende Gruppenwähler in Kochel belegt. Die Einstellung der übrigen Ziffern erfolgt in normaler Weise.

7. Die Fernamtseinrichtung wird im Hauptamt untergebracht, das Fernamt ruft über einen Ferngruppenwähler, welcher mit dem I Gruppenwähler des Hauptamtes vielfach geschaltet ist, die sämtlichen Teilnehmer der Netzgruppe über die abgehenden Leitungsbündel auf. Der gesamte Fernverkehr spielt sich auf diesem Bündel ab, welches daher für geringere Dämpfung dimensioniert sein kann. Wird Fernwählung angewendet, so wird vom Fernamt ein Wechselstromferngruppenwähler betätigt, dessen Kontaktbank mit dem erwähnten Ferngruppenwähler vielfach geschaltet ist. Über 00 wird im Fernamt die Anmeldung voll-

zogen und die Anmeldelampe betätigt, während der Nachtzeit nach
Umlegung eines Nachtschalters in dem nächst größeren, ununterbrochen
bedienten Fernamt.

Diese Angaben dürften genügen, die Verkehrsmöglichkeit der Mitlaufwerknetzgruppe zu kennzeichnen. Die Verkehrsverteilung auf die
Leitungsstränge ist folgende: Zentrifugaler Leitungsstrang; zentrifugale
Netzgruppenverbindungen, diametrale Netzgruppenverbindungen, Anmeldeverkehr und Blindbelegungen für den Ortsverkehr, letztere mit
einer mittleren Zeitdauer von 7—10 Sek. Zentrifugales Leitungsbündel:
Gesamter Fernverkehr, zentrifugale Netzverbindungen und zentrifugale
Hälfte der Diametralverbindungen. Wenn V3-Ämter angeschlossen
werden sollen und technisch ist dazu die Möglichkeit ohne weiteres
gegeben, so erhält das V2-Amt die gleiche Schaltung wie das V1-Amt,
das V3-Amt die des V2-Amtes. Bei Blindbelegungen wird bis zum
Hauptamt durchgeschaltet, die Impulse werden von 3 Mitlaufwerken
mitgemacht.

Das Mitlaufwerksystem schafft eine Netzgruppe, welche auf Teil-
ämterschaltungen aufgebaut ist und, welche jedem Teilnehmer der Netzgruppe gestattet, lediglich an Hand der Rufnummer des gerufenen Teilnehmers, ohne Überlegung über seine Zugehörigkeit zu einem bestimmten
Ortsfernsprechnetz jeden Teilnehmer des Netzgruppenverbandes wartezeitlos aufzurufen. Auch das Fernamt bedient sich der gleichen Rufnummer. Die Netzgruppenwahl erscheint dabei als automatische Ortsvermittlung, die Netzgruppenverbindungen haben schaltungstechnisch
den Charakter von Ortsverbindungen und werden von Fernverbindungen
getrennt. Auch bei Fernwählung wird die volle Rufnummer gewählt.
Die Bildung von Querverbindungen über den Rand der Netzgruppe ist
in beschränktem Maße möglich, weil nämlich die Abhängigkeit der Rufnummern in das nächste Netzgruppengebiet und von diesem in das
übernächste weitergetragen wird. Will man grundsätzlich an allen
Rändern der Netzgruppen Querverbindungen vorsehen, so muß in den
Aufbau der Rufnummern eine weitere Stelle aufgenommen werden,
welche die Zugehörigkeit zur Netzgruppe kennzeichnet und welche an
erster Stelle der Rufnummer erscheint. Wegen des wählertechnischen
Mehraufwandes, der auch in der Speicherung des Zeitzonenzählers etwas
Schwierigkeiten bereitet, sowie mit Rücksicht auf die Verlängerung der
Rufnummern wird indes auf die Einfügung der Ziffer verzichtet, die
Anordnung von Querverbindungen möglichst beschränkt oder die im
folgenden zu beschreibende offene Kennziffer für die Querverbindungen
zu Hilfe genommen, die in diesem System freilich ein Fremdkörper
bleibt. Für den Teilnehmer ist das Mitlaufwerksystem die bequemste
Aufbauform, wenn man von den vielstelligen Rufnummern absieht, die
freilich nur die Teilnehmer der V2-Ämter treffen. Es ist das gegebene
System für zentralistische Verkehrsverteilung, für Vorortsgebiete größter

Städte und für Netzgruppen großer Verkehrsdichte und mit geringem Verkehr über den Rand der Netzgruppe. Die Blindbelegungen der Leitungen ergeben einen unmerklichen Mehraufwand an Leitungen, wenn der Ortsverkehr unbedeutend ist, der allerdings beim Anschluß großer Städte an unbedeutende Verkehrsschwerpunkte einigen Einfluß gewinnen kann und mit seinen wenigen Ausgängen für den Ortsverkehr einen gewissen Engpaß schafft. Für Netzgruppengebilde mit flächenhafter Verkehrsverteilung, mit mehreren bedeutenden, unter sich gleichwertigen Sammelpunkten des Verkehrs ist es weniger geeignet. Den Blindbelegungen der Teilnehmer beim Aushängen entsprechen auch gelegentliche Blindbelegungen beim Nichtwählen bzw. bei Leitungsstörung, jedoch ist es längst gelungen, den Einfluß dieser ungewollten Belegungen zeitlich auf 10—20 Sek. zu beschränken.

Das offene Kennziffersystem. Eine zweite Möglichkeit zum Netzgruppenaufbau bildet das offene Kennziffersystem. Hierbei wird die einheitliche Numerierung der Teilnehmer fallen gelassen, der rufende Teilnehmer hat im Außerortsverkehr erst den Ort mit einer besonderen Ortskennziffer oder Amtskennziffer, hierauf den Teilnehmer mit seinem Ortsrufzeichen zu wählen. Gewiß bedeutet dies zunächst für den Teilnehmer eine gewisse, wenn auch außerordentlich einfache Überlegung, andrerseits wird dadurch der Verbindung zwangläufig der Weg gewiesen, Blindbelegungen werden vermieden, die Ortsrufzeichen kurz und voneinander unabhängig. Der Aufbau einer Verbindung über Kennziffern entspricht gewissermaßen dem Vollamtsverkehr, nur mit dem Unterschied, daß durch den Aufbau der Kennziffern die benötigten Ausgänge zwangläufig beeinflußt werden können.

Der Aufbau der Kennziffern nun kann nach verschiedenen Gesichtspunkten erfolgen. Entweder nach der sog. Richtungskennziffer, welche die verschiedenen Verkehrsarten, Ortsverkehr, Netzgruppenverkehr, Querverbindungsverkehr innerhalb der Netzgruppe, sog. Nachbarortsverkehr und Querverbindungsverkehr über den Rand der Netzgruppe, sog. Außenverkehr ausscheidet, im übrigen aber eine einheitliche Numerierung im Netzgruppengebiet vorsieht (vgl. Aufsatz des Verfassers: F.M.T. 1926, Heft 2, 3).

Noch beweglicher wirkt ein Kennziffersystem mit offenen Ortskennziffern, welches jedem Ort eine besondere Ortskennziffer zuweist und die Abhängigkeit der Teilnehmerrufnummern voneinander aufhebt. Dabei kann neben der Anordnung der Ortskennziffer eine Verkehrsscheidung zwischen Intern- und Netzgruppenverkehr mit vorgesehen werden. Verfasser hat ein Wähleraufbausystem für diese Anordnung entwickelt und die bayerische Abteilung der deutschen Reichspost hat die einheitliche Durchführung des offenen Ortskennziffersystems für die bayerischen Netzgruppen in Aussicht genommen. Das Mitlaufwerksystem hatte in dreijährigen Versuchen seine volle Verwendbarkeit erwiesen, aber bei den gesonderten bayerischen Verhältnissen, namentlich bei dem Fehlen großer Verkehrszentren und der flächenhaften Verkehrsverteilung hat sich die Anwendung des offenen Kennziffersystems mancherorts als besonders vorteilhaft gezeigt und da es auch andere Verkehrsgebiete ohne Nachteil zu bedienen vermag, soll es einheitlich durchgeführt werden.

Die Schalteinrichtungen bleiben dabei die gleichen, wie im Falle des Mitlaufwerksystems, sie werden nur in andrer Reihenfolge zur Betätigung gebracht.

Grundsatz für den Aufbau der Schaltelemente und der Kennziffern selbst muß die Beibehaltung des sternförmigen Netzgefüges sein mit der Möglichkeit der Verknotung in V1- und V2-Ämtern. Weiterhin entsteht die Frage, soll auch der Ortsverkehr über Ortskennziffer und Teilnehmerrufnummer gewählt werden, oder bloß an Hand der Teilnehmerrufnummer. Im Interesse des geringsten Wählerbedarfes und der einfachsten, kürzesten Handhabung der Wählscheibe ist das letztere wünschenswert und so wurde denn eine grundsätzliche Verkehrsscheidung vorgenommen zwischen Ortsverkehr und Netzgruppenverkehr. Wenn der Teilnehmer aushängt, so belegen die Freiwahlstufen einen internen Einstellwähler, über den an Hand des Ortsrufzeichens der gewünschte Ortsteilnehmer erreicht werden kann. Diese Rufnummer ist in Hunderterämtern zweistellig, in Tausenderämtern dreistellig, wie wenn das Ortsnetz aus dem Netzgruppenverband losgelöst wäre. Eine Inanspruchnahme der abgehenden Verbindungsleitung, eine Blindbelegung erfolgt nicht. Will der Teilnehmer außerhalb seines Ortes, entweder mit dem Fernamt oder mit der Netzgruppe sprechen, so hat er dies durch Wahl einer besonderen Ziffer kundzutun, welche als Verkehrsscheidungsziffer bezeichnet werden soll. Selbstverständlich verwendet man hierfür eine Stelle, welche für andre Zwecke weniger geeignet ist, beispielsweise die Stelle 0, welche am Beginn einer Rufnummer niemals verwendet wird, weil die Teilnehmer sie gerne weglassen. Es hat sich schon in allen größeren Netzen als zweckmäßig erwiesen, zur Gedächtnisunterstützung auf der Wählscheibe neben den Ziffern je einen Buchstaben anzuordnen, in der Regel in alphabetischer Reihenfolge, so daß neben 0 K zu stehen kommt. Die zu wählende Kennziffer wird also künftig mit K beginnen, wobei K = 0 bedeutet. Sobald der Teilnehmer K gewählt hat, muß die Verbindung im Sternpunkt der Netzgruppe angelangt sein, wie im Falle des Mitlaufwerksystems beim Aushängen. Wenn der Teilnehmer im V2-Amt gelegen ist, so muß durch das V1-Amt hindurch der I. ankommende Gruppenwähler im Hauptamt belegt werden.

Dreijährige Netzgruppenpraxis und die Planung der Netzgruppenbildung für das ganze Land hat es nun vielerorts als notwendig erwiesen, die Zugänglichkeit des vollautomatischen Verkehrs, namentlich für

Randgebiete der Netzgruppen über das sternförmig ausgebildete Netz-
werk hinaus in die Nachbarnetzgruppe auszudehnen. Die schon erwähnten Querverbindungen waren der erste Schritt, dieses Bedürfnis
zu befriedigen und diese Querverbindungen werden auch im offenen
Kennziffersystem die häufigste Form des Verbindungsverkehrs der
Nachbargebiete zweier Netzgruppen bilden. Um aber die dadurch gegebene Abhängigkeit der Rufnummern, die im offenen Kennziffersystem
zu einer Abhängigkeit der offenen Ortskennziffern wird, einheitlich für
das ganze Land zu regeln, muß die zweite Stelle der Kennziffer die Zugehörigkeit zu einem Netzgruppenverband bezeichnen, ob nun diese
Möglichkeit des Verkehrs von Netzgruppe zu Netzgruppe ausgenützt
wird oder nicht. Der erste, im Hauptamt belegte Gruppenwähler dient
also jetzt der Ausscheidung der der betreffenden Verbundamtsrichtung
zugänglichen Netzgruppen, von denen eine die eigene ist. Die einzelnen
Netzgruppen Bayerns wurden, wie die beigefügte Abb. zeigt, in einer
bestimmten Reihenfolge numeriert, so zwar, daß an eine Netzgruppe
nie zwei gleichnumerierte Netzgruppen angrenzen. Diese Netzgruppen-
nummern wechseln von 2—9, die Stellen 1 und 0 sind besonderen Aufgaben vorbehalten. Erst nach Wahl der zweiten Stelle, beispielsweise K 3,
hat der Teilnehmer angedeutet, daß er in der Netzgruppe 3 ein bestimmtes Amt erreichen will. Die nächste Stelle besorgt somit die Ausscheidung der Richtungen des sternförmigen Leitungsnetzes der Netzgruppe, also die Ausscheidung der V1-Ämterrichtungen, wobei wiederum
das Hauptamt eine dieser Richtungen darstellt. Die radialen Leitungen
erhalten somit die Nummern 2—0, 1 führt in das Hauptamt. Die vierte
Stelle der Kennziffer endlich kennzeichnet das V2-Amt. V3-Ämter
sollen im offenen Kennziffersystem nicht verwendet werden, ebenso
soll die Zahl der V1-Ämter auf 10 beschränkt werden. Beides hat sich
ohne Schwierigkeit durchführen lassen.

Für die Erfassung der Entfernung im Zeit- und Zonenzähler sind
in diesem System nur die Ortskennziffern maßgebend. Diese sind zugleich ein eindeutiges Kennzeichen dafür, auch über den Rand der
Netzgruppe hinaus. Die Verkehrsscheidungsziffer K ist dabei farblos und
soll bei der Speicherung übergangen werden. Der Zeitzonenzähler wird
deshalb erst dann in die Verbindung eingeschaltet, wenn der Teilnehmer bereits K gewählt hat. Damit kommen wir zum Wählerauf-
bauschema.

Abb. Anh. 61 zeigt den Wählerübersichtsplan für das offene Kennziffersystem. Im V2-Amt liegt der Teilnehmer entweder am I. Vorwähler
oder Anrufsucher, sodann am II. Vorwähler, dessen erste Kontaktbank
aber jetzt auf den internen Einstellwähler prüft. Wurde im Mitlaufwerksystem sogleich Zeitzonenzähler und abgehende Leitung belegt
und nur im Sonderfall einer internen Verbindung auf die interne Kontaktbank umgesteuert, so belegt der II. Vorwähler in diesem System

beim Aushängen den internen Einstellwähler und, nur wenn dieser durch Wahl der Ziffer K auf die 10. Hubstufe eingestellt wird, steuert der II. Vorwähler auf die zweite Kontaktbank um, belegt den Zeitzonenzähler und mit ihm die abgehende Verbindungsleitung zum V1-Amt, reizt dort den Richtungswähler an, ähnlich wie beim Mitlaufwerksystem; dieser prüft sofort über die erste Kontaktbank auf eine ins Hauptamt weiterführende Leitung und belegt im Hauptamt den ankommenden Übertrager und den Netzgruppenwähler. An den Hubschritten dieses Netzgruppenwählers liegen die Leitungsbündel nach den verschiedenen Netzgruppen nach Maßgabe der Netzgruppenkennziffer. Hat beispielsweise die eigene Netzgruppe die Kennziffer K3, so werden vom 3. Hubschritt aus Verbindungsleitungen in die eigene Netzgruppe belegt. Grenzen an die Netzgruppe die Netzgruppen K5 und K6 an und erhält die betrachtete V1-Amtsrichtung Zugänglichkeit zu diesen Netzgruppen, so wird von der 5. Hubdekade das Leitungsbündel in das Hauptamt der Netzgruppe K5, von der 6. Hubstufe das Leitungsbündel in das Hauptamt der Netzgruppe K6 weiterführen. Der Wähler, welcher die Auswahl der Ämterrichtung besorgt, wird als Ämtergruppenwähler bezeichnet und zwar als interner Ämtergruppenwähler, wenn er vom Netzgruppenwähler des eigenen Hauptamtes erreicht wird, als ankommender Ämtergruppenwähler, wenn er von den aus anderen Netzgruppen ankommenden Verbindungsleitungen erreicht wird. Über Hubschritt 1 dieses Ämtergruppenwählers führt der Zugang in das Hauptamt, über Hubschritt 2 und abgehende Verbindungsleitung der Zugang zum V1-Amt K32, über Hubschritt 4 zum V1-Amt K34. Im Hauptamt wird ein ankommender Gruppenwähler belegt, welcher mit dem I. Gruppenwähler vielfach geschaltet ist, im V1-Amt K32 ebenso und von einer Hubdekade dieses Gruppenwählers führen die Leitungen z. B. über die 9. in das V2-Amt K329. Das V1-Amt erhält dann die Rufnummer 200—800, das V2-Amt 11—99. Man sieht, daß also die Ortsrufnummern kurz werden, während für den Netzgruppenverkehr die gleiche Stellenzahl aufzuwenden ist wie beim Mitlaufwerksystem, teilweise wegen der Erweiterung auf den Verkehr von Netzgruppe zu Netzgruppe auch eine höhere. Je wichtiger der Ortsverkehr gegenüber dem Netzgruppenverkehr ist, desto günstiger werden die Verhältnisse also für das offene Kennziffersystem. Wo der Netzgruppenverkehr, überwiegt, ist es für den Teilnehmer einfacher, nach dem Mitlaufwerksystem zu wählen.

Selbstverständlich könnte man im V2-Amt die Wahl der Ziffer K auch dazu benützen, um über den 10. Hubschritt des I. Einstellwählers in freier Wahl eine abgehende Verbindungsleitung zu belegen. Dann bliebe aber dieser Wähler in der Verbindung gebunden, während er bei der Umsteuerung wieder frei wird und der Ortsleitungswähler müßte nach Wahl von K selbsttätig eindrehen. Diese Schwierigkeiten und

Fragen des Speisungsstromkreises und Leitungsschutzes lassen es geboten erscheinen, sich auch hier in den Verbundämtern der Umsteuervorgänge zu bedienen. Die Schalteinrichtungen für das V2-Amt des offenen Kennziffersystems sind also bis auf den Zeit- und Zonenzähler bereits bekannt.

Das V1-Amt erhält die gleiche Einrichtung wie das V2-Amt, abgesehen von den Zusätzen für den Anschluß des V2-Amtes, welche hier wieder die gleichen sind wie im Mitlaufwerksystem. Die II. Vorwähler für Umsteuerung werden grundsätzlich mit 3 Kontaktbänken für Querverbindungen ausgerüstet, weil ja die Durchbildung dieser Querverbindungen in reicherem Umfange beabsichtigt ist.

Im Hauptamt vollzieht sich der Netzgruppenverkehr über die 10. Hubdekade des I. Gruppenwählers. Da hier der Netzgruppenverkehr meist einen geringen Prozentsatz gegenüber dem Ortsverkehr ausmacht, würde sich der Einbau von Umsteuereinrichtungen wirtschaftlich nicht vertreten lassen und so geht man über die 10. Hubdekade zum internen Netzgruppenwähler, welcher gewissermaßen den ankommenden Netzgruppenwählern der V1-Ämterrichtungen entspricht. Vielfach geschaltet werden kann er mit diesem nicht, weil in seinen Ausgängen Zeitzonenzähler für die Hauptamtsteilnehmer gelegen sein müssen und erst hinter diesen vereinigen sich die Ausgänge mit denen der ankommenden Netzgruppenwähler.

Schließlich ist noch der Verkehr mit dem Fernamt kurz zu behandeln. Der Anruf des Fernamtes soll sich einheitlich für alle Orte der Netzgruppe über K 0 vollziehen, d. h. die 10. Hubstufe aller Netzgruppenwähler führt zur Anmeldestelle. Ebenso soll über die erste Hubstufe dieser Gruppenwähler Zugang zu besonderen für die ganze Netzgruppe gemeinsamen Dienststellen, Ortsauskunft, Fernauskunft, Telegrammaufgabestelle, zentralisierte Störungsstelle usw. geschaffen werden. Es sind dies teilweise auch jene Stellen, welche nach Schluß der Bedienung im Fernamt in das nächstbediente Fernamt selbsttätig durchgeschaltet werden.

Es sollen kurz die hauptsächlichsten Verbindungsfälle behandelt werden.

1. Ortsverkehr im V1-Amt. Teilnehmer 23 will Teilnehmer 54 sprechen. Beim Aushängen sucht ihn der Anrufsucher, der II. Vorwähler belegt einen freien Ortsleitungswähler. Der Teilnehmer wählt 54 und erreicht den gewünschten Anschluß wie in einem Vollamt. Genau so vollzieht sich der Aufbau einer Verbindung von Teilnehmer 2317 im Hauptamt zum Teilnehmer 6516 im gleichen Amt.

2. Zentripetaler Verkehr. Teilnehmer 23 im V2-Amt K 349 wünscht den Teilnehmer 6516 im Hauptamt zu sprechen. Er schlägt das Teilnehmerverzeichnis auf und findet folgenden Eintrag: „Ort N.N. Selbstanschluß-Vermittlungsstelle. Die Teilnehmer von N.N. können

von den Ortsfernsprechnetzen X, Y, Z (darunter ist auch das V2-Amt K 349) durch Wahl der Ortskennziffer K 31 und daran anschließende Wahl des Ortsrufzeichens selbsttätig gerufen werden". Das Ortsrufzeichen selbst 6516 findet er im alphabetischen Verzeichnis vorgetragen. Er wählt K, der II. Vorwähler wird von dem auf die 10. Hubstufe eingestellten Ortsleitungswähler angereizt, auf die zweite abgehende Kontaktbank umgesteuert und hier wird der Zeit- und Zonenzähler und eine abgehende Leitung zum V1-Amt, der Richtungswähler im V1-Amt, der ankommende Übertrager im Hauptamt und der ankommende Netzgruppenwähler belegt. Der Teilnehmer wählt an zweiter Stelle 3, der Netzgruppenwähler stellt über die 3. Dekade eine Verbindungsleitung zu dem Ämtergruppenwähler des eigenen Hauptamtes ein. Der Teilnehmer wählt 1, der Ämtergruppenwähler belegt den ankommenden Gruppenwähler des Hauptamtes. Nun beginnt die Wahl des Ortsrufzeichens 6516 und die Verbindung baut sich in bekannter Weise auf. Das Mitlaufwerk des Zeitzonenzählers hat die Stromstoßreihen 3—1 und die erste Stelle der Teilnehmerrufnummer 6 als Kennzeichen der Entfernung gespeichert, dann wurde es stillgesetzt, da eine Umsteuerung nicht mehr in Frage kommt.

Wenn der gerufene Teilnehmer aushängt, wird über den b-Ast der Verbindungsleitung Zählspannung vom Ortsfernleitungswähler auf den Zeit- und Zonenzähler übertragen und die Zeitzählung beginnt in bekannter Weise.

Würde der Teilnehmer nicht in der eigenen Netzgruppe, sondern etwa in der Netzgruppe K 5, in deren Hauptamt gelegen sein, so würde der anrufende Teilnehmer als Unterschied lediglich die Ortskennziffer K 51 im Teilnehmerverzeichnis vorfinden. Der ankommende Netzgruppenwähler würde über einen 5. Hubschritt eine freie Verbindungsleitung an den ankommenden Ämtergruppenwähler des Hauptamtes der Netzgruppe 5 belegen. Im übrigen würde sich der Verbindungsaufbau dort in der gleichen Weise vollziehen.

3. Zentrifugale Netzgruppenverbindung. Der Teilnehmer 2317 des Hauptamtes ruft den Teilnehmer 72 des Verbundamtes K 329. Wieder findet er im Teilnehmerverzeichnis die Ortskennziffer K 329 und die Teilnehmerrufnummer 72. Bei Wahl von K belegt der I. Gruppenwähler über den 10. Hubschritt den internen Netzgruppenwähler, bei Wahl von 3 stellt dieser über den 3. Hubschritt und über den Zeitzonenzähler für die eigene Netzgruppe einen internen Ämtergruppenwähler ein, hebt diesen mit den zwei nächsten Stromstößen auf die zweite Hubstufe, an der die Leitungen zum V1-Amt K 32 liegen und belegt den ankommenden Gruppenwähler in diesem Amt. Nach Wahl von 9 baut sich über den 9. Hubschritt des ankommenden Gruppenwählers im V1-Amt und über abgehende Verbindungsleitung zum V2-Amt die Verbindung bis zum Ortsfernleitungswähler des V2-Amtes

auf, die Zahl 72 endlich stellt den Leitungswähler ein. Beim Aushängen des gerufenen Teilnehmers erhält der Zeitzonenzähler wieder über den b-Ast Zählspannung und wenn der rufende Teilnehmer eingehängt hat, wird vom Zeitzonenzähler aus der I. Gruppenwähler von rückwärts gesperrt, während über den b-Ast Zählstöße auf das Z-Relais des I. Gruppenwählers gegeben werden, welche dieses über den c-Ast auf den Zähler des Teilnehmers im I. Vorwähler weitergibt.

4. Nachbarverbindung V2-Amt—V1-Amt. Teilnehmer 23 im V2-Amt K 349 wünscht Teilnehmer 814 im V1-Amt K 34 zu sprechen. Er entnimmt aus dem Teilnehmerverzeichnis: Ortskennziffer K 34 und die Teilnehmerrufnummer 814 an Hand des bereits erwähnten Vortrages. Nach Wahl von K wird der Zeitzonenzähler, der Richtungswähler (I. Kontaktbank), der ankommende Netzgruppenwähler belegt. Nach Wahl von 3 wird der Netzgruppenwähler 3 Hubschritte gehoben, nach Wahl von 4 steuert das Mitlaufwerk des Richtungswählers auf die interne Kontaktbank um, die Amtsleitung wird freigegeben. Dies ist der einzige Fall von Blindbelegung, welche im offenen Kennziffersystem bestehen bleibt. Der ankommende Gruppenwähler im V1-Amt ist belegt und über dessen 8. Hubschritt wird der Ortsfernleitungswähler des 8. Hunderts erreicht und an diesen mit 1 Hubschritt und 4 Drehschritten der gewünschte Teilnehmer eingestellt. Das Mitlaufwerk des Zeit- und Zonenzählers hat 3—4—8 gespeichert und so die Entfernung festgelegt. Soweit also die Ortskennziffern hinter der Verkehrsscheidungsziffer nur zweistellig sind, wird die erste Stelle der Ortsrufnummer zur Festlegung der Zone mitbenützt. Dies erlaubt eine Verkürzung der Kennziffern und beschränkt die Dekadenverwendung im Hauptamt in keiner Weise, im V1-Amt nur pro angeschlossenes V2-Amt um je eine Dekade. Selbstverständlich kann unbeschadet der Einheitlichkeit des Systems auch für das V1-Amt z. B. die Ortskennziffer K 321 gewählt werden und dahinter ein Gruppenwähler als ankommender Gruppenwähler liegen, dessen sämtliche Dekaden dann für Ortsverkehr benützbar bleiben. Jedoch wird diese Lösung nur dann in Frage kommen, wenn an das V1-Amt mehr als 3 interne Dekaden und 6—9 V2-Ämter anzuschließen sind und im V1-Amt deshalb Dekadenknappheit besteht. Eine Wählereinsparung ist dabei nicht zu erzielen und es ist effektiv gleichbedeutend, ob man die so eingeschobene Ziffer als Endziffer der Ortskennziffer oder als erste Stelle der Teilnehmerrufnummer betrachtet. Verkehrstechnisch hat es nur den Vorteil, daß die Teilnehmer im Ortsverkehr eine Stelle weniger zu wählen haben. Würde z. B. im V1-Amt K 32 ein Endausbau auf mindestens 800 Teilnehmer in Frage kommen, während 3—4 V2-Ämter mit den Rufnummern K 326, K 327, K 328, K 329 angeschlossen wären, so gäbe man zweckmäßig dem V1-Amt die Ortskennziffer K 321 und würde die Ortsrufnummern von 200—800 numerieren. Man könnte natürlich auch die Ortskennziffer K 32 nennen

und die Teilnehmerrufnummer von 1200—1800 zählen. Dann müßten eben im Ortsverkehr 4 Stellen gewählt werden. Deshalb ist die Erweiterung der Ortskennziffer zweckmäßiger.

5. Nachbarortsverkehr V 1-Amt—V 2-Amt. Teilnehmer 212 des V 1-Amtes findet im Teilnehmerverzeichnis, daß der von ihm gewünschte Teilnehmer die Ortskennziffer K 349 und die Teilnehmerrufnummer 54 besitzt. Die Wahl von K bewirkt von der 10. Hubstufe seines I. Gruppenwählers aus die Umsteuerung des II. Vorwählers auf die II. Kontaktbank, wo unter Belegung des Zeit- und Zonenzählers und des Sperrübertragers der ankommende Netzgruppenwähler im Hauptamt belegt wird. Die Wahl von 3 hebt den Netzgruppenwähler auf die 3. Stufe und dreht das Mitlaufwerk des Zeit- und Zonenzählers 3 Schritte. Die Wahl von 4 veranlaßt das Mitlaufwerk des Zeit- und Zonenzählers, den II. Vorwähler auf die erste interne Kontaktbank zurückzusteuern. Die Leitung zum Hauptamt wurde blind belegt. Die Wahl von 9 hebt den I. Gruppenwähler 9 Schritte, dann wird ein neuer Zeitzonenzähler belegt, eine abgehende Verbindungsleitung zum V 2-Amt und dort ein ankommender Ortsfernleitungswähler. Auf diesem wird die Nummer 54 eingestellt. Der Zeit- und Zonenzähler benötigt in dieser Verbindung kein Mitlaufwerk, da er nur für diese eine Zone bestimmt ist und diese schon beim Belegen einstellen kann.

6. Querverbindung vom V 1-Amt ausgehend. Es wird angenommen, daß vom V 1-Amt K 34 aus eine unmittelbare Querverbindung zu dem V 1-Amt K 56 der Netzgruppe 5 besteht. Dort soll der Teilnehmer mit der Nummer 728 gerufen werden. Teilnehmer 212, der diesen Anruf veranlaßt, wählt K, steuert damit an den Netzgruppenwähler des Hauptamtes um, wählt 5 und belegt damit über die 5. Hubdekade eine Leitung zum Hauptamt der betreffenden Netzgruppe und wählt schließlich 6. Dadurch wird das Mitlaufwerk des Zeit- und Zonenzählers im V 1-Amt veranlaßt, den II. Vorwähler auf die 3., sogenannte Querverbindungskontaktbank, umzusteuern und über Zeit- und Zonenzähler einen ankommenden Gruppenwähler in diesem Amt zu belegen. Dieser ist beschaltet wie der vom Hauptamt ankommende und sinngemäß vollzieht sich der weitere Aufbau der Verbindung an Hand der Rufnummer 728. Also auch die Querverbindung bedeutet eine Blindbelegung der Leitung zum Hauptamt und von Hauptamt zu Hauptamt. Bestünde zwischen den beiden V 1-Ämtern ohne unmittelbare Querverbindung Verkehrsmöglichkeit, so würde unter Wegfall der Umsteuerung die Verbindung über die beiden Hauptämter in der unter 2 beschriebenen Weise zustande kommen.

7. Fernverbindung mit dem Teilnehmer 54 des V 2-Amtes K 349. Zum Zwecke der Fernamtsanmeldung wählt der betreffende Teilnehmer K 0. Mit K belegt er den ankommenden Netzgruppenwähler im Hauptamt, über dessen 10. Hubstufe gelangt er zur

11*

Anmeldestelle. Wenn die Fernverbindung eintrifft, vollzieht das Fernamt den Rückruf. Dabei müßte es die volle Ortskennziffer und Teilnehmernummer wählen. Zur Verkürzung dieser Wählarbeit sollen besondere in die Netzgruppe führende Klinken vorgesehen werden und besondere Ortsklinken. Die Verkehrsscheidungsziffer K kann also eingespart werden und da jedes Fernamt über die automatische Fernvermittlung nur in der eigenen Netzgruppe verkehrt, auch die Netzgruppenkennziffer. Erst die dritte Stelle, die Amtskennziffer, besitzt Bedeutung. Das Fernamt müßte also entweder einen Ämterferngruppenwähler besitzen und von diesem aus über Ziffer 1 in das Hauptamt gelangen, über die anderen Dekaden zu den V1-Ämtern, oder es müßte einen Ortsferngruppenwähler besitzen, an welchen die Dekaden des Hauptamtes angeschlossen sind und über Dekade 1 oder 0 einen Ämterferngruppenwähler für den Netzgruppenverkehr, oder es müßte einen besonderen Ortsferngruppenwähler und einen besonderen Amtsferngruppenwähler erhalten. Es hängt von der relativen Teilnehmerzahl des Hauptamtes und der Netzgruppe ab, welcher der gewählten Wege der wirtschaftlichste wäre und, wenn der Verkehr das Verhältnis 1 : 1 besitzt, könnte durch Vorschaltung von Vorwählern eine Einsparung von Ferngruppenwählern erzielt werden. Da sich die Kosten von Vorwählern und Ferngruppenwählern wie 1 : 6 verhalten, könnten für jeden eingesparten Ferngruppenwähler 6 Vorwähler verwendet werden. Andrerseits läßt sich nach einem Vorschlag des Verfassers die Vorwahl auch automatisch über die erste Hubstufe des Ortsferngruppenwählers vollziehen, wenn .man das Belegorgan desselben so ausführt, daß beim Belegen auf etwa 50 ms Erde an die a-Leitung gelegt wird, so daß der Ortsferngruppenwähler selbsttätig einen Hubschritt macht und dann in dieser Dekade eindreht und den Ämtergruppenwähler selbsttätig aussucht. Bei Belegung über Klinken liegt also derselbe Ortsferngruppenwähler einerseits an der Ortsklinke, welche die normale Belegung vollzieht, andrerseits an der Netzgruppenklinke, welche beim Stecken den Einerimpuls liefert, so daß in diesem Fall sofort zum Ämtergruppenwähler durchgeschaltet wird. Der Aufruf des Ortsteilnehmers vollzieht sich also lediglich an Hand der Teilnehmerrufnummer, der Aufruf des Netzgruppenteilnehmers durch Wahl der Ämterkennziffer, also der dritten und allenfalls vierten Stelle der Ortskennziffer. Unser Teilnehmer 54 würde also aufgerufen über 49—54. Der Anmeldezettel wird dabei so ausgeführt, daß die einzutragende Rufnummer mit den beiden ersten Stellen auf einen schraffierten Teil zu stehen kommt, welcher die ersten beiden Stellen halb verdeckt, so daß die Fernbeamtin ohne besondere Überlegung nur die offen sichtbar gebliebenen Zahlenreste zu wählen hat. Z. B. ▓▓▓49. Im Falle der Fernwahl bedient sich die Beamtin eines Wechselstromferngruppenwählers, welcher mit dem Ämtergruppenwähler vielfach geschaltet ist[1]), und dann muß zum Aufruf des Hauptamtsteilnehmers auch die Ziffer 1 mitgewählt werden. Der Eintrag auf dem Anmeldezettel lautet also für Teilnehmer der eigenen Netzgruppe: |||||.. 6516, für Teilnehmer anderer Netzgruppen, die über Fernwahl aufgerufen werden, |.|.|.|.|1.—6516. Die Tätigkeit des Fernamtes wird also gegenüber dem Mitlaufwerksystem geringfügig kompliziert.

8. Nach Dienstschluß im Fernamt der Netzgruppe K 3 erfolgt, wie später zu beschreiben ist, selbsttätige Durchschaltung von Anmeldestelle, Auskunftsstellen, Telegrammanmeldung, Störungsstellen und dergleichen in das nächste bediente Netzgruppenhauptamt. Nach Wahl von K 0 (Fernanmeldung), K 11, (Fernauskunft) K 12 (Ortsauskunft), K 13 (fernmündliche Telegrammanmeldung), K 17 (zentrale Störungsstelle) wählt der betreffende Gruppenwähler einen Stromstoßübertrager aus, welcher mit einem kurzen Stromstoß die Anmeldestelle des betreffenden, dauernd bedienten Fernamtes alarmiert. Diese Anmeldestelle füllt einen Gesprächszettel aus und über Fernwahl und Rückruf wird der betreffende Teilnehmer dann behandelt.

Diese Angaben für die Verkehrsabwicklung dürften ausreichend sein, um über die Verkehrsmöglichkeiten im Netzgruppengefüge mit offener Kennziffer Aufschluß zu geben.

Die Rufnummernverteilung innerhalb der Netzgruppe erfolgt hinsichtlich der Ortskennziffern nach einem bestimmten Plan, während die Ortsrufnummern, abgesehen von der bereits angegebenen Bindung in den V 1-Ämtern vom Netzgruppengefüge unabhängig sind. Auch hier wird wieder ein Zeitzonenzähler-Beschaltungsplan aufgestellt, wie er bei Besprechung des Zeitzonenzählers in Abb. Anh. 52 angegeben ist. Dieser Zeitzonenzähler-Beschaltungsplan ist ein Abbild der Kontaktbänke des Mitlaufwerkes. Dabei ist durch die Erweiterung der Verkehrsmöglichkeiten über die Netzgruppe hinaus der Ausbau des Mitlaufwerkes auf mehr als 3 Kontaktbänke notwendig geworden, er würde es auch im Mitlaufwerksystem, wenn man mehr als eine Netzgruppe zugänglich machen wollte. Man verwendet ein mit 2 Kontaktbänken ausgerüstetes Mitlaufwerk und einen mit 3 Kontaktbänken versehenen Hebdrehwähler, dessen einzelne Schaltarme über bestimmte Drehschritte durch das Mitlaufwerk angeschlossen werden. Der 7er-, 8er- und 9er-Kontaktbank entsprechen also hier 3 100teilige Hebdrehwähler-Kontaktbänke, welche an jenem Drehschritt des Mitlaufwerkes liegen, welcher der laufenden Nummer der Netzgruppe entspricht. Wenn also die Netzgruppe München die Netzgruppenkennziffer 2, die Netzgruppe Weilheim 8, die Netzgruppe Augsburg 5 besitzt, so wird am 2. Drehschritt des Mitlaufwerkes Kontaktbank der Netzgruppe München, am 8. Schritt Kontaktbank der Netzgruppe Weilheim, am 5. Kontaktbank der Netzgruppe Augsburg liegen,

---

[1]) Bei Netzgruppen mit großem Hauptamt wird der WFGW. auch als 1. GW. geschaltet, dann werden die Verbundämter mit voller Kennziffer gewählt.

wenn der Aufstellungsort des Zeit- und Zonenzählers Zugang zu diesen
3 Netzgruppen erhält. Die Zugänglichkeit wird dabei durch individuelle
Beschaltung des ankommenden Netzgruppenwählers geregelt, so zwar,
daß die Netzgruppengebiete in Sektoren zerfallen, welche verschiedene
Zugänglichkeit erhalten. Man wird dem südlichen Sektor der Netzgruppe
München, dem Gebiet des Starnberger Sees auch Zugänglichkeit zu den
in der Netzgruppe Weilheim gelegenen Orten des Starnberger Sees gewähren, also ihren ankommenden Netzgruppenwählern Anschlüsse über
Dekade 2 nach München, über Dekade 8 nach Weilheim. Dem nord-
östlichen Sektor der Netzgruppe München, dem Dachauer Gebiet, wird
man Zugang zu dem Netzgruppengebiet Ingolstadt, Augsburg gewähren,
wird also an die Hubschritte ihres ankommenden Netzgruppenwählers
Dekade 2 der Netzgruppe München, Dekade 5 der Netzgruppe Augsburg
und Dekade 8 der Netzgruppe Ingolstadt anschalten. So läßt man die
Zugänglichkeit mit dem Ausgangsort gewissermaßen wandern, d. h.
trotz des starren sternförmigen Leitungsaufbaues bilden die Netzgruppen
nicht mehr Flächengebiete mit Grenzen, welche gewissermaßen Ver-
kehrsscheiden bedeuten, sondern die zugängliche Netzgruppenfläche
wandert mit dem Ausgangsort. Diese Erweiterung der Verkehrsmöglichkeit um das Opfer einer zusätzlichen Stelle in der Kennziffer ist gerade
in dichtesten Verkehrsgebieten besonders lohnend und soll der Einheitlichkeit wegen allgemein aufgewendet werden. Auch im Mitlaufwerksystem kann diese Stelle eingefügt werden, erscheint dabei allerdings als
verdeckte Kennziffer in der Teilnehmerrufnummer.

Für das amtliche Fernsprechbuch ergeben sich mit Einführung der
Sa-Netzgruppe mit offener Ortskennziffer und des sogenannten Selbstwählnahverkehrs eine Reihe von Forderungen, welche dem Teilnehmer
die richtige Benützung der ihm gebotenen·Verkehrswege nahelegen sollen.
Grundsatz muß sein, alle von einem Teilnehmer über Wählscheibe erreichbaren Teilnehmer müssen in dem ihm überreichten amtlichen Fernsprechbuch vorgetragen sein, denn es wäre unzulässig, wenn er vor
Wahl der Teilnehmernummer erst eine Auskunftsstelle wählen müßte.
Diese Forderung scheint zunächst einfach erfüllbar zu sein, bedeutet
aber, wenn man die Zugänglichkeit über das Netzgruppengebiet hinaus
von Zone zu Zone festsetzt, die Ausgabe großer amtlicher Fernsprechbücher oder die gelegentliche Übersendung zweier Fernsprechbücher an
einen Teilnehmer, wenn er nämlich an der Grenze des Geltungsbereiches
liegt, wo sich die Verkehrsgebiete zweier Fernsprechbücher überlappen.

Im Fernsprechbuch selbst erweist es sich als zweckmäßig, den Netzgruppenaufbau als Grundlage für die Anordnung der Ortsnamen zu verwenden und die einzelnen Netzgruppengebiete zusammenzufassen.
Innerhalb der Netzgruppen würde alsdann die alphabetische Reihenfolge der Ortsnamen maßgebend sein. Unter jedem Ortsnamen folgt
kurz die Angabe der Orte oder Amtskennziffer, ferner der Zugänglichkeit,

d. h. das Verzeichnis all jener Orte, deren Teilnehmer den betreffenden Ort vollautomatisch erreichen können. Schließlich folgen die Ortsrufzeichen oder Teilnehmernummern. Ein solcher Eintrag lautet beispielsweise:

Murnau

K 84

Sa-Vermittlungsstelle.

Die Teilnehmer von Murnau können von den Ortsfernsprechnetzen Apfeldorf, Bayersoien, Benediktbeuren, Dießen, Greifenberg, Huglfing, Kohlgrub usw. (in alphabetischer Reihenfolge) durch Wahl der Ortskennziffer K 84 und darauffolgende Wahl der Teilnehmerrufnummer selbsttätig gerufen werden.

In dieser Weise findet der Teilnehmer jeweils für seinen Zugänglichkeitsbereich unter dem Ortsnamen Amtskennziffer und Teilnehmerrufnummer und kann danach seine Verbindung aufbauen. Praktisch bestehen zwischen den Teilnehmern häufig wiederkehrende Verkehrsbeziehungen und der Teilnehmer prägt sich Kennziffer und Rufnummer des Gerufenen als eine Nummernfolge ein.

Unter Benützung desselben Kennzifferaufbaues kann weiterhin zwischen wichtigen Verkehrssammelpunkten, z. B. München-Augsburg, München-Nürnberg usw., sogenannter Selbstwählweitverkehr von Teilnehmer zu Teilnehmer mit Zeit- und Zonenzählung durchgebildet werden. Die beiden Fernämter bedienen sich dabei des gleichen Leitungsbündels und steigern so dessen Ausnützung.

So stehen sich Mitlaufwerknetzgruppe und Kennziffernetzgruppe als zwei ungefähr gleichwertige Aufbauformen gegenüber und jeweils vor der Entscheidung muß sorgfältig erwogen werden, welche der beiden Formen zweckmäßiger ist. Das Mitlaufwerksystem kann als ein Parallelschaltungssystem bezeichnet werden, bei welchem im Augenblick des Aushängens infolge der Durchschaltung in den Sternpunkt dem Teilnehmer alle Wege parallel offengehalten werden, welche er nach Maßgabe der gewählten Rufnummer noch einschlagen kann. Die nicht mehr in Frage kommenden Wege werden während des Aufbaues schrittweise abgestoßen, bis zuletzt bei hergestellter Verbindung nur ein zwangläufig gewiesener Weg übrigbleibt.

Hiergegen ist das offene Kennziffersystem ein Reihenschaltungssystem, bei welchem der Teilnehmer Schritt um Schritt an Hand der gewählten Ortskennziffer seinen Willen kundtut, wohin er sprechen will und schrittweise die Wege sich zugänglich macht. Dies gilt besonders für die angewendete Verkehrsscheidungsziffer. Für die V1- und V2-Ämterbildung sind in dem System auch Elemente des Mitlaufwerksystems verwendet und Blindbelegungen zu Hilfe genommen. Der Aufbau der Kennziffern läßt sich natürlich auch so gestalten, daß jede Blindbelegung wegfällt, aber dadurch würden die Kennziffern mehrstellig werden und die Speicherung im Zeit- und Zonenzähler erschweren.

Es können auch Fälle vorkommen, daß sich eine Mitlaufwerknetzgruppe nicht auf ein einziges Hauptamt, sondern auf mehrere Ämter mit Hauptamtscharakter stützen muß, dann nämlich, wenn im Kern der Netzgruppe 3—4 große Orte gelegen sind, etwa in nächster Nähe zueinander, welche vermöge ihres großen Internverkehrs sich untereinander gleichwertig sind, so daß sie nicht als Teilämter aneinander angeschlossen werden können. Dann wird man jedes derartige Amt als Vollamt ausbilden mit einer einzigen Anfangsdekade der Rufnummern und wird entweder an eines derselben oder an alle drei die übrigen Netzgruppenorte mit Mitlaufwerksystem anschalten. Dabei entsteht wieder ein Bedarf von $n \cdot (n-1)$ Verbindungsleitungssträngen, wobei unter n die Zahl der verwendeten Anfangsdekaden zu verstehen ist. Wenn die einzelnen Ämter auch nur 8—10 km auseinander liegen, so entsteht in diesem Falle doch schon ein erheblicher Leitungsbedarf, der meist diese Anordnung verbietet.

Das offene Kennziffersystem löst diese Aufgabe ohne weiteres. Das zentral gelegene Amt wird man nämlich als Hauptamt, die anderen als V 1-Ämter mit offener Kennziffer anschließen. Die Ziffer K für den Außerortsverkehr wird man dann wie beim Hauptamt über den 1. Gruppenwähler schalten. Sollen dabei Querverbindungen in Frage gezogen werden, so können hinter dem Zeitzonenzähler, also in den zahlenmäßig verringerten Verkehrswegen noch Mischwähler für einfache oder doppelte Umsteuerung eingefügt werden, welche vom Mitlaufwerk des Zeitzonenzählers aus etwa über d- und e-Arm zur Einstellung auf die gewünschte Querverbindungsleitung veranlaßt werden. So etwa müßte ein Netzgebilde wie das rheinisch-westfälische Industriegebiet behandelt werden, soweit man nicht jeden dieser bedeutenden Orte unmittelbar zum Hauptamt einer Netzgruppe machen kann.

Ein Großstadtnetz mit mehreren Vollämtern liefert gewissermaßen ein Gebilde des erwähnten Falles, wobei die einzelnen Vollämter untereinander im regsten Verkehr stehen. Hier entsteht die Frage, soll man die Netzgruppe, gleichviel ob nach dem Mitlaufwerksystem oder nach dem offenen Kennziffersystem, von einem einzigen zentral gelegenen und möglichst mit dem Fernamt verbundenen Hauptamt ausgehen lassen, oder soll man endlich die Verbundämter ähnlich wie die Teilämter der Peripheriegebiete an das Vollamt der betreffenden Verkehrsrichtung heranführen. Schaltungstechnisch ist beides möglich. Kabeltechnisch ist vom Standpunkt der Aderzahl, der einheitlichen Pupinisierung, der glatten Durchführung der Kabel bis zum Fernamt und einer gesunden Zusammenfassung der Kabeladern die Anlegung an ein zentrales Hauptamt zu fordern. Dazu kommen die betriebstechnischen Vorteile, daß bei Zusammenfassung auch die Netzgruppenkabelleitungen zur guten Überwachung über den Klinkenumschalter des Fernamtes geleitet werden können und so von einer Stelle aus die Überprüfung gestatten und daß die aus der in der Ortsautomatik üblichen Schalteinrichtungen herausfallenden Netzgruppenzusätze, der Zeitzonenzähler, der Netzgruppenwähler, allenfallsige Wechselstromübertrager in einer besonders sorgfältig überwachten Gruppe einheitlich zusammengefaßt werden können. In Bayern wird daher auf Grund der gemachten Erfahrungen nur die letztere Form durchgeführt.

Die Erfassung der Gebühren nach Zeit und Zone. Automatische Gesprächszählung ist nicht eine Sondereigenschaft der Netzgruppe oder der Sa-Systeme. Ihre technische Einfachheit und Zuverlässigkeit, die erwiesenermaßen weit geringere Prozente von Zählfehlern erzeugt als Handzählung irgendwelchen Systems, hat schon in den Handvermittlungsstellen die Einführung der automatischen Gesprächszählung nahegelegt, wie sie in Bayern in nahezu allen Zentralbatterieämtern vorgesehen war. Freilich hat sich zunächst alle mechanische Zählung auf reine Ortszählung beschränkt mit Ausnahme eines Vorläufers, des Steidleschen Gruppenstellensystems, in dem bereits Mehrfachzählung, aufgebaut auf einer Gebühreneinheit, vorgesehen war. Nicht nur die Einzelgesprächszählung, sondern auch die Mehrfachzählung läßt sich erfolgreich und betriebstechnisch zweckmäßig auf selbsttätigem Wege abwickeln und so stehen die Einrichtungen, welche die Mehrfachzählung, abgestuft nach Zeit und Zone, ermöglichen, heute im Mittelpunkt des Interesses.

Die Tarifpolitik soll der Wirtschaftlichkeit und Zweckmäßigkeit des Betriebs dienen. Sie muß also auf die technischen Möglichkeiten und Notwendigkeiten Rücksicht nehmen. In der Starkstromtechnik erlebt man zur Zeit eine Tarifpolitik, welche darauf ausgeht, durch Belastungsverteilung die höchstmögliche Ausnützung der in einem Lande gebotenen Naturkräfte zu erzielen. Wenn man heute feststellt, daß in einem Land wie Bayern von den in den Wasserkräften gelegenen Energien nur etwa 29% mangels Speicherfähigkeit ausgenützt werden können, während der Rest dadurch verloren geht, daß Bedarf und Angebot zeitlich auseinanderfallen, so wird man vom Standpunkt der Wirtschaftlichkeit ohne weiteres einsehen, wieviel noch zu tun ist, um wenigstens die Erfassung der bereits ausgebauten Naturkräfte weiter zu vervollkommnen. Das gleiche gilt von der Fernsprechtechnik. Die Einrichtungen der Fernsprechtechnik in ihrer Gesamtheit für das ganze Land, leitungstechnische und apparatentechnische Einrichtungen, stellen einen riesigen Kapitalwert vor, welcher möglichst nutzbringend verwertet werden soll. Es entsteht somit die Aufgabe, eine Verkehrsverteilung zu schaffen, welche das Stilliegen der Leitungen und Einrichtungen in den verkehrsschwachen Zeiten möglichst vermeidet, den Bedarf weiterer Leitungen zur Deckung der Verkehrsspitzen durch Abflachen und Verteilen dieser

Verkehrsspitzen möglichst beseitigt. Die Grundforderung der Wirtschaftlichkeit im Fernsprechwesen heißt also Verkehrsverteilung, Verkehrsgestaltung. Das Ideal wäre vollkommen erreicht, wenn das Jahres-, Wochen- und Tagesdiagramm des Verkehrs im Orts- und Fernverkehr ein Rechteck würde, bezogen auf die Tagesstunde als Abszisse. Dieser Idealzustand wird nirgends erreicht und ist unerreichbar, aber er muß Ziel bleiben und die Tarifgestaltung hat die Aufgabe, alles zu tun, um diesem Ziel möglichst nahezukommen: Tarife, welche Spitzen kultivieren, sind verwerflich; Tarife, welche die Hauptverkehrsstunden entlasten und den Verkehr nach Stunden schlechter Ausnützung abdrängen, sind wirtschaftlich günstig. Was von dem Verkehr in seiner Gesamtheit gilt, gilt auch von den einzelnen Verkehrsarten und -richtungen, und auch die Verschiebung von Verkehrsspitzen, welche technischen Mehraufwand und Personalmehraufwand und reichliche Reserven auf diesem Gebiet zur Folge haben, ist zu verwerfen und aus diesem Grunde sind häufig in ihren Fundamenten wechselnde Tarife überhaupt ein Nachteil vom Standpunkt wirtschaftlichen Fernsprechbetriebes.

Die meisten Länder sind im Lauf der letzten Jahre aus den erwähnten Erkenntnissen heraus von einem Pauschaltarif wenigstens zum Einzelgesprächstarif übergegangen. Mancherorts geht man sogar noch weiter und sieht Zeitzählung vor. Ein Tarif ist dann am gerechtesten, wenn er Aufwand und Gegenleistung ausgleicht. Der Pauschaltarif vollzieht dies in unvollkommenster Weise, der Einzelgesprächstarif ebenfalls nur teilweise. Der Zeittarif für den Ortsverkehr entspricht dem Aufwand namentlich im Sa-Betrieb am besten.

In manchen Fernsprechnetzen des Auslandes vollzieht sich gegenwärtig auch die Umstellung zur Zeitzählung im Ortsverkehr, so z. B. in Wien. Die Zeitzählung kann in zweierlei Weise vorgenommen werden und bedeutet technisch keine besonderen Schwierigkeiten. Entweder man gibt dem Teilnehmer einen Amperestundenzähler einfachster Form, welcher mit konstanter Stromstärke arbeitet und auf diese Weise reine Zeitwerte registriert. Es genügt alsdann bei Beginn des Gesprächs, den Zählstromkreis zu dem beim Anschlußorgan des Teilnehmers gelegenen Zähler herzustellen, welcher während der Dauer des Gesprächs betätigt wird. So werden die Zeitwerte stetig aneinandergereiht. Durch Veränderung des Widerstandes im Zählstromkreis lassen sich weiterhin für die verschiedenen Tageszeiten Tarifstufen erzielen, die im Idealfall der Verkehrsbelastung derart angeschmiegt werden können, daß dem stärksten Verkehr der höchste Tarif entspricht. So würde gleichzeitig der Teilnehmer angespornt, die Hauptverkehrsstunde zu entlasten.

Auch in einzelnen Einheiten kann sich die Zeitzählung auswirken und wirkt dann um so genauer, je weiter die Einheiten unterteilt werden. Man kann mit dem gleichen, schrittweise fortschaltenden elektromagnetischen Zähler des Teilnehmers, den der Einzelgesprächstarif überall zur Einführung gebracht hat, auch eine Zeitzählung in der Weise durchführen, daß man bei Gesprächsbeginn den Zählstromkreis des Teilnehmers vorbereitet und durch ein zentrales Schaltwerk, welches für das ganze Amt gemeinsam ist, alle 10 Sekunden, alle halben Minuten, alle Minuten oder alle 2 Minuten, je nach Wunsch eine Zähleinheit auf den Teilnehmerzähler festlegen läßt. Schaltungstechnisch wirkt sich dies in der Weise aus, daß, wie im Schaltbild des Übertragers für Überbrückungsverkehr (Abb. Anh. 39) angedeutet, das Z-Relais über den b-Ast erregt, mit einer lokalen Haltewicklung sich während der ganzen Gesprächsdauer bindet und mit einem Kontakt am c-Ast den Zählstromkreis vorbereitet. Wird dann parallel zu dem c-Ruhekontakt ein Uhrenkontakt gestellweise vorgesehen, welcher in den angegebenen Zeitabschnitten jeweils Erde anlegt, so ergibt sich dadurch eine Zeitzählung während des Gesprächs in Einheiten einer Grundgebühr. Es wäre sehr zu wünschen, daß die deutsche Fernsprechtechnik von dieser letzteren, in einfachster Weise gebotenen Möglichkeit baldigst Gebrauch macht, welche in den Schaltungen des Reichspostsystems durchweg vorbereitet ist. Dabei kann man wiederum in der Hauptverkehrsstunde die Uhr schneller laufen lassen als in verkehrsschwacher Zeit und so den Verkehr aus den Spitzenzeiten abdrängen. Hoffentlich macht sich der deutsche Fernsprechtarif diese Möglichkeit zur wirtschaftlichen Durchbildung des Fernsprechverkehrs bald zunutze.

Zu den Aufgaben des reinen Ortsverkehrs fügt nun die Netzgruppe die Aufgabe der Abstufung nach der Entfernung, also der Zählung nach Zonen. Auch dieses Kriterium kann selbstverständlich ohne weiteres auf die vorbeschriebenen Arten der Zählstromkreise übertragen werden. Beim Amperestundenzähler wird der Widerstand des Zählstromkreises nach der Entfernung abgestuft, beim Schrittzähler mit Uhrensteuerung wird in der Zeiteinheit statt eines Impulses eine Vielzahl von Impulsen entsprechend der Entfernung abgegeben. Alle diese Gesichtspunkte müssen erwogen werden, wenn man daran geht, ein Zählersystem für eine neu zu schaffende Netzgruppe zu entwickeln mit der Aussicht, daß in einiger Zeit der Einzelgesprächstarif auf Zeittarif umgestellt wird. Die daraus erwachsenden Forderungen lassen es wünschenswert erscheinen, jene Stelle, wo das Kennzeichen für die Zone des gerufenen Teilnehmers vom Rufenden anfällt, mit jener Stelle, wo die Zählstöße für den Teilnehmer individualisiert werden, örtlich zusammenzulegen, so daß sich in einfachster Weise das Kriterium der Zone auf die Zahl der abzugebenden Zählstromstöße umsetzen läßt. Prüft man danach die heute vorhandenen Zeitzonenzählerschaltungen, so zeigt sich, daß für die Verbundämter heute bereits eine befriedigende Lösung besteht, während in den Hauptämtern der Zeitzonenzähler vom eigentlichen Zählstromkreis örtlich getrennt ist. Da weiterhin noch ein Gruppenwähler zwischengeschaltet ist, dessen 3 Arme durch andre Schaltvorgänge in Anspruch genommen sind, läßt sich zunächst die Übertragung der Zählkriterien in der angegebenen Form auf den Zählstromkreis im Hauptamt schwer verwirklichen. Dies kann einmal dazu drängen, auch im Hauptamt für den Netzgruppenverkehr den Umsteuerwähler einzuführen. Heute stehen wir in Deutschland auf dem Boden der Einzelgesprächszählung und dafür sind zunächst wohlbefriedigende Zählerlösungen entwickelt worden. Der deutsche Fernsprechtarif sieht, wie bereits erwähnt, im Ortsverkehr die Zählung der Gesprächseinheit ohne Berücksichtigung der Zeit vor und stuft außerhalb des Ortskreises nach Zeiteinheiten ab, wie dies die folgende Tabelle angibt.

(Für ZZZ abgerundete Gebührensätze.)

.	Zone I 5 km	Zone II 5-15 km	Zone III 15-25 km	Zone IV 25-50 km	Zone V 50-75 km
Tag:					
3 Min.	10	30	40	70	90
4 „	10	40	50	90	120
5 „	10	50	70	120	150
6 „	10	60	80	140	180
Nacht von 19ʰ bis 8ʰ früh:					
3 Min.	10	20	30	50	60
4 „	10	30	40	60	80
5 „	10	30	40	80	100
6 „	10	40	50	90	120

Damit erwächst für den Zeitzonenzähler zunächst die Aufgabe, die Entfernung nach Zonen festzulegen und dies erfolgt an Hand der Rufnummern des gerufenen Teilnehmers bzw. seiner Ortskennziffer im Mitlaufwerk. Weiterhin muß durch einen für das einzelne Gespräch individuellen Zeitzähler die Dauer des Gespräches festgehalten werden. Wollte man für das Amt gemeinsame Zeitregistriereinrichtungen benützen, so würde ein der augenblicklichen Phase des Zeitschalters entsprechender Fehler für das Gespräch entstehen. Die Zählung der Einheiten kann während des Gespräches erfolgen, oder es können die fällig gewordenen Zähleinheiten gespeichert und am Ende des Gespräches zur Abgabe gebracht werden. Im letzteren Falle wird der Zeitzonenzähler natürlich um so komplizierter, je längere Zeitdauer man zuläßt, je mehr Einheiten also zu speichern sind und so entsteht die Frage der Höchstdauer eines Netzgruppengespräches. Es sind der Reihe nach in den bayerischen Netzgruppen mehrere Lösungen durchgebildet worden. Die ersten Zeit- und Zonenzähler für den seinerzeitigen, nach ganzen 3-Minuteneinheiten abgestuften Tarif ließen eine Höchstgesprächsdauer von etwa einer Viertelstunde zu, verschieden je nach der Entfernung, da höchstens 32 Einheiten gespeichert werden können. Dann wurde versucht, den Zeitzonenzähler zu vereinfachen und die 3-Minutentrennung einzuführen. Dies erwies sich aber als Härte für den Verkehr, da vielfach der gerufene Teilnehmer aushängt und dann erst eine andere Person an den Apparat holen läßt, die dann nach Beginn des Gespräches in Kürze unterbrochen wird. Um diese Härte etwas zu mildern, wurde ein Zeitzonenzähler so durchgebildet, daß der rufende Teilnehmer die Wählscheibe bis zur Ziffer 1 aufziehen mußte, um für eine neue Zeiteinheit weitersprechen zu können. Diese Maßnahme war aber den Teilnehmern nicht begreiflich zu machen. So hat man sich derzeitig zur zwangsläufigen 6-Minuten-Trennung entschlossen. Statistische Untersuchungen haben ergeben, daß nur 2 Promille der Gespräche die 6-Minuten-Dauer überschreiten und um dieses geringen Prozentsatzes willen kann man keine besondere Technik aufwenden.

Zählung während des Gesprächs wäre an sich die schönste Lösung und in den Verbundämtern jederzeit durchführbar, da ein vom Fernsprechstromkreis unabhängiger Zählstromkreis zur Verfügung steht, aber für die Hauptämter, wo die Zählimpulse vom Zeitzonenzähler über den b-Ast zum Zählrelais des I. Gruppenwählers geleitet werden müssen, würde bei jeder Zählung der Sprechstromkreis gestört und ein Knackgeräusch erzeugt. So würde die Einführung der Zählung während des Gesprächs, wie bereits oben für die Zeitzählung erwähnt, die Einführung von Umsteuerwählern in den Vollämtern zur Voraussetzung haben. Es darf vorerst die für Bayern entwickelte Zeitzonenzählerkonstruktion für 6-Minuten-Trennung und Speicherung der Zähleinheiten bis zum Gesprächsende als günstigste Lösung angesehen werden und soll in der Folge behandelt werden.

Erwähnt sei in diesem Zusammenhang, daß die Schweizer Obertelegraphenverwaltung ebenfalls Zeit- und Zonenzähler der Firma Siemens & Halske und Hasler in Bern verwendet, letztere selbst da, wo zwischen den einzelnen automatischen Unterzentralen noch Schrankvermittlung von Hand besteht. Die Zeit- und Zonenzählung ist so zuverlässig, der technische Aufwand im Verhältnis zum Gewinn so gering, daß sich die Zeit- und Zonenzählung auch bei Einschaltung in Handvermittlungseinrichtungen lohnt. Um so weniger kann sie in Sa-Vermittlungsstellen abgelehnt werden.

Zunächst sei das Prinzip des Zeit- und Zonenzählers für Verbundämter an einem vereinfachten Schaltbild dargetan und ein Zeitzonenzählerrelaissatz im Bild gezeigt (Abb. Anh. 62a u. Abb. 63). Der Zeitzonenzähler, die vereinfachte Darstellung eines seinerzeit vom Verfasser entwickelten, benützt zur Festhaltung der Zonen Relais und bedient sich zur Einstellung derselben, zur Zeitbemessung und zur Speicherung der fälligen Gebühren ein und desselben Drehwählers. Da er die grundsätzlichsten Vorgänge in einfachster Form zeigt, kann er als Grundlage für komplizierte Zeitzonenzählerkonstruktionen angegeben werden. Der Zeitzonenzähler des Verbundamtes besorgt die Speisung des rufenden Teilnehmers, ähnlich wie der I. Gruppenwähler und so zeigt der Zeit- und Zonenzähler die Abriegelung der Teilnehmerleitung mit Translatoren, die durch Kondensatoren halbiert sind. Zwei Speisungsrelais A und B dienen als Speisedrosseln, als Impuls- und Steuerrelais. Auch die für das Schleifen system charakteristische Relaiskette C, V1, V2 ist vorhanden. Im c-Ast liegen die Einrichtungen für Belegung und Abgabe der Zählstromstöße zum I. Vorwähler. Im übrigen besitzt der Zähler einen Drehwähler, dessen Drehmagnet im Schaltbild angegeben ist, mit 4 Kontaktbänken, einer Einstellkontaktbank, welche als Mitlaufwerk dient, einer Zeitschalterkontakt-bank, welche die Zeit festhält, und einer Abgreiferkontaktbank, welche die Zählstöße

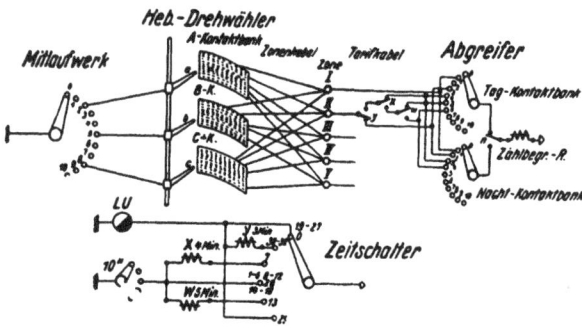

Abb. 62. Prinzip der Zonen- und Zeiterfassung in einem Zeitzonenzähler mit Hebdrehzähler.

speichert. Diese werden durch Durchschaltung des Armes der Reihe nach wirksam gemacht. Eine 4. Kontaktbank besorgt jeweils die Rückstellung in die Nullage. Der Zeit- und Zonenzähler hat die Aufgaben des I. Gruppenwählers hinsichtlich Entgegennahme der Zähleinleitung über den b-Ast bei Gesprächsbeginn, der Stromstoßübertragung von Schleifenimpulsgabe auf die späteren Wählerstufen und der Steuerung der Impulsabgabe zu übernehmen.

Der über den c-Ast belegte Zeitzonenzähler bringt zunächst die beiden Linienrelais A und B zum Ansprechen und dann das anzugsverzögerte C-Relais. Letzteres setzt das V1-Relais unter Strom. Wenn der Teilnehmer die Stromstoßreihen schickt, so werden sie von dem A-Relais übertragen und mit Erde auf der a-Leitung weitergegeben. Ein zweiter Kontakt des A-Relais besorgt über das V2-Relais die Steuerung, ein dritter leitet die Impulse in den Drehmagneten. Derselbe macht also die einzelnen Stromstöße als Drehschritte mit, indem er die Impulsreihen addiert. Von den Kontaktbänken des als Mitlaufwerk dienenden Drehwählers ist zunächst nur die Kontaktbank m, durchgeschaltet und auch diese nur im Stillstand, da ein v2-Kontakt die Erde vom Drehpunkte abtrennt. Diese Kontaktbank hat die Auswahl der Zonenrelais II, III oder IV vorzunehmen, welche in Vielfach-

schaltung an jenen Kontakten liegen, welche einerseits der Rufnummernverteilung, andrerseits der geographischen Lage der übrigen Netzgruppenorte zu dem Standort des Zeitzonenzählers entsprechen. Wenn also von
dem Ausgangsorte ein Ort mit der Rufnummer 84000, ein weiterer Ort
mit der Rufnummer 91000 und ein dritter mit der Rufnummer 67000
in der dritten Entfernungszone liegt, so wird im Zeitzonenzähler das
Relais III an
den 10., 12.
und 13. Kon-
takt ange-
schaltet wer-
den. Sobald
eines der Re-
lais erregt
wurde, hält es
sich lokal,
schaltet das
F-Relais an,
welches diese
Einstellkon-
taktbank ab-
trennt, unter-
bricht mit
einem Ruhe-
kontakt, die
als Kontakt-
kette ange-
deutete
Schalteinrich-
tung für Ein-
fachzählung im 5-km-Kreis und schaltet vorbereitend die entsprechende

Abb. 63. Zeit- und Zonenzählerrelaissatz für Verbundämter
(Ausführung Siemens & Halske).

Zone an die Angreiferkontaktbank m_a an. Das F-Relais veranlaßt zunächst über die Rücklaufkontaktbank m_r, an welcher ein Unterbrecher
liegt, den Rücklauf des Mitlaufwerkes in die Nullstellung, da es in der
Folge für andere Zwecke benützt werden soll.

Sobald der Teilnehmer aushängt, wird dieses vom Leitungswähler
durch Anlegen von Minuspotential an die b-Leitung gekennzeichnet,
durch welches das G-Relais zum Ansprechen kommt. Praktisch wird
man, was hier nicht näher angedeutet ist, nachdem diese Schaltung sich
ausgewirkt hat, das G-Relais aus der Sprechleitung herausnehmen und
lokal halten. Das G-Relais schaltet den Drehmagneten an den 10-Se-
kunden-Schalter, wenn eines der drei Fernzonenrelais erregt wurde, so
daß der Drehwähler jetzt alle 10 Sekunden einen Schritt macht. Durch
Betätigung zweier b-Kontakte wurde die Zeitschalterkontaktbank m_z

in Tätigkeit gesetzt, welche nun kurz vor Ablauf der ersten Gesprächseinheit von 3 Minuten über einen Kontakt ein Summersignal an die beiden
Induktionswicklungen der A- und B-Relais legt, welches die beiden Teilnehmer darauf aufmerksam macht, daß die erste Gesprächseinheit zu
Ende geht. Spricht der Teilnehmer weiter, so wird ein Relais D O erregt,
welches die doppelte Gesprächsdauer kennzeichnet und sich lokal hält.
Das DO-Relais legt die der Zählung dienende Sammelschiene derart
um, daß für jede Zone die doppelte Zählimpulszahl eingestellt ist. Nach
Ablauf von 6 Minuten, nachdem ein zweites Mal die Teilnehmer durch
Summerton von dem bevorstehenden Ablauf der zweiten Gesprächseinheit benachrichtigt wurden, erfolgt die Erregung des Trennrelais T,
welches die Sprechleitung öffnet. Der Drehwähler ist dabei auf seinem
letzten Kontakt angelangt und wird jetzt durch einen t-Kontakt zu
einer neuerlichen Umdrehung gereizt. Nach Ansprechen des T-Relais
bedeutet nun jeder Drehschritt einen Zählimpuls, da der mechanische
Kontakt des Drehmagneten d_m das Zählrelais Z bei jedem Schritt einmal erregt. Ein Kontakt des Zählrelais gibt über das Zählkontroll-
relais die Zählimpulse auf den c-Ast zurück zum Teilnehmerzähler, der
beim I. Vorwähler sitzt. Diese Zahl der Zählstromstöße wird begrenzt
durch die getroffene Einstellung. Durch diese wird nämlich über die
100-Ohm-Wicklungen des A- und B-Relais, welche die einzelnen Zählimpulse als leises Knacken hörbar machen, sowie über den d_0-Kontakt
ein Hilfsrelais H erregt, welches die weitere Zählung unterbindet und
den c-Ast öffnet, so daß der Zähler freigegeben wird und die Verbindung
zusammenfällt. In dem Schaltbild sind alle Einrichtungen für zweiadrigen Verbindungsverkehr, für rückwärtige Sperrung, für Rückkontrolle, für Überbrückung, für Abschaltung usw. weggelassen, um
das Bild nicht zu überlasten. Hängt ein Teilnehmer vor Ablauf der
6-Minuten-Einheit ein, so fällt das B-Relais ab, und DO kann nicht
erregt werden, wenn es nicht bereits erregt war. Ein b-Kontakt überbrückt den 10-Sekunden-Schalter, so daß das Mitlaufwerk eiligst durchdreht und das T-Relais erregt. Dann verläuft die Zählung wie eben
beschrieben. Wenn sich dagegen der gerufene Teilnehmer nicht meldet
und das G-Relais nicht erregt wird, wird nach Abfall des V1-Relais
sofort das H-Relais erregt und die Verbindung ausgelöst.

Die Grundelemente dieses Zeit- und Zonenzählers kehren in allen
neuzeitlichen Zählerkonstruktionen wieder. Dabei trennt man zunächst
aus konstruktiven Gründen die einzelnen Drehwählerkontaktbänke und
sieht etwa 2—3 getrennte Drehwähler vor. Einer speichert die Stromstöße und legt damit die Zone fest. In diesem Fall kann eine Speicherung
durch Zonenrelais in Fortfall kommen, wenn der Wähler eingestellt
bleibt. Ein zweiter dient als Zeitschalter, indem er von den Zonenpunkten aus Umschaltungen entsprechend der Zeitdauer vornimmt,
unter Umständen auch unter Zuhilfenahme von Zeitschalterelais. Letz-

teres empfiehlt sich besonders, wenn eine Unterteilung der Zeitdauer nach Einzelminuten gefordert wird, wie dies beim neuen Tarif der Fall ist. Man erregt alsdann in der 3. Minute ein Relais, in der 4., in der 5., in der 6. usw. Dies zeigt zugleich, welche Opfer eine Ausdehnung der Speichermöglichkeit über 6 Minuten erfordert. Das 6-Minuten-Relais besorgt zugleich die Trennung. Ein dritter Drehwähler, der sogenannte Abgreifer, hat schließlich die Aufgabe, das Ergebnis der Zeit- und Zoneneinstellung in Zählimpulse umzusetzen und zwar werden hierzu bei Abstufung in Nacht- und Tagtarif 2 Abgreiferkontaktbänke verwendet, eine Tag- und eine Nachtkontaktbank, deren Drehpunkte durch einen als Nachtschalter bezeichneten Wechselkontakt mit dem eigentlichen Zählrelais verbunden sind. Jeder Schritt des Abgreifers bedeutet eine Zähleinheit und so müssen die Verbindungen über die Mitlaufwerkarme und Zeitschaltekontakte jeweils an die entsprechenden Kontakte der Abgreiferkontaktbank gelegt werden, deren laufende Nummer der fälligen Zahl von Gebühreneinheiten entspricht, d. h. also, wenn ein Gespräch nach dem Ort K 845, der vom Ausgangsort in der 3. Zone liegt, während der Tagzeit bei 5 Minuten Dauer 70 Pf., während der Nachtzeit 40 Pf. kostet, so muß das Zählpotential über den Drehpunkt der 8er-Kontaktbank auf deren $8 + 4 + 5 = 17$. Kontakt gelegt werden, von diesem zum Zonensammelpunkt 3 führen, von diesem über den Arbeitskontakt des 5-Minuten-Relais an den 7. Drehschritt der Tagkontaktbank, an den 4. Drehschritt der Nachtkontaktbank. Zwischen Tag- und Nachtkontaktbank besteht jeweils die Zweidrittelrangierung. Für die Beschaltung des Zählers bei Inbetriebnahme eines Netzgruppenamtes ist wieder der Zeitzonenzähler-Beschaltungsplan maßgebend. Im offenen Kennziffersystem mit automatischem Verkehr von Netzgruppe zu Netzgruppe wird neben dem Mitlaufwerk zur Speicherung der Stromstoßreihen noch ein dreikontaktiger Hebdrehwähler neuer Ausführung verwendet, welcher die Speicherung der Ziffer K 845 in folgender Weise vornehmen würde[1]). K bedeutet Umsteuerung, 8 erzeugt 8 Drehschritte am Mitlaufwerk und schaltet dabei eine Kontaktbank des Hebdrehwählers an, welche als 8er-Kontaktbank bezeichnet werden soll, 4 erzeugt 4 Hubschritte, 5 endlich 5 Drehschritte auf diesem Wähler. Von dem entsprechenden Kontakt des Hebdrehwählers führt man die Zonenrangierung zum Zonensammelpunkt III, von dem aus, wie vorhin beschrieben, über Zeitschaltekontakte Verbindung zu den Abgreiferkontakt·bänken besteht. Die Gesamtheit aller in einem Zeitzonenzähler mit Rücksicht auf die offenen Kennziffern der erreichbaren Orte vorzunehmenden Verdrahtungen bezeichnet man als Zonenkabel. Es liegt also zwischen den Mitlaufwerk- oder Hebdrehwählerkontakten und den fünf Zonensammelpunkten, die meistens an Ausführungsstiften des Relaissatzes angeordnet sind.

[1]) Vgl. Abb. 62.

Von diesen Zonensammelpunkten geht alsdann eine Vielzahl von Zeitschaltekontakten zu einem weiteren Verteilersystem, welches den Zeitzoneneinheiten entspricht und von diesen Punkten wiederum aus führt eine Vielzahl von Drähten zu den Abgreiferkontakten. Die Führung der letzten Drähte hängt von dem Fernsprechtarif ab und wechselt mit demselben, weshalb diese Verteilerverbindungen als Tarifkabel bezeichnet werden. Eine Änderung des Tarifes unter Beibehaltung der Zonenringe und der Zeitstufen erfordert also eine Umlötung dieser Drähte an den Abgreiferkontaktbänken. Man könnte auch das Tarifkabel als vielpoligen Stecker ausführen und so bei Tarifänderungen die Verdrahtung außerhalb des Satzes vornehmen. Jedoch ist man gewohnt, den Fernsprechtarif in normaler Wirtschaftslage als etwas Festes zu betrachten, da Umstellungen des Tarifs, wie erwähnt, im Zeitzonenzähler die geringste Arbeit machen, in der Bemessung der Verkehrswege um so tiefere Verschiebungen erzeugen.

Der die Montage ausführende Werkmeister muß in jeder Umschaltestelle die Anbringung des Zonenkabels besorgen, und dafür liefert ihm wiederum der Beschaltungsplan (Abb. Anh. 64) das Montageschaltbild. Für jeden einzelnen Ort wird ein Einzelbeschaltungsplan nach dem beigefügten Abbild hergestellt, der ein Abbild der Hebdrehwähler- und Mitlaufwerkkontaktbänke darstellt. Die Zonenpunkte sind unten vorgetragen und wo eine Lötstelle auszuführen ist, wird von den den Kontakten zugeordneten Punkten neben dem Ortsnamen eine Verbindungslinie zu den Zonenpunkten gezogen. Der Zeitzonenzähler-Beschaltungsplan gibt dann weiterhin ein Bild über die Verteilung der offenen Ortskennziffern und über die Rufnummernverteilung innerhalb der Netzgruppe. Da unter Umständen bei Neueinschaltung ein Teilnehmer beim Aufruf des in einem anderen Ort gelegenen Teilnehmers die Wahl der Amtskennziffer vergessen könnte, so werden die Teilnehmernummern von Nachbarorten zunächst gegenläufig vergeben, also die einen beginnend mit 200, andere mit 400, 700, 900 usw., damit nicht fälschlich der Teilnehmer des eigenen Ortes gestört wird.

Die I. Gruppenwähler im Hauptamt, die sogenannten Netzgruppenwähler, sind, wie bereits erwähnt, ausschlaggebend für die Zugänglichkeit der betreffenden V1-Ämtergruppe, deren ankommende Leitungen zu diesen Gruppenwählern führen. Für die betreffende V1-Ämtergruppe, den Netzgruppensektor, ist die Zugänglichkeit die gleiche und so werden in allen Beschaltungsplänen die gleichen Ortsnamen eingetragen sein. Dies geschieht in einem sogenannten Sammelbeschaltungsplan, welcher keine Zonenlinien enthält und für mehrere Ämter gilt.

Im Hauptamt wird der Zeitzonenzähler dadurch vereinfacht, daß er hinter dem mit Speisung des rufenden Teilnehmers ausgerüsteten I. Gruppenwähler liegt und dreiadrig belegt werden kann. Das Mitlaufwerk wird durch ein parallel an der a-Leitung liegendes Impuls-

relais gesteuert, die Zählstöße müssen über den b-Ast zum I. Gruppenwähler weitergeleitet werden. Seine Aufgaben sind also Speicherung
der dritten Stromstoßreihe, bis die Zone festliegt, beim Aushängen
des gerufenen Teilnehmers Betätigung der Zeitmeßeinrichtung, unter
Umständen nach 6-Minuten Trennung des Gespräches, nach Einhängen
des rufenden Teilnehmers Blockade des I. Gruppenwählers, d. h. Ver-
hinderung der Auslösung über die a-Leitung, bis über die b-Leitung
die Zählstöße abgegeben sind, nach dem letzten Zählstoß Freigabe der
Auslösung. Wie der Wählerübersichtsplan Abbildung 59 gezeigt hat,
liegen die Zeitzonenzähler des Hauptamtes zwischen Netzgruppen- und
Ämtergruppenwähler, also dort, wo die Zeitzonenzähler nach den einzelnen Netzgruppenhauptämtern auseinanderstrahlen. Da sie in den
einzelnen Netzgruppenrichtungen liegen, erübrigt sich die Speicherung
der Netzgruppenkennziffer, es wird nur eine Hebdrehwählerkontaktbank
benötigt, deren Schaltarm durch die zwei zu speichernden Stromstoßreihen angehoben und eingedreht wird. Liegt ein Zeitzonenzähler in
einer Querverbindung oder fest in einer Leitung vom V1-Amt zum
V2-Amt, so kann das Mitlaufwerk erspart werden, der Zeitzonenzähler
hat immer nur eine bestimmte Zone fest einzustellen.

Der Zeit- und Zonenzähler ist eine trotz der Vielzahl der Aufgaben
außerordentlich durchsichtige und zuverlässige Schalteinrichtung. Wesentlich für die Sicherheit der Zählung ist, daß zur Betätigung des Zeit-
und Zonenzählers nur ein Kriterium von außen gegeben wird, nämlich
die Aushängeüberwachung des gerufenen Teilnehmers, wie bei der Einzelgesprächszählung auch, während alle anderen Vorgänge sich in zuverlässigen, internen Stromkreisen mit reichlichen Strom- und Zeitsicherheiten abwickeln, so daß der Zeit- und Zonenzähler in der Ämterpflege nahezu keine Rolle spielt. Hinsichtlich der Kosten bedeutet
der Zeit- und Zonenzähler nur etwa 3—4% der Amtskosten, 1% der
Gesamtkosten pro Teilnehmeranschluß. Da er anderseits das Mittel
ist, den Verkehr in wirtschaftlicher Form zu gestalten, so wird die Durchbildung der Schnellverkehrsnetzgruppe ohne Zeit- und Zonenzähler
nicht gut vertreten werden können. Wollte man zum Pauschaltarif
übergehen, so müßte sofort ein Vielfaches der Zählerkosten als Mehrbedarf an Leitungen und Wählern zur Deckung der Verkehrsspitzen
aufgewendet werden.

In der Tarifgestaltung bedeutet jede mechanische Gesprächszählung, welche auf Einheiten aufgebaut ist, eine Bindung an die Forderung, daß die Gebührenstufen ein ganzzahliges Vielfaches der Grundgebühreneinheit sein müssen. Für den derzeitigen deutschen Fernsprechtarif mußte im Bereich der Sa-Netzgruppen bereits eine diesbezügliche
Auf- und Abrundung erfolgen. Man hat diese Bindung vom Standpunkt der freien Tarifgestaltung als untragbar bezeichnet. Man müßte
den Tarif nach Belieben jederzeit ändern können. Zunächst ist zu be-

merken, daß es in nahezu allen Betrieben, beispielsweise auch bei der deutschen Reichsbahn üblich geworden ist, zur Beschleunigung und Vereinfachung der Rechnungsgeschäfte die Beträge auf ganze 5-Pf.- oder 10-Pf.-Einheiten aufzurunden. Schon aus diesem Grunde ist die gleiche Forderung im Fernsprechtarif eine Forderung nicht der Technik allein, sondern eine Forderung der Wirtschaftlichkeit und Zweckmäßigkeit. Gebührentarifänderungen sind für die Technik aller Formen unerwünscht und, wenn ein System wirtschaftlich und sparsam gebaut wurde, so wird eine Tarifumstellung gewisse Umbaumaßnahmen erfordern, je nachdem, ob der Verkehr dadurch gesteigert oder gedrosselt oder verkehrstechnisch verschoben wird. Namentlich Verbindungsleitungen großer Stadtnetze und Vorortsnetze werden von einer solchen Umstellung getroffen. So hat beispielsweise die Erweiterung der Ortsnetze der Großstädte eine erhebliche Verstärkung der Vorortsnetze notwendig gemacht. Eine Tarifpolitik ohne Berücksichtigung der Technik ist unter allen Umständen unsinnig. Eine Volkswirtschaft wird dann am besten fahren, wenn sie sich die in der Technik gelegenen Möglichkeiten voll zunutze macht. Überdies besteht bei Anwendung eines zweiten Teilnehmerzählers und eines Hilfsrelais die Möglichkeit Orts- und Netzgruppengespräche zu trennen, so daß die Gebührenabhängigkeit fällt.

In der Schweiz hat, wie erwähnt, die Firma Hasler in Bern Zeitzonenzähler durchgebildet, welche nach dem Gutachten der Schweizer Obertelegraphenverwaltung vollkommen zuverlässig arbeiten und in größerem Umfange eingeführt werden sollen.

Als Uhrwerk für die Zeit- und Zonenzähler kann der für die Läutesignale verwendete 10-Sekunden-Schalter benützt werden, welcher jeweils bei Gesprächsbeginn angelassen wird. Er bemißt die 6-Minuten-Dauer eines Gespräches mit einer Toleranz von 2 Sekunden. In der Nachtzeit, also von abends um 7 Uhr bis morgens 8 Uhr, werden die Nachtschalter umgelegt, welche die Tagkontaktbänke der Abgreifer unwirksam machen, dafür die Nachtkontaktbänke einschalten. In bedienten Zentralen besorgt dies ein Werkmeister durch Drücken eines Kippers, in unbedienten durch Anruf einer Geheimnummer, welche nur dem Fernamt zugänglich ist. Dabei erhält der Werkmeister ein Kontrollsignal, welches die Betätigung der Umschaltung anzeigt. In einer Liste wird die Vornahme der Umschaltung im richtigen Zeitpunkt täglich eingetragen. Der Anruf derselben Nummer oder einer zweiten betätigt morgens die Rückstellung. Die Zeitzonenzähler werden mit den übrigen Zusätzen für Netzgruppenverkehr in eine besondere Gruppe zusammengefaßt, in Großstädten in der sogenannten Ferngruppe. Vielfach besteht die Meinung, daß in Großstädten für den abgehenden Verkehr zu den wenigen Vorortsteilnehmern der Einbau vieler Zeitzonenzähler erforderlich wäre. Indes liegen die für das Hauptamt abgehenden Zeitzonenzähler nur in den in die Netzgruppe führenden Verkehrsstraßen und sind wie diese zahlenmäßig auf die Hauptverkehrsstunde bemessen. Es wird also z. B. eine Großstadt mit 40000 Anschlüssen zum Verkehr mit einer Netzgruppe von 2000 Anschlüssen nur etwa 100 Zeitzonenzähler benötigen. Die Netzgruppe um eine Großstadt ist die wirtschaftlich günstigste und verkehrstechnisch zweckmäßigste von allen. Es ist eine erwiesene Tatsache, daß im Sa-Betrieb allein die mechanische Gesprächszählung eine einwandfreie Gebührenerfassung sicherstellt, wenn man nicht zu dem verkehrstechnisch schleppenden, für Schnellverkehr unvertretbaren Rückruf schreiten will. Entweder muß dem Teilnehmer die von ihm angegebene Rufnummer geglaubt werden und, da eine Überwachung erfahrungsgemäß nicht entbehrt werden kann, muß eine besondere Technik für die Überwachung geschaffen werden, Überwachungsschränke am Ort, Überwachungsleitungen und Gruppenwähler auf dem Wege zu den Unterzentralen. Die Kosten hierfür sind selbstverständlich höher wie für die Zeit- und Zonenzählung.

Die unbediente Sa-Zentrale. Mit der Bildung kleiner Zentralen entsteht für die Sa-Technik die grundsätzliche Frage, unter welchen Umständen und wie lange kann eine Sa-Zentrale unbedient bleiben und wie muß die Anlage gebaut werden, um dies zu gestatten. In Bayern liegen hierfür 5- bis 6jährige Erfahrungen vor, Erfahrungen der verschiedensten Art, je nach Art der Unterbringung, der Gestalt und Güte der Netze und nach den klimatischen Einflüssen des Aufstellungsortes. Es gibt Zentralen, welche sehr oft betreten werden müssen, andere, die im Monat kaum einmal besucht wurden. Ein Grundsatz hat sich einheitlich für alle aufstellen lassen und ist die Grundlage für die Weiterentwicklung geworden:

Auch die kompliziertesten Schalteinrichtungen können absolut zuverlässig in ihrem internen Spiel durchgebildet werden, wenn es gelingt, die äußeren Einflüsse von ihnen fernzuhalten.

Die äußeren Einflüsse aber sind:

1. die Teilnehmer mit ihren unkontrollierbaren Betätigungen der Fernsprecheinrichtungen.
2. Einflüsse der Temperatur und Feuchtigkeit auf die Wählereinrichtungen.
3. Äußere Einflüsse auf die Teilnehmer- und Verbindungsleitungen und deren Rückwirkungen auf das Amt (Gewitterstörungen, Leitungsniederbrüche, Erdschlüsse auf den Leitungen, Zusammenfallen von Leitungen).
4. Die Stromversorgung der Anlage. Die Garantierung der geforderten Spannungswerte.

Aufbau und Unterbringung kleiner Sa-Einrichtungen. Die Frage der örtlichen Unterbringung eines Verbundamtes wird wesentlich dadurch beeinflußt, daß es die Stelle eines bereits bestehenden ma-

nuellen Amtes zu übernehmen hat. Das Ortsfernsprechnetz ist in der
Regel nach dieser manuellen Vermittlungsstelle hin konzentriert und
wenn man nicht hohe Umbaukosten verursachen will, muß man bestrebt sein, das Verbundamt in den gleichen Raum, in das gleiche Haus
oder wenigstens in die Nähe desselben zu verlegen. Die manuellen Vermittlungsstellen waren durchweg mit Postagenturen und Postämtern
verbunden. Diese selbst sind teils in posteigenen Gebäuden, teils in
angemieteten Räumen untergebracht. Am günstigsten ist es natürlich,
wenn eigene Postdienstgebäude errichtet werden und in diesen die
Räume für die Vermittlungsstellen vorgesehen werden. Leider werden
Postdienstgebäude vielfach, den Postbedürfnissen entsprechend, nahe
der Bahnstation und abseits vom Teilnehmerzentrum errichtet. Andrerseits spielt der Begriff des Teilnehmerzentrums bei den großen Ortsfernsprechnetzen eine bedeutendere Rolle als bei den Verbundämtern,
wo wegen der geringen Zahl der Teilnehmerleitungen eine Verschiebung
aus dem Teilnehmerschwerpunkt von geringerer finanzieller Tragweite
ist. Die Lage des Verbundamtes kann auch einigermaßen dadurch beeinflußt werden, daß die Pupinisierung der Verbindungsleitungen einen
gewissen Endpunkt als wünschenswert erscheinen läßt.

Für das einzelne Verbundamt sind, wenn es unbedient ist, zwei
Räume vorzusehen, ein Batterieraum und ein Wählerraum. Die
Stromlieferungsanlage wird in den Wählerraum eingebaut. Handelt es sich
um ein bedientes Verbundamt und solche sind im allgemeinen Ämter
mit einem Anfangsausbau von mehr als 200 Teilnehmern, in recht dünn
verteilten Netzgebieten mitunter auch kleinere Ämter, dann muß neben
den beiden genannten Räumen noch ein Raum für das Amtszimmer
des Werkmeisters, ein kleiner Maschinenraum und eine Wohnung für
den Werkmeister vorgesehen werden. Wir wollen zunächst von den
kleinsten Einheiten sprechen, von den unbedienten Verbundämtern.

Wo sich kein posteigenes Gebäude befindet, kann für die Unterbringung ein sogenanntes Typenhäuschen entwickelt werden, ein allein
stehender Zweckbau, in der Regel auf posteigenem Grundstück, der
vielleicht später einen Anbau als Postdienstgebäude erhält. Ein solches
Häuschen wird dann ohne Unterkellerung auf den flachen Boden gestellt und die Räume werden nebeneinander angeordnet. Dies ist die
günstigere Lösung. Andernfalls wird man in dem Gebäude der Post-
agentur oder in einem gemeindlichen Gebäude, Schulhaus, Rathaus,
Feuerhaus und dergleichen einen Dachraum mieten und dort den Einbau vornehmen. Wegen der Kosten, die für den Einbau entstehen,
muß der Verbleib der Umschaltestelle auf mindestens 10 Jahre sichergestellt sein.

Der Einbau selbst soll auf der der Wetterseite abgekehrten Seite
des Dachraumes in der Weise erfolgen, daß Wähler und Batterieraum
mit Rabitzwänden verschalt werden; dann sieht man eine wärme-

isolierende Schicht vor, die mit einer zweiten Hülle aus Brettern um-
kleidet wird. Dann werden Außen- und Innenwand mit Mörtelbewurf
verputzt. Auf diese Weise entsteht ein Raum, der vor allergrößten
Temperaturschwankungen geschützt ist. Wenn es gelingt, Anschluß an
eine Dampfheizung zu erzielen, so wird ein Heizkörper vorgesehen; sonst
bleibt Batterieraum und Wählerraum unbeheizt. Die Raumgröße ergibt sich nach der Teilnehmerzahl und kann im einzelnen aus der folgenden
Tabelle ersehen werden.

Teilnehmerzahl Anfangsausbau	Berücksichtig- ter Endausbau	Verwendete Batterietype	Wählerraum	Batterieraum
30	150	J_1	3×4m	2,5×3,5 m
50	250	J_1 in J_2-Gläsern	3×4m	2,5×4 m
100	500	J_2	4×5m	3×5 m
150	750	J_2 in J_4-Gläsern	4×6m	3×5 m
200	1000	J_4	5×7m	3×5 m

Die Raumhöhe kann in Zentralen mit Anfangsausbau von 30—50 Teilnehmern im Minimum 2,40 m betragen, in allen übrigen Zentralen 2,70 m.
Die Batterien werden in Etagenstellen angeordnet, die an die zwei Längs-
seiten gerückt werden. Der Boden des Batterieraumes wird asphaltiert,
die Decke oder eine Seitenwand erhält eine säurefeste Abzugseinrichtung
für die Gase. Eine Entlüftungsluke auf der Dachseite ist zu empfehlen.
Der Wählerraum selbst muß einen fugenfreien Holzboden erhalten,
am besten Parkett; Linoleumbelag ist sehr vorteilhaft, weil eine feuchte
Reinigung des Bodens unter allen Umständen vermieden werden muß.
Unterhalb der Gestellreihen werden Schutzbleche angeordnet, damit
allenfalls glimmende, herabfallende Teile den Boden nicht entzünden
können. Gute Wärmeisolation und Lüftungseinrichtung, bzw. die Lage
des Raumes soll vermeiden, daß im Sommer, wenn der Raum 14 Tage
oder länger nicht betreten wird, eine allzu hohe Temperatur bei greller
Sonnenbestrahlung eintritt. Es können sonst Thermokontakte und
Hitzdrahtsicherungen beeinflußt werden.
Das Amt zerfällt in einen Ortsteil und einen Netzgruppenteil. Die
eigentlichen Anschlußorgane, Anrufsucher und Leitungswähler werden
in einem Gestell vereinigt, die Gruppenwähler in besonderen Rahmen,
die Umsteuerwähler, Zeitzonenzähler und die dem Netzgruppenverkehr
dienenden Übertrager in besonderen Gestellen. Hinsichtlich der Höhe
dieser Gestelle sind zwei Größen zu unterscheiden. Anlagen, die bei Beginn weniger als 60 Teilnehmer besitzen, werden mit sogenannten Kleinzentralen oder 50er-Zentralen gebaut, welche eine Gestellhöhe von ungefähr 1,90 m besitzen. Bei Teilnehmerzugängen werden sie je um eine
50er-Einheit erweitert. In diesem Falle werden auch die Übertrager-
gestelle und der Gruppenwählerrahmen für die gleiche Höheneinheit be-

messen. Man muß dahin streben, die Montagearbeiten am Ort auf ein Minimum herabzudrücken und darum sollen Verteiler, Zähler Signaleinrichtungen und alle Zusätze so in diese Gestelleinheiten eingebaut werden, daß sich die Montage auf die Aufstellung der Gestelle, das Anschließen der Teilnehmerleitungen, der Verbindungsleitungen und der Batterieleitungen beschränken kann. Bei der Vielzahl kleinster Anlagen ist eine weitgehende Typisierung notwendig.

Anlagen mit über 60 Teilnehmern im Anfangsausbau werden mit normal hohen Wählergestellen ausgeführt, wie sie in den größten Ämtern

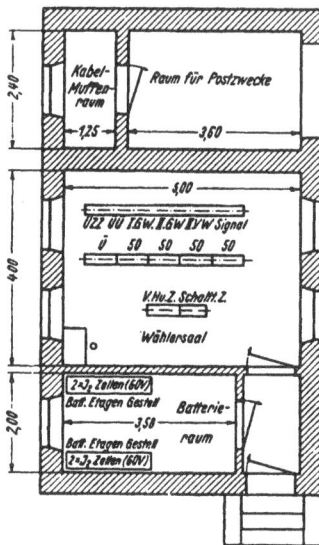

Abb. 65. Grundriß einer Kleinzentrale für 100 Teilnehmer Anfangsausbau, 300 Teilnehmer Endausbau.

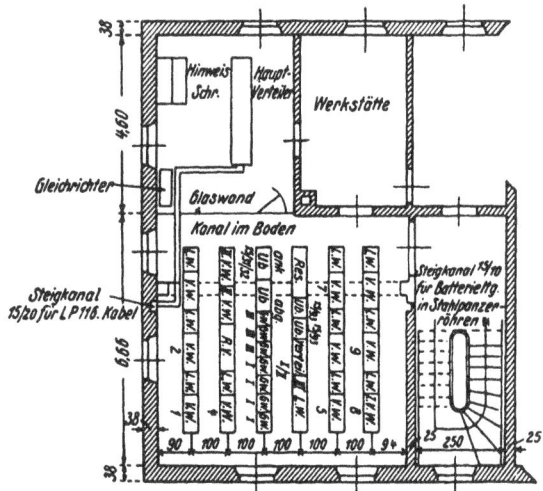

Abb. 66. Grundriß eines Verbundamtes für 300 Teilnehmer Anfangsausbau, 1000 Teilnehmer Endausbau.

verwendet werden. Hier wäre die Beschränkung auf eine Höhe von 1,90 m Verschwendung in der Grundrißfläche. Die Gestellreihen werden je nach den Ausmaßen des zur Verfügung stehenden Raumes 80 cm von der Rückwand mit einem Abstand von 90 cm—1 m angeordnet. Wenn irgend möglich, ist 1 m Mindestabstand zwischen den Gestellreihen einzuhalten. Abb. 65 und 66 zeigen den Grundriß, Abb. 67 die Ansicht solcher Ämter.

Von ausschlaggebender Bedeutung für die Beurteilung des ganzen Systems ist die Frage, kann man Verbundämter ohne Bedienung lassen und wie lange können sie unbedient bleiben? Welche Zusätze muß man schaffen, um die Anlage ohne Bedienung sich selbst überlassen zu können? Kann man etwa die Sa-Einrichtungen für Ortsverkehr sich selbst überlassen, nicht aber die komplizierten für Netzgruppenverkehr?

Die Sa-Technik sieht heute auf eine Praxis von 50 Jahren zurück. Man hat gelernt, Schaltungen so zu bauen, daß in allen Funktionen zwei- bis dreifache Kraft-, Strom- und Zeitsicherheit besteht. Man hat gelernt, Doppelkontakte so auszubilden, daß Kontaktstörungen nahezu nicht mehr vorkommen. Eine Reihe von Erfahrungen hat es dahin gebracht, daß man im inneren Gefüge der Schaltungen mit Störungen nicht mehr zu rechnen hat. Aber auch im Wählergetriebe sind die Schaltungen so durchgebildet, daß mechanische Hemmungen kaum noch vorkommen und sich sofort signalisieren und abschalten. Wo Magnete so niedrige Widerstände haben, daß sie sich nicht vermöge ihres eigenen Widerstandes vor Überhitzung schützen können, liegen in ihrem Stromkreis Zeitsicherungen, welche bei der Nennstromstärke auslösen, wenn diese länger als für die Schaltvorgänge notwendig ist, unter Strom bleiben. Das Signalwesen bedienter Selbstanschlußämter ist außerordentlich fein entwickelt. Die Durchbildung solcher Signale zeigt andrerseits, wo und in welchem Umfange der Eingriff der Menschenhand noch notwendig geblieben ist. Was

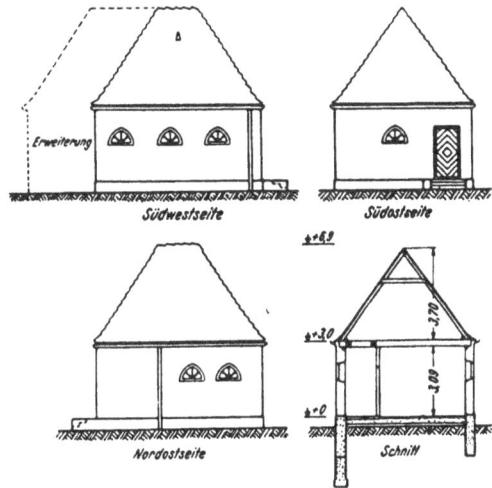

Abb. 67. Ansicht des Kleinzentralengebäudes (Abb. 65).

nützen aber solche Signale, wenn keine Bedienung anwesend ist? Kann man in einer unbedienten Zentrale Signale und Bedienung ersparen?

Ganz unabhängig von den Erfahrungen in bedienten Ämtern waren die Studienjahre in der Netzgruppe Weilheim seit dem Jahre 1923 in erster Linie darauf gerichtet, diese letzte Frage zu beantworten. Erfahrungen über unbediente Selbstanschlußanlagen lagen nur im geringsten Maße vor und müssen für jedes Schaltungssystem besonders gesammelt werden. Das Ergebnis dieser Erfahrungen kurz zusammengefaßt lautet:

Man kann eine gut durchkonstruierte Sa-Anlage 14 Tage bis 1 Monat sich selbst überlassen, wenn man ihre Betriebsbedingungen sicherstellt und sie vor äußeren Einflüssen schützt. Mit anderen Worten, nicht die Frage, wie die Schaltungen des Amtes aussehen, ob sie bloß für Ortsverkehr oder auch für Netzgruppenverkehr eingerichtet sind, bestimmt das Schicksal der unbedienten Sa-Zentrale, sondern die äußeren Einflüsse.

1. Vom Teilnehmer verursachte Amtsstörungen. Beim Aushängen macht der Teilnehmer Schleifenschluß, beim Wählen unterbricht er diesen impulsweise, beim Einhängen dauernd. Die Impulse müssen ein ganz bestimmtes Verhältnis haben, welches durch die Wählscheibe garantiert wird, wenn man ihren Rücklauf unbeeinflußt läßt. Wird die Wählscheibe beschleunigt oder verzögert in ihrem Lauf, so werden bei Beschleunigung falsche Rufnummern erscheinen, während bei Verzögerung unter Umständen die Verbindung zusammenfällt, weil die langdauernden Unterbrechungen als Einhängen wirken. Das alles sind Vorgänge, mit denen der Teilnehmer sich selbst schädigt, ohne aber im Amt Störungen verursachen zu können. Er hebt die Wähler in Dekaden, in denen unter Umständen niemand angeschlossen ist, dort drehen sie durch, prüfen auf den letzten Schritt und geben Besetztzeichen, beim Einhängen lösen sie wieder aus. Eine üble Angewohnheit der Teilnehmer ist das sogenannte Flackern, ein periodisches Klopfen auf den Haken oder die Gabel des Apparates, das ähnlich wie die Wählscheibe Unterbrecherimpulse, freilich mit ganz anderen Zeitverhältnissen liefert. Unter Umständen, wenn der Teilnehmer aushängt und dabei mehrmals auf die Gabel klopft, wirkt dies wie die Wahl einer oder mehrerer Ziffern und wenn er dann anschließend daran weiterwählt, erscheint ein falscher Teilnehmer. Die schlechte Erfahrung belehrt den Teilnehmer in der Regel bald, dies zu unterlassen. Schutzmaßnahmen im Amt gibt es nicht und sind auch nicht nötig. Schließlich kann der Teilnehmer ausgehängt lassen. Dies erzeugt im Amt die dauernde Belegung des ersten internen Einstellwählers, im Mitlaufwerksystem sogar ein Blindbelegen der Leitungen zum Hauptamt. An und für sich wäre die Belegung eines einzigen Einstellorganes nicht schlimm, wenn dadurch nicht zugleich ein großer Apparat in dem Amt in Tätigkeit gesetzt werden müßte. Alle einmaligen Organe, die Rufstromquelle, die Wechseltromquelle, die Signalquelle, die Abschaltestromkreise, der Zeitschalter, die optischen Signale für den Belegungszustand der Wähler, all das wird beim Eintreten eines Belegungszustandes in Tätigkeit gesetzt und ergibt im Dauerzustand einen Strombedarf von etwa 1 Ampere. Bei gleichzeitigem Stehen zweier Gespräche werden demgegenüber nur 1,1 Ampere benötigt, bei 3 Gesprächen 1,2 Ampere, Werte, die für kleine Verbundämter gelten. Man sieht also, daß der Arbeitszustand eines Organes im Amt einen hohen Schwellenwert des Strombedarfs erzeugt. Darum ist man ja auch bestrebt, die einmaligen Schaltorgane des Amtes nur für die Dauer einer Belegung in Tätigkeit treten zu lassen. Wenn ein Wähler zwar belegt, aber nicht angehoben wird, so haben wir in bedienten Ämtern das Signal „Teilnehmer wählt nicht". In unbedienten Zentralen muß eine radikalere Abhilfe geschaffen werden. Man schaltet in dem Einstellwähler durch das Kriterium der Belegung in der Ruhestellung des Wählers einen Thermokontakt

ein, der nach 15—20 Sekunden automatisch den Wähler freigibt. Es wird im II. Vorwähler eine Umsteuerung erzeugt, welche den Einstellwähler freigibt und ein hochohmiges Überwachungsrelais an die im Aushängezustand befindliche Leitung anschließt. In dieser betreffenden Schaltung werden sodann die einmaligen Schaltorgane des Amtes stillgelegt, so daß der hohe Strombedarf auf einen geringen Bruchteil eingeschränkt wird. Lediglich das Besetztzeichen bleibt an der Leitung liegen, bis der Teilnehmer einhängt und wieder aushängt. Die Anordnung des Schutzrelais S im II. Vorwähler ist in der beigefügten Abb. Anh. 68 wiedergegeben. In all den Störungsfällen wird vom Speisungsübertrager her Erde an den d-Ast gelegt, dadurch ein S-Relais erregt, welches den Prüfstromkreis lokal umschaltet und sich über die Teilnehmerschleife hält. Die beiden Linienwicklungen des S-Relais müssen so ausgeführt sein, daß sich jede Störungsursache halten kann, welche ein Anlassen erzeugt hat. So muß S beispielsweise auch verzögert sein, damit, wenn der Teilnehmer wählt, nicht nach Unterdrückung einiger Impulse plötzlich die Freigabe erfolgt.

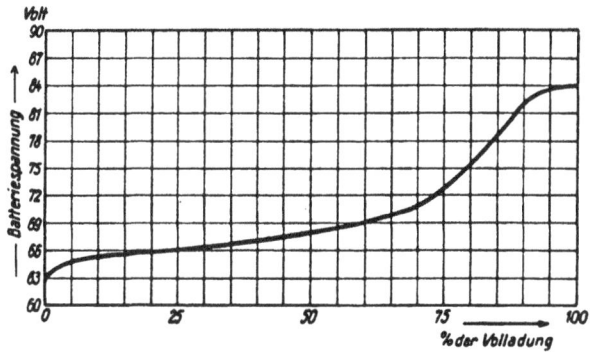

Abb. 69. Spannungskurve bei Ladung einer 60-Voltbatterie.

Die wichtigste Sorge des unbedienten Sa-Amtes ist die Bereitstellung einer zuverlässigen, selbsttätig wirkenden Stromlieferungsanlage. Die Automatikfirmen fordern bei einer Normalbetriebsspannung von etwa 60 Volt die Einhaltung der Spannungsgrenzen 64—56 Volt. Außerhalb dieser Spannungsgrenzen wird ein sicheres Arbeiten der Schaltorgane zwar angestrebt, aber nicht gewährleistet. Eine im Ladezustand befindliche Batteriezelle liefert bekanntlich Spannungswerte von 1,7—2,7 Volt. Bei Verwendung von 31 Zellen gibt es Spannungsschwankungen von 52,7—81 Volt, in den ersten Augenblicken, wo die vollgeladene Batterie an das Amt geschaltet wird, sogar bis zu 84 Volt. Die Einhaltung der geforderten Spannungsgrenzen gelingt also nur bei reinem Batteriebetrieb. Die Ladekurve einer Batterie hat nun die folgende Form[1]) (Abb. 69).

Zu Beginn der Ladung ist die Spannung der einzelnen Zelle etwa 2,1 Volt, dann erfolgt ein langsames Ansteigen bis auf 75% Volladung,

---

[1]) F.M.T. 1926, Heft 7. Hebel: „Stromlieferungsanlagen unbedienter Sa-Anlagen".

wo die Spannung dann rasch anzusteigen beginnt. Bei Entladung ist die Spannung der Zelle ungefähr 1,9 Volt und sinkt bei völliger Entladung auf 1,7 Volt. Wenn daher die Batterie bei einer Pufferschaltung vom Lade- in den Entladezustand übergeht, wie dies ja nach der Amtsbelastung in Bruchteilen von Sekunden erfolgen kann, so springt die Spannung fast zeitlos, entsprechend dem Ladezustand der Batterie, von dem zugehörigen Punkt der Ladekurve zu dem entsprechenden Punkt der Entladekurve. Da die Pufferung auf einen bestimmten Schwellenwert starr eingestellt werden muß, kann dieser Wechsel bei Ladeeinrichtungen mit hohem inneren Widerstand zum B. bei Fernladung geradezu impulsweise erfolgen und es ist ohne weiteres klar, daß dadurch stehende Gespräche sowohl als auch Einstellvorgänge aufs schwerste beeinflußt werden. Schon allein dieser Gesichtspunkt legt die Verwendung eines reinen Batteriebetriebes nahe.

Der schlimmste Gegner einer sicheren Stromversorgung ist die Unsicherheit der Starkstromnetze. Gerade in den äußeren Ausläufern der Landbezirke, also in dem Gebiet der V2-Ämter, die verkehrstechnisch am schwersten zu erreichen sind, wo Dienstreisen am schwersten ins Gewicht fallen, sind auch die Starkstromnetze am unzuverlässigsten. Wenn man sich auf den Standpunkt stellt, daß ein Verbundamt unter keinen Umständen stillstehen soll, daß es namentlich bei Gewittern und sonstigen

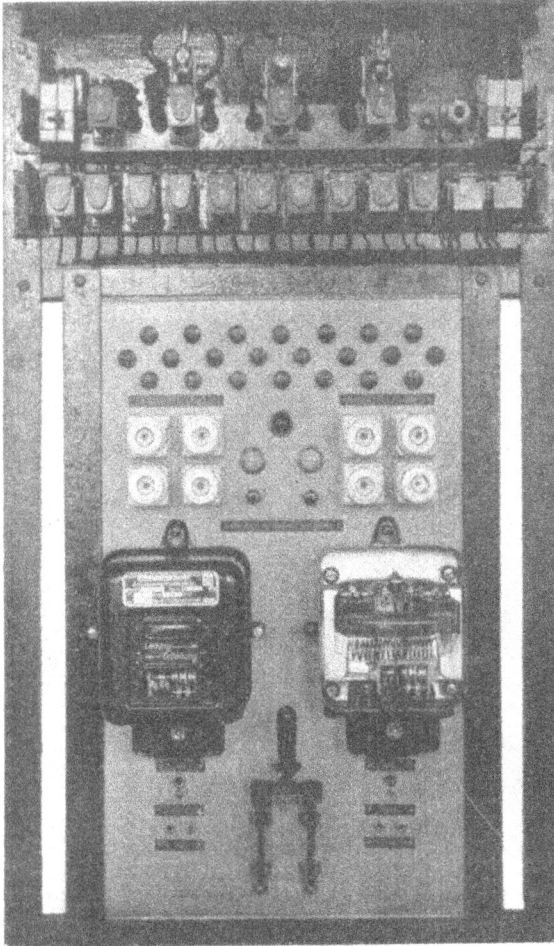

Abb. 70. Selbsttätige Ladetafel für reinen Batteriebetrieb mit Steuerung durch Amperestundenzähler.

Wetterschäden für den dringend notwendigen Unfallmeldedienst verwendbar bleiben soll, dann kann man nur im Amte eine Reserve schaffen, welche es gestattet, auch 1- bis 2 tägige Betriebsunterbrechungen im Starkstromnetz zu überbrücken. Die Augenblicke, wo durch Blitzschläge, Schneestürme und dergleichen die Stärkstromleitungen unterbrochen werden, fallen unglücklicherweise zumeist zusammen mit streckenweisen Niederbrüchen der Fernsprechleitungen, die wiederum eine erhöhte Inanspruchnahme der Batterien zur Folge haben. Daß Wechselstromüberlandnetze in der Woche zwei- bis dreimal ausfallen, kann für die Gewitterperiode und für den Winter als Regel aufgestellt werden. Dabei werden allmonatlich erfahrungsgemäß Unterbrechungen von Tagesdauer und mehr in Frage zu ziehen sein. Noch schlimmer ist es, wenn man auf eine kleine örtliche Stromlieferungsanlage angewiesen ist. Hier kann vielfach nicht einmal die Erdung eines bestimmten Astes auf die Dauer garantiert werden, so daß die Batterien erdfrei geladen werden müssen.

Das Ergebnis dieser Erfahrungen in Bayern hat zur Entwicklung einer Stromlieferungsanlage geführt, welche grundsätzlich auf der Verwendung zweier Batterien aufgebaut ist[1]). Mit reinem Batteriebetrieb wird das Amt aus der jeweils vollgeladenen Batterie betrieben, inzwischen die zweite Batterie geladen. Beim Anfangsausbau des Amtes wird die einzelne Batterie so bemessen, daß sie bei erhöhter Stromentnahme im Störungsfall für zwei Tage ausreichend ist. Die gebotene Stromreserve schwankt also zwischen 2 und 4 Tagen und erreicht ihr Minimum in dem Augenblick, wo eine Batterie völlig entladen aus dem Betrieb genommen und die zweite angeschaltet wird.

Abb. 71. Stromlieferungsanlage für unbediente Verbundämter mit selbsttätiger Ladeschalttafel.

Damit können die normal zu erwartenden Netzstörungen überwunden werden. Für außergewöhnlich langdauernde Störungen wird dann ein fahrbarer, durch Benzinmotor angetriebener Elektrodynamo auf einem Automobil bereitgestellt und übernimmt die Ladung. Das Lade- und Ent-

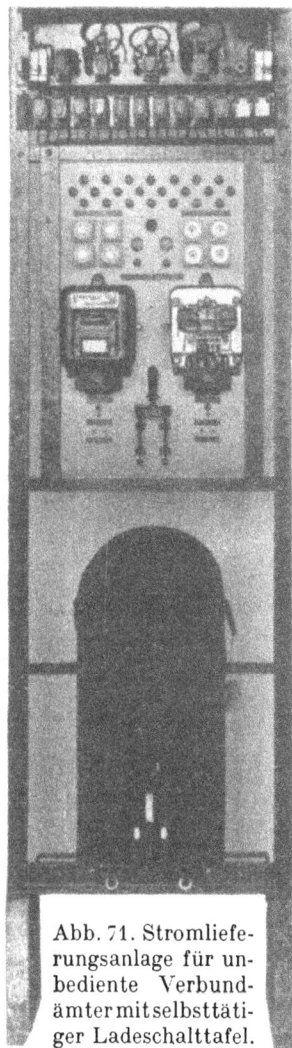

---

[1]) Vgl. Fernmeldetechnik Jahrg. 27, Heft 5. M. Hebel, München: „Stromlieferungsanlagen unbedienter Sa-Ämter".

ladespiel der beiden Batterien muß automatisch durch ein bestimmtes Kriterium gesteuert werden. Die Zeit und die Spannung eignen sich erfahrungsgemäß hierfür nicht besonders. Am zweckmäßigsten wurde ein Amperestundenzähler mit Kontaktgabeeinrichtung befunden. Es ist für diesen Zweck eine Ladeschalttafel entwickelt worden, welche im Stromkreis jeder Batterie einen Amperestundenzähler vorsieht, der beim Laden vorwärts, beim Entladen rückwärts läuft. Der Wirkungsgrad der Batterie wird durch einen Nebenschlußwiderstand zum Zähler während des Ladevorganges berücksichtigt. Beim Laden läuft der Zähler vorwärts, bis er einen Ladekontakt schließt. Dann wird die Ladung begrenzt, die Batterie steht in Reserve, bis die II. Batterie entladen die Anschaltung der vollgeladenen Batterie anfordert. Der Zähler der geladenen Batterie ist dann rückwärts zum Entladekontakt gelaufen und durch diesen wird die Umschaltung bewirkt (Abb. 70, 71, 72.)

Wir verfolgen das Schaltbild in dem Augenblick, wo die entladene Batterie die Auswechslung anfordert. Der am Zähler angebrachte Kontakt z_{e_2} erregt dann das Y-Relais, dieses das K-Relais, welches in den Amtsstromkreis einen

Abb. 72. Lade- und Entladekontakt, eingebaut in das Zählwerk eines Aronzählers.

niederohmigen Widerstand einschaltet, dann wird das E1-Relais unter Strom gesetzt und schaltet mit seinem Quecksilberkontakt die Batterie I an das Amt. Beide Batterien haben zunächst verschiedene Spannung, welche sich über den Ausgleichswiderstand in Form eines Stromstoßes ausgleichen. Die Spannung der neuen Batterie sinkt sofort auf den für das Amt zulässigen Wert herab, ohne daß im Amt selbst eine irgendwie wahrnehmbare Spannungsschwankung erzeugt wird. Inzwischen hat das E1-Relais E2 unterbrochen und zum Abfallen gebracht. Dadurch wird die zweite Batterie vom Entladekontakt auf den Ladekontakt umgelegt und nun fällt auch das Y-Relais und das K-Relais

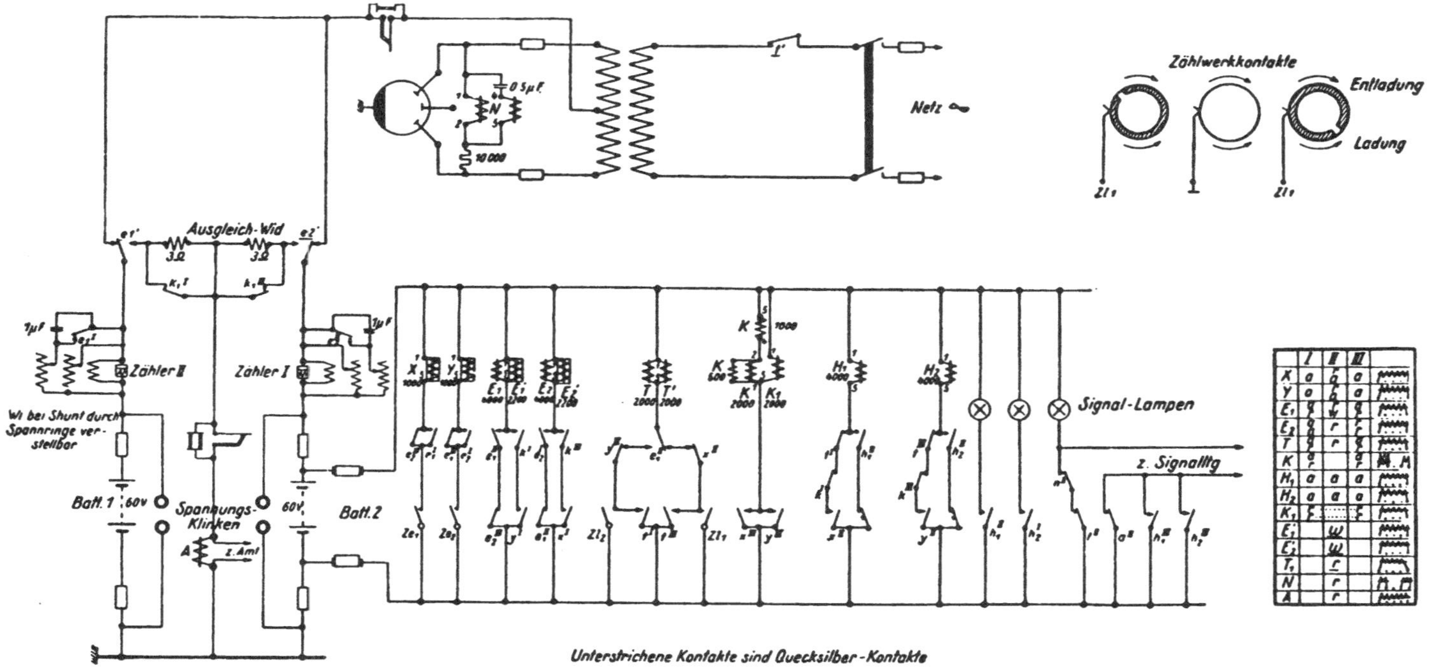

Abb. 73. Schaltbild einer selbsttätigen Ladeschalttafel zum Anschluß an ein Wechselstromnetz.

wieder ab; der Ausgleichswiderstand wird aus dem Amtsstromkreis herausgenommen. Das T- und T'-Relais ist ebenfalls zum Abfall gebracht worden und bringt den Gleichrichter zum Anlaufen. Die Batterie II wird also sofort auf Ladung geschaltet, bis der Ladekontakt derselben z_{l_4} durch erneutes Erregen des T-Relais diese Ladung begrenzt. Die Schalttafel erlaubt es auch, Sperrzeiten einzuhalten, wenn man nämlich in Reihe mit dem t'-Ruhekontakt den Ruhekontakt eines Sperrzählers legt. Die Schaltung kann für Gleich- und Wechselstrom verwendet werden. Bei Gleichstromnetzen mit unsicherer Erdung ergibt sich, wie erwähnt, unter Umständen die Notwendigkeit, die Batterie doppelpolig umzuschalten. Mit den Quecksilberkontakten, die auf gewöhnliche V Sa-Relais aufgebaut werden, kann man Leistungen bis zu 50 Ampere schalten. Die Schalttafel liefert für den Fall, daß eine Batterie sich rascher erschöpft als die andere geladen ist, ein prophylaktisches Signal über die Verbindungsleitung zum nächsten bedienten Amt. Die Ladung erfolgt in Gleichstromnetzen über Vorschaltewiderstände, bei Wechselstromnetzen durch Argonalgleichrichter[1]). Letztere haben den Vorzug, daß sie ohne mechanische Bewegung rein elektrisch zu zünden vermögen, also nach kurzzeitigem Ausbleiben des Starkstromnetzes selbsttätig wieder anspringen. Sie müssen auch imstande sein, starke Spannungsschwankungen in der Größenordnung von 30% nach oben und unten um den Nennwert zu ertragen.

Die Verwendung umlaufender Maschinen in unbedienten Zentralen kann nach den gemachten Erfahrungen nicht empfohlen werden. Man ist in Bayern bemüht, in unbedienten Zentralen für keinen Zweck eine umlaufende Maschine zu verwenden. Die Gefahr des Heißlaufens, der unkontrollierbare Kohlenverschleiß, Feuchtigkeitseinflüsse, Einflüsse von Spannungsschwankungen haben es empfehlenswert erscheinen lassen, von umlaufenden Maschinen abzusehen.

Einen weiteren Feind der unbedienten Anlagen bilden die Feuchtigkeitsstörungen. Es ist vielfach unmöglich, ohne große finanzielle Opfer für unbediente Sa-Zentralen eine Heizung zu schaffen. Es könnte nur elektrische Heizung in Frage kommen, die von den Netzen vielfach wegen zu hoher Belastung nicht gestattet wird, im übrigen aber zu teuer kommt. Hier ist zu erwähnen, daß der gesamte Stromverbrauch des Amtes schließlich der Umsetzung in Wärme dient. Die sämtlichen Schaltmagnete und Relaiswicklungen sind kleine elektrische Heizkörper und im Betrieb wird ein leicht erwärmter Luftstrom an den beiden Gestellflächen aufsteigen und die Gestellteile über der Raumtemperatur halten. Daß man bemüht ist, die Sa-Zentrale vor schroffen Temperaturstürzen zu schützen, wurde bereits erwähnt. Besonders gefährlich sind Temperaturstürze nur dann, wenn die Luft des Wählerraumes einen

---

[1]) Die Argonalgleichrichter werden von den Deutschen Telephonwerken, Berlin, geliefert.

hohen Feuchtigkeitsgrad besitzt, der der Sättigung nahekommt. Die Luft vermag bekanntlich bei jeder Temperatur eine ganz bestimmte Menge Feuchtigkeit aufzunehmen, im Maximum bis zum Sättigungszustand, den man gewöhnlich mit 100% Feuchtigkeit bezeichnet. Zwischen absoluter Trockenheit und dem Sättigungspunkt schwankt der Feuchtigkeitsgehalt in Prozenten und hält sich in normalen Räumen in der Gegend von etwa 50%. In ländlichen Gegenden, Gebirgsgegenden, besonders in nebelreichen Gegenden, im Herbst und im Frühjahr, sowie nach längeren Regenperioden steigt der Feuchtigkeitsgehalt auf 80% und mehr. Wenn der Sättigungsgrad der Luft überschritten wird, so geht die Feuchtigkeit wiederum in den flüssigen Zustand über und wird in Form von Tau an den von der Luft bestrichenen festen Punkten ausgeschieden. Die Sättigung ist nun sehr stark abhängig von der Temperatur der Luft. Ist beispielsweise bei 40 Grad Raumtemperatur die Luft zu 80% gesättigt, so kann bei einem Temperaturrückgang auf 0 Grad schon eine Übersättigung eintreten und ein Ausfällen der Feuchtigkeit erfolgen. Bei Temperaturrückgang wird also diese Feuchtigkeit in erster Linie dort abgesetzt, wo die Luft sich am stärksten abkühlt, an den Fensterscheiben, den Außenwänden und an Metallteilen, die mit den Außenwänden in guter wärmeleitender Verbindung stehen. Bekanntlich ist Kupfer ein sehr guter Wärmeleiter und so können von außen kommende Leitungen von Feuchtigkeitsniederschlägen bevorzugt werden und es entsteht in den Kabeln, Drahtbündeln, Verteiler- und Einführungsschränken ein Schwitzwasser, welches die Isolation schädigt. In Kabelbündeln können dadurch ungewollte Stromübergänge, Überhörerscheinungen, auch Stichflammen erzeugt werden. Für die Praxis ergibt sich daher die Folgerung, jedes Anlegen von Metallteilen an Außenwände zu vermeiden. Die Leitungsn sollen möglichst als Kabel an eine Innenwand geführt werden. Verteiler- und Wählergestelle sowie die Schalttafel werden möglichst freistehend in den Raum, niemals an eine Außenmauer gestellt. Daneben muß man versuchen, künstlich den Feuchtigkeitsgehalt möglichst tief zu legen, in die Gegend von 30—40%, so daß auch bei Temperaturrückgang kein Ausfällen erfolgt. Man hat in letzter Zeit für Wohnungsneubauten Exsikkatoren entwickelt, welche mit künstlich erzeugter Ventilation die Luft durch eine Chlorkalziummasse treiben, wobei sich die Feuchtigkeit in dem stark hygroskopischen Chlorkalzium bindet. Man kann aus einem normalen Zimmer mit einem Exsikkator in einem Tage einige Liter Wasser herausbefördern. Freilich ist gutes Abdichten des Raumes auch gegen Diffusion erforderlich, wenn man nicht die Außenluft austrocknen will. Nun soll in unbedienten Anlagen kein Ventilator laufen und ein Apparat, der in zwei Tagen die ganze Chlorkalziummasse verbraucht und dann leerläuft, ist bei 14tägigem Besuch des Amtes unsinnig. Ein Apparat soll langsam und stetig arbeiten. Man kann nun das Chlorkalzium in Rinnen aufstellen und die normale Luftzirkulation des Raumes benützen, oder man kann besser durch Einbau der Ladewiderstände über den Chlorkalziumrinnen künstlich für Wärmeventilation sorgen. Diese Chlorkalziumrinnen werden dann unter den Füßen der Wählergestelle aufgehängt und bewirken, daß dauernd eine vorgewärmte trockene Luftwand längs der Gestelle aufsteigt (Abb. 74).

Der schwierigste Feind unbedienter Zentralen ist aber der Einfluß der Leitungsstörungen. Er ist deshalb so außerordentlich schwierig, weil er unberechenbar über jede einzelne Teilnehmerleitung und Verbindungsleitung kommen kann und, weil er in unberechenbar vielfältigen Formen auftreten kann. Die Möglichkeiten, die wir zu erwarten haben, sind folgende: Ungewollter Schleifenschluß durch Berühren von a- und b-Ast über alle möglichen Widerstandsstufen dauernd oder periodisch durch im Sturm schwankende Baumäste. Vielfach wird die geschlossene Schleife durch Niederfallen auf die Erde kurzzeitig

Abb. 74. Stationärer Exsikkator für ungeheizte, unbediente Verbundämter.

oder dauernd über Widerstände geerdet. Aber auch die verschiedenen Leitungen kommen unter sich in Berührung. Es können a- mit a-Ast, b- mit b-Ast und a-Ast einer Leitung mit b-Ast einer anderen Leitung in Berührung kommen. Gerade der letztere Fall ist sehr häufig, weil die Leitungen wie die Diagonalen eines Quadrates angeordnet werden. Und diese letztere Form der Leitungsstörung ist die gefährlichste und erregt die größte Unruhe in dem Amt. Wir müssen der Reihe nach die Wirkungen auf die Schaltorgane des Amtes studieren. Schleifenschluß ohne Erdung ist das Aushängekriterium, Schleifenschluß mit Erdung das Kriterium der Ferntrennung. Erdung auf a- oder b-Ast allein wirkt je nach der Ausführung des Teilnehmeranschlußorganes verschieden auf den Vorwähler oder Anrufsucher. Grundsätzlich bildet man das Teilnehmeranschlußorgan so aus, daß an der a-Leitung Batterie über Widerstand liegt, während an der b-Leitung die aktive Wicklung geerdet liegt. In diesem Fall wird weder durch Erdung des a-Astes noch des b-Astes ein Anlassen des Anruforganes im Amt bewirkt. Selbst gleichzeitige Erdung und Schleifenschluß mit dem Kriterium der Ferntrennung bewirkt kein Anlassen, wenn der Erdwiderstand geringfügig ist. Bei hohem Erdwiderstand wirkt der Vorgang als reiner Schleifen-

schluß, mithin als Belegung im Amt. Wir haben beim Studium der
Einflüsse des Teilnehmers schon die Abschaltung einer Belegung ohne
darauffolgende Wahl durch das S-Relais des II. Vorwählers und durch
Thermokontakt im Einstellwähler behandelt. Diese gleiche Einrichtung
beseitigt auch im Falle des Schleifenschlusses durch Leitungsstörung die
Amtsbelegung und beschränkt sie unter Stillegung der einmaligen
Schaltorgane auf einen kleinen Haltestromkreis über die Störungsstelle.

Aber noch weit bedenklicher als der Schleifenschluß und die Regel-
belegung ist im Schleifensystem das sogenannte Pumpen der Wähler;
das Anlassen des Anruforganes erfolgt durch Schleifenschluß oder durch
Anlegung von Spannung an die b-Leitung. Wenn nun nach Anlassen
des Anrufsuchers und des II. Vorwählers die Durchschaltung auf den
Einstellwähler erfolgt ist, ohne daß ein Schleifenschluß besteht, so daß
also beispielsweise nur Spannung an der b-Leitung liegt, so kann das
A-Relais des betreffenden Wählers nicht zum Ansprechen kommen und
es ist sofort nach der Belegung das Schaltkriterium eines Impulses, nämlich C-Relais erregt, A-Relais abgefallen gegeben und der Wähler wird
blind angehoben. Mit dem Anheben wird dann der Belegstromkreis umgeschaltet und das aberregte A-Relais veranlaßt sofort die Auslösung.
Es folgen also in Bruchteilen einer Sekunde Belegung, Anheben und
Auslösung aufeinander, der Anrufsucher wird ebenfalls in die Ruhelage zurückgeführt, ein zweiter sucht den Teilnehmer und dasselbe
Spiel beginnt an der nächsten Wählerkette und so fort. Es ergibt sich
ein hastiges Belegen und Auslösen aller Wähler im Amt bis zum ersten
Einstellwähler, das ähnlich sich anhört, wie das Spiel der Ventile an
einem Benzinmotor. Man nennt den Vorgang, der, wenn er länger andauert, einen raschen Verschleiß der Wähler im Amt erzeugen kann
und der außerdem einen riesig hohen Strombedarf verursacht, „das
Pumpen". Diese Erscheinung ist für die unbedienten Zentralen äußerst
gefährlich und nachteilig und bringt hinsichtlich der Unterbringung
dieser Zentralen in Privathäusern die Automatik in Schwierigkeiten.
Man kann sich denken, daß diese Erscheinung durch mehrere Zimmer
hindurch hörbar ist. Im Mitlaufwerksystem hat diese Pumperscheinung
sich nicht immer lokal abgespielt, sondern auch Leitungen belegt und ausgelöst. Je nach der Zahl der zur Verfügung stehenden Schaltorgane
kann dabei eine zu starke Erhitzung der Schutzsicherungen der Wähler
in Frage kommen, so daß diese auslösen und einzelne Wähler außer
Betrieb setzen. Ist erst eine Sicherung ausgelöst, so werden die übrigen
Wähler noch rascher in Anspruch genommen und es folgt auf das
Außerbetriebsetzen eines Wählers dann rasch die Stillegung des ganzen
Amtes. Eine einzige Teilnehmerstörung, die dieses Kriterium erzeugt,
hätte also Störungen in riesigem Umfange zur Folge. Im offenen Kenn-
ziffersystem bleibt die Störung auf den örtlichen Kreis beschränkt.
Natürlich dürfen auch hier die ersten Einstellwähler nicht außer Be-

13*

trieb fallen, sonst wäre auch der abgehende Verkehr lahmgelegt. Glücklicherweise gibt es eine zuverlässige Schutzeinrichtung gegen diese Pumperscheinung, das bereits erwähnte S-Relais im II. Vorwähler, welches auch hier wieder rechtzeitig erregt werden muß und sich dann über das Anlaßkriterium bindet. Wenn also, wie erwähnt, das Anruforgan des Teilnehmers Spannung über Widerstand an die a-Leitung legt, Erde über aktive Wicklung an die b-Leitung, so muß das S-Relais des II. Vorwählers, im geeigneten Augenblick vom Einstellwähler lokal erregt, sich in der gleichen Weise mit einer aktiven geerdeten Wicklung an der b-Leitung über die Anlaßursache binden können. Wenn dann das S-Relais noch empfindlicher ausgebildet wird als das Anlaßrelais, so tritt nach dem ersten vergeblichen Belegen ein Fangen über das S-Relais ein und die Störung ist örtlich eingegrenzt. Solange die Anlaßspannung am b-Ast liegen bleibt, bleibt auch das S-Relais über diese Spannung erregt und verhindert das Auslösen des Anrufsuchers und ein neues Anlaufen. Im Speisungsübertrager muß andrerseits jede Störung zur Erregung des S-Relais führen, allenfalls muß bei jeder Auslösung S kurz erregt werden und auf Störung prüfen. Im übrigen kann die Wirkung der Schutzeinrichtung aus folgender Tafel ersehen werden (Abb. Anh. 75).

Damit sind alle Störungen der Teilnehmerleitungen im Amt abgefangen und erst in ganz außergewöhnlichen katastrophalen Fällen genügt dieser Leitungsschutz nicht mehr, das wäre z. B., wenn mehr Leitungen gestört sind, als Anrufsucher und S-Relais vorhanden sind.

Ein zweiter Fall wäre der, wenn der Schleifenschluß bzw. die Anlegung von Spannung an den b-Ast durch einen Baum unter dem Einfluß eines Sturmes sehr rasch periodisch vorgenommen werden würde. Hier würde das S-Relais zwar wirken, aber bei jeweiliger Unterbrechung wieder abfallen und der Vorgang sich wiederholen; aber nun ist die Geschwindigkeit schon nicht mehr so groß, daß die Gefahr eines Ansprechens der Zeitsicherung gegeben wäre. Einen Schutz hingegen gibt es nicht, und die allenfallsigen Geräusche müssen in Kauf genommen werden. Dabei kann man allerdings ein Signal in die nächstbediente Zentrale leiten, welches die auffälligen Belegungen dort kennzeichnet, besonders in der Nachtzeit, und den baldigen Eingriff des Werkmeisters sicherstellt.

Eine zunächst noch schwierigere Aufgabe ist der Schutz der Verbindungsleitungen gegen äußere Einflüsse. Hier muß zunächst dafür gesorgt werden, daß im Amt keine Wicklungen über Erdschluß auf einer der Verbindungsleitungen erhitzt werden, daß keine Hub- oder Drehmagneten unter Strom bleiben und daß ein Teilnehmer mit seiner Verbindung nicht auf eine Leitung gelangen kann, welche infolge Störung nicht zu gebrauchen ist. Der sicherste Schutz ist der Übergang zu einer induktiven Impulsgabe, z. B. zur Wechselstromwählung, wobei die Verbindungsleitungen beiderseits vor dem Eintritt in die Ämter durch

Translatoren elektrisch abgeriegelt werden. Irgendwelche Potentiale, die dann auf der Sekundärseite, der Außenleitungsseite, auftreten, werden dann abgefangen. Eine einseitige Erdung bedeutet für den Betrieb zunächst keine Unterbrechung, da die Impulse ja mit ungeerdetem Wechselstrom über Schleife gegeben werden. Eine rückwärtige Sperrung braucht also in diesem Falle noch nicht Platz zu greifen.

Bei unabgeriegeltem Betrieb liegen in der Regel Kabel als Verbindungsleitungen vor, so daß Störbeeinflussungen kaum zu erwarten sind. Wenn man sich aber die Aufgabe stellt, mit Gleichstromwählbetrieb Verbindungsleitungen gegen Erdschluß, Anlegung von Spannung und dergleichen zu schützen, so muß dies durch eine sorgfältig ausgebildete rückwärtige Sperrung und Auslöseüberwachung erfolgen. Wenn beispielsweise der abgehende Übertrager eine Verbindung ausgelöst hat, so soll er über ein an Erde liegendes Relais mit einem Sperrelais S prüfen und die Leitung so lange unzugänglich machen, als die Erde anliegt. Wenn dagegen die Erde von der Leitung weggenommen wird, und dies geschieht eben durch die Wirkung des Auslösevorgangs, so gibt das Sperrelais abfallend den Zugang zu der betreffenden Leitung wieder frei. Wenn nun auf dieser Leitung ein ungewollter Erdschluß erfolgt, so kommt selbsttätig das Sperrelais wieder zum Ansprechen und macht die Leitung wieder unzugänglich.

Ein großes Kapitel in den Betriebsstörungen unbedienter Zentralen ist die Frage der Signalgabe und der Signalerzeugung. Bei aller Vollkommenheit der Automatik bedürfen gewisse Dinge des Eingriffes der Menschenhand und die Schaltmittel der Automatik sind eben noch ausreichend, den Bedarfsfall zu signalisieren. In der bedienten Zentrale wird akustisch signalisiert und die Störung optisch lokalisiert. Wenn nun die Zentrale unbedient ist, so können derartige Signale zwar erzeugt, aber nicht berücksichtigt werden und es drängt sich sofort der Gedanke auf, diese Signale über die Leitungen in das nächste bediente Amt zu geben. Man wird also die Schalteinrichtungen, speziell die an den Leitungen gelegenen Übertrager so ausführen, daß ein Kriterium überbleibt, um, ohne die Abwicklung von Gesprächen zu behindern, ein Signal pro Leitung in das bediente Amt zu übertragen. Dabei kann eine gewisse Einschränkung in der Zahl der Signale vorgenommen werden. Da der alarmierte Werkmeister nicht am Ort ist, kann er auch keinen Eingriff machen. Beim Übertragen des Signals interessiert ihn nur die Frage: „Muß ich sofort eingreifen oder nur gelegentlich?" Also brauchen wir auch nur zwei Signale, auf einer Leitung ein dringendes oder Sofortsignal, auf einer zweiten ein nicht dringendes Signal und im Amt können die Signale auf die beiden Leitungen verteilt werden. Erst wenn der gerufene Werkmeister dann die Zentrale betritt, soll er durch Betätigung eines Schalters sehen können, wozu er alarmiert worden ist. Man wird die Signallampen gewöhnlich löschen und durch Betätigen eines Schalters zur Wirksamkeit bringen, so daß der Werkmeister dann sieht, es ist eine Einzelsicherung durchgegangen (rote Lampe), es ist eine Gruppensicherung durchgegangen (blaue Lampe), ein Wähler hat durchgedreht (grüne Lampe), eine Teilnehmerleitung hat Erdschluß bekommen (mattweiße Lampe), ein Leitungswähler zeigt fehlenden Ruf an (gelbweiße Lampe), ein Wähler hat sich gesteckt (grüne Lampe), eine Batterie hat sich erschöpft und die Schalttafel ist außer Tritt gefallen (Alarmlampe auf der Schalttafel).

Die beiden Signale, das dringende wie das nichtdringende Signal, werden auf die von dem Verbundamt abgehenden Verbindungsleitungen gelegt und zwar im Ruhezustand des an der Leitung liegenden Übertragers. Wenn ein Gespräch auf der Leitung aufläuft, so unterbricht es auf die Dauer des Gespräches das Signal und das Gespräch findet seinen Weg. Nach Beendigung des Gespräches tritt das Signal selbsttätig wieder in Wirkung. Bei gleichstrombetriebenen Verbindungsleitungen wird das Signal über den b-Ast übertragen, bei Wechselstromwahl liegt es in Form von Dauerwechselstrom auf der Leitung.

In der Automatik sind auch eine Reihe von Signalen verwendet, die zur Verkehrsbeobachtung besonders wertvoll sind, d. i. beispielsweise der fehlende Ruf. Die Leitungswähler sind so geschaltet, daß bei Einstellung auf eine unterbrochene Teilnehmerleitung, wenn also der Rufstrom nicht fließen kann, der Leitungswähler nach Einhängen des Rufenden, nachdem er Freizeichen geliefert hat, eingestellt bleibt und den Alarm „fehlender Ruf" im Amt erzeugt. Da ein unterbrochener Teilnehmer keine Möglichkeit mehr besitzt, sich durch Betätigung seines Anruforgans im Amt bemerkbar zu machen, ist dies eine sehr wertvolle Überwachungseinrichtung, welche automatisch Leitungsstörungen und zwar speziell Leitungsunterbrechungen signalisieren hilft. In der unbedienten Zentrale, wo der Werkmeister nur stundenweise anwesend sein kann und sich mit längeren Untersuchungen nicht befassen kann, ist diese Aufgabe doppelt wichtig. Es wird gewissermaßen dem Werkmeister beim Betreten des Raumes schon entgegengehalten, was an Störungen vorliegt. Man wird den fehlenden Ruf also auch in der unbedienten Zentrale beibehalten und ein nicht dringendes Signal über die Leitung geben. So wichtig aber auch die Feststellung ist, so unerwünscht kann es sein, daß Leitungswähler in großer Zahl auf gestörte Leitungen eingeschaltet bleiben und so dem Verkehr entzogen werden. Man wird daher in den Haltestromkreis eine Abschaltungseinrichtung legen, welche bei Mangel an Wählern die gebundenen Leitungswähler dem Verkehr zurückgibt. Die Einstellung geht dabei freilich zunächst verloren. Wenn aber auch nicht dringende Signale fleißig beachtet werden, wird in der Regel die Einstellung erhalten bleiben.

Sehr wichtig ist auch gelegentlich die Feststellung von Durchdrehern, um zu knappe Bemessung von Schaltorganen in einem bestimmten Verkehrsweg feststellen zu können. Auch hier hat man das Hilfsmittel ergriffen, den Wähler in der Durchdrehstellung festzuhalten und einen Alarm zu bringen. Dieses in der unbedienten Zentrale beizubehalten, erscheint zu weitgehend. Man wird vielmehr in die gefährdeten Straßen Zähler einschalten, die Durchdreher zählen lassen, die Wähler aber dem Verkehr zurückgeben. Wenn die Fernbeamtin oder der Teilnehmer mit seiner Wählung vom Hauptamt bis in die V 2-Ämter vordringt, so kann es unter Umständen vorkommen, daß an irgendeiner Stelle die Leitungen zu wenig werden und der Anruf an einem Durchdreher landet. Die Fernbeamtin würde dann fälschlich auf ihrer Gesprächskarte vermerken: „Der gerufene Teilnehmer meldet sich nicht", und dem rufenden Teilnehmer ein Fünftel Gebühr verrechnen. Darum muß man ihr ein Unterscheidungsmerkmal geben, ob sie bei ihrer Wählung bis zur Teilnehmersprechstelle oder etwa nur bis zum V 1-Amt durchgedrungen ist. Man nennt dieses Zeichen Straßenbesetztzeichen und gibt es am Fernplatz optisch und akustisch; optisch dadurch, daß mitten unter der Wählung die Schlußlampe einspringt, akustisch durch Besetztzeichen mit einem überlagerten Tickergeräusch. Das Straßenbesetztzeichen kann bei besonderen Schwierigkeiten ein Hilfsmittel sein, mit verringerter Leitungszahl zu arbeiten.

Eine besondere Sorgfalt erfordert in der unbedienten Sa-Zentrale die Durchbildung der einmaligen Schaltorgane. Die Signale werden in der Regel durch Relaissummer bzw. Lamellensummer erzeugt, die durch Vorspannen einer Feder auf eine bestimmte Tonhöhe eingestellt werden. Diese Summer liefern einen ähnlichen Ton wie die Signalmaschine und springen außerordentlich schnell an. Sie können also jeweils ausgeschaltet und im Bedarfsfall angelassen werden. Man benötigt einen hohen und einen tiefen Summerton, den hohen für Amts- und Freizeichen, den tiefen für Besetztzeichen. Ein Signalsatz steuert den Rhythmus der Signalgabe. Alle einmaligen Organe des Amtes werden auswechselbar und mit Ersatzorganen vorgesehen, die leicht vertauschbar sind. Der 10-Sekunden-Schalter liefert zugleich das Uhrwerk des Verbundamtes für die Zeit- und Zonenzähler. Den Rufstrom erzeugt ein Relaispolwechsler, der durch entsprechende Abstimmung auf möglichst funkenfreien Lauf eingestellt wird und ungefähr 25 Perioden ergibt. Sinusform hat die Polwechslerkurve nicht, doch kommen bei guten Konstruktionen nur wenige höhere harmonische Schwingungen vor. Ein ähnlicher Polwechsler mit größerer Direktionskraft und geringerer Masse dient zur Erzeugung des Wechselstroms für die Fernwahl bzw. für den Betrieb auf den abgeriegelten Leitungen. Es ist also hier der Grundsatz durchgeführt, im unbedienten Amt keine umlaufende Maschine zu haben. Die Unterbrecher, sowohl Langsam- als auch Raschunterbrecher, sind Relaiswechselunterbrecher in auswechselbaren Relaissätzen und doppelt vorgesehen. Bis jetzt hat es sich nicht als notwendig erwiesen, die Umschaltbarkeit dieser einmaligen Organe und sonstige Schaltmaßnahmen durch Aufruf von Geheimnummern sicherzustellen. Technisch besteht dazu jedenfalls die Möglichkeit.

Nach den Erfahrungen der letzten Monate besteht in Ämtern, in denen alle diese Maßnahmen durchgeführt sind, die Aussicht, mit einem 14tägigen Besuch auszukommen. Der Werkmeister liest zum Monatswechsel die Zähler ab und besucht außerdem die Zentralen in einem gewissen Zyklus gegen Mitte des Monats und sonst, wenn ein Alarm ihn ruft. In den einzelnen Zentralen werden Betriebsbeobachtungsbögen geführt und in diesen alle wesentlichen Vorkommnisse, Störungen, Alarme eingetragen. Die Summe dieser Eintragungen bildet das Material für die Pflege und Weiterentwicklung der unbedienten Zentrale.

Schnellverkehr und Überweisungsnetzgruppe.

In den verkehrstechnisch bedeutsameren Industriegebieten des außerbayerischen Reichspostgebietes hat sich die Begünstigung des nahen Fernverkehrs noch gebieterischer erforderlich gemacht, als in Bayern. Schneller, als man mit der allgemeinen Automatisierung die Fragen der Beschleunigung des nahen Fernverkehrs lösen konnte, ist dort unter dem Drucke des Verkehrs die Entwicklung der Schnellverkehrsnetze vollzogen worden.

Schnellverkehr, oder wartezeitloser naher Fernverkehr, mitunter auch als Sofortverkehr benannt, ist eine Verkehrsform für Nachbarorte mit regen Verkehrsbeziehungen, welche an Stelle des früheren Bezirksverkehrs tritt und welche es dem Teilnehmer ermöglicht, ohne Wartezeit, sofort mit dem gerufenen Teilnehmer zu sprechen, auch wenn derselbe nicht im gleichen Ortsnetz gelegen ist. Die Sa-Netzgruppe bietet Schnellverkehrsmöglichkeiten und setzt die dafür ausreichenden Leitungswege voraus. Andererseits ist die Abwicklung des Schnellverkehrs, weder an die Automatisierung der Ortsnetze, noch des Verbindungsverkehrs gebunden. Schnellverkehr kann rein manuell, halbautomatisch und vollautomatisch abgewickelt werden und, wenn wir als letztere Form die Sa-Netzgruppe bezeichnen, als erstere die Schnellverkehrs- und Überweisungsnetzgruppe, so finden wir alle drei Verkehrsarten verkörpert.

Die Durchführung des Schnellverkehrs ist in erster Linie ein leitungstechnisches Problem, nicht ein vermittlungstechnisches. Die Bewältigung eines gewissen Verkehrswertes setzt eine minimale Leitungszahl voraus, bei wartezeitlosem Verkehr die gleiche Leitungszahl, ob sie nun vollautomatisch, halbautomatisch oder rein manuell benützt werden. Es entstehen also in den Schnellverkehrsgebieten dichtere Leitungsbündel und mit Rücksicht auf die hohen Leitungskosten sind alle jene Fragen der Leitungsführung aufgerollt, die bei Besprechung der Sa-Netzgruppe behandelt wurden. Es entstehen Netzgebilde, auf-

gebaut auf der gesündesten Form der Leitungsführung, auf dem Sterngebilde, welches an Stelle der maschenförmigen Leitungsführung tritt.
Im Verkehrsschwerpunkt liegt ein Schnellverkehrsknotenamt, daran
angeschlossen sind die sog. Seitenämter, die hier allerdings mit unmittelbaren Leitungen an das Knotenamt
herangeführt werden müssen. Die Möglichkeit einer weiteren Verknotung, wie
bei der V2-Ämterbildung ist hier nicht
gegeben. Es stehen sich also folgende
zwei Grundformen des Netzaufbaues
gegenüber (Abb. 76). Die fehlende Möglichkeit, den Verkehr der am Rand
gelegenen Ämter an Hilfsknotenpunkte
zu Bündeln zu vereinigen, ist zweifellos ein gewisser Nachteil. Wo der Verkehr weniger dicht ist und die Einführung des Schnellverkehrs ohne jede
Wartezeit nicht lohnt, da wird auf dem
gleichen Netzgebilde ein Überweisungs-
verkehr eingeführt, nach Automatisierung der Seitenämter ebenfalls ein
halbautomatischer Verkehr, über ein im
Verkehrsschwerpunkt gelegenes Über-
weisungsfernamt.

Diese Form der Verkehrsabwicklung gibt die Möglichkeit nach Bereitstellung der Verbindungsleitungen sofort den Schnellverkehr einzuführen,
noch ehe die Sa-Technik durchgeführt
werden kann und ergibt für manuelle
und Sa-Netze eine verkehrstechnisch
zweckmäßige Zusammenfassung zu Verkehrssammelpunkten. Die Art und Weise
der Verkehrsabwicklung selbst kann
aus der beigefügten Abb. ersehen werden
(Abb. Anh. 77). Dasselbe zeigt zwei
Netzgebilde, je bestehend aus einem

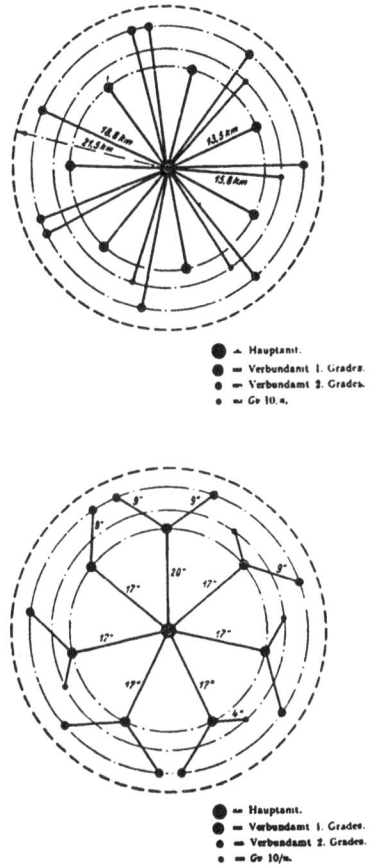

Abb. 76. Grundformen des Netzaufbaues für eine Sa-Netzgruppe
mit Knotenamtsbildung und eine
Überweisungsnetzgruppe.

Knotenamt und vier Seitenämtern und
läßt erkennen, daß die Knotenämter mit Verbindungsleitungen unmittelbar untereinander verbunden sind. An jedem Knotenamt liegen über
einen Schnellverkehrsplatz (KA.-Platz) die Seitenämter über Klinke angeschlossen, Handämter, wie Sa-Ämter.

Wünscht ein Teilnehmer des Seitenamtes A1 eine Verbindung mit
einem Teilnehmer des Seitenamtes D1, so äußert er der Abfragebeamtin

diesen Wunsch. Die Abfragebeamtin setzt sich über Dienstleitung mit einem Seitenamtshilfsplatz (SH-Platz) in Verbindung und die SH-Beamtin führt einen freien Stecker, an dem unmittelbar eine Leitung zum Knotenamt liegt, in die genannte Verbindungsklinke des anrufenden Teilnehmers. Die Abfragebeamtin scheidet aus der Verbindung aus, das Schlußzeichen erhält die SH-Platz-Beamtin und trennt ohne Rückfrage die Verbindung. Am KA.-Platz des Knotenamts wird der Teilnehmer abgefragt und nunmehr über eine zweite Klinke unter Zuhilfenahme eines Zahlengebers im Knotenamt I mit dem Seitenamt DI verbunden. Am Abfrageplatz erfolgt die Gebührenerfassung durch Zettelschreiben und durch gelegentlichen Rückruf wird stichprobenweise festgestellt, ob der rufende Teilnehmer auch die richtige Nummer genannt hat. Die Verbindungsleitungen zu den Seitenämtern sind an den KA-Plätzen vielfach geschaltet und die Beamtin prüft auf Besetztsein der Leitung. Durch Staffelung ist angestrebt, daß nicht allzuviele Leitungen abgeprüft werden müssen. Nach Schlußzeichengabe wird die Verbindung erst am KA-Platz, dann am SH-Platz getrennt[1]).

Will ein Teilnehmer des Seitenamts A1 einen Teilnehmer des gleichfalls handbedienten Seitenamtes C1, so wählt die KA-Beamtin unter den freien Verbindungsleitungen zum SB-Platz des Seitenamtes B1 durch Besetztprüfung an der Klinke eine freie Leitung aus und die B-Beamtin des Seitenamtes kann unmittelbar in ihrem Vielfachfeld den gerufenen Teilnehmer anschalten.

Will ein Teilnehmer des automatisierten Seitenamtes B1 den gleichen Teilnehmer des Seitenamtes C1 rufen, so wählt er je nach der Größe des Amtes, entweder die Ziffer 9 oder 09 und wird so von dem Leitungswähler oder Gruppenwähler selbsttätig auf eine freie Verbindungsleitung zum KA-Platz durchgeschaltet. Von hier aus wird der Aufbau der Verbindung entweder wiederum über Zahlengeber oder über SB-Platz besorgt.

Für den Verkehr von einem Knotenamtsgebiet ins andere kommen jeweils nur die KA-Plätze in Frage, zwischen denen getrennte, abgehende und ankommende Leitungsbündel bestehen. Je nach der Verkehrsgröße kann der Verkehr von der KA-Beamtin des Ausgangsknotenamtes über Wählscheibe oder Zahlengeber unter unmittelbarer Einstellung der Gruppenwähler im Bestimmungsknotenamt, oder endlich von der KA-Beamtin des Ausgangsknotenamtes manuell über die Zahlengeberbeamtin des Bestimmungsknotenamtes abgewickelt werden. Die Leitungen zu den Seitenämtern werden in Schnellverkehrsnetzen durchwegs mit Richtungsverkehr benützt, d. h. es besteht ein abgehendes und ankommendes Leitungsbündel.

Die Erfassung der Gesprächsgebühren erfolgt am KA-Platz durch Zettelschreiben, hier wird auch die Zeitüberwachung vorgenommen.

---

[1]) E.N.T. 27, Heft 6: Weishaupt: „Grundsätzliches über Netzgestaltung im Schnellverkehr".

Die Bemessung der Leitungen erfolgt unter der Annahme von etwa 1% Verlust, findet ein Teilnehmer den gerufenen Anschluß besetzt, so wird er angewiesen, nochmals neu anzurufen.

Gegenüber dem Schnellverkehrssystem bildet das Überweisungssystem bei ähnlicher Betriebsweise ein in den Leitungsnetzen schwächer dimensioniertes System, welches nur bei Freisein der Verbindungsleitungen den Sofortverkehr gestattet, im übrigen aber mit Vormerkungen und Rückruf arbeitet. Zur Überprüfung, ob der gerufene Teilnehmer die Nummer richtig angegeben hat, wird eine besondere Prüfleitung verwendet, welche die Einstellung eines Aufschalteleitungswählers gestattet. Auf diesem Wege überzeugt sich die Beamtin stichprobenweise, ob der rufende Teilnehmer die angegebene Rufnummer besitzt.

Im Vergleich zum Sa-Netzgruppensystem bedeuten die erwähnten Ausführungsformen die örtliche Beschränkung des Sa-Betriebes. Der gesamte Netzgruppenbetrieb kann mit den Mitteln der Ortsautomatik durchgeführt werden, allerdings unter Zuhilfenahme von Einrichtungen, wie sie während des Überleitungsverkehrs halbautomatisierter, halbmanueller Städte benötigt sind. Dem vollautomatischen Ortsverkehr steht ein halbautomatischer Netzgruppenverkehr gegenüber und die Zwischenschaltung der Vermittlungsbeamtin beschränkt die Sa-Vermittlungsvorgänge auf ihren örtlichen Kreis. Das Vermittlungspersonal des manuellen Netzsystems wird an der abgehenden Seite gespart, die Aufgaben der Abfragebeamtin in den Seitenämtern wird im Knotenamt konzentriert und dadurch eine Personaleinsparung erzielt. Die Rufnummern der Orte sind voneinander unabhängig, der Ausbau kann stufenweise vorgenommen werden. Freilich muß neben der Automatisierung der Ortsfernsprechnetze noch ein ziemlich bedeutender Personalaufwand in Frage gezogen werden, dem beim Sa-Netzgruppensystem nur ein ganz geringer Mehraufwand an apparatentechnischen Einrichtungen gegenübersteht. Im Überweisungssystem wird zu den kleinen Seitenämtern meistens doppelt gerichteter Verkehr in Anwendung gebracht. Ist das Amt dagegen für mehr als 100 Teilnehmer gebaut, so wird gewöhnlich Richtungsverkehr eingeführt. Das Überweisungssystem benötigt ungefähr die gleichen Leitungszahlen, wie das Sa-Netzgruppensystem, da ja in der Wählertechnik häufige Belegtanrufe zum Knotenamt bzw. Wartezeiten unmöglich sind und die Unmöglichkeit, Hilfsknotenpunkte zu schaffen, ungünstigere Leitungsausnützung ergibt.

Für die Fragen des Raumbedarfes, der Unterbringung der Leitungsstörungen, der Strombeschaffung gelten die gleichen Gesichtspunkte wie für die Sa-Netzgruppe. Der Strombedarf ist je Verbindung um einige Prozente geringer als im Sa-Betrieb und verhält sich etwa wie 0,03 Amperestunden : 0,04 Amperestunden je Gespräch. Das Überweisungssystem bedient sich im allgemeinen des Pufferbetriebes, da es sich im außerbayerischen Reichspostgebiet auf zuverlässige öffentliche

Starkstromnetze stützen kann. Die Einheiten sind meist größer und so findet sich vielfach eine Bedienungsperson vor, welche von Hand die Ladung und Entladung zu überwachen vermag. Für unbediente Zentralen ist eine automatisch wirkende Stromversorgungsanlage entwickelt worden, welche zur Pufferung ein umlaufendes Umformeraggregat benützt, welches jeweils bei Eintreten eines Gespräches zur Pufferung parallel zur Batterie geschaltet wird. Da die Maschine geringeren inneren Widerstand besitzt, läßt sich die Pufferleistung so einstellen, daß die Maschine den Strombedarf der Zentrale deckt und die Batterie nur für den Fall kurzzeitiger Netzstörung den Amtsbedarf zu decken hat. Infolge des geringen inneren Widerstandes der Maschine läßt sich der sprunghafte Übergang der Batterie vom Laden in den Entladezustand mit seinen schädlichen Rückwirkungen auf das Netz vermeiden. Da die Netze meistens aus Kohlenkraftwerksanlagen gespeist werden, liegt ein Bedürfnis zur Einhaltung von Sperrzeiten wie in Bayern nicht vor [1]). Die Einrichtung selbst gestaltet sich einfach, billig und unter den angegebenen Verhältnissen zuverlässig. Das Bild

Abb. 78. Selbsttätige Stromlieferungsanlage für Pufferbetrieb in unbedienten Seitenämtern.

der Stromlieferung kann aus Abb. 78 ersehen werden. Soweit in größeren Anlagen Pufferung in Frage kommt, werden Zellenschalter und Gegenzellen verwendet, wodurch sich der Ladevorgang komplizierter gestaltet als bei reinem Batteriebetrieb.

Das Schaltbild einer Hunderteranlage nach dem Überweisungssystem ist in dem Abschnitt B1 bei Beschreibung des Hunderter- und Tausendersystems wiedergegeben.

Wie aus diesem Schaltbild zu ersehen ist, sind in den Seitenämtern durchweg reine Ortsleitungswähler vorgesehen, welche eine Bevorzugung des Fernverkehrs vor dem Ortsverkehr nicht gestatten. Wenn ein Teilnehmer im Ort spricht, so ist es unmöglich, eine Schnellverkehrsverbindung oder Fernverbindung abzusetzen. Es ist zu befürchten, daß

---

[1]) F.M.T. 1927, Heft 8, S. 114: M. Langer: Der Einfluß der Betriebsforderungen auf die Wirtschaftlichkeit selbsttätiger Fernsprechsysteme.

dadurch gelegentlich der Abfluß des weiten Fernverkehrs in die Ausläufer der Schnellverkehrsnetze behindert ist. Die Stromkreise sind im übrigen für beiderseitige Schlußzeichenabgabe ausgebildet, und zwar kann in der Sa-Technik in der Regel der gleiche Stromkreis, welcher im vollautomatischen Verkehr die Zählung zu bewirken oder einzuleiten hat, für die Abgabe des Schlußzeichens herangezogen werden.

Wirtschaftsvergleich der beiden Netzgruppensysteme.

Da die Sa-Netzgruppe einerseits, die Schnellverkehrs- und Überweisungsnetzgruppe andererseits Bauprogramm der Deutschen Reichspost ist, so steht im Mittelpunkt die Frage, welches System ergibt die höhere Wirtschaftlichkeit? Sind beide Systeme wirtschaftlich gleichwertig, so wird zweifellos das Sa-System, welches dem Teilnehmer vollautomatischen Verkehr im ganzen Netzgruppengebiet ohne Wartezeit gestattet, als das hochwertigere anzusehen sein. Wenn es außerdem auch wirtschaftlich überlegen ist, so wird es der Endzustand der Fernsprechtechnik auf dem flachen Lande werden, zudem die unter dem Drange des Verkehrs entstandenen halbautomatischen Lösungen hinüberführen, ähnlich wie die Halbautomatik im Ortsverkehr zur Vollautomatik geführt hat. Die Frage des Wirtschaftsvergleiches hat der Vorstand des Telegraphentechnischen Reichsamtes, Abteilung München, Abteilungsdirektor Dr. Schreiber in einer, alle Wirtschaftsfragen der Fernsprechtechnik erfassenden Vergleichsrechnung untersucht und in dem Werk „Die Wirtschaftlichkeit des geplanten Sa-Netzgruppensystems in den Ortsfernsprechanlagen Bayerns" niedergelegt. Er kommt zu dem Ergebnis, daß sich hinsichtlich der Wertigkeit Sa-Netzgruppen und Überweisungssystem wie 1 : 0,81 verhalten, wenn einerseits die Wirtschaftlichkeit, andererseits die günstigere Verkehrsmöglichkeit in Betracht gezogen wird. Die Wirtschaftsrechnung ist aufgebaut auf einer sog. Mittelwertsnetzgruppe, welche die Mittelwerte des Flächeninhalts, der Ämterzahlen, der Ämtergrößen, der mittleren Ämterentfernungen für sämtliche Bayerischen Netzgruppenämter enthält. Für diese Netzgruppen werden die Gesamtkosten für Bau, Betrieb und Personal ermittelt und in Vergleich gesetzt. Der Vergleich ist für den augenblicklichen Zustand für dreifache Teilnehmerzahl und gleiche Gesprächsziffer, endlich für dreifache Teilnehmerzahl und doppelte Gesprächsziffer gezogen. Von den Ergebnissen sind besonders interessant die relativen Kostenanteile der einzelnen Einrichtungen, der Leitungen, der Teilnehmeranschlüsse, der Umschaltereinrichtungen, des Personals und der Verwaltung. Von den Ergebnissen sei ein Kurvenbild (Abb. 79 u. Abb. 80) hier angegeben, welches die jährlichen Kosten der Mittelwertsnetzgruppe im Sa-Netzgruppensystem zeigt und zum Vergleich die Gesamtkosten des Handbetriebssystems (A), des Überweisungssystems (B), und des Sa-

Netzgruppensystems (C) enthält. Daraus ist zu entnehmen, daß Vor-
orts- und Bezirksleitungen etwa 10%, im Anfangsausbau sogar 17%
ausmachen, die Kosten der Teilnehmeranschlüsse etwa 30%, also Teilnehmerleitung und Teilnehmerapparat, die Umschalteeinrichtungen
etwa 13%, die Stromlieferungsanlagen nur etwa 2%, die Personalkosten etwa 15%, die hochbautechnischen Kosten etwa 6%, die Ver-
waltungsunkosten etwa 20%. Im Überweisungssystem betragen die
Personalkosten 25—30%, weil auch der Schnellverkehr von Hand vermittelt werden muß. Wenn dieses Ergebnis vielleicht zunächst über-

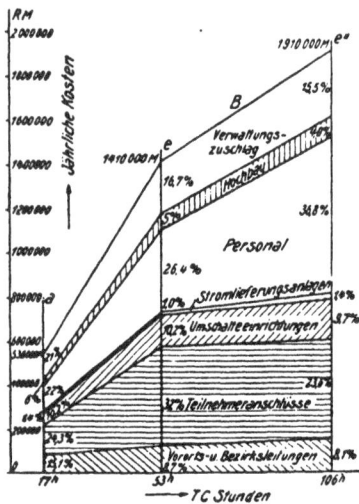

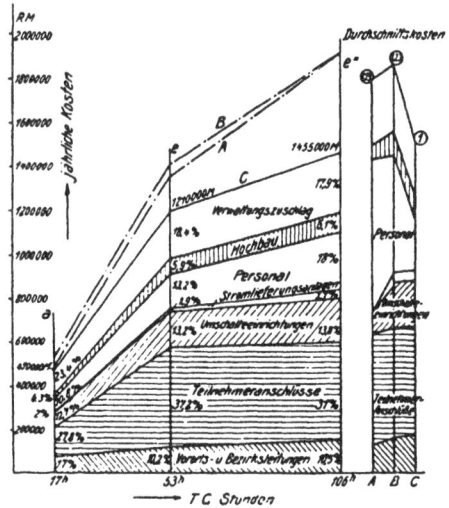

Abb. 79. Schaubild der jährlichen
Kostenanteile für ein Netzgruppengebilde nach dem Überweisungssystem.

Abb. 80. Schaubild der jährlichen Kostenanteile für eine Selbstanschlußnetzgruppe
und Vergleich mit den Kosten im Handbetrieb und im Überweisungsbetrieb.

A Summe der Kosten im Handbetriebssystem, *B* Summe der Kosten im Überweisungssystem,
C Summe der Kosten im Sa-Netzgruppensystem.

raschend erscheint, so erklärt es sich sofort durch den Vergleich zweier
Wählerübersichtspläne für den Verbindungsaufbau nach dem Hauptamt bzw. nach dem Knotenamt, wie er ja den größten Prozentsatz der
Verkehrsfälle des ganzen Netzgruppenverkehrs ausmacht. Wünscht
z. B. der Teilnehmer des V1-Amtes Polling den Teilnehmer 200 in Weilheim, so hängt er aus und wählt dessen Rufnummer. In dieser Verbindung
sind entsprechend dem TC-Wert folgende Wähler in Anspruch genommen:
Ein I. Vorwähler, ein II. Vorwähler, ein Zeit- und Zonenzähler im Preise
eines Leitungswählers, ein ankommender Gruppenwähler von der Schaltung eines II. Gruppenwählers und ein Leitungswähler (Abb. 81).
Hätte der gleiche Teilnehmer die Verbindung über ein Knotenamt
nach Art des Überweisungssystems verlangt, so hätte er an seinem Lei-

tungswähler etwa 09 zu wählen, würde dadurch mit dem KA-Platz verbunden, welcher über Gruppen- und Leitungswähler Teilnehmer 200 ruft. In dieser Verbindung sind gebunden: Ein Vorwähler und ein Leitungswähler im Seitenamt, ein Anteil der Platzeinrichtung, ein I. Gruppenwähler und Leitungswähler. Die apparatentechnischen Einrichtungen sind jedenfalls kostspieliger als in der vollautomatischen Verbindung und dazu kommt der Anteil der Personalkosten für die Vermittlungstätigkeit der Beamtin, für die Buchung und Verrechnung der Gesprächszettel. Auch auf die Zahl der in einer Verbindung liegenden Kontakte und Schaltereinrichtungen hat die halbautomatische Abwicklung keineswegs eine günstige Einwirkung, es wird nur die Verbindung in zwei Hälften hergestellt und dann zusammengeschaltet.

Zeigt dieser einfache Vergleich, daß die apparatentechnischen Einrichtungen etwa den gleichen Aufwand erfordern, so besagt der Vergleich der Netzgebilde, daß bei gleicher Verkehrsgüte durch den Wegfall der Verknotung ein höherer Leitungsaufwand entstehen muß. Umgekehrt kann mit dem gleichen Leitungsaufwand

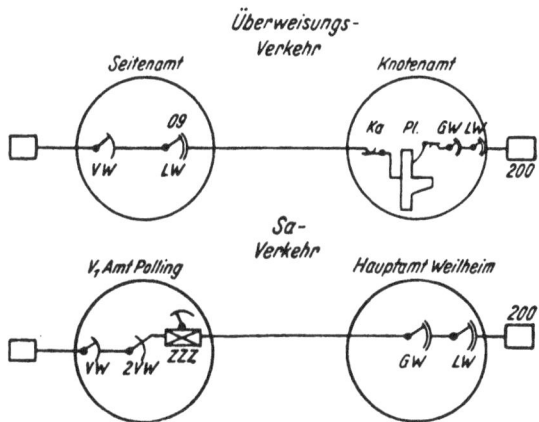

Abb. 81. Vergleich des Wähleraufwands für den Verbindungsverkehr im Überweisungssystem und im Sa-Netzgruppensystem.

eine günstigere Verkehrsform gewährleistet werden. Es unterliegt daher keinem Zweifel, daß das Sa-Netzgruppensystem den Endzustand des Schnellverkehrs und des nahen Fernverkehrs allgemein bilden wird, auch wenn man sich in den verkehrsreichsten Gebieten zunächst zur Verwertung der ersten Erfahrungen noch abwartend verhält.

Erfassung des Fernverkehrs in Selbstanschlußnetzen.

Drei große Verkehrsgruppen stehen sich heute in der Fernsprechtechnik gegenüber, Ortsverkehr, naher Fernverkehr, sog. Netzgruppenverkehr und Weitfernverkehr. Anteilmäßig auf die Gesprächszahlen bezogen, bedeutet der nahe Fernverkehr etwa 60% der Gesamtferngespräche, der sog. Bezirksverkehr, der sich in den Grenzen zwischen 25 km und 150 km abspielt, etwa 30% und der auf weitere Entfernungen sich erstreckende Fernverkehr 10%. In großen Ortsfernsprechnetzen überwiegt der Ortsverkehr ganz bedeutend. Ortsnetze mit unter 50 Teilnehmern weisen (demgegenüber) vielfach eine Gesprächsziffer von 0,1 bis 0,5 auf, die besonders dann außerordentlich klein wird, wenn das Fernsprechnetz in der Nähe eines großen Verkehrszentrums gelegen ist. Es gilt hier gewissermaßen ein Gesetz der Massenattraktion oder, wenn wir uns fernsprechtechnisch ausdrücken, der Interessenfaktor in Bezug auf einen großen Verkehrsmittelpunkt überwiegt den des Ortsverkehrs ganz bedeutend. Diese Verkehrsverteilung ist ja auch Anstoß geworden in der Sa-Netzgruppe sich nicht mit der Automatisierung des geringen Anteils im Ortsverkehr zu begnügen, sondern auch den Netzgruppenverkehr vollautomatisch zu erfassen und so die Automatisierung wirtschaftlich zu rechtfertigen.

Mit zunehmender technischer Entwicklung der Möglichkeiten hat der Fernverkehr auf größte Entfernungen stetig an Bedeutung gewonnen und heute, wo der Übergang von Drahtfernsprechnetzen auf drahtlose Sende- und Empfangsstationen jederzeit möglich ist, ist für die zu überbrückenden Entfernungen technisch keine Grenze mehr vorhanden.

Mit zunehmender Erweiterung des Fernverkehrs muß eine Klassifizierung desselben Platz greifen, eine Bevorzugung der großen Entfernungen gegenüber den kurzen, da die hohen Gebühren des Weitfernverkehrs, die hohen technischen Kosten seiner Einrichtungen zur restlosen Erfassung der Verkehrsmöglichkeiten zwingen. Man hat schon in der manuellen Technik die Möglichkeit entwickelt den Ortsverkehr zugunsten des Fernverkehrs zu trennen und hat diese Möglichkeit in die Sa-Technik übernommen. Heute geht man sogar soweit, die kürzesten Entfernungen von Ort zu Ort, also den ganzen Netzgruppenverkehr als Ortsverkehr zu behandeln und zugunsten des weiteren Fernverkehrs zu trennen. Es ist durchaus möglich, daß man eines Tages die Bevorzugung des Auslandsverkehrs gegenüber dem Inlandverkehr fordern wird.

Die Fernleitungsstellen sind jene Stellen, welche die Auswertung des teuersten Materials der Fernsprechtechnik, der Fernsprechfreileitungen und Fernsprechkabel besorgen, jene Stellen, wo die höchsten Summen umgesetzt werden, welche die Wirtschaftlichkeit der Fernsprechtechnik entscheidend beeinflussen. Demgegenüber bedeuten die Kosten für die apparatentechnischen Einrichtungen des Fernamtes nur einen relativ geringen Aufwand, der im Rahmen des Gesamtaufwandes für fernsprechtechnische Zwecke, etwa eines Netzgruppengebietes nur 2—2,5% ausmacht.

Den geringen apparatentechnischen Kosten stehen also außerordentlich hohe leitungstechnische Kosten und außerordentlich hohe Personalkosten gegenüber. Dies ist dem wirtschaftlich denkenden Ingenieur Anlaß genug, durch möglichst hochwertige technische Ausgestaltung der Fernleitungsstellen nach höchster Betriebssicherheit, bestmöglicher Leitungsausnützung und geringstem Personalbedarf zu trachten. Diese für den Fernverkehr grundlegenden Gesichtspunkte sind wohl nirgends klarer zum Ausdruck gebracht, als in dem Werke von Abteilungsdirektor Dr. Schreiber: „Bau neuer Fernämter", Verlag R. Oldenbourg.

Im Rahmen der Sa-Technik des Ortsverkehrs erhält das Fernamt eine ganz bestimmte Form, je nach der Eingliederung in das automatische Ortsnetz. Die Bildung von Sa-Netzgruppen oder Schnellverkehrsnetzgruppen hat wiederum den größten Einfluß auf ihre Ausgestaltung und Größe.

Seit der Verlegung des Deutschen Fernkabelnetzes sind für den Fernverkehr größte Netzgebilde entstanden, welche in den wichtigsten Verkehrszentren End- und Zubringerpunkte haben. Man kann das deutsche Fernkabel nicht in jeder kleinen Ortschaft unterbrechen, sondern kann es nur stern- oder maschenförmig von Sammelpunkt zu Sammelpunkt führen, wie es die Karte des heute bestehenden Fernkabelnetzes (Abb. 46) zeigt. In diesen Sammelpunkten muß ein Zubringernetz für den Fernverkehr auf kürzere Entfernungen endigen, welches entweder vollautomatisch nach Art der Sa-Netzgruppen oder halbautomatisch nach dem Überweisungssystem betrieben wird. Nur in diesen Sammelpunkten des großen Fernkabelnetzes bleiben die endgültigen Fernämter bestehen. Die Sa-Technik und namentlich die Netzgruppenbildung hat also in der Zahl der selbständigen Fernleitungsstellen eine gewaltige Umgestaltung gebracht. Hatte beispielsweise Bayern früher weit mehr als 1000 selbständige Fernleitungsstellen, so bleiben nach Durchführung des Sa-Netzgruppenprojektes noch etwa 30 bei Tag betriebene, etwa 12 bei Tag und Nacht betriebene Fernleitungsstellen bestehen. Die Rückwirkung der Netzgruppenbildung auf die Fernämter ist also kurz gefaßt folgende:

1. An Stelle einer Vielzahl von unbedeutenden, in ihren Verkehrsverhältnissen zersplitterten Fernleitungsstellen treten einige wenige bedeutsame Sammelpunkte des Fernverkehrs.

2. Aus diesen Fernleitungsstellen wird der nahe Fernverkehr abgespalten, eben jener Fernverkehr, der mit Zettel und Fernbeamtin abgewickelt, zu schleppend und kostspielig wird.

3. Den Verkehr benachbarter Sammelpunkte (bis zu 150 km Entf.) übernimmt der Selbstwählweitverkehr. Über Zeit und Zonenzählung verkehren die Teilnehmer vollautomatisch wie in der Netzgruppe. Das Fernamt wählt über das gleiche Leitungsbündel End- und Transitverbindungen[1]) und steigert so die Ausnützung der Fernleitungen.

4. Für den Verkehr entfernter Sammelpunkte ergibt sich die Möglichkeit der Fernwählung, welche betriebstechnisch günstiger ist und wirtschaftlich die Ersparnis jeder zweiten Fernbeamtin bedeutet.

---

[1]) Die unwirtschaftlichen Transitverbindungen werden durch die Fernwahl fast gänzlich beseitigt.

Hebel, Selbstanschluß-Technik.   14

5. Durch die Zusammenfassung werden die Fernleitungsstellen betriebstechnisch günstiger, einheitlich in ihrer Durchbildung und können technisch in vollkommenster Weise ausgestattet werden. Man kann beispielsweise nach dem Vorgehen von Dr. Schreiber als kleinste Einheit eine Fernleitungsstelle mit 50—60 Fernleitungen im Endausbau und alle anderen als Vielfaches dieser Einheit ansehen und entwickeln.

Vorschalteschrank oder automatische Fernvermittlung.

Wenden wir uns nun der technischen Ausgestaltung dieser Fernleitungsstellen zu. Die Form derselben wird entscheidend beeinflußt von der Frage Vorschalteschrank oder automatische Fernvermittlung. Wenn man die Sa-Einrichtungen so ausbildet, daß sich auch der Aufruf des Sa-Teilnehmers vom Fernamt aus über die Wähler des Amtes vollzieht, so spricht man von automatischer Fernvermittlung. Wenn man auf die automatische Fernvermittlung verzichtet, so muß der B-Platz der manuellen Vermittlungseinrichtung, ein sog. Vorschalteschrank, bestehen bleiben. Die Leitung des Teilnehmers liegt also hinter dem Hauptverteiler, noch ehe sie in das Automatenamt eindringt, an den Trennklinken dieses Vorschalteschranks. Andererseits muß der Vorschalteschrank dort liegen, wo die Teilnehmerleitungen einmünden. Werden also die Einrichtungen eines automatischen Ortsnetzes dezentralisiert, bis zu Teilämtereinheiten von 100 und weniger Teilnehmern, so müßte auch der Vorschalteschrank sinngemäß mitdezentralisiert werden. Eine solche Zersplitterung der manuellen Vorschalteschränke steht aber einer zweckmäßigen Personalausnützung im Wege. Und es ist umgekehrt die Belassung der Vorschalteschränke ein Hemmschuh in der zweckmäßigen Dezentralisation geworden. Alle mit Vorschalteschrank arbeitenden Ortsnetze konzentrieren zu große Amtseinheiten an einer Stelle und zwängen die Automatik in ein Leitungsnetz, das mehr den Bedingungen der manuellen Technik entspricht. Um die Härte eines solchen Vorgehens zu brechen, hat man die Lösung geschaffen, für die Randgebiete und Teilämter die automatische Fernvermittlung vorzusehen, für die zentralen Ämter dagegen den Vorschalteschrank. Dieser Lösung mangelt die Einheitlichkeit der Betriebsabwicklung am Fernplatz und auch hierdurch lassen sich Ersparnisse nicht mehr erzielen. Man hat die Losung ausgegeben, daß Ämter unter 3000 Anschlußorganen automatische Fernvermittlung erhalten sollen, Ämter mit mehr als 3000 Teilnehmern den Vorschalteschrank. Diese Grenze ist aus einer apparatentechnischen Vergleichsrechnung entwickelt, welche auf die leitungstechnischen Rückwirkungen keinerlei Bedacht nimmt. Damit entsteht die Frage, welcher Mehraufwand ergibt sich für die automatische Fernvermittlung gegenüber der Ortsautomatik? Wenn ein Ortsgespräch zugunsten des Ferngesprächs getrennt werden soll, so muß die Automatik ein Mittel schaffen, diese Trennung zu vollziehen. Wenn eine Fernverbindung durch Vorbereitung der Ortsverbindung beschleunigt werden soll, so muß einerseits die Möglichkeit bestehen, die Ortsverbindung über die Wählergassen aufzubauen, ohne daß sogleich ein Anläuten des Teilnehmers erfolgt. Die Möglichkeit, den gerufenen Teilnehmer anzuläuten, muß nach Zeitpunkt, Zahl und Dauer in die Willkür der Fernbeamtin gelegt werden und zu einer geregelten Überwachung der Fernverbindung muß die Beamtin ein eindeutiges Signal besitzen, wann der Teilnehmer ein- und aushängt. Schließlich muß eine Fernverbindung gegen Aufschaltung oder Trennung durch eine andere Fernverbindung geschützt werden.

Ortsfernleitungswähler oder Fernnachwähler.

Die Erfüllung all dieser Forderungen hat die Sa-Technik bisher in dreierlei Form gelöst, einmal im Ortsfernleitungswähler, ein andermal im Fernnachwähler, ein drittesmal mit besonderem Fernleitungswähler und besonderen Wählergassen für die automatische Fernvermittlung, bzw. für ein Anbotsystem. Die erstere Lösung benützt mindestens vom II. Gruppenwähler ab für Orts- und Fernverkehr die gleichen Wählergassen, auch die gleichen Leitungswähler und sieht 100 prozentig im Leitungswähler die Einrichtungen vor, die zur Abwicklung des Fernverkehrs dienen. Ein besonderes Kennzeichen, das Fernkriterium, unterscheidet schon im Aufbau der Verbindung Orts- und Fernverkehr und läßt den Leitungswähler, je nachdem die einen oder anderen Vorgänge abwickeln. Schaltungstechnisch haben wir ja diesen Weg bereits verfolgt.

Dem Ortsfernleitungswähler gegenüber stellt der Fernnachwähler eine Zusatzeinrichtung zum Ortsleitungswähler dar, welche durch das Fernkriterium des Leitungswählers angefordert, nur im Fall des Fernverkehrs dem Leitungswähler zugeschaltet wird, meist mit Anrufsucherschaltung sich auf den Leitungswähler sechsarmig einstellt, um nun die Schalteinrichtungen des Leitungswählers ergänzend, die Aufgaben des Fernverkehrs abzuwickeln. Es werden dann nicht so viele Fernnachwähler als Leitungswähler vorgesehen, sondern nur entsprechend dem prozentualen Anteil des Fernverkehrs am Ortsverkehr, der wiederum entsprechend den Fluktuationen in den einzelnen Verkehrsbündeln knapper oder reichlicher zu bemessen ist. Umfaßt der Fernnachwähler also eine ganze Tausendergruppe, so wird man mit 1%, bezogen auf die Anschlußorgane, sich begnügen können. Ist er nach Hundertergruppen gebündelt, so sind nach den Münchener Verhältnissen etwa 5% erforderlich. Je kleiner die Anlage, desto größer wird der Prozentsatz und wo der Fernverkehr den größten Anteil ausmacht, ist der Fernnachwähler unsinnig geworden. Die dritte angedeutete Lösung ist überwiegend in Maschinenwähler-, Direktor- und Register-Systemen angewendet worden. Dort führt man von dem Fern-

14*

schrank getrennte Bündel in die einzelnen Zentralen über besondere, zugunsten des Fernverkehrs sprechtechnisch günstiger ausgestaltete Leitungen und führt sie dort über den Ferngruppenwähler an besondere Fernleitungswähler. Wenn man dabei die Umrechnungsmöglichkeiten des Registers benützt, kann man mit geringen Stellen auskommen und der Beamtin mit einfachstem Zahlengeber und raschester Bedienungsweise den Aufruf ermöglichen. Aber einer weitgehenden Dezentralisation steht diese Lösung im Wege, während andererseits die Möglichkeit, vom Fernamt aus wenigstens bis zu den Vollämtern besondere günstige Fernsprechkreise zu verlegen, auch bei den beiden anderen Lösungen besteht.

Vereinzelt hat man die neben den Ortsfernleitungswählern für die Abwicklung des Fernverkehrs vorgesehenen besonderen Fernleitungswähler auch als sog. Anbotwähler ausgeführt, welche es gestatten, in die stehende Ortsverbindung einzutreten, von dem Vorhandensein eines Fernanrufes Mitteilung zu machen und das Ferngespräch so dem Teilnehmer anzubieten. Wenn der gerufene Teilnehmer dann das Ferngespräch annehmen will, so kann er entweder über diesen Anbotwähler mit dem Fernamt verbunden bleiben, oder es wird eine Ortsverbindung über den gewöhnlichen Ortsleitungswähler hergestellt und über diesen der Teilnehmer mit dem Fernamt verbunden. Diese Lösung ist für London vorgesehen und in Riga durchgeführt. Nachteilig ist dabei, daß unter Umständen im Besetztfall zum Absetzen einer Fernverbindung drei Verbindungen aufgebaut werden müssen, nämlich erstens eine Ortsverbindung, welche den Teilnehmer dann besetzt findet, zweitens die Verbindung über den Anbotwähler, drittens die endgültige Verbindung über den Ortsleitungswähler. Daß diese Lösung gelegentlich den Verkehr verzögern und die Leistung der Fernbeamtin und die Ausnützungen der Fernleitungen ungünstig beeinflussen kann, liegt auf der Hand. Die Frage, welche der Lösungen die richtige ist und, ob Vorschalteschrank oder automatische Fernvermittlung den Vorzug verdient, dürfte in den letzten Monaten durch neue Konstruktionen, so z. B. eines neuen Siemensschen Ortsfernleitungswählers eindeutig entschieden worden sein, die mit weniger Relaisaufwand als der bisherige Ortsleitungswähler die Aufgaben lösen und für größte, wie für kleinste Ämter einheitlich die wirtschaftlichste Form darstellen. Ein neuzeitliches Fernamt wird also künftig grundsätzlich für automatische Fernvermittlung eingerichtet werden müssen.

Fernamtseinrichtungen.

Zunächst sei der grundsätzliche Aufbau eines Schreiberschen Fernamtes .betrachtet. Für Fernämter mit bis zu 1000 Fernleitungen wurde bisher grundsätzlich die Schrankform verwendet, wobei der Verbindungsverkehr der Schränke unter sich über Klinke und Stecker unter Vielfachschaltung der Klinken im Aufbau der Schränke erfolgt. Bei größeren Einheiten wird der Aufwand für diese Vielfachschaltung, der mit der Leitungszahl quadratisch wächst, ein zu großer, so daß man lieber den Verkehr der Plätze unter sich über Wählereinrichtungen leitet und dann kann an Stelle von Klinke und Stecker ein Linienumschaltersystem mit Druckknöpfen treten, an Stelle des schrankförmigen Aufbaues die tischförmige Platzkonstruktion.

Die Schrankform, die bei dieser Lösung entsteht, ist in Abb. Anh. 82 gezeigt. Wir sehen auf der Tischplatte in Abb. Anh. 83 zunächst 6 Steckerpaare mit Schnüren untergebracht, welche zum Abfragen der Fernverbindung und zum Aufruf des Ortsteilnehmers dienen. Es handelt sich also um ein Zweischnursystem. Mitunter werden in Fernämtern auch Dreischnursysteme verwendet, namentlich dann, wenn die Fernleitung manuell betrieben wird (ohne Fernwählung). Dann werden mit einem Fernabfragestecker zwei Verbindungsstecker in ein Schnursystem vereinigt, welche über einen Stöpselwähler abwechselnd an den Abfragestecker geschaltet werden können. Dies hat, wenn mit einer Fernstation der Reihe nach mehrere Ortsverbindungen durchgeschaltet werden müssen, den Vorzug, daß man jeweils über den zweiten Stecker die Verbindung aufbauen und durch Umlegen des Stöpselwählers zur Abfrageseite durchschalten kann. Es erübrigt sich dann das Ziehen des Abfragesteckers und die Manipulationen werden beschleunigt. Wo aber Fernwählung vorgesehen ist, speziell Wechselstromfernwählung, da kommt man zu der Forderung, die jeweils aufgebaute Verbindung vom Steckerziehen unabhängig zu machen und mit einem besonderen Stromstoß auszulösen. Es kann also eine Verbindung aufgebaut und der Stecker gewechselt werden, ohne daß sie zusammenfällt. Außerdem verliert die Vorbereitung im Fernverkehr immer mehr an Bedeutung. Die mittlere Wartezeit im Fernverkehr vom ersten Ruf bis zum Aushängen beträgt nach genauen Durchschnittsmessungen in großen Städten 12 Sekunden, in Geschäftsvierteln während der Hauptverkehrsstunden 9—11 Sekunden, auf dem flachen Land 15 Sekunden. Wird bei Vorbereitungsverkehr allzulange vorbereitet und der wartende Teilnehmer dadurch ermüdet, so ergeben sich immerhin Wartezeiten von 5—8 Sekunden, so daß also der Zeitgewinn durch die Vorbereitung ein sehr geringer wird. Bedenkt man weiterhin, daß jede Verbindung gewissermaßen in zwei Teilen behandelt werden muß, daß dadurch die Leistung der Beamtin vermindert wird, daß der Teilnehmer durch das Warten belästigt wird und daß auf der zweiten Verbindungshälfte über die Fernleitung bei Fernwählung eine Vorbereitung nicht in Frage kommen kann, so wird man sich für den Wegfall der Vorbereitungsmöglichkeit entschließen können, wenn es sich nicht gerade um Verbindungen des weiten Fernverkehrs handelt. Die geringe Bedeutung und Anwendung der Vorbereitung, zusammen mit dem Wegfall der Auslösung beim Steckerziehen, lassen den Aufwand eines dritten Steckers nicht mehr gerechtfertigt erscheinen.

Die Planung und Grundrißlösung eines Fernamtes hat Dr. Schreiber dadurch vereinfacht, daß er gewisse Größenstufen der Fernämter entwickelt hat. Ich gebe hier unmittelbar eine Tabelle wieder, welche uns den Raumbedarf und die einzelnen Größenstufen der Fernämter zusammenfassend zeigt.

	Mün-chen mit 1000	Nürn-berg mit 500	Regens-burg mit 250	Würz-burg mit 250	Hof mit 120	Weiden mit 60
			Fernleitungen			
	qm	qm	qm	qm	qm	qm
		nach vollem Ausbau				
1. Für die Ursprungsstelle ..	228	77	25	25	18	18
2. Für den Fernsaal.....	900	546	518	368	204	120
3. Für den Nebensaal oder die Anmeldestelle	268	241	—	—	—	—
4. Für die Zusatzstelle	98	29	24	24	61	10
5. Für den Wählerraum ...	228	146	77	77	42	27
6. Für den Batterieraum ...	92	105	55	102	55	33
7. Für den Maschinenraum ..	57	60	40	50	42	32
8. Für Garderoben- und Aufsichtszimmer	710	360	220	220	110	70
9. Für Werkstätten	180	100	70	70	50	40
zusammen:	2761	1664	1029	936	537	350

Abb. Anh. 82 zeigt die Einrichtungen eines kleinen Fernamtes[1]). Die Grundrißlösung betrachten wir an einigen praktischen Beispielen (Abb. Anh. 84 und 85), z. B. an einem Amte für 60 Fernleitungen und an einem Amte für 1000 Fernleitungen. In der Aufstellung der Schränke ist grundsätzlich zu beachten, daß die Beamtinnen mit dem Rücken gegen das Licht sitzen, so daß der Schrankaufbau keinen Schatten auf die Tischplatte werfen kann. In breiten Sälen mit mehr als einer Schrankreihe sind tunlichst Oberlichten vorzusehen.

Die Bemessung der Fernämter selbst muß schon unter Berücksichtigung des Netzgruppenprojektes und der Fernwählung erfolgen. Die Fernwählung stellt dabei eine halbautomatische Vermittlungsform für den Fernverkehr bis zu vorerst etwa 300 km Entfernung dar. Wenn ein Fernamt A mit einem Fernamt B eine Fernverbindung rein manuell zu vermitteln hat, so geschieht dies in der Weise, daß Station A

---

[1]) Darstellung von Obering. Körber, TKD Nürnberg.

der Station B die Nummer des gerufenen Teilnehmers zuspricht und diese Beamtin alsdann den gewünschten Ortsteilnehmer etwa über Vorschalteschrank oder über automatische Fernvermittlung heranholt und mit der Fernleitung verbindet. Wenn man die einzelnen Verkehrsrichtungen trennt, so kann man an das ankommende Ende der Fernleitung auch unmittelbar einen Ferngruppenwähler anschließen und über die Fernleitung wählen, so daß die Beamtin und die Platzeinrichtung am ankommenden Ende in Wegfall kommt. Vergleicht man die beiden Abwicklungsformen wirtschaftlich miteinander, so sind bei manueller Vermittlung 3—4 Fernleitungen mit einem Kostenaufwand von etwa 3000 M. pro Fernleitung an einen Fernplatz zu legen, erfordern hierfür etwa 2,2 Beamtinnen pro Tag (unter Einrechnung des sog. Personalfaktors, der Dienstzeit, Krankheitsfälle, Urlaub usw. berücksichtigt) und 5 Ferngruppenwähler für die automatische Ortsvermittlung. Statt dessen erscheint bei Fernwählung nur an jedem Leitungsende ein Ferngruppenwähler und zwar, wie wir später sehen werden, ein Wechselstromferngruppenwähler, der in den Kosten ungefähr das 1,5fache des Ortsvermittlungsgruppenwählers ausmacht. Personal ist an der ankommenden Seite nicht erforderlich. Es ergibt sich also pro Leitung ein apparatentechnischer Minderaufwand von 3000 M. und eine jährliche Einsparung von $\dfrac{2,2}{4} \times 2200$ M.

Hinsichtlich der Zeitbilanz und der Leitungsausnützung stehen sich folgende Zeitwerte gegenüber:

bei manueller Vermittlung		bei Fernwahl	
Anruf der Station B bis zu deren Eintreten	5 s.	Einnahme der Wahlstellung	2 s.
Beamtin von A teilt der Beamtin von B mit: Z. B. „Nummer 24625, ich wiederhole 2—4—6—2—5" ...	5 s.	Wählen der Zahl	7 s.
		Prüfen und Anläuten ..	4 s.
Beamtin von B wiederholt: „24625, 2—4—6—2—5"	4 s.	Warten bis zum Aushängen	14 s.
Heranholen des Ortsteilnehmers bei vorbereitendem Aufbau der Verbindung	10 s.	Verständigung u. Durchschaltung	4 s.
Zusammenschaltung der Teilnehmer und Überwachung des Gesprächsbeginns durch beide Beamtinnen	5 s.	Einhängen, Schlußzeichengabe u. Trennung	5 s.
Auftrennung der Verbindung, Verständigung mit der Gegenbeamtin	6 s.	Zuschlag f. Verarbeitung Zettels und Unregelmäßigkeiten b. Wahlvorgang	14 s.
Restarbeit für Erledigung der Zettel	10 s.		
	45 s.		50 s.

(Fortsetzung der Tabelle von S. 215.)

bei manueller Vermittlung	
Kann der zu rufende Ortsteilnehmer nicht vorbereitend herangeholt werden, so ergeben sich statt der angegebenen 10 s. für: Wählen	7 s.
Prüfen und Anläuten	3 s.
Wartezeit bis zum Aushängen	14 s.
	24 s.
In diesem Fall wird der Gesamtzeitbedarf	45 s.
	+ 14 s.
	59 s.

Bei einer mittleren Gesprächsdauer von 2½ Minuten ergibt sich also bei Hand- bedienung eine Ausnützung von 13,4 Gesprächen oder 46 Nutzungsminuten ohne Vorbereitung, von 14 Ge- sprächen oder 49 Nutzungs- minuten mit Vorbereitung. Für Fernwahl ergibt sich bei 2½ Minuten mittlerer Gesprächsdauer eine Aus- nützung der Leitung von 13,8 Gesprächen mit 48,3 Nutzungsminuten.

Die Leistung der Beamtin in der Hauptverkehrsstunde wäre als- dann bei einer mittleren Platzbelegung mit 3,5 Leitungen 3,5·13,8 = 48,30 Verbindungen. Praktisch liegen die Werte etwas niedriger, weil die Gespräche nicht mit dieser Regelmäßigkeit anfallen und einer- seits durch Hörfehler, andererseits durch Verarbeitung der Zettel und dgl. Rückfragen mit dem Teilnehmer, Fehlverbindungen, weitere Ver- lustminuten entstehen. Die Nutzungsminuten werden bei beiderseits handbetriebenen Leitungen im Vorbereitungsdienst 45, ohne Vor- bereitung etwa 40, im Wählverkehr 40—45 Minuten. Die Leistung einer Beamtin in der Hauptverkehrsstunde beträgt etwa 35 Verbindungen. Die Fernwählung bedeutet also wirtschaftliche Vorteile, verkleinert die Einrichtung des Fernamtes, vermindert den Gesprächsverkehr der Be- amtinnen und legt die volle Verantwortung in die Hand einer Beamtin, welche das Eintreten einer Gegenbeamtin mit den dadurch entstehenden störenden Wartezeiten nicht abzuwarten braucht. Deshalb sind die Fernplätze der künftigen bayerischen Fernämter grundsätzlich für Fern- wählung ausgerüstet und etwa 30% des bayerischen Fernverkehrs über das Netzgruppengebiet hinaus werden durch Fernwählung abgewickelt werden. [1]

Gegenüber der heute bestehenden Fernleitungsstelle ist zu beachten, daß die künftige Fernleitungsstelle nicht nur dem Ort, sondern auch der ganzen Netzgruppe genügen muß, daß sie also den gesamten Fern- verkehr des Netzgruppengebietes nach anderen Netzgruppen vereinigt. Dafür ist Bedacht zu nehmen, daß mit fortschreitender Automatisierung der Orte der eigenen Netzgruppe die kurzen, in dieser Netzgruppe ver-

---

[1] Durch Erweiterung des Netzgruppenverkehrs in die Nachbarnetzgruppe und durch den Selbstwählweitverkehr wird die vom Fernamt ausgehende Fernwählung größtenteils ersetzt. Wo am Ausgangsort noch kein neues Fernamt besteht, wird ein Wählkästchen für Fernwählung aufgestellt.

laufenden Nachbarortsleitungen, welche, wie bereits erwähnt, die größte Zahl ausmachen, aus dem Fernamt verschwinden und vollautomatisch als Netzgruppenleitungen betrieben werden. Als sog. Selbstwählnahverkehr wird dieser vollautomatische Verkehr mit Zeit- und Zonenzählung den gesamten Verkehr in der Netzgruppe und zu den Nachbarnetzgruppen vermitteln. Daneben wird ein sog. Selbstwählweitverkehr die wichtigsten Verkehrszentren bis zu 150 km Entfernung ebenfalls vollautomatisch verbinden. Für die mit Fernwählung zu betreibenden Leitungen ist nur am Ausgangsort ein Platz vorzusehen. Die Fernämter werden also im Anfangsausbau reichlich groß und brauchen auf Jahre hinaus nicht vergrößert werden, da eine große Zahl ihrer Leitungen fortlaufend in der Netzgruppe aufgehen und von den Plätzen verschwinden.

Die Platzausrüstung selbst ist eine heute noch viel umstrittene Frage. Es hängt von der Leistung der Beamtin ab, wie viele Fernleitungen man an einem Platz verlegen darf. In Bayern beträgt die mittlere Belegung heute 3,75, im Reiche etwa 3, in den größten Ämtern 2,5. Dafür hat dort die Fernbeamtin eine Reihe von Auskünften zu erteilen, die in Bayern besonderen Auskunftsstellen zugewiesen werden. Die neuen bayerischen Fernschränke sind maximal für 4 Anrufsätze ausbaufähig. Die Anrufsätze selbst sind auswechselbar, so daß man je nach Bedarf die Aggregate in einfachster Weise umlegen kann. Es ist durchaus verfehlt, wenn man Fernplätze zu stark belastet. Wenn man mehr als 4 Leitungen an einen Platz häuft, so werden eben die einzelnen Leitungen schlechter bedient und dies wiederum gibt hemmende und verzögernde Rückwirkungen auf andere Fernleitungen und Fernämter. Das Fernanrufaggregat hat zunächst etwas verschiedene Formen, je nachdem die abgehende Fernleitung für Fernwählung, für manuellen Betrieb oder für Fernwählung mit Wechselverkehr benötigt wird.

Dabei ist unter Fernwahl mit Wechselverkehr verstanden, daß die Leitungen entweder beiderseits oder an einer Seite an Ferngruppenwählern liegen, davor aber an einem Fernplatz eingeschleift sind. Ein Wechselkipper gestattet es dann, die Leitung am Ende als platzbediente, oder Wählleitung zu schalten. Bei Selbstwählverkehr kann eine Leitung zugleich von der Fernbeamtin und dem Teilnehmer erreichbar sein. Sie besitzt dann im Fernamt eine Besetztlampe. Das Fernanrufaggregat (Abb. Anh. 86) enthält nun die Fernabfrageklinke mit einem Bezeichnungsschild der daran angeschlossenen Fernleitung. Über der Anrufklinke ist die Fernanruflampe, welche durch ein in der Leitung gelegenes Fernanrufrelais mit der Konstruktion des Wechselstromphasenrelais gesteuert wird. Neben der Fernanruflampe ist die Transitlampe. In den übrigen Einrichtungen unterscheiden sich die gewöhnlichen Aggregate und die mit Wechselschalter ausgerüsteten. Der Transit- und Nachtschalter erlaubt es in der einen Stellung die Fernleitungen paarweise transit zu schalten, so daß sie im Vielfach ihrer Transitleitung von jedem Fernplatz aus erreicht werden können. Die zweite Außenlage des Kippers, die Nachtschaltung, legt die Fernleitung an den Nacht- und Sammelplatz, wo das Fernamt während der verkehrsschwachen Nachtzeit auf einige wenige Plätze (ungefähr auf ein Achtel seines Umfanges) zusammengedrängt werden kann. Den Rest des Raumes nimmt ein Zählwerk ein, welches durch einen Schalter betätigt, zu Beginn des Gespräches auf ein zentrales 5-Sekundenschaltwerk gelegt wird und nun die Gesprächsdauer in Einheiten von 5 Sekunden kennzeichnet. Nach 3 oder 6 Minuten, je nach Einstellung, leuchtet eine Signallampe auf, weil die Fernbeamtin unter Umständen bei Vorliegen dringender Gespräche ein über 6 Minuten dauerndes Gespräch trennen muß. Eine Rückstelltaste bringt das Zählwerk am Ende jedes Gespräches in die Nullage zurück.

Die Schaltung des Fernanrufaggregates ist kurz aus dem folgenden Schaltbild zu ersehen (Abb. Anh. 87). Die Fernleitung kommt vom Verteiler, geht an den Drehpunkt des Transitkippers, über dessen Ruheseite an den Drehpunkt des Nachtkippers und dann zu den Klinkenfedern der Anrufklinke, in der über zwei Ruhekontakte das Anrufrelais AR in der Leitungsschleife liegt. Die Fernleitungen, die mit Wechselstrom betrieben werden sollen, übermitteln am Körper der Anrufklinke das Kriterium für Anlegung der Wechselstromwähleinrichtung an die Schnur. Dies ist in diesem Fall ein CF-Relais, welches am Klinkenkörper der Fernanrufklinke liegt und sich über 5000 Ohm Gegenspannung hält. Handelt es sich um eine Leitung, die nicht mit Wechselstromwählung betrieben werden soll, oder um eine Ortsvermittlungsklinke, so wird das CO-Relais über 200 Ohm an Spannung gelegt, so daß am Klinkenkörper das Minuspotential überwiegt und das am c-Ast des Steckers gelegene Wechselstromanschalterelais U abdrückt. Wir sehen weiterhin an der Schaltung, daß das CF-Relais, einmal gebracht, lokal sich bindet und durch Kurzschluß mit unmittelbarer Erdung am c-Ast abgeworfen werden muß. Damit diese Auslösung nicht vergessen wird, wird eine Fernleitungskontrollampe CFL in der Ruhelage der Anrufklinke durch cf-Arbeitskontakt zum Aufleuchten gebracht. Die Schaltung der Anruflampe, welche parallel zu einer lokalen Haltewicklung des Anrufrelais durch ar-Arbeitskontakt erregt und durch Anrufklinkenruhekontakt abgeschaltet wird, zeigt zugleich die Erregung des Platzkontrollrelais und der Platzkontrollampe. Schließlich ist noch die Transitschaltung zu betrachten. Der Transitkipper in seiner Arbeitsstellung schaltet a-, b- und c-Ast der Fernleitung an die Transitvielfachschaltung, wo sie in Parallelklinken mit Unterbrecherruhekontakt in einem d-Ast an jedem Platz zugänglich ist. Da die Transitklinke auch unter Umständen zur Fernwählung dienen soll, also dieselben Kriterien haben soll, wie die

Fernleitung, wird auch das CF-Relais mit seiner Steuereinrichtung für die Fernwählung mitvielfachgeschaltet. Die Transitüberwachungslampe kommt nach Auslösung der letzten Verbindung, also nach Freigabe von CF und nach Ziehen des Steckers aus der Transitklinke zum Aufleuchten.

Die Schaltung des Fernplatzes (Abb. Anh. 88) selbst umfaßt die Schnurschaltung für Ortsvermittlung, manuelle Fernvermittlung und Fernwahl, sowie für Dienstleitungs- und Transitbetrieb, endlich die Schaltung der Ortsvermittlungsklinke. Für jedes Schnurpaar ist ein Schlüssel mit zwei Außenstellungen vorgesehen, die mit Abfragestellung 1, Abfragestellung 2 (AS 1, AS 2) bezeichnet sind. Dies ist der einzige Kipper pro Schnur, der beim Aufbau von Wählverbindungen benötigt ist. Außerdem besitzt jede Schnurhälfte ein Schlußrelais, welches über ein zugehöriges Verzögerungsrelais V1, V2 auf eine Schlußlampe SL 1 bzw. SL 2 wirkt. Einmal pro Platz ist für die automatische Ortsvermittlung bzw. für die Fernwahl ein Prüfschlüssel, der in der Gegenlage als Ruf- und Trennschlüssel dient, ein Wählschlüssel in der Gegenlage als Auslösetaste verwendet, ein Schlüssel für manuellen Ruf und für Mitsprechen angeordnet. Entsprechend den Vorgängen der automatischen Ortsvermittlung müssen geerdete Impulse über die a-Leitung, Steuerspannung über den b-Ast gesendet werden. Der Impulskontakt der Wählscheibe wirkt auf ein A-Relais, der Arbeitskontakt auf ein G- und H-Relais. Die a-Impulskontakte werden je nach Bedarf an Erde gelegt, oder sie senden 50periodigen Wechselstrom über Schleife. Das Kennzeichen für die Anforderung von Wechselstrom zur Wahl ist das Ansprechen des Umschalterelais U über den c-Ast und über den Körper der Klinke der mit Wechselstrom zu betreibenden Leitung. Ebenso sind Schutzmaßnahmen durchgeführt, welche beim Aussenden von Wechselstrom die eigene Sprech- und Hörgarnitur abschalten und bei ankommendem Wechselstrom die weitergehende Verbindungshälfte. Das Vorgehen beim Aufbau der Verbindung ist in Stichworten folgendes: Einführen eines Steckers in die Ortsvermittlungsklinke, Drücken des Abfrageschlüssels in die Außenlage für den betreffenden Stecker, Drücken des Wählschlüssels, Wahl der Rufnummern. Nach der letzten Ziffer Aufleuchten der Kontrolllampe an der Wählscheibe, Löschen der Lampe durch Aufrichten des Wählschlüssels, Drücken der Prüftaste, Entgegennahme von Frei- und Besetztzeichen, Nachläuten, Aufrichten des Abfrageschlüssels, Überwachungslampe leuchtet bis zum Aushängen. Nach Erlöschen der Lampe Drücken des Abfrageschlüssels, Verständigung des Teilnehmers.

Aufruf des fernen Teilnehmers: Einführen des zweiten Steckers in die Fernanrufklinke, U-Relais spricht beim Drücken des Abfrageschlüssels in die betreffende Außenlage an, Drücken des Wählschlüssels, Wahl der Nummer des fernen Teilnehmers, Kontrollampe leuchtet,

Löschen derselben durch Aufrichten des Wählschlüssels, Prüfen, Horchen auf Frei- oder Besetztzeichen, allenfalls Verständigung von der Trennung, sonst Nachläuten, Überwachungslampe leuchtet bis zum Aushängen, nach dem Aushängen Verständigung, Durchschaltung zum Ortsteilnehmer durch Aufrichten des Abfrageschlüssels.

Nach Einhängen der Teilnehmer beiderseitiges Schlußzeichen, Drücken des Abfrageschlüssels in die beiden Außenlagen und jeweiliges Drücken der Auslösetaste, Steckerziehen nicht erforderlich. Orts- und Fernteilnehmer werden mit der gleichen Manipulation behandelt. Bei Gesprächsbeginn wird der Gesprächszettel auf Anfangszeit gestempelt und der Zeitschalter betätigt, am Gesprächsende wird der Zeitschalter stillgesetzt und der Schlußstempel abgedrückt. Die Differenz kann am Zeitschalter abgelesen und eingetragen werden. Hierauf wird der Zeitschalter in die Ruhelage zurückgeführt.

Wir wollen noch kurz Dienstleitungs- und Transitverkehr betrachten. Unter Dienstleitungsverkehr versteht man die Sprechverständigung der Plätze unter sich zum Zwecke kurzer Mitteilung, z.B. Arbeitsplatz München ruft den Arbeitsplatz Starnberg und teilt ihm mit: „Ich habe ein Transitgespräch Starnberg Berlin, bitte geben Sie mir eine Leitung transit." Die Beamtin geht zu diesem Zwecke mit einem ihrem Stecker in die Dienstklinke, welche mit Starnberg bezeichnet ist. Diese Klinke, die an allen Plätzen vielfach geschaltet ist, führt am Starnberger Arbeitsplatz mit dem a-Ast zu einem an Spannung liegenden D-Relais, während der b-Ast geerdet ist. Über den Schleifenschluß des S-Relais kommt D zum Ansprechen und alarmiert die dortige Beamtin. Gleichzeitig leuchtet bis zum Eintreten dieser Beamtin das Relais am Münchner Fernplatz auf, die Starnberger Beamtin drückt den Schalter DS, unterbricht daher obigen Signalstromkreis, so daß die beiden Lampen erlöschen. Nun weiß auch die Münchner Beamtin, daß die Gegenbeamtin eingetreten ist und die Verständigung erfolgt. Die Starnberger Beamtin teilt ihr nun mit: „Ich gebe Ihnen Leitung 305" und drückt den Transitkipper dieser Leitung. Damit hat sie dieselbe, wie bereits früher erwähnt, von ihrem Anrufaggregat weg auf die Transitvielfachleitung geschaltet, die Beamtin am Berliner Arbeitsplatz tritt nun bei Klinke 305 in diese Vielfachleitung ein und hat nun die Fernleitung für ihre Zwecke zur Verfügung, etwa, um sie mit der Berliner Leitung zu verbinden. Über die Transitklinke kann sie fernwählen, manuell rufen, kurzum alles, was über die Fernanrufklinke möglich ist. Wenn die Leitung in der Transitschaltung nicht mehr benötigt wird, so ist dazu keine Sprechverständigung mehr nötig, die Münchner Beamtin zieht lediglich den Verbindungsstecker aus der Transitklinke und nunmehr leuchtet die Transitüberwachungslampe am Starnberger Arbeitsplatz auf. Diese sieht, daß die Leitung wieder zu ihrer Verfügung steht und stellt den Transitkipper normal.

Eine sehr wichtige Einrichtung zur zuverlässigen Ausrüstung der Fernleitungen ist die Zeitbemessungseinrichtung. Dr. Schreiber erklärt, daß in der Fernleitungsstelle Zeit verkauft wird, daß also, was in dem Geschäft die Wage, in der Fernleitungsstelle die Zeitmeßeinrichtung bedeutet. Es ist bereits die im Fernanrufaggregat gelegene Zeitsignaleinrichtung erwähnt worden, welche die Gesprächsdauer kennzeichnet und die Warnlampe betätigt. Weiterhin benötigt der Fernarbeitsplatz einen Zeitstempel, welcher die genaue Uhrzeit zu Gesprächsbeginn und Gesprächsende angibt. Die Differenz der beiden Stempelabdrücke ergibt die Gesprächsdauer, welche am Zeitsignalsatz abgelesen werden kann, also nicht errechnet zu werden braucht. Sie wird mit Bleistift auf die Karte eingetragen.

Die richtige Ausnützung der Leitung setzt ein ruhiges ungestörtes Arbeiten der Beamtin voraus und dieser Fernvermittlungsdienst ist eine anstrengende Tätigkeit. Alles, was zur Beruhigung des Betriebes dienen kann, ist erwünscht. Bei einem täglichen Anfall von bis zu 200 Gesprächszetteln pro Platz ist es daher von größter Wichtigkeit, den An- und Abtransport dieser Zettel rasch, geräuschlos und mit geringstem Personalbedarf durchzuführen. Zwei Transporteinrichtungen stehen sich heute im Wettbewerb gegenüber, einerseits Luftpost, andererseits Bandpost. Die Luftpost hat sich im allgemeinen gut bewährt, scheint aber durch die elektrisch gesteuerte Bandpost hinsichtlich Einfachheit, Beweglichkeit und Billigkeit übertroffen zu werden. In kleinsten Fernämtern wäre die Luftpost entschieden zu teuer. Die Bandpost genügt einheitlich größten und kleinsten Ansprüchen. Der Gedanke der gesteuerten Bandpost ist folgender: Unter der Tischplatte gleitet ein ringförmiges geschlossenes Band von der Sendestelle aus unter Krümmungen und Verwindungen je nach Bedarf längs der Schrankreihen dahin. Die oberste Seite dient zum Abtransport der Zettel und zum Rücktransport. Die Innenseite kann zum Rücktransport von Transitzetteln an die Leitstelle verwendet werden. Die Zettel werden durch eine elektrisch gesteuerte Klappe im geeigneten Augenblick auf das Band gleiten gelassen und im entsprechenden Augenblick durch eine elektrisch gesteuerte Abhebevorrichtung von dem Band emporgestreift, so daß sie auf die Tischplatte gleiten. Soweit die Zettel auf der Oberseite des Bandes zur Auskunftsstelle des Bandes weiter transportiert werden sollen, werden sie von einer elektrischen Einwurfeinrichtung an den einzelnen Plätzen im richtigen Zeitpunkt auf das Band gelegt, die wiederum mit der Abhebeeinrichtung am Auskunftsplatz übereinstimmen muß. Praktisch gleitet dann der Zettel an allen Plätzen unabgehoben hindurch und wenn er am Auskunftsplatz vorbeikommt, wobei er auf dem Rückwege befindlich, auf der Unterseite des Bandes gleitet, so fällt er einfach an einer Aussparung der Gleitschienen in die Auswurfmulde ab. Um die Innenseite des Bandes für Rücktransport an die Leitstelle verwendbar zu machen, wird das Band in einer Schleife senkrecht hochgezogen und die Gleitunterlage über dem Leittisch ausgespart, sodaß hier die Zettel, dem Schwergewicht folgend, im Inneren der Schleife herunterfallen. So können drei getrennte Transportvorgänge mit einem Band erledigt werden.

Wir können nun ein Gespräch auf dem Wege durch das Fernamt verfolgen und können dabei den Bedarf an sonstigen Zusatzeinrichtungen noch kurz streifen (vgl. Abb. Anh. 82). Der Teilnehmer eines automatischen Ortsnetzes wählt 00 und wird dann durch einen sog. Meldewähler auf einen Anmeldeplatz geschaltet. Jeder Anmeldeplatz ist mit zwei Anrufaggregaten ausgerüstet und wenn einer derselben besetzt ist, so gleitet der Meldewähler darüber hinweg. Sind sämtliche Meldeplätze besetzt, so prüft er auf den ersten, der nur einfach besetzt ist, sind sämtliche doppelt besetzt, so gibt er Besetztzeichen zum Teilnehmer und einen Alarm im Fernamt, der stärkere Platzbesetzung anfordert. Die Anmeldebeamtin sieht an dem Aufleuchten einer Lampe, daß ein Anruf erfolgt, schaltet ihre Sprechgarnitur mit einem Kipper auf diesen Anruf und meldet sich: „Hier Fernamt". Der rufende Teilnehmer erwidert: „Hier Nr. 20317, ein dringendes Ferngespräch nach Kohlgrub 84520, mit Gebühr". Die Fernbeamtin wiederholt: „Nr. 20317, ruft Kohlgrub 84520 dringend mit Gebühr, Sie werden gerufen". Den Zettel versieht sie mit dem Zeitstempel und übergibt ihn der Bandpost. Die Bandpost bringt den Zettel zur Leitstelle, die in kleinsten Fernämtern auch unmittelbar am Anmeldeplatz eingebaut ist. Die Leitstelle weiß, daß Kohlgrub in der Netzgruppe Weilheim liegt und über eine Weilheimer Leitung gerufen werden muß. Sie leitet den Zettel also an den Arbeitsplatz, an dem die Weilheimer Leitungen liegen, d. h. sie führt ihn in den mit Weilheim bezeichneten Einwurfschlitz der Leitstelle ein, von wo aus er mit der Bandpost an den Weilheimer A-Platz gebracht wird. Die Abhebeeinrichtung am Weilheimer Arbeitsplatz streift den Zettel dort auf die Tischplatte, zwischen dem Weilheimer und dem Nachbarplatz. Die Beamtin ergreift den Zettel, stellt fest, ob er für sie oder für ihre Nachbarin bestimmt ist und reiht ihn unter die für die gleiche Richtung vorliegenden Gesprächszettel, jedoch vor den einfachen Gesprächen ein. Wenn der betreffende Teilnehmer an die Reihe kommt, so führt die Beamtin ihren Verbindungsstecker in eine CO-Klinke für automatische Ortsvermittlung, an der unmittelbar ein Ferngruppenwähler angeschlossen ist, ruft mit ihrer Wählscheibe den Teilnehmer auf, prüft ihn an, läutet nach und ersieht aus der Überwachungslampe, wann der Teilnehmer aushängt. Hierauf tritt sie in die Leitung ein und spricht: „Hier Fernamt, ist da 20317, hier kommt Ihr Ferngespräch mit Kohlgrub". Dann führt sie nach Beendigung des vorhergehenden Ferngesprächs den zum Verbindungsstecker gehörigen Anrufstecker in das Fernanrufaggregat der Weilheimer Leitung, dabei spricht durch die Erde am Klinkenkörper das U-Relais an, schaltet die Wähleinrichtung auf Wechselstromwahl um und mit genau den gleichen Signalen und Manipulationen, wie vorhin beim Anruf des Münchner Ortsteilnehmers, wählt die Beamtin über Hauptamt Weilheim, V 1-Amt Murnau, V 2-Amt Kohlgrub den gewünschten Teilnehmer. Wieder sieht sie aus dem Erlöschen der Lampe, wann der Teilnehmer in das Gespräch eintritt und sagt ihm: „Ist hier 84520, Sie werden von München gerufen", allenfalls, wenn er im Ortsgespräch begriffen ist, „bitte schließen Sie, ich trenne". Dann wird das Ortsgespräch ausgelöst, der Teilnehmer ist an die Münchner Verbindung geschaltet. Der Kipper wird aufgerichtet und dadurch die beiden Steckerhälften gegeneinander durchgeschaltet. Mit dem Mitsprechschlüssel tritt die Beamtin in das Gespräch ein und ruft: „Bitte melden!" und schaltet sodann, wenn sie sich von dem ordnungsgemäßen Beginn des Gespräches überzeugt hat, den Zeitsignalsatz ein. Dann führt sie den Gesprächszettel unter den Zeitstempelapparat und stempelt als Urkunde die Uhrzeit. Damit ist das Gespräch gebührenpflichtig geworden. Solange keine der beiden Lampen aufleuchtet, braucht sie bei ordnungsgemäßem Betrieb nicht mehr in die Verbindung eintreten, bis das Aufleuchten einer Lampe das Einhängen des Teilnehmers der einen Verbindungshälfte anzeigt. Kurze Zeit darauf hängt auch der zweite Teilnehmer ein, die zweite Lampe kommt, die Fernbeamtin setzt den Zeitsignalsatz still. Wenn die Lampen nicht mehr verschwinden, wird die Gesprächskarte noch einmal unter den Zeitstempelapparat geführt und der Schlußstempel gedrückt, hierauf die Uhr am Zeitsignalsatz abgelesen und die Gesprächsdauer mit Bleistift auf der Karte eingetragen. Dann wird der Abfrageschlüssel auf die Fernleitungsstelle geschaltet und mit der Auslösetaste die Fernverbindung ausgelöst. Dann wird der Abfrageschlüssel auf die Ortsverbindungsseite umgelegt, der Teilnehmer nochmals gerufen (Nachläuten) und ihm mitgeteilt: „Ihr Gespräch war drei Minuten" und dann die Ortsseite ausgelöst. Das Erlöschen der Lampe zeigt die richtige Betätigung an. Die Fernbeamtin schreibt noch ihre Chiffre auf die Gesprächskarte und übergibt sie dann der Bandpost, welche sie zur Auskunftsstelle weiterleitet. Hier bleiben die Zettel für etwaige Rückfragen mehrere Tage liegen. An diesen Stellen sammeln sich in großen Fernleitungsstellen gegen 100000 Gesprächszettel an.

Während der Nachtzeit und während der verkehrsschwachen Zeiten wäre es unsinnig, den Verkehr über das ganze Fernamt zu zerstreuen. Hier werden die Nachtkipper der Fernleitungen gedrückt und diese dadurch an die Nacht- und Sammelplätze zusammengefaßt. Auf dem Wege dorthin werden die Fernleitungen samt ihren Ferndienstleitungen über den sog. Nachtverteiler geführt, so daß auch für diese Zusammenfassung eine Rangiermöglichkeit besteht. Ein Nacht- und Sammelschrank faßt äußerstenfalls 28 Fernanrufaggregate in Gruppen

zu Vieren, aufgeteilt auf zwei Arbeitsplätze. Neben den Fernarbeits-
plätzen benötigt das Fernamt die bereits erwähnte Anmeldestelle, an
der sich der Anmeldeverkehr abwickelt. Es erhalten künftig Fernämter
mit 1000 Fernleitungen 64 Anmeldetische, 500 Fernleitungen 32 Anmeldetische, 250 Fernleitungen 16 Anmeldetische, 120 Fernleitungen
8 Anmeldetische, 60 Fernleitungen 4 Anmeldetische. Für Orts- und
Fernauskunft sind besondere Auskunftsplätze vorgesehen, an denen die
Gesprächszettel gestapelt werden. Ein 60er Fernamt erhält einen Auskunftsplatz, ein 120er zwei usw.

Besonders wichtig für eine glatte Abwicklung ist eine richtige Auf -
sicht. Fernämter bis zu 500 Leitungen erhalten eine männliche Ober -
aufsicht, Fernleitungsstellen mit 120 Fernleitungen weiterhin eine Saal-
aufsicht und 4 Schrankaufsichten. Fernleitungsstellen mit 60 Fernleitungen erhalten 2 Schrankaufsichten. Die Aufsichtsplätze der Schrankaufsichten werden so verteilt, daß sie die ihnen zugeordneten Plätze
überschauen können, außerdem besitzen sie Überwachungseinrich-
tungen, welche unerledigte Anrufe signalisieren und geben die Möglichkeit, auf dem Dienstverkehrswege mit den Beamtinnen der Fernplätze
zu sprechen. Jedes Fernamt erhält einen Überwachungsschrank, der
es gestattet, den Sprechverkehr der einzelnen Beamtin telephonisch
zu überwachen, zur fortgesetzten Prüfung des Personals.

Die Beweglichkeit in der Benützung einer Fernleitungsstelle hängt
wesentlich ab von der Führung der Leitungen über die Verteiler.
Das Fernamt besitzt Hauptverteiler, Ortsverteiler und Nachtverteiler. Die
Fernleitungen laufen mehrmals über den Hauptverteiler, je nach ihrem
Verwendungszweck und durchsetzen dabei mehrmals den sog. Klinkenumschalter, den Hauptuntersuchungsschrank der Fernleitungsstelle.
Die von allen Richtungen einmündenden Bezirksfernkabel und Freileitungen gelangen zunächst an die Sicherungsleisten des Hauptverteilers und gehen nun von hier auf die Verbindungsseite des Verteilers
in Form von fliegenden Drähten. Von hier aus gehen sie in dem Klinkenumschalter der Reihe nach an die einzelnen Klinken, Klinke 1, die
Parallel- oder Mithörklinke, an Klinke 2, die Außenleitungsklinke, welche
die weiterführende Innenleitung abtrennt, an Klinke 3, die Innen-
leitungsklinke, welche die ankommende Leitungsseite abtrennt, Klinke 4
und 5, bei Kombinationsleitungen zum Abtrennen der Kombination und
der Stammleitung benützt. Von Klinke 3 aus geht die Fernleitung zurück
an die Verbindungsleiste, geht dann über eine weitere Leiste an das
Spulengestell, in dem die Kombinationsbildung erfolgt. Kombination
und Stamm kehren dann über den Verteiler zurück an Klinke 4 und 5.
Auch Ferndienstleitungen und Transitleistungen werden in ähnlicher
Weise über den Verteiler geführt, laufen durch den Klinkenumschalter
und von hier von Schrank zu Schrank. Auf dem Wege der Fernleitungen
zum Nacht- und Sammelplatz gehen sie über den Nacht- und Sammel-

verteiler. Die Ortsvermittlungsleitungen andererseits, welche zu dem
I. Ferngruppenwähler für Ortsverkehr führen, gehen über den Ortsverteiler.

Das Herz eines Fernamtes ist seine Stromlieferungsanlage. Das
Fernamt benötigt zwei 60-Volt-Batterien, wie das Sa-Amt, und die
Meßbatterie. Für jede Batterie ist eine Lademaschine erforderlich
und eine Ersatzmaschine. Für ausfallendes Netz soll in Fällen großer
Unsicherheit ein Benzinmotor mit einer Dynamomaschine, welche Netzstrom liefert, vorgesehen werden. Die Lademaschinen liegen jeweils am
Drehpunkt eines Wechselschalters, der es erlaubt, sie auf Batterie I
oder II umzuschalten. Zellenschalter oder dgl. kommen nicht in Verwendung. Die weiteren Maschinen sind zwei Rufstromgeneratoren und
die Wählmaschine.

Vereinzelt ergeben sich für Fernämter noch besondere Aufgaben
durch die Schnurverstärkung, welche im Bedarfsfall von den Fernplätzen angefordert werden soll. Es werden alle Fernplätze, an denen
Schnurverstärkung in Frage kommen kann, mit einem Schnurpaar ausgerüstet und beim Anheben eines Steckers über Vorwähler ein freier
Verstärker ausgesucht. Auf besondere Verstärkerdurchgangsplätze ist
in den bayerischen Fernämtern verzichtet. Damit ist ein ungefähres
Bild über neuzeitliche Fernämter nach bayerischer Bauart gegeben.

Große Fernämter des Reichspostgebietes.

Es folgt als Gegenstück die von der außerbayerischen Reichspost
geschaffene Lösung. Der Erbauer dieser Fernämter ist Präsident
Kruckow, Berlin, der zusammen mit der Firma Siemens & Halske und
E. Zwietusch, Berlin, namentlich für allergrößte Fernämter eine neuartige, technisch sehr beachtenswerte Form entwickelt hat[1]). Entsprechend der Aufgabe dieser Fernämter, für allergrößte Fernleitungsstellen verwendet zu werden, ist auf die Vielfachschaltung von Transitleitungen und Ferndienstleitungen verzichtet. Der Dienstverkehr der
einzelnen Plätze unter sich erfolgt über Wähler, der schrankartige Aufbau kommt in Fortfall. Die Fernarbeitsplätze werden tischförmig und
erhalten eine technisch wohl befriedigende, sachlich nüchterne Form.
Allerdings sind die letzten Möglichkeiten dieser Konstruktion, die Anwendung der automatischen Fernvermittlung zunächst nur teilweise
für Randämter geschöpft. Wenn die Fernbeamtin den Ortsteilnehmer
ruft, so verbindet sie sich durch Wahl einer ein- oder zweistelligen Ziffer
mit der Beamtin eines Vorschalteschranks, die dann über Klinke den
gewünschten Teilnehmer aufruft. Würde sie noch zwei oder drei Stellen
mehr wählen, so könnte sie über automatische Fernvermittlung un

---

[1]) Vgl. T.F.T.: „Neue Wege beim Bau großer Fernämter" von Präsident
A. Kruckow.

mittelbar zum Teilnehmer gelangen und die Vorschalteschränke kämen in Fortfall.

Für die Abwicklung von Durchgangsgesprächen sind sog. Durchgangsschränke vorgesehen, die in Schrankform ausgeführt, in ihrem Klinkenaufbau die für Transitschaltung in Frage kommenden Fernleitungen vielfachgeschaltet und mit Besetztzeichen versehen, enthalten. Wenn eine Beamtin eine Transitverbindung herzustellen hat, so wählt sie die zuständige Durchgangsbeamtin, diese erkennt aus dem Besetztzeichen, ob nach der gewünschten Richtung eine Leitung frei ist und schaltet dann die gewünschte Leitung der Fernbeamtin zu. Ist diese Leitung nicht frei, so wird die Verbindungsleitung gleichwohl zugeschaltet und beim Freisein der betreffenden Leitung mit der Verbin-

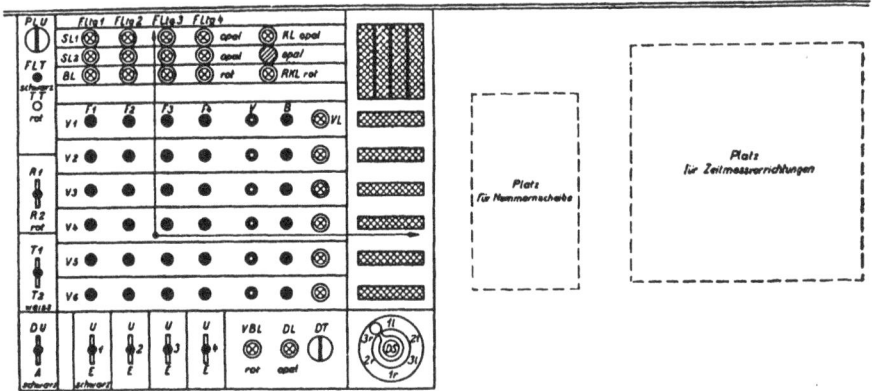

Abb. 89. Fernplatz des Mannheimer Fernamts. Draufsicht.

dungsleitung selbsttätig durchgeschaltet. Die Verwendung von Durchgangsschränken rechtfertigt sich nur in allergrößten Fernleitungsstellen, wenn der Transitverkehr nur einen geringen Prozentsatz ausmacht. Im übrigen müßte der Transitverkehr auch beim Fortfall der Durchgangsschränke keineswegs unbedingt über Klinke und Stecker abgewickelt werden, sondern könnte ebenfalls über Wählergassen geleitet werden. Darin und in der Automatisierung auch des Dienstverkehrs erblicke ich die endgültige Form größter Fernämter.

Abb. 89 zeigt zunächst die Einrichtungen eines Fernplatzes in ihrer Anordnung auf der Tischplatte. In einer technisch schönen, einfachen, auswechselbaren Ausführung enthält die Tischplatte ein Linienumschaltersystem, wie es heute in Haustelephonanlagen und Reihensystemen verwendet wird. Die Leitungen sind kreuzweise zueinander angeordnet und können an den Kreuzungspunkten durch Drücken einer Verbindungstaste aneinandergeschaltet werden. Vier

Fernleitungen F1—F4 können maximal an einem Platz angeordnet werden und hierfür stehen äußerstenfalls 6 Verbindungsmöglichkeiten zur Verfügung. Jeder Fernleitung ist eine Besetztlampe, eine Anruflampe und eine Schlußlampe zugeordnet, jeder Verbindungsleitung eine Überwachungslampe VL. Die Fernleitung wird mit der Verbindungsleitung dadurch zusammengeschaltet, daß im Kreuzungspunkt der beiden Systeme, z. B. F3, V4 die Verbindungstaste gedrückt wird. Jede Fernleitung besitzt außerdem noch einen Kupplungsumschalter U—E, der Platz noch 3 Kipper mit Wechselstellungen, Abfrage-, Ruf- und

Abb. 90. Fernplatz des Mannheimer Fernamts. Ansicht einer Schrankreihe.

Trennungsschalter. An der rechten Seite der auswechselbaren Aggregate sind vertikale Schlitze für die in Verarbeitung befindlichen Gesprächszettel vorgesehen, jeweils den einzelnen Verbindungsleitungen zugeordnet, darüber vier weitere Schlitze für die in Vorbereitung stehenden Gespräche. Die äußere Ansicht eines derartigen Fernplatzes ergibt Abb. 90. Sie zeigt, wie neben den Anruf- und Verbindungseinrichtungen die Wählscheibe und die Zeitmeßeinrichtung eingebaut wird. Die Zettelbeförderung erfolgt pneumatisch durch die Rohrpost, die Kabelverlegung im Innern der Schrankreihen. Zur Zusammenfassung des Verkehrs in der Nachtzeit sind Nacht- und Sammelplätze vorgesehen. Hier ist die Vielfachschaltung der Leitung verwendet, bleibt also die Schrankform zunächst gewahrt.

Die Herstellung einer Fernverbindung vollzieht sich in der Weise, (Abb. Anh. 91) daß beim Anruf einer Fernstation zunächst ein S1-Relais erregt wird. Dieses S1-Relais betätigt die Anruflampe SL1 und die Platzkontrolllampe KL. Nunmehr schaltet sich die Beamtin mit der Kipperstellung E die Fernleitung an den Platz. Dabei wird das Relais C1 in der Fernleitung erregt, welches die Schauzeichen SZ im Vielfachfeld der Durchgangsplätze betätigt. Dadurch wird die Leitung an diesen Plätzen als besetzt gekennzeichnet und ihr Umschalterelais U abgetrennt, so daß sie die Fernleitung nicht mehr in Anspruch nehmen können. Durch Umlegen des Abfrageschalters A wird die Platzeinrichtung auf die Fernleitung geschaltet und mit A3 der Speisestromkreis für das Mikrophon geschlossen. Nunmehr muß die Verbindung mit dem Ortsteilnehmer hergestellt werden. Die Beamtin bedient sich dazu einer der 6 am Platz vorhandenen Verbindungsleitungen, welche je mit einem Gruppenwähler verbunden sind. Bevor die Ortsvermittlung eingeleitet wird, wird mit dem Trennschlüssel T1 die Fernleitung von dem Platzschlüssel abgetrennt. Damit die Fernleitung trotzdem überwacht bleibt, wird dafür das Anrufrelais in dieser Stellung wieder angeschaltet. Die Fernbeamtin betätigt nun die V-Taste einer freien Verbindungsleitung und schaltet dadurch über das Hilfsrelais H die Platzeinrichtung an diese Leitung an. Die mechanisch damit gekuppelte Besetzttaste B springt dadurch hoch, belegt den Gruppenwähler und schaltet den a-Ast durch. Nunmehr erfolgt die Wahl zur Einstellung der Gruppenwähler, wobei der Arbeitskontakt der Wählscheibe das Abfragegerät während der Stromstoßreihen abtrennt. Wenn nun die beiden Teilnehmer an der Fernleitung sind, so erfolgt die Durchschaltung von Fernleitung und Verbindungsleitung durch Drücken der am Kreuzungspunkt gelegenen Verbindungstaste, z. B. F3, V4. Dabei wird das Schlußzeichenrelais S2 in die Verbindung geschaltet, während S1 in der Fernleitung F1 liegenbleibt. Es ist also doppelte Schlußzeichengabe möglich.

Die Auslösung der Verbindung erfolgt durch Drücken der B-Taste, wobei der Gruppenwähler auslöst. Die Herstellung der Verbindung über Nacht- und Sammelplätze geschieht ähnlich wie bei den bayerischen Fernämtern und soll deshalb nicht besonders erwähnt werden. Eine Verbindung über den Durchgangsschrank, also eine Transitverbindung, wird hier in ähnlicher Weise behandelt, als wie der Aufruf über Vorschalteschrank. Der Durchgangsschrank wird in Mannheim über Dekade 8 und 9 gerufen, dann wird von ihm die gewünschte Verbindungsleitung gefordert, die dieser nun im Vielfach genau so zu stecken hat, als wenn er einen Ortsteilnehmer rufen würde. Wenn diese Leitung besetzt ist, so wird sie jedenfalls zugesteckt, aber erst zugänglich gemacht, sobald sie von der Platzbeamtin nicht mehr benötigt wird.

Für die Schnurverstärkung sind besondere Durchgangsschränke für Schnurverstärkerbetrieb vorgesehen. An diesen liegt die Fernleitung samt ihrer Nachbildung, während an je einem Verbindungssteckerpaar des Durchgangsschrankes fest ein Zweidrahtverstärker angeschlossen liegt. Durch Einführen dieser beiden Verbindungsstecker wird die Durchgangsverbindung verstärkt. Die Überwachung bleibt bei der Abfragebeamtin, welche über eine Überwachungsleitung, mit der sie den Durchgangsplatz gerufen hat, die Überwachung der beiden Verbindungshälften vornimmt.

Der Verfasser hat versucht, den Wegfall von Stecker und Schnur auch für kleinere Fernämter ohne Verwendung von Transitplätzen möglich zu machen, durch Einführung eines Platzwählers, welcher an Stelle der Vielfachklinken den Ferndienst- und Transitverkehr ermöglicht. Dabei kann, da Ferndienstverkehr und Transitverkehr nur etwa mit 12—15% aller gleichzeitig stehenden Ferngespräche benötigt werden, eine Verminderung der Platzwähler auf die Gleichzeitigkeit erfolgen durch Einschiebung von Vorwählern, welche zugleich für Umsteuerzwecke mitverwertet werden können (Abb. Anh. 92 und 93).

Am Fernplatz würden Schienenumschalter verwendet, mit 4 den Fernleitungen zugeordneten Sammelschienen, ähnlich wie beim Mannheimer Fernamt und mit 5 senkrecht dazu verlaufenden Vermittlungsschienen, welche aber für Anruf und Gerufenwerden geschaltet werden müßten. Am rechten Ende jeder dieser Vermittlungsschienen würden sich zwei Belegknöpfe befinden, bei Netzgruppensystemen mit offener Kennziffer 3 und bei Betätigung eines derselben würde jeweils ein Umsteuervorwähler nach beigefügtem Schaltbild betätigt werden. Handelt es sich um Herstellung einer Ortsverbindung über automatische Fernvermittlung, wie sie für dieses Fernamt vorausgesetzt ist, so würde der Vorwähler über seine erste Kontaktbank im c-Ast prüfend einen freien Vermittlungsgruppenwähler aussuchen, über den dann die Nummer des Ortsteilnehmers gewählt werden kann. Würde ein Netzgruppenteilnehmer gewünscht, so würde der gleiche Gruppenwähler belegt, aber gleichzeitig durch ein Steuerrelais Q ein kurzer Erdimpuls auf die a-Leitung gegeben, so daß der Gruppenwähler in der Dekade 1 eindreht und einen freien, in die Netzgruppe führenden Gruppenwähler selbsttätig belegt. Soll endlich eine Transitverbindung hergestellt, oder ein Ferndienstanruf vorgenommen werden, so drückt die Beamtin den 3. Knopf und der Umsteuerwähler belegt über den d-Ast prüfend einen freien Platzwähler, welcher nach der Schaltung eines Mehrfachleitungswählers arbeitend (vgl. Abb. Anh. 93) den Aufruf einer bestimmten Platznummer mit drei Freiwahlschritten gestattet. Die Beamtin würde in einer Liste beispielsweise vorfinden: Starnberg Nr. 23, würde diese Nummer nach Drücken des betreffenden Transitknopfes rufen und der Platzwähler würde nun vom 3., 4. und 5. Drehschritt der 2. Hubdekade ab auf drei freie Anrufaggregate an den Verbindungsschienen des Starnberger Platzes prüfen. Dabei würden die dorthin führenden Leitungen

bei Umlegen der Fernleitung an den Sammelplatz ebenfalls dorthin mit-
umgeschaltet werden, bei Verlegung einer Leitung am Klinkenumschalter ebenfalls an den neuen Platz weiter führen, so daß die Nummer
der Leitung immer die gleiche bleibt. Die Herstellung einer Transitverbindung vollzöge sich in der Weise, daß die Nummer der transit
zu schaltenden Leitung gewählt wird, beim Auflaufen dieser Verbindung
auf eine der drei Verbindungsschienen leuchtet alsdann die Lampe TL
auf. Die Beamtin schaltet sich auf die Verbindungsleitung und erfährt,
daß eine Verbindung mit der Leitung München, Mühldorf beispielsweise
transit zu schalten ist und drückt hierauf, wenn der betreffende Teilnehmer auf der Mühldorfer Leitung gerufen ist, am Kreuzungspunkt
der Fernleitungsschiene Mühldorf und der transitbelegten Verbindungs-
schiene den Verbindungsknopf. Der Platzwähler erlaubt eine Signalgabe über den c-Ast für Aus- und Einhängeüberwachung und liefert
eine von jedem Zusatz freie Sprechleitung, so daß die Überwachung des
Transitgespräches sowohl an dem Ausgangsplatz, als auch den zweiten
Platz gelegt werden kann. Auch Wechselstromfernwählung wäre über
diese Transitverbindung möglich. Im Schrankaufbau, der niedriger
gehalten werden könnte, der unter Umständen einer Tischform weichen
könnte, wäre an Stelle der Transitklinken und Ferndienstklinken ein
Verzeichnis der Leitungsnummern nötig. An Stelle der Leitungen
kommen unter Umständen nur die Verkehrsrichtungen in Frage, wenn
nach Durchführung des Netzgruppenprojektes von jedem Fernamt nur
wenige Verkehrsrichtungen mit vielen Leitungen bestehen. Wenn der
Platzwähler für die Leitungszahl nicht mehr ausreichend ist, können
Gruppenwähler mit Aushängeüberwachuug im c-Ast vorgeschaltet
werden. Ob dieser Vorschlag betriebstechnisch und wirtschaftlich mit
der Fernplatzausführung mit Stecker und Schnur in Konkurrenz treten
kann, und bis zu welcher Ämtergröße, das kann nur auf Grund einer
praktischen Ausführung festgestellt werden. Jedenfalls aber drängt die
Entwicklung der Apparatentechnik auch im Fernämterbau mehr in das
Gebiet der fabrikmäßig herzustellenden Teile und wie im Nebenstellen-
wesen die Schränke teilweise den Wählern weichen müssen, so dringt die
Wählertechnik auch mehr und mehr in die Fernämter ein.

Automatischer Weitschnellverkehr. Es hat sich in letzter Zeit
als zweckmäßig erwiesen, den ursprünglich für Nachbarorte verwendeten Schnellverkehr auch für größere Entfernungen auszubauen,
zum Verkehr von Großstädten, zwischen denen rege Gesprächsbeziehun-
gen bestehen, z. B. auf den Strecken Berlin—Hamburg, Frankfurt a. M.—
Mannheim und zwischen den Großstädten der Industriebezirke. Auch
in Bayern ist die Einrichtung dieses Schnellverkehrs in Angriff genommen
und die ersten Strecken Kissingen—Würzburg, Würzburg—Nürnberg,
Nürnberg—Regensburg jeweils im Wechselverkehr werden eben dem
Betrieb übergeben. Später soll in der durch Abb. 53 veranschaulichten

Weise dieses Schnellverkehrsnetz weiter ausgebaut werden. Dabei bedeuten die vollausgezogenen Doppellinien Wechselverkehr zwischen den Orten, die gestrichelte Linie Verkehr zum Hauptamt, wie er namentlich für Ausflugsorte und Verkehrssammelpunkte zweiter Größe geplant ist. Auch dieser Weitschnellverkehr wird vollautomatisch mit Zeit- und Zonenzählung nach dem offenen Kennziffersystem abgewickelt. Der Teilnehmer von München 20318, der den Teilnehmer 40325 in Nürnberg sprechen will, wählt zunächst die Schnellverkehrsziffer $A = 1$ und hört hierauf das Schnellverkehrszeichen; dann wählt er die Nürnberger Kennziffer und Rufnummer 21—40325. Die Verbindung wird mit Wechselstromwählung aufgebaut und mit Zeitzonenzählung überwacht und gezählt. Neben dem Schnellverkehrsweg wird dem Teilnehmer der Weg über die Anmeldestelle offen gehalten. Die Wählleitungen liegen mit Besetztlampe am Fernplatz und die Fernbeamtin ist angewiesen, die Anmeldegespräche in den Ruhepausen über die Fernleitung einzufügen, so daß dadurch ein einheitliches Leitungsbündel und höchste Leitungsausnützung wie im normalen Fernverkehr erzielt wird. Mit Rücksicht darauf ist die Wechselstromwähleinrichtung aus der Fernplatzschaltung herausgenommen und an den abgehenden Übertrager übermittelt worden (vergleiche Nachtrag im Anhang).

Diese Form des Weitschnellverkehrs wird vermutlich den normalen Fernverkehr prozentual noch wesentlich verringern.

Nebenstellenanlagen in automatischen Ortsfernsprechnetzen.

Das öffentliche Netz umfaßt in erster Linie die sog. Hauptanschlüsse, jene Sprechstellen, die unmitelbar an einer Amtsleitung liegen. Wenn dabei eine Einrichtung vorgesehen ist, um mehrere Sprechstellen wahlweise mit dieser Amtsleitung zu verbinden, bzw. zum Sprechverkehr untereinander zusammenzuschalten, so spricht man von einer Nebenstellenanlage. Wie bereits früher mitgeteilt, ist die einfachste Form einer solchen Nebenstellenanlage ein Zwischenumschalter oder eine Hauptstelle mit einer Nebenstelle. Die hiefür geforderten Verkehrsformen sind: Verkehr Hauptstelle-Amt, Verkehr Nebenstelle-Amt, Verkehr Hauptstelle-Nebenstelle, sog. Nachtstellung, wodurch gewissermaßen die Nebenstelle zur Hauptstelle wird. Die äußere Ausführungsform eines solchen Zwischenumschalters zeigt die folgende Abb. 94. Der Verkehr Nebenstelle-Amt muß, außer bei Nachtstellung, durch die Hauptstelle vermittelt werden, doch gibt es auch Schaltanordnungen, wonach die Nebenstelle durch Drücken einer Amtstaste unmittelbar sich mit dem Amt verbinden kann (System Bruckner & Stark).

Wichtig ist bei allen Zwischen- und Nebenstellenumschaltern die Forderung, daß das Aushängen des Mikrophons allein nicht das Amt belegen soll, sondern daß dazu eine besondere Kipperstellung „Hauptstelle—Amt" verwendet wird. Andernfalls werden nämlich bei allen internen Anrufen, wenn der Teilnehmer, was meistens geschieht, nicht vorher den Nebenstellenkipper drückt, Amtsbelegungen erzeugt, welche sich bei Teilamtsschaltung und Mitlaufwerksystem bis ins nächste Vollamt fortpflanzen können.

Kommen mehrere Nebenstellen in Frage, so spricht man von einem Zwischenumschalter $1/n$, bzw. von einem Nebenstellenumschalter. Hier kommt zu den vorhin erwähnten Verkehrsformen noch der Verkehr Nebenstelle—Nebenstelle. Eine wichtige Frage für die Konstruktion derartiger Nebenstelleneinrichtungen ist die der Stromversorgung.

Abb. 94. Bild eines bayerischen Zwischenumschalters für unmittelbaren Amtsanruf der Nebenstelle ohne Vermittlung der Zwischenstelle.

Zwischenstellenumschalter wurden bisher immer aus dem Amt gespeist. Neuestens wurde dabei die Schaltung so getroffen, daß eine Belegung der Amtsanschlußorgane bei Gesprächen der Nebenstellen unter sich nicht erfolgt. Neuerdings hat man zum Zwecke der Speisung der Nebenstellenanlagen die Speisebrücke im Amt vorgesehen, die aber bis zu einem gewissen Grade impulsentstellend wirkt. Bei den ständig gesteigerten Anforderungen an die Genauigkeit der Impulsgabe ist es nicht ausgeschlossen, daß auch Zwischenumschalter noch für lokale Stromversorgung entwickelt werden müssen. Dabei kann natürlich Fernladung über die Amtsleitung in Frage kommen.

Wenn mehr als eine Amtsleitung zur Nebenstellenanlage führen, so führt diese die Bezeichnung Zentralumschalter. Die Vermittlung der Nebenstelle mit dem Amt erfolgt hier nicht mehr über Kipper, sondern über Stecker und Schnur. Solche Zentralumschalter sind Nachbildungen kleinster manueller Ämter und sind aus der Zeit des manuellen Betriebes im öffentlichen Netz entnommen. Sie besitzen alle lokale Batterieanlagen, neuestens meist mit lokaler Ladeeinrichtung und zwar mit Dauerladung versehen. Die Batterie wird bei Gleichstromnetzen über Vorschaltewiderstand, bei Wechselstromnetzen über einfache Gleichrichter, meistens Glimmlichtröhren, dauernd geladen. Die Umschalteeinrichtung enthält die Amtsanruforgane, bestehend aus Anruflampe und Anrufklinke, pro Nebenstelle ein Nebenstellenorgan, bestehend aus Lampe, Nebenstellenlampe und Nebenstellenklinke und schließlich entsprechend der Zahl der maximal gleichzeitig herzustellenden Verbindungen, Steckerpaare mit einseitigen oder doppelseitigen Überwachungslampen. Zum Steckerpaar gehören Sprech- und Rufumschalter, welche das Anschalten der Sprechgarnitur, bzw. der Rufeinrichtung an das Schnurpaar gestatten.

Die Zahl solcher Nebenstellenanlagen in öffentlichen Netzen ist immerhin so bedeutend, daß sie auf den Verkehr des öffentlichen Netzes großen Einfluß besitzen. Man rechnet Zwischenumschalter mit einer Nebenstelle 7—10% aller Teilnehmer, Zwischenumschalter mit mehr als einer Nebenstelle 3—5%, Zentralumschalter 2—3%, also 18—20% aller Sprechstellen führen zu Nebenstellenanlagen, etwa 80% sind gewöhnliche Hauptanschlüsse. Nun sind aber die Nebenstelleninhaber meist Vielsprecher in ankommender und abgehender Richtung, so daß die 20% Sprechstellen meist zirka 50% des öffentlichen Verkehrs verursachen. Der Zustand und die technische Ausgestaltung der Nebenstellenanlagen haben also große Rückwirkung auf die Einrichtungen des öffentlichen Netzes, doppelt im Selbstanschlußbetrieb.

Die Nebenstellentechnik ist übrigens keineswegs manuell geblieben. Etwas später als in die Technik der öffentlichen Netze ist in die Technik der Nebenstellenanlagen der Sa-Betrieb eingedrungen, hat sich aber dann rascher verbreitet als in den öffentlichen Netzen. Zunächst handelt es sich nur um eine Automatisierung des Internverkehrs, also von Nebenstelle zu Nebenstelle. Der Verkehr mit dem öffentlichen Netz blieb manuell vermittelt. Die zum Verkehr mit dem öffentlichen Netz zugelassenen Sprechstellen wurden einerseits an das Anschlußorgan der automatischen Nebenstellenanlage, andrerseits an eine Nebenstellenklinke des Amtsvermittlungsorganes angeschlossen und in der Regel mit Hilfe der sog. doppelten Installation wurden die beiden Verkehrsmöglichkeiten sichergestellt. Die doppelte Installation verlangt eine Verlegung zweier Leitungen zu jeder Sprechstelle, wurde also außerordentlich kostspielig, besonders für weit entlegene Sprechstellen. Das Nebeneinanderbestehen der manuellen Technik und der Automatentechnik war das Ergebnis seiner zögernden, schrittweisen Entwicklung und drängte zu einer einheitlichen Lösung.

Merkwürdigerweise hat der Inhaber des öffentlichen Netzes, die Deutsche Reichspost, den für sie bedeutsameren Weg zuerst eingeschlagen und hat den Verkehr von der Nebenstellenanlage in das öffentliche Netz freigegeben. So verständlich dies in der manuellen Technik ist, so kann es in einem Sa-Netz keineswegs gleichgültig sein, welche Art von Nebenstellenanlagen auf die Wählereinrichtungen einwirken. Den umgekehrten Weg, den Verkehr vom öffentlichen Netz in die Nebenstellenanlage, welcher weit mehr im Interesse des Inhabers des öffentlichen Netzes liegt und für ihn ein geringeres Risiko bedeutet, hat man heute noch nicht überall freigegeben. Die Wählergassen des automatischen Amtes sind durchwegs nach TC-Stunden berechnet, also nach den geleisteten Gesprächswerten, welche eine Funktion der mittleren Belegungsdauer sind. Wenn nun in der Hauptverkehrsstunde, für welche diese Berechnungen ausgeführt werden müssen, der Abfluß des Verkehrs zu den Nebenstellenanlagen durch die manuelle Vermittlung behindert wird, so entstehen dadurch höhere Belegungsdauerwerte und es müssen mehr Wähler im Amt bereitgestellt werden. Die manuell vermittelten Nebenstellenanlagen sind also ein Fremdkörper im Sa-Netz, eine Schranke zwischen den Sa-Netzen des öffentlichen Verkehrs und der Nebenstellenanlage. Je nach der Art der Nebenstellenanlage ist die Vermittlungsbeamtin zugleich Auskunftsstelle und diese Auskunftserteilung an der Stelle, wo der Verkehr rasch vermittelt werden soll, ist wie eine Unterhaltung unter der Haustüre eines Geschäftshauses, wo der Verkehr ein- und ausströmen soll. Wie man in den manuellen Ortsnetzen die Auskunftserteilung längst der Tätigkeit der Abfragebeamtin entzogen hat, so soll der komplizierte Auskunftsdienst der Nebenstellenanlage unbedingt aus der Hand der Vermittlungsbeamtin genommen und einer Nebenstelle zugeordnet werden.

In den Zeiten, wo die Vermittlungsschränke der Nebenstellenanlage unbesetzt sind, sind zunächst die Nebenstellen vom öffentlichen Netz abgeschnitten. Um die Amtsleitungen trotzdem nutzbar zu machen, werden nach Auswahl des Nebenstelleninhabers so viele Nebenstellen als Hauptleitungen bestehen, nachts zum Amt durchgeschaltet und bleiben ankommend und abgehend benützbar. Der Rest aber ist völlig vom Amt abgeschnitten. Darum haben die wichtigsten Nebenstelleninhaber, die leitenden Stellen, meist neben dem Nebenstellenanschluß an ihre Nebenstellenanlage noch einen Hauptanschluß an das öffentliche Netz.

Diese Verhältnisse drängen unwillkürlich zu der Lösung Nebenstellennetz und öffentliches Netz zwangläufig miteinander zu verketten und so ist in Bayern auf Anregung von Ministerialrat Dr. Steidle die sog. **Werkzentrale** entstanden.[1]   Bei dieser Einrichtung wird auch

---

[1] Vgl. Fernmeldetechnik 1926, Heft 10, 11, 12 Hebel: „Sana mit unmittelbarem Amtsanschluß in beiden Richtungen."

der aus dem Amt kommende Verkehr über die Wähler der Nebenstellenanlage geleitet, die Nebenstellenklinken kommen in Fortfall und damit
wird der Vermittlungsapparat von einem großen kostspieligen Schrank
zu einem kleinen einfachen Tischapparat. Natürlich kann und das ist
vielfach der Hauptgrund, den man gegen die Beseitigung der manuellen
Vermittlung anführt, eine gewisse Reglung des ankommenden Verkehrs
nicht entbehrt werden. Der Verkehr zu den Nebenstellen hängt wesentlich von den inneren Eigenschaften des Betriebes ab, dem die Nebenstellenanlage zu dienen hat. Und so können Auskunftserteilung, Ge-
heimhaltung, Überwachung und dergleichen die verschiedensten Aufgaben für die Verkehrsabwicklung stellen. Es wird in den seltensten
Fällen genügen und zweckmäßig sein, wenn man sämtliche Nebenstellen
in das öffentliche Fernsprechverzeichnis aufnimmt. Die Kosten dieses
Vorgehens sind für den Inhaber der Nebenstellenanlage meist nicht
lohnend und damit scheint die Erschließung des direkten Wählbetriebes
bis zur Nebenstelle zunächst erfolglos. Nun zeigt sich aber, daß der
Fernsprechverkehr überwiegend ein periodischer Verkehr ist. Jeder
Fernsprechteilnehmer macht die Erfahrung, daß unter der Vielzahl der
im Fernsprechverzeichnis vorgetragenen Rufnummern nur einige wenige
für ihn dauernd Bedeutung haben und gerade der Umstand, daß unlängst eine ganze Technik von Fernsprechmerkbüchern entstanden ist,
welche sich meistens mit 20—30 Zeilen begnügen, beleuchtet diese Tatsache und darauf kann das Prinzip des ankommenden vollautomatischen
Verkehrs aufgebaut werden. Die an den bereits ausgeführten Nebenstellenanlagen dieser Form gemachten Erfahrungen haben gezeigt, daß
ungefähr 70% des ankommenden Verkehrs immer von denselben Sprechstellen ausgeht und zu denselben Nebenstellen strebt und auch ohne
Aufnahme der Nebenstellennummern in das öffentliche Verzeichnis sehr
bald den Weg bis zur Nebenstelle findet. Dieser überwiegende Anteil
des Verkehrs ist also dem Vermittlungsdienst entzogen, wird rasch und
wartezeitlos abgewickelt und beschleunigt, da er die Vermittlungsperson
nicht in Anspruch nimmt, auch die übrigen 30% des Verkehrs, in denen
das Eintreten der Vermittlungsperson notwendig bleibt. Die technische
Lösung in der Werkzentrale ist folgende: Wenn der Teilnehmer bis zum
Hauptanschluß durchgewählt hat, so ertönt zunächst ein Freizeichen;
er kann nun, wenn er die Nebenstellennummer weiß, unmittelbar anschließend die Nebenstellennummer weiterwählen, ohne daß die Beamtin eintritt. Weiß er aber die Nebenstellennummer nicht, sondern
wartet auf Auskunft, so wird mit einer Verzögerung von 5 Sekunden
durch Aufleuchten einer Anruflampe das Eintreten der Vermittlungsbeamtin veranlaßt. Daneben kann man dem Schrank die Nebenstellennummer 1 oder 0 geben und durch anschließende Wahl dieser Zusatzziffer
für Kundige auch diese Wartezeit vermeiden. Diese kann nun entweder
die Nummer der gewünschten Nebenstelle mitteilen, so daß der rufende

Teilnehmer weiterwählen kann, sich diese Nummer einprägt und im Wiederholungsfalle die Durchwahl anwendet, oder sie kann selbst für den betreffenden Teilnehmer die Nebenstellennummer rufen.

Die Nebenstellenanlage muß natürlich alle jene Verkehrsmöglichkeiten gestatten, die der manuelle Vermittlungsschrank erlaubte. Dazu gehört in erster Linie die Möglichkeit der Umlegung eines Anrufes. Wenn ein Teilnehmer mit einer Nebenstelle gesprochen hat und dieses Gespräch ist beendet, so muß er mit dem gleichen Amtsanruf noch weitere Nebenstellen sprechen können. Es muß also beim Einhängen einer Nebenstelle die über Wähler aufgebaute Verbindung bis zum Vorschalteschrank zusammenfallen, so daß sie der Teilnehmer neu aufbauen kann. Wenn er dabei die zweite Nummer nicht selber wählen kann, sie nicht kennt, muß selbsttätig nach kurzer Wartezeit die Vermittlungsbeamtin wieder eintreten. Auch für den Fall, daß eine Nebenstelle keine Antwort gibt, soll der Anruf nicht ins Leere gehen und so muß etwa nach dem dritten Läutezeichen, wenn inzwischen kein Aushängen erfolgte, die Verbindung an den Schrank zurückgegeben werden. Damit sind im großen ganzen die Aufgaben der Werkzentrale im Ortsverkehr gekennzeichnet. Der abgehende Verkehr in das Amt wird in der Regel durch Wählung der Dekade 0 über den II. Vorwähler für Umsteuerung bewirkt. Durch die Umsteuerung wird ein abgehender Übertrager eingestellt, der im Amt einen gewöhnlichen I. Vorwähler belegt und dorthin die Impulse überträgt.

Die so ausgestattete Nebenstelle gewinnt allmählich den Charakter des Hauptanschlusses. Die bereits vorhin erwähnten, neben der Nebenstellenanlage gehaltenen Hauptanschlüsse werden überflüssig und erhöhen so die Wirtschaftlichkeit der gesamten Anlage. Voraussetzung ist hiefür noch, daß auch der Fernverkehr jederzeit seinen Weg findet. Wieder entsteht die Aufgabe, den Fernverkehr über die gleichen Amtsverbindungsleitungen an die Nebenstelle heranzuführen und je nach Wunsch des rufenden Teilnehmers entweder bis zum Schrank, oder bis zur Nebenstellenanlage vordringen zu lassen. Wartezeiten dürfen dabei für den Fernverkehr keine entstehen und so kann der Schrankanruf nur durch die Wahl einer zusätzlichen Ziffer, die als erste Stelle der Nebenstellennummer vermieden wird, betätigt werden. Wenn die Rufnummer einer Nebenstellenanlage im Ortsverkehr 2829 heißt, so ist der Anruf einer Nebenstelle 633 durch direkte Wahl von 2829 633 möglich. Auch das Fernamt kann unter dieser Nummer die Nebenstelle unmittelbar rufen, ohne den Schrank zu berühren. Will dagegen das Fernamt die Vorschalteschrankbeamtin erreichen, etwa um die gleiche Fernverbindung der Reihe nach mehreren Nebenstellen zuzuschalten, so ruft sie 28291 und bringt dadurch unverzögert die Fernruflampe zum Aufleuchten. Die für den Fernverkehr längst gestellten Forderungen, Vorbereitungsmöglichkeiten, Prüfen, Anläuten, Aus- und Einhängeüberwachung sind in jedem Fall vorgesehen. Wenn also das Fernamt bis zur Nebenstelle unmittelbar durchwählt, so leuchtet am Fernschrank die Lampe, bis die Nebenstelle aushängt und sobald sie einhängt. Die Vorschalteschrankbeamtin wird von den ganzen Vorgängen nicht berührt. Hat aber das Fernamt den Vorschalteschrank gerufen, so wird beim Rufen die grüne Lampe am Vorschalteschrank gebracht und am Fernplatz leuchtet die Überwachungslampe, bis sich die Vorschalteschrankbeamtin meldet. Diese wählt nun mit den Einrichtungen der automatischen Fernvermittlung in der Hausanlage weiter, prüft den Nebenstellenanschluß an, läutet ihn an, bzw. trennt ihn und hat an ihrem Schrank die Aushänge- und Einhängeqüberwachung für die Nebenstelle, während die Fernbeamtin von diesen Signalen nichts erfährt. Die Verantwortung für das Ferngespräch ist also an die Vermittlungsbeamtin übergegangen. Diese kann beliebig viele Nebenstellen mit dem Ferngespräch verbinden, ohne daß im Fernamt das Schlußzeichen erfolgt. Erst wenn die letzte Verbindung erledigt ist, drückt sie eine Schlußzeichentaste und meldet damit die Fernverbindung als beendet und bringt die Überwachungslampe im Fernamt. Gleichzeitig leuchtet ihre Lampe noch, bis das Fernamt trennt, weil ja diese Zeitdauer noch als Gesprächszeit zu bezahlen ist. Mancherorts wird gewünscht, daß das Fernamt bei bedientem Schrank nur diesen erreichen und nur nachts durchwählen soll. Dann liegt die Ausscheidungsmöglichkeit im Nachtschalter und die Zusatzziffer kommt in Fortfall.

Die Auskunftserteilung kann nun an eine beliebige Nebenstelle gelegt werden, auch an mehrere Nebenstellen, wie es der Betrieb der Anlage erheischt. Im Fernsprechverzeichnis erscheint dann folgender Vortrag: Angenommen, es handle sich um die große Nebenstellenanlage eines Stadtrates, dessen Vorschalteschrank die Nummer 2829 hat: Auskunft für Schulangelegenheiten 2829 412, Auskunft Krankenhaus N. N. 2829 517, Auskunft der Stadtkämmerei 2829 355, Auskunft in Polizeiangelegenheiten 2829 460. Der Teilnehmer findet die Nummer im Verzeichnis und wählt bis zur Nebenstellennummer durch, die auf diese Weise den speziellen Anforderungen der Abteilung entsprechend angewiesen sein kann, und so erhält er nach dem Anruf folgenden Bescheid: „In Fundangelegenheiten (z. B.) ist Herr N. N. zuständig, wenn ich eingehängt habe, wählen Sie 461." Der ankommende Verkehr ist auf diese Weise von dem Vermittlungsschrank weggenommen und fließt unmittelbar bis zu den Nebenstellen ab. Auch ein langwieriger Auskunftsdienst, wie er in großen Nebenstellenanlagen nicht zu vermeiden ist, erzeugt also keine Verkehrsstauung am Eingang zur Nebenstellenanlage.

Daß eine derartige Nebenstellenanlage, die rein auf der Wählertechnik aufgebaut ist, auch die volle Beweglichkeit des Sa-Systems genießt, braucht wohl nicht erwähnt zu werden.

Eine Gruppe außenliegender Nebenstellen kann ohne Änderung der Vermittlungsform an eine Nebenstellenunterzentrale angeschlossen werden und bei den großen verzweigten Nebenstellenanlagen großer Magistratsverwaltungen entstehen förmliche Netzgruppen von Neben-

Abb. 96. Ansicht der Wählereinrichtung und des Vermittlungsschränkchens einer Werkzentrale für 50 Teilnehmer.

stellenanlagen mit Unterzentralen, Knotenzentralen, je nach Wunsch mit einer oder mehreren Vermittlungsstellen und doch mit einheitlichem Vorgehen in der Rufnummervergebung, im Amtsanruf, in der Vermittlung. Dabei entsteht ein Minimum von Kosten, verglichen mit der manuellen Vermittlungsform oder gar mit doppelter Installation. Mit Abb. Anh. 95 ist das Schaltbild einer Werkzentrale ohne Beschreibung angeführt. Eine Beschreibung findet sich im erwähnten Aufsatz. Unter dem Drucke der neuzeitlichen Herstellungstechnik, die geradezu eine Technik der Kleinteile genannt werden kann, senken sich die Preise für derartige Nebenstellenanlagen so gewaltig, daß selbst die Anschaffungskosten mit denen der alten Schrankvermittlungseinrichtung in Konkurrenz treten können und dann werden die Zentralumschalter wohl restlos aus dem öffentlichen Verkehr verschwinden und die Sa-Nebenstellenanlagen die Form einer Werkzentrale annehmen. Abb. 96 zeigt eine Werkzentrale im Gestellaufbau, Abb. 97 das geöffnete Schränkchen.

Eine wichtige Frage bei allen Nebenstellenanlagen ist der Bedarf an Amtsleitungen und hier ist im Interesse geringsten Leitungsbedarfes die Anwendung des Wechselverkehrs Voraussetzung. Nur bei ganz großen Anlagen lohnt sich die Trennung in ankommende und abgehende Leitungsbündel. Bei den manuellen Nebenstellenanlagen war der Wechselverkehr ohne weiteres gewährleistet. In den Werkzentralen ist er ebenfalls in betriebssicherer Form zur

Abb. 97. Vermittlungsschränkchen für Werkzentralen mit auswechselbaren Kippersätzen, geöffnet.

Ausführung gelangt. Ähnlich wie bei dem Verkehr kleiner Verbundämter, versucht man, um geringsten apparatentechnischen Aufwand zu erzielen, einige Leitungen rein ankommend, andere rein abgehend zu betreiben und nur eine gewisse Zahl zum Ausgleich der Verkehrsfluktuationen in den einzelnen Richtungen auf Wechselverkehr zu schalten. Diese werden dann bei den mit Freiwahl betriebenen Wählern an die letzten Drehschritte angeschlossen. Der Verkehr ist durchwegs zweiadrig ausgeführt. Der Wählerübersichtsplan einer Werkzentrale für 200 Teilnehmerzentralen gestaltet sich folgendermaßen (Abb. 98): Die ankommende Amtsleitung liegt in der Nebenstellenanlage an einem Wechselkontakt, die Ruheseite dieses Wechselkontaktes führt über den ankommenden Übertrager an einen ankommenden Gruppenwähler, wobei die Leitung über den Anrufkipper des Vermittlungsschrankes geführt ist. Vom Gruppenwähler aus wird der ankommende Ortsfernleitungswähler erreicht. Die interne Wähleranlage umfaßt Anrufsucher oder I. Vorwähler, II. Vorwähler für Umsteuerung, internen Gruppenwähler und Leitungswähler. Am Vermittlungsschrank ist an der rechten Seite für Vermittlungsdienst noch die Möglichkeit vorgesehen, im Auftrag eines Nebenstelleninhabers eine Amtsverbindung herzustellen und mit der Nebenstelle zu verbinden. An den dafür vorgesehenen Kippersätzen liegen jeweils interne und abgehende Anruforgane.

Im Automatenamt erfordern die Nebenstellenanlagen ebenfalls besondere Zusatzeinrichtungen und eine gewisse Zusammenfassung in Hundertergruppen. Ankommend werden sie, wie bereits erwähnt, durchwegs an Vorwähler geschaltet, weil sich auf diese Weise die einfachste Zählschaltung für Mehrfachzählung ergibt. Abgehend können sie nicht

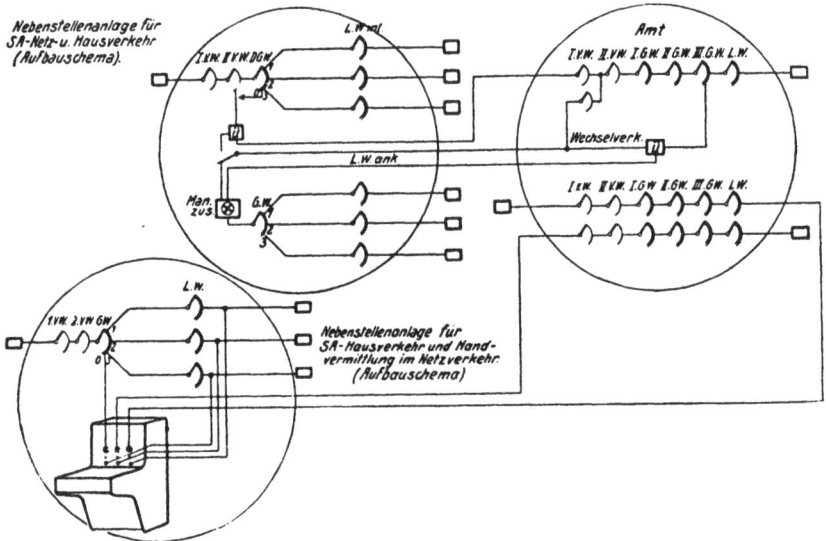

Abb. 98. Wählerübersichtsplan für den Anschluß einer Werkzentrale mit Wechselverkehr an ein vollautomatisches Amt bzw. einer automatischen Nebenstellenanlage mit handvermitteltem Amtsverkehr.

an den Leitungswähler angeschlossen werden wegen der Durchwahl. Andrerseits befriedigt für kleinste Nebenstellenanlagen mit Werkzentralenschaltung der Anschluß an einen gewöhnlichen Gruppenwähler nicht, weil zur Auswahl von 2—3 Amtsleitungen eine 10-schrittige Wählerdekade verschleudert werden müßte, wodurch auch eine Rufnummernverschleuderung eintreten würde. Verfasser hat daher mit der Werkzentrale auch einen Mehrfachgruppenwähler entwickelt, der für den Zusammenschluß aller Werkzentralen eines Amtes bestimmt ist. Große Nebenstellenanlagen erhalten an diesem Gruppenwähler eine volle Dekade mit freier Drehbewegung nach dem Anheben, so daß die Wahl der Ziffer für Drehbewegung eingespart wird. Kleine Werkzentralen werden nach Art eines Mehrfachanschlusses angeschlossen, unter

Umständen mehrere in einer Drehdekade, wobei der Wähler erst anhebt, dann auf die Sammelnummer eingedreht wird und von hier eine Freiwahl vollzieht. Bei Fernrufen wird im Falle des Besetztseins aller Leitungen die Aufschaltung auf die erste ortsbesetzte Leitung ermöglicht. Auf diese Weise sind die Nebenstellenanlagen zu einem einheitlichen, homogenen Glied im Automatennetz geworden und die von der Reichspost aufgestellten Richtlinien haben zu einer wertvollen Vereinheitlichung der Schaltungstechnik der Nebenstellenanlagen geführt.

Diese Lösung scheint bis herab zu 25 Teilnehmern angängig. Daneben wird ein kleines Anwendungsgebiet für Reihenanlagen bestehen bleiben und schließlich kann man an die Automatisierung der Zwischenstellenanlagen denken, bei der die Einrichtungen der Gruppenstellen die technische Grundlage bilden werden.

Unter Reihenanlagen versteht man dabei Tastenumschaltersysteme mit elektromagnetischen Sperrzeichen, bei denen die einzelnen Sprechstellen hintereinander auf eine oder mehrere durchlaufende Leitungen geschaltet werden können. Man baut z. B. Reihenanlagen für 3 Amtsleitungen und 10 Reihenstellen. Jede der Amtsleitungen besitzt dann in jedem der Apparate ein Schauzeichen und eine Umschaltetaste. Der Amtsanruf geht zunächst bei einer Endstelle ein, diese verständigt auf einer im Haus durchlaufenden Nebenstellenleitung durch Drücken der betreffenden Nebenstellentaste die gewünschte Sprechstelle mit den Worten: „Bitte treten Sie auf Amtsleitung 1 ein"; dann drückt der Inhaber der betreffenden Sprechstelle seine Amtstaste für Leitung 1 und ist nun mit dem Amtsgespräch verbunden. Für den internen Verkehr sind unmittelbare Verbindungsleitungen von Sprechstelle zu Sprechstelle nötig. Die Einrichtungen erfordern natürlich einen ziemlich hohen leitungstechnischen Aufwand und eignen sich daher für gedrängt, in einem Haus beisammenliegende Nebenstellen, wobei außenliegende Nebenstellen unter Umständen mit besonderen Zusätzen angeschlossen werden. Anlagen mit mehr als 25—30 Sprechstellen werden zu kostspielig und fallen schon in das Gebiet der automatischen Nebenstellenanlage.

Gruppenstellen und Party-line-System.

Wenn man die Belastung der einzelnen in der Fernsprechtechnik verwendeten Leitungsarten betrachtet, so findet man, daß die Teilnehmerleitung außerordentlich schlecht ausgenützt ist. Selbst in den größten Städten haben die Teilnehmer nur eine Gesprächsziffer von 10 pro Tag und da die Gesprächsdauer durchschnittlich 2 Minuten beträgt, so sind die Teilnehmerleitungen höchstens 20 Minuten im Tag benützt, allenfalls 40 Minuten, wenn der Teilnehmer ebensooft gerufen wird, als er selbst anruft. Diese Tatsache hat verschiedentlich zu Versuchen angereizt, durch Zusammenfassung des Verkehrs die Ausnützung der Teilnehmerleitungen zu steigern. Eine derartige Lösung bilden die Party-line-Anschlüsse, welche es erlauben, über eine Leitung 2—4 in ihrem weiteren Laufe verzweigte Sprechstellen anzurufen. Solche Anschlüsse wurden schon im ZB-Betrieb ausgebildet, sie sind vereinzelt auch in die Sa-Systeme übergegangen. Party-line-Systeme bringen nur bei sehr langen Teilnehmerleitungen wesentliche Ersparnisse und können nur bei sehr wenigsprechenden Teilnehmern ohne wirtschaftliche Nachteile vorgesehen werden. In Amerika und Dänemark haben sie in manuellen Systemen, in Österreich im sog. Dietl-System auch in der Automatik Bedeutung erlangt. Für die Party-line-Anschlüsse entstehen zweierlei Aufgaben: 1. Der Sellektivanruf über die gemeinsame Leitung, entweder durch mechanisch oder elektrisch abgestimmte Wecker, bzw. mit auf a- oder b-Leitung geordetem Rufstrom oder mit einem Rufstrom, der einer Gleichstromkomponente überlagert ist. 2. Zur Sicherstellung des geheimen Verkehrs die Möglichkeit, während eine Sprechstelle spricht, durch diese alle anderen abgehend und ankommend zu sperren. Bis alle diese Forderungen, einschließlich eines sichtbaren Sperrsignals erfüllt sind, wird die Einrichtung der Sprechstelle so kompliziert, daß die Leitungsersparnisse großenteils wieder aufgehoben werden.

Eine andere Verwertung desselben Gedankens stellen die Gruppenstellen dar, die namentlich in Bayern um das Jahr 1904, 05/06 in Form der halbautomatischen Gruppenstellen für 20 Sprechstellen und 2 Amtsleitungen, bzw. 40 Sprechstellen und 2 Amtsleitungen vom Ministerialrat Dr- Steidle entwickelt worden sind. Diese Gruppenstellen sind Vorläufer der Automatik, halbautomatische Systeme mit an einer Zentralstelle zusammengefaßten Vermittlungspersonen. Der Gedanke ist, daß man in einer Gruppe von Teilnehmeranschlüssen eine halbautomatische Schalteinrichtung vorsieht, welche einen Teilnehmer beim Abnehmen des Hörers selbsttätig auf eine der 2 Verbindungsleitungen schaltet und die Beamtin signalisiert. Die Beamtin fragt den rufenden Teilnehmer ab und kann ihn nun entweder über eine Fernleitung oder mit einem Teilnehmer derselben oder einer anderen Gruppenstelle verbinden und elektromagnetisch zählen. Die Gruppenstellen als Fern- und Ortsgruppen verwendet, stellten ein halbautomatisches Netzgruppensystem dar, welches sich von dem Überweisungssystem durch das Fehlen des automatischen Ortsverkehrs unterscheidet. Die Gruppenstellen, die für Schwachsprecher bestimmt sind, sind technisch als Vorläufer der Automatik anzusehen, sind mit Fernladung und Mehrfachzählung ausgestattet. Die Wahl wird durch die Beamtin durch Drücken eines Knopfes vorgenommen, wobei zwei sychronlaufende Drehwähler betätigt werden, deren einer am Ort den gedrückten Knopf sucht und bei jedem Schritt einen Wählimpuls entsendet, während der zweite, in der Gruppenstelle gelegene, sich schrittweise auf die gewünschte Teilnehmersprechstelle einstellt. Die Gruppenstellen sind in Bayern heute noch massenhaft in Gebrauch und werden nur dort allmählich ersetzt, wo der starke Verkehr nicht mehr bewältigt werden kann.

Dr. Steidle hat auch automatische Gruppenstellen entwickelt. Diese stellen die äußerste Form der Dezentralisation dar, indem gewissermaßen der Vorwähler und Leitungswähler aus dem Amt herausgenommen und in eine Teilnehmergruppe hineinverlegt wird. Der Anschluß der Teilnehmer, deren 10 mit zwei Amtsleitungen ausgerüstet werden, kann entweder durch Relais oder Drehwähler erfolgen, wobei letztere als Anrufsucher und Leitungswähler zugleich benützt werden. Die Firma T. K. D. Nürnberg hat einen vollautomatischen Gruppenschalter für drei Amtsleitungen entwickelt, der die Sprechstelle dem Hauptanschluß gleichwertig macht. Bei Teilnehmeranschlußlängen von über 2 km ist der Gruppenstellenanschluß billiger wie der gewöhnliche Hauptanschluß, d. h. die Gruppenstelle gehört an die Peripherie der Stadt.

Die Firma Siemens & Halske hat neuestens auch eine kleine Gruppenstelle entwickelt, welche mit ganz

Abb. 99. Ansicht einer vollautomatischen Gruppenstelle für 10 Teilnehmer und eine Amtsleitung (Anschluß für schwachsprechende Teilnehmer). (Siemens & Halske.)

geringen Kosten pro Anschluß 10 Teilnehmer an einer Amtsleitung zusammenfaßt (Abb. 99). Selbstverständlich ist eine derartige Fernsprechstelle ein Anschluß von beschränktem Wert, aber wegen der wesentlichen Verbilligung, die er gestattet, eine Einrichtung von außerordentlicher werbender Kraft für Wenigsprecher, bzw. als Hausanschluß, wenn man nach dem Vorschlage Dr. Steidles an den festen Anschluß von Fernsprechstellen in

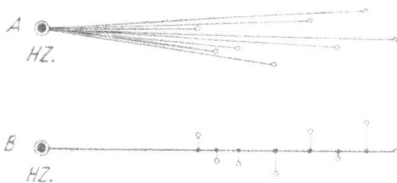

Abb. 100. Zusammenfassung von 10 Teilnehmeranschlußleitungen durch Sellektoren.

den einzelnen Wohnungen eines Gebäudes denkt, die also nicht mit dem Inhaber wechseln. Die Firma Hasler in Bern hat für die Vollautomatik ein Partyline-System entwickelt, ferner ein System für Sellektoren-

16*

anschlüsse, welches die Anschaltung von bis zu 10 Teilnehmern an eine Leitung gestattet (Abb. 100).

Die Erfassung der Fernsprechanschlüsse in den dünn besiedelten Fernsprechbezirken des flachen Landes stellt die Fernsprechtechnik vor besondere Aufgaben. Vielfach sind die Teilnehmersprechstellen längs einer Straße oder Bahn auf mehrere Kilometer hingestreckt, unter sich Kilometer entfernt, so daß auch die Anbringung einer kleinen Zentrale unwirtschaftlich erscheint. Hiefür werden mit Vorteil sog. Sellektoren angewendet. Die einzelne Sprechstelle erhält hierbei eine Einrichtung, sich an die gemeinsame Leitung anzuschalten, ein Anschalterelais, welches nur bei freier Leitung anspricht und so den geheimen Verkehr der Sprechstellen unter sich sichert. Zum Anruf vom Amt aus werden Wählimpulse geschickt, welche ein beim Teilnehmer gelegenes, durch Relaisanker betätigtes Schrittschaltwerk einstellen und so den Anruf der gewünschten Sprechstelle veranlassen. Diese Sellektorenanschlüsse stellen also die äußerste Dezentralisationsmöglichkeit für Wählerbetrieb dar, bei der gewissermaßen jede Sprechstelle einen Teil der Vermittlungseinrichtung enthält. Je weiter die Automatisierung auf das flache Land vordringt, desto mehr werden derartige Einrichtungen zur Erfassung der Netzausläufer an Bedeutung gewinnen. Das Bild eines Sellektors selbst, wie ihn die Firma Hasler, Bern verwendet, zeigt Abb. 101.

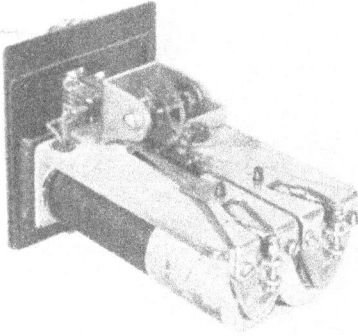

Abb. 101. Ansicht eines Sellektors der Firma Hasler in Bern.

Selbstkassierende öffentliche Sprechstellen.

Schon in der Zeit der Handamtstechnik wurden selbsttätig kassierende Sprechstellen entwickelt, welche ähnlich wie Warenautomaten die Abwicklung von Ferngesprächen gegen Münzeinwurf gestatteten. Gewöhnlich wurde beim Einwerfen einer Münze ein bestimmter Klang erzeugt, der Vermittlungsbeamtin wahrnehmbar gemacht und diese stellte darauf die Verbindung her. Diese Form der S. K. Ö. kann auch nach Einführung des Sa-Betriebes im Ortsnetz dadurch aufrechterhalten bleiben, daß man die S. K. Ö. an einen manuell bedienten Vermittlungsschrank angeschaltet läßt. Die Zusammenfassung aller S. K. Ö. an einen in dieser Weise bedienten Vermittlungsschrank erfordert aber außerordentlich lange Leitungen und deshalb rüstet man die S. K. Ö. mit der

Wählscheibe aus. Eine von der Firma Zwietusch entwickelte Sprechstelle arbeitete in folgender Weise: Nach Einwurf der Münze kann die Verbindung zum gerufenen Teilnehmer aufgebaut werden und, wenn dieser sich meldet, muß der Rufende den Kassierhebel drücken, sonst kann er nicht sprechen, dabei wird die Münze vereinnahmt, andernfalls erfolgt beim Einhängen die Rückgabe.

Bereits vorher war in Bayern durch das Telegraphentechnische Reichsamt eine vollautomatische selbstkassierende Sprechstelle entwickelt worden (Abb. 102), welche nach dem Ruhestromprinzip arbeitend, vom Amt aus gesperrt und freigegeben werden kann. Die Sprechstelle besitzt ein Schauzeichen, frei oder belegt, welches sich selbsttätig einstellt. Der Zählstromkreis, der sonst im Sa-System eine Zähleinheit auf den elektromagnetischen Zähler des Teilnehmers registriert, betätigt über einen Kassiermagneten den Kassiervorgang. Andernfalls erfolgt Rückgabe der Münze. Die Sprechstelle war für Ausscheidung aller Münzsorten in hervorragender Weise durchgebildet und arbeitet heute noch ausgezeichnet. Seit Einführung des 10-Pfennige-Tarifs, nach Wegfall der hinderlichen Indexmünze gewinnen die selbstkassierenden Sprechstellen rasch an Bedeutung.

Abb. 102. Selbstkassierende Sprechstelle für Ortsverkehr (Bayerische Ausführung, Konstrukteur Inspektor Barth, Hersteller P. Hauser, München).

So denkt man jetzt bereits daran, den selbstkassierenden Sprechstellen auch den Fernverkehr, wenigstens den nahen Fernverkehr zu erschließen. Damit werden sie wiederum entweder unmittelbar mit dem Fernamt verbunden, oder in Sa-Netzen durch Wahl einer bestimmten Ziffer dahin durchgeschaltet. Im Ortskreis arbeiten sie halbautomatisch bei Betätigung eines Kassierknopfes und unmittelbarem Aufruf mit der Wählscheibe. Will ein Teilnehmer ein Ferngespräch führen, so wählt er eine bestimmte Nummer, etwa 091 und an dem betreffenden Fernamtsplatze leutet eine Anruflampe flackernd auf, um zu kennzeichnen, daß es sich um eine S. K. Ö. handelt. Entsprechend den Fernsprechgebühren müssen eine Reihe von Münzen in Frage gezogen werden,

10-Pfennig-Stücke, 50-Pfennig-Stücke und Markstücke, unter Umständen auch 5-Pfennig-Stücke. Diesen Münzen sind bestimmte Glockensignale zugeordnet, etwa 5 Pfennig heller Ton, 10 Pfennig zwei helle Töne, 50 Pfennig dumpfer Ton, 1 Mark zwei dumpfe Töne. Bei dem nacheinander erfolgenden Einwurf werden diese Töne in der der Münzsumme entsprechenden Reihenfolge und Zahl in die Vermittlungsstelle übertragen und so von der Beamtin kontrolliert. Wenn bei der Kassierung Irrtümer entstehen, oder das Ferngespräch nicht zustande kommt, so kann die Beamtin über eine Rückgabetaste die Münze zurückgeben und allenfalls den Kassiervorgang wiederholen lassen. Dieses System hat, so sinnreich es ausgedacht ist, noch einige Bedenken.

1. Ob der Teilnehmer immer die nötige Münzreihe zur Verfügung hat, besonders wenn es sich um weitere Ferngespräche handelt, oder wenn er länger als drei Minuten sprechen will und wiederholt bezahlen soll.

2. Entsteht bei einem mit Wartezeit betriebenen Fernverkehr die Frage, kann die Sprechstelle solange blockiert bleiben, oder soll ein zweiter Sprechgast inzwischen zugelassen werden und dann unterbrochen werden, wenn das erste Gespräch kommt. So erscheint nur Sofortverkehr möglich. Die selbstkassierende Sprechstelle wird sich also auf den nahen Fernverkehr und hier auf den Schnellverkehr beschränken müssen.

3. Entsteht die Frage, wie soll die selbstkassierende Sprechstelle an bedienungslose Seitenämter angeschlossen werden?

Das Flackerkriterium nach Wahl der Ziffer 091 wird durch Anlegung von 50-periodigem Wechselstrom über die Verbindung gegeben und von einem Wechselstromphasenrelais an den Lampenstromkreis übertragen. Neben dieser von Siemens & Halske geschaffenen Ausführung ist auch in der Schweiz und in England der sog. Hallautomat nach dem gleichen Prinzip durchgebildet worden. In Bayern ist gegenwärtig eine selbstkassierende Sprechstelle in Bau, welche vollautomatischen Orts- und Netzgruppenverkehr gestattet, ohne daß eine Beamtin in Anspruch genommen wird. Jede S. K. Ö. wird mit einem Zeitzonenzähler verbunden, der in folgender Weise arbeitet: Der Münzeinwurf gibt Kontakt und stellt dadurch die Arme eines Drehwählers ein. Wenn der Teilnehmer wählt, so betätigt er ein Mitlaufwerk und wenn die Zoneneinstellung des Mitlaufwerkes und die Gebühreneinstellung des vorerwähnten Einstellwählers zusammentreffen, kommt das Gespräch zustande. Ein Zeitschalter, wie er im Zeitzonenzähler verwendet wird, begrenzt das Gespräch. Eine Ausdehnung der Sprechmöglichkeit, über handbediente Fernleitungen ist nicht geplant, weil hiefür fast durchwegs die Bedingungen des Sofortverkehrs fehlen.

Mit zunehmender Popularisierung des Fernsprechers gewinnen die S. K. Ö. rasch an Bedeutung, besonders im Ortsverkehr und im Vorortsverkehr der Ausflugsorte.

Das halbautomatische Fernsprechsystem.

Wenn man heute von Sa-Technik spricht, so versteht man allgemein das vollautomatische System. Das halbautomatische war in dem Augenblick überholt, als das vollautomatische lebensfähig wurde. Und schon die ersten Fernsprechnetze in Deutschland, welche zum Sa-Betrieb übergingen, haben die Zwischenstufe der Halbautomatik übersprungen. Die anderen wurden rasch zur Vollautomatik umgebaut.

Wenn man in einem mit Abfrage- und Verbindungsplatz ausgestatteten manuellen Ortsfernsprechnetz zur Sa-Technik übergeht, so bedeutet dies den Ersatz beider Vermittlungsplätze; wenn man zur Halbautomatik übergeht, so wird zunächst nur der Verbindungsplatz durch die Wählertechnik ersetzt, der Abfrageplatz dagegen in seinen Aufgaben zur Herstellung der Verbindung vereinfacht, so daß sich hohe Leistungen pro Beamtin erzielen lassen.

Der Grundgedanke der Halbautomatik ist folgender: Die Sprechstelle des Teilnehmers bleibt nach dem Zentralbatterie-System geschaltet ohne irgendwelche Einrichtung für Impulsgabe und der Teilnehmer wird beim Aushängen selbsttätig mit einer freien B-Beamtin verbunden. Dieser teilt er seine Rufnummer mit, worauf sie über die Wähler eines Sa-Systems die Verbindung zum gerufenen Teilnehmer herstellt. Nach Entsendung der letzten Stromstoßreihe wird die Beamtin ausgeschaltet und der Teilnehmer mit der Wählerkette durchverbunden. Die Zählung wird selbsttätig abgewickelt, wenn nicht ein Pauschalsystem vorliegt. Wenn der rufende oder gerufene Teilnehmer einhängt, wird die Verbindung ausgelöst. Da im Interesse der Wirtschaftlichkeit die kürzeste Belegung der Wählerketten gefordert werden muß, arbeiten die halbautomatischen Systeme fast durchwegs mit Rückauslösung, werfen also beim Einhängen des gerufenen Teilnehmers die Wählerkette zusammen und geben dem rufenden Teilnehmer Besetztzeichen. Dies ist eine der Hauptschwierigkeiten beim Übergang vom halbautomatischen zum vollautomatischen System.

Technisch entstehen beim Aufbau der Verbindung folgende Aufgaben: Der Teilnehmer muß beim Aushängen sebsttätig mit einer freien B-Platzbeamtin verbunden werden. Gewöhnlich wird der Teilnehmer an einen I. Vorwähler gelegt, welcher dann über II. Vorwähler oder unmittelbar über einen Dienstwähler mit der Schaltung eines II. Vorwählers, aber meist mit größerer Schrittzahl auf eine freie B-Beamtin prüft. Der Prüfstromkreis wird zugänglich gemacht, wenn die Beamtin anwesend ist, also durch den Mikrophonkontakt und wenn eine ihrer Zahlengeber-Tastaturen frei ist. Während des Ablaufens einer Verbindung vom B-Platz aus bleibt also die Beamtin gesperrt.

Zur Steigerung der Personalausnützung rüstet man die B-Plätze grundsätzlich mit Zahlengebertastaturen aus und ordnet der Beamtin

2—3 Tastensätze zu. Beim Auflaufen einer Verbindung leuchtet, eine Anruflampe auf und der Teilnehmer ist, ohne daß die Beamtin irgendeine Manipulation auszuführen hat, sofort mit der Sprechgarnitur verbunden. Die Beamtin meldet sich „Bitte" oder „Hier Amt" und der Teilnehmer nennt die Rufnummer z. B. 20328. Jeder Tastensatz besteht in einem Hunderttausendersystem aus 5 Tastenreihen zu 10 Tasten und die Beamtin drückt in der ersten Reihe die 2., in der zweiten Reihe die 10., in der dritten Reihe die 3., in der vierten Reihe die 2., in der fünften Reihe die 8. Taste nieder. Mit der letzten Taste, der sog. Einertaste wird gewöhnlich das Ablaufen des Zahlengebers bewirkt und werden entsprechende Stromstoßreihen in die einzelnen Wähler entsendet. Die Amtsmeldung beansprucht bei einem aufs Äußerste gesteigerten Verkehr 2—3 Sekunden, die Mitteilung der Teilnehmerrufnummer 3—5 Sekunden, das Drücken der Tasten 2—4 Sekunden. Es sind also 10—12 Sekunden für den Melde- und Wählvorgang erforderlich, in Schrittwählersystemen etwa die gleiche Zeit zum Ablaufen der Stromstöße. Deshalb genügt die Ausrüstung mit zwei Tastaturen für alle Schrittwählersysteme. Nach dem Ablaufen der letzten Stromstoßreihe wird selbsttätig über den Dienstwähler der Zahlengeber und die Beamtin ausgeschaltet und die Verbindung zum I. Gruppenwähler durchgeschaltet. Der Anruf des gerufenen Teilnehmers, die Rufabschaltung beim Aushängen, die Speisung des Gerufenen, die Einleitung der Zählung und die Abgabe des Zählstoßes, andrerseits die Abgabe eines Besetztzeichens, wenn der gerufene Teilnehmer belegt ist und die selbsttätige Auslösung der Verbindung ist Aufgabe des Sa-Systems. Wirtschaftlich bedeutet das halbautomatische System die Ersparnis von etwa 80% des Personals gegenüber Handbetrieb, wofür die Wählereinrichtungen und Zahlengebereinrichtungen zu schaffen sind. Der Verkehr wird für den Teilnehmer wartezeitlos und bequem. Gegenüber den Sa-Systemen ist wirtschaftlich die Ersparnis weiterer 20% der Bedienung, andrerseits der Einbau von Wählscheiben bei den Teilnehmersprechstellen und dafür der Fortfall der Dienstwähler, der Zahlengeberplätze und der Zahlengebereinrichtungen in Ansatz zu bringen. Heute ist das vollautomatische System unter allen Umständen das wirtschaftlich überlegene.

Das halbautomatische System besitzt nur noch für den Überleitungszustand großer Sa-Netze Bedeutung, wie im Abschnitt B 3 gezeigt wurde. Die noch automatisierten Teilnehmer werden hier von der Abfragebeamtin über besondere Klinken mit einem Dienstwähler verbunden, welcher sie einerseits der Zahlengeberbeamtin, andrerseits dem I. Gruppenwähler zuschaltet, wenn es sich um den Anruf eines bereits automatisierten Teilnehmers handelt.

Eines der bekanntesten halbautomatischen Systeme war das sog. Dietl-System der Österreichischen Postverwaltung, welches derzeit zum vollautomatischen System umgebaut wird. Dieses System war besonders für den Anschluß von Gesellschaftsanschlüssen (Party-line-System) durchgebildet worden. Es konnten maximal 4 an einer Leitung angeschaltet werden, welche durch verschiedene Rufstromkombinationen von dem Leitungswähler aufgerufen wurden.

Die **Zahlengeber** haben im Laufe der Entwicklung verschiedene Ausführungsformen durchgemacht. Ursprünglich verwendete man sog. Maschinenzahlengeber, bei denen durch Kupplung einer dauernd umlaufenden Welle mit einer Kontaktgeberwelle ein ringförmiger Kontaktkranz bestrichen wurde, welcher den 5×10 Tasten entsprach. Durch Drücken einer Taste wurde der betreffende Kontakt geerdet und wenn die Bürste auf dem betreffenden Kontakt angelangt war, wurde die Entsendung weiterer Impulse unterbunden, bis die nächste Zehnerreihe abgegriffen war. Diese Zahlengeber liefern außerordentlich zuverlässige Impulse von genauem Zeitmaß, sind aber verhältnismäßig kostspielig, da die Tastatur und die maschinellen Einrichtungen räumlich getrennt werden müssen.

In Zusammenarbeit mit Maschinenwählersystemen sind selbstverständlich überwiegend auch Maschinenzahlengeber in Verwendung gekommen. Daneben haben die Maschinenwählersysteme auch Zahlengeber mit Hilfe kleiner Drehwähler, oder nach dem reinen Relaissystem entwickelt.

In Deutschland sind mit Hilfe kleiner Drehwähler in Relaiskoffern zusammengefaßte Zahlengeber gebaut worden, welche unmittelbar in die Zahlengeberplätze selbst eingefügt werden können. Noch ruhiger und zuverlässiger arbeiten reine Relaiszahlengeber.

Es sei im folgenden die Arbeitsweise eines Zahlengebers der Autofabag Berlin, als Beispiel für die Ausführung der Relaiszahlengeber erläutert (Abb. Anh. 103).

Die Beamtin besitzt 5 Tastenreihen zu 10, welche entsprechend dem Dekadenwert als Einer (E-), Zehner (Z-), Hunderter (H-), Tausender (T-), Zehntausender (ZT-) Taste bezeichnet sind. Es möge beispielsweise die Zahl 53425 gedrückt werden. Beim Drücken der Einertaste wird kurze Zeit der Anlaßkontakt an betätigt und so zieht zunächst das Zehntausenderrelais (ZT) an und hält sich über zt_{III} und den Ruhekontakt t_I des Tausenderrelais. Ein Kontakt dieses Relais zt_{II} schaltet zunächst die Tasten der Zehntausenderreihe an und über die gedrückte Taste 5 kommt das Relais V zum Ansprechen, hält sich zunächst lokal und bringt alle dahinter gelegenen Relais IV, III, II, I zum Ansprechen. Das Relais I bringt mit Kontakt 1_I das V3-Relais zum Ansprechen und die Impulsgabe beginnt. Relais M zieht über 6—Ruhe$=5$—Arbeitskontakt an, schaltet N ein und dieses gibt mit Kontakt n_{II} den ersten Erdimpuls in die a-Leitung. Durch Kontakt m_I wird der Steuerstromkreis des V-Relais geschlossen, welches über v_{II} auf den b-Ast des Wählers wirkt. Durch das ansprechende M-Relais ist Relais V abgeschaltet worden und dadurch wird das Relais IV an die von o_I geerdete Sammelschiene gelegt. N unterbricht M, welches verzögert abfällt, andrerseits m_{III} das N-Relais und nach dessen Abfall wird das O-Relais erregt, welches nun das Relais IV zum Abfall bringt. IV legt das Relais III an m Ruhekontakt, O-Relais bringt das N-Relais zum Ansprechen, welches den zweiten Impuls entsendet. N schaltet das O-Relais ab und nun beginnt das gleiche Spiel über M- und III-Relais und setzt sich so in dauerndem Wechselspiel des N-Relais einerseits mit M, andrerseits mit O die schrittweise Freigabe der Zahlenrelais V bis I fort und jede Betätigung eines Relais verursacht über n_{II} einen Impuls in die a-Leitung. Nach Ablauf der betreffenden Stromstoßreihe gibt das Relais V schrittweise die Verzögerungskette V1, V2, V3 frei, deren Abfallzeit die Eindrehzeit des I. Gruppenwählers bestimmt. Das U-Relais hat über Kontakt z t_{III} nach Ansprechen von V1 ebenfalls angesprochen und bewirkt über Kontakt u_{III} nach Abfall des V1 Relais die Erregung des Tausender-Relais T, welches sich mit Kontakt t_{II} lokal hält und mit Kontakt t_I das Zehntausender-Relais zum Abfall bringt. Nunmehr spricht, entsprechend der zweiten gedrückten Zahl 3 über t_{III} und die Tausender-Sammelschiene, deren Taste 3 geschlossen ist, das Relais III an und schaltet II und I ein. Nach Anzug des Einerrelais wird wiederum V3 erregt und nun beginnt über Kontakt v_{III} 3 von neuem der Ablauf der Impulse durch wechselweise Erregung des M- und O-Relais. Die Dauer der Impulse hängt ab von den Abfallzeiten der Relais M, N und O, welche durch eine Druckfeder reguliert werden.

Der Zahlengeber benötigt also ein Relais für jede Zahl, I—X, ein Relais für jede Dekade E—ZT und einige wenige Steuerrelais. Durch die sinnreiche koordinatenmäßige Anordnung wird die Vielfachausnützung dieser Schaltorgane beim Ablauf der Zahlen ermöglicht.

Elektromagnetische Störung automatischer Fernsprecheinrichtungen und Abhilfsmaßnahmen hiergegen.

Haben wir bisher von den Schaltvorgängen in der Fernsprechtechnik gesprochen, so müssen wir uns nunmehr mit den Störungsmöglichkeiten befassen. Wir haben zu Beginn unserer Betrachtungen gesehen, daß das Fernsprechen eine zweifache Energieumsetzung darstellt:

1. Von mechanischer Schallenergie in elektrische Schwingungsenergie an der Sendestelle.
2. Von elektrischer Schwingungsenergie in mechanische Schallenergie an der Empfangsstelle.

Die Fernsprecheinrichtungen führen mit Ausnahme von Telephon und Mikrophon die Zwischenenergieform, die elektrische Schwingungsenergie, deren Träger der über die Fernsprechleitung fließende, im Rythmus der Sprache pulsierende Sprechstrom ist. Soll die Sprache ohne Nebengeräusch übertragen werden, so muß die elektrische Schwingung von jedem äußeren Einfluß freigehalten, in ihrer vom Sender ausgehenden Form übermittelt werden.

Nun ist bekannt, daß zwischen zwei Punkten P 1 und P 2, welche verschiedenes Potential besitzen, Kraftlinien eines elektrischen Feldes verlaufen, die von dem einen Punkt ausgehen und in den andern einmünden. Wir fassen die Bedingungen für die Ausbildung dieses Feldes, die Oberfläche der leitenden Punkte, den Abstand derselben und die elektrischen Eigenschaften des Zwischenmediums unter dem Begriff Kapazität zusammen, die einen Leitfähigkeitswert für den Fluß der elektromagnetischen Kraftlinien darstellt. Es beträgt beispielsweise bei einem Abstand zweier Adern a und einem Radius der Leitung ϱ die Kapazität zwischen den zwei Leitungssätzen pro km $C = \dfrac{0{,}012}{\log \mathrm{nat}\, \dfrac{a}{\varrho}} \cdot 10^{-6}$ F/km.

Weiterhin ist bekannt, daß ein Strom in einem Leiter ein magnetisches Kraftlinienfeld erzeugt, das ringförmig den Leiter umschließt. Da auch der Strom einen Stromkreis voraussetzt, sagen wir, der Kraftlinienkreis und der Stromkreis sind verkettet. Die magnetomotorische Kraft, die der Amperewindungszahl proportional ist einerseits, der Widerstand, den die magnetischen Kraftlinien auf ihren Weg finden andererseits, bestimmen die Größe des Kraftlinienflusses, der jeweils entsteht und wir sprechen ähnlich dem Kapazitätsbegriff unter Zusammenfassung all der Einflußgrößen eines magnetischen Feldes um einen Leiter von einer Selbstinduktion. Bei einem Abstand a und einem Radius ϱ beträgt die Induktivität einer oberirdischen Doppelleitung

$$L = 4 \left(\log \mathrm{nat}\, \frac{a}{\varrho} + 0{,}25 \right) \cdot 10^{-4}\ \text{H/km}.$$

Wenn der Fluß der magnetischen Kraftlinien einen zweiten Leitkreis durchsetzt, mit diesem also verkettet ist, so wird in diesem Leiterkreis bekanntlich eine elektromotorische Kraft der Wechselinduktion erzeugt, welche nach dem Faradayschen Induktionsgesetz berechnet werden kann. Diese elektromotorische Kraft verursacht in dem Leiterkreis einen Strom, der wiederum ein magnetisches Feld erzeugt, welches sich mit dem primären zu einem resultierenden Gesamtfeld vereinigt. Bekanntlich ist die induzierte Spannung der Wechselinduktion proportional der Änderung der Kraftlinienverkettung mit entgegengesetztem Vorzeichen. Dadurch wird gegenüber dem sinusförmig angenommenen Primärstrom eine Phasenverschiebung um 90% erzeugt und wenn der Sekundärkreis vermöge seiner Selbstinduktion eine weitere Phasenverschiebung zwischen Strom und Spannung verursacht, so entsteht zwischen Primär- und Sekundärstrom ungefähre Phasenopposition.

Angewendet auf die Fernsprechtechnik bedeutet dies, daß die Spannungsschwankungen im Rhythmus der Sprache gegen alle Punkte, die ein anderes Potential besitzen, ein elektrostatisches Feld ausbilden, welches wie eine kapazitive Kopplung von elektrischen Schwingungskreisen auf diese einwirkt. Man kann sich die Gegenkapazität auf einen Punkt zusammengedrängt vorstellen und erhält sodann einen Kondensator, dessen Größe von Abstand und Oberfläche der in Frage stehenden Leiterpunkte abhängt.

Für den Sprechstrom besagt unser physikalisches Gesetz, daß er ein magnetisches Feld um jeden einzelnen Leiter erzeugen muß, welches der Stromstärke proportional wechselt. Wo dieses Feld einen zweiten Leiterkreis durchsetzt, wird in diesem eine elektromotorische Kraft der Wechselinduktion erzeugt, die ein Abbild der Sprachschwingungen des Primärkreises liefern. Wenn der sekundäre Leiterkreis ebenfalls ein Sprechkreis ist, so werden wir in diesem das Gespräch auf der primären Leitung überhören.

Wir haben in der Folge zwei Arten von Störungen zu betrachten, die von der Störwirkung der elektromagnetischen Felder herrühren.

1. Die Störbeeinflussung des Sprachstromkreises durch einen zweiten, das sog. Nebensprechen und Überhören.

2. Die Störung eines Sprechstromkreises durch Starkstromkreise, und zwar:

a) Durch Fahrdrähte elektrischer Bahnen bei in Bahndamm oder in der Nähe derselben verlegten Leitungen.

b) Die Störwirkung von Hochspannungsleitungen.

c) Störwirkung von Starkstromnetzen, die mit Wechselstrom oder Gleichstrom gespeist sind, im Stadtinnern.

d) Störwirkungen bei Schaltvorgängen in reinen Gleichstromkreisen.

e) Atmosphärische Störungen.

Im Grade dieser Störungen können wir vier Stufen unterscheiden:

1. Störungen der Sprechverständigung, wenn die Energie der Störströme in der Größenordnung der Sprechströme liegt und zwischen $1/10$ bis $1/500$ Watt beträgt.

2. Störungen von Schalteinrichtungen, namentlich in Selbstanschlußbetrieben, wenn die Leistung der Störströme die Größenordnung von einigen Watt beträgt.

3. Für das telephonierende Publikum durch Knallgeräusche und Gehörinsulte gefährliche Störungen. Die Energie beträgt hier etwas mehr wie im zweiten Fall.

4. Für die Teilnehmer und das Bedienungspersonal gefährliche Störspannungen, welche elektrische Schläge, allenfalls lebensgefährliche Wirkungen hervorrufen (bei induzierten Spannungen von über 250 Volt).

Es ist eine internationale Kommission zum Studium der Bahn-
beeinflussungen gegründet worden, welche sich mit dem Studium der
Bahnstörungen befaßt und Leitsätze für deren Bekämpfung ausarbeitet,
die als Vorschläge für die gesetzliche Regelung dienen.

Nebensprech- und Überhörerscheinungen sowie atmosphärische
Störungen gehören nicht in das besondere Gebiet der Sa-Technik und
sollen hier unberücksichtigt bleiben.

Wir wollen uns hier der Störbeeinflussung von außen, also von Stark-
stromleitungen zuwenden. Die elektrostatische Beeinflussung rührt,
wie bereits festgestellt, von der Störspannung, also von den Potential-
unterschieden her und ist von den Störströmen unabhängig. Die körper-
lichen Eigenschaften und die räumliche Lage
der störenden und der gestörten Leitungen in
ihrer Eigenschaft zur Ausbildung eines elektrostatischen Feldes nennen wir Gegenkapazität.
Zwischen einer Hochspannungsleitung $1 = H$ und
einer Fernmeldeleitung $FM = 2$ besteht die Gegenkapazität C_{12}. Die Fernmeldeleitung möge eine
Einfachleitung sein und eine Erdkapazität C_{20}
besitzen, die Hochspannungsleitung geerdeten
Wechselstrom führen. Dann fließt, da die Kondensatoren C_{12} und C_{20} zwei in Reihe liegende
kapazitive Leiter darstellen, ein Ladestrom von
der Hochspannungsleitung über die Gegenkapazität zur Erde. Die
Erdkapazität einer Leitung ist immer ein Vielfaches der Gegenkapazität.
Der Ladestrom wird nun:

Abb. 104. Kapazitive
Kopplung zwischen
Fernmeldeleitung und
Hochspannungsleitung.

$$J = E \cdot l \cdot \omega \; \frac{C_{12} \cdot C_{20}}{C_{12} + C_{20}}$$

oder, da C_{12} klein gegen C_{20} ist

$$J = E \, l \, \omega \; \frac{C_{12} \cdot C_{20}}{C_{20}} = E \cdot l \, \omega \cdot C_{12},$$

d. h. der Ladestrom ist proportional der Länge des Gleichlaufes, der
Frequenz und Gegenkapazität und proportional der influenzierenden
Spannung. Darum gewinnt die Influenzwirkung nur bei Hochspannungen
wesentliche Bedeutung, bei Niederspannungen nur bei sehr geringen
Abständen und hoher Gegenkapazität (im Kabelinnern). Der praktische
Wert des Ladestroms bei Einphasenwechselstrombahnen, bei einer Pri-
märspannung von 15 Kilovolt und einer Frequenz $F = 16 \, ^2/_3$ beträgt
auf 1 km etwa 1 Milliampere bei am Bahndamm liegenden Leitungen.
Der Ladestrom fließt bei Berührung gegen Erde über den berührenden
Körper ab. Bei Freileitungen kann eine solche Berührung bedenklich
werden. Freileitungen, insbesondere Einfachleitungen müssen also bei

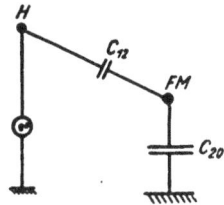

Elektrisierung von Bahnen grundsätzlich beseitigt werden. Im Kabel sind die Wirkungen der Influenz vollständig beseitigt. Der Kabelmantel wirkt als Faradayscher Käfig, auf dem alle elektrostatischen Kraftlinien endigen, ohne ins Innere eindringen zu können. Die Formel hat weiterhin gezeigt, daß der Ladestrom der Frequenz proportional ist, also die Frequenz des Störstromes besitzt, und zwar werden, wenn derselbe verschiedene harmonische Komponenten besitzt, die höheren harmonischen am stärksten übertragen. Die Bahnmotoren erzeugen Ankernuten- und Kollektorschwingungen, die auf diesem Wege vielfach Störungen erzeugen, da sie sehr hohe Frequenz besitzen. Das menschliche Ohr ist nun nicht für alle Frequenzen gleich empfindlich. Osborn hat eine Gehörempfindlichkeitskurve aufgestellt, welche ein Maximum der Empfindlichkeit bei 1100 Schwingungen pro Sekunde zeigt.

Bei der Influenzwirkung haben wir es also mit einer kapazitiven Kopplung zu tun, deren Wirkung unabhängig von der Strombelastung der störenden Leitung der Störspannung proportional ist und einen Ladestrom, allenfalls auch eine Ladespannung in der gestörten Leitung erzeugt, die bei einseitiger Erdung über die Erdungsstelle abfließt. Hinsichtlich der Leistung ist diese Beeinflussung weniger ergiebig, sie „klappt" bei kräftiger Energieentnahme „zusammen", bringt also eher Störungen des Gehörs als der Schaltungseinrichtungen zustande. Für Kabel hat sie keinerlei Bedeutung.

Ganz anders verhalten sich die induktiven Störungen, die also auf einer induktiven Kopplung, d. h. auf der Wirkung des magnetischen Feldes beruhen. Diese richten sich nur nach der Strombelastung der störenden Leitung, nicht nach der Spannung. Bei gleicher Leistungsübertragung ist also die Hochspannung vom Standpunkt dieser Störbeeinflussung aus, erwünscht. Wir können uns die magnetische Kopplung wiederum an einer Stelle zusammengedrängt vorstellen als Transfor-

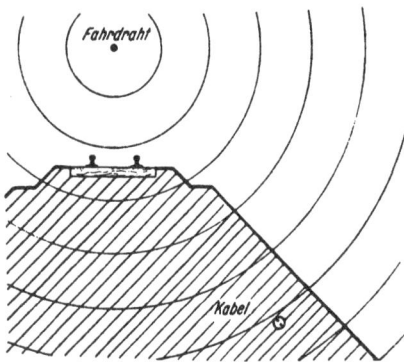

Abb. 105. Schematische Darstellung der induktiven Beeinflussung einer Fernmeldeleitung durch eine Starkstromleitung.

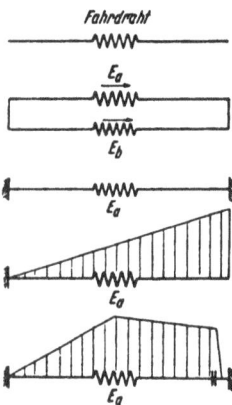

Spannungsverteilung in einer ungeerdeten, beiderseits geerdeten, einseitig geerdeten, einseitig über Kapazität geerdeten Kabelader.

mator, dessen primäre Wicklung in der Starkstromleitung, dessen sekundäre Wicklung in der beeinflußten Schwachstromleitung liegt (Abb. 105 und Abb. 106). Der Transformator besitzt dabei ein kräftiges Streufeld, der magnetische Schluß ist glücklicherweise ein schlechter. Wir sehen sofort, daß an den Enden der Sekundärwicklung des Transformators, d. h. an den Enden der Fernmeldeleitung eine Induktionsspannung entsteht, deren Größe proportional dem Gleichlauf, abhängig von dem Abstand nach einer logarithmischen Kurve ist und die die Frequenz des störenden

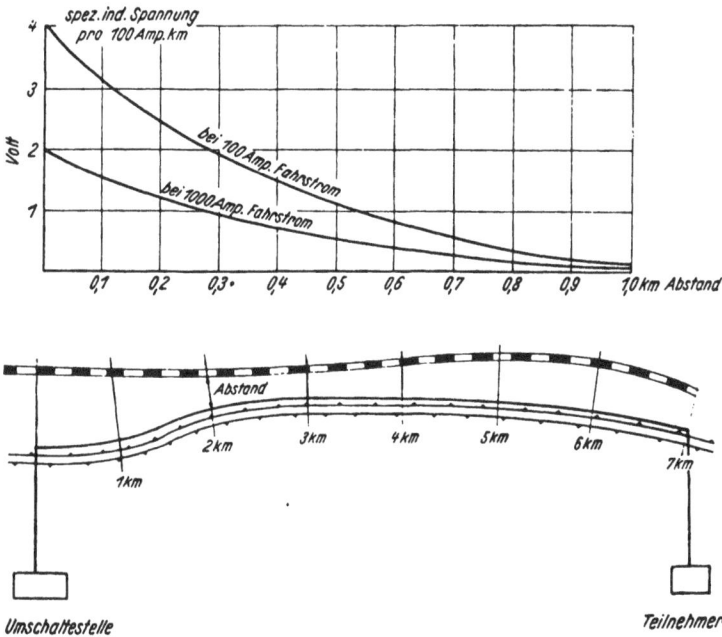

Abb. 106. Kurve und Berechnungsbeispiel zur Berechnung der in einer Fernmeldeleitung induzierten Spannung, Ermittlung des mittleren Abstandes und der spezifischen Beeinflussung.

Stromes besitzt. Die störende Spannung ist, wie erwähnt, ohne Einfluß. Ist die Fernmeldeleitung beiderseits von Erde abgetrennt, so ergibt sich eine ungeerdete Wechselspannung in derselben, wobei sich der Nullpunkt gegen Erde an der Stelle geringsten Erdwiderstandes für Wechselstrom einstellt, bei gut ausgeführten, hochisolierten Leitungen im Schwerpunkt der Erdkapazität, im Mittelpunkt. Dann besteht an den Enden der Leitungen je die Hälfte der Maximalspannung gegen Erde und dazwischen besteht eine lineare Spannungsverteilung, wenn der Abstand längs des Gleichlaufes überall gleich ist. Wird nun die Leitung an einer Stelle geerdet, so tritt die Gesamtspannung gegen Erde am anderen Ende auf. Wird die Fernleitung zur Doppelleitung geschlossen und beiderseits etwa mit einem Übertrager abgeriegelt und liegen beide Leitungen symmetrisch zur störenden Leitung, so zeigen beide Leitungen gleiche Erdkapazität, vorausgesetzt die gleiche Spannungsverteilung. An den primären Klemmen des Translators besteht kein Potentialunterschied, entsteht also auch kein Ausgleichstrom und die Sekundärwicklung, die nur Stromschwankungen überträgt, ist frei von Beeinflussungen. Die Schutzmaßnahmen gegen die induktive Beeinflussung sind also symmetrische Führung der Leitungsäste gegen die beeinflussenden Leitungen, Bildung von erdfreien Doppelleitungen, die an den Enden mit Übertragern abgeriegelt sind, häufige Unterteilung der Leitungen in solche Abschnitte und symmetrische Ausführung der Leitungen in bezug auf die Erdkapazität. Sind diese Bedingungen erfüllt, so liegen zwar auf der Leitung die Störspannungen auf der Leitungsschleife, die Sekundärseite bleibt aber von Beeinflussung frei und stört den Sprechverkehr nicht weiter. Geerdete Stromkreise sind unmöglich geworden, da über doppelt geerdete Leitungen die sekundäre Tranformatorwicklung ihren Stromkreis schließt und als ergiebige Energieübertragungsquelle wirkt. Dies gilt besonders für die Stromkreise der Automatik, die, wie wir bereits gesehen haben, einerseits mit Erde, andrerseits mit geerdeter Batterie gearbeitet haben. Man berechnet die Beeinflussung, die wie bereits erwähnt, der Länge des Gleichlaufs in Kilometern und der induzierenden Stromstärke proportional ist, in Volt pro 100 Amperekilometer. Für Ein-Phasen-Wechselstrombahnen und bei im Bahndamm verlegten Fern-Kabelleitungen ergibt sich eine Beeinflussung von 4 Volt pro 100 Amperekilometer. Der Fahrdrahtstrom, den ein elektrischer Zug erzeugt, liegt zwischen 30—50 Ampere, die Spitzenbelastung einer Strecke zwischen 100 und 150 Ampere, bei starkem eingleisigem Betrieb mit 15 KV-Spannung. Im letzteren Fall werden also bei 100 km Gleichlauf in der Fernmeldeleitung 400 Volt induziert, im Kurzschlußfall, wo im Fahrdraht 1000 Ampere enstehen und bis zum Auslösen des Ölschalters 2—3 Sekunden bestehen bleiben, können über 1000 Volt induziert werden. Der Rückstrom durch die Schienen wirkt wegen seiner entgegengesetzten Richtung als Kompensation und hebt die Wirkung teilweise auf. Schienenverbinder erhöhen den Rückstrom und damit die Kompensationswirkung. Bei hohen Stromstärken, z. B. bei Kurzschlüssen werden die Schienenstöße gefrittet, leiten besser, führen daher einen kräftigeren kompensierenden Rückstrom und die spezifische Beeinflussung geht auf 2 Volt pro 100 Amperekilometer zurück. Die Abrieglung der Fernleitungen mit Translatoren stellt eine Bekämpfung der Wirkung dar, die Begünstigung von Kompensationsströmen eine Bekämpfung der Ursachen. Letztere Lösung wurde in Schweden in technisch vollkommener Weise ausgebildet, indem man neben dem Fahrdraht eine metallische Rückleitung verlegt hat, welche einen, dem primären Strom proportionalen Rückstrom führt, der durch Saugtransformatoren aus dem Fahrdraht genommen und der Rückleitung aufgedrückt wird. Diese Lösung erfordert hohe Kosten und Energieverluste seitens der Bahn und scheidet für Deutschland aus.

Die deutsche Fernsprechtechnik, insbesondere die Selbstanschlußtechnik hat sich mit den Tatsachen der Bahnstörungen abzufinden und ihre Betriebseinrichtungen darauf einzustellen. Wie wir gesehen haben, ist die Störwirkung überall der Leitungslänge proportional, besteht also weniger für Ortsnetze als für Fernverkehrsnetze. Sie kann fernerhin durch Abriegelung der Leitungen mit Translatoren behoben werden, besteht also für manuellen Betrieb weniger als für Sa-Betrieb. Es war ein glücklicher Zufall vom Standpunkt der Betriebserfahrungen aus, daß an der Stelle, wo die ersten Versuche mit Sa-Betrieb über Fernleitungen gemacht wurden, in Weilheim, auch die kräftigsten Bahnstörungen zutage getreten sind und zur Umstellung der Betriebsverhältnisse auf Störungsfreiheit gezwungen haben. Über eine mit Translatoren abgeriegelte Fernleitung kann nur eine Entsendung von induktiv übertragenen Impulsen in Frage kommen und damit ist das Problem der Wechselstromfernwählung aufgerollt, für die der Verfasser im Auftrag des Vorstandes des T. R. A. Abt. München, Dr. Schreiber vor drei Jahren die technische Ausführung übernommen hat. Die Wechselstromfernwählung ist eine Selbstanschlußtechnik für bahngestörte Leitungen, aber wie wir noch sehen werden, auch für alle jene Leitungen, bei denen Abriegelung erwünscht ist und die Kombinationsmöglichkeit ausgenützt werden kann, welche von der Impulssendestelle über eine abgeriegelte Leitung zu einer Empfangsstelle Wechselstromimpulse sendet und durch ein auf Wechselstrom ansprechendes Relais lokale Gleichstromvorgänge auslöst, welche die Wählereinstellung bewirken. Damit ergeben sich von selbst die Aufgaben der **Wechselstromwählung**[1]):

1. Eine geeignete Stromart, Spannung und Frequenz zu finden.
2. Den für das Gehör unangenehmen Wechselstrom auf den Einstellungsstromkreis zu beschränken.
3. Ein auf Wechselstrom sicher und gleichmäßig ansprechendes Aufnahmerelais zu schaffen.
4. Gleichstromschaltungen vorzusehen, welche von dem einzigen Wechselstromrelais betätigt, dieselben Schaltvorgänge auslösen, die sonst über verschiedene Leitungen und verschiedene Relais bewirkt worden sind.

Als geeignete Spannung und Stromart erwies sich 110 Volt, 50-periodiger Wechselstrom, wie er aus jedem Starkstromnetz entnommen werden kann. Ein Wechselstromimpuls von 60 Millisekunden Dauer umfaßt

---

[1]) Vgl. Hebel: „Selbstanschlußbetrieb auf bahnbeeinflußten Leitungen und Fernwählung mit Wechselstrom." F.M.T. 1925. Heft 9, 10, 11.

dann gerade 3 Perioden (Abb. 107). Man sieht sofort, daß der Impuls-
beginn in eine beliebige Phase des Wechselstromes fallen kann. Fällt
er z. B. in den Nullpunkt, so kann das Relais erst ansprechen, wenn
er einen gewissen Anstieg hinter sich hat und den Scheitelwert der An-

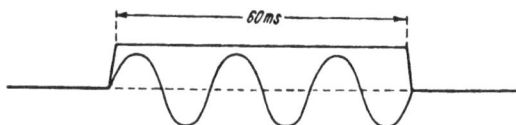

Abb. 107. Wählscheibenimpuls, gegeben mit 50 periodigem Wechselstrom.

sprechstromstärke des Relais überschreitet. Fällt er in den abfallenden
Ast, so kommt unter Umständen das Relais erst zum Durchzug, wenn
er durch 0 hindurchgegangen und nach der entgegengesetzten Seite

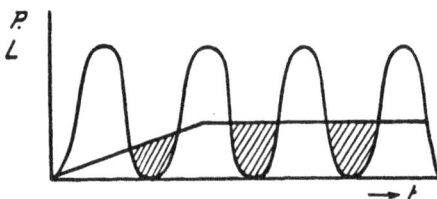

Abb. 108. Last- und Kraftverteilung am Relaisanker bei Erregung
des Relais mit Wechselstrom.

über den Scheitelwert angestiegen ist. Während der Durchgänge durch 0
wird das Relais abzufallen versuchen. Die Zugkraft des Magneten wird
eine Wellenkurve, nämlich eine Sinusquadratkurve, da die Zugkraft

$$P = \frac{B^2 Q}{8\pi} \quad \text{und } B \text{ proportional } i \text{ ist.}$$

Wo die Kraftkurve die Lastkurve unterschreitet (Abb. 108), fällt
der Anker ab, er macht also Vibrationen. Gibt man dem Anker große
Trägheit, so werden die Vibrationen klein, die Impulse aber nach Anzug
und Abfall verzerrt. Verfasser hat nun ein Relais geschaffen mit zwei
Wicklungen, wobei in der zweiten Wicklung eine Kunstphase mit 90 Grad
Voreilung erzeugt wird (Abb. 109 und 110).

Das Vektordiagramm der Ströme und Spannungen (Abb. 111—113)
zeigt, wie es mit Hilfe eines Kondensators, der der zweiten Wicklung vorgeschaltet wird, gelingt, eine Phasenvoreilung von 90 Grad für den
Strom der zweiten Wicklung zu erzeugen, so daß sich die beiden Ströme
wie Sinus- und Cosinuskurve verhalten. Die auf den Anker wirkende
resultierende Zugkraft P ist dann gleich $p \cdot \sin^2\alpha + p \cdot \cos^2\alpha = p$. Das

Relais ist auf diese Weise zu einem Gleichstromrelais geworden, auch für den Zeitpunkt der Einschaltung, sobald die zweite Phase ange-

Abb. 109. Seitenansicht des Wechselstromphasenrelais.

sprungen ist, und dies dauert höchstens 3—4 ms. An zweiter Stelle gilt es für die Fortpflanzung des Wechselstroms über die Fernsprechleitung

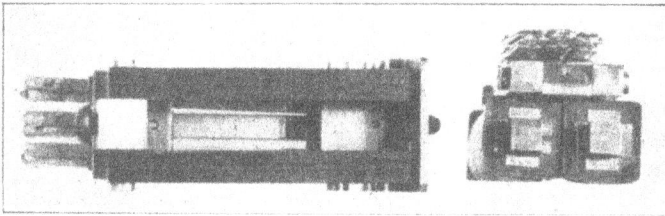

Abb. 110. Eisenschließungskreis des Wechselstromphasenrelais.

rechnerische Grundlagen zu schaffen, die es gestatten, ähnlich wie mit dem Ohmschen Gesetz für Gleichstrom Strom- und Spannungsbedarf für eine beliebige Leitungslänge zu errechnen oder zu konstruieren. Eine graphische Methode der Spiraldiagramme liefert hier die Vektorwerte von Strom und Spannung.

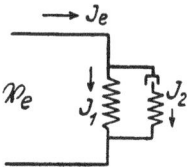

Abb. 111. Schaltanordnung der beiden Wicklungen des Wechselstromphasenrelais.

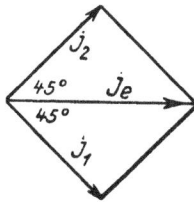

Abb. 112. Schaubild der Erregerströme im Wechselstromphasenrelais.

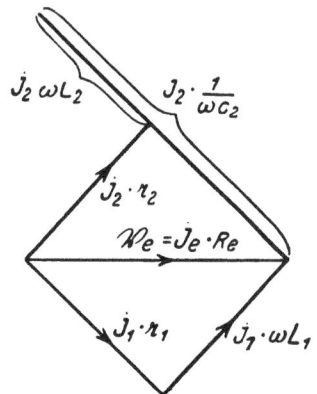

Abb. 113. Spannungsdiagramm des Wechselstromphasenrelais.

17*

Für den Verlauf des Impulses über die Fernleitung ist zu unterscheiden zwischen den Einschwingvorgängen und zwischen dem stationären und eingeschwungenen Zustand, die beide sowohl auf der Fernleitung, als auch in den Relaiswicklungen zu trennen sind. Diese Betrachtung wird die genauen Werte der Anzugszeit für das einzelne Relais und das davor liegende Leitungsstück liefern, während die Betrachtung des eingeschwungenen Zustandes Strom- und Spannungsverlauf über die Fernleitungen, die wirksamen Amperewindungen und die am Anfang der Fernleitung anzulegende Spannung ergibt, also gerade jene Größen, die für den Schaltungstechniker von unmittelbarer Bedeutung sind. Die Beziehungen, welche der Konstruktion des Spiraldiagramms zugrunde liegen, ergeben sich aus der allgemeinen Telegraphengleichung, wenn wir die Leitungseigenschaften, den Ohmschen Widerstand R, die Ableitung G, die Selbstinduktion L, und die Kapazität K für die einzelnen Leitungen einsetzen. Wir erhalten den Wellenwiderstand der Leitung für Wechselstrom.

$$\mathfrak{Z} = \sqrt{\frac{R + j\,\omega\,L}{G + j\,\omega\,K}},$$

welcher uns für die unendlich lange Leitung das Verhältnis zwischen Strom und Spannung angibt. Wir erhalten weiterhin die Fortpflanzungskonstante

$$\mathfrak{Z} = \sqrt{(R + j\,\omega\,L)\,(G + j\,\omega\,K)} = j\,\alpha + \beta.$$

Dieselbe ist also eine komplexe Größe, deren reelle Komponente die Dämpfung β, deren imaginäre Komponente die Wellenlängenkonstante α ergibt. Für eine an einem Ende auf einen Apparat vom Wellenwiderstand $\mathfrak{R}_e$ geschaltete Leitung ergibt sich folgender Spannungs- und Stromverlauf: unter Berücksichtigung des Wertes von $\mathfrak{R}_e$:

$$\mathfrak{V} = \frac{J_e}{2}\,(\mathfrak{R}_e + \mathfrak{Z})\,e^{\gamma\,y} + \frac{J_e}{2}\,(\mathfrak{R}_e - \mathfrak{Z})\cdot e^{-\gamma\,y}$$

$$\mathfrak{Z}\cdot J = \frac{J_e}{2}\,(\mathfrak{R}_e + \mathfrak{Z})\cdot e^{\gamma\,y} - \frac{J_e}{2}\,(\mathfrak{R}_e - \mathfrak{Z})\cdot e^{-\gamma\,y},$$

wo y die Zahl der Kilometer vom Ende der Leitung an gerechnet bedeutet.

Um einen Strom J_e zu erhalten, muß in y km Entfernung eine Spannung $\mathfrak{V}$ aufgedrückt werden, deren Größe sich aus zwei Komponenten zusammensetzt, welche durch die beiden Summanden gegeben ist. Die eine Spannungskomponente ist charakterisiert durch die Summe der beiden Widerstände und durch das positive Vorzeichen der Exponentialfunktion. Die letztere stellt nämlich im Spiraldiagramm die Fortschrittungsrichtung eines elektrischen Stromvorganges über die Leitung dar und führt vom Anfang gegen das Ende zu. Der zweite Summand erscheint um so größer, je größer der Unterschied zwischen dem Scheinwiderstand des Endapparates und dem der Leitung ist. Er besitzt entgegengesetzte Wanderrichtung. Für den Fall $\Re_e = \Im$ wird der zweite Summand $= 0$. Wir sehen hieraus, wie die beiden Summanden physikalisch zu deuten sind, als Einfluß der einfallenden und reflektierten Welle. Auch bei der Stromgleichung lassen sich die gleichen Glieder feststellen. Während aber vom Leitungsende gegen den Anfang zu betrachtet die einfallende und die reflektierte Spannungswelle sich mit gleichen Vorzeichen überlagern, so daß die am Anfang benötigte Spannung die Summe der beiden ist, subtrahiert sich die reflektierte Stromwelle von der abgehenden, wie dies auch physikalisch zu erwarten ist. Wenn also am Ende der Leitung starke Reflexion eintritt, so muß nach dem Aufbau der beiden Gleichungen im allgemeinen um so höhere Spannung aufgedrückt werden. Die Stromaufnahme wird um so geringer und der Anfangsstrom wird um den zurückflutenden vermehrt. Im eingeschwungenen Zustand sind die Wellen zu stehenden geworden.

Wenn nun auch in diese überschlägigen Betrachtungen über Strom- und Spannungsverlauf durch die Phasenverschiebung noch einige Abweichungen hineingetragen werden, kann man doch schon aus den Formeln ersehen, daß im Interesse geringsten Spannungsbedarfs und günstigster Stromaufnahme am Endapparat jede Reflexion zu vermeiden ist, d. h. daß man $\Re e - \Im = 0$ machen muß. Dann wird in den in der Folge beigefügten Spiraldiagrammen die Spirale der reflektierten Welle zu einem Punkt in der Mitte. Daneben zeigt sich aber auch, daß geringfügige Abweichungen von dem Werte 0 nicht bedenklich sind, so daß man ohne weiteres daran denken kann, ein einziges Relais für die meist verwendeten Kabelkreise zu wählen, dessen Scheinwiderstand der Charakteristik des am meisten verwendeten Kabels am nächsten liegt.

Das folgende Spiraidiagramm ist für einen Relaistyp von $\Re e = 1650$ konstruiert, wie er für den weiten Fernverkehr auf 1,4 mm Kabel ursprünglich geplant war.

Die Konstruktion der Spiraldiagramme liegen nun folgende vektorielle Beziehungen zugrunde:

$$\gamma = \beta + j\,\alpha$$

$$e^{\gamma\,y} = e^{\beta y} \cdot e^{j\,\alpha\,y}$$

stellt einen Vektor von der Länge $e^{\beta y}$ dar, der um $\alpha\,y = \vartheta$ Bogengrade am Einheitskreis im Sinne von $+ j$ gedreht ist.

Ein Vektor: $(\Re + \Im) \cdot e^{j\varphi}$ wird mit dem Vektor $e^{\gamma j}$ multipliziert, indem man die Zahlenwerte multipliziert und die Winkel geometrisch addiert. Wir erhalten so zu jedem Wert $\vartheta = \alpha\,y$ einen dem Kilometer zukommenden Strom- und Spannungsvektor.

Bei richtiger Anordnung kommen die Spiralen so zu liegen, daß die Vektoraddition

$$(\Re_e + \Im) \frac{J_e}{2} \cdot e^{\gamma y} + (\Re_e - \Im) \cdot \frac{J_e}{2} \cdot e^{-\gamma y} = \mathfrak{V}$$

$$\overline{\dot{Q}\dot{O}} + \overline{\dot{O}\dot{P}} = \overline{\dot{Q}\dot{P}}$$

unmittelbar im Diagramm gegeben ist.

Aus dem Spiraldiagramm kann sodann durch Parallelübertragung das Vektordiagramm des Spannungs- und Stromverlaufes gewonnen werden.

Auf das 0,9 mm Kabel angewendet, ergeben diese Beziehungen folgende Ausgangswerte:

$$(\Re_e + \Im) \cdot \frac{J_e}{2} = 4090 \cdot \frac{21,15}{1000} \cdot e^{-j18°40'} = 86 \cdot e^{-j18°40'}$$

$$(\Re - \Im) \cdot \frac{J_e}{2} = -1447 \cdot \frac{21,15}{+1000} \cdot e^{-j65°30'} = -30,63 \cdot e^{-j65°30'}.$$

Mit den so gewonnenen Werten 86 und 30,63 werden die Ausgangskreise gezeichnet und auf diesen unter den Winkeln 18°40' bzw. 65°35' im entsprechenden Drehsinn die Punkte P, Q, R vermerkt. Nun entsteht die äußere Spirale durch Multiplikation des Ausgangswertes 86 mit $e^{\beta y}$, so daß zu jedem Wert y eine Vektorlänge $86 \cdot e^{\beta y}$ gedreht um das Bogenmaß $\vartheta = \alpha \cdot y$ gehört. So kann die Kurve punktweise konstruiert werden und entsprechend der linearen Beziehung zwischen der Kilometerzahl y und den Bogengraden ϑ in Graden wie in Kilometern kotiert werden (Abb. 114 und 115).

Spiraldiagramm für eine 0,9 mm Kabelader und 50-periodigen Wechselstrom:

$\Im - 2590 \cdot e^{-j30°34'} \Omega$, $\Re_e = 1650 \cdot \pm^{j°}$, $\beta = 0,01527$, $\alpha = 0,02405$, Winkelmaß $90° = 65,4$ km, $J_e = 42,3$ Milliamp., $\mathfrak{V}_e = 70$ Volt.

So erhält man die beigefügten Diagramme. Für den praktischen Schaltungstechniker wären alle diese Darstellungen, so übersichtlich sie sind, für den Betrieb zu kompliziert. Hier empfehlen sich Diagramme im rechtwinkligen Koordinatensystem. Deshalb wurden für den Betrieb in den bayerischen Netzgruppen die Spiraldiagramme zunächst tabellarisch ausgewertet und dann unter Verzicht auf die Vektorrichtung die Absolutwerte, die für den Betrieb in erster Linie in Frage kommen, in einem rechtwinkligen Koordinatensystem zur Darstellung gebracht, wie das beiliegende Schaubild zeigt (Abb. 116 und 117).

Dabei handelt es sich erstens darum, dem Betriebsmann in übersichtlicher Form anzugeben, welche Spannung er bei einer bestimmten Kilometerzahl am Anfang anzulegen hat, damit das Relais am Ende der betreffenden Kabelader die normale Spannung und damit die normale

Amperewindungszahl erhält. Das Diagramm bringt also vier Schaulinien, für jede Kabelader eine, welche die Spannung am Anfang, abhängig

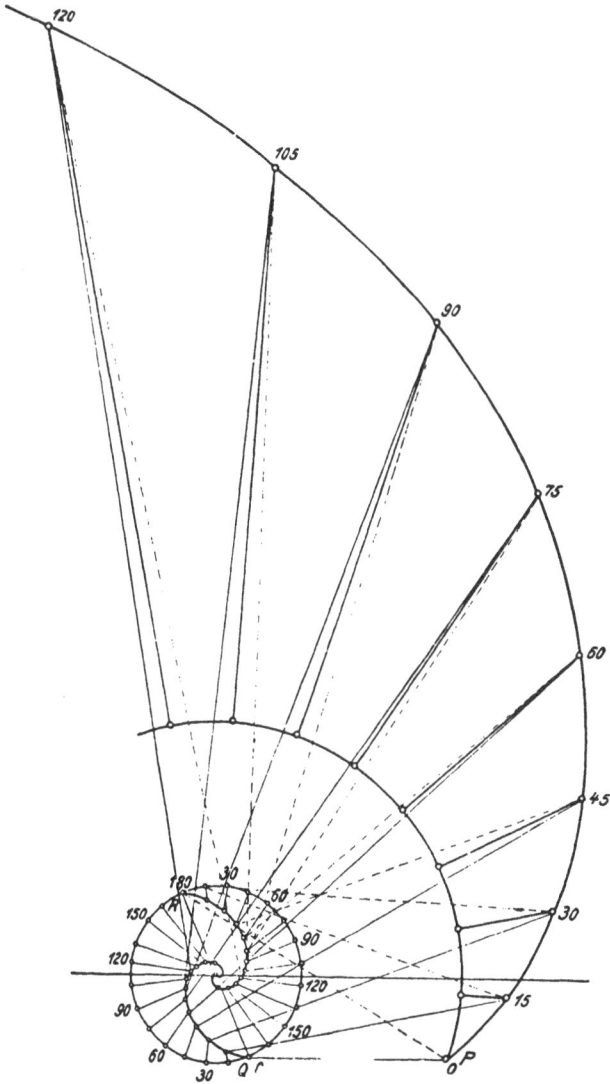

Abb. 114. Spiraldiagramm des Verlaufes von 50 periodigem Wechselstrom über eine 0,9 mm Kabelader (Spannungs- und Stromverlauf).

von der Kilometerzahl, angibt. Weiterhin muß auf Pupinleitungen dafür gesorgt werden, daß die zulässige Stromstärke von 80—90 Milliamp., deren Überschreitung die älteren Eisenkerne der Pupinspulen gefährden würde, andrerseits die Eisensättigung der Übertrager vielfach zu weit treibt, eingehalten wird. Deshalb muß dem Spannungsdiagramm ein

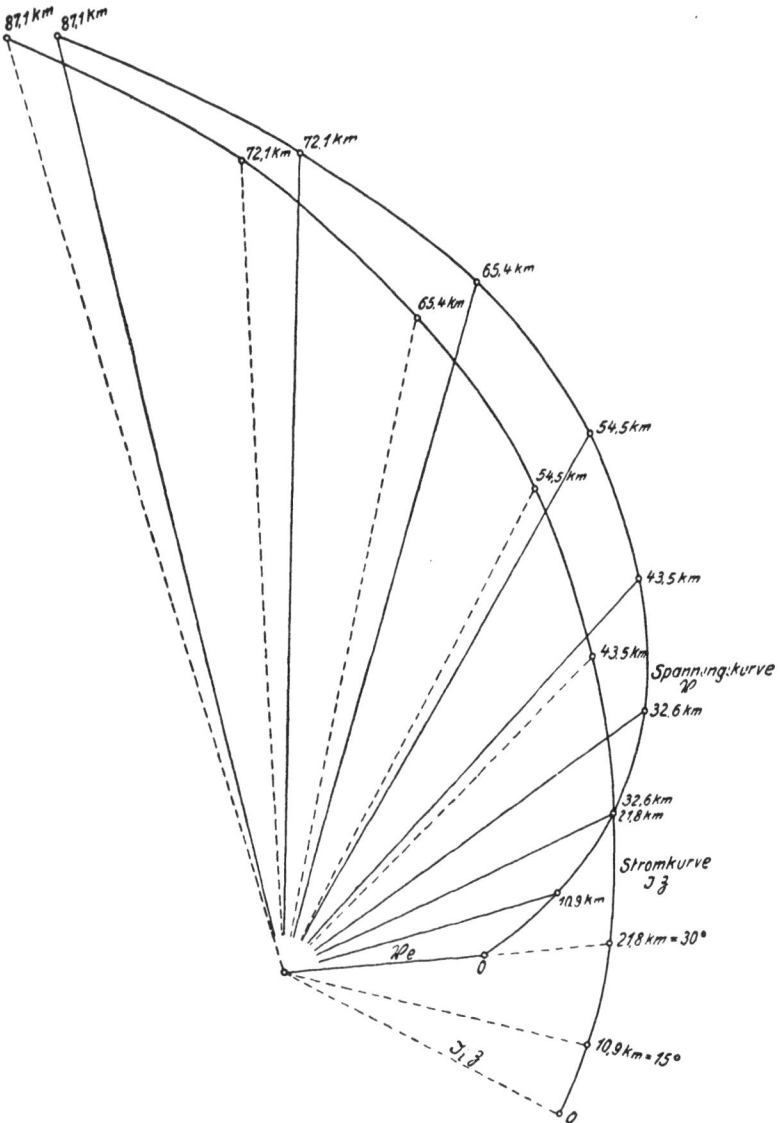

Abb. 115. Vektordiagramm des Spannungs- und Stromverlaufes über ein 0,9 mm Kabelader.

Stromdiagramm beigefügt werden, welches abhängig von der Kilometer-zahl den Stromverlauf angibt.

Der Strom fällt gegen das Ende nach einer Exponentialkurve ab und ebenso die Spannung.

Wir haben in der Sa-Technik bereits kennengelernt, daß zur Vornahme der Einstellvorgänge im allgemeinen drei Leitungen benutzt werden, ein c-Ast zum Belegen, ein b-Ast zum Steuern und Zählen, ein a-Ast zur Impulsgabe. Ferner stehen bei Gleichstrom plus und minus

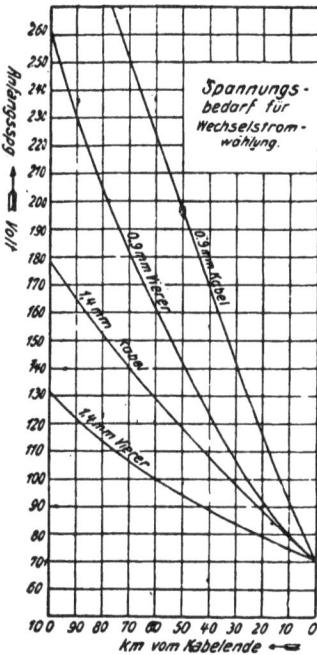

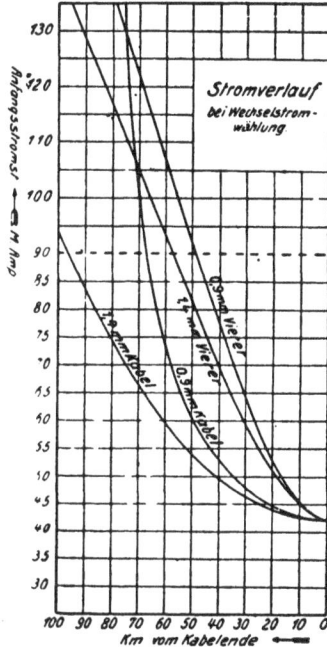

Abb. 116. Spannungsverlauf bei Wechselstromwählung mit 50 periodigem Wechselstrom über verschiedene Kabelarten, abhängig von der Leitungslänge, in rechtwinkligen Koordinaten dargestellt.

Abb. 117. Stromverlauf bei Wechselstromwählung mit 50 periodigem Wechselstrom über verschiedene Kabelarten, in rechtwinkligen Koordinaten dargestellt.

als Spannungsunterschiede zur Verfügung. Dies sind 6 verschiedene Kriterien, die zur Abwicklung der Forderungen ausgewertet werden können. In der Wechselstromwählung reduzieren sich die Möglichkeiten von sechs auf eine. Ein Gleichstromgruppenwähler in seiner einfachsten Form besitzt beispielsweise ein C-Relais zum Belegen, ein B-Relais zum Steuern, ein A-Relais zur Impulsgabe und ein P-Relais zum Prüfen. Die Vorgänge sind örtlich getrennt. In der Wechselstromtechnik der Fernwählung kann nur eine zeitliche Trennung vorgenommen werden. Lokal im Wähler benötigen wir natürlich dieselben Vorgänge, Belegung und Auslösung, Steuerung und Impulsgabe und die Prüfung. Die Einstellung soll mit Wechselstrom über Schleife erfolgen und es muß das auf Wechselstrom ansprechende Phasenrelais in Brücke zwischen a- und b-Leitung liegen. Damit der Wechselstrom nicht unangenehm gehört wird, wenn einmal die Verbindung zum rufenden Teilnehmer aufgebaut ist, werden im a- und b-Ast hinter dem A-Relais zwei Kondensatoren von je 1 MF. eingeschaltet, welche für den Wechselstrom je einen Scheinwiderstand von 3000 Ohm darstellen. Außerdem ist in der Wechselstromtechnik der Grundsatz verwertet, daß das zuerst betätigte Relais die weitere Ausbreitung des Wechselstroms mit einem Ruhekontakt verhindert. In diesem Fall macht dies das A-Relais. Eine Periode des Wechselstroms dauert 20 Millisekunden, die Ansprechzeit des A-Relais 7 bis 10 Millisekunden. Es wird also nicht einmal eine ganze Halbwelle gehört und der Wechselstrom wird gar nicht als solcher empfunden, auch wenn er hinter den Kondensatoren gehört wird. Die einzelnen Vorgänge müssen nun zeitlich hintereinander geschoben werden. Erst die Belegung durch einen Vorimpuls auf das A-Relais, welcher lokal das C-Relais zum Ansprechen bringt. Das C-Relais bleibt dann erregt, bis ein langdauernder Impuls es durch Kurzschluß wieder abwirft. Ein in Serie mit C liegendes Y-Relais hat nämlich kurz nach C ansprechend den Erregungsstromkreis des C-Relais in den Kurzschlußstromkreis umgeschaltet. Die zur Einstellung dienenden Impulsreihen wirken auf das A-Relais und über a-Kontakt auf das V-Relais, welch letzteres die Steuerung lokal besorgt. Dadurch erfolgt die Einstellung des Hub- und Drehmagneten und schließlich die Prüfung. Die kurzzeitigen Impulse schließen C zwar kurz, bringen es aber nicht zum Abfall. Erst ein langer Impuls löst als Nachimpuls die Verbindung aus.

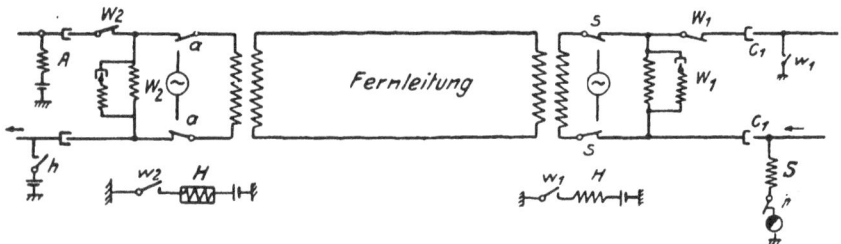

Abb. 118. Prinzipschaltbild des Grundstromkreises für eine Impulsübertragung mit Wechselstrom.

Wir können daraus das Prinzip der Wechselstromfernwählung verstehen. Die Wechselstromwahl schiebt sich in die Gleichstromvorgänge ein und besitzt beiderseits der Fernleitung Übertragungseinrichtungen, welche die Wechselstromvorgänge wieder in Gleichstromvorgänge derselben Art übersetzen, wie sie vor der Leitung bestanden haben.

Betrachten wir in Abb. 118 eine mit Übertragern abzuriegelnde Fernleitung, so sehen wir ein an der a-Leitung liegendes A-Relais für die

Impulsaufnahme und deren Weitergabe mit Wechselstrom über die Leitung. Ein W1-Relais nimmt die Impulse auf, während die ebenfalls mit Wechselstrom zu gebende Rückmeldung von einem Relais W2 in Empfang genommen und mit Gleichstrom weitergeleitet wird. An der Empfangsstelle gibt ein W1-Kontakt die Impulse mit Erde auf der a-Leitung weiter genau so, wie sie zum A-Relais über die a-Leitung gelangt sind. Der Zustand hinter der Wechselstromübertragungsstelle ist der gleiche wie davor. Wenn in einer derartigen Verbindung der gerufene Teilnehmer aushängt, wird Zählspannung auf die b-Leitung gegeben und auch dies mit Wechselstrom über die Fernleitung gemeldet. Im Fernverkehr kommen aber auch Fälle vor, wo zwei Signale auf der Leitung gegeneinander fließen müssen und eines sich gegen das andere behaupten muß. Wenn der Fernteilnehmer gerufen ist, aber noch nicht ausgehängt hat, legt der Leitungswähler Spannung auf die b-Leitung und ein S-Relais schickt Wechselstrom zurück zur Fernbeamtin. Diese Wechselströme betätigen das Relais W2, dieses H und letzteres legt wiederum Spannung an die b-Leitung, die Lampe am Fernplatz leuchtet. Nun soll aber während dieser Wartezeit die Fernbeamtin den Teilnehmer mit Wechselstrom anrufen können. Auf der Fernleitung würde Wechselstrom gegen Wechselstrom treffen. Darum muß der von rückwärts kommende Wechselstrom impulsweise zerhackt werden, so daß sich der von der Beamtin geschickte Wechselstrom während der Unterbrechungszeit durchsetzen kann. Dieser bringt dabei ein Relais H zum Ansprechen, welches den entgegengesetzt gerichteten Wechselstrom zur Abschaltung bringt. Diese Maßnahme nennt man den Durchgriff. Andrerseits ist das von den Wechselstromimpulsen angestoßene Gleichstromrelais H ebenfalls verzögert und macht daher aus den Impulsen wieder Dauerströme bzw. in diesem Fall Dauerspannung an der b-Leitung. Wenn ein lange dauernder Stromstoß zur Auslösung verwendet wird, müssen auch die auf das A-Relais wirkenden Impulse zerhackt werden.

Die neueren bayerischen Fernämter sind, wie erwähnt, grundsätzlich für Wechselstromfernwählung eingerichtet und zwar in der Weise, daß an einer mit Wechselstrom zu betreibenden Fernleitung über die Fernleitungsklinke das Kriterium für Anschaltung der Wechselstromwähleinrichtungen veranlaßt wird. Handelt es sich bei der Fernwahl grundsätzlich um einen mit Wechselstromimpulsen von der Sendestelle aus gesteuerten Vorgang, so muß in der Netzgruppe die Wechselstromwahl vielfach mit Hilfe von Übertragern zwischengeschaltet werden, wo eine Netzgruppenverbindungsleitung in ein bahngestörtes Gebiet eintritt.

Die Wechselstromfernwählung wird künftig quer durch ganz Bayern zur Durchführung gebracht werden. Im Betrieb sind heute die auf Abb. Anh. 119 angegebenen Strecken. Die Betriebsgüte ist gleich der im Ortsverkehr. Wo Verstärkerämter in der Leitung liegen, umgehen die Impulse die Verstärker, während Sprache und Signale verstärkt werden.

Wo es gilt, eine große Zahl von Verstärkern zu überbrücken, da würde die häufige Impulsübertragung eine zu weit gehende Entstellung der Impulse zur Folge haben. Hier muß man versuchen, die Impulse nicht um den Verstärker herumzuleiten, sondern durch diesen hindurchzuführen. Die Impulse müssen also den Charakter und die Amplitude von Sprechschwingungen besitzen, damit sie von der Kennlinie der Verstärkerröhren unentstellt aufgenommen werden können, mit anderen Worten, die Impulse müssen als Tonfrequenz gegeben werden. Diese Form der Wechselstromfernwählung, die unlängst von der Firma Siemens & Halske entwickelt worden ist, geht durch beliebig viele Verstärker hindurch und ist bis zu einer Entfernung von 1700 km erprobt worden. An der Sendestelle werden Tonfrequenzimpulse einer ganz bestimmten Frequenz gegeben. An der Empfangsstelle werden diese Impulse durch Siebketten aufgenommen, verstärkt und gleichgerichtet und schließlich einem normalen VSA-Relais zugeleitet. Dieses Relais nimmt die Rolle des Wechselstromphasenrelais ein, im übrigen gleichen die Schaltungen vollkommen denen der Wechselstromwählung. Die Einrichtung muß besonders Sorgfalt darauf verwenden, daß Sprachlaute und Signale, deren Schwingungen und Amplituden in der Nähe der wirksamen Tonfrequenz liegen, keine Impulse erzeugen und dies wird durch besondere Feinabstimmungskreise erzielt. Die ganze Apparatur wird im Betrieb komplizierter und teurer, als die einfache Wechselstromwählung und deshalb dort angewendet, wo mehr als drei Verstärker in der Leitung liegen.

In den Netzgruppen ist die Wechselstromfernwählung in Form der Zwischenwählung ein wertvolles Hilfsmittel geworden, die Wirtschaftlichkeit des Systems zu heben, da die Leitungskosten etwa das Fünffache der Apparatenkosten ausmachen und die Wechselstromwählung die Kombinationsmöglichkeit gestattet. Die Vorzüge der Wechselstromwählung im Netzgruppenbetrieb sind:

1. Schutz der Leitungen gegen Starkstrombeeinflussung.
2. Schutz der Leitungen gegen Ableitungen und Erdschlüsse; insbesondere Schutz des Amtes vor den Leitungsstörungen auf den Verbindungsleitungen.
3. Bifilare Impulsgabe mit geringsten Überhörerscheinungen.
4. Kombinationsmöglichkeit und dadurch hohe Leitungsersparnis.
5. Möglichkeit, die Leitungen mit Translatoren abzuriegeln und dadurch an den Stoßstellen von Leitungen mit verschiedenen Charakteristiken eine reflexionsfreie Angleichung vorzunehmen.

In der Betriebssicherheit steht die Wechselstromwahl bei Einhaltung der Betriebsspannungen der Gleichstromwahl nicht nach. Sie hat den Vorteil, die Gleichstromvorgänge sauber zu trennen und zu lokalisieren. Für die Wechselstromimpulsgabe, die einer öfteren Übertragung bedarf, ist eine Impulskorrektionsschaltung entwickelt worden, welche es gestattet, aus einem kurzzeitigen Anstoß von 7 ms die Impulsdauer lokal festzulegen und die Impulse neu ausgeformt, wie aus einer Wählscheibe kommend, weiterzuleiten. Das Vorgehen bei der Impulskorrektion ist kurz folgendes (Abb. 120): Das Wechselstromrelais erregt das eigentliche Impulsrelais und dieses bindet sich lokal. Darauf erregt das Impulsrelais zwei anzugsverzögerte lokale Relais mit einem Zeitaufwand, welcher der idealen Impulsdauer gleichkommt. Das letztere dieser Relais wirft sodann die Impulsrelais wieder ab und legt dadurch die Zeitdauer des Impulses fest. Mit dem nächsten Impulsstoß des Wechselstromrelais beginnt das Spiel von neuem. Es wird also von den Impulsen nur die Stirne verwendet, das von Kabelausschwingvorgängen verunreinigte Impulsende wird von der Impulsweiterleitung ausgeschlossen.

Es hat sich gezeigt, daß alle von der Leitungsabrieglung absehenden Wählformen den strengen Forderungen der Induktionsfreiheit nicht völlig genügen. Bei Wechselstromwahl legt man die Übertrager

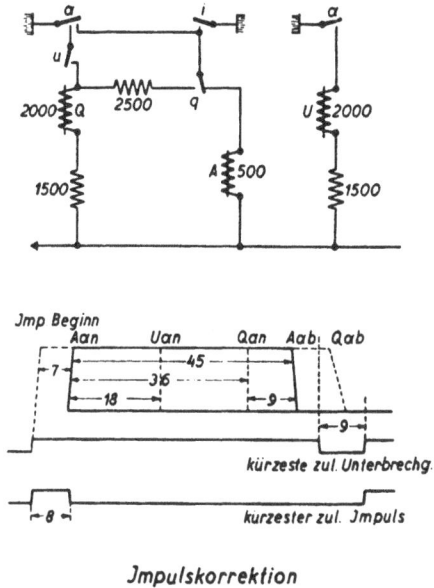

Abb. 120. Prinzipschaltbild und Relaisdiagramm einer Impulskorrektionsschaltung.

in einen hochspannungsmäßig ausgerüsteten Kellerraum und führt nur die störungsfreien Sekundärseiten der Leitungen empor in den Wählersaal. Allein diese reinliche Scheidung der Störvorgänge von den gleichstrombetriebenen Amtsteilen lohnt die geringen Komplikationen der Wechselstromwahl.

Nachdem im Abschnitt über Fernämter bereits die Schaltung des Fernplatzes für Wechselstromwahl beschrieben wurde, sei hier noch kurz das

Schaltbild eines Wechselstromferngruppenwählers für Schleifensystem

angefügt, wie er für Verwendung auf langen Leitungen benützt wird (Abb. Anh. 121).

Zur Aufnahme der Wechselstromimpulse dient ein Relais J, welches mit einem Kontakt i_{II} die sämtlichen Gleichstromvorgänge auslöst. Zum Zwecke einer einwandfreien Impulsgabe arbeitet der Kontakt i_{II} auf eine Impulskorrektion, indem er zunächst ein A 1000-Relais erregt, welches einerseits das Steuerrelais V2, andrerseits das Hilfsrelais U 500 betätigt, mit seinem Kontakt a_{II} sich selbst lokal hält, mit Kontakt a_I

die Impulse in den Hubmagneten, mit a_{III} in die weitergehende a-Leitung gibt. Die Impulskorrektion spielt nach Ansprechen von U durch Erregung des Q-Relais und Abschaltung des A-Relais mit Kontakt q_{III}, sowie Abschaltung des U 500-Relais durch Kontakt q_I lokal ab, so daß die Impulsdauer durch Anzugszeit von U, Q und Abfallzeit von U bedingt ist. Das Q-Relais hält sich über Impulskontakt i_{II}, bleibt also solange erregt, als der Wechselstromimpuls dauert, dann ist die Korrektionsschaltung für die nächste Impulsaufnahme bereit. Das Steuerrelais V2 bleibt während der ganzen Stromstoßreihe erregt, das Hilfssteuerrelais V1 kommt erst zum Ansprechen, wenn das Relais J zum erstenmal das Q-Relais freigegeben hat. Bei einmaligen Impulsen spricht es also in der Zeit vom Abfall des Q-Relais bis zum Abfall des V2-Relais an und bleibt etwa 200 ms erregt. Folgt eine Impulsreihe, so spricht es zwischen erstem und zweitem Impuls an und bleibt während der ganzen folgenden Impulsreihe erregt, fällt endlich 200 ms nach Abfall des V2-Relais wieder ab.

Die Einstellvorgänge selbst sind folgende: Die erste Stromstoßreihe wird durch das A-Relais korrigiert mit Kontakt a_I in den Hubmagneten geleitet. Nach Betätigung des Kopfkontaktes k_I und Abfall des V2-Relais beginnt der Drehmagnet mit dem Y-Relais über Kopfkontakt k_{II} ein Wechselspiel, bis das Prüfrelais auf einen freien II. Gruppenwähler ansprechen kann. Die nächsten Stromstoßreihen stellen die folgenden Gruppenwähler und den Leitungswähler ein, wobei Kontakt a_{III} über die durch p_I durchgeschaltete a-Leitung Erdimpulse, $v\,2_I$ Kontakt über die durch p_{III} durchgeschaltete b-Leitung Steuerspannung in die b-Leitung schickt. Die Beendigung der Nummernwahl ist gekennzeichnet durch Abgabe des Fernkriteriums und deren Rückmeldung zum Gruppenwähler. Wenn nämlich der Ortsfernleitungswähler, wie in dem eingangs angefügten Schaltbild zu ersehen ist, nach erfolgtem Anheben und Eindrehen in Steuerschalterstellung 3 geht, so legt er das Fernkriteriumsrelais J 700 geerdet an die a-Leitung. Dieses spricht über die über a_{III} Ruheseite und G 500 anliegende Spannung zusammen mit dem erwähnten G-Relais im Ferngruppenwähler an und beide Relais halten sich lokal. Der Leitungswähler wird alsdann in der Prüfstellung 4 angehalten, der Wechselstromferngruppenwähler legt mit Kontakt g_I G 1000 in einen lokalen Haltestromkreis und bewirkt sodann die sog. Fernkriteriumsrückmeldung zum Fernplatz, welche dort die Schlußzeichenlampe als Überwachung für den Wählvorgang zum Ansprechen bringt. Schon bei der Belegung wurde durch Kontakte c_{II} das anzug- und abfallverzögerte X-Relais erregt und dieses betätigt mit Kontakt x_I nach Ansprechen von g_I S 500 und wird sodann von s_{II} wieder abgetrennt, worauf auch S 500 mit der durch X bedingten Abfallverzögerung von 60 ms wieder abfällt. Das S-Relais legt mit seinen 2 Wechselkontakten s_I, s_{II} Wechselstrom an die abgehende Fernleitung, so daß am Fernplatz, wie bereits beschrieben, das Schlußzeichenrelais S 9000 anspricht und die Schlußlampe zum Ansprechen bringt. Wenn die s-Kontakte a- und b-Leitung wieder durchschalten, so würde ein Teil der Aufladung des Fernkabels durch den Wechselstrom über das hochempfindliche J-Relais abfließen und dieses ungewollt zum Ansprechen bringen. Zum Schutz hiegegen bringt S ein R 500-Relais, welches also immer etwas später anspricht und abfällt und mit Kontakt r_I die zurückflutende Entladeleistung über R 50 durch Kurzschluß unschädlich macht. Zum Prüfen sendet die Fernbeamtin einen einmaligen, durch die Platzschaltung zeitlich abgegrenzten Wechselstromstoß, welcher durch Kontakt a_{III} mit Erde auf der a-Leitung weitergegeben wird. Der Leitungswähler geht bei freiem Teilnehmer in Stellung 10, bei besetztem Teilnehmer in Stellung 8. Je nachdem muß durch Anlegung von Spannung auf die a-Leitung entweder die Trennung oder das Nachläuten bewirkt werden. Wenn der Prüfimpuls vorüber ist und q_{II} geschlossen hat, kommt V 1 zum Ansprechen und V1 II erregt E 500, welches sich örtlich hält und nach Abfall von V1 G 1000 durch Kontakt e_{III} zum Abfall bringt. g_{III} legt also erst dann D 80 an die a-Leitung, wenn $v\,1_I$ schon geöffnet hat. Zum Trennen oder Nachläuten sendet die Fernbeamtin nun weitere Wechselstromstöße, welche vom Fernplatz aus impulsweise zerhackt werden. Sie wirken also auf den Wechselstromferngruppenwähler wie Wählimpulse. Dadurch wird A, V1 und V2 erregt und über Y80-Spannung an die a-Leitung gelegt. In diesem Stromkreis spicht Y an, legt das X-Relais neuerdings an und hält sich lokal. Wenn die Teilnehmer im Gespräch begriffen waren, so konnte die Fernbeamtin nach erfolgter Prüfung sprechen: „Nummer 20318 ruft das Fernamt, ich trenne." Die darauffolgenden Wechselstromimpulse dürfen nicht in das Ohr des Teilnehmers gelangen, deshalb wird durch Kontakt $v\,2_I$ jeweils der b-Ast geöffnet, ehe der Wechselstrom als solcher empfunden wird. Kontakt u_{III} öffnet ebenfalls während der Impulsgabe impulsweise die a-Leitung. Bei freiem Teilnehmer beginnt nach dem Läuten die Aushängeüberwachung, d. h. der Leitungswähler legt bis zum Aushängen des gerufenen Teilnehmers Erde an die a-Leitung, Spannung an die b-Leitung, so daß jetzt S 6000, welches über x_{III} in Schleife liegt, ansprechen kann und mit X ein Wechselunterbrecherspiel beginnt, wobei Impulse von 60 ms Dauer und 120 ms Unterbrechungsdauer über die ankommende Fernleitung zurückgeschickt werden. Dadurch leuchtet am Fernplatz die Überwachungslampe solange auf, bis der Teilnehmer sich meldet. Läutet die Fernbeamtin nach, so wirkt in den Intervallen der zurückflutenden Impulse der Nachläuteimpuls auf J-Relais, damit auf A 1000-Relais und Kontakt a_{III} schaltet zusammen mit $v\,2_I$ den Stromkreis des S-Relais ab, als sog. „Durchgriff", damit sich die ankommenden Impulse gegen die abgehenden durchsetzen können. Solange also die Fernbeamtin nachläutet, setzen die Rückimpulse aus, dann dauern sie fort, bis der Teilnehmer sich meldet und dadurch S 6000 das Potential zu weiterem Ansprechen vom Leitungswähler her entzieht. Nach dem Einhängen setzt das Wechselspiel wieder ein.

Die Auslösung besteht in einem lange dauernden Impuls, der ähnlich wie beim Schleifensystem überhaupt auf ein abfallverzögertes Relais wirkt. Beim Verlassen der Ruhelage des Wählers wurde durch Kontakt k_{II} das C-Relais erregt und wird in der Folge durch q_{II} impulsweise kurzgeschlossen. Ein langdauernder Impuls bringt es zum Abfall, dann wird das Prüfrelais unterbrochen, der Wähler dreht durch, die Wählerkette löst aus. Auch nach dem Anprüfen eines ortsbesetzten Teilnehmers kann die Fernbeamtin die Auslösung bewirken, ohne eine Trennung vorzunehmen, indem sie an Stelle der Läutetaste die Auslösetaste drückt, also an Stelle der Stromstoßreihe einen langdauernden Impuls sendet. Dann hat die Auslösung bereits gewirkt und P-Relais bereits abgeworfen, ehe Kontakt $v\,1_I$ Trennspannung an die a-Leitung legt. Der Wechselstromgruppenwähler gibt außerdem die Möglichkeit einer selbsttätigen Gesprächsüberwachung, indem er auf einem Registrierband den Beginn und das Ende der Nummernwahl das Anprüfen, Dauer und Zahl der Läuteimpulse, den Augenblick des Aushängens, des Einhängens, der Auslösung und der nächsten Nummernwahl kennzeichnet. Der im Fernverkehr sonst üblichen Überwachung der Personen steht diese selbsttätige Überwachungsmöglichkeit als billigere und objektivere Form gegenüber, welche den Bedürfnissen des Betriebes umsomehr genügt, als jeder Fernsprechverkehr der Beamtinnen unter sich und jedes Zusammenarbeiten mit einer zweiten Beamtin in Wegfall kommt. Zur Betätigung der Überwachungseinrichtung sind im Wechselstromferngruppenwähler ein r_{III}-Kontakt und eine Kontaktfolge a-Arbeit und u-Arbeit vorgesehen. Der r-Kontakt registriert die vom Wechselstromgruppenwähler zum Fernplatz gehenden Stromstöße, der zweite Kontakt die vom Fernplatz kommenden.

Im Falle der Zwischenschaltung der Wechselstromwahl im Netzgruppenverkehr ist ein abgehender und ankommender Übertrager nach dem folgenden Schaltbild benötigt.

Abgehender Übertrager für Wechselstromwahl (Abb. Anh. 122).

Der abgehende Übertrager übernimmt dabei zugleich die Aufgaben des Übertragers für zweiadrigen Verkehr, so daß nur ein Mehraufwand von etwa 4 Relais entsteht, welchem die Kombinationsmöglichkeit gegenübersteht. Im c-Ast belegt, bringt der Übertrager C 1000 und über c_I die Relais I 300 und II 300 zum Ansprechen, welche zusammen einen langen Auslösestromstoß vorbereiten. Ein Belegimpuls über die Leitung erfolgt dadurch, daß im Prüfstromkreis gleichzeitig mit C A 500 erregt wird, bis Relais I und II angesprochen hat. Die Stromstöße für die Wählereinstellung betätigen das A 500-Relais, welches mit Kontakt a_I und a_{III} dieselben weiterleitet. Dabei werden sie durch das anzugsverzögerte A 1-Relais unabhängig von der Wählscheibengeschwindigkeit auf 30—35 ms verkürzt. Das B-Relais als Steuerrelais schaltet lediglich die ankommende b-Leitung ab, damit die dahinterliegenden Brücken nicht impulsentstellend wirken können. Der Übertrager ist für die zentripedale Richtung gedacht, für die eine Ausscheidung von Orts- und Ferngesprächen nicht in Frage kommt. Nach aufgebauter Ortsverbindung gibt der Leitungswähler das Zeichen, daß der gerufene Teilnehmer ausgehängt hat, zum Zwecke der Zähleinleitung und der ankommende Übertrager gibt dieses Kennzeichen mit einem Wechselstromstoß auf das J-Relais zurück, i_I betätigt das H-Relais, welches anzug- und abfallverzögert ist, damit es auf Zuckungen des J-Relais bei Kabelrückentladungsstößen nicht anspricht. H-Relais erregt G, welches sich lokal bindet und fällt dann verzögert wieder ab. Mit seinem Kontakt h_{III} hat es Zählspannung auf das G-Relais des Zeit- und Zonenzählers über den d-Ast übertragen. Dieses G-Relais bindet sich ja dann lokal. Das G-Relais im Übertrager ist das Kennzeichen dafür, daß der Wählvorgang beendet ist und das Gespräch begonnen hat, g_I und g_{III} schalten also die Sprechleitung durch. Für den Fall einer Zählunterdrückung, wo dieser Rückmeldungsstoß unterbleibt und zur Entgegennahme eines Frei- oder Besetztzeichens sind die Kontakte mit Kondensatoren überbrückt. Mit Ansprechen von G sind sämtliche Brücken im abgehenden Übertrager beseitigt, so daß die Wechselstromzwischenwahl keine zusätzlichen Dämpfungen erzeugt. Beim Auslösen fällt durch Einhängen des rufenden Teilnehmers im I. Gruppenwähler bzw. Zeitzonenzähler, A- und B-Relais ab, dann erfolgt bis zum Abfall des C-Relais ein langer Stromstoß von etwa 300 ms, welcher das A-500 Relais erregt und durch die Kontakte a_I und a_{III} über die Leitung weitergegeben wird. Der ankommende Übertrager soll aber durch diesen Stromstoß nicht ausgelöst werden, sondern erst, wenn der abgehende im c-Ast unterbrochen wurde. Deshalb wird wieder AI-Relais mit 35 ms Anzugsverzögerung erregt und schneidet einen länger dauernden Wechselstromstoß ab, solange das C-Relais erregt ist. Kurze Zeit darauf wird dann durch Öffnen des c-Astes das C-Relais zum Abfall gebracht und nun fällt A 1 unverzögert ab, während das A-Relais über Kontakt c_{III}, 2_{III} erregt bleibt, bis durch Kurzschluß I 300 und II 300 abgefallen sind. Das ist der Auslösungsstromstoß, der über die Leitung geht. Der Übertrager bleibt gesperrt, bis das letzte Relais II in die Ruhelage zurückgekehrt ist, dann ist er wieder belegungsfähig.

Der ankommende Übertrager (Abb. Anh. 123) übernimmt die Aufgabe, die Wechselstromstöße wieder in Gleichstromstöße umzusetzen und besorgt dabei eine Impulskorrektion. Zur Aufnahme der Impulse dient Wechselstromrelais J, betätigt mit einem Kontakt des Gleichstromhilfsrelais H und mit i_{III} Belegung und Auslösung. Die Belegung erfolgt durch den beschriebenen Vorimpuls, i_{III} erregt das C 100-Relais, etwa 30 ms anzugverzögert das E-Relais und dieses schaltet den Belegstromkreis mit e_I in einen Kurzschlußstromkreis des C-Relais um, so daß sofort wieder ein Auslösevorgang folgen kann. Die Impulskorrektion spielt einmal durch, da aber das U-Relais noch nicht erregt ist, werden keine Impulse in die a-Leitung gesendet. Nach Beendigung des Vorimpulses kommt U 2000 über h_{II} zum Ansprechen und hält sich über u_I und nun ist der Impulsweg hergestellt. i_I bringt bei jedem Impuls H 1000 und h_{III} gibt die Impulse korrigiert in die a-Leitung weiter. H 1000 bindet sich über h_I. h_I bringt M 500, m_I Q 1500, Q schaltet das M-Relais ab und nach Abfall von M das H-Relais. Eine Bindung des Q-Relais über den Wechselstromimpulskontakt ist nicht vorgesehen. Ein Wählscheibenimpuls, welcher also länger dauert als Impuls + Unterbrechung, würde einen zweiten Impuls erzeugen. So weitgehende Entstellungen kommen aber nicht in Frage, da der abgehende Übertrager die Impulsdauer zu 35 ms begrenzt. Das V-Relais sendet Steuerspannung in den b-Ast. Wenn der gerufene Teilnehmer aushängt, wird Zählspannung an den b-Ast gelegt. Das anzugverzögerte Z-Relais spricht an, erregt mit z_{II} das anzugverzögerte Y und dieses schaltet das Z-Relais wiederum von der Leitung ab. Der ankommende Übertrager enthält also ebenfalls keine andere Brücke in der Sprechleitung, als das zur Auslösung notwendige Wechselstromrelais J, welches geringere Dämpfung erzeugt, als eine Brücke von Gleichstromrelais. Bei der Auslösung erregt ein langer Impuls solange J, daß i_{III} C 100 durch Kurzschluß zum Abfall bringt. Das E-Relais bleibt dabei erregt, bis der Impuls aussetzt. Durch Stromloswerden von C wird der c-Ast zum nächsten Wähler geöffnet und die lokalen Haltewicklungen werden unterbrochen. Auch rückwärtige Sperrung der Leitung ist möglich, durch Betätigung einer Sperrtaste, oder dadurch, daß das Z-Relais erregt wird, beispielsweise, wenn der darauffolgende Wähler nicht in die Ruhelage zurückkehrt und dadurch das Z-Relais durch Kurzschluß abwirft. Die Sperrtasten werden so angeordnet, daß sie beim Herausnehmen des Satzes selbsttätig Wechselstrom anlegen. Im vorerwähnten abgehenden Übertrager öffnet sodann das H-Relais den Belegstromkreis. Soll das Übertragerpaar zur Abgabe von Signalen verwendet werden, so wird durch den betreffenden Signalstromkreis das A-Relais in der angegebenen Weise längere Zeit dauernd erregt und schickt dauernden Wechselstrom. Im ankommenden Übertrager ergibt sich sodann durch dauernde Erregung des J-Relais zunächst Belegung von C, dann Ansprechen von E, hierauf Abfallen von C infolge Kurzschluß und über die Kontaktkombination e_{II}, c_I Ruhe wird über das U 2000-Relais ein hochohmiges Signalrelais betätigt, während U in diesem Stromkreis nicht zum Ansprechen kommt.

Theorie der Automatik.

Nachdem bisher ein Sa-System, wie es die deutsche Reichspost hauptsächlich in Bayern verwendet, in allen seinen Einzelheiten behandelt wurde, wird es sich empfehlen, hier theoretisch die einzelnen Gesichtspunkte zu würdigen, ehe die Beschreibung einer Vielzahl von Systemen folgt, welche im wesentlichen die gleichen Aufgaben mit anderen Mitteln lösen. Die theoretische Behandlung des Stoffes an dieser Stelle soll die Möglichkeit vermitteln, die einzelnen Lösungen kritisch zu würdigen.

a) Verkehrstheorie.

Die Verkehrstheorie ist nicht eine Sonderaufgabe der Automatik, nicht einmal eine Sonderaufgabe der Fernsprechtechnik allein, aber sie gewinnt in der Automatik dadurch an erhöhter Bedeutung, daß zur wirtschaftlichen Gestaltung der Systeme in allen Verkehrsstraßen eine Beschränkung der Verkehrsmittel auf den Höchstfall des Gleichzeitigkeitsverkehrs vorgenommen werden muß. War in der Handamtstechnik beispielsweise das Studium der Verkehrsverteilung nur dazu nötig, um Personalbedarf und Diensteinteilung einerseits, Platzbelegung und Schrankausnützung andrerseits zu bestimmen, so hat die Sa-Technik in all ihren Wählerstufen die genaue Kenntnis der durch sie zu bewältigenden Verkehrsmengen zur Voraussetzung. Der Fernsprechverkehr tritt uns hier als eine zu befördernde Masse entgegen, aufgebaut auf der Einheit des Gespräches, allenfalls des versuchten Gespräches, der Belegung.

Die Einheit des Fernsprechverkehrs ist zunächst das einzelne Gespräch mit seiner Gesprächsdauer. Es ist auch eine verhältnismäßig leicht zu erfassende Größe, besonders in Netzen, in denen Einzelgesprächstarif gilt. Wenn man den Teilnehmerzähler täglich, wöchentlich, monatlich, oder am Jahresende abliest, so weiß man wieviel zählpflichtige Gesprächseinheiten der Teilnehmer im Tag, in der Woche, im Monat, im Jahr führt. Man erhält so die für die Verkehrsmessung grundlegende Gesprächsziffer des Teilnehmers. Neben den zählpflichtigen Gesprächen führt der Teilnehmer auch nicht-zählpflichtige Gespräche, d. h. Ferngesprächsanmeldungen, Anruf von Auskunftsstellen, Belegtanrufe, die überhaupt zu keinem Gespräch führen. Dazu kommt noch eine verhältnismäßig hohe Zahl von Manipulationen des Teilnehmers, welche ungewollte Belegungen im Amt erzeugen, abgebrochene Wählvorgänge und dgl., welche namentlich die ersten Wählerstufen belasten. Darum bezeichnet man allgemeiner die Beanspruchung der Wähler durch den Teilnehmer als Belegung und versteht darunter die Gesamtheit aller Aushänge-Vorgänge. Man spricht

18*

alsdann von einer Belegungsziffer des Teilnehmers. Sie wird nach dem englischen Wort „call" meist mit C bezeichnet. Sie beträgt in Deutschland in Städten mit etwa 30000 Teilnehmern 6—10, in Städten mit 10000—20000 Teilnehmern 4—6, in Städten mit 1000—10000 Teilnehmern 3—5, in Städten mit 100—1000 Teilnehmern 1,5—3 Gespräche pro Teilnehmer und Tag.

Schwieriger ist es in Netzen mit Einzelgesprächstarif die Gesprächsdauer zu erfassen. Vorsorglich durchgebildete Wählerschalteinrichtungen enthalten andrerseits Registriermöglichkeiten, indem beispielsweise ein Kontakt des Belegrelais Erde an ein Registrierinstrument legt, welches alsdann die Belegungsdauer aufzeichnet. Auf diese Weise kann man mit registrierenden Amperemetern oder mit schreibenden Magnetspulen durch genaue Aufzeichnungen die mittlere Gesprächsdauer bzw. die mittlere Belegungsdauer erfassen. Diese wird nach dem englischen Wort „time" mit T bezeichnet. In Deutschland beträgt die mittlere Gesprächsdauer im Ortsverkehr $1^3/_4$—$2^1/_4$ Minuten, sie ist in Geschäftsvierteln kleiner, als in Wohnungsvierteln. Die mittlere Belegungsdauer beträgt $1^1/_4$—2 Minuten. Das Produkt $T \cdot C =$ der Verkehrswert V, der sog. TC-Wert, der meist in Stunden angegeben wird. Wenn man nun die Verkehrswerte der verschiedenen Teilnehmer zusammenfaßt, so entsteht die neue Frage der Gleichzeitigkeit, d. h. der zeitlichen Verteilung des Verkehrs. Würden alle Teilnehmer gleichzeitig sprechen, so müßte man so viele Wähler vorsehen als dieser Gesprächszahl entspricht. Erfahrungsgemäß sprechen aber selbst in· größten Netzen nur 5—6% aller Teilnehmer gleichzeitig und dafür wird die Wählerzahl vorgesehen. Man geht also von einer gegebenen Verkehrsverteilung aus und trägt das Risiko, daß sich diese nicht wesentlich verschiebt. Um sicher zu gehen, bemißt man diese Einrichtungen für den ungünstigsten Zeitpunkt, also für die Verkehrsspitze und bezeichnet diese als die Hauptverkehrsstunde. Der Anteil des Gesamtverkehrs eines Amtes, welcher auf die Hauptverkehrsstunde entfällt, heißt Konzentration auf die Hauptverkehrsstunde K. Das Produkt KCT sagt also, wie oft der einzelne Teilnehmer während der Hauptverkehrsstunde spricht.

Es ist nicht allzuschwer, in einem Fernsprechamt etwa mit einem den Strombedarf registrierenden Amperemeter Tages-, Wochen-, Monats- und Jahresdiagramm der Verkehrsverteilung aufzustellen.

Das Jahresdiagramm zeigt in den verschiedenen Orten verschiedene Verteilung des Verkehrs und erreicht besonders in geschäftsreichen Städten eine Spitze in der Zeit des Weihnachtsverkehrs bis Neujahr. Daneben können natürlich auch Messestädte zur Ausstellungszeit, Ausflugsorte, Kurorte und dgl. zur Saison besonders ausgesprochene Spitzen besitzen. Diese müssen in erster Linie bei Berechnung der vorzusehenden Wählereinrichtungen berücksichtigt werden. Innerhalb des Monats bedeuten Anfang und Ende jeden Monats besondere Verkehrsspitzen, sowie Tage vor größeren Feiertagen. In den Wochendiagrammen zeigen Montag und Dienstag, mancherorts Freitag und Samstag die höchste Belastung. Tage der Wochenlohnauszahlung steigern den Verkehr.

Im Tagesdiagramm, deren eines in Abb. 124 wiedergegeben ist, zeigen sich die Hauptverkehrsspitzen morgens von 9—10 Uhr nach Eintreffen der Post, unter Umständen nachmittags von 4 bis 5 Uhr. Wohnungsviertel haben einen ziemlich stark ausgeprägten Abendverkehr, während sich in den Geschäftsvierteln eine sehr starke Konzentration auf die Hauptverkehrsstunde ergibt. In fast allen Städten ist K 11—13% und zwar stimmt der Mittelwert 12% für alle Berechnungen genau genug.

Neben dieser zeitlichen Verkehrsverteilung kann auch eine örtliche Verkehrsverteilung von Interesse sein, in dem in

Abb. 124. Tagesdiagramm des Fernsprechverkehrs.

gewissen Stadtteilen zur Zeit von Ausstellungen, Messen, Theatern ausgesprochene Spitzen entstehen können.

An Hand der Verkehrsdiagramme drängt sich sofort die Frage auf, ist diese Verkehrsverteilung günstig, kann sie gestaltet, allenfalls verbessert werden? Wie bereits bei Besprechung der Zählung behandelt wurde, ist es Aufgabe des Tarifs, eine Beeinflussung der Verkehrsverteilung in dem Sinne zu erzielen, daß die Vermittlungseinrichtungen wirtschaftlich ausgenützt werden können. Das gilt namentlich von den Engpässen des Verkehrs, wo gelegentliche Verkehrsspitzen kostspielige Wirtschaftsreserven erfordern und so hat man durch Einführung des Nachttarifs im Fernverkehr schon auf Entlastung der Hauptverkehrsstunde hingewirkt. Auch die Einführung der Wartezeit im Fernverkehr ist eine sehr wesentliche Maßnahme zur wirtschaftlichen Verkehrsverteilung. Im nahen Fernverkehr und im Schnellverkehr, wo diese Möglichkeit fehlt, da muß der Tarif in diesem Sinne entlastend für die Hauptverkehrsstunden wirken. Damit ist beispielsweise einer Pauschalierung das Urteil gesprochen.

Wenn nun durch Erhebungen der Verkehrswert eines Amtes ermittelt ist, so gilt es, aus seiner Verteilung für die ungünstigste Hauptverkehrsstunde die Rückwirkungen auf die einzelnen Wählergassen zu ziehen. Die Gesamtheit des Verkehrs eines ganzen Amtes wird für die einzelnen Wähler zunächst belanglos sein, sie ist für die Berechnung

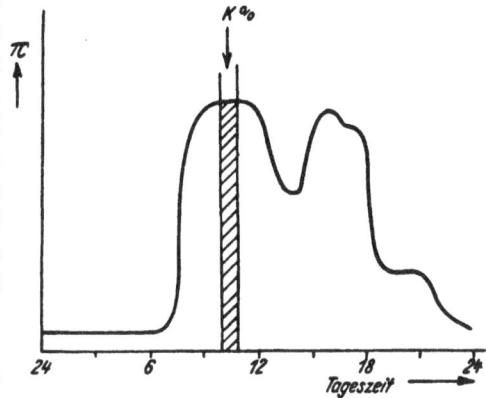

der Stromlieferungsanlage, etwa der höchsten Entladestromstärke der Batterie maßgebend, für die Berechnung der Wähler dagegen kommen nur Verkehrsanteile in Frage, welche nämlich über die betreffende Wählergasse fließen. So entsteht der Begriff der Gruppe. Die Gruppe ist eine Anzahl von Wählern und sonstigen Vermittlungseinrichtungen, welche gemeinsam die Bewältigung einer bestimmten Verkehrsmenge übernehmen, also für die Bewältigung dieses Verkehrs von anderen Amtsteilen unabhängig sind und keine Aushilfe von ihnen zu erwarten haben. Lubberger spricht in seinem Buch: „Die Wirtschaftlichkeit der Fernsprechanlagen für Ortsverkehr", wenn die letztere Bedingung gegeben ist, daß eine Gruppe der anderen keine Nachbarhilfe leisten kann, von einer reinen Gruppe. Es bilden beispielsweise in einem Sa-Amt nach dem deutschen Reichspostsystem je 2000 Anschlußorgane bis zum I. Gruppenwähler eine Gruppe, weil sie sich gemeinsam dieser ersten Einstellwähler bedienen. Wenn man Anrufsucher baut und ordnet 50 oder 100 Teilnehmern beispielsweise 6 Anrufsucher pro 50 zu, so bilden diese für sich eine Gruppe. So entsteht die Aufgabe, entsprechend der Verteilung des Verkehrs über die einzelnen Verkehrsstraßen eine Gruppenunterteilung des Verkehrs vorzunehmen. Wenn man sich auf ein bereits vorliegendes Amt stützen kann, so kann man eine Messung innerhalb der Gruppe machen und erhält so den TC-Wert, allenfalls den KTC-Wert dieser Gruppe und kann diesen unmittelbar in Rechnung setzen. Nimmt man aber als Verkehrswert der Gruppe einen Anteil des Gesamtverkehrswertes eines Amtes, so muß man sich dessen bewußt sein, daß die Teilspitzen nicht zeitlich zusammenfallen, daß also die Hauptverkehrsspitze des gesamten Amtes wesentlich niedriger ist als die Summe der Verkehrsspitzen ihrer Gruppen. Umgekehrt ist die Verkehrsspitze der einzelnen Gruppe immer größer als der prozentuale Anteil an der Hauptverkehrsspitze ausmacht. Die Phasenverschiebung der Spitzen und damit die Abweichung vom proportionalen Teilwert wird um so größer, in je mehr Teile der Verkehr sich spaltet und je kleiner die einzelnen Verkehrswerte sind, ist es doch ein Grundgesetz der Wahrscheinlichkeitsrechnung, das Gesetz der kleinen Zahl, daß die Abweichungen von dem Mittelwert mit abnehmendem Absolutwert immer größer werden, d. h. z. B. man kann viel leichter behaupten, daß von 2000 Teilnehmern nie gleichzeitig mehr wie 100 sprechen (5%), als daß von 10 Teilnehmern nie mehr wie 2 sprechen (20%). Um die Gruppenverteilung des Verkehrs zu ermöglichen, macht man zum proportionalen Teilwert Gruppenzuschläge, für die Direktor Langer in seinem Werk: „Die Berechnung der Wählerzahlen in selbsttätigen Fernsprechämtern" Zuschlagskurven angegeben hat. Umgekehrt können dann, wo Verkehrswerte zu gemeinsamen Straßen zusammenfließen, ebenso große Gruppenabzüge von der Summe der Teilwerte gemacht werden. Den prozentualen Anteil ergeben die in Abb. 125 angegebenen Verkehrszuschlagskurven nach Langer. Man sieht daraus beispielsweise, daß bei Teilung des Verkehrswertes in fünf gleiche Werte zu je 2 TC-Stunden ein Zuschlag von 20 % anzunehmen ist. Der so vermehrte TC-Wert kann dann der Berechnung der Vermittlungsorgane zur Bewältigung dieses Verkehrs zugrunde gelegt werden (Abb. 125).

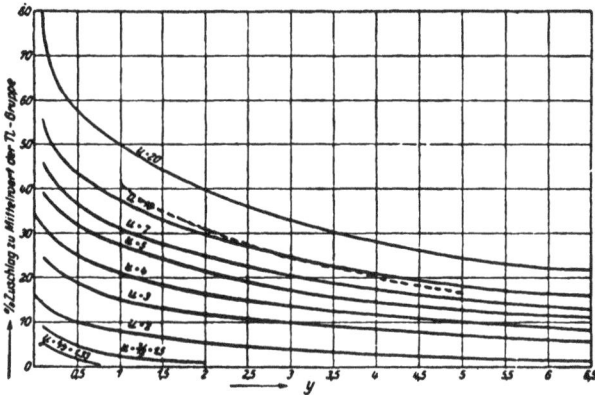

Abb. 125. Kurven der Gruppenzuschläge und Abzüge bei Unterteilung des Verkehrs in U-Gruppen.

Der Gruppenteilung der Verkehrswerte steht gegenüber die Unterteilung der Verkehrswege und Verkehrsmittel in sog. Bündel. Wie man unreine Gruppen und vollkommene Gruppen unterscheidet, so spricht man von vollkommenen und unvollkommenen Bündeln. Diese Berechnungen gelten ebensosehr für die Leitungswege, und man spricht in diesem Sinn von Leitungsbündeln, wie für die Berechnung von Wählerzahlen einer bestimmten Wählerstufe, und man spricht dann von Wählerbündeln. Wenn beispielsweise ein Verbundamt einer Netzgruppe für seinen abgehenden Verkehr ins Hauptamt 6 Leitungen benötigt und diese Leitungen durch Freiwahl über 10 kontaktige Wähler erreicht werden, so bilden diese 6 Leitungen ein vollkommenes Leitungsbündel, die an ihrem Ende liegenden ankommenden Gruppenwähler ein vollkommenes Wählerbündel. Auf dem gleichen Wege wie diese 6 Leitungen werden auch andere Leitungen, z. B. die ankommenden Leitungen des Verbundamtes verlaufen, die für sich wieder in verschiedene Bündel zerfallen können und diese Leitungen bilden dann zusammen einen Leitungsstrang oder Kabelstrang. Ebenso können die an den Leitungen liegenden ankommenden Gruppenwähler mit anderen, von anderen Richtungen kommenden Gruppenwählern vielfach geschaltet sein und bilden dann mit diesen zusammen eine Wählerstufe. Das Kennzeichen des Bündels besteht also in all diesen Fällen darin, daß die Einzelorgane des Bündels zur Bewältigung des ganzen Verkehrswertes sich gegenseitig vollkommen unterstützen können.

Den Begriff des vollkommenen Bündels versteht man am besten, wenn man den Gegensatz dazu, das unvollkommene Bündel erörtert. Wenn für den Verbindungsverkehr zweier Ämter insgesamt etwa 300 Leitungen nötig sind und die Auswahl der Leitungen durch 10 schrittige Wähler erfolgt, so werden dadurch die Verbindungsleitungen zunächst in 30 Zehnerbündel zersplittert und wenn ein Gruppenwähler die an seinen Kontakten liegenden Leitungen besetzt findet, so muß er dem anrufenden Teilnehmer das Besetztzeichen übermitteln, obwohl vielleicht unter den 29 Zehnerbündeln, welche in der gleichen Richtung verlaufen, noch manche Leitung frei wäre. Um jedem Wähler die Möglichkeit zu geben, sämtliche 300 Leitungen abzuprüfen, müßte er 300 Freiwahlschritte besitzen und dies würde zu kostspielig werden. Man muß also auf Mittel sinnen, um die Härten einer solchen Zersplitterung zu vermeiden.

Staffelung. Wenn die an einen Wählerrahmen angeschlossenen Leitungen unter sich vielfach geschaltet sind und sämtliche Wähler von der Ruhestellung aus in dergleichen Richtung drehen, so ist es klar, daß die an den ersten Kontakten liegenden Leitungen und Schaltorgane am meisten in Anspruch genommen werden, die an den letzten Kontakten liegenden am seltensten in Frage kommen. Es liegt daher nahe, die ersten Schritte über nicht so viele Ausgänge vielfach zu schalten als die letzten und so tritt an Stelle der reinen Vielfachschaltung die Staffelung (Abb. 126). Auf diese Weise kann einem Hundert von 10 Wählerrahmen zu je 10 gevielfachten Drehschritten Ausgang zu 32 weiteren Wählern gegeben werden, wenn bei reiner Vielfachschaltung nur 10 Ausgänge vorhanden waren. Die Staffelung selbst darf nicht wie bei der angegebenen Abbildung einfach durch proportionale Zunahme der vielfach geschalteten Kontakte aufgebaut werden, sondern man wird versuchen, auf jeden Ausgang die möglichst gleiche Belastung zu legen, weil dadurch zugleich die geringste Zahl von Drehschritten bis zum erfolgreichen Prüfen für die einzelnen Wähler entsteht. Eine Maßnahme, welche besonders dazu geeignet ist, Verkehrsausgleich zwischen den Verkehrswerten der einzelnen Untergruppen zu schaffen, ist das sog.

Übergreifen. So besitzen beispielsweise in dem angegebenen Bild Rahmen A und B genau die gleichen Ausgänge. Wenn Rahmen A

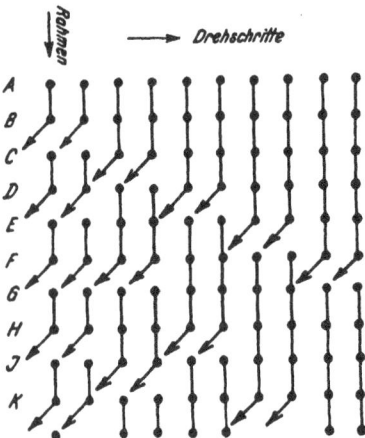

Abb. 126. Prinzip der Staffelung.

alle besetzt, so findet B keinen Ausgang mehr frei. Der „Besetzteinfluß" des Rahmens A auf den Rahmen B ist ein vollkommener, man versucht die Ausgänge so auf die Rahmen zu verteilen, daß der Besetzteinfluß möglichst klein wird.

Dies geschieht am besten durch das Übergreifen. Das gleiche Hundertersystem mit Übergreifen ausgeführt, nimmt beispielsweise die folgende Form an (Abb. 127). Beim dritten und 4. Drehschritt teilen sich Rahmen A und C, beim 5. und 6. Drehschritt A und D usw. in die Ausgänge. Die Forderung, über jeden Ausgang die gleiche Verkehrsbelastung zu leiten, läßt sich aber bis ins einzelne erheben, selbst dann, wenn keine Vermehrung der Ausgänge gefordert wird. Um beispielsweise mit einem Rahmen von 10 zehnschrittigen Wählern eine gleich-

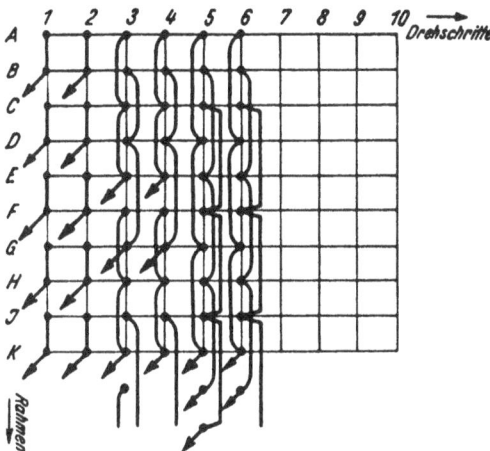

Abb. 128. Prinzip der Verschränkung.

Abb. 127. Prinzip der Staffelung mit Übergreifen.

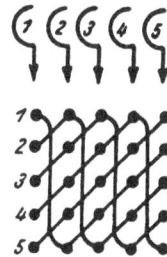

mäßige Verteilung der Belastung auf alle Ausgänge zu erzielen, müßte etwa der erste Drehschritt des I. Wählers mit dem 2. Drehschritt des II. Wählers, mit dem 3. Drehschritt des III. Wählers vielfach geschaltet werden. An Stelle der Vielfachschaltung der einzelnen Schritte tritt also eine sog.

Verschränkung, wie sie in Abb. 128 gezeigt ist. Praktisch werden nun alle Mittel nebeneinander angewendet und ein derartiges Feld, in dem alle Hilfsmittel zu einer gleichmäßigen Verkehrsverteilung auf möglichst viele Ausgänge angeordnet sind, bezeichnet man als

gemischtes Feld, den Vorgang selbst als Mischung. Abb. 129 zeigt endlich, wie eine derartige Mischung für etwa 20 Wählerrahmen ausgeführt wird. Wo aber die Vermehrung der Ausgänge nicht einen geringen Prozentsatz, sondern eine sehr große Zahl ausmachen soll, da ergibt sich als vollkommenstes Hilfsmittel zur Erzielung großer Bündel die Verwendung von Mischwählern. Der II. Vorwähler des Reichspostsystems ist ein derartiger Mischwähler. Die 2000 I. Vorwähler einer Zweitausendergruppe erfordern bekanntlich 120—150 I. Gruppenwähler und das Ideal wäre, daß jeder Vorwähler jeden Gruppenwähler erreichen könnte. Dann wäre der vollkommenste Verkehrsabfluß sichergestellt und es würde nie der Fall eintreten, daß an einer Stelle Ausgänge fehlen, während von anderen Wählern noch unbelegte Gruppenwähler erreichbar wären. Wenn man nun an jedem Drehschritt des I. Vorwählers einen II. Vorwähler legt, welcher 15 Drehschritte besitzt, so kann praktisch jeder I. Gruppenwähler erreicht werden, wenn von den Ausgängen des II. Vorwählers aus dafür gesorgt wird, daß der I. Vorwähler nur auf einen II. Vorwähler prüfen kann, welcher noch freie Ausgänge besitzt, und freie II. Vorwähler übergeht, welche keine Ausgänge mehr haben. Eine rückwärtige Sperrung zusammen mit einer Abschaltung muß also dafür sorgen, daß der Belegstromkreis eines II. Vorwählers bei Fehlen eines freien Ausganges unterbrochen wird. Bei Besprechung der Schaltung des II. Vorwählers wurde der Abschaltekontakt g erwähnt, der dies bewirkt. Ebenso wurden im I. Gruppenwähler die v 1-Ruhekontakte erwähnt und im Schaltbild angegeben, welche

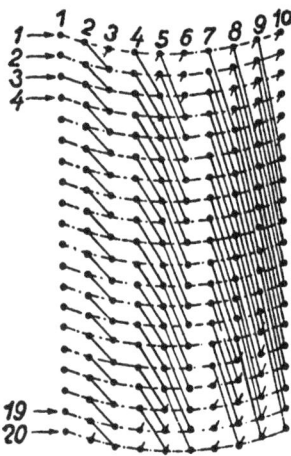

Abb. 129. Darstellung eines gemischten Feldes.

die Anschaltung betätigen und die Zusammenordnung der Abschaltekontakte. Die Betätigung der G-Relais stellt andrerseits die Forderung, die Mischung so vorzunehmen, daß die Abschaltung ohne zu großen schaltungstechnischen Aufwand bewirkt werden kann. Bei unzweckmäßiger Mischung würde es außerordentlich schwer fallen, für jede Wählergruppe das Abschaltungskennzeichen in eindeutiger Weise zur vorliegenden Wählerstufe zu übertragen.

Die Vorwahlstufe des Reichspostsystems ist in der Weise ausgeführt, daß das einzelne Hundert 15 Ausgänge zu II. Vorwählern besitzt. Die Vorwähler des einzelnen Rahmens sind vielfachgeschaltet. Bei den ersten Drehschritten sind die Ausgänge von je 5 Rahmen, bei den letzten 5 Drehschritten von je 10 Rahmen vielfachgeschaltet. Die Schritte sind verschränkt (Abb. Anh. 130) und durch Übergreifen gemischt. Entsprechend den 15 Ausgängen der Hundertergruppe sind 15% II. Vorwähler vorgesehen und zwar erreicht im ersten Hundert des ersten Tausends jeder I. Vorwähler den II. Vorwähler Nr. 1 in den Rahmen 1—15, das zweite Hundert den II. Vorwähler Nr. 2 der Rahmen 1—15, das erste Hundert des zweiten Tausends den Vorwähler

Nr. 1 des 16. mit 30. Rahmens. Die Drehschritte der II. Vorwähler sind wiederum unter sich rahmenweise vielfach geschaltet und zwar erreicht der 1. der 9., der 17. und 25. II. Vorwählerrahmen über die ersten zehn Drehschritte die zehn I. Gruppenwähler des I. Rahmens, über Drehschritt 11—15 die ersten fünf Gruppenwähler des 3. Rahmens. Diese 5 Gruppenwähler des 3. Rahmens einerseits, diese 10 I. Gruppenwähler des 1. Rahmens andrerseits müssen also über die v 1-Ruhekontakte eine Abschaltung betätigen, welche auf G 1, G 9, G 17, G 25 (Abb. Anh. 131) zurückwirkt, so daß durch diese Relais beim Besetztsein der 15 I. Gruppenwähler der 1., 9., 17. und 25. II. Vorwählerrahmen für I. Vorwähler unzugänglich gemacht wird. Zwischen den II. Vorwählern und I. Gruppenwählern tritt irgendeine Verschränkung nicht ein. Sie ist hier auch nicht nötig, weil der II. Vorwähler keine Ruhestellung besitzt, sondern schrittweise von Wähler zu Wähler weitergeht. Damit wird für die Freiwahlstufe auch eine Laufzeit erspart.

Berechnung der benötigten Leitungswege. Nachdem nun einerseits die Erfassung und Messung der Verkehrswerte, andrerseits die Gestaltung der Zugänge bekannt ist, kann an die Berechnung der Wählerzahlen herangegangen werden. Voraussetzung hierfür ist die Kenntnis der Leistung eines Bündels. Wenn in der Hauptverkehrsstunde 6 TC-Stunden anfallen und jeder einzelne Wähler eine volle TC-Stunde zu leisten vermöchte, so wären 6 Wähler zur Bewältigung dieser Verkehrsmenge ausreichend; es müßte sich Gespräch an Gespräch reihen, ohne eine Sekunde Verlust. Praktisch ist aber die Verkehrsverteilung auch in der Hauptverkehrsstunde keine gleichmäßige, die Wähler liegen minutenweise still, und zu anderen Minuten wieder häufen sich die Anrufe so, daß mehr als 6 Wähler gleichzeitig benötigt sind. Also auch die Hauptverkehrsstunde hat ihr Verkehrsdiagramm mit Spitzen und Einsenkungen, und zwar sind die Unregelmäßigkeiten des Diagramms um so größer, je kleiner die Gruppe von Teilnehmern ist, welche betrachtet wird. Die Schwankungen betragen in einer Zweitausendergruppe beispielsweise etwa 10-20%, in einer Hundertergruppe 200-300%. Es wird also der einzelne Wähler nicht imstande sein, eine volle TC-Stunde zu leisten, sondern nur einen Bruchteil davon. Und je größer die zusammengefaßte Verkehrsmenge ist, desto mehr wird der einzelne Wähler zu leisten vermögen. Weiterhin wird die Leistung davon beeinflußt werden, ob das Bündel ein vollkommenes oder ein unvollkommenes ist, d. h. ob sich alle Wähler gegenseitig aushelfen können oder nicht. In vollkommenen Bündeln wird die Leistung am höchsten, in unterteilten Bündeln ohne jede Mischung die Leistung am geringsten sein. Wir haben gesehen, daß die Verwendung von Mischwählern das Bündel zu einem vollkommenen macht, daß die Unterteilung in reine Zehnerbündel am ungünstigsten ist. Dazwischen liegen die Werte für ein durch Mischung und Staffelung verbessertes Leitungsbündel, wie es in der Gruppenwählerstufe praktisch vorliegt, wo man in der Regel keine besonderen Mischwähler zwischenschaltet. Diese Bündelleistung ausgedrückt in Prozentsätzen und Minuten zeigt am besten eine Kurvenschar von Direktor Langer aus der erwähnten Arbeit. Die höchste erzielbare Leistung im vollkommenen Bündel beträgt bei etwa 100 Leitungen oder Wählern etwa 45 Minuten, also 75%. Darüber hinaus ist nach dem Verlauf der Kurve eine weitere Steigerung nicht mehr zu erzielen. Deshalb begnügt man sich auch in Automatenämtern mit der Zusammen-

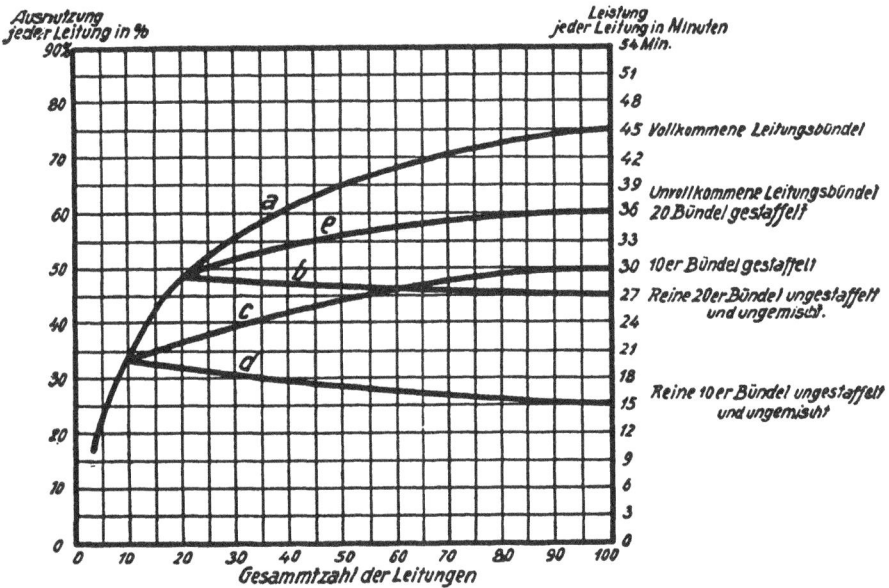

Abb. 132. Leistung von Leitungs- und Wählerbündeln bei Freiwahlvorgängen.

fassung von Zweitausendergruppen. Bei Anwendung reiner Zehnerbündel ergibt sich eine Zersplitterung, welche sich um so stärker fühlbar macht, je mehr Leitungen in Frage kommen, so daß die Leistung auf etwa 15 Minuten, also auf ein Drittel herabgedrückt wird. Hier kommen eben die Gruppenzuschläge für den Verkehr in Frage. Endlich zeigt Kurve C, wie sich durch Mischen und Staffeln eine Leitungsausnützung bis zu 30 Minuten erzielen läßt. In diesem Zusammenhang ist auch die Frage interessant, welcher Gewinn durch Anwendung von 20teiligen Wählern erzielt werden könnte und dies zeigt Kurve b für reine ungemischte Bündel, Kurve e für gestaffelte und gemischte Bündel (Abb. 132). Noch häufiger werden diese Kurven in einer anderen Form verwendet, welche in Abhängigkeit der Zahl der TC-Stunden die benötigte Leitungsoder Wählerzahl angibt (Abb. 133). Auch hier drücken sich die Leistungen, abhängig von der Möglichkeit einer gegenseitigen Aushilfe der Leitungswege aus. Mit Hilfe dieser Kurvenschar können nun unter gleichzeitiger Anwendung der Gruppenzuschläge und -abzüge die Wählerzahlen für alle Wählerstufen errechnet werden. In den Vorwahlstufen handelt es sich dabei um vollkommene Bündel, ebenso überall da, wo die Zahl der in der Freiwahl zugänglichen Kontakte gleich oder größer der Zahl der Ausgänge ist. Die Berechnung der Verbindungsleitungen einer Netzgruppe liegt überwiegend in einem Gebiet, wo sich die Kurven noch nicht wesentlich unterscheiden. Deshalb wurden vom Verfasser für Berechnung der Leitungszahlen in der Netzgruppe und der für die kleinen Ämter benötigten Wählerstufen die folgenden Kurvenscharen entwickelt (Abb. Anh. 134), welche aus der

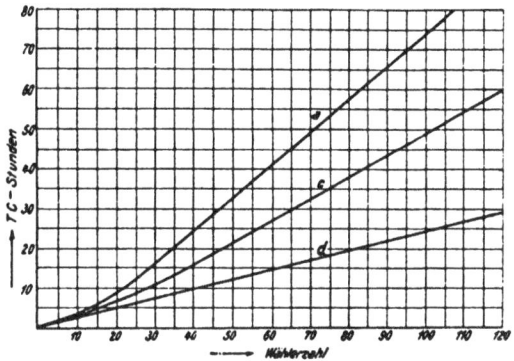

Abb. 133. Bedarf an Leitungen und Wählern, in Abhängigkeit von den TC-Stunden und den zugelassenen Verkehrsverlusten.

Teilnehmerzahl des Netzes, der Gesprächszahl des Teilnehmers, der Konzentration zunächst die Gesprächszahl in der Hauptverkehrsstunde errechnen lassen und dann für den Parameter der mittleren Gesprächsdauer (oder wenn man mit Belegungszahlen rechnet, der mittleren Belegungsdauer) die benötigte Leitungszahl ergeben. Die Kurven selbst entsprechen also der Kurve a bei Langer, also dem vollkommenen Bündel. Als Beispiel soll für ein Netz mit 300 Teilnehmern und Tagesgesprächsziffer 3 die Leitungszahl berechnet werden. Man folgt bei Ziffer 300 der Ordinate bis zum Schnitt mit der Geraden 3, geht von dem Schnittpunkt aus parallel zur Abszissenachse bis zum Schnitt mit der Konzentrationsgeraden 12, von hier senkrecht herunter bis zur Kurve mit der mittleren Gesprächsdauer 2,5 und liest hierfür einen Leitungsbedarf von 13 Leitungen ab. Selbstverständlich läßt sich hierfür auch eine Fluchtliniendarstellung wählen.

Berechnung und Aufbau von Staffeln ist eine Aufgabe der Wahrscheinlichkeitsrechnung und ist von verschiedenen Mathematikern bearbeitet worden[1]).

---

[1]) „Die Theorie des Fernsprechverkehrs" von Lubberger. „Verkehrsfragen in Fernsprechanlagen mit Wählerbetrieb" von Lubberger. „Lösung einiger Probleme der Wahrscheinlichkeitsrechnung von Bedeutung für die selbsttätigen Fernsprechämter" von A. K. Erlang. „Some Applications of the method of Statistical Equilibrium in the Theory of Probabilities" von A. K. Erlang. „Der Fernsprechverkehr als Massenerscheinung mit starken Schwankungen" von Rückle-Lubberger.

Lubberger unterscheidet dabei einseitige Staffeln, bei denen in der Suchrichtung die Zahl der untereinander vielfach geschalteten belegenden Organe zunimmt und schlägt sogenannte Wechselstaffeln vor, bei denen nach dem Grundsatz der Gruppenzuschläge und -abzüge bei Verkehrszusammenfluß bedeutende Abzüge, bei Verkehrsteilung kleine Zuschläge für die Berechnung der Staffeln vorgenommen werden. Die so entstehenden Wechselstaffeln ergeben nach den vorgenommenen Messungen eine bis zu 10% betragende Mehrleistung als die einseitigen Staffeln.

Da die Leistung des einzelnen Schaltorganes und der einzelnen Leitung dem finanziellen Aufwand für solche Organe umgekehrt proportional ist, so ist die Frage einer möglichst günstigen Ausnützung eine wirtschaftliche Voraussetzung für den Aufbau eines Systems. Je hochwertiger die in Frage kommenden Organe sind, desto sorgfältiger muß jedes Prozent gesteigerter Leistung angestrebt werden. Dies gilt besonders von den Verbindungsleitungen zwischen einzelnen Ämtern, die ein Vielfaches der daran angeschlossenen Wähler kosten. Dadurch entstehen gewisse Rückwirkungen auf die Wählerkonstruktion. Wenn die Wähler in den einzelnen Hubstufen eine Freiwahl über 20 Drehschritte vorzunehmen vermögen, so entspricht die Leistung der Kurve e in Abb. 132, wenn die einzelnen Bündel unter sich gestaffelt werden. Prüft man mit zehnschrittigen Wählern auf die gleichen Leitungen, so entspricht die Leistung der Kurve c, liegt also um 12% tiefer als im obigen Fall. Entsprechend müssen mehr Verbindungsleitungen vorgesehen werden. Dies wird von den Maschinenwählersystemen vielfach geltend gemacht, weil diese ohne weiteres größere Wählertypen verwenden und mehr Suchschritte für jede Dekade zur Verfügung stellen können. Selbstverständlich wird damit der Kostenaufwand für den einzelnen Wähler erhöht, und es läßt sich nur in allergrößten, ausgedehntesten Stadtnetzen ein wesentlicher wirtschaftlicher Vorteil durch 200- und mehrteilige Wähler erzielen, so daß es kaum lohnend ist, die Einheitlichkeit einer Wählerkonstruktion um dieses Vorteiles willen zu durchbrechen, um so mehr, als der Einbau von Mischwählern bei großen Leitungsbündeln mit verhältnismäßig geringerem Aufwand die gleiche Leistungssteigerung ermöglicht.

Theoretische Schaltungslehre.

Bisher haben wir die Konstruktions- und Schaltelemente der Sa-Technik, insbesondere der Siemensschen Sa-Technik und des Reichspostsystems als ein fertiges Ganzes betrachtet und über die verkehrstechnische Auswertung dieser Einrichtungen gesprochen. Nun wollen wir die einzelnen Konstruktionsteile noch in ihren Elementen betrachten einerseits, um für Neukonstruktion und Betrieb den nötigen Einblick zu gewinnen, andererseits, um eine Bewertung der Systeme gegenüber anderen Neuerscheinungen zu ermöglichen. Die Elemente der Sa-Technik sind Wähler und Relais. Beide zusammen sind die elektrischen Maschinen des Fernmelde-Ingenieurs und wir wollen versuchen, für Konstruktion und Anordnung dieser Elemente ähnliche Gesetze und Richtlinien aufzustellen, wie sie für die elektrischen Maschinen der Starkstromtechnik längst bestehen.

Abb. 135. Schneidenankerrelais, Seitenansicht.

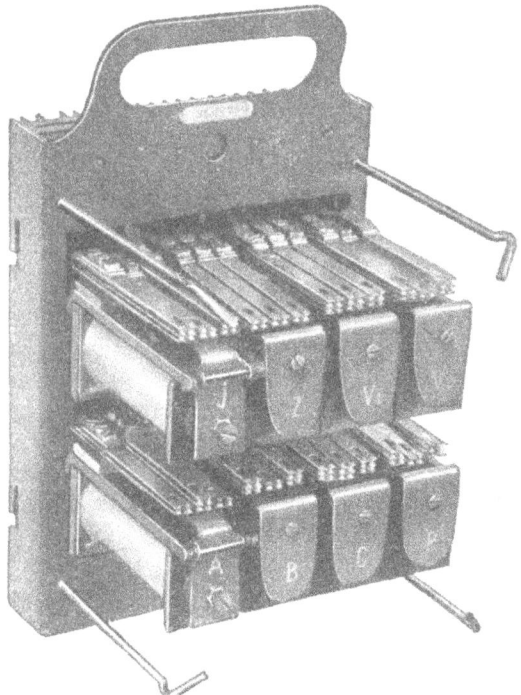

Neben dieser Betrachtung der Elemente wollen wir aber auch den Zusammenbau dieser Elemente in den sogenannten Schaltungen eingehend überprüfen und uns die Frage vorlegen: Gibt es ein gewisses systematisches Vorgehen beim Aufbau von Schaltungen, kann man beispielsweise eine bestimmte Aufgabe zwangsläufig und eindeutig als Schaltung bewältigen? Wie viele Lösungen gibt es für ein und dieselbe Aufgabe und kann man vielleicht Gesichtspunkte finden, um einer bestimmten Aufgabe alle möglichen Lösungen wenigstens gedanklich gegenüberzustellen? Es ist ohne weiteres zu verstehen, welch große wirtschaftliche Bedeutung der letztere Gesichtspunkt hat. Wenn jemand eine Schaltanordnung entwickelt hat und sie zu Patent anmeldet, so will er sich dagegen sichern, daß ein anderer die Lösung umgeht. Die Abfassung des Patentes muß also so getroffen werden, daß alle Lösungen der gleichen Aufgabe unter das

Abb. 136. Relaissatz eines I. Gruppenwählers mit horizontalem Rahmenaufbau, Ausführung Siemens & Halske.

Patent fallen, d. h. der anmeldende Schaltungstechniker soll übersehen, welche Lösungen insgesamt für den vorliegenden Fall möglich sind.

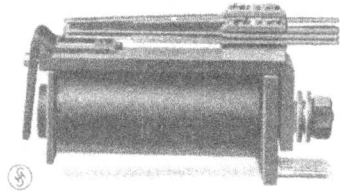

Damit wird die Schaltungstechnik zu einer theoretischen Wissenschaft
und wir wollen wenigstens in kurzen Andeutungen die Aufgaben einer
theoretischen Schaltungslehre streifen.

Das wichtigste Element des Fernmeldetechnikers ist

das Relais,

wie denn die Aufgabe der Fernmeldetechnik, insbesondere der Sa-Technik,
überhaupt darin besteht, durch Stromkreise elektromagnetische Bewegungsvorgänge auszulösen, welche letzten Endes zur Herstellung der
Fernsprechstromkreise dienen. Es gibt
eine Vielzahl von Relaiskonstruktionen,
die bereits in der manuellen Technik
entwickelt worden sind. Die Sa-Technik
hat von vornherein an die Relaiskonstruktionen weit höhere Anforderungen
gestellt hinsichtlich der Zahl der betätigten Kontakte, der Sicherheit der Kontaktgabe, der durch die Kontakte geschalteten Leistungen und der Einhaltung bestimmter Zeitwerte bei den
Schaltbewegungen. All diesen Aufgaben
werden nur Relais mit aufgebauten Feder-
kontaktsätzen gerecht, welche durch einen
Anker mit gutem Eisenschluß betätigt
werden. Ankerkontaktrelais waren nur in
den ältesten Western-Ämtern verwendet
und sind auch dort heute verlassen.

In der deutschen Sa-Technik hat sich
das Schneidenankerrelais durchgesetzt und
bis heute behauptet. Und wenn in neuester
Zeit aus fabrikationstechnischen Rück-
sichten Flachrelais hergestellt werden, so
bleiben sie doch in ihren elektromagnetischen Vorgängen den Schneidenankerrelais so nahe verwandt, daß es genügt,
diese hier eingehender zu betrachten.
(Abb. 135, 136, 137).

Abb. 137. Relaissatz eines Leitungswählers mit Steuerschalter,
mit horizontaler Rahmenanord-
nung, Ausführung Siemens
& Halske.

Das Siemenssche Schneidenankerrelais besitzt einen Wickelraum
von 21 ccm und eine Wickelfläche von 4,3 qcm. Es betätigt im allgemeinen bis zu 12 Kontaktfedern mit normal 20—30 g Kontaktdruck
und 0,4—0,5 mm Kontaktöffnung. Der Ankerhub beträgt vor der
Polmitte 0,8—1,1 mm. Die maximal zulässige Erwärmung bei Dauer-
belastung tritt bei 7 Watt ein. Der spezifische Wattverbrauch pro
Gramm geleisteter Zugkraft beträgt 0,9 Milliwatt.

Wir berechnen in erster Linie den magnetischen **Schließungskreis des Relais**. Derselbe führt über den Relaiskern und das Joch an der Schneide in den Anker und über den Ankerluftspalt zurück in den Kern. Das Ohmsche Gesetz des magnetischen Schließungskreises lautet:

$$MMK = N \cdot Sm.$$

Der magnetische Widerstand Sm ist dabei eine von den Körperformen abhängige Größe, bestehend aus verschiedenen in Reihe geschalteten und parallel geschalteten Widerständen.

$$Sm = Sm_k + Sm_j + Sm_s + Sm_a + Sm_l,$$

wenn Sm_k der Widerstand im Kern, Sm_j der Widerstand im Joch, Sm_a der Widerstand im Anker, Sm_l der während der Anzugsbewegung wechselnde Widerstand im Ankerluftspalt ist. Am schwersten zu bestimmen ist der Widerstand Sm_l an der Schneide, da derselbe aus einer Reihe von Kombinationswiderständen besteht. Parallel zu der Übergangsstelle an den Auflagerpunkten, wo der Luftwiderstand gewissermaßen vernachlässigt werden kann, bestehen die magnetischen Nebenschlüsse durch den Luftraum, die sehr stark von der Ankerkrümmung, dem Zustand der Schneide abhängig sind. Für diesen Kombinationswiderstand Sm_s gilt also die Beziehung des Kirchhofschen Verzweigungsgesetzes

$$\frac{1}{Sm_s} = \frac{1}{Sm_1} + \frac{1}{Sm_2} + \frac{1}{Sm_3} \text{ usw.}$$

Wenn Sm_1, Sm_2, Sm_3 usw. die Widerstände an den einzelnen Übergangsstellen sind, die sich aus den Dimensionen und der magnetischen Permeabilität nach folgendem Gesetz berechnen:

$$Sm_1 = \frac{l_1}{q_1 \cdot \mu}.$$

Es empfiehlt sich, l_1 in Zentimeter, q_1 in Quadratzentimeter anzugeben. Die Beziehungen zum Erregerstrom erhält man durch die Induktionsgesetze:

$$MMK = \mathfrak{H} \cdot l$$

wo die Feldstärke

$$\mathfrak{H} = \frac{\mathfrak{B}}{\mu}$$

und $\mathfrak{B}$ die magnetische Induktion ist.

$$\mathfrak{B} \cdot Q = N$$

also gleich der Gesamtzahl der einen Querschnitt durchsetzenden magnetischen Kraftlinien.

Andrerseits ist aber die magnetmotorische Kraft

$$MMK = \frac{4\pi}{10} \cdot i \cdot w.$$

Die Beziehung zwischen der Induktion $\mathfrak{B}$ und der Feldstärke $\mathfrak{H}$ wird für die verschiedenen Medien in der Regel graphisch dargestellt in Form der bekannten Permeabilitätskurve. Die Permeabilität μ ist in dieser Kurve der Differenzialquotient $\dfrac{d\mathfrak{B}}{d\mathfrak{H}}$, der Tangentenwinkel der Kurve in jedem Punkt. Aus dem charakteristischen Verlauf der Kurve sei nur an den bekannten Sättigungspunkt erinnert, der auch bei den Relaisschaltzeiten eine große Rolle spielt.

Ohne zunächst auf den zeitlichen Verlauf von Strom, magnetomotorischer Kraft und Zugkraft näher eingehen zu wollen, wollen wir für den eingeschwungenen Zustand uns zunächst mit den Konstantwerten der Zugkraft befassen.

Betrachtet man nun die magnetischen Vorgänge an dem Luftschlitz zwischen Relaiskern und -anker, der zur Vereinfachung als zylindrisch angenommen werden soll, so haben wir zwei sich gegenüberliegende Flächen F_1 und F_2 in dem Abstand l. Beide haben an ihrer Oberfläche eine magnetische Belegung $+ M$ bzw. $- M$, entsprechend dem Induktionswert, den die magnetomotorische Kraft der Amperewindungen erzeugt. Dann wirkt beispielsweise auf den Punkt P des Ankers die magnetische Kraft in Dynen.

$$p = \frac{M \cdot dF \cdot 1}{l^2},$$

wenn wir in dem Punkt P eine magnetische Einheit annehmen. Wir können diese Zugkraft in zwei Komponenten zerlegen, 1. eine Normalkomponente, die anziehend wirkt $=$

$$\frac{M \cdot dF}{l^2} \cdot \cos \varphi$$

und 2. eine Komponente in der Flächenrichtung, die auf das Ankerlager drückt,

$$\frac{M \cdot dF}{l^2} \cdot \sin \varphi .$$

Die Cosinuskomponente liefert die gewünschte Anzugskraft, die Sinuskomponente den Druck auf das Ankerlager, der durch eine Halteschraube, oder durch die Lager selbst aufgenommen werden muß und für Fragen der Reibung unter Umständen Bedeutung besitzen kann. Man ist natürlich bestrebt, das Integral all dieser Komponenten gleich 0 zu machen, damit diese Kraft, die unter allen Umständen störend wirkt, beseitigt wird. Die sämtlichen wirksamen magnetischen Massen in der Fläche F_1 äußern auf die magnetische Einheit im Punkt P eine resultierende Zugkraft, die einerseits durch die Flächenbelegung M und den Raumwinkel der Kraftrichtungen, bezogen auf P, gegeben ist und die für das Element der Fläche $M \cdot d\omega$ beträgt. Da nun die Fläche F_1

im Verhältnis zur Höhe l unseres Raumwinkels (Kegels) so groß ist, daß dieser praktisch als gestreckter Winkel bezeichnet werden kann, so ergibt sich durch Integrieren der Kraftelemente:

$$\int dp = \int M \, d\omega \approx 2 \, \pi \, M.$$

Auf der Fläche F_2 befindet sich, abgesehen von den Streuungsverlusten, die bei der Genauigkeit unserer Betrachtung vernachlässigt werden können, die gleiche Massendichte wie in der Fläche F_1, jedoch mit entgegengesetztem Vorzeichen, also — M. Unter dem Einfluß der beiden Belege unterliegt also ein zwischen den Flächen gelegener Punkt P mit magnetischer Masseneinheit der magnetomotorischen Kraft $4 \pi M$, die wir auch als magnetische Induktion $\mathfrak{B}$ bezeichnen. Laut Definition gehen ja von einem Pol mit der Polstärke M auch $N = 4 \pi M$ Kraftlinien aus. Dieser magnetischen Induktion der Flächeneinheit entspricht bei einem Gesamtquerschnitt der Flächen $= Q : Q \cdot \mathfrak{B}$.

Wenn also die magnetische Einheit in der einen Fläche von der anderen Fläche mit der Kraft $P = 2 \pi M$ Dynen angezogen wird und diese Fläche mit $M \cdot Q$ magnetischen Einheiten belegt ist, so wird die Anziehungskraft beider Flächen in Dynen

$$P = 2 \pi M^2 \cdot Q$$

oder, wenn wir wiederum die Induktion einsetzen,

$$P = \mathfrak{B}^2 \frac{Q}{8\pi} \text{ Dynen.}$$

Das ist die bekannte Formel für die Zugkraft von Elektromagneten. Wir sehen zunächst, daß die Zugkraft dem Quadrat der Kraftlinien pro Flächeneinheit und der Übertrittsfläche proportional ist. Es empfiehlt sich also, am Ankerluftspalt beiderseits große Eisenquerschnitte vorzusehen.

In der Praxis wird diese Formel, nicht etwa zur Berechnung der Zugkraft von Relais verwendet, sondern man hat für den feststehenden Relaistyp längst Tabellen geschaffen, welche die Kraftleistung des Relais, abhängig von der Amperewindungszahl und vom Ankerluftspalt angeben.

Unsere Betrachtung führt uns jetzt von dem eingeschwungenen Zustand zu dem zeitlichen Verlauf der Anzugsbewegung. Dieselbe erfolgt unter dem Einfluß der Amperewindungen, ist also abhängig von dem zeitlichen Stromanstieg, dessen Verlauf wir nun zu betrachten haben. i der Augenblickswert des Stromes, hängt ab von der angelegten konstanten Gleichspannung E und dem zeitlich variablen Widerstand des Schließungskreises. Wir können für die Spannungen an der Relaiswicklung folgende Vektorbeziehung aufstellen:

$$E = e_r + e_L,$$

wenn e_r der Ohmsche Spannungsabfall ist und e_L die gegenelektromotorische Kraft der Selbstinduktion. Dann ist

$$e_r = i \cdot R$$

und

$$e_L = L_t \cdot \frac{di}{dt}.$$

Wenn nun R während des betrachteten Zeitabschnitts konstant bleibt, wechselt L_t selbst während des Anzugsvorganges, da sich mit dem Eisenschließungskreis auch die Selbstinduktion des Relais in weiten Grenzen verändert.

Wenn wir wieder die Spannungsgleichung zugrunde legen und obige Werte einsetzen, so ergibt sich die lineare Differentialgleichung

$$\frac{di}{dt} + \frac{iR}{L_t} = \frac{E}{L_t}.$$

Der Index t in der Bezeichnung L_t soll uns daran erinnern, daß wir L_t nur annäherungsweise vorläufig als Konstante aufgefaßt haben, daß es aber von der Zeit abhängig ist. Die Lösung der Differentialgleichung lautet, wenn wir als Grenzbedingung ansetzen, daß zur Zeit $t = 0$, Strom $i = 0$ sein soll, und wenn wir $J = \dfrac{E}{R}$ den stationären Stromwert bezeichnen,

$$i = \frac{E}{R} \cdot \left(1 - e^{-\frac{R}{L_t} \cdot t} \right).$$

Nun können wir aus dem Stromverlauf unmittelbar auf den Kraftverlauf schließen. Die Zugkraft

$$P = \mathfrak{B}^2 \frac{Q}{8\pi}$$

ist proportional dem Quadrat der Amperewindungen

$$= c \, (i \cdot w)^2.$$

Danach wird der zeitliche Verlauf der Zugkraft

$$P_t = c \cdot w^2 \cdot \left(\frac{E}{R} \right)^2 \left(1 - e^{-\frac{R}{L_t} \cdot t} \right)^2.$$

Also auch die Zugkraft hat den charakteristischen Verlauf des Stromanstiegs und folgt einer logarithmischen Kurve. Die für den Aufstieg der logarithmischen Kurve charakteristische Größe $\dfrac{L_t}{R}$ wird als Zeitkonstante bezeichnet. Sie besagt uns, daß das Anschwellen des Stromes auf den Konstantwert um so länger dauert, je größer L, je kleiner im Verhältnis R ist.

Über den zeitlichen Verlauf von L_t gewinnen wir am besten ein Bild, wenn wir eine Näherungsformel für L entwickeln, welche für den einfachen Schließungskreis bei Erregung mit w Umwindungen gilt Aus dem Faradayschen Induktionsgesetz

$$e = -w \cdot \frac{dN}{dt} = -L_t \cdot \frac{di}{dt}.$$

Durch Integration ergibt sich

$$w \cdot N = L_t \cdot i$$

und da

$$N = \frac{\frac{4\pi}{10} \cdot i \cdot w}{Sm} \quad \text{ist} \quad \left(Sm = \frac{l}{\mu \cdot Q}\right)$$

wird

$$L_t = \frac{4\pi}{10} \cdot \mu \cdot \frac{Q}{l} \cdot w^2.$$

In dieser Gleichung ändert sich also l, der Schließungsweg der magnetischen Kraftlinien in seinem einflußreichsten Anteil, nämlich dem Luftweg mit fortschreitendem Ankeranzug, also nach der Bewegungskurve. μ in diesem Falle die resultierende Permeabilität des ganzen Kreises bleibt im Luftraum konstant, ändert sich dagegen im Eisenschließungskreis mit zunehmender Sättigung.

Es ist nun praktisch unmöglich, alle diese Einflußgrößen aus den Relaisdimensionen und aus der Rechnung zu finden. Man ist dabei auf praktische Messungen angewiesen, soll aber gleichwohl sich über den Einfluß der Größen klar sein, wenn es gilt Zeitwerte eines Relais, sei es im Anzug oder im Abfall zu verändern. Wir betrachten deshalb noch ein Diagramm, in dem alle Größen zusammengefaßt sind. Es ist vielleicht bekannt, daß man die Fahrt eines Zuges graphisch im Weg- und Geschwindigkeitsdiagramm darstellt und daß es gelingt, an Hand dieses Diagramms die von der Maschine geleistete Geschwindigkeit konstruktiv zu ermitteln (Abb. Anh. 138). Man benötigt einerseits die Kurve der Zugkraft, abhängig von der Geschwindigkeit, andrerseits das Diagramm der Beschleunigung der Zugmasse für die einzelnen aktiven Kräfte und den Verlauf der passiven Kräfte, Steigungen, Reibungen als Funktion des zurückgelegten Weges. Genau das gleiche Diagramm können wir auch als Fahrdiagramm des Relaisankers deuten und sehen dann aus demselben das Zusammenwirken aller Einflußgrößen. Das Diagramm erhält 6 Felder, in Feld 1 wird abhängig von der Zeit t, der Weg s und die Geschwindigkeit v aufgetragen. Im Feld 2 wird bezogen auf die gleiche Zeit der Stromverlauf und der Kraftverlauf angegeben, im Feld 3 der Kraftverlauf, abhängig von der Stromstärke, in einer Kurvenschar für verschiedene Stadien des Ankerweges, im Feld 4 der Verlauf der Zugkraft, abhängig von der Zeit, im Feld 5 die

Beschleunigungen in Abhängigkeit von der Masse des Ankers ermittelt, in Feld 6 sind die negativen Kräfte aufgetragen. Die resultierende Zugkraft, die auf den Anker wirkt, ist die Differenz aus aktiven und passiven Kräften. Die aktiven Kräfte sind die ponderomotorischen Kräfte des Elektromagnetismus in ihrem zeitlichen Verlauf. Die passiven Kräfte sind die Reibungskräfte, die der Geschwindigkeit proportional angenommen werden und die Gegendruckkräfte der Federn, die proportional der Federnausbiegung sind und mit fortschreitendem Ankerweg jeweils bei Berührung einer neuen Feder sprunghaft zunehmen. Die aktiven Kräfte werden also während des Anzugs sehr stark verändert, können zeitweise beinahe 0 werden, vorübergehend wieder stark anwachsen und so wird dann auch die Wegkurve des Ankers eine sehr unregelmäßige Kurve und die Geschwindigkeitskurve zeigt außerordentlich starke Schwankungen. (Das vorliegende Relais arbeitete mit geringer Kraftsicherheit.) Zur Konstruktion der Geschwindigkeitskurve benützt man die Beziehung

$$\frac{P}{m} = \frac{\varDelta v}{\varDelta t},$$

welche immer für einen bestimmten Zeitwert $\varDelta t$ die Änderung der Geschwindigkeitskurve angibt. Analog wird die Beziehung

$$\frac{v}{a} = \frac{\varDelta s}{\varDelta t},$$

wo a eine Maßstabgröße ist, zur Konstruktion des Wegdiagramms benützt. Die Stromanstiegskurve kann aus einem Oszillogramm gewonnen sein, die Kraftkurven können in einzelnen Punkten überschlägig gerechnet werden. Das Diagramm läßt sich praktisch auch umgekehrt verwenden, wenn man nämlich oszillographisch den Stromverlauf, kinographisch die Wegkurve aufnimmt, so erhält man aus dem Differentialquotienten der Wegkurve die Geschwindigkeitskurve, nach Messung der passiven Kräfte bei bekannter Masse die resultierende Zugkraft in ihrem zeitlichen Verlauf, also die Zugkraftkurve und kann andrerseits die Kurven

$$P = f(t) \quad \text{und} \quad P = f(i)$$

mit dem Parameter des zurückgelegten Weges angeben. Für den praktischen Betrieb hat das Diagramm keine Bedeutung. Doch zeigt es, wie die einzelnen Größen aufeinander wirken.

In der Praxis geht man bei derartigen Aufgaben den Weg der Messung, indem man die Variablen konstant hält und eine Größe als Funktion einer zweiten darstellt. Bei Messungen an Relais wird beispielsweise zunächst unter der Sättigungsgrenze des Eisens, also an der Stelle der Induktionskurve, wo μ ungefähr konstant ist, bei festgeklemmtem Anker der Stromanstieg festgestellt. Dann wird der Anker schrittweise genähert und in den Zwischenstellungen festgehalten und der Stromanstieg hierbei festgestellt. Schließlich wird das Relais unter Strom gesetzt, bis die konstante Amperewindungszahl $i \cdot w$ erzielt ist, der Anker aber festgehalten und dann plötzlich freigegeben.

a) Einfluß der Sättigung auf den Stromanstieg. Wir betrachten eine Reihe von Schaubildern des Stromanstiegs, bei denen der Anker keine Bewegung ausgeführt hat (Abb. 139 u. 149). Wir sehen zunächst, daß bei einem Relais ohne Sättigung die Kurve bei festgeklemmtem Anker ganz der logarithmischen Kurve folgt. Die Zeitdauer bis zum Eintreten des konstanten Stromwerts ist abhängig von der Größe L_t. Hier zeigt sich nun zunächst der starke Einfluß der Sättigung. Wie die bereits besprochene Formel für L_t zeigt, ist dieses proportional der Permeabilität μ, folgt also gewissermaßen unter sonst gleichen Verhältnissen der Magnetisierungskurve, deren Differentialquotienten es proportional ist. Am Sättigungspunkt nimmt μ fast bis zum völligen Nullwert ab, damit verringert sich L_t, damit die Zeitkonstante. Die Sättigung hat also die Einwirkung, daß der Strom wesentlich rascher ansteigt, daß die Stromanstiegskurve einen Wendepunkt besitzt, an dem ihr Differentialquotient wieder größer wird. Die Bilder zeigen, wie sich mit zunehmendem Sättigungsgrad dieser Wendepunkt immer stärker ausdrückt und die Anstiegszeit des Stromes verkürzt. Dieses Mittel wird bei Elektromagneten von Schrittschaltwerken dazu benützt, um sie zu schnellerem Stromanstieg zu dimensionieren. Man schafft neben der durch die Zugkraft bedingten Amperewindungszahl, für die man einen Eisenkreis bemißt, einen reichlichen Überschuß, der den Eisenweg rasch sättigt und erhält dadurch raschen Stromanstieg.

So erklärt sich die Tatsache, daß ein Relais, dessen Eisenkreis bei anliegendem Anker gesättigt ist, bei abgeklemmtem Anker dagegen nicht gesättigt ist, im angeklemmtem Zustand einen rascheren Stromanstieg zeigt als im abgezogenen. Trotz des besseren Eisenschlusses ist infolge Sättigung L_t während des Anzuges kleiner geworden.

b) Rückwirkung der Ankerbewegung auf den Stromanstieg. Durch die Anzugsbewegung des Ankers wird der magnetische Schließungskreis verändert, der Eisenschluß wird beim Anzug verbessert, beim Abfall verschlechtert und da die Leitfähigkeit μ im Eisen

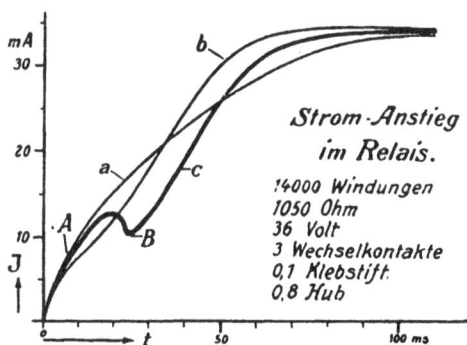

Abb. 139. Stromanstiegskurven eines Relais.
a Bei abgedrücktem, b bei angedrücktem, c bei freiem beweglichem Anker. A Beginn der Ankerbewegung. B Ende der Ankerbewegung, Ankeranschlag.

ungefähr 3000 mal größer ist als in der Luft, so wird durch die dadurch bedingte Verringerung des magnetischen Widerstandes bei gleicher magnetomotorischer Kraft die Zahl der Kraftlinien N, proportional der Verringerung des Widerstandes, erhöht. Nun erzeugt aber in einem mit einem magnetischen Schließungskreis verketteten Leiter jede Veränderung des Kraftlinienflusses $\dfrac{dN}{dt}$ eine elektromotorische Kraft der Gegeninduktion,

$$e = - w \, \frac{dN}{dt} \cdot 10^{-8} \text{ Volt},$$

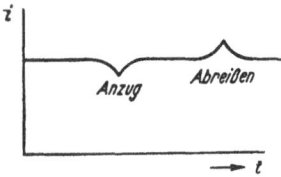

Abb. 140. Rückwirkung der Ankerbewegung auf den Stromverlauf in der Relaiswicklung bei Freigabe und Abreißen des Ankers nach erfolgter vorheriger Erregung des Relais.

welche sich der Erregerspannung entgegensetzt, so daß der Stromanstieg jetzt nur mehr unter Einfluß der Differenzspannung $E - e$ erfolgt. Am einfachsten zeigt man diesen Einfluß im Schaubild des Stromes, wenn man das Relais mit festgehaltenem Anker erregt, bis der Strom auf den Konstantwert J angestiegen ist und dann den Anker losläßt. Unter dem Einfluß der gegenelektromotorischen Kraft sinkt der Strom einen Augenblick und geht dann nach Ende der Ankerbewegung auf den Konstantwert zurück (Abb. 140). Beim Abreißen des Ankers zeigt sich die entgegengesetzte Stromspitze. Auch bei den Stromanstiegskurven bei bewegtem Anker zeigt sich eine charakteristische Spitze, welche den Beginn der Ankerbewegung kennzeichnet. Verglichen mit den beiden Kurven mit angezogenem und abgedrücktem Anker muß die Ankerbewegungskurve den Übergang von der einen zur anderen darstellen. Die Kurve der Ankerbewegung muß zunächst der Kurve des abgedrückten Ankers (a) folgen, wenn dann die Ankerbewegung vor sich geht, muß der erwähnte Knick einsetzen (B in Abb. 139), wenn die Ankerbewegung vollendet ist, folgt die Kurve der für angedrückten Anker (b), jedoch zeitlich um die Anzugsdauer verspätet.

c) Die Abfallbewegung. Bei der Abfallbewegung kehren die Kräfte ihr Vorzeichen um, die vorher passiven Kräfte, Federgegendruck und Ankergewicht werden nunmehr zu Aktiven, das langsam zurücksinkende magnetische Feld mit seiner abklingenden Zugkraft bildet die passiven Kräfte, die sich der Bewegung entgegensetzen. Das Verschwinden des magnetischen Feldes, der zeitliche Verlauf des Abklingens der elektromagnetischen Zugkraft ist bestimmend für den Bewegungsvorgang. Wenn durch einen Kontakt der Stromkreis unterbrochen wird, so entsteht die sog. Öffnungsspannung unter dem Einfluß der gegenelektromotorischen Kraft durch Verringerung des magnetischen Schlusses. Durch diese Spannungserhöhung, die je nach dem zeitlichen Verlauf des Abreißvorganges bei den Relais der Automatik mehrere 100 Volt ausmachen kann, wird an der Unterbrechungsstelle ein lichtbogenförmiger Stromübergang erzeugt, der einen zeitlich unregelmäßig wechselnden Übergangswiderstand auf den Wert unendlich darstellt. In welchem Zeitpunkt der Lichtbogen abreißt, der Strom also zu 0 wird, das hängt von den Ionisationsvorgängen ab, die unregelmäßig in ihrem zeitlichen Verlauf und unberechenbar sind. Darum kann sich die Sa-Technik bei hochwertigen Stromkreisen, die genaue Schaltzeiten voraussetzen, nicht mit einem Öffnen über Lichtbogen begnügen, der überdies rasch die Kontaktstellen verbrennt, sondern es werden Hilfsmittel angewendet, um die Öffnungsspannung zu erniedrigen, den Lichtbogen zu vermeiden. Dabei ist schon in der Kontaktausbildung und -anordnung eines zu beachten: Im Lichtbogen wandert bekanntlich das Metall mit dem Strom. Es ist also auf Anlegung des positiven Poles an Kontaktspitze,

Abb. 141. Kontaktanordnung mit Rücksicht auf die Lichtbogenwirkung an der Kontaktstelle.

nicht auf die Kontaktplatte zu achten, weil sich sonst die Kontaktplatte einfrißt und mit der Kontaktfeile nicht mehr an der Berührungsstelle gereinigt werden kann (Abb. 141).

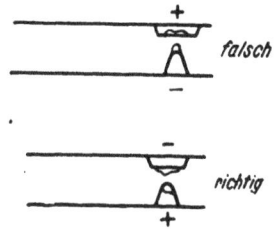

Die Funkenlöschung.

Parallelwiderstand zur Wicklung.

Am einfachsten läßt sich die Öffnungsspannung erniedrigen, wenn man einen Parallelwiderstand zur Erregerwicklung legt, über den sich diese Spannung auswirken kann. Dieser Nebenschlußwiderstand ist seiner Wirkung nach auch ein Nebenschlußwiderstand zur Funkenstrecke und zwar nicht für den Erregerstrom, wohl aber für den Öffnungsstrom. Die Öffnungsspannung wird in dem Ausgleichsstrom über diesen Widerstand in Form von Wärmewirkung vernichtet, ein Lichtbogen kommt in dem höherohmigen Nebenschlußkreis der Öffnungsstelle nicht zustande. Der Strom geht aperiodisch auf den Nullwert zurück. Bei Relais kann daher dieses Mittel nicht immer angewendet werden, weil das Relais dadurch abfallverzögert würde, wenn nämlich das Abklingen des Stromes in dem Kurzschlußkreis zu lange verzögert wird. Es hängt von dem Verhältnis $L : R$ ab, welche elektromagnetische Leistung in Wärme umgesetzt werden muß und in welchem Maße diese Umsetzung sich zeitlich vollziehen kann. Ist beispielsweise der Abfallstrom eines Relais $i = 0$, wenn man den Strom an der Kontaktstelle unterbricht, so würde das Relais bei Abschaltung mit Nebenschlußwiderstand von $R_n \Omega$ einen Abfallstrom erreichen

$$i = J \cdot e - \frac{R_1 + R_n}{L_1} \cdot t \text{ (Abb. 142 und 144).}$$

In diesen Formeln bedeutet i die Amperezahl[1]. Die Formel ergibt die interessante Tatsache, daß die beiden Widerstände des Relais und des Nebenschlusses in ihrer Wirkung gleichwertig sind und sich addieren.

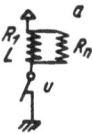

Abb. 142. Prinzipschaltbild der Funkenlöschung durch Nebenschlußwiderstand.

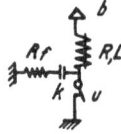

Abb. 143. Prinzipschaltbild der Funkenlöschung durch Funkenlöschkondensator.

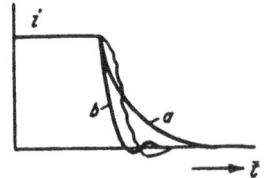

Abb. 144. Schaubild des Ausschaltestromes.

a bei Funkenlöschung mit Nebenschlußwiderstand, b mit Funkenlöschkondensator.
3. Kurve bei willkürlicher Ausschaltung über Lichtbogen.

Man kann also durch Erhöhung des Nebenschlußwiderstandes die Abfallzeit in jedem Fall beschleunigen. Bei Relais ohne Nebenschluß ist $R_n = \infty$.

Funkenlöschkondensator (Abb. 143).

Die häufigst angewendete Funkenlöschung besteht in der Überbrückung der Kontaktstelle mit in Reihe liegendem Kondensator und Widerstand. Beim Öffnen des Ortskreises lädt sich der Kondensator über den Widerstand R_f auf und der Ortskreis kann funkenlos geöffnet werden. Von dem Augenblick der Öffnung ab gilt für die konstante Betriebsspannung folgende Gleichung:

$$i(R + R_f) + L \frac{dJ}{dt} + \frac{q}{K} = E.$$

Die Lösung dieser Differentialgleichung ergibt für die zeitlich veränderte Kondensatorladung q das Integral

$$q = KE + e^{-\beta t}(q_1 \cos \alpha t + q_2 \sin \alpha t).$$

Daraus folgt für den Stromverlauf nach der Kontaktöffnung $i = \dfrac{dq}{dt}$ das allgemeine Integral

$$i = e^{-\beta t}\left[(\alpha q_2 - \beta q_1)\cos \alpha t - (\beta q_2 + \alpha q_1)\sin \alpha t\right],$$

wobei die beiden Integrationskonstanten

$$\alpha = \sqrt{\frac{1}{KL} - \left(\frac{R + R_f}{2L}\right)^2}, \quad \text{und} \quad \beta = \frac{R + R_f}{2L} \text{ sind.}$$

Andrerseits ist die an der Öffnungsstelle auftretende Spannung

$$V = \frac{q}{K} + R_f \cdot i.$$

---

[1] Aus einer Arbeit von Dr. Erich Schultze: „Die Abfallzeiten vom Fernsprechrelais". E.N.T. 1926.

Es gilt nun den Kondensator und den Widerstand R so zu wählen, daß weder zu starke Spannungen an der Öffnungsstelle entstehen, noch zu starke Ströme in dem Kondensator. Es zeigt sich, daß diese günstigen Werte dann erzielt werden, wenn $\alpha = 0$ wird und das stellt die Bedingung

$$R_f = R \quad \text{und} \quad L = KR^2.$$

Wenn man diese Werte in die Gleichung einsetzt, so ergibt sich für den Stromverlauf

$$i = \frac{E}{R} \cdot e^{\frac{-t}{KR}}.$$

Hier wird also KR die Zeitkonstante des Ausschwingvorganges, welche uns sagt, daß das Abklingen um so länger dauert, je größer der Kondensator und je größer der Relaiswiderstand ist. Das Abklingen verläuft rein aperiodisch, weil wir ja entsprechend unseren Kondensator und Widerstand gewählt haben. Wird auf einen Widerstand verzichtet, bzw. derselbe kleiner gewählt, so ergibt sich eine gedämpfte, verhältnismäßig rasch abklingende Schwingung, deren 2. Amplitude am besten so bemessen wird, daß sie nicht mehr zum Zünden reicht. Dies ist dann die rascheste Methode, den Strom auf 0 zurückzuführen und das Relais abzureißen.

Begriff der Sicherheit.

Wenn wir Relaisschaltzeiten miteinander vergleichen wollen, so müssen wir das Verhältnis der aktiven zu den passiven Kräften in irgendeiner Weise festlegen. Man spricht von einer Kraftsicherheit und einer Stromsicherheit. Wenn ein Relais gerade noch imstande ist, mit einer bestimmten Amperewindungszahl den Anker voll durchzuziehen, so spricht man von einfacher Kraftsicherheit. Dabei müssen wir uns bewußt sein, daß die Kraftsicherheit während des Anzugs starken Schwankungen unterliegt, da einerseits mit der stufenweise zunehmenden Federlast die passiven Kräfte, andrerseits mit dem stetig sich verbessernden Eisenschluß die aktiven Kräfte sich während des Anzugsvorganges

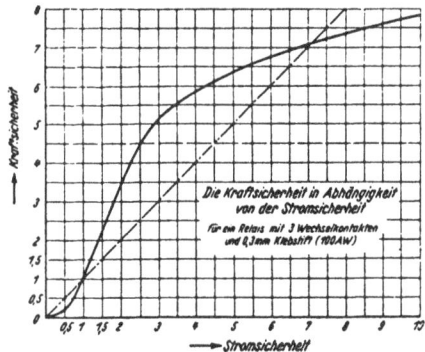

Abb. 145. Schaubild des Verhältnisses von Kraft- und Stromsicherheit im Relais.

verändern. Wir sehen dabei ganz davon ab, daß die gegenelektromotorische Kraft der Bewegung, während des Anzugsvorganges überwiegend der Erregerspannung entgegenwirkt und unter Umständen die resultierende Zugkraft bis auf 0 herabdrücken kann. Je nach Art der Relaiskonstruktion und Verteilung der Federlast gibt es auf dem Anzugsweg eine Stelle, an der die Verhältnisse für die aktiven Kräfte am ungünstigsten werden, den sog. kritischen Punkt. (Abb. 145) Kraft- und Lastdiagramm tangieren sich in diesem Punkte. Die Berücksichtigung der Kraftsicherheit wäre vom Standpunkt der Relaisberechnung außerordentlich günstig, wenn sie nicht so schwer faßbar wäre. Man bevorzugt praktisch die sog. Stromsicherheit. Wenn ein Relais mit einer bestimmten Zahl von Amperewindungen im Endzustand gerade noch imstande ist, den Anker durchzuziehen, so sprechen wir wieder von einfacher Stromsicherheit. Die gegenseitige Abhängigkeit von Kraft und Stromsicherheit ergibt sich ohne weiteres aus den früher entwickelten Gleichungen. Da zunächst die Kraft dem Quadrat der Amperewindungen proportional ist, so hat die Kurve der Kraftsicherheit in Abhängigkeit von der Stromsicherheit quadratischen Verlauf, bis zu dem Augenblick, wo durch Eintritt der Sättigung die Zunahme der Zugkraft durch Verringerung des Widerstandes μ vermindert wird. Die Zugkraftkurve hat dann einen Wendepunkt und verläuft im Unendlichen parallel zur Abszisse.

Die Schaltzeit eines Relais

kann in Ansprech- und Abfallzeit getrennt werden und gibt für den Anzugsvorgang folgende Teilzeiten:

1. Vom Anschalten des Stromes bis zum Beginn der Ankerbewegung Erregungszeit Te.
2. Vom Beginn der Ankerbewegung bis zur Berührung des Ankers mit der ersten Feder Leerlaufzeit Tl.
3. Von der Berührung der ersten Feder bis zu deren völligen Durchbiegung bis zur Kontaktgabe Durchzugszeit Td.
4. Von der Kontaktgabe bis zum Ankeranschlag Restzeit Tr.

Die entsprechenden Wege sind sinngemäß Leerlaufweg, Durchzugsweg, Anschlagweg. Beim Abfall werden die gleichen Stufen durchlaufen.

Es gilt nun der Reihe nach den Einfluß von Spannung, Stromstärke, Windungszahl, Amperewindungszahl, Stromsicherheit, Kraftsicherheit, Ankerhub, Ankerlast, Sättigung, Selbstinduktion und Widerstand auf die Relaisschaltzeiten zu ermitteln. Wir haben bereits festgestellt, daß die Einschwingzeit und damit die Anzugszeit abhängig ist von der Zeitkonstante $\dfrac{L}{R}$ und dieser angenähert proportional ist.

1. Einfluß der Spannung. Wenn ein Relais bei gleicher äußerer Ausführung, gleicher Ankerlast, gleicher Amperewindungszahl mit verschiedener Spannung betrieben werden soll, so muß jeweils, um die Amperewindungszahl gleichzuhalten, der Widerstand erniedrigt, die

Windungszahl erhöht, also auch die Selbstinduktion erhöht werden. Auch wenn man die Erregerstromstärke durch Veränderung des Widerstandes konstant hält, also mit konstanter Windungszahl arbeitet, so wird doch bei niedriger Spannung die Zeitkonstante $\frac{L}{R}$ durch Verringerung des Wertes R entsprechend der Spannungsverminderung größer werden und damit auch die Schaltzeit entsprechend zunehmen (Abb. 146). Man sieht, daß die Werte in so starken Grenzen schwanken, daß sie für die Wahl der Spannungen eines Sa-Systems ohne weiteres in Frage kommen können. Immerhin bleibt zwischen den Spannungswerten 30—60 Volt der Zeitverlauf ziemlich der gleiche und nimmt bei dem Relais mit größerer Selbstinduktion rascher zu. Dr. Timme[1] hat vorgeschlagen, die Schaltzeit auf die sog. spezifische Windungszahl zu beziehen, also auf das

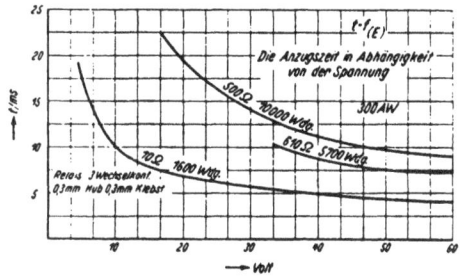

Abb. 146. Einfluß der Betriebsspannung auf die Anzugszeit von Relais.

Verhältnis $\frac{w}{e}$, weil sich dadurch eine einfache, lineare Abhängigkeit ergibt. Wir haben schon früher festgestellt, daß die Selbstinduktion L ungefähr dem Quadrat der Windungszahlen proportional ist, also können wir für die Zeitkonstante als Maßstab für die Anzugszeit $\frac{w^2}{R}$ setzen. Wenn wir weiter für R das Verhältnis $\frac{E}{J}$ setzen, so wird unsere Beziehungsgröße

$$w \cdot \left(\frac{w \cdot J}{E} \right)$$

$w \cdot J$, die aufgedrückte Amperewindungszahl ist für unsere Betrachtung als konstant vorausgesetzt und so erhalten wir die Beziehung

$$\frac{w^2}{R} = \text{proportional } \frac{w}{E}.$$

Ich bringe aus der Veröffentlichung Dr. Timmes nur eine Kurvenschar (Abb. 147), welche zugleich als Parameter die Stromsicherheit zeigt und wir sehen, daß das Verhältnis $\frac{w}{e}$ weit stärker die Schaltzeiten beeinflußt als die Stromsicherheiten. Insbesondere ist es interessant, daß

---

[1] F.M.T. 1921, Heft 6 und 7: „Die Schaltzeiten von Fernsprechrelais" von Dr. Timme.

durch übermäßige Steigerung der Stromsicherheit immer weniger an Schaltzeit gewonnen werden kann.

Interessant ist in diesem Zusammenhang die Frage, wenn ein Sa-System mit 60 Volt, ein anderes mit 30 Volt betrieben wird, wie verhalten sich bei sonst gleicher mechanischer Ausführung die Schaltzeiten? Hierbei sind eine Reihe von Fällen zu unterscheiden:

α) Die Amperewindungen sollen konstant gehalten werden und zwar sowohl die Stromstärke als auch die Windungszahl.

$$i \cdot w = \text{const.}; \quad i = \text{const.}; \quad w = \text{const.};$$

Dann ergibt sich aus der obigen Beziehung für die Schaltzeiten

$$\frac{t_1}{t_2} = \frac{E_2}{E_1} = \frac{R_2}{R_1} = \frac{N_2^2 \, \max}{N_1^2 \, \max}.$$

Die Schaltzeiten verhalten sich umgekehrt wie die Spannungen. Die Widerstände verhalten sich wie die Spannungen. Eine Firma, die also mit halber Spannung ihre Relais betreibt und mit gleichem Strom und gleicher Windungszahl der Relais arbeitet, erhält doppelt so lange Schaltzeiten. Zur Bestimmung der unterzubringenden Leistungen müssen wir betrachten, wie die Aufbringung der Wicklung im Wicklungsraum des Relais erfolgt. Bei einem Durchmesser des Drahtes d wird der Querschnitt Q des Wicklungsraumes mit w Windungen ausgefüllt. Es ist also

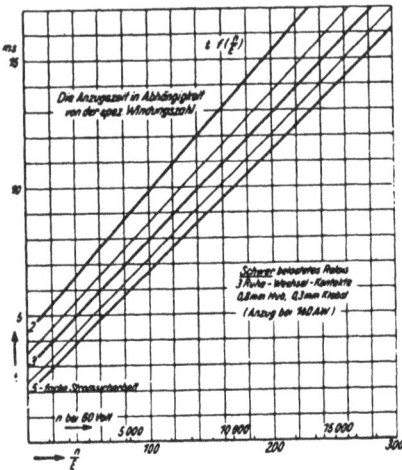

Abb. 147. Abhängigkeit zwischen Relaisanzugszeit und spezifischer Windungszahl $\frac{w}{E}$.

$$Q = w \cdot d^2,$$

und da weiterhin der Widerstand

$$R = c_1 \cdot \frac{l}{d^2} = c_1 \cdot \frac{w \cdot lm}{d^2} = c \cdot \frac{w}{d^2}$$

($lm =$ mittlere Umwindungslänge) ist, kann unsere Gleichung auch lauten:

$$Q = c \cdot \frac{w^2}{R},$$

d. h. also bei konstantem Querschnitt müssen sich Widerstand und Quadrat der Umwindungszahl im umgekehrten Verhältnis ändern.

$$R = \text{const} \cdot w^2.$$

Der Widerstand wächst quadratisch mit der Windungszahl. Da die maximal von einem Relais zu liefernde Leistung N_{max} den Amperewindungen proportional sind, die maximal auf dem Relais untergebracht werden können, so folgt für obige Beziehung aus dem Verhältnis

$$\frac{R_2}{R_1} = \frac{w_{2\,max}^2}{w_{1\,max}^2} = \frac{N_{2\,max}^2}{N_{1\,max}^2}, \text{ constantes } i \text{ vorausgesetzt.}$$

β) Als zweiter Fall soll angenommen werden, die Firma will die Schaltzeiten trotzdem gleichhalten, auch soll die Kraftleistung des Relais die gleiche bleiben. Also

$$t = \text{const.}; \ (i \cdot w) = \text{const.}$$

Die eben festgestellte Abhängigkeit fordert für gleiche Schaltzeiten gleiche spezifische Windungszahlen, also auch

$$\frac{w}{E} = \text{const.}$$

Daraus erfolgt das Verhältnis der Umwindungszahlen:

$$\frac{w_1}{w_2} = \frac{E_1}{E_2}.$$

Nun fordert andrerseits die Konstanz der Amperewindungen, daß die Ströme im umgekehrten Verhältnis wechseln, also

$$\frac{w_1}{w_2} = \frac{i_2}{i_1}$$

und damit folgt wiederum aus dem Ohmschen Gesetz

$$\frac{R_1}{R_2} = \frac{w_1^2}{w_2^2} = \frac{E_1^2}{E_2^2},$$

d. h. also der Widerstand der Wicklung muß nach dem Quadrat abnehmen, darf also bei halber Spannung nur ¼ betragen.

Wenn sich also eine Firma die Aufgabe stellt, trotz Erniedrigung der Spannung auf die Hälfte, die Schaltzeiten nicht zu vergrößern, so muß sie die Wicklungszahlen im Verhältnis der Spannungen erniedrigen, die Stromstärken im umgekehrten Verhältnis der Spannungen erhöhen, die Widerstände nach dem Quadrat der Spannungen erniedrigen. Die auf ein und demselben Relais unterzubringenden Leistungen bleiben die gleichen.

γ) Schließlich interessiert uns noch die Frage, wie kann die Amperewindungszahl ein Maximum für ein Relais werden durch Vergrößerung von i oder von w?

Wir drücken $i \cdot w$ aus, einmal nach den Bedingungen des Stromkreises, einmal nach den Bedingungen des Wicklungsraumes und erhalten

$$i \cdot w = \frac{E}{R} \cdot w = \text{const} \cdot \frac{w}{R}.$$

Andrerseits ist:

$$Q = \text{const} \cdot \frac{w^2}{R}.$$

Der Raumbedarf für die unterzubringenden Amperewindungen nimmt also mit zunehmender Windungszahl quadratisch zu. Also Steigerung des Stromes gibt höchste Ausnützung des Relais.

Unsere Betrachtungen gelten nun nicht nur für verschiedene Spannungen verschiedener Systeme, sondern noch wichtiger sind sie für die Verwendung von Relais in Reihe mit anderen, oder mit Vorschaltwiderständen.

Hier entsteht die Frage, wenn ein Relais R_1, dessen Schaltzeit t_1 beträgt und bekannt ist, einen gleichohmigen Vorschaltwiderstand R_2 bekommt, der die ursprünglich vierfache Stromsicherheit auf eine zweifache herabsetzt, welche Schaltzeit erhält dann das Relais? Die spezifische Windungszahl wird verdoppelt, damit würde sich auch die Schaltzeit verdoppeln bei gleicher Stromsicherheit. Die Verminderung derselben von der vierfachen auf die zweifache erhöht die Schaltzeit t_2 schließlich noch auf ungefähr $2{,}5 \cdot t_1$. Dies ist besonders bei Messungen von Relaisschaltzeiten zu beachten, wo die Betriebsbedingungen im Meßgerät genau nachgebildet werden müssen.

2. Abhängigkeit der Schaltzeit von der Stromstärke. Diese Abhängigkeit können wir kurz behandeln. Bei konstanter Spannung und konstanter Amperewindungszahl hat die Zunahme der Stromstärke eine proportionale Abnahme der Windungszahl zur Folge, damit nimmt proportional die spezifische Windungszahl ab, so daß die Schaltzeit sich proportional beschleunigt.

3. Einfluß der Windungszahl. Bei konstanter Spannung und Erregung nimmt die Schaltzeit der Windungszahl proportional zu.

4. Der Einfluß der Amperewindungszahl. Den Einfluß dieser Größe können wir zugleich als Stromsicherheit deuten und erhalten damit zugleich die Abhängigkeit der Anzugszeit von Strom- und Kraftsicherheit. Wie wir aus dem vorhergehenden schon wissen, ist die Abhängigkeit von dem Produkt $i \cdot w$ eine verschiedene; je nachdem ob wir i oder w variieren, oder beide. Zunächst sei daran erinnert, daß sich bei den Kurven für die spezifische Windungszahl als Parameter die Stromsicherheit dahin ausgewirkt hat, daß bei geringerer Stromsicherheit die Schaltzeit vergrößert wurde. Wie die einzelnen Parameterkurven zueinander liegen, das hängt im wesentlichen von den Sättigungskurven ab, jedenfalls kann gesagt werden, daß mit zu-

nehmender Stromsicherheit ein immer geringerer Gewinn an Anzugszeit erzielt wird. Bei völliger Sättigung wird natürlich die Zunahme 0.
Daraus läßt sich schon ungefähr der Verlauf der Schaltzeit ermitteln,
welche folgender Kurve genügt (Abb. 148). Wesentlich ist dabei festzustellen, daß durch Steigerung
der Stromsicherheit innerhalb der praktisch zulässigen
Grenzen eine nennenswerte
Beeinflussung der Schaltzeit
nicht erzielt werden kann.

5. Einfluß des Anker-
hubes. Daß sich zunehmen-
der Ankerhub als Anzugsverzögerung auswirkt, ist klar.
Bei gleicher Amperewin-
dungszahl vermindert er die
Strom- und Kraftsicherheit,
bei gleicher resultierender
Zugkraft vermehrt er den

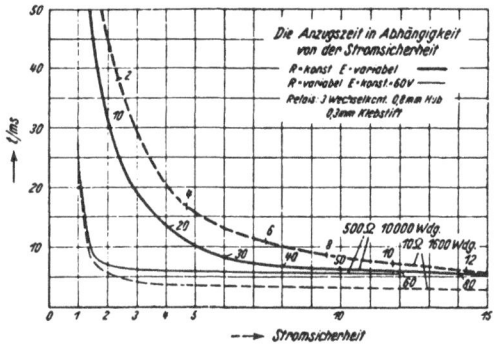

Abb. 148. Anzugszeit eines Relais in Abhängigkeit von der Stromsicherheit.

Ankerweg und verlängert dadurch die Bewegungsdauer. Große Ankerhübe werden dann verwendet, wenn viele Kontakte umzulegen sind,
oder wenn bei Fehlstrombedingungen ein Relais zwar bei einer bestimmten Stromstärke nicht anziehen, wenn es aber angezogen ist,
unter der betreffenden Stromstärke sicher halten soll. Die Zugkraft
eines Relais kann auf diese Weise im angezogenen Zustand gegenüber
im abgefallenen Zustand auf das 4- bis 5fache gesteigert werden.

6. Einfluß der Ankerlast. Die Ankerlast als passive Kraft,
die der resultierenden Zugkraft entgegenwirkt, bedeutet natürlich eine
Verzögerung der Anzugsbewegung, deren Einfluß am besten an Hand
des erwähnten Relaisanzugsdiagramms betrachtet wird.

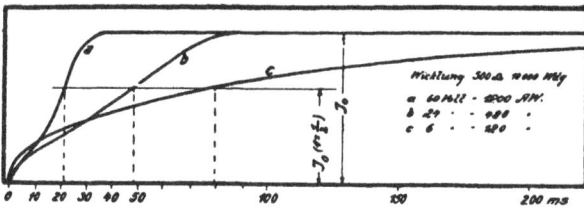

Abb. 149. Einfluß der Sättigung auf den Stromanstieg und graphische Berechnung
der dynamischen Selbstinduktion eines Relais.

7. Einfluß der Sättigung. Auch dieser Punkt ist bereits erwähnt worden, einmal beim Einfluß der Stromsicherheit durch Erwähnung der Zeitkonstante. Der Einfluß auf den Stromverlauf zeigt

sich am besten auf dem Bild (Abb. 149), das ebenfalls der Arbeit Dr. Timmes entnommen ist.

Interessant ist die von Dr. Timme vorgeschlagene Methode zur Messung der Selbstinduktion aus der Schaltzeit. Die Beziehung für den Stromanstieg in einem Relais

$$i = J\left(1 - e^{-\frac{R}{L} \cdot t}\right),$$

die sich auch in der Form schreiben läßt

$$i = J - J \cdot e^{-\frac{R}{L} \cdot t},$$

sagt uns, daß der Erregerstrom die Differenz aus dem konstanten Endstrom und einem zeitlich anwachsenden Strom beträgt, der der Exponentialfunktion folgt. Damit der zweite Summand auch die Dimension des Stromes erhält, muß $\frac{R}{L}$ die Dimension $\frac{1}{t}$, also $\frac{L}{R}$ die Dimension einer Zeit besitzen. Wenn wir nun beispielsweise unter den verschiedenen Zeiten t den Zeitpunkt $t = \frac{L}{R}$ herausgreifen und in obige Gleichung einsetzen, so nimmt sie die Form an

$$i = J - J \cdot \frac{1}{e}.$$

Wir sehen also, daß zum Zeitpunkt $t = \frac{L}{R}$ der Strom auf das $1 - \frac{1}{e}$ fache $= 0,63$ fache seines Endwertes angestiegen ist. Dieser Punkt kann aus dem Oszillogramm als Ordinate abgegriffen werden und liefert dazu eine Abszisse t_1, für die die Gleichung gilt:

$$t_1 = \frac{L}{R}.$$

Daraus ergibt sich die gesuchte Selbstinduktion, und zwar die für die Zeitkonstante maßgebende dynamische Selbstinduktion

$$L = t_1 \cdot R.$$

Zugleich ersehen wir aus diesen Betrachtungen, daß die minimale Schaltzeit, die sich bei Anwendung höchster Sättigung erzielen läßt, gleich der Sättigungszeit ist. Nach Eintreten der absoluten Sättigung steigt theoretisch der Strom zeitlos an. Die Ankerbewegung selbst arbeitet dem Sättigungsvorgang entgegen, so daß die Sättigung erst nach erfolgtem Umlegen des Ankers einzutreten pflegt. Dies ist wiederum ein Grund dafür, daß durch Steigerung der Sättigung eine nennenswerte Beschleunigung der Schaltzeit nicht erzielt werden kann. Die kürzesten

Anzugszeiten normaler Relais betragen 4½—5 ms, ebenso die Abfall-zeiten.

8. Einfluß von Selbstinduktion und Widerstand Hier sagt uns die Zeitkonstante $\frac{L}{R}$, daß die Schaltzeit bei konstantem Widerstand der Selbstinduktion proportional anwächst.

Besondere Maßnahmen zur Abfallverzögerung. Die wichtigste Beeinflussung der Schaltzeit ist die sog. Dämpfung von Relais, die eine zuverlässige, in den Zeiten sehr gleichmäßige Abfallverzögerung zur Folge hat. Schon bei Besprechung des Abfallvorganges wurde festgestellt, daß die Abfallzeit von dem Verschwinden des magnetischen Feldes abhängig ist. Dieses wiederum ist bedingt:

1. Von der Unterbrechung des Erregerstromes und dessen zeitlichem Zunullwerden.

2. Von der Möglichkeit, sekundäre Stromkreise auszubilden, welche durch die gegenelektromotorische Kraft Kurzschlußströme erzeugen.

3. Von der Möglichkeit, in den Eisenkreisen des Relais selbst solche Kurzschlußströme, Wirbelströme zu erzeugen.

Alle drei Arten von Stromkreisen, Primär-, Sekundär-Kurzschlußkreis und Wirbelstromkreis sind mit dem magnetischen Schließungskreis verkettet, und so lange einer der 3 Stromkreise noch Strom führt, wird das magnetische Feld nicht 0.

Aber auch der magnetische Kreis an sich stellt dem Verschwinden des Feldes einen Widerstand entgegen, in Form der magnetischen Hysteresis. Bei Erregung im gleichen Sinn unterstützt diese die Magnetisierung, bei Erregung im Gegensinn arbeitet sie entgegen. Bei Ausschaltung eines Relais arbeitet sie im Sinne einer Abfallverzögerung. Wenn wir die Möglichkeit einer Abfallverzögerung rechnerisch erfassen wollen, so müssen wir zunächst von der Gleichung der Abfallzeit des mit einer Wicklung versehenen, durch Unterbrechung abgeschalteten Relais ausgehen. Es wurde bereits festgestellt, daß die Zugkraft proportional dem Quadrat der Amperewindungen ist, also

$$P = c \cdot (i \cdot w)^2 \, .$$

Der zeitliche Verlauf dieser Zugkraft beim Abschalten des Relaisstromkreises ist nun

$$p = c \cdot \left(w \cdot J \cdot e - \frac{R}{L} \cdot t \right)^2 ,$$

da ja das magnetische Feld mit der Kraftlinienzahl N nach der Gleichung

$$N = c \cdot w \cdot J \cdot e - \frac{R}{L} \cdot t$$

verschwindet.

20*

Dr. Timme und Dr. Erich Schultze[1]) bezeichnen nun

$$\sqrt{\frac{p}{c}} = sh$$

als sog. Schwellenwert, im Falle der Abfallzeitberechnung als Haltewert, also als jene Zahl von Amperewindungen, welche zum Halten
gerade noch ausreicht. Dann ergibt sich für die Abfallzeit die Gleichung

$$t = \frac{L}{R} \cdot \ln \cdot \frac{w \cdot J}{sh}.$$

Dabei ist die Hysteresis nicht berücksichtigt worden. Sie stellt gewissermaßen ebenfalls Amperewindungen dar und ist proportional der
verbleibenden Induktion. Ich bezeichne sie nach der Ausdrucksweise
Schultzes mit $\mathfrak{B}_a$. Dann können wir unter Einführung einer Proportio-
nalitätskonstante c_a die von ihr erzeugten Amperewindungen mit $\frac{\mathfrak{B}_a}{c_a}$
bezeichnen. Diese Amperewindungszahl wird sich zum Haltwert ad-
dieren bzw. von ihm subtrahieren, je nach dem Vorzeichen, welches
die Hysteresis besitzt. Und die genaue Formel der Abfallzeit wird damit

$$t = \frac{R}{L} \cdot \ln \frac{J \cdot w}{sh \pm \dfrac{\mathfrak{B}_a}{c_a}}.$$

Die Berücksichtigung der Wirbelströme erfolgt nun zweckmäßig in
Form einer neuen Zeitkonstante. An Stelle von $\frac{L}{R}$ tritt Tw, die sog.
Wirbelstromzeitkonstante und die endgültige Formel für die Abfallzeit,
bei der wir auf die Hysteresiseigenschaften verzichten wollen, wird
nun

$$t = T_w \cdot \ln \frac{w \cdot J}{sh}.$$

Für ein praktisch ausgeführtes Relais kann die Größe dieser Wirbelstromzeitkonstante aus der Abfallzeit, der Erregung in Amperewindungen und dem Haltewert jederzeit errechnet werden als

$$T_w = \frac{t}{\ln \dfrac{w \cdot J}{sh}}.$$

Es gilt nun, die Vorgänge zu betrachten, wenn neben dem primären
Schließungskreis noch ein zweiter vorhanden ist. Hier können die Ge-

---

[1]) Dr. E. Schultze, ENT 26. Die Abfallzeiten von Fernsprechrelais.

setze, die aus der Theorie der Transformation bekannt sind, Anwendung finden. Ich bezeichne im folgenden mit

M den Wechselinduktionskoeffizienten,

L_1 den Selbstinduktionskoeffizienten der Primärwicklung,

L_2 den Selbstinduktionskoeffizienten der Sekundärwicklung,

L_{1s} die Streuinduktivität des primären Kreises gegen den sekundären,

L_{2s} die Streuinduktivität der sekundären Wicklung gegen die primäre,

w_1 und w_2 die Windungszahlen der Primär- und Sekundärwicklung,

i_1 und i_2 Primär- und Sekundärstrom in ihren Zeitwerten,

J_1 und J_2 die stationären Stromwerte,

R_1 und R_2 die Widerstände,

$R_{v\,1}$ und $R_{v\,1}$ Vorschaltwiderstand zur primären und sekundären Wicklung,

$R_{n\,1}$ und $R_{n\,2}$ Nebenwiderstand zur primären und sekundären Wicklung,

T_1 und T_2 die Zeitkonstante des primären und sekundären Kreises,

$$z.\,B. = \frac{L_1}{R_1} \text{ bezw. } \frac{L_2}{R_2},$$

N_1 und N_2 den primären und sekundären Kraftlinienfluß,

$N_{g\,1}$ und $N_{g\,2}$ die mit der zweiten Wicklung gemeinsamen Felder,

$N_{s\,1}$ und $N_{s\,2}$ die Streufelder,

x den magnetischen Kopplungsfaktor,

σ den Streuungs- und Koeffizienten.

Dann gelten die Transformatorbeziehungen:

$$N_1 = N_{g\,1} + N_{s\,1}$$
$$N_2 = N_{g\,2} + N_{s\,2}$$
$$M = x \cdot \sqrt{L_1 \cdot L_2}.$$

Bei vollkommener magnetischer Verkettung zweier Wicklungen wird $x = 1$ und

$$M = \sqrt{L_1 \cdot L_2}.$$

Ferner wird in diesem Fall

$$\frac{L_1}{L_2} = \frac{w_1^2}{w_2^2},$$

wenn dagegen eine Streuung vorhanden ist, so wird

$$L_{s\,1} = L_1 - \frac{w_1 \cdot M}{w_2}$$

$$L_{s\,2} = L_2 - \frac{w_2 \cdot M}{w_1}.$$

Fall 1: Ein Relais besitzt eine Primärwicklung mit den konstanten w_1, L_1, R_1 und eine kurzgeschlossene Sekundärwicklung als Dämpferwicklung mit den Konstanten R_2, N_2, L_2. Die primären Amperewindungen $w_1 \cdot J_1$ erzeugen das primäre Feld N_1, das mit einem Prozentsatz N_{g1} die sekundäre Wicklung durchsetzt, während der übrige Teil N_{s1} nur mit dem primären Feld verkettet ist. Die Felder verhalten sich:

$$\frac{N_{g1}}{N_1} = \frac{M}{L_1 \cdot \dfrac{w_1}{w_2}}.$$

Abb.150.Prinzipschaltbild eines durch Kupfermantel abfallverzögerten Relais.

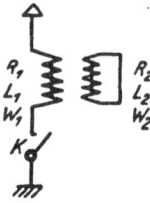

Abb.151.Prinzipschaltbild eines durch sekundäre Kurzschlußwicklung abfallverzögerten Relais.

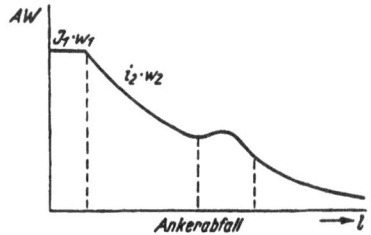

Abb. 152. Abklingen des Stromes in einer kurzgeschlossenen Sekundärwicklung eines Relais bei Unterbrechung der Primärwicklung.

Die in der sekundären Wicklung beim Öffnen des Primärstromes erzeugte Spannung e_2 wird nun $= -w_2 \cdot \dfrac{d N_{g1}}{d t}$. Den zeitlichen Verlauf des Abklingens des Hauptfeldes liefert die Zeitkonstante T_2 der Dämpferwicklung nach folgender Gleichung:

$$N_{g1} = \frac{w_1}{w_2} \cdot \frac{M}{L_1} \cdot N_1 \cdot e^{-\frac{R_2}{L_2} \cdot t}.$$

Berücksichtigt man die angenäherte Beziehung

$$\frac{L_1}{N_1} = \frac{w_1}{J_1},$$

und substituiert die Werte der beiden Gleichungen in die der induzierten Spannung, so erhält man:

$$e_2 = E \cdot \frac{\dfrac{L_1}{R_1}}{\dfrac{L_2}{R_2}} \cdot \frac{M}{L_1} \cdot e^{-\frac{R_2}{L_2} \cdot t},$$

so wird der Sekundärstrom

$$i_2 = \frac{M}{L_2} \cdot J_1 \cdot e^{-\frac{R_2}{L_2} \cdot t}. \quad \text{(Abb. 152)}$$

Bei vollkommener Verkettung, die wir für unsere Relais als gegeben ansehen dürfen, werden

$$e_2 = E \cdot \frac{w_2}{w_1} \cdot \frac{\dfrac{L_1}{R_1}}{\dfrac{L_2}{R_2}} \cdot e^{-\frac{R_1}{L_1} \cdot t}.$$

$$i_2 \cdot w_2 = J_1 \cdot w_1 \cdot e^{-\frac{R_1}{L_1} \cdot t}.$$

Zur Zeit $t = 0$, d. h. bei Stromunterbrechung im Primärkreis finden sich die ganzen primären Amperewindungen im Sekundärkreis wieder und klingen dort nach der Zeitkonstante des Sekundärkreises ab. R_1 wird durch Kontaktunterbrechung unendlich, infolgedessen die primäre Zeitkonstante $= 0$. Ist die sec. Wicklg. ein Kupferrohr, so ist damit $w_2 = 1$. Aber auch R wird beinahe 0, und so wird die sekundäre Zeitkonstante unter Umständen bis 400 ms.

Fall 2: Unter den durch Unterbrechung des primären Stromkreises erzeugten Abfallvorgängen haben wir weiterhin jenen Fall zu betrachten, daß ein sekundärer Kurzschlußstromkreis für eine Relaiswicklung bestehen bleibt, welche auch elektrisch mit der Primärwicklung verbunden ist. Es handelt sich dabei entweder um zwei parallel geschaltete Relaiswicklungen, die nun einerseits gleichsinnig oder gegensinnig parallel geschaltet sein können, oder es handelt sich um zwei parallel geschaltete Relais, wobei als Grenzfall das zweite Relais auch ohne Selbstinduktion, also als reiner Ohmscher Widerstand und Nebenschluß zur Primärwicklung gegeben sein kann. Zur Vereinfachung der Vorgänge wird mit einem für die Praxis genügenden Genauigkeitsgrad angenommen, daß in dem Falle, wo es sich um zwei Wicklungen des gleichen Relais handelt,

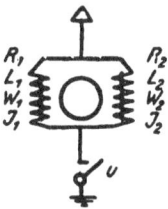

Abb. 153. Prinzipschaltbild eines Relais mit zwei parallel geschalteten Wicklungen.

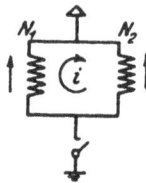

Abb. 154. Verlauf des abklingenden Stromes bei gleichsinnig parallel geschalteten Relaiswicklungen.

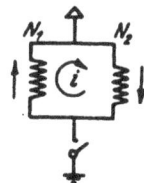

Abb. 155. Verlauf des abklingenden Stromes bei gegensinnig parallel geschalteten Relaiswicklungen.

vollkommene Verkettung besteht. In jedem Falle wird bei Unterbrechung der Öffnungsstelle u der Erregerstrom sofort auf 0 gehen und in den im Kurzschluß liegenden Parallelwicklungen ein Abschaltestrom i bestehen, dessen Größe jeweils von dem Vorzeichen und der Zeitkonstante der magnetischen Felder abhängig ist (Abb. 153). Dabei ergibt sich für die Stromrichtung des Ausgleichsstromes das folgende Gesetz, dessen Begründung aus obigen Bildern ohne weiteres ersehen werden kann. Aus der Parallelschaltung zweier Stromkreise wird eine Reihenschaltung. Damit muß sich das Vorzeichen des Stromes in einer Spule umkehren (Abb. 154 und 155).

Waren die beiden elektromagnetischen Schließungskreise mit gleichgerichteten Feldern parallel geschaltet, so sind die Wicklungen beim Abschaltevorgang in Reihe gegensinnig geschaltet. Waren die beiden Felder der parallel geschalteten Wicklungen gegensinnig parallel geschaltet, so sind sie für den Abschaltevorgang in Reihe gleichsinnig geschaltet.

Fall 2α: Zwei Wicklungen des gleichen Relais gegensinnig parallel. Das Relais hatte also im Erregerstromkreis die resultierende Amperewindungszahl

$$J_1 \cdot w_1 - J_2 \cdot w_2.$$

Aus diesen Amperewindungen werden beim Abschalten unter dem Einfluß des Ausgleichstromes in den beiden Wicklungen die gleichsinnig wirkenden Amperewindungen

$$i \cdot (w_1 + w_2).$$

Der zeitliche Verlauf des Ausgleichsstromes wird

$$i = \frac{1}{w_1 + w_2} \cdot (J_1 \cdot w_1 - J_2 \cdot w_2) \cdot e^{-\frac{R_1 + R_2}{L_1 + L_2 + 2\sqrt{L_1 L_2}} \cdot t}.$$

Die Amperewindungen des Kurzschlußkreises klingen also, wie zu erwarten ist, von einem Ausgangswert

$$J_1 \cdot w - J_2 \cdot w_2$$

nach der Zeitkonstanten des Stromkreises

$$\frac{L_1 + L_2 + 2\sqrt{L_1 L_2}}{R_1 + R_2} \quad \text{ab. (Vgl. Abb. 158.)}$$

Fall 2β: Die beiden Wicklungen des Relais waren gleichsinnig parallel geschaltet. Im Erregerstromkreis bestanden damit die resultierenden Amperewindungen

$$J_1 \cdot w_1 + J_2 \cdot w_2.$$

Im Kurzschlußstromkreis wirken die Amperewindungen gegeneinander und entsteht also die Amperewindungszahl $i \cdot (w_1 - w_2)$. Nach Unterbrechung des primären Stromkreises klingen die Amperewindungen des Kurzschlußkreises, ausgehend von den Erregeramperewindungen zur Zeit $t = 0$ nach der Zeitkonstanten dieses Schließungskreises ab, die jetzt durch Gegenschaltung der Selbstinduktionen eine andere Form erhält.

$$i = \frac{1}{w_1 - w_2}(J_1 \cdot w_1 + J_2 \cdot w_2) \cdot e^{-\frac{R_1 + R_2}{L_1 + L_2 - 2\sqrt{L_1 L_2}} \cdot t}.$$

Die Zeitkonstante heißt also in diesem Fall:

$$\frac{L_1 + L_2 - 2\sqrt{L_1 \cdot L_2}}{R_1 + R_2}.$$

Wir sehen, daß also die Zeitkonstante in diesem Fall gegenüber der Summe der beiden Selbstinduktionen um den Wert

$$2\sqrt{L_1 \cdot L_2}$$

verkleinert wird, was ein schnelleres Abklingen zur Folge hat. Dafür wird aber der Ausgangswert der Kurve ein größerer, da die beiden primären Amperewindungen der Wicklungen sich addieren (Abb. 156).

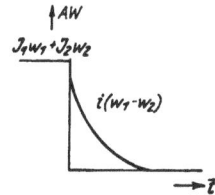

Abb. 156. Abklingen des Ausschaltestromes bei gleichsinnig parallel geschalteten Relaiswicklungen.

Fall 2γ: Parallel zur aktiven Relaiswicklung liegt ein zweites Relais mit gegensinniger Amperewindungszahl. Da die beiden Relais magnetisch nicht gekoppelt sind, ist der Wechselinduktionskoeffizient $M = 0$. Der Ausgleichstrom wird

$$i = \frac{1}{L_1 + L_2} \cdot (J_1 L_1 - J_2 L_2) \cdot e^{-\frac{R_1 + R_2}{L_1 + L_2} \cdot t}.$$

Wiederum beginnt der Ausgleichsvorgang von dem Wert

$$J_1 L_1 - J_2 L_2,$$

die den primären Kraftlinienfeldern proportional sind und ein entgegengesetztes Vorzeichen haben und gehen über in die magnetischen Felder

$$i_1 \cdot L_1 + i \cdot L_2,$$

die miteinander nicht magnetisch gekoppelt sind. Für den Ankerabfall ist also nur $i \cdot L_1$ maßgebend.

Die Zeitkonstante ist hier

$$\frac{L_1 + L_2}{R_1 + R_2}.$$

Interessant dabei ist, daß die Widerstände und Selbstinduktionen sich hier zahlenmäßig addieren.

Wir haben es also hier wiederum mit einem von niedrigem Anfangswert langsam abklingenden Strom zu tun. Wenn die beiden parallel geschalteten Relais in den Werten $J_1 \cdot L_1 = J_2 \cdot L_2$ übereinstimmen, wird der Ausgleichstrom 0.

Fall 2δ: Parallel zu der aktiven Relaiswicklung liegt ein zweites Relais mit gleichsinniger Amperewindungszahl; wieder ist der Wechsel-induktionskoeffizient $= 0$. Der Ausgleichstrom wird

$$i = \frac{1}{L_1 + L_2} \cdot (J_1 L_1 - J_2 L_2) \cdot e^{-\frac{R_1 + R_2}{L_1 + L_2} \cdot t}.$$

Der Ausdruck wird also, zunächst überraschenderweise, der gleiche wie im vorhergehenden Fall, jedoch ist es ohne weiteres klar, daß nur die Differenz der Erregerfelder Ursache zu einem Ausgleichstrom über die in Reihe geschalteten Schließungskreise führen kann und so ist es auch nicht überraschend, daß dieser mit derselben Zeitkonstanten abklingt, wie im vorhergehenden Fall. Bei Gleichheit der beiden Felder entsteht wiederum kein Ausgleichsstrom.

Fall 2ε: Zu dem abgeschalteten Relais ist ein Nebenschlußwider-stand parallelgeschaltet. Dieser Fall geht wiederum aus dem allgemein-sten hervor, wenn man

$$M = 0 \quad \text{und} \quad L_2 = 0$$

setzt. Wir wissen bereits von den Betrachtungen über Funkenlöschung, daß dann über das Relais oder den Schaltmagneten ein Ausgleichsstrom i entsteht,

$$i = J_1 \cdot e^{-\frac{R_1 + R_2}{L_1} \cdot t},$$

und da wir R_2 in diesem Fall als R_{2n} bezeichnen, daß die Zeitkonstante

$$= \frac{L^1}{R_1 + R_{2n}}$$

wird.

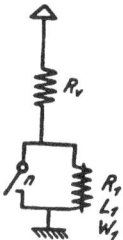

Abb. 157. Prinzip-schaltbild eines durch Kurzschluß der Primärwick-lung abfallverzö-gerten Relais.

Damit wären die vorkommenden Fälle für Unterbrechung des Primärstromes behandelt. Es gilt nun noch den Fall zu berücksichtigen, daß die Primärwicklung nicht aufgetrennt, sondern kurzgeschlossen wird.

Fall 3: Die Primärwicklung wird nicht abgeschaltet, sondern kurzgeschlossen (Abb. 157). Der Primärstrom i klingt nach der Zeitkonstanten des Primärkreises ab und wird

$$i = J \cdot e^{-\frac{R_1}{L_1} \cdot t}.$$

Von den Gleichungen der abklingenden Ströme können wiederum unmittelbar die Schaltzeitgleichungen abgeleitet werden. Neben den Zeitkonstanten der jeweiligen abklingenden Kurzschlußstromkreise ist dabei die Wirbelstromzeitkonstante zu berücksichtigen, welche sich zu anderen Zeitkonstanten addiert. Die Schaltzeiten der einzelnen

Fälle können übersichtlich aus der Tabelle (Abb. Anh. 158) ersehen werden. Aus all den obigen Betrachtungen, namentlich aus der Tabelle geht hervor, daß es sich bei allen Abfallverzögerungen um ein aperiodisches Abklingen der Amperewindungen handelt, dem im selben Zeitmaß ein allmähliches Zusammensinken der Zugkraft gegenübersteht. Auch die Ankerbewegung wird beim Abfall eine kriechende, die Kontaktöffnung eine langsame. Deshalb dürfen hochamperige Stromkreise nicht durch solche Kontakte unterbrochen werden. Ebenso ergibt sich aus der kriechenden Abfallbewegung, daß die Schaltzeiten, so regelmäßig die elektrischen Vorgänge auch sein mögen, nicht auf 5—10 ms scharf eingestellt werden können und daß sich bei der geringsten Druck- und Höhenverstellung der Kontakte ziemlich bedeutende Zeitverschiebungen ergeben können. Auch die Umlegezeiten der Kontakte, beispielsweise eines Wechselkontaktes von der Arbeits- zur Ruhefeder, kann hier 40—50 ms betragen.

Besondere Maßnahmen zur Anzugsverzögerung. Die Sa-Technik bedient sich der Anzugsverzögerung nur in ganz seltenen Fällen und fordert in diesem Falle nicht etwa die Einhaltung ganz genauer Zeiten. Während Abfallverzögerungen von 400 ms noch mit einem Relais erzielt werden können, werden Anzugsverzögerungen nur bis höchstens 70 ms getrieben. Der Grund dafür ist der, daß sich Anzugsverzögerungen nur schwer erzielen lassen, wenn man mit den in der Automatik üblichen Sicherheiten arbeiten will.

Mittel zur Anzugsverzögerung sind:

1. Hohe Zeitkonstante.
2. Vorschaltewiderstand und dadurch hohes $\frac{w}{E}$,
3. Nebenschlüsse und Vorschaltwiderstände,
4. Nebenschluß- und Dämpferwicklung,
5. Vorschaltwiderstand und Gegenerregerwicklung mit kürzerer Zeitkonstante.

Die Fälle 1 und 2 wurden bereits behandelt.

Fall 3: Für die nebenstehende Schaltanordnung ergibt sich die folgende Stromgleichung (Abb. 159 und 160).

Stromverlauf im Relais:

$$i_1 = \frac{E}{R_v + R_1 + \dfrac{R_v \cdot R_1}{R_n}}\left(1 - e^{-\dfrac{R_v + R_r + \dfrac{R_v \cdot R_1}{R_n}}{L\left(1 + \dfrac{R_v}{R_n}\right)} \cdot t}\right).$$

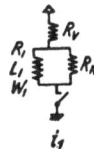

Abb. 159. Prinzipschaltbild eines durch Vorschaltewiderstand und Nebenschlußwiderstand anzugverzögerten Relais.

Strom über den Nebenschluß:

$$i_n = E \frac{\dfrac{R_1}{R_n}}{R_v + R_1 + \dfrac{R_v \cdot R_1}{R_n}} \left(1 + \frac{R_v}{R_1 \left(1 + \dfrac{R_v}{R_n}\right)} \cdot e^{-\frac{R_v + R_n + \frac{R_v + R_r}{R_r}}{L \cdot \left(1 + \frac{R_v}{R_n}\right)} \cdot t} \right).$$

Ist kein Nebenschluß vorhanden, so wird der Stromanstieg im Relais:

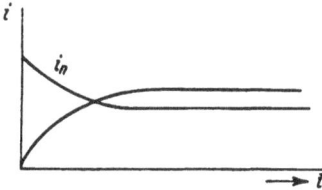

$$i = \frac{E}{R_v + R_1} \left(1 - e^{-\frac{R_v + R_1}{L} t} \right)$$

Abb. 160. Schaubild des Stromverlaufes in der Relaiswicklung und im Nebenschlußwiderstand bei Anzugsverzögerung nach Abb. 159.

(Abb. 160). Für den allgemeinen Fall wird die Kurve des Stromverlaufes wie nebenstehend angegeben. Die Rückwirkung auf die Schaltzeit stellt man am besten durch Vergleich mit der normalen Schaltzeit eines gleichen Relais fest: Schaltzeit mit Nebenschluß t_n. Normale Schaltzeit t:

$$t_n - t = \varDelta t = t \cdot \frac{R_v}{R_1 + R_n}.$$

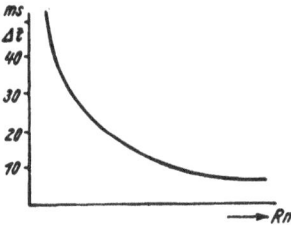

Abb. 161. Schaubild der Anzugsverzögerungswirkung, abhängig von der Größe des Nebenschlußwiderstandes.

Die Anzugsverzögerung ändert sich also mit abnehmendem Wert R_n nach einer Hyperbel (Abb. 161).

4. Dämpferwicklung zur Anzugsverzögerung. Für den Stromanstieg ergeben sich die simultanen Differentialgleichungen (Abb. 162 und 163)

$$i_1 r_1 + L_1 \frac{di_1}{dt} + M \frac{di_2}{dt} = E$$

$$i_2 r_2 + L_2 \frac{di_1}{dt} + M \frac{di_1}{dt} = 0,$$

deren Lösungen unter der Annahme einer vollkommenen Verkettung der beiden Stromkreise lauten:

$$i_1 = J \left(1 - \frac{T_1}{T_1 + T_2} e^{-\frac{t}{T_1 + T_1}} \right)$$

$$i_2 = -J \frac{L_1}{M} \cdot \frac{T_2}{T_1 - T_2} \cdot e^{-\frac{t}{T_1 + T_1}}.$$

Für den Stromanstieg addieren sich die Zeitkonstanten beider Ströme.
Der Kurzschlußstrom wirkt über den Faktor $\dfrac{L_1}{M}$ auf die Primärseite
zurück.

Der zeitliche Verlauf des Anstieges des gemeinsamen Feldes ist nun

$$N_t = c \cdot w_1 J \left(1 - e^{-\frac{t}{T_1 + T_2}} \right).$$

Die Schaltzeit selbst nimmt den Wert an

$$t = (T_1 + T_2) \cdot \ln \frac{J}{J - s_a}.$$

Wird nun parallel zu dem Relais noch ein Nebenschlußwiderstand vorgesehen, so ergibt sich noch ein 3. Stromkreis mit dem Strom J_n (Abb. 163).

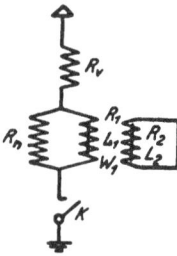

Abb. 162. Prinzipschaltbild eines durch
Dämpferwicklung und Vorschaltwiderstand anzugverzögerten Relais.

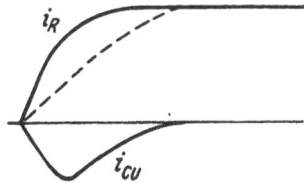

Abb. 163. Stromverlauf bei Einschaltung
eines Relais nach Schaltanordnung 162.
i_R Strom in der Relaiswicklung, i_{Cu} Strom im
Kupferrohr oder in der Kurzschlußwicklung, gestrichelte Linie, resultierende, erregende Amperewindungen.

Zugleich wird, um den allgemeinsten Fall zu schaffen, angenommen,
daß ein Vorschaltwiderstand R_{v1} vor der Primärwicklung vorhanden sei.
Hier wird wieder die Schaltzeitgleichung:

$$t = (T_1 + T_2) \ln \frac{J_1}{J_1 - s_a}; \quad T_2 = \frac{L_2}{R_2}, \quad T_1 = \frac{L_1 \left(1 + \dfrac{R_{v1}}{R_n} \right)}{R_{v1} + R_1 \left(\dfrac{1 + R_{v1}}{R_n} \right)}.$$

**5. Vorschaltwiderstand und Gegenerregerwicklung mit
kürzerer Zeitkonstante.** Für diesen Fall gelten die Gleichungen:

$$J = i_1 + i_2,$$

$$J \cdot R_v + i_1 \cdot R_1 + L \frac{di_1}{dt} + M \frac{di_2}{dt} = E,$$

$$J \cdot R_v + i_2 \cdot R_2 + L \frac{di_2}{dt} + M \frac{di_1}{dt} = E.$$

Für den Anstieg selbst sind maßgebend die resultierenden Amperewindungen

$$i_1 \cdot w_1 - i_2 \cdot w_2.$$

Das Oszillogramm der Anzugskurve nimmt folgende Form an (Abb. 165): Die Gegenerregerwicklung mit der kürzeren Zeitkonstante schwingt rascher ein und erzeugt dadurch am Vorschaltwiderstand einen größeren Spannungsabfall, erst nach ihrem Einschwingen auf den Konstantwert setzt sich die aktive Erregerwicklung durch, und der Anzug vollzieht sich entsprechend der Zugkraft, die proportional dem Quadrat der resultierenden Amperewindungen ist.

6. Die Anzugsverzögerung unter Verwendung thermischer, mit der Zeit veränderlicher Nebenschlußwiderstände hat sich in der Fernsprechtechnik sehr wenig eingeführt.

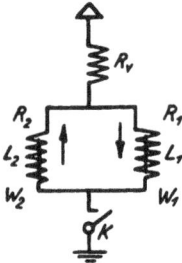

Abb. 164. Prinzipschaltbild eines durch Vorschaltewiderstand und Gegenerregerwicklung anzugverzögerten Relais.

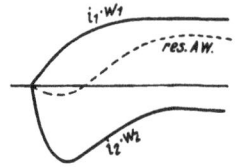

Abb. 165. Schaubild des Stromverlaufes bei Einschaltung eines Relais nach Anordnung 164.

Wenn man ein Relais mit Vorschaltwiderstand und Nebenschlußwiderstand anschaltet und diesen Nebenschlußwiderstand so wählt, daß er mit zunehmender Erwärmung höher wird, so wird das Relais eine immer größere Amperewindungszahl erhalten und die Anzugszeit kann durch die Widerstandscharakteristik des Nebenschlußwiderstandes beeinflußt werden. Um hierbei nennenswerte Verzögerungen zu erzielen, muß der Vorschaltwiderstand sehr hoch, der Nebenschlußwiderstand sehr niedrig gewählt werden, und so ergeben sich meistens nicht genügende Kraftsicherheiten.

Schaltzeitmessung. Diese ist so wichtig, wie die Berechnung und muß unter Umständen auf Bruchteile von Millisekunden genau möglich sein. Mittel zur Schaltzeitmessung sind:

1. Der Oszillograph. Das Oszillogramm des Stromanstiegs gibt den zeitlichen Verlauf des Stromes während der Anzugsperiode, aus dem wiederum auf die Ankerbewegung geschlossen werden kann. Da andrerseits die Ankerbewegung durch Erzeugung der gegenelektromotorischen Kraft die Anzugskurve beeinflußt (Knick), so kann man die Punkte einsetzender und beendeter Ankerbewegung unmittelbar aus dem Oszillogramm abgreifen (vgl. Abb. 139 A—B). Benützt man noch eine zweite Oszillographenschleife und betätigt diese durch den zu untersuchenden Relaiskontakt, so erhält man mit der Schleife 1 die Zeitmarke der Einschaltung, mit der Schleife 2 die Zeitmarke der Kontaktbetätigung. Daß das Oszillogramm auch die Zeitkonstante liefert, wurde bereits erwähnt. Der Oszillograph ist das vollkommenste Schaltzeitmeßmittel

und in der Automatik als 2- bis 6schleifiger Oszillograph viel verwendet (Abb. 166).

2. **Der Impulsschreiber**, ein verbessertes Morseschreibwerk, dessen Papiervorschubgeschwindigkeit meßbar ist, dient als ungenaue Schaltzeitmeßeinrichtung. Gewöhnlich schaltet man durch einen Kontakt das zu messende Relais an, durch einen zweiten, gleichzeitig schließenden Kontakt den Magneten des Schreibers und unterbricht den Stromkreis durch die zu messende Kontaktfeder des Relais wieder.

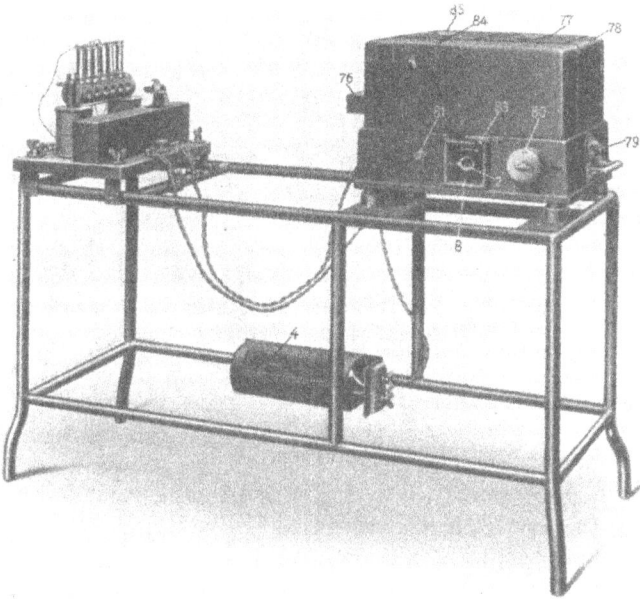

Abb. 166. Ansicht eines Oszillographen von Siemens & Halske für 6 Meßschleifen.
8 Einsatz der Trommel mit lichtempfindlichem Papier, 80 Schalter für die Metallfadenlampe, 77 Glasplatte zur Beobachtung der Lichtquelle, 85 Deckel zur Beobachtung des Lichtbildes, 76 Austritt der Lichtstrahlen, links Magnetgestell mit den 6 Meßschleifen und der elektrisch erregten Stimmgabel als Zeitmarke.

3. **Kinographische Messung.** Man bringt auf dem Anker des Relais einen Spiegel an, leitet die Bewegung des Lichtstrahles über einen Rotierspiegel, dann schreibt der Lichtzeiger ein unmittelbares Bewegungsdiagramm entweder auf eine Mattscheibe oder auf lichtempfindliches Papier.

4. **Stroboskopische Beobachtung.** Das Relais wird periodisch hintereinander betätigt, und diese Bewegungsvorgänge werden durch das Stroboskop zerlegt. Dieses kann entweder eine gelochte Scheibe oder ein im Dunkelraum periodisch aufblitzendes Licht sein, wobei die Zahl der Beobachtungen pro Sekunde stetig wechselbar sein muß. Dadurch

erscheint der Vorgang verlangsamt und kann mit der Stoppuhr verfolgt werden. Aus der Zahl der Relaisbetätigungen pro Sekunde n, der Belichtungen pro Sekunde $n - x$ andrerseits errechnet sich sodann die absolute Geschwindigkeit. Wiederholt man den Vorgang periodisch

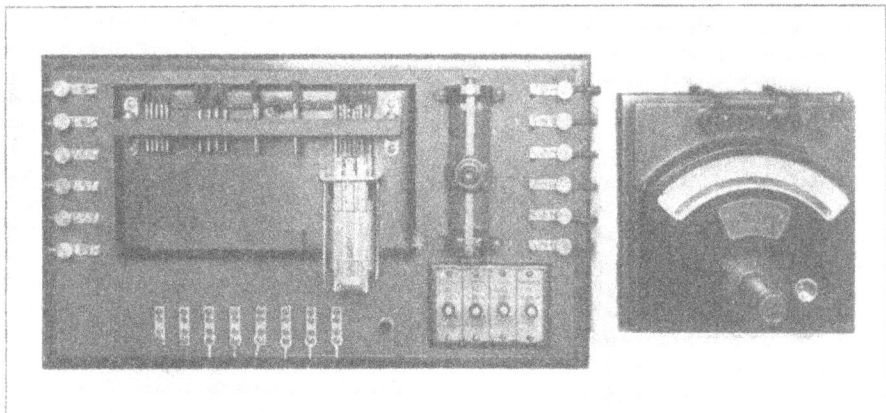

Abb. 167. Ansicht einer Schaltzeitmeßeinrichtung von Siemens & Halske mit ballistischem Galvanometer.

n mal pro Sekunde und beleuchtet ihn $n - x$ mal pro Sekunde, so scheint der Vorgang $\dfrac{n}{x}$ mal verlangsamt.

5. Durch Stromschluß auf ein ballistisches Galvanometer

Die Schaltzeitmeßeinrichtung benützt ein Hilfsrelais H (Abb. 167 und 168) mit zwei Arbeitskontakten und einem Ruhekontakt, die auf Bruchteile von Millisekunden genau gleichzeitig sich betätigen. Bei Betätigung des Hilfsrelais wird jeweils bei Messung von Anzugszeiten das zu messende Relais und das Galvanometer gleichzeitig an Spannung gelegt und durch einen Ruhekontakt des zu messenden Relais wieder unterbrochen. Es ist also die Schaltzeit des Relais gleich der Stromschlußdauer zum Galvanometer, welche wiederum proportional dessen Zeiger-Ausschlag ist. Handelt es sich um die Messung einer Abfallzeit, so wird wiederum durch das Hilfsrelais das Galvanometer unter Strom gesetzt, gleichzeitig das zu messende Relais unterbrochen und der abfallende Arbeitskontakt des zu

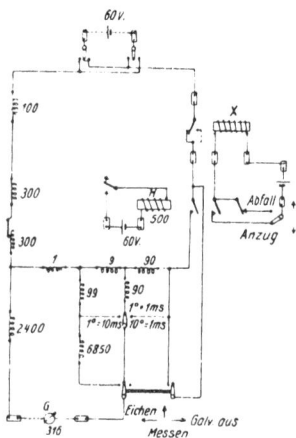

Abb. 168. Prinzipschaltbild der Schaltzeitmeßeinrichtung.

messenden Relais X unterbricht den Galvanometerstromkreis. Das Galvanometer kann nun mit verschiedenen Vorschaltwiderständen in den Stromkreis eingeschaltet werden und liefert je nachdem folgende Meßbereiche:

1. ein Skalenteil = 10 ms,
2. ein Skalenteil = 1 ms,
3. ein Skalenteil = $^1/_{10}$ ms.

Die Messung mit diesem Instrument, welches auch tragbar ist und unter Umständen die Messung entfernter Relais gestattet, nimmt nur Sekunden in Anspruch und ist außerordentlich zweckdienlich. In der Versuchswerkstätte des Telegraphen-Technischen Reichsamtes wurden zur Beschleunigung der Messung verschiedene Buchsen für die Relaiswicklungen vorgesehen, so daß die Relais nur eingeschoben zu werden brauchen und sofort die Messung gestatten, sobald man den Anschluß an die Relaiskontakte mit Klammern vollzogen hat. Die Meßeinrichtung wird von der Firma Siemens & Halske geliefert.

Theoretische Schaltungslehre, allgemein.

Der Aufbau von Schalteinrichtungen zur Lösung einer bestimmten Aufgabe kann im Einzelfall in der verschiedensten Weise gelöst werden. Unter der Vielzahl der Lösungen befindet sich diejenige, welche die Aufgabe mit der Mindestzahl von Mitteln löst, ohne daß dadurch Unsicherheiten, welche die Lösung beeinträchtigen, in Kauf genommen werden. Dies legt die Vermutung nahe, daß in der Schaltungstechnik, ähnlich wie in der Mathematik, n Gleichungen die Berechnung von n Unbekannten gestatten, zur Lösung von n aufeinanderfolgenden Aufgaben gerade n Bedingungen und schaltungstechnische Einzelvorgänge aneinandergereiht werden müssen. Dann wäre gewissermaßen die Lösung eindeutig durchgebildet. Eine weitere Lösung könnte nur eine Umgehung, eine weiter hergeholte Schalteinrichtung darstellen. Tatsächlich läßt sich bis zu einem gewissen Grade System in die Schaltungstechnik bringen.

Ganz allgemein erfordert die Abwicklung irgendeines automatischen Vorganges einen Anreiz, der in der Regel in einem Stromschluß, in einer Stromunterbrechung, kurzum in irgendeiner Veränderung eines Dauerzustandes besteht. Auch das Zusammenwirken mehrerer Stromkreise mit all den dabei möglichen Kombinationen dient zur Einleitung der schaltungstechnischen Hilfsvorgänge. Man spricht in der Schaltungstechnik von sog. Kriterien. So ist z. B. eintretender Schleifenschluß beim Teilnehmer das Kriterium für das Aushängen, kurzzeitige Schleifenunterbrechung das Kriterium für Impulsgabe, langdauernde Schleifenunterbrechung das Kriterium für Auslösung. Daraus sehen wir schon, daß neben den Stromläufen vor allem die Zeitwerte der Schaltvorgänge bestimmte Kriterien liefern. Eine selbsttätige Abwicklung des Schaltvorganges wird allgemein zur Betätigung von n Vorgängen n Kriterien benötigen.

Damit entsteht die neue Aufgabe, festzustellen, welche Kriterien geliefert werden können, wieviel das einzelne Schaltorgan abzugeben vermag, und daraus läßt sich schließlich mit einem Minimum von Aufwand die Lösung schaffen. Wenn eine Schaltung in dieser Weise zwangläufig durchgebildet wird, so werden Relais, die im Laufe des Aufbauvorganges einmal gearbeitet haben, dann aber nicht mehr benötigt sind, systematisch ein zweites und drittes Mal zu weiterer Betätigung herangezogen werden, wobei das Kriterium des augenblicklichen Standes der Schaltung die einen Kontakte unwirksam, die andern wirksam macht. Bestimmte Rezepte für den Aufbau einer Schaltung kann man nur in den primitivsten Vorgängen geben, beispielsweise bei einem Vorwähler oder Anrufsucher einfachster Drehwählerkonstruktion, oder bei einem einfachen Leitungswähler. So folgen z. B. in einem einfachen Ortsleitungswähler etwa die folgenden Kriterien aufeinander. Kriterium der Belegung, Belegrelais angesprochen, Kopfkontakte in Ruhelage: Kriterium des Hebens; Belegrelais angesprochen, Steuerrelais für Betätigung des Hubmagneten geschaltet. Kriterium des Eindrehens: Steuerrelais hat für Betätigung des Drehmagneten umgeschaltet, so zwar, daß dieser vom Impulskontakt gesteuert wird. Kriterium eines Mehrfachanschlusses; ein Freiwahlstromkreis für schrittweise Betätigung des Drehmagneten ist geschlossen; — Prüfkriterium: das Prüfrelais wird kurzzeitig an den c-Ast gelegt, bei Mehrfachanschlüssen während des Freiwahlvorganges. — Besetztkriterium: Die Prüfzeit ist abgelaufen. ohne daß das Prüfrelais ansprechen konnte. Die Ruhestellung desselben vermittelt das Besetztzeichen. Freikriterium: Das Prüfrelais hat angesprochen und gibt zugleich damit das Läutekriterium. Wird ein erster Ruf entsendet, so begrenzt das Relais, welches den Prüfstromkreis abtrennt, den ersten Läutestromstoß. Hierauf kommt nach Abfall dieses Relais das Kriterium für den Weiterruf, welcher wiederum durch das Aushängekriterium des gerufenen Teilnehmers begrenzt wird. Bei Einzelzählung liefert das Aushängekriterium zugleich das Zähleinleitungskriterium. In den weiteren Aufgaben trennen sich die Ausführungen der verschiedenen Leitungswähler. Diese Angaben werden aber auch genügen, um eine abstrakte Betrachtungsweise von Schalteinrichtungen nahezulegen, wie sie für systematischen Schaltungsaufbau Voraussetzung ist.

Eine theoretische Schaltungslehre kann sich weiterhin die Aufgabe stellen, die Elemente von aufeinanderfolgenden Schaltaufgaben zu ordnen und systematisch zusammenzufassen und diese allenfalls durch Vergleich mit mechanischen Abbildern verständlich zu machen. Diese Aufgabe hat beispielsweise Professor Rudolf Franke in seinen „Grundlagen einer Schaltungslehre" gelöst [1]). Diese Angaben müssen im Rahmen

[1]) F. M. T. 1921: Heft 9, 10, 11. 1922: Heft 2, 3, 4. 1924; Heft 1, 2.

dieses Buches genügen, das Problem der theoretischen Schaltungslehre zu beleuchten.

Konstruktionslehre.

Die Sa-Technik ist eine Technik der Kleinteile. Ihrer Vielzahl entspricht die Menge der Möglichkeiten und der praktisch ausgeführten Lösungen. So ist es auch nicht möglich, hierfür erschöpfende Darstellungen zu bringen, oder etwa wie für die Berechnung elektrischer Maschinen Grundlagen aufzustellen, denn die Elemente der Wählerkonstruktionen sind zu verschiedenartig, um in ihrer Vielzahl behandelt zu werden. Man spricht innerhalb der Sa-Technik von Sa-Systemen und bezeichnet damit die verschiedenen Richtungen, die nach Schaltung und Konstruktion beschritten worden sind.

Die Sa-Systeme gliedern sich zunächst in zwei große Gruppen, welche sich hinsichtlich des Speisungsstromkreises unterscheiden. Diese Gruppen, die bereits vor der Einführung der Sa-Technik in der Fernmeldetechnik bestanden haben, sind das Einzelbatterie- und Zentralbatterie-System. Das Einzelbatterie-System gehört der Vergangenheit an, nur das Zentralbatterie-System hat sich behauptet, abgesehen von einzelnen besonderen Zusatzeinrichtungen in bahngestörten Gebieten, wo die Abrieglung der Verbindungsleitungen notwendig ist.

Zentralbatterie-Systeme unterscheiden sich wiederum nach allenfallsigen Hilfsstromkreisen, welche zu Einstellzwecken herangezogen werden. Das Erdsystem, auch nach dem Speisungsstromkreis als A-, B- und X-System bezeichnet, als das ältere, benützte zur Steuerung der Einstellimpulse Erde bei der Teilnehmersprechstelle (vgl. Abb. 14). Diese teilnehmererzeugte Steuerung wirkt auf das differentialgeschaltete X-Relais, welches über die normale Sprechstellenschleife nicht erregt wird, dagegen beim Aufzug der Wählscheibe durch Anlegen von Erde an die Sprechstellenschleife zum Ansprechen kommt. An der Wählscheibe vollziehen sich also der Reihe nach folgende Vorgänge: Aufziehen der Wählscheibe, Schleifenschluß mit Anlegen von Erde an die Schleife; Ablauf der Wählscheibe: am b-Ast bleibt Erde liegen, die a-Leitung wird impulsweise unterbrochen. Im Amt kommt beim Aufziehen der Wählscheibe das X-Relais zum Ansprechen und hält das B-Relais lokal und bewirkt so vor dem Eintreffen des ersten Impulses die Steuerung. Beim Ablaufen der Wählscheibe wird das A-Relais impulsweise abgeworfen. Das X-Relais bereitet jeweils beim Aufziehen der Wählscheibe den Betätigungsstromkreis der Impulse vor und nach dem vollen Ablaufen der Wählscheibe wird die Umsteuerung durch Abfallen von X eingeleitet.

In den heute allgemein verwendeten Schleifensystemen ist im Interesse der Billigkeit unter Verwendung von Relaisschaltzeiten auf die Anlegung von Erde an die Teilnehmersprechstelle verzichtet. Die

21*

Vorgänge an der Wählscheibe sind jetzt folgende: Beim Aushängen Schleifenschluß, beim Aufziehen der Wählscheibe keine Veränderung gegen das Amt zu, lediglich Kurzschluß der Sprech- und Höreinrichtung. Beim Ablaufen der Wählscheibe Unterbrechung der Schleife. Die teilnehmererzeugte Steuerung ist durch eine amtserzeugte Steuerung ersetzt worden, die Auslösung ist von einer Zeitdifferenz abhängig gemacht. Die Impulse mit einer Zeitdauer von 60 : 40 ms und mit einer äußersten Verlangsamung von 90 : 60 ms schließen ein etwa 200 ms abfallverzögertes Aushängerelais kurz und wenn dieses zum Abfall kommt, wird die Verbindung ausgelöst. Die amtserzeugte Steuerung wird durch Verzögerungsrelais durch die Impulsreihe selbst bewirkt, indem der erste Impuls ein Verzögerungsrelais freigibt, welches nun rasch anspricht, dann impulsweise kurzgeschlossen, infolge einer Abfallverzögerung von 200 ms erregt bleibt und erst 200 ms nach dem letzten Impuls zum Abfallen kommt. Dieses Relais übernimmt die Aufgaben des X-Relais im Erdsystem, allerdings erst, nachdem der erste Impuls schon begonnen hat. Das hat für die Schalteinrichtungen die weitere Folge, daß der zuerst zu betätigende Einstellstromkreis nach der Belegung schon vor dem Einsetzen der Steuerung bereitstehen muß, so daß die Steuerung erst nach dem ersten Impulse in Wirksamkeit tritt und dann die Beendigung der Stromstoßsendung kennzeichnet. An Hand der eingangs erwähnten Schaltbilder können diese Gesichtspunkte verfolgt werden.

Auch innerhalb der so erwähnten Systeme trifft man weitere Unterscheidungen nach dem Umfange der Aufgaben, welche sie erfüllen: reine Ortsvermittlung, automatische Fernvermittlung und schließlich nach den Einzelaufgaben dieser beiden Vermittlungsgruppen, die man dem System zumutet. So spricht man z. B. von einem Reichspostsystem, dessen Schaltbilder angegeben wurden.

Die größte Systemunterscheidung bedingt aber die Wählerkonstruktion, insofern die Schalteinrichtungen sich den Bewegungsmöglichkeiten und der Aufnahmefähigkeit der Wähler anzupassen haben. So unterscheiden sich die Systeme der einzelnen Firmen, die wir im folgenden noch besonders betrachten wollen und ganz besonders die größte Gruppe der von Maschinen angetriebenen Wähler von den reinen Schrittwählersystemen.

Man spricht von einem Schrittwählersystem, wenn die Impulse des Teilnehmers unmittelbar in das Einstellorgan des Wählers gelangen und die Wähler schrittweise gleichzeitig mit der Impulsentsendung von der Teilnehmerwählscheibe auf den gewünschten Anschluß eingestellt werden. In diesen Systemen ergibt die Rufnummer des gerufenen Teilnehmers unmittelbar die Schrittkombination, welche auf die verschiedenen Wähler aufgeteilt, den Verbindungsaufbau vollzieht. Wenn der letzte Stromstoß entsendet ist, steht die Verbindung bereit und der gerufene Teilnehmer wird sofort angeläutet, während der rufende durch Frei- oder Besetztzeichen sogleich erfährt, mit welchem Erfolg er gewählt hat. Den großen Gegensatz hierzu bilden die Speicher- und Umrechner- systeme, bei welchen sich der Einstellvorgang gewissermaßen zweimal nacheinander oder nebeneinander wiederholt und die Impulse des Teil- nehmers zunächst in eine Hilfswähleinrichtung geleitet, hier gespeichert werden, um dann in derselben, oder in einer anderen Kombination von den Wählern ablaufend auf die eigentlichen Einstellwähler des Amtes übertragen zu werden. Zur Ersparnis von Hilfseinrichtungen wird der Speicher und der Umrechner, wenn die letzte Zahl abgelaufen ist, selbst- tätig aus der Verbindung ausgeschaltet. Diese Umrechner- und Speicher- systeme machen die Bewegung der Einstellwähler unabhängig von dem Ablauf der Teilnehmerwählscheibe und gestatten so Umsetzung be- liebiger Impulskombinationen, so daß im Aufbau der Wähler vom de- kadischen Zahlensystem abgewichen werden kann. Damit ist der Ma- schinenwähler, der von einer dauernd umlaufenden Welle angetrieben wird, möglich geworden, damit ist auch die Ausführung von 200-, 300- bis 500 teiligen Wählern als Gruppen- und Leitungswähler durchführbar geworden. Den größeren Wählereinheiten entspricht eine Zusammen- fassung in größere Wählerbündel und dieser eine höhere Bündelleistung, wie wir aus den Verkehrskurven gesehen haben. Dafür wird natürlich die Konstruktion des einzelnen Wählers auch wesentlich teurer, und so ist es letzten Endes eine Wirtschaftsfrage, inwieweit und wo ein System angebracht ist. Selbstverständlich sind die Schrittwählersysteme die einfachsten, durchsichtigsten und beweglichsten Systeme. Sie benötigen für den Verbindungsaufbau weniger Relais, als die Maschinenwähler- systeme zur Speicherung und Umrechnung allein. Sie sind aber auch die beweglichsten, indem sie kleinste und größte Zentralen mit einheit- lichen Mitteln bewältigen können, die Abgabe beliebig vielstelliger Ruf- nummern und nach Abwicklung eines Gespräches die gelegentliche Weiterwahl ohne weiteres gestatten und so haben sie sich zuerst die Auf- gaben der Netzgruppenbildung, der automatischen Fernvermittlung, der Fernwählung, der Bildung vollautomatischer Nebenstellenanlagen, der Bildung von Gruppen- und Selektorenanschlüssen erkämpft. Im dichten Netzgefüge großer und größter Ortsfernsprechnetze für den Ortsverkehr lösen die Maschinenwählersysteme alle Aufgaben in vollkommenster, technisch wohl befriedigender Weise. Aber für die Aufgaben der äußer- sten Dezentralisation und der Erfassung des Fernverkehrs sind sie den Schrittwählersystemen nur mit Aufwendung kompliziertester Zusätze gewachsen. Größtenteils aus der Halbautomatik geboren, werden sie mit dem Vordringen der Automatik in diese Sonderaufgaben auf die großen Verkehrsschwerpunkte beschränkt bleiben. Hier bieten sie zweifellos gewisse Vorzüge, insofern auch bei Bildung von Teilämtern, Tandem- ämtern und dgl. für die Rufnummernwahl Namen und gewöhnliche

Vollamtsrufnummern vergeben, sternförmige Leitungsnetze gebildet und Buchstabenkombinationen mitverwendet werden können, was allerdings mitunter eine gefährliche, zu Irrtümern führende Hilfsmaßnahme darstellt. Die Lösung der Automatisierung des großen Berliner Netzes hat gezeigt, daß auch die Schrittwählersysteme diesen Aufgaben wohl gewachsen sind. Die Möglichkeit, kräftige, zuverlässige Kontaktdrücke zu verwenden, kann gleichfalls gegenüber den neuzeitlichen Schrittwählerkonstruktionen kaum mehr in Frage kommen.

Wir betrachten zunächst Impulsübertragungsstromkreise und Aufgaben des Verbindungsverkehrs. Im Verkehr von Wählerstufe zu Wählerstufe sind im allgemeinen drei Adern erforderlich, entsprechend den drei von Wähler zu Wähler sich fortpflanzenden Aufgaben der Belegung, Steuerung und Impulsgabe. Die Zählung wird gewöhnlich dem b-Ast auferlegt, der zu Beginn des Zählkriteriums bereits seine Aufgaben im Steuerstromkreis erfüllt hat. Der a-Ast kann alsdann noch eine Einhängeüberwachung gewissermaßen als Schlußzeichengabe liefern. Es ist zweckmäßig, eine sorgfältige Sichtung der Aufgaben der Verbindungsleitungen vorzunehmen, besonders dann, wenn diese zweiadrig ausgeführt und auch für Fernverkehr benützt werden sollen.

Die Impulsgabe von der Teilnehmersprechstelle erfolgt durch Schleifenunterbrechung, erfordert also bei der Teilnehmersprechstelle keinerlei Anlegung von Erde oder Spannung. Die Steuerung ist, wie bereits erwähnt, in den Schleifensystemen im Amt erzeugt, unter Heranziehung von Zeitwerten. Kurzzeitige Schleifenöffnung bedeutet Impulsgabe, langdauernde Schleifenöffnung Auslösung. Im Amt können diese Impulse entweder durch ein Relais aufgenommen werden, welches mit einer Wicklung bzw. Spannung an der a-Leitung, mit der anderen Wicklung an Erde, bzw. an der b-Leitung liegt. Im Interesse einer guten Symmetrierung ist die Anwendung einer einzigen Speisedrossel zweckmäßig. Für die Aufgaben der Fernamtstrennung auf der Sprechleitung werden in der Regel zwei Relais verwendet, ein geerdetes B-Relais an der b-Leitung, ein an Spannung liegendes A-Relais an der a-Leitung. Die Fernamtstrennung wirkt durch Anlegung von Erde an a- und b-Leitung und erzeugt so das Trennkriterium A erregt, B abgefallen. Die Teilnehmerleitung leistet überdies Wechselverkehr, wobei allerdings auf Seite der Teilnehmersprechstelle immer die gleiche Einrichtung anzulegen ist. Das abgehende Organ der Leitungswähler prüft auf den Ruhezustand des ankommenden Organs und stellt so das Freisein der Leitung fest. Findet er dieses Organ frei, so verhindert er es in ankommender Richtung anzulaufen. Die Teilnehmeranschlußleitungen sind heute in fast allen Systemen einheitlich nach obigen Gesichtspunkten geschaltet.

Große Unterschiede bestehen dagegen heute noch in der Ausführung der Impulsübertragungskreise im Verbindungsverkehr. Hier besteht zunächst die größte Unterscheidung zwischen zwei- und dreiadrigen

Leitungen. Die Frage des zwei- oder dreiadrigen Verkehrs ist nach wirtschaftlichen Gesichtspunkten zu betrachten. Technisch läßt sich in allen Fällen ein befriedigender zweiadriger Verkehr erzielen. Die Durchführung dieses Verkehrs erfordert aber mehr Aufwand an apparatentechnischen Einrichtungen und unter Umständen auch an Bedienungskosten, dem eine größere Einsparung an Leitungskosten gegenübersteht muß. Man rechnet bei Entfernungen von über 3 km mit einer grundsätzlichen wirtschaftlichen Überlegenheit des zweiadrigen Verkehrs, so daß er im Verbindungsverkehr großer Ortsfernsprechnetze in Frage gezogen werden muß. Für Vorortsnetze und Netzgruppengebiete stellt er natürlich die einzig vertretbare Lösung dar. Der Wegfall des c-Astes, welcher im dreiadrigen Verkehr Belegung und Auslösung besorgt, erfordert die Überlagerung der Beleg- und Auslösevorgänge auf die a- und b-Leitung und damit müssen in die Sprechschleifen dämpfende apparatentechnische Zusätze aufgenommen werden, welche die Belegungsvorgänge und die Auslösung steuern. Gewöhnlich werden sie in Form einer Drosselbrücke in die Leitung eingefügt, vereinzelt auch werden Relais in die Leitung selbst eingeschaltet und durch Kondensatoren überbrückt. Im ersteren Falle können die Brücken in Parallelschaltung zu den Speisungsbrücken eingeschaltet sein und die Impuls- und Steuervorgänge in Parallelschaltung mitmachen, oder sie können eine Impulsübertragung vornehmen, ähnlich wie dies der I. Gruppenwähler besorgt. Dadurch ergibt sich zugleich eine galvanische Unterteilung der Verbindungsleitungen. Die Auslösung muß ein Schaltkriterium sein, welches durch die übrigen zu übertragenden Vorgänge nicht beansprucht wird. Unter Zuhilfenahme von Zeitwerten verwendet man vielfach gleichzeitige dauernde Erregung des an der a-Leitung und an der b-Leitung liegenden Relais, welche durch Kurzschluß eines kupferverzögerten Relais die Auslösung bewirken. Die Impulsgabe mit ihren kurzzeitigen Stromstößen vermeidet alsdann eine ungewollte Auslösung. Für zeitlich unkontrollierbare Vorgänge wie Prüfen und Nachläuten der Fernbeamtin kann das bei der Wechselstrom-Fernwählung bereits erwähnte Hilfsmittel der Zerhackung durch Relaisunterbrecher verwendet werden. Auch Spannungsstufen kommen für die Auslösung in Frage, so z. B. die Verwendung von 120 Volt zur Betätigung eines B-Relais, welches im Steuerstromkreis nicht anspricht, und hierbei wird zur Vermeidung des dauernden Anliegens der 120 Volt-Spannung eine nur für die Dauer der Betätigung wirkende Anschaltung vorgenommen. Auch Auslösung mit geerdetem Wechselstrom über einen Leitungsast oder über Schleife kommt in Frage. Die Belegung erfolgt entweder vor dem ersten Impuls, durch einen besonderen Belegungsvorimpuls, dem dann bei der Auslösung ein Auslösenachimpuls gegenübersteht, oder erst mit dem ersten Impuls, wenn der Einstellstromkreis des nächstfolgenden Wählers bereits für die

Einstellung bereitsteht. Vorimpulse verkürzen die kostbare Freiwahl-
zeit zwischen den Stromstoßreihen und sind möglichst zu vermeiden.
Schließlich ist neuestens Auslösung mit Wechselstrom, welcher auf ein
durch Kondensatoren abgeriegeltes Relais wirkt, mit Erfolg angewendet
worden. Die Wechselstromwählung stellt gewissermaßen einen ein-
adrigen Verbindungsverkehr dar, insofern nur der eine Leitungsweg der
Fernsprechschleife beansprucht wird. Um die Aufgaben des zweiadrigen
Verbindungsverkehrs möglichst zu vereinfachen, müssen die Systeme
von allen unnötigen Hilfsvorgängen möglichst befreit werden, dazu
gehört vor allem, daß in den sämtlichen Wählerstufen die Steuerung
intern erzeugt wird, so daß nur die Impulsgabe von Wähler zu Wähler
geleitet werden muß. Auch die lokale Bindung eines Zählstromstoßes
kann die Aufgaben des Verbindungsverkehrs erleichtern helfen. Wesentlich ist eine zuverlässige Ausscheidung von Orts- und Fernverbindungen
und so hat es sich beispielsweise in Bayern als zweckmäßig gezeigt, eine
auflaufende Fernverbindung grundsätzlich durch Anliegen von Spannung
an der a-Leitung zu kennzeichnen, welche dann durch hochohmige
Relais abgegriffen werden kann. Bei den Verbindungsleitungen von
Amt zu Amt ergeben sich als zusätzliche Aufgaben Signalübertragungs-
vorgänge und Ausscheidungsvorgänge bei Wechselverkehr.

Im dreiadrigen Verbindungsverkehr können nach Abschluß der
Einstellvorgänge die Sprechleitungen von allen dämpfenden Zusätzen
befreit werden. Für die Impulsübertragungsvorgänge ergeben sich die
verschiedensten Möglichkeiten. Man kann Impulse über a- oder b-Leitung (meist über die a-Leitung) übertragen und die zweite Sprechleitung
von Steuer- und den sonstigen Hilfsvorgängen freihalten. Man kann
wie im Reichspostsystem Erdimpulse auf der a-Leitung senden, auf der
b-Leitung Steuerspannung übertragen. Man kann endlich beide Äste
zur Impulsgabe heranziehen und erhält so eine bifilare Impulsgabe, wenn
man das Impulsaufnahmerelais in Brücke zwischen a- und b-Leitung
legt. Ein solcher Stromkreis ist auch gegen geringfügige induktive Beeinflussung geschützt. Andererseits besteht bei doppelter Impulsübertragung über a- und b-Ast die Gefahr, daß sich bei Unterbrechung eines
Astes die Verbindung aufbaut, unter Umständen sogar zählpflichtig
wird, aber keine Sprechmöglichkeit ergibt. Der günstigste Übertrager-
stromkreis ist der einseitige Impulsstromkreis über a-Leitung mit oder
ohne Steuerspannung am b-Ast. In Sa-Einrichtungen für Nebenstellenanlagen für reinen Hausverkehr, in denen lediglich Impulsübertragung
gefordert wird, werden vielfach die Impulse parallel über a und b gegeben, im Mittelpunkt einer in Brücke liegenden Drossel angelegt und
durch ein im Mittelpunkt an Spannung, mit den Enden an a- und b-Leitung liegendes Impulsaufnahmerelais entgegengenommen.

Die Prüfstromkreise werden in verschiedenster Weise durchgebildet. Man kann mit Erde gegen Spannung, oder mit Spannung gegen Erde

prüfen, beides ist in der Automatik üblich. Wo verschiedene Ämter auf einen gemeinsamen Punkt zu prüfen haben, wird dieser an Spannung gelegt, damit sich etwaige Unterschiede der Batteriespannungen nicht störend für Prüf- und Sperrstromkreis auswirken können. Im Prüfstromkreis selbst wird entweder unmittelbare Erde angelegt und das Prüfrelais in einem lokalen Stromkreis gehalten, oder es wird eine niederohmige Wicklung des Prüfrelais in den Prüfstromkreis selbst eingeschaltet. Im letzteren Falle ergibt sich die Möglichkeit einer Abstufung nach orts- und fernbesetzt, indem parallel zu dem sperrenden Prüfrelais ein niederohmiges Aufschalterelais ansprechen kann. Die Sperrung kann dann als genügend bezeichnet werden, wenn die Stromstufe 1 : 6 beträgt und mit großen Ankerhüben gearbeitet wird. Der Prüfvorgang hat großen Einfluß auf die Schaltbewegung des Wählers, namentlich hinsichtlich der Freiwahlbewegungen. Die erforderliche Zeitsicherheit für den Prüfvorgang ergibt die maximal zulässige Geschwindigkeit des Wählers. Diese Frage spielt besonders bei sog. Schnelläufern eine Rolle, bei Wählern, welche unter Ausnützung einer Federkraft meist mit Drehbewegung in rascher Schaltbewegung die Kontakte abgreifen und für die Stillsetzung einen kurzzeitigen Prüfvorgang erfordern. Zwei Wege sind zur Beschleunigung des Prüfvorganges verwendet worden, einmal der, daß das Prüfrelais mechanisch angedrückt wird und dann nur elektrisch zu halten braucht, so daß hierfür nur 3—4 ms benötigt sind. Ein anderer Weg ist der, daß während der Freiwahlbewegung der Schrittschaltmagnet sein Ansprechpotential für den nächsten Schritt jeweils über den besetzten Kontakt holt und bei freiem Kontakt zum Abfallen kommt, oder wenn er neuerdings ansprechen muß, nicht mehr zum Ansprechen kommt. Es kann beispielsweise der Drehmagnet mit einem A-Relais im Wechselspiel arbeiten und dieses A-Relais über den Prüfstromkreis solange erregt werden, als eine besetzte Leitung Erde anlegt. Bei freier Leitung fehlt dieses Potential und das Wechselspiel wird dadurch unterbrochen. Unzulässig ist es allerdings, mit einem niederohmigen Schrittschaltmagneten unmittelbar auf den Prüfstromkreis zu arbeiten, weil sich dadurch ein zu hoher Verschleiß der Wählerarmkontakte ergibt. Auch muß bei dieser Art von Prüfung Sorge getragen werden, daß dem Prüfvorgang unmittelbar eine zuverlässige Sperrung folgt. Die im Deutschen Reichspostsystem verwendete Prüfschaltung ist außerordentlich zweckmäßig und gestattet bei einer Ansprechzeit der Prüfrelais von 7—10 ms eine Schrittgeschwindigkeit von 40 pro Sekunde bei einer doppelten Zeitsicherheit für den Prüfvorgang. Eine hohe Schrittgeschwindigkeit für die Freiwahlbewegung ist unbedingt zu fordern und ist Lebensfrage für die Schrittwählersysteme, weil man dem Teilnehmer keine Vorschriften machen kann, mit welcher Geschwindigkeit er die Stromstoßreihen nacheinander senden darf.

Unter den Aufgaben des Verbindungsverkehrs ist die Frage besonders zu beachten,

Wechselverkehr oder gerichteter Verkehr.

Wenn eine Leitung in zwei Verkehrsrichtungen benützbar ist, so spricht
man von Wechselverkehr, oder doppelt gerichtetem Verkehr. Die Teilnehmeranschlußleitung ist, wie erwähnt, für Wechselverkehr eingerichtet,
stellt dabei aber einen Sonderfall des Wechselverkehrs dar, insofern bei
der Teilnehmersprechstelle immer die gleichen Einrichtungen an die
Leitungen zu legen sind. Der Wechsel der Organe ist also nur einseitig,
nämlich amtsseitig, am anderen Ende der Leitung, teilnehmerseitig, ist
kein Wechel notwendig.

Innerhalb der Wählergassen und insbesondere im Verkehr von Amt
zu Amt verwendet die Automatik im allgemeinen fast durchweg gerichteten Verkehr. Zwei Ämter sind also immer durch ein abgehendes
und ein ankommendes Leitungsbündel verbunden. Der Verbindungsverkehr ist dadurch also in zwei Bündel gespalten und wenn wir an die
Betrachtungen im Abschnitt „Verkehrstheorie" denken, so ergibt sich
dadurch eine gewisse Verschleuderung an Schaltorganen in Verbindungswegen, insofern einerseits gewisse Gruppenzuschläge zu den Teilen der
Verkehrsspitzen zu machen sind, andererseits die Bündelleistung sich
mit der geringeren Zahl vermindert. Besonders bedeutsam wird dies
im Verbindungsverkehr kleiner Ämter, z. B. der Teilämter oder der Verbundämter einer Netzgruppe. Wenn beispielsweise zu einem Amt 2 + 2
Verbindungsleitungen führen, so ergibt sich eine ungünstigere Verkehrsverteilung, als wenn man drei Leitungen mit Wechselverkehr betreiben
würde. Eine beinahe noch größere Rolle spielt die Frage des Wechselverkehrs bei vollautomatischen Nebenstellenanlagen, sog. Sana-Anlagen
und hierfür wurde in dem Abschnitt über Nebenstellenanlagen bereits
das Schaltbild einer für Wechselverkehr eingerichteten Leitung erwähnt. Eine Hauptaufgabe des Wechselverkehrs besteht darin, die
Forderung der Prüfung und Sperrung eindeutig sicherzustellen, auch
wenn er wie gewöhnlich zweiadrig durchgeführt wird. Es ergibt sich
beispielsweise die Gefahr, daß die Verbindungsleitung von beiden Enden
gleichzeitig belegt wird und so eine Gegenschaltung zweier Verbindungen entsteht. An beiden Leitungsenden liegt ja je ein ankommendes
und abgehendes Organ, meist ein Übertrager und, wenn der abgehende
die Leitung in Anspruch genommen hat, so muß der abgehende Übertrager auf der Gegenseite verhindert werden, die Leitung ebenfalls in
Anspruch zu nehmen. Deshalb muß die Inanspruchnahme schnellstens
vom abgehenden Übertrager über die Leitung zum ankommenden Übertrager und von diesem zum abgehenden Übertrager der Gegenseite übermittelt werden. Nachdem einmal der abgehende Übertrager der einen
Seite die Leitung in Anspruch genommen hat, muß möglichst rasch die
Sperrung der Leitung für die abgehende Gegenseite erfolgen. Zu dieser

Sperrung sind aber mindestens 20—30 ms erforderlich, vielfach 50—60 ms und in der Zwischenzeit besteht die Gefahr der Gegenschaltung. Der Verfasser hat nun einen Vorschlag zur Vermeidung solcher Gegenschaltungen ausgearbeitet und in dem bereits erwähnten Aufsatz über „Sana-Anlagen mit unmittelbarem Amtsverkehr in beiden Richtungen" beschrieben. Der Grundgedanke ist der, daß man eine Verkehrsrichtung bevorzugt und nach erfolgter Belegung des abgehenden Übertragers der Gegenrichtung der bevorzugten Richtung noch eine Weile den Weg offen läßt, mit der Wirkung, daß die Gegenrichtung noch abgeworfen werden kann, wenn die Inanspruchnahme erfolgt ist. Man wählt eben für die benachteiligte Richtung diejenige, bei der der Freiwahlvorgang dieses Abwerfen unmerklich für den Teilnehmer gestattet und die Belegung der nächsten Leitung vollzieht. Hat beispielsweise der abgehende Übertrager der Seite A die Leitung in Anspruch genommen, so gibt er möglichst rasch das Belegtzeichen zum ankommenden Übertrager der Seite B und von diesem zum abgehenden Übertrager der Seite B, so daß spätestens 30—40 ms nach seiner Belegung die von B kommende, abgehende Richtung gesperrt ist. Aber erst 40—60 ms nach seiner Belegung schaltet er den ankommenden Übertrager der Seite A ab, so daß eine von Seite B durchgeschlüpfte Verbindung auch nach Belegung des abgehenden Übertragers A noch zum ankommenden Übertrager der Seite A gelangen und die abgehende Ver-

bindung vom abgehenden Übertrager A auf die nächste Verbindungslei-tung werfen kann. Diese Zeitüberlappung schützt zwangläufig vor Gegen-schaltungen. Der Wechsel-verkehr soll in den baye-rischen Netzgruppen in

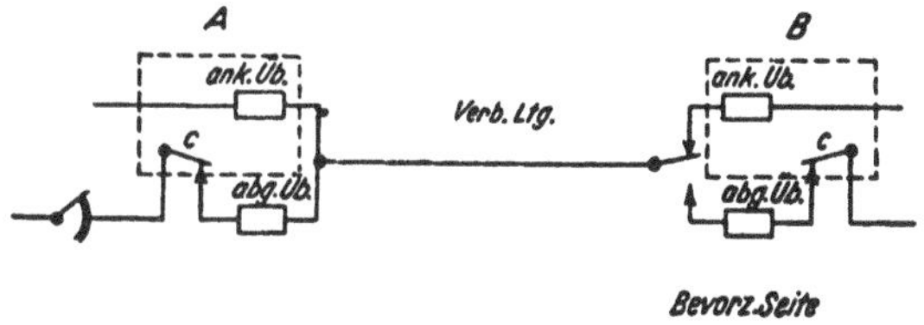

Abb. 169. Wählerübersicht einer im Wechselverkehr betriebenen Leitung.

allen Ausläufern, also meistens vom V1-Amt zum V 2-Amt angewendet werden, auch in der Netzgruppe Lausanne ist er an dieser Stelle durch-gebildet (Abb. 169).

Eine grundsätzliche Systemfrage für den Wähleraufbau ist noch zu besprechen, nämlich die Möglichkeit, gewisse Verbindungsteile, welche für den völligen Aufbau der Verbindung nicht benötigt sind, nachträglich auszuschalten. Die wirtschaftlichen Vorteile dieser Möglichkeit liegen auf der Hand; die betreffenden Zusatzeinrichtungen brauchen eben nur dann für den TC-Wert des Verbindungsaufbaues, nicht für die ganze Gesprächsdauer bemessen werden. Dieser Gedanke ist so alt, wie die Automatik selbst, wurde doch schon in den ersten halbautomatischen Systemen durch Dienstwähler die B-Beamtin aufgerufen, deren Wähl-einrichtung oder Tastatur angeschaltet ist und nach dem Verbindungsaufbau aus der Verbindung losgelöst. In den Speichersystemen wird in ähnlicher Weise die gesamte Speicher- und Umrechnereinrichtung nach dem letzten Impuls aus der Verbindung abgetrennt. Man könnte diesen Gedanken erweitern und sich vorstellen, daß über die Wählergassen eines Amtes sich zunächst eine Verbindung aufbaut, den Teilnehmer aufruft und, wenn dieser sich meldet, einen sich auf den gerufenen Teilnehmer einstellenden Anrufsucher zum Anlaufen bringt, welcher zusammen mit dem Anrufsucher des rufenden Teilnehmers und einem zwischengeschalteten Mischwähler lediglich die Speisung und Aushängeüberwachung beider Teilnehmer besorgt und die zum Aufbau verwendete Wählerkette zur Auslösung bringt. Die Aufbauwähler könnten alsdann einfach, nämlich ohne Sprechäste, nur mit Prüf- und Einstellstromkreis ausgebildet werden und wären nur im Prozentsatz des gleichzeitigen Verbindungsaufbaues vorzusehen. Tatsächlich sind derartige Systeme ausgeführt worden. Es ist nun aber ohne weiteres klar, daß dieses System nur im internen Verkehr eines einzigen Amtes möglich ist, nicht über Verbindungsleitungen von Amt zu Amt verwendet werden kann. Es ist unter dem Namen „Kreislaufsystem" von der Firma Siemens & Halske durchgebildet und in einer Hausanlage erprobt worden. Die Schaltungen werden dadurch kompliziert, die Störungsbeobachtungen durch die nachträgliche Ausschaltung der Einstellwähler erschwert und gegenüber den außerordentlich vereinfachten neuzeitlichen Systemen werden wesentliche Vorteile nicht mehr erzielt. So sind auch die Kreislaufsysteme für öffentliche Netze als ein interessantes technisches Experiment ohne größere praktische Bedeutung zu beurteilen. Gewisse Aufgaben der Kreislaufsysteme löst übrigens in vereinfachter Form auch der Umsteuerwähler des sog. Mitlaufwerksystems.

Weitere Fragen über Sa-Systeme sollen bei Besprechung der Ausführung der einzelnen Firmen behandelt werden.

Theoretische Konstruktionslehre.

Unter der Vielzahl der Wählerkonstruktionen und Konstruktionsteile soll zunächst ein charakteristischer Schrittschaltmagnet, nämlich der des Siemens-Strowger-Wählers betrachtet werden.

Zwei **Antriebsformen von Schrittschaltwerken** stehen sich heute gegenüber, der sog. direkte und indirekte Antrieb (Abb. 170 und 171). Beim direkten Antrieb bewirkt die Zugkraft des Magneten den Arbeitshub der Schaltklinke, während eine Gegenfeder, die sog. Abreißfeder, den Gegenhub im stromlosen Zustand des Magneten bewirkt. Der Schaltmagnet muß die Spannkraft der Feder und die Last an der Schaltklinkenspitze überwinden. Die Rückbewegung erfolgt unter Einfluß des Gewichtes der Schaltklinke, unterstützt von der Abreißfeder. Beim indirekten Antrieb dagegen besorgt die Feder das Anheben der Schaltklinke und den Arbeitshub, während der Schaltmagnet entgegen der

Arbeitsfeder den Gegenhub der Schaltklinke im unbelasteten Zustand zu bewirken hat. Hier hat also der Schaltmagnet lediglich die Gegenkraft der Feder zu überwinden und vollzieht seine Schaltbewegung, ohne den Wähler dabei unmittelbar zu beeinflussen. Erst beim Anschlag klinkt die Schaltklinke ein, um beim Stromloswerden des Magneten die nächste Schaltbewegung auszuführen.

Direkter und indirekter Antrieb werden nebeneinander mit Vorteil inder Sa-Technik verwendet, zumeist der direkte Antrieb, welcher die günstigeren Prüfzeiten liefert.

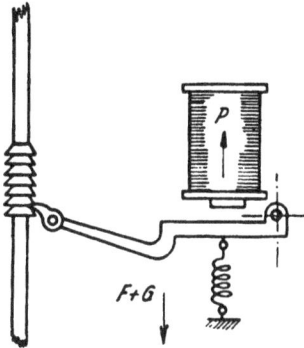

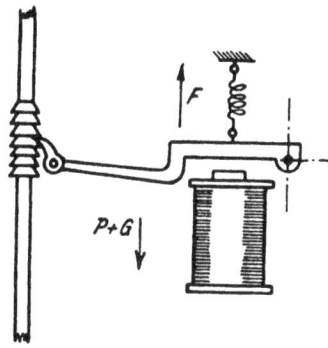

Abb. 170. Schrittschaltwerk mit direktem Abb. 171. Schrittschaltwerk mit indirek-
Antrieb.   tem Antrieb.

Die grundsätzlichen Konstruktionsforderungen für das Schaltgetriebe sind erstens die Dimensionierung des Eisenkreises, sodann des elektromagnetischen Schließungskreises und schließlich die Ausführung des Klinkenarmes. Der letztere muß, als einseitiger Hebelarm so ausgeführt werden, daß der Magnet nahe dem Drehpunkt gelegen ist, während die Schaltklinke an einem langen Hebelarm angeordnet ist. Die Formel der Zugkraft

$$P = B^2 \frac{Q}{8\pi}$$

zeigt, da B überwiegend der Länge des Luftspaltes umgekehrt proportional ist (abgesehen von der Sättigung), daß die Zugkraft mit Verringerung des Luftspaltes ungefähr quadratisch wächst, während der Kraftbedarf mit Verlängerung des Hebelarmes der Schaltklinke nur linear anwächst. Daraus ergibt sich die Forderung, das Verhältnis des Hebelarmes des Kraftbetriebes zum Hebelarm der Schaltklinke etwa wie 1:3 bis 1:5 zu gestalten. Im abgefallenen Zustand soll der Schaltmagnet zunächst ohne Sättigung arbeiten, im angezogenen Zustand dagegen soll er sehr kräftig gesättigt sein, weil dadurch die Selbstinduktion bis auf 0 herabgedrückt und die elektrische Einschwingzeit wesentlich beschleunigt werden kann. Die entsprechende Kurve wurde bereits bei Besprechung der Relaiseinschwingvorgänge behandelt.

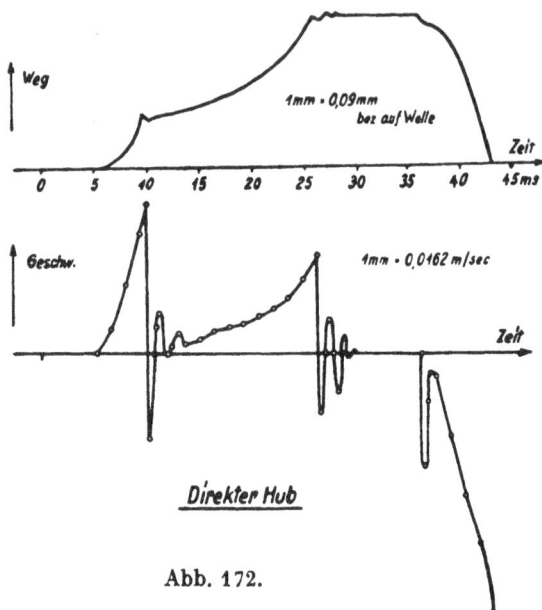

Direkter Hub

Abb. 172.

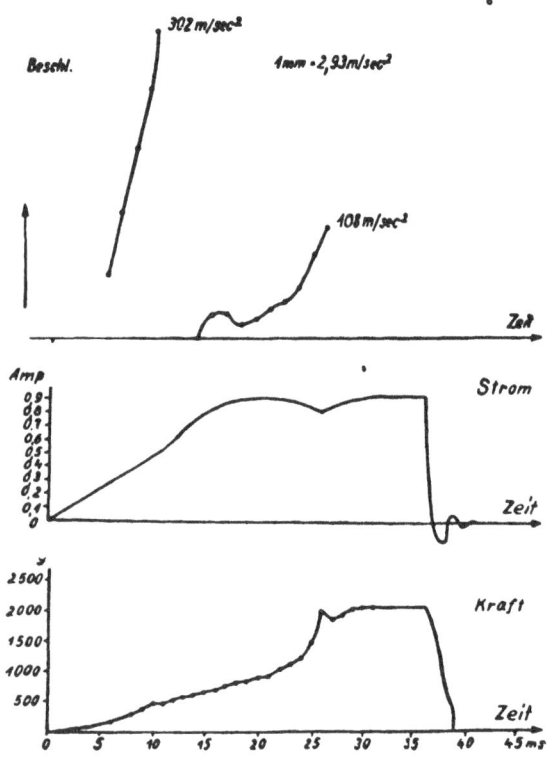

Abb. 173.

Abb. 172 und 173. Schaubild der Bahnkurve, des zeitlichen Verlaufes von Geschwindigkeit, Beschleunigung, Strom und Kraft eines mit direktem Hub arbeitenden Hubmagneten eines Strowgerwählers.

Im Strowger-Wähler ist das Verhältnis des Abstandes der Magnet-mitte von der Drehachse der Schaltklinke zum Abstand der Stoß-klinkenspitze 17 : 82 mm[1]).

Wir betrachten nun im folgenden die charakteristischen Kurven für die **Hubbewegung des Strowger-Wählers** als allgemeines Beispiel einer Schrittschaltbewegung (Abb. 174) und zerlegen das Bewegungs-diagramm in seine Elemente. Nach Einschaltung des Stromes vergeht eine gewisse Zeit, bis der Schaltmagnet seine Bewegung beginnt, welche:

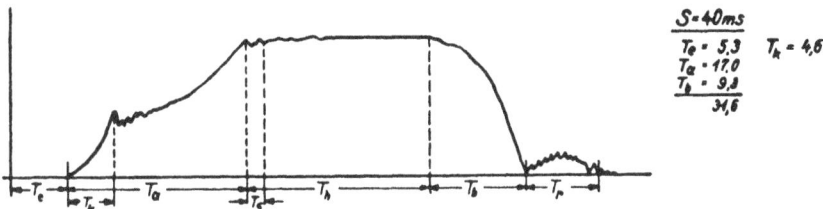

Abb. 174. Bahnkurve der Schaltklinke eines Strowger Hubmagneten.

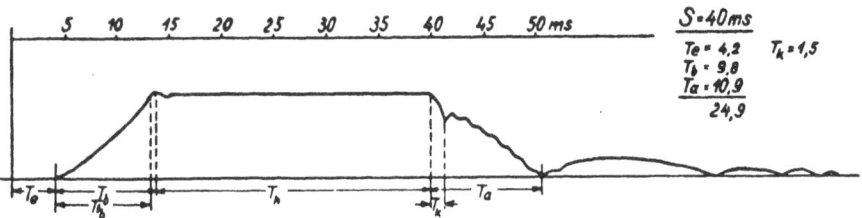

Abb. 175. Bahnkurve eines Schrittschaltmagneten mit indirektem Antrieb.

zweckmäßig als Erregungszeit bezeichnet wird = Te. Nach Beginn der Bewegung erfolgt das Einklinken, gewissermaßen eine Leerlaufzeit der Stoßklinke, bis die Klinke unter den Zahn gefaßt hat. Da dabei nur die Federkraft zu überwinden ist, beschleunigt sich die Klinke am Ende dieser Bewegung sehr stark und prellt beim Anschlag an den Zahn zu-nächst zurück, worauf etwa 4—5 ms zur Beruhigung der Prellvorgänge dienen. Die Einklinkzeit Tk ist bereits ein Teil der Anzugszeit Ta, welche vom Augenblick des Einklingens bis zum Ankeranschlag dauert. Beim Anschlag selbst muß eine verhältnismäßig große Endgeschwindig-keit plötzlich stillgesetzt werden und es ist Aufgabe der Stoßklinken-konstruktion, nach erfolgtem Anschlag ein Weiterschleudern der be-schleunigten Schaltarmmassen zu verhindern. Die Schaltklinke zwängt die Schaltwelle in ihrer Endlage gewissermaßen fest und hindert sie, ihrer Schwungkraft folgend, einen weiteren Schritt zu machen. Nach völligem Durchzug des Ankers ist die sichere Einstellung des Hub-

---

[1]) Dr. Ing. Boysen: „Vergleich des direkten und indirekten Antriebs von: Schrittschaltwerken." F.M.T. 26 Heft 5 und 6.

schrittes noch nicht gewährleistet, es muß vielmehr die Sperrklinke, welche während des Anzugs zur Seite geschleudert wurde, wieder zurückfallen und die Schaltwelle erfassen, dann erst darf die Schaltklinke vom Magneten freigegeben werden. Diese Sperrzeit Ts müssen wir also unter die zur sicheren Einstellung notwendigen Schaltzeiten mit aufnehmen. Die Zeiten selbst können aus dem beigefügten Maßstab ersehen werden und betragen für gut justierte bzw. für schlecht justierte Siemens-Strowger-Wähler:

$$Te = 5{,}3 - 7 \text{ ms}$$
$$Ta = 17 - 25 \text{ ms}$$
$$\underline{Ts = 4 - 10 \text{ ms}}$$

Mindesthubzeit: $\quad Tm = 26{,}3 - 42 \text{ ms.}$

Bei sachgemäßer Behandlung und guter Unterhaltung eines Amtes lassen sich dabei Mittelwerte zwischen den beiden angegebenen Werten zuverlässig einhalten.

Für die Abfallzeit ist das Stromloswerden des Schaltmagneten und die Zugkraft der Hubfeder bzw. das Schaltklinkengewicht maßgebend. Die Abfallzeit zerfällt zunächst in die Rücklaufbewegung mit einer reinen Abfallzeit Tb und in eine Beruhigungszeit innerhalb der, um ein sauberes Arbeiten des Wählers zu gewährleisten, der nächste Impuls noch nicht folgen soll, Tr. Für in Betrieb stehende Wähler beträgt

$$Tb = 10 - 15 \text{ ms}$$
$$\underline{Tr = 8 - 10 \text{ ms}}$$

Mindestabfallzeit: $\quad Tn = 18 - 25 \text{ ms.}$

In Abb. 175 sind zum Vergleich auch die Bewegungsvorgänge für indirekten Antrieb angegeben, auf die nicht näher eingegangen werden soll. Aus der Wegkurve kann natürlich ohne weiteres durch graphische Differenziation die Geschwindigkeitskurve und durch Differenziation dieser die Beschleunigungskurve abgeleitet werden. Die Stromkurve ergibt das gleichzeitig aufgenommene Oszillogramm, die Kraftkurve am besten eine Meßreihe, die abhängig vom Ankerabstand für verschiedene Amperewindungen die Kraftwerte liefert. Es zeigt sich, daß zu Ende des Arbeitshubes die Geschwindigkeit ungefähr 0,6 m pro Sekunde beträgt, die kinetische Energie, die beim Anschlag abzubremsen ist, etwa 250 cmg. Je nach der Ausrüstung des Wählers mit Konnektoren beträgt das Stangengewicht etwa 100—110 g, der Druck der Abreißfeder 175—400 g, so daß die Kraftsicherheit während des Anzugsvorganges von 0 beginnend, bei vollem Anzug eine mehr als dreifache ist. Im Augenblick des Anschlages beträgt ja die Kraft an der Stoßklinkenspitze nahezu 2 kg.

Noch bedeutsamer als die Frage der Kraftsicherheit ist die der Zeitsicherheit, weil diese für den Gütegrad eines Systems und für den Prozentsatz an Falschverbindungen unmittelbar maßgebend ist. Wenn die Wählscheibe eine Stromschließungszeit S und Stromöffnungszeit O liefert, und der Schaltmagnet eine minimale Schließungszeit Tm und eine minimale Öffnungszeit Tn erfordert, so stellt das Verhältnis $\dfrac{S}{Tm} = st_1$ die Zeitsicherheit für Stromschluß und $\dfrac{O}{Tn} = st_2$ die Sicherheit für Öffnung dar. Um die Zuverlässigkeit eines Systems zu steigern, müssen beide Sicherheiten möglichst groß und gleichgehalten werden und so setzen wir $st_1 = st_2$. Andererseits ist das Verhältnis S zu O das von der Wählscheibe gelieferte Impulsverhältnis i, welches für die ideale Wählscheibe 60 : 40 = 1,5 beträgt. Die vom Wähler geforderten Minimalzeiten betragen andererseits $\dfrac{Tm}{Tn} = \dfrac{26,3}{18}$ bis $\dfrac{42}{25} = 1,5$ bis $1,7$. Man sieht, daß die ideal eingestellte Wählscheibe ungefähr gleiche Sicherheiten für Stromschließung und -öffnung liefert. Dabei ist allerdings zu beachten, daß eine schlechte Einstellung der Wähler die Verhältnisse verschiebt, z. B. eine zu schwache Feder die Anzugszeit verkürzt, die Abfallzeit verlängert. Jedenfalls bestehen, wenn man als Mittelwert von Tm etwa 30 ms, als Mittelwert von Tn etwa 20 ms in Ansatz bringt, für beide Schaltvorgänge doppelte Zeitsicherheiten. Diese müssen auch unbedingt gefordert werden, besonders dann, wenn man die Automatik über den Ortskreis hinaus ausdehnt, Fernwählung, Netzgruppenbildung und vollautomatische Nebenstellenanlagen in Frage zieht, welche jede für sich mehrmalige Impulsübertragungen erforderlich machen und damit eine gewisse Impulsentstellung erzeugen, welche schrittweise die Zeitsicherheit aufzehrt. Die neuesten Schrittwählerkonstruktionen gehen hinsichtlich der Zeitsicherheit noch weiter, liefern eine Anzugszeit von 18—20 ms und eine Abfallzeit von 8—12 ms.

Wenn man

die Frage der zweckmäßigsten Schaltzeit eines Einstellorganes

allgemein betrachtet, so muß man sich dessen bewußt sein, daß die Automatik mit Übertragungsvorgängen arbeitet, wobei sog. Linienrelais, die der Fernbetätigung unterliegen, lokale Stromkreise der Schrittschaltwerke betätigen. Eine zweckmäßige Betrachtung muß sich in erster Linie auf das schwächste Glied in der Kette dieser Übertragungsvorgänge richten und hier zeigt sich nun, daß dieses nicht mehr der im Lokalstromkreis arbeitende Schrittschaltmagnet, sondern das über die Leitung ferngesteuerte Impulsrelais ist. Bei diesen Relais kommen Anzugs- und Abfallzeiten von 20—25 ms, Einschwingzeiten bis 40 ms in Frage, besonders dann, wenn sie über lange Leitungen gesteuert werden und so hat es keinen Zweck, in den lokalen Schaltstromkreisen höhere Empfindlichkeit anzustreben. Dies ist besonders wichtig, weil von Seite der Maschinenwählersysteme vielfach auf die hohe Empfindlichkeit der Speicher, besonders der Relaisspeicher hingewiesen wird.

Man kann für die Impulsaufnahmeorgane gewissermaßen ein Zeit-spektrum aufstellen, welches abhängig von der Dauer in ms die Eignung des Aufnahmeorgans darstellt. Legt man einen 60 ms dauernden Strom-stoß zugrunde, so ist das Gebiet von 35—60 ms das Gebiet zu großer Trägheit und mangelnder Zeitsicherheit. Andererseits ist das Gebiet bis zu 15 ms das Gebiet der Überempfindlichkeit, das Gebiet der Prel-lungen, wo jede Unreinigkeit in der Impulsgabe oder in der Übertragungs-leitung ungewollte Impulse erzeugen kann. Dazwischen liegt mit einem Soll-wert von 18—25 ms das Gebiet der idealen Aufnahmeorgane. In Bayern sind gerade für dieses letztere Gebiet besondere Erfahrungen gesammelt wor-den durch die sog. Impulskorrektion, welche es gestattet, Impulse von nur 7 ms Dauer zu vollwertigen Impulsen zu ergänzen. Hier zeigt sich nun besonders klar, daß man auch mit der Empfindlichkeit des guten zu viel tun kann. Die Schaltzeit des idealen Impulsaufnahmeorgans liegt zwichen 18 und 25 ms und in diesem Zeit-gebiet liegen die modernen Schrittschaltwerke (Abb. 176).

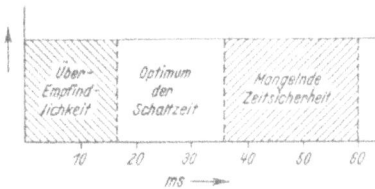

Abb. 176. Zeitspektrum für die Impulsaufnahmeorgane.

Deutsche Schrittwählersysteme außer Siemens.

In Deutschland ist die Sa-Technik im wesentlichen erst zu Beginn des 20. Jahrhunderts eingedrungen, als die deutschen Waffen- und Munitionsfabriken nach Ankauf der Strowger-Patente die Errichtung des ersten größeren Amtes Hildesheim übernahmen, das im Jahre 1908 dem Betrieb übergeben wurde. Noch während des Baues dieses Amtes ging die Herstellung an die Firma Siemens & Halske über, welche seitdem in der deutschen Sa-Technik die Führung übernommen hat. Ihr ist das Ver-dienst zuzusprechen, in rein technischem Geist, teilweise unter großen

Abb. 177. Stangenwählerkonstruktion nach dem Schrittwählersystem, 200teiliger Leitungswähler, Relaisstreifen und Wählergetriebe.

finanziellen Opfern die Sa-Technik bis zu den letzten Problemen mustergültig durchgebildet zu haben. Vielfach in engster Zusammenarbeit mit den Betriebsstellen der deutschen Reichspost wurde die deutsche Sa-Technik geschaffen, die in ihrer Leistungsfähigkeit mit an der Spitze aller Systeme steht. Neben Siemens hat eine Reihe deutscher Firmen Sa-Systeme, insbesondere Schrittwählersysteme entwickelt, welche größtenteils auf der Hebdrehwählerkonstruktion aufgebaut sind. Für den Bau der öffentlichen Ämter der deutschen Reichspost wurden die Firmen Mix & Genest und die unter der sog. Autofabag zusammengefaßten Firmen herangezogen, welche einheitlich das deutsche Reichspostsystem bauen. Die übrigen Firmen haben sich überwiegend in der Nebenstellentechnik betätigt, die im Augenblick in sprunghafter Entwicklung begriffen, rasch die manuellen Nebenstellen-Einrichtungen verdrängt. Neben den Hebdrehwählerkonstruktionen wurden reine Drehwählersysteme als Schnelläufer, oder nach Art eines Kreislaufsystems entwickelt. Aber auch

Stangenwählerkonstruktionen

wurden mit Erfolg zur Anwendung gebracht, und werden demnächst auf dem deutschen Markt erscheinen.

Abb. 178. Stangenwählerkonstruktion, Anordnung von zwanzig 200teiligen Leitungswählern und 20 Anrufsuchern (auf der Rückseite) also von 200 Anschlußorganen auf 1 qm Gestellfläche.

Diese Konstruktionen haben gezeigt, daß das Schrittwählersystem keineswegs an den 100teiligen Wähler gebunden ist, sondern daß ohne Aufgabe des dekadischen Zahlenaufbaues auch 200teilige Wähler Verwendung finden können. Auch der Verfasser hat eine 200teilige Schrittwählerkonstruktion nach dem Stangenwählersystem entwickelt, welche heute allerdings noch nicht fabrikationsreif durchgebildet ist. Ein linearer Bürstenträger enthält zehn 6teilige Bürstensätze, welche

22*

2 mal a-, b- und c-Leitung aufzunehmen vermögen. Der Bürstenträger vollzieht eine Schubbewegung in horizontaler oder vertikaler Richtung und drückt dann durch Solenoide beiderseits betätigt, oder durch einen Drehmagneten eingeschwenkt sämtliche Kontaktbürsten gleichzeitig auf die der betreffenden Hubstufe entsprechenden (60) Kontaktsegmente auf. Dann beginnt ein Bürstenwähler die Auswahl unter den 10 gleichzeitig eingedrückten Doppelbürstensätzen. Hub- und Drehbewegung sind also hier mechanisch getrennt und ergeben so eine einfache Konstruktion und eine geringe Masse für die zu bewegenden Teile. Namentlich bei Freiwahlvorgängen kann mit Vorwählergeschwindigkeit geprüft werden und kann das im II. Vorwähler angewendete Prinzip der Einstellung ohne Nullage zur Anwendung kommen, so daß sich die einzelnen Wähler selbsttätig verschränken und in den meisten Fällen bei der Freiwahl, ohne einen Schritt zu tun, sofort prüfen können.

Als Anrufsucher verwendet, wird der Wähler mit den zugehörigen Leitungswählern unmittelbar vielfachgeschaltet, 20 bis 25 Leitungswähler und 20—25 auf der Rückseite des Gestells angebrachte Anrufsucher benützen also ein aus Blechstreifen aufgebautes, tafelförmiges gemeinsames Kontaktvielfachfeld, dessen Vielfachschaltung durch die Blechstreifen mit Kontaktansätzen ohne jede Lötstelle geliefert wird. Die grundsätzliche Anordnung des Wählers zeigt Abb. 177, den Aufbau von 200 Anruforganen in einem Gestell von 1 qm Fläche Abb. 178. Jedem Wähler sind unmittelbar nebenan gelegene, in gemeinsamer Kammer angeordnete, auf Relaisstreifen aufgebaute Relais zugeordnet. An Stelle der Relaissätze tritt also die lineare Anordnung der Relais in Streifen, welche die Möglichkeit der Anordnung zahlreicher Zuführungsstifte, eine einfache Ausbildung des Verdrahtungsschemas und eine bequeme Zugänglichkeit sämtlicher Kontakte ergibt. Die sämtlichen Streifen sind in einem mit Glas abgedeckten Relaiskasten angeordnet. Durch den koordinatenmäßigen Aufbau des ganzen Systems ergibt sich, obwohl die wichtigen Organe, Relais, Wähler und Relaiskontakte

Abb. 179. Einheitswähler der Firma Mix & Genest (Seitenansicht).

nicht verkleinert wurden, ein Raumbedarf von nur $^1/_8$ des Strowger-Systems. Dabei kommt für alle Wählerstufen nur ein- und derselbe Wähler zur Anwendung. Die Schaltungen unterscheiden sich von denen des Strowger-Systems nur dadurch, daß der Auslösemagnet, in diesem Falle die beiden Eindrücksolenoide, gleich nach dem Heben ansprechen und während des Gespräches erregt bleiben. Nach Abfallen des Belegrelais werden die Solenoide freigegeben und dabei der Wähler ausgeklinkt, so daß er in die Ruhelage zurückkehrt. Wenn der Wähler als Anrufsucher arbeitet, dient der Bürstensucher zunächst als Zehnerwähler, dann, wenn er die Bürstenträgerstange angehoben hat, als Einerwähler.

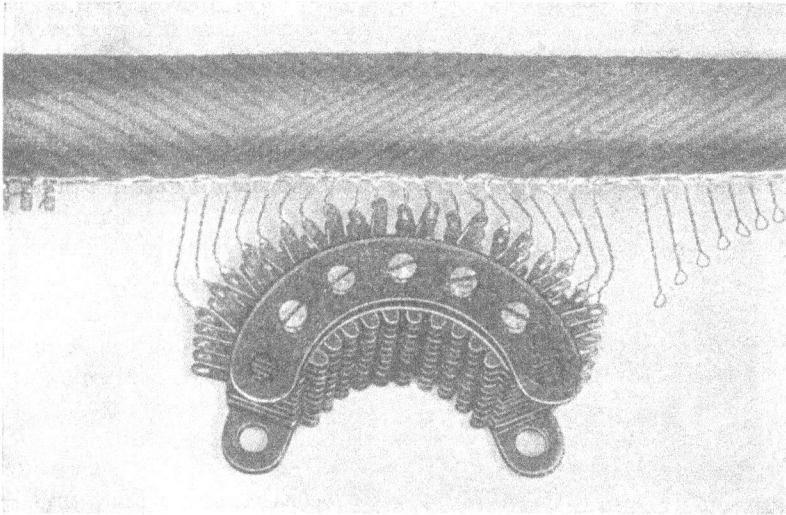

Abb. 180. Vielfachverdrahtung der Hebdrehwählerkontaktbänke mit blanken, in Papierbändern verlegten Drähten.

Eine andere Stangenwählerkonstruktion ist von Oberpostrat Hersen, Berlin, zusammen mit der Firma Lorenz, teils nach dem Schrittwähler-, teils nach dem Maschinenwählersystem entwickelt worden und hat den Verfasser zu seiner Konstruktion angeregt. Der Hersensche Wähler ist charakterisiert durch eine schrittweise Kupplung des Wählers mit dem maschinellen Antrieb. Das System ist für 200teilige Wähler aufgebaut.

Eine dritte Stangenwählerkonstruktion ist von F. Merk, München, aufgebaut worden, welche die Schrittschaltbewegungen überwiegend durch rein mechanische Lösungen bewältigt und die Bewegungsvorgänge mit einem einzigen Schaltmagneten und einem kleinen Hilfsmagneten löst. Im übrigen seien die deutschen Schrittwählerkonstruktionen der einzelnen Firmen kurz behandelt.

System der Firma Mix & Genest.

Firma Mix & Genest, Berlin, liefert das deutsche Reichspostsystem nach der Einheitskonstruktion und hat für das Privatgeschäft ein nach dem Anrufsuchersystem aufgebautes Hebdrehwählersystem durchgebildet. Der Hebdrehwähler wird in allen Wählerstufen als Anrufsucher, Gruppen- und Leitungswähler einheitlich verwendet und kann entsprechend seinem unterteilten Dekadenaufbau für 3—11 Hubstufen durchgebildet werden. Der Wähler, dessen Bild in Abb. 179 wiedergegeben ist, zeichnet sich durch außerordentlich günstige Schaltzeiten und zuverlässige Schritteinstellung aus. Die einzelnen Kontaktbänke der Wähler sind in sich durch in Papier eingepreßte, aus blanken Drähten gebildete Bandkabel vielfach geschaltet.

Die Relais sind seitlich so angeordnet, daß die Kontakte auf Schneide stehen und eine Staubablagerung unmöglich wird. Die Relais zeichnen sich durch guten Eisenschluß und große Zugkraft aus und sind in ausschwenkbaren Relaissätzen untergebracht. Für die Teilnehmeranrufrelais sind sie

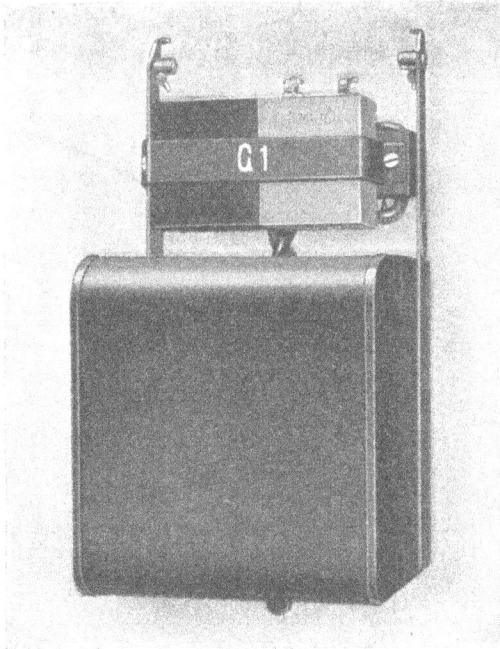

Abb. 181. Auswechselbarer Relaissatz des Mix & Genest-Systems, geschlossen.

in Streifen unter gemeinsamer Kappe angeordnet. Damit ergibt sich ein durchsichtiger Gestellaufbau nach Abb. 183.

Charakteristisch ist für die Wählerkonstruktion, daß der Wähler 11 Hubschritte besitzt und in der untersten Lage, ohne anzuheben, eindrehen kann. Diese Maßnahme ist in der Anrufsucherschaltung verwertet zur Erzielung kurzer Einstellzeiten, indem die Teilnehmeranschlüsse gruppenweise unterteilt und neben dem normalen Anschluß an die Hebdrehwählerkontaktbank noch an die untersten Schritte eines bestimmten Anrufsuchers gelegt sind. Nur wenn der der Gruppe von 10 Teilnehmern zugeordnete Anrufsucher belegt ist, kommt die sog. indirekte Einstellung in Frage, bei der der Wähler heben und eindrehen muß. Ungefähr 70% aller Anrufe werden auf diese Weise durch reine

Drehbewegung mit gleicher Geschwindigkeit, wie beim Vorwählersystem, erledigt, für den Rest kommt eine Einstellzeit von äußerstenfalls einer Sekunde in Frage. Mit Hilfe einer Relaiskette ist ein Sicherheitsstromkreis geschaffen, welcher sofort ein neues Einstellorgan anreizt, wenn vom Anlassen bis zum Prüfen des Anrufsuchers eine maximale Zeit von etwa 2 Sekunden vergeht. Die grundsätzliche Schaltanordnung für ein Tausender-System der Firma kann aus Schaltbild Abb. Anh. 184 ersehen werden. (Dabei ist von Zählstromkreisen und Zusätzen für den öffentlichen Verkehr abgesehen.)

Das Teilnehmeranruforgan besteht aus Anruf- und Trennrelais R und T. Anrufsucher und Gruppenwähler sind starr miteinander verbunden, jedem Rahmen ist ein Anrufverteiler und ein Zehnersucher zugeordnet. Alle Schaltmagneten der Hebdrehwähler besitzen mechanische Kontakte, welche für den Hubmagneten H mit h, für den Drehmagneten D mit δ bezeichnet sind. Wenn der Teilnehmer durch Aushängen Schleifenschluß bewirkt, spricht das Anrufrelais R an und schließt 3 Arbeitskontakte. Es sei zunächst angenommen, daß der der Teil-

Abb. 182. Auswechselbarer Relaissatz des Mix & Genest-Systems, geöffnet.

nehmergruppe zugeordnete Anrufsucher für den direkten Anruf noch frei ist, dann wird durch einen r-Kontakt das Belegrelais C des Anrufsuchers erregt und dieses betätigt sofort den Stromkreis des Drehmagneten D_1, welcher betätigt durch den mechanischen Selbstunterbrecherkontakt δ auf der untersten Dekade solange eindreht, bis das zugehörige Prüfrelais V1 des Anrufsuchers über das durch R angeschaltete Trennrelais T zum Ansprechen kommt, den Drehmagneten stillsetzt und den Anrufsucher durch Kurzschluß der hochohmigen V1-Wicklung sperrt. Das T-Relais hat das Anrufrelais abgeschaltet, V1 das Impulsrelais A an die Teilnehmerleitung geschaltet. Das A-Relais kommt über die Sprechstellenschleife des Teilnehmers zum Ansprechen und hält mit seinem Ruhekontakt den Kurzschluß der V1-Wicklung offen, welcher

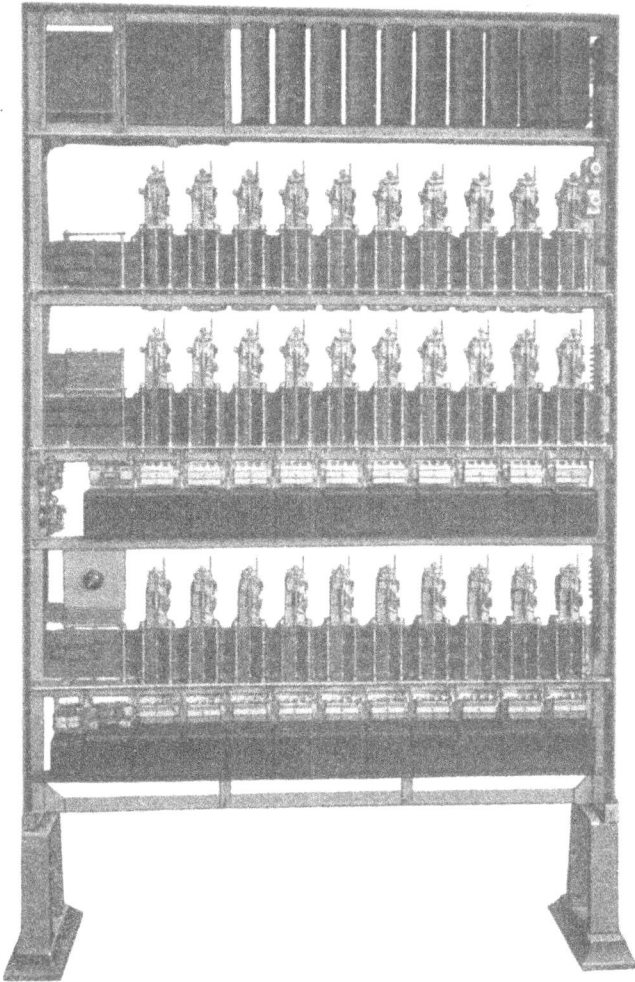

Abb. 183. Gestellaufbau einer Mix & Genest Hundertergruppe nach dem Tausendersystem.

nach Abfall des C-Relais die Aushängeüberwachung der nach dem normalen Schleifensystem geschalteten Anlage darstellt. Das V2-Relais hat mit dem ersten Drehschritt des Anrufsuchers angesprochen und A bringt auch V3 über den Hubmagneten zum Ansprechen. Wenn der Teilnehmer die Nummernwahl beginnt, wird A impulsweise aberregt und der Hubmagnet des Gruppenwählers H2 betätigt. Dabei wird das V2-Relais durch den mechanischen Kontakt des Hubmagneten h2 erregt gehalten, nachdem der Kopfkontakt k2 geöffnet hat. Die Verzögerungsrelais V1 und V3 bleiben während der Impulsgabe unbeeinflußt. Nach dem letzten Hubimpuls fällt V2 ab und betätigt damit den Drehmagneten, welcher durch δ2 selbsttätig schrittweise eingedreht wird, bis das Prüfrelais P über einen freien Leitungswähler ansprechen kann. P schaltet durch und sperrt und nun fällt das V3-Relais des Gruppenwählers ab, nachdem es durch den mechanischen Kontakt des Drehmagneten noch erregt gehalten war. Beim Belegen des Leitungswählers wird der Reihe nach V1-, A-, V2- und V4-Relais erregt. Die vom Teilnehmer entsendeten Impulse werden auf diese Weise auf das A-Relais des Leitungswählers übertragen und gelangen so in den Hubmagneten des Leitungswählers. Nachdem die Nummernscheibe abgelaufen ist, fällt das vorher durch h gehaltene Relais V4 ab und schaltet das Verzögerungsrelais V3 ein, welches den Impulsstromkreis in den Drehmagneten steuert. Der Drehmagnet stellt den Leitungswähler auf die gewünschte Teilnehmerleitung ein und dann ist bis zum Abfallen des V2-Relais, welches durch d während der Drehschritte erregt gehalten wird, Gelegenheit für das P-Relais, auf den freien Anschluß zu prüfen. Wenn das P-Relais ansprechen kann, dann sperrt es durch Kurzschluß seiner hochohmigen Wicklung und schaltet den Rufstrom periodisch an die Leitung, bis der Teilnehmer sich meldet. Hierauf wird das zur Aushängeüberwachung an der a-Leitung liegende V4-Relais erregt, schaltet sich in den Prüfstromkreis, bringt P durch Kurzschluß zum Abfallen und schaltet damit den Ruf ab. Wenn V4-Relais durchgeschaltet hat, so übernimmt das Y-Relais die Speisung des gerufenen Teilnehmers. Wenn der gerufene Teilnehmer einhängt, wird V4 abgeworfen, eine zweite Sprechstellung ist nicht vorgesehen.

Es erübrigt noch die Möglichkeit des indirekten Anrufes zu besprechen. Zum Anlassen eines sog. Anrufverteilers, eines kleinen Drehwählers mit dem Drehmagneten Dv ist ein Anrufrelais A1 vorgesehen, welches normalerweise durch das gleichzeitig ansprechende Relais A2 durch Kurzschluß am Ansprechen verhindert wird. Wenn dagegen dieses A2-Relais dadurch, daß der der Gruppe zugehörige Anrufsucher sich nicht mehr in der Ruhelage befindet, nicht ansprechen kann, spricht das A1-Relais über den Wellenruhekontakt eines noch freien Anrufsuchers an und bringt den Anrufverteiler Dv schrittweise zum Ansprechen, welcher betätigt durch seinen Selbstunterbrecherkontakt δv schrittweise eindreht. Der zweite Arm des Anrufverteilers wird durch Ansprechen des A3-Relais mit dem A2-Relais verbunden und dieses als Prüfrelais setzt den Anrufverteiler still, sobald es über einen noch freien Anrufsucher über c-Ruhekontakt ansprechen kann. Sobald A2 angesprochen hat, schließt es A1 kurz und wirft es dadurch ab und nun wird über p-Ruhekontakt, δz-Ruhekontakt, v2-Ruhekontakt, c- und a-Arbeitskontakt der Hubmagnet des Anrufsuchers betätigt, nachdem das A-Relais über den ersten Arm des Anrufverteilers erregt wurde. Hubmagnet und Zeitschalter beginnen nun ein Wechselspiel in der Weise, daß Kontakt h1 den Zeitschalter erregt, Kontakt δz jeweils den Hubmagneten unterbricht. So wird der Anrufsucher schrittweise angehoben, der Zehnersucher schrittweise gedreht, bis sein Prüfrelais den im Anrufzustand befindlichen Teilnehmer hinsichtlich seiner Zugehörigkeit zu einer bestimmten Zehnergruppe festgelegt hat. Dann spricht das Prüfrelais an und unterbricht mit einem Ruhekontakt das Wechselspiel, wirft weiterhin das A2-Relais ab und im Anrufsucher das A-Relais. Letzteres stellt den Stromkreis des Drehmagneten her, so daß der Anrufsucher in der betreffenden Hubstufe das T-Relais des anrufenden Teilnehmers sucht. Dann spricht das V1-Relais an und die Vorgänge sind die gleichen wie im erwähnten Fall. Nach Abfall von A2 geht der Zeitschalter in die Ruhelage zurück, unterbricht dadurch A3, damit das P-Relais und nun kann der Anrufverteiler in die Ruhelage zurückgeführt werden. Der Zehnersucher muß unter allen Umständen mit Nullstellung arbeiten. Die Verzögerungskette B1, B2, B3 spielt in einem Zeitraum von etwa 2 Sekunden bis zu der charakteristischen Stellung B3 erregt, B2 abgefallen durch und schließt dann das A2-Relais kurz, so daß der indirekte Anruf zur Auswirkung kommt, bzw. ein neuer Anruf veranlaßt wird, wenn das A2-Relais nicht durch vorheriges Prüfen des Anrufsuchers abgeschaltet wurde. Das A2-Relais ist also zugleich das Überwachungsrelais für einen unerledigten Anruf.

Mit geringen Abänderungen ist das System der Firma Mix & Genest auch für Einzelgesprächszählung in öffentlichen Netzen zur Anwendung gelangt. Für die automatische Fernvermittlung wurden hierbei besondere Anbotwähler pro Hundertergruppe verwendet. Die Wähleinrichtungen haben sich auch in neuesten Nebenstellenanlagen nach dem Werkzentralenprinzip ausgezeichnet bewährt. Für kleinste, wie für größte Nebenstellenanlagen gestatten die Schalteinrichtungen einen zweckmäßigen Zusammenbau, wobei die Raumausnützung vielfach dadurch gesteigert wird, daß für kleinste Anlagen die Wähler Rücken gegen Rücken angeordnet, Relais fest eingebaut und die ganzen Zentralen als Wandschränke ausgeführt werden.

Systeme der Autofabag.

Zur einheitlichen Belieferung des deutschen Reichspostsystems entstand 1922 durch Zusammenschluß der Deutschen Telephonwerke & Kabelindustrie-A.-G. Berlin, der C. Lorenz A.-G. Berlin-Tempelhof und der Telephonfabrik-Akt.-Ges. vorm. J. Berliner, Berlin-Steglitz die automatische Fernsprechanlagengesellschaft m. b. H. (Autofabag). Die Autofabag liefert einen gewissen Prozentsatz der Wählereinrichtungen für die deutsche Reichspostverwaltung und hat für das Privatgeschäft der einzelnen Firmen einheitlich ein System entwickelt und Wählerkonstruktionen geschaffen, welche auf dem Prinzip des Schrittwählers aufgebaut, meist mit Anrufsuchern arbeitend, sich eng an die Schaltungen des Reichspostsystems anlehnen. Besonders beachtenswert ist die ältere Hebwählerkonstruktion der Autofabag, welche unter dem Namen „Dietl-Wähler" auch in den ältesten halbautomatischen Ämtern in Österreich eingeführt wurde und im Grunde als Strowger-Wähler zu bezeichnen ist (Abb. 185). Gegenüber dem von Siemens ausgeführten Strowger-Wähler ist der Wähler kleiner gehalten, speziell mit geringerer Höhe der einzelnen Hubschritte und besitzt zur Ausführung der Drehbewegung ein gezahntes Rad, welches nicht mit angehoben wird, sondern in dem die Wählerachse in einer Keilnut gleitet. Dem geringeren Hubgewicht entspricht allerdings auch eine geringere Direktionskraft für die Rückkehr in die Ruhelage.

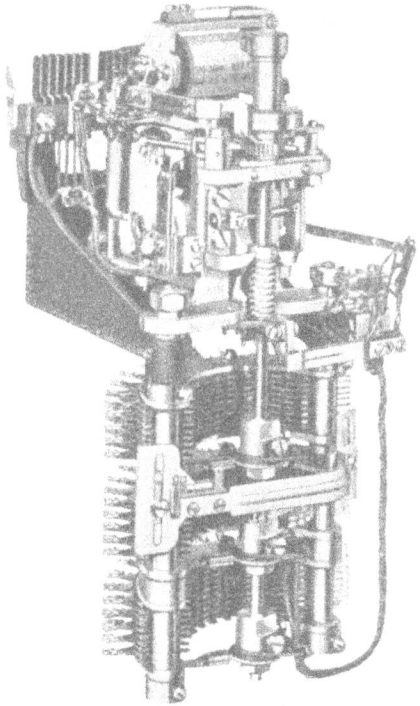

Die neue Hebdrehwählerkonstruktion der Autofabag ist noch wesentlich sparsamer im Raum und erreicht die Ausmaße des neuen Siemens-Wählers. Für horizontalen Rahmenaufbau durchgebildet, besitzt der neue Wähler eine fliegend angeordnete Hubdrehwählerachse mit exzentrisch gelagerter Zahnstange,

Abb. 185. Ansicht des sog. Dietl-
Hebdrehwählers.

welche mit einer zweiten Zahnung die Sperrung vollzieht. Die Drehbewegung wird wieder durch ein mit Keilnut versehenes Zahnrad bewirkt, die Auslösung erfolgt ohne Aufwand eines besonderen Magneten durch Durchdrehen. Der Wähler ist also ein Viereckswähler hinsichtlich der Bewegung. Abb. 186 zeigt den Wähler mit und ohne Schutzkappe, Abb. 187 den Rahmenaufbau der Kontaktbänke mit der Vielfachschaltung der einzelnen Kontakte und mit dem Abschluß der Kontaktbänke durch eine Gleitbahn mit Messerkontakten, auf welche der Wähler aufgeschoben werden kann. Beachtenswert ist die Übersichtlichkeit der Kontaktstellen und die geringe Bauhöhe. Abb. 188 zeigt schließlich den Zusammenbau zu einer 50er Zentrale der D. T. W. Beachtenswert ist der Anrufsucher, ein 25schrittiger Drehwähler, mit nebeneinander angeordneten Kontakt-

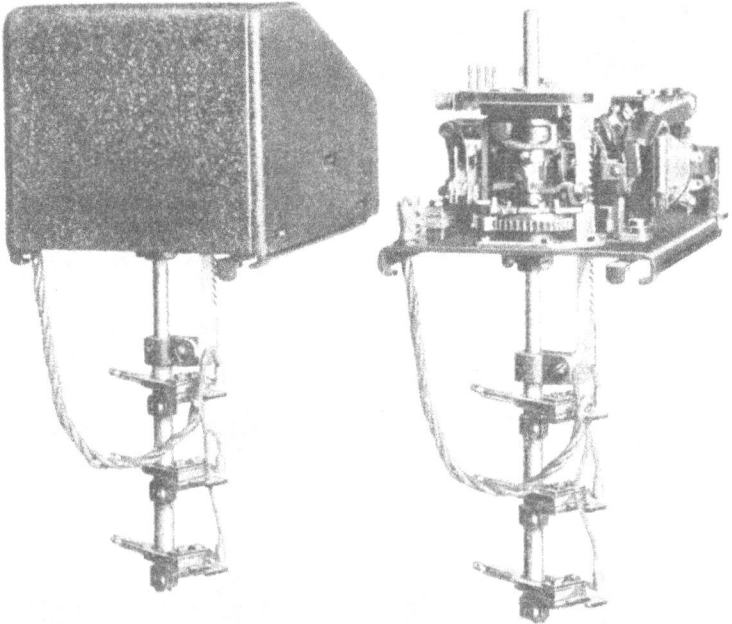

Abb. 186. Neue Hebdrehwählerkonstruktion der Autofabag.

sätzen und winkelversetzten Kontaktarmen, welche eine Aufnahme-fähigkeit von 50 Teilnehmerleitungen ergeben.

Abb. 187. Rahmenaufbau und Kontaktbankverdrahtung für den neuen Hebdreh-wähler der Autofabag.

Die Firma Berliner benützt eine davon etwas abweichende Anruf-sucherkonstruktion, welche größer ausgeführt zum Anruf von 100 Teil-nehmern mit 6 Armen verwendbar ist (Abb. 189).

Die Anrufsucherschaltung der Autofabag benützt einen Anruf-verteiler, welcher sich jeweils in der Ruhelage auf den nächsten freien Anrufsucher einstellt, so daß die Laufzeit des Anrufverteilers für die Freiwahl erspart bleibt.

Die Firma Lorenz A.-G. Berlin-Tempelhof hat ein nach dem Drehwählerprinzip aufgebautes, mit 24 Volt arbeitendes, außer-ordentlich interessantes Sa-System entwickelt, welches gewissermaßen als Kreislaufsystem' betrachtet wer-den kann. Die Einstellung wird nach erfolgter Freiwahl durch einen

Abb. 189. 100 teilige Anrufsucherkon-struktion der Telephonfabrik A.-G. vorm. I. Berliner.

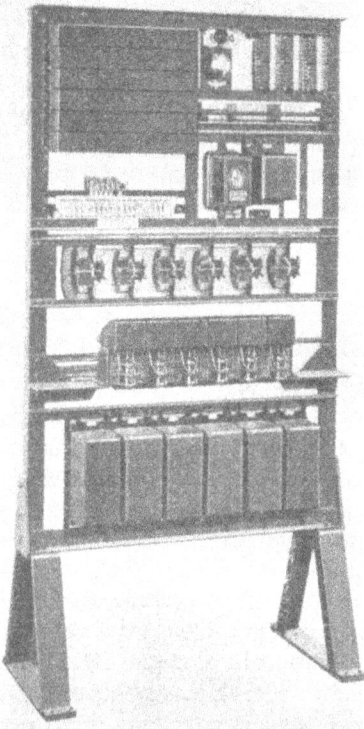

Abb. 188. 50 er Anrufsucherzentrale der Deutschen Telephonwerke und Kabel-industrie A.-G. mit dem neuen Auto-fabag-Hebdrehwähler.

Anrufsucher zunächst durch Einer-wähler und Zehnerwähler vorge-nommen und dann wird durch einen zweiten Anrufsucher die ein-gestellte Anschlußnummer gesucht. Der Anrufverteiler sucht jeweils in der Ruhepause zwischen zwei Anrufen ein in den Drehpunkten unter sich verbundenes Anrufsucher-paar aus, welche gewissermaßen ein Zweischnursystem bilden. Beim Eintreten eines Anrufes wird zunächst der eine Anrufsucher angereizt, sich auf den anrufenden Teilnehmer einzustellen und damit wird dem Teilnehmer für den Aufbau seiner Verbindung ein Einerwähler, ein Zehnerwähler und ein zweiter Leitungssucher zur Einstellung des ge-rufenen Teilnehmers zur Verfügung gestellt. Sobald der Anrufsucher den rufenden Teilnehmer gefunden hat, stellt der Anrufverteiler sich sofort auf das nächste freie Anrufsucherpaar ein. Ist keines mehr frei, so wird er abgeworfen, d. h. er prüft zunächst auf einen Leerkontakt, auf dem er anhält, bis das erste Verbindungsorgan frei wird, um sich dann sofort auf dieses wieder einzustellen. Der rufende Teilnehmer erhält über das Speisungs- und Impulsrelais ein Amtszeichen für den Beginn der Wählung, dann betätigt er über das Impulsübertragungsrelais zunächst den Zehnerwähler, dann den Einerwähler. Die dadurch getroffene Einstellung der beiden Wähler kennzeichnet teils durch die Schrittzahl, teils durch Bürstenwahl den gerufenen Teilnehmer, welcher alsdann von dem 2. Anrufsucher in einer schrittweisen Suchwahl eingestellt wird. Sobald er den Teilnehmer gefunden hat, vollzieht der Verbindungsrelaissatz Anruf, Aushängeüberwachung und Speisung.

Durch diese Anordnung ist es möglich geworden, mit nicht dekadisch aufgebauten Drehwählern, mit einer Art Speicherung und Umrechnung die Verbindung herzustellen. Das System zeigt also die besondere Eigenart eines mit Speicherung und Umrechnung in einfachster Form arbeitenden Schrittwählersystems.

Die Automaten-Technik: System Fuld[1]).

Die H. Fuld & Co. Telephon- u. Telegraphenwerke, Frankfurt a. M. bauen und betreiben Selbstanschluß-Nebenstellenanlagen in größtem Umfange und haben hierfür ein für den Privatgebrauch durch Einfachheit der Konstruktion und Betriebssicherheit besonders ausgezeichnetes, überwiegend auf Drehwählern aufgebautes Sa-System für 24 Volt Betriebsspannung entwickelt. Die Freiwahl wird durch Anrufsucher bewirkt, die Einstellwahl durch Zehner- und Einerwähler, wobei aber im Gegensatz zum vorbeschriebenen System für jede 10er Dekade und für jedes Verbindungssystem ein besonderer Einerwähler vorgesehen ist. Der Hebdrehwähler ist gewissermaßen aufgeteilt in einzelne Drehwähler, deren je einer einer Hubdekade entspricht. Der Zehnerwähler besorgt die Auswahl der Einerwähler in der Weise, daß er mit seinem Dreharm den gewünschten Drehmagneten an den Impulsstromkreis anschließt. Der Zehnerwähler besitzt also keine Äste im Sprechstromkreis, sondern dient nur zur Auswahl des gewünschten Einerwählers in einem Hilfsstromkreis.

Die Schaltarme des Einerwählers dagegen liegen mit ihren Drehpunkten parallel zueinander am Drehpunkt des Anrufsuchers. In einem 50er System liegen also 5 derartige, 3armige Wähler parallel, in einem Hundertersystem 10 und dazu kommt jeweils ein Zehnerwähler. In einem Tausendersystem wird ein ebenfalls durch Drehwähler gebildeter Gruppenwähler eingeschoben. Derselbe zerfällt in einen zwangläufig gesteuerten Hunderterwähler, welcher die Nummer der gewünschten

---

[1]) Literatur: Scheibe, Handbuch der Automatentechnik System Fuld, Selbstverlag H. Fuld & Co. Frankfurt a. M.

Hundertergruppe festlegt und dadurch wiederum den Drehmagneten eines Hunderter-Verbinders anschließt, der nun in einer Freiwahl unter den zur Verfügung stehenden freien Leitungswählern des betreffenden Hunderts einen aussucht und belegt. Es entspricht also gewissermaßen der Hunderterwähler dem Zehnerwähler im Leitungswähler, der Hunderterverbinder dem Einerwähler, nur mit dem Unterschied, daß dieser unmittelbar mit der Belegung sofort eine Freiwahl vollzieht.

Die so unterteilte Wählerkonstruktion hat zweifellos den Vorzug größter Einfachheit und Betriebssicherheit, wird aber von 5—10 Dekaden ab etwas teuerer als die Hebdrehwählerkonstruktion und ergibt größeren Raumbedarf. Da sich aber Nebenstellenanlagen größtenteils unter 300 Anschlüssen bewegen, fallen die Nachteile gegenüber dem Vorzug der Betriebssicherheit nicht allzusehr ins Gewicht.

Eine weitere Besonderheit des Fuld-Systems bildet das Doppelankerrelais (Abb. 190). Es ist gewissermaßen ein magnetisches Stufenrelais mit zwei ineinander geschobenen Ankern, welche auf verschiedene Kontaktpakete wirken. Ein leichter Anker liegt mitten vor dem Kern des magnetischen Schlusses und wird mit geringerer Kontaktlast arbeitend,

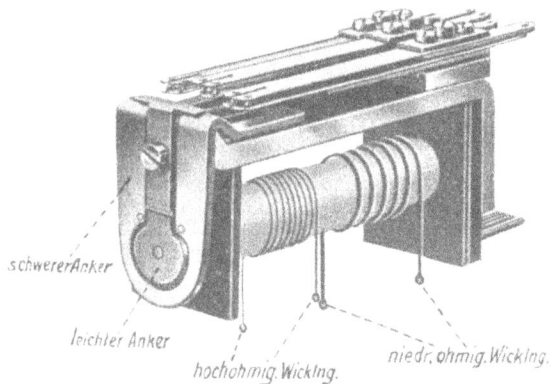

Abb. 190. Ansicht des Doppelankerrelais, System Fuld.

schon bei schwacher Erregung des Relais betätigt. Der magnetische Fluß tritt bei geringer Sättigung vom Kern unmittelbar in diesen Anker über und durchsetzt den daneben gelegenen schweren Anker nur zum geringen Teil, ohne ihn anziehen zu können. Wird dagegen das Relais kräftig erregt, allenfalls über die Sättigungsgrenze, so schließt sich der magnetische Kraftlinienschluß mit hohem Prozentsatz auch über den schweren Anker und zieht diesen durch, so daß damit die anderen Kontaktpakete betätigt werden. Das Relais ersetzt so gewissermaßen zwei Relais mit voneinander unabhängigen Funktionen, welche in Anzug und Abfall getrennt voneinander ausgewertet werden können. Schaltungstechnisch wird das Relais gewöhnlich so verwendet, daß zunächst über einen hochohmigen Vorschaltwiderstand mit schwacher Erregung der leichte Anker angezogen wird, hierauf durch Kurzschluß des Vorschaltwiderstandes das Relais kräftig erregt und der schwere Anker durchgezogen wird. Kontakte der ersten Stufe werden alsdann mit dem Index l (leicht), Kontakte der zweiten Stufe mit dem Index s (schwer) bezeichnet.

Die Firma liefert Nebenstellenanlagen vom Zehner- bis zum Tausender-System, deren Gestellaufbau aus Abb. 191 ersehen werden kann. Im obersten Teil des Gestells befinden sich die Teilnehmeranruforgane,

Abb. 191. Automatenzentrale, System Fuld, für 100 Teilnehmer und 12 Sprechmöglichkeiten.

bestehend aus je einem Doppelankerrelais, welches mit dem leichten Anker als Anruf-, mit dem schweren Anker als Trennrelais dient. Darunter befinden sich die Anrufsucher, welche 50teilig als Drehwähler mit gekreuzten Armen und drei Kontaktbänken zu 50 hintereinander gelegenen Kontakten ausgeführt werden (Abb. 192). Zur Verkürzung der Laufzeit

auf die Hälfte sind die Arme gekreuzt angeordnet, so daß ungünstigsten-
falls 25 Kontakte überlaufen werden müssen. Damit hierdurch keine
Doppelschaltung entsteht, sind zwei getrennte Prüfrelais für jedes Arm-
system vorgesehen. Von den vielen Ausführungsformen, die sich je nach
Größe und Verkehrsforderungen der Anlage unterscheiden, sei das Schaltbild einer Hunderter-Hauszentrale wiedergegeben (vgl. Abb. Anh. 193). An
der Teilnehmerleitung liegt als Anruforgan das Prüf- und Trennrelais T,
dessen leichter Anker über die Teilnehmerleitungen, dessen schwerer Anker
lokal betätigt wird. In Reihe mit der Anrufwicklung des T-Relais liegt
ein Inbetriebsetzungsrelais J, welches ein
Verzögerungsrelais V erregt und zusammen mit diesem den Drehmagneten des
Anrufsuchers betätigt. Der Anrufsucher
läuft so lange, bis eines seiner beiden Arm-
Systeme über den c-Ast den im Aushängezustand befindlichen Teilnehmeranschluß
findet, so daß das zugehörige Prüfrelais
entweder S I oder S II über den t-Kontakt
des leichten Ankers t 14 und die kräftige
Wicklung Ts des T-Relais gegen Erde ansprechen kann. Das so betätigte S-Relais
unterbricht sofort mit einem Ruhekontakt
das Prüfrelais des parallel geschalteten
Armsystems und dann schalten zwei Kontakte s_I oder s_{II} die Teilnehmerleitung zum
Speisungs- und Impulsaufnahmerelais J
durch. Während der ganzen Einstellzeit
des Anrufsuchers liegt ein dauernder
Summerton auf dem Teilnehmeranschluß,

Abb. 192. 50 teiliger Anrufsucher
mit gekreuzten Armen, System
Fuld.

also ein Sperrzeichen, gewissermaßen die
Umkehrung des Amtszeichens, welches
beim Durchschalten der ts-Kontakte ab-
getrennt wird. J-Relais spricht an, betätigt das verzögerte Relais I, der
Anrufsucher wird durch s-Ruhekontakt stillgesetzt. Ein Kontakt des
I-Relais I³ hält die Prüfwicklungen des Anrufsuchers fest, welche sich im
übrigen durch Kurzschluß ihrer hochohmigen Wicklung sperren. Das
I-Relais besorgt also die Einhängeüberwachung nach Art des Schleifensystems. Das J-Relais des Anrufsuchers sowie das V-Relais fallen nacheinander verzögert ab, nachdem noch vorher der Anrufverteiler auf das
nächste freie Verbindungssystem aufgeschaltet wurde, also auch hier der
Grundsatz, den Anrufverteiler in den Ruhepausen voreinzustellen.

Nunmehr sendet der Teilnehmer seine Impulse, wodurch das J-
Relais impulsweise aberregt wird, so daß der Impulskontakt i 4 den
Drehmagneten des Zehnerwählers betätigt. Hat der Teilnehmer bei-

spielsweise 6 Impulse geschickt, so macht der Zehnerwähler 6 Drehschritte und stellt damit seinen einzigen Schaltarm auf den Drehmagneten des 6. Einerwählers ein. Mit dem ersten Impuls spricht das verzögerte II-Relais an und öffnet seinen Kontakt II², noch ehe der Wellenkontakt des Zehnerwählers w 3 den leichten Anker des U-Relais erregen
konnte. Erst nach der Stromstoßreihe, wenn das Steuerrelais II abgefallen ist, zieht das U-Relais U 7601 seinen leichten Anker an und
schaltet damit durch Kontakt ul⁴ den Impulsstromkreis auf den Drehmagneten des Einerwählers um. Während der nun folgenden zweiten
Stromstoßreihe wird wiederum II-Relais erregt und verhindert ein zu
frühes Ansprechen des Prüfrelais während des Drehvorganges. Dann
aber wird das P-Relais an die eingestellte Teilnehmerleitung gelegt,
so daß es auf die Wicklung Ts des betreffenden Teilnehmers prüfen kann.
Bei freiem Teilnehmer spricht das P-Relais an, veranlaßt damit die Entsendung des Rufstromes über die durch p1 und p5 durchgeschaltete
Teilnehmerleitung zur gerufenen Sprechstelle, welche durch die beiden
Kontakte l s 2 und l s 6 also vom schweren Anker des L-Relais aus veranlaßt wird. Kontakt l s 1 liefert Freizeichen zum rufenden Teilnehmer.
Auf einen ersten Rufstoß ist verzichtet, der Teilnehmer erhält in kurzen
Abständen intermittierende Rufstöße und Freizeichen. Wenn dagegen
das P-Relais nicht ansprechen kann, so wird über p2-Ruhekontakt ein
dauerndes Summen als Besetztzeichen übermittelt. Sobald der gerufene
Teilnehmer aushängt, spricht das Y-Relais an, betätigt über Us die
Ruf- und Signalabschaltung und übernimmt die Einhängeüberwachung
des gerufenen Teilnehmers. Sobald der rufende Teilnehmer einhängt,
fällt J ab, schaltet I ab und unterbricht damit den Prüfstromkreis des
Anrufsuchers, so daß das Teilnehmeranrufrelais des rufenden Teilnehmers
sofort freigegeben wird. Sobald der gerufene Teilnehmer einhängt,
fällt Y ab, damit das P-Relais und das U-Relais und damit schließt sich
der Rückstellstromkreis zunächst über l 14 des Einerdrehwählers, dann
erfolgt nach Öffnen des Kontaktes w 5 und Abfall von L 1 die Rückstellung des Zehnerwählers. Diese Drehvorgänge verlaufen so schnell,
daß eine besondere rückwärtige Sperrung nicht notwendig ist.

In neueren Zentralen ist zur Angleichung an das Reichspostsystem
an Stelle des Sperrzeichens beim Aushängen ein Amtszeichen verwendet,
welches nach erfolgter Einstellung über das Impulsrelais ertönt.

Neben den einfachen Hausautomaten liefert die Firma auch automatische Nebenstellenanlagen für Amtsverkehr, welche in ankommender
Richtung halbautomatisch, in abgehender Richtung vollautomatisch
bedient werden. Für die bayerische Abteilung des Reichspostgebietes
liefert die Firma auch Nebenstellenanlagen mit vollautomatischem Verkehr in ankommender und abgehender Richtung nach dem bereits erwähnten Werkzentralenprinzip.

System der T. K. D. Nürnberg.

Die Süddeutsche Telephon-Apparate-Kabel- & Drahtwerke A.-G., Nürnberg, vormals Felten & Guilleaume Carlswerk, A. G., Zweigniederlassung, Nürnberg hat ein Automatensystem für Nebenstellenanlagen, und zwar sowohl für reinen Hausverkehr, als auch für Haus- und Amtsverkehr entwickelt, welches auch in der Werkzentralenschaltung zur Anwendung kommt und welches bis zu 30 Teilnehmersprechstellen reine Drehwähler, bei größeren Anlagen reine Hebdrehwähler als Anrufsucher und Leitungswähler verwendet. Das für 36 Volt Betriebsspannung gebaute System verwendet als Relais ein

Abb. 194. Teilnehmerrelaisstreifen mit verkleinerter Relaiskonstruktion der T. K. D., Nürnberg.

Abb. 195. 10 armiger Drehwähler der Firma T. K. D. Nürnberg.

dem Schneidenankerrelais verwandtes, mit flach aufliegendem Anker ausgerüstetes Relais, welches für die Anruforgane in Streifen, im übrigen in Relaissätzen eingebaut wird (Abb. 194).

Der Drehwähler kann bis zu 10 armig mit einseitig berührenden Armen ausgeführt werden und ergibt so für 11 Schritte gebaut, bei Anwendung einer dreifachen Bürstenauswahl einen 30 teiligen, als Anrufsucher, Gruppen- oder Leitungswähler verwendbaren Wähler für kleinste Anlagen (Abb. 195).

Der Hebdrehwähler ist liegend angeordnet, arbeitet also nicht mit Gewicht, sondern mit Federdruckkräften und gestattet so einen überaus zweckmäßigen Aufbau in vertikalen Rahmen, die im Bedarfsfall außerordentlich schmal gehalten werden können. Er ist mit Heb-, Dreh- und Auslösemagnet versehen, verwendet für alle 3 Bewegungen dieselbe

23*

Magnetkonstruktion und liefert ausgezeichnete Schaltzeiten. Abb. 198 zeigt den Zusammenbau der Wähler in einem Hundertergestell.

Der schaltungstechnische Aufbau des Systems ist gekennzeichnet durch den als Anrufsucher verwendeten Hebdrehwähler, durch eine Anrufsucherwahl, durch Anrufverteiler und durch Hubeinstellung des Anrufsuchers über einen Zehnersucher, ähnlich wie bei dem System der Firma Mix & Genest bereits beschrieben wurde. Im einzelnen zeigen die Stromläufe folgenden Verlauf (vgl. Abb. Anh. 199): Beim Aushängen erregt der Teilnehmer das Rufrelais R, welches seinerseits das Anlaßrelais An des Anrufverteilers betätigt. Dadurch wird der Drehmagnet des Anrufverteilers D v an den Relaisunterbrecher geschaltet und dreht so lange, bis

Abb. 196. Hebdrehwählerkonstruktion der
T. K. D. Nürnberg (Vorderansicht).

Abb. 197. Hebdrehwählerkonstruktion der
T. K. D. Nürnberg (Rückansicht).

sein Prüfrelais P v über einen freien Anrufsucher über die mit c bezeichnete Leitung, über dessen C-Relais und Auslösemagneten ansprechen kann. Der zweite Arm des Anrufverteilers erregt zugleich das Y-Relais des Verbindungssatzes, auch das C-Relais des Anrufsuchers kommt zum Ansprechen. Über c_{II} und y_{II} wird nun der Hubmagnet des Anrufsuchers betätigt, mit dem parallel der Drehmagnet D z des Zehnerwählers zum Ansprechen kommt. Kontakt h_I betätigt Z 500 im Anrufverteiler und dieses schaltet mit z_I als Wechselunterbrecher wirkend, die beiden Schaltmagnete wieder ab. Dieses Wechselspiel dauert so lange, bis der auf die Zehnerdekade des anrufenden Teilnehmers prüfende Arm z s über einen der 10 parallel liegenden r-Kontakte der betreffenden Zehnergruppe von Teilnehmern sein Prüfrelais P z zum Ansprechen bringen konnte und dadurch das Y-Relais zum Abfall bringt. Gleich-

zeitig wird durch pz der Drehmagnet des Anrufsuchers an den Relaisunterbrecher gelegt, so daß der Anrufsucher so lange dreht, bis das V1-
Relais über das T-Relais des anrufenden Teilnehmers ansprechen kann
und dadurch den Anschluß sper-
ren kann.

Das R-Relais wird nun
durch t-Ruhekontakt unterbrochen abgeschaltet, dadurch fällt
auch das An-Relais ab, während
Kontakt $v1_{III}$ das C- und Pv-
Relais zum Abfallen bringt. Pv
schließt Pz kurz, so daß dieses
verzögert abfällt und dadurch
eben noch den Anrufverteiler
um einen Schritt auf ein nächstes
freies Verbindungsorgan weiterschaltet. Dann ist das Anruf-
verteilersystem in die Ruhelage
zurückgeführt, das A-Relais des
Anrufsuchers spricht als Spei-
sungs- und Impulsrelais über die
Teilnehmerleitung an, das bis dahin über die R-Relaiswicklung
fließende Sperrsummerzeichen
ist abgetrennt. Als Sicherheitsstromkreis für die Einstellung
ist ein Hitzdrahtrelais, abhängig
von der Erregungsdauer des Pv,
und ein Durchdrehkontakt des
Anrufsuchers w11 vorgesehen,
welche beim Versagen eines Anrufes den nächsten Anrufsucher
betätigen. Der Hilfsschaltersatz

Abb. 198. Hunderterzentrale der T. K. D.
Nürnberg.

selbst ist durch Kontakt w1—11 für einen neuen Anruf jeweils so lange
gesperrt, bis er in die Ruhelage zurückgekehrt ist.

Nach Ansprechen des A-Relais können auch V2 und V4 betätigt
werden; das Amtszeichen, soweit ein solches gewünscht wird, wird an
das Y-Relais gelegt. Wenn der Teilnehmer nun 7 Impulse sendet, fällt
das A-Relais siebenmal ab und Hubmagnet H_2 empfängt durch a_{III}
7 Stromstöße. V4-Relais, das in der zweiten Wicklung durch Y1 abfallverzögert ist, fällt, nachdem es durch h_2 noch impulsweise erregt gehalten wurde, nach dem letzten Stromstoß ab und nun kann über k_2
V3-Relais ansprechen und stellt den Impulsstromkreis des Drehmagneten
her. Sendet der Teilnehmer beispielswsie 5 weitere Impulse, so werden

5 Drehschritte bewirkt. Nach dem letzten fällt V2-Relais verzögert ab und gibt nun bis zum Abfall des V3-Relais dem Prüfrelais Gelegenheit, über den c-Ast zum Teilnehmer-Anruf-Organ anzusprechen. Dann wird das V3-Relais durch p-Kontakt gehalten, zum rufenden Teilnehmer das Freizeichen übermittelt und Rufstrom an den b-Ast der Teilnehmerleitung gelegt, während diese über den a-Ast an Spannung liegt. Wenn der gerufene Teilnehmer aushängt, kommt das V4-Relais zum Ansprechen, schaltet die Teilnehmerleitung durch und betätigt dadurch das Y-Relais, welches das Signal abtrennt. Das P-Relais wird ebenfalls abgeworfen und gibt das V3-Relais frei. Wenn der gerufene Teilnehmer einhängt, fällt Y ab, schließt V4 kurz, so daß es abfällt, und die Leitung zum gerufenen Teilnehmer auftrennt; der rufende Teilnehmer erhält Besetztzeichen. Sobald er einhängt, fällt das A-Relais ab, schließt das V1-Relais kurz und nach Abfall des V1-Relais werden die beiden Auslösemagneten betätigt, so daß die Wähler in die Ruhelage zurückkehren.

Die Firma T. K. D., Nürnberg, hat ein vollautomatisches Gruppenstellensystem für 10 Teilnehmer und 3 Amtsleitungen entwickelt, wobei für die Gruppenstelle der erwähnte 10schrittige Drehwähler Verwendung findet. Auch für den Bau der neuen bayerischen Fernämter werden die Schalteinrichtungen der Firma verwendet.

System der Firma F. Schuchhardt, Aktiengesellschaft, Berlin.

Das System der Firma F. Schuchhardt ist gekennzeichnet durch eine neue Wählerkonstruktion, welche der Klasse der sog. Schnelläufer angehört. Geführt von dem Bestreben, den einfachsten Bewegungsvorgang, die Drehung möglichst vielfältig zu verwenden, hat man schon verschiedentlich Schnelläuferkonstruktionen entwickelt, welche meistens die sämtlichen Kontakte hintereinander an einem Kontaktkranz liegend, anordnen und die Dekadenunterteilung durch eine Unterscheidung in große und kleine Drehschritte vornehmen. So war bereits von der Firma Berliner ein Wähler entwickelt worden, welcher mit einem Zehnermagneten den Wähler über Dekadenschritte steuern konnte, worauf mit Einerschritten die Einereinstellung erfolgte. Auch die Firma Siemens & Halske hat in ihrem Laboratorium mehrere Schnelläufer-Konstruktionen entwickelt. Der Schnelläufer der Firma F. Schuchhardt ist dadurch gekennzeichnet, daß die Drehbewegung der Wählerarme nicht schrittweise durch einen Schaltmagneten bewirkt, sondern durch eine Federkraft veranlaßt und durch den Schaltmagneten im Bedarfsfall gehemmt wird. Es handelt sich also um ein sog. Gleitwerk. Im übrigen hat ein Schaltmagnet die Aufgabe, die Feder schrittweise anzuspannen, wenn der Wähler durchgedreht hat, eine Antriebsform, die jederzeit durch eine maschinelle, über eine gemeinsame Welle vermittelte ersetzt werden könnte. In dieser Form ausgeführt, würde der Schuchhardt-

Wähler die an sich sehr beachtliche Sonderform eines Wählers darstellen, der beim Aufzug Maschinenwähler, im Ablauf Schrittwähler ist.
Das wichtigste und schwierigste Problem bei allen Schnelläufer-
konstruktionen liegt in der schaltungstechnischen Beherrschung der
Bewegungsvorgänge. Die raschest arbeitenden Relais sprechen mit
4 ms an, erfordern also für Prüfvorgänge mit einiger Zeitsicherheit
mindestens 7—8 ms, und wenn das Prüfrelais erst auf den eigentlichen
Schaltmagneten wirkt, welcher die Hemmung vorzunehmen hat, so sind
weitere 8—10 ms erforderlich. Es würde also für jedes bestrichene Segment
eine Prüfzeit von mindestens 15 bis
20 ms entstehen, für den vollen Umlauf eines mit 50 hintereinander liegenden Kontakten ausgerüsteten
Wählers, eine Gesamtschaltzeit von
1 Sekunde. Dies ist beispielsweise
das Tempo eines I. Vorwählers, welches ohne Preisgabe der Sicherheit
nicht wesentlich überschritten werden darf. Mit zwei nebeneinander
gelegenen Prüfmöglichkeiten ausgerüstet, kann der Wähler also in dieser Geschwindigkeit zuverlässig betrieben werden. Eine andre Möglichkeit, die Schaltzeit noch weiter zu
verkürzen, besteht darin, daß man die
Schaltmagnete unmittelbar als Prüfrelais verwendet und auf den Kontaktkranz wirken läßt. Dadurch
kann die Geschwindigkeit beinahe
auf das Doppelte gesteigert werden.
Jedoch müssen die Schaltmagnete
hinsichtlich Selbstinduktion und Widerstand so bemessen sein, daß sie

Abb. 200. Schnelläuferkonstruktion der
Firma Schuchhardt Berlin
(Vorderansicht).

über den Kontaktkranz keine höhere Leistung beziehen als ein ge-
wöhnliches Relais, sonst tritt Überlastung der Kontaktstellen ein.

Unter diesen Gesichtspunkten ausgeführt, ist der Schnelläufer
ein brauchbarer, beweglicher Anrufsucher, Gruppen- und Leitungswähler mit einheitlicher Wählerkonstruktion.

Abb. 200 und 201 zeigt die Schuchhardtsche Ausführung des Schnellläufers, mit zwei nebeneinander angeordneten, dreiteiligen, 50 schrittigen
Kontaktbänken mit winkelversetzten Armen, welche mit 100 Drehschritten
die sämtlichen Kontakte bestreichen, mit zwei Schrittschaltmagneten,
deren einer im stromlosen Zustand den Ablauf der gespannten Feder
hemmt, während der zweite als Aufzugsmagnet schrittweise die Feder an-

spannt. Zur Regelung der Ablaufgeschwindigkeit ist schließlich eine Fliehkraftbremse angeordnet. Die Ruhelage des Wählers und das Ende der Rücklaufbewegung kennzeichnen mechanische Wellenkontakte.

Bei Verwendung als Anrufsucher kann der Wähler innerhalb einer Sekunde auf 100 Teilnehmer prüfen, ohne daß er dazu die Hilfseinrichtung eines Zehnersuchers benötigt. Als Gruppenwähler wird der Hemmagnet bei der Schritteinstellung impulsweise erregt und jeweils am Ende der den Dekadenschritten entsprechenden Segmentzahl wieder freigegeben. Dabei ist es gleichgültig, wie viele Kontakte man innerhalb einer Dekade anordnet, d. h. der Gruppenwähler kann ebensogut dreimal 30 wie fünfmal 20, oder zehnmal 10 Kontakte besitzen. Diese Beweglichkeit ist von großem Vorzug, wenn es sich um Anlagen mit einem Ausbau von 20, 30, 200, 300, 2000, 3000 usw. handelt. Man kann an Stelle der unbenötigten Dekaden die Schrittzahl für die Freiwahl vergrößern. Wenn z. B. ein Stadtnetz 5 Vollämter besitzt, so kann man an jeder abgehenden Dekade auf ein volles Zwanziger-Bündel prüfen lassen. Allerdings muß die Schaltbewegung dabei so

Abb. 201. Schnelläufer der Firma Schuchhardt (Wählergetriebe und Kontaktaufbau).

beschleunigt werden, daß nach 60 + 40 ms, also am Ende der idealen Impulsdauer, die betreffende Kontaktgruppe überstrichen und das Anhalten des Schaltmagneten bewirkt ist. Auch für den Leitungswähler besitzt diese Unterteilbarkeit gewisse Vorzüge, wenn es beispielsweise gilt, Mehrfachanschlüsse mit mehr als 8—10 Leitungen in eine Dekade zu verlegen, während in einer anderen Dekade Nummern eingespart werden können. Man kann so Mehrfachleitungswähler-Gruppen errichten, und diese mit 200 teiligen Leitungswählern (also durch Anordnung von 4 Kontaktkränzen nebeneinander) derart ausbauen, daß 20 und mehr Kontakte unter einer Sammelnummer überprüft werden können. Für den Zusammenbau der Wähler ist es von großem Vorzug, daß sie in horizontaler und vertikaler Lage angeordnet werden können. Für Nebenstellenanlagen liefert die Firma die Einrichtungen meist mit horizontalen Rahmen nach beiliegender Abb. 202. Die Anrufsucher mit zwei Relais pro Teilnehmer ausgeführt, mit einem in der Gesprächspause schaltenden Wählersucher sind in dem obersten Rahmen zusammengefaßt und die Teilnehmerrelais unter gemeinsamer Kappe zu 20 angeordnet. Die in der Abbildung wiedergegebene Ausführung benützt für den Leitungswähler einen kleinen Hilfswähler zur Schrittsteuerung für die Einerwahl. Die prinzipielle schaltungstechnische Anordnung kann schließlich aus folgenden kurzen Angaben entnommen werden.

Die Abb. 203 zeigt die prinzipielle Schaltung des Schnellläufers als Anrufsucher. L 50 ist ein Teilnehmeranschluß; A 50, T 50 die diesem

Abb. 202. Hunderterzentrale der Fa. Schuchhardt.

zugeordneten Anruf- bzw. Trennrelais; H ist ein dem Anrufsucher zugeordnetes Hilfsrelais und die kreisförmig angeordneten Punkte stellen die von den Armen bestrichenen Kontaktlamellen dar. Nimmt der Teilnehmer 50 seinen Hörer ab, so bringt er durch die Schließung seiner Schleife A 50 zum Ansprechen. A 50 legt $+$ bei a_I an die zu H über W S führende Leitung. H schließt seinen Kontakt und Magnet 8 erhält Strom. Magnet 8 gibt nun den Arm 2 und mit diesem auch die anderen Arme frei, so daß diese herumgedreht werden. 8 bleibt über die in Ruhe befindlichen Kontakte der Leitungen 00—49 erregt und wird beim Erreichen des Kontaktes der Leitung 50 stromlos, da hier $+$ durch A 50 abgetrennt ist. Durch Einfallen der Klinke werden also die Arme auf den Kontakten der anrufenden Leitung angehalten. Durch Zusammenschaltung von P und T über den c-Arm werden beide Relais zum Ansprechen gebracht. Während T das Anrufrelais A abschaltet, legt P die Teilnehmerleitung auf das Impulsrelais J. Die Einstellung des Anrufsuchers ist damit beendet.

Die prinzipielle Schaltung als Leitungswähler ist in Abb. 204 dargestellt. J ist wieder das Impulsrelais.· V ist ein verzögert abfallendes Relais, S der Magnet eines Schrittwählers und S1 ein Kontaktarm desselben. Vorweg sei noch bemerkt, daß der erste Zehnerstoß immer

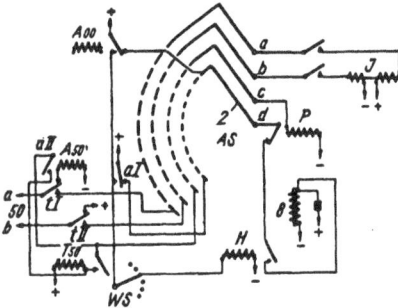

Abb. 203. Prinzipschaltbild des Schnellläufers als Anrufsucher.

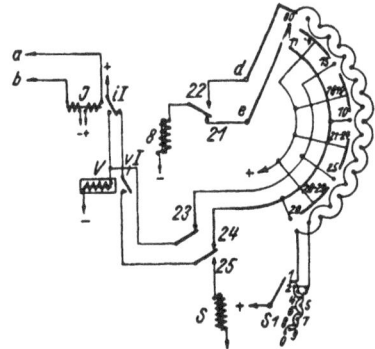

Abb. 204. Prinzipschaltbild des Schnellläufers als Leitungswähler.

unterdrückt wird. Es gelangt daher immer ein Stoß weniger in den Leitungswähler, als gesandt wird. Nach Durchschaltung über den Anrufsucher hat J angesprochen und bei i_I Relais V eingeschaltet. Dieses schließt seinen Kontakt v_I, der während der Dauer der Impulse geschlossen bleibt. Fällt nun durch die Schleifenunterbrechung mittels der Wählscheibe J ab, so wird + am Kontakt i_I über v_I, 24, Kontakt 00, Arm e 21 in den Magneten 8 gesandt. 8 veranlaßt wieder die Freigabe von e, dessen Drehung beginnt. Trifft Arm e auf die Kontakte 11—14, so bleibt 8 erregt, da die Kontakte direkt mit dem Pluspol der Batterie verbunden sind. Erreicht Arm e den Kontakt 15, so wird 8 aberregt, und hält die Arme an. Zieht Relais J nach beendeter Schleifenunterbrechung wieder an, so wird i_I umgelegt und + über die Kontakte 23 und 15 erneut in 8 gesandt. Arm e gleitet genau wie oben beschrieben, über die Kontakte 16—19 auf 10. Hier wird 8 wieder stromlos. Der Wähler wird angehalten und hat den ersten Zehnerschritt beendet. Zur wechselseitigen Hemmung des Gleitwerkes werden also für die Zehnerschritte Impulsdauer und Impulsunterbrechung zusammen verwendet, und erst am Ende der ersten Impulsunterbrechung ist der Wählerarm am zweiten Zehnerkonktat angelangt. Bei weiteren Zehnerstößen wiederholt sich der beschriebene Vorgang. War nur eine 2 gewählt, so ist die erste Strom-

stoßreihe mit Einstellung auf 10 beendet. In der durch erneutes Aufziehen der Wählscheibe (zwecks Sendung der Einerstöße) entstehenden
Pause werden die Kontakte 21, 23 und 24 auf nicht dargestellte Weise
elektrisch geöffnet und 22 und 25 geschlossen. Dadurch werden die von i_I
kommenden Stöße in S geleitet, der bei jedem Stoß in der von Schrittschaltwerken her bekannten Weise seinen Arm S1 einen Schritt vorwärts schiebt. Magnet 8 ist jetzt mit dem oberen Arm d verbunden. Nach
beendetem Zehnerstoß steht dieser Arm auf dem dem Kontakt 10 der
inneren Kontaktreihe gegenüberliegenden Kontakt, also auf 10 des
äußeren Kranzes. S1 steht in Ruhe einen Schritt vor seinen Kontakten.
Durch den ersten Stoß wird S1 auf seinen Kontakt 1 geschoben, dieser
ist mit allen geraden Kontakten, also auch mit 10 des oberen Kranzes
verbunden. Magnet 8 wird daher erregt, die Arme gleiten auf 21. Hier
wird durch Stromloswerden von 8 der Wähler angehalten, bis S1 durch
einen neuen Stoß auf 2 geschoben wird. Es erfolgt dann über 21 eine
neue Erregung von 8, worauf Arm d auf den nächsten Kontakt gleitet.
Der Vorgang wiederholt sich so oft, als Stöße in S gelangen.

Außerdeutsche Systeme.

Die Sa-Technik ist aus Amerika gekommen, hat dort an der Zahl
der Anruforgane gemessen die größte Verbreitung gefunden. Die Anruforgane sind etwa zu zwei Drittel nach dem Hebdrehwählersystem
gebaut, welches in Amerika und England von folgenden Firmen hergestellt wird:

Automatic Electric Co., Chicago, U.S.A.
Automatic Telephone Manufacturing Co. Ltd., Liverpool.
Siemens Brothers & Co. Ltd., Woolwich.
North Electric Manufacturing Co., U.S.A.
Conventry Automatic Telephones, Ltd., London.

Die Systeme sind in der Hauptsache für die Aufgaben der Ortsautomatik entwickelt worden, die Hebdrehwähler weichen von der beschriebenen Strowger-Konstruktion nur geringfügig ab. Vereinzelt
wurden Hebdrehwähler auch 200teilig ausgeführt, indem man die drei
Arme doppelteilig, die Kontaktsegmente doppelt mit isolierender Zwi-
schenlage ausgeführt hat. So konnte der Wähler bei jedem Drehschritt
2 Kontakte gleichzeitig prüfen und das zuerst ansprechende Prüfrelais
das zweite unwirksam machen. Diese Wählerkonstruktion ergibt anderseits den Nachteil einer nur einseitigen Kontaktauflage. Vereinzelt
wurden auch Hebdrehwähler mit Zusatzkontakten für die Hubbewegung
ausgeführt, welche es gestatteten, die einzelnen Kontaktbänke verschiedener Hubstufen unter sich vielfach zu schalten. Wenn beispielsweise ein als Gruppenwähler arbeitender Hebdrehwähler durch die
Teilnehmerwählscheibe 4 Impulse erhielt, auf der 4. Hubdekade da-

gegen kein Drehschritt mehr unbesetzt war, so wurde durch eine Besetztmeldung, ähnlich der Vorprüfung bei Mehrfachanschlüssen, ein Zusatzhubimpuls geliefert, so daß der Wähler in der 5. Hubdekade eindrehte. Diese Dekade mußte alsdann in der Rufnummernvergebung ausfallen. Neben den Vollamtsschaltungen sind auch Einrichtungen zur Bildung von Teilämtern geschaffen worden, welche den deutschen Mitlaufwerksystemen nicht unähnlich sind. Namentlich die englische Firma Siemens Brothers hat zur Bildung von Vorortsnetzgruppen Mitlaufwerke geschaffen, welche zwar weniger auf dem Umsteuer-, als auf dem Parallel-Wählerprinzip aufgebaut sind und unter Zuhilfenahme einer Blindbelegung den Anschluß von Teilämtern mit einheitlicher Rufnummernverteilung ohne offene Kennziffer gestatten. Auf diese Weise sind Unterzentralen mit Tausenden von Anschlußorganen an Großstadtnetze herangeführt[1]). So findet sich z. B. für den Anschluß der Vororte von Leeds folgende Beschreibung:

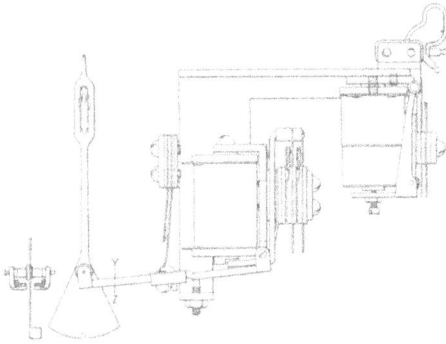

Abb. 205a. Keith-Vorwähler, Teilnehmeranschlußorgan.

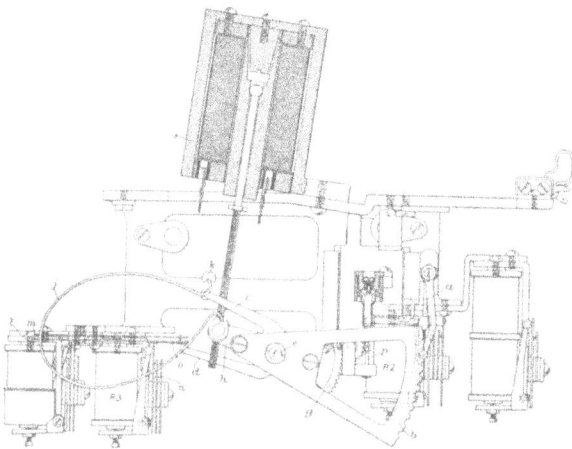

Abb. 205b. Keith-Vorwähler, Hauptsatzschalter.

Mit jedem Mitlaufwerk ist ein Wähler verbunden, der auf eine abgehende Verbindungsleitung prüft und sie auf das Mitlaufwerk durchschaltet. Es wird daher bei allen abgehenden Gesprächen beim Abheben des Hörers durch den Teilnehmer dieser mit dem Mitlaufwerk verbunden und ebenso mit dem I. Gruppenwähler der Zentrale in Leeds. Sobald die Nummernwahl stattfindet, arbeitet das Mitlaufwerk und der I. Gruppenwähler nebeneinander, bis jene Stromstoßreihen gewählt sind, welche

---

[1]) The Post Office Electrical Engineers' Journal. Vol. 10, Part 1/April 1926.

die Kennziffer dafür bilden, ob der Anruf lokal ist oder nicht. Bei lokalen Rufen wird bei der Freiwahl der I. Gruppenwähler in Leeds wieder ausgelöst und sowohl die Verbindungsleitung als der I. Gruppenwähler wird für einen anderen rufenden Teilnehmer verfügbar. Diese Freiwahl kann nun auf die 1., 2., oder 3. Stromstoßreihe folgen, entsprechend der Rufnummernvergebung. Im Falle der Unterzentralen von Leeds bildet die 1. Stromstoßreihe das Unterscheidungsmerkmal, ob der Anruf lokal ist oder nicht. In den Mitlaufwerken ist ein Stromstoßreihen-Vernichter eingebaut, um sie in die Lage zu versetzen, bei lokalen Anrufen sowohl als I. als auch als II. Gruppenwähler zu dienen. Diese Spezialeinrichtung besteht in einer Anordnung von Stromkreisen, welche den Auslösemagnet betätigen und den Wähler in die Ruhelage bringen, sobald die entsprechende Stromstoßreihe gewählt worden ist.

Wesentliche Unterschiede haben die außerdeutschen Schrittwählersysteme lediglich in der Auswahl der Vorwahlstufen zu verzeichnen, insofern meist die II. Vorwähler ganz in Wegfall kommen, dafür aber die ersten Vorwähler 15 bis 25schrittig ausgeführt werden. Der dafür erforderliche Aufwand wird natürlich unter allen Umständen größer.

Abb. 206. Keith-Vorwähler, Seitenansicht.

Eine interessante Wählerkonstruktion für die Vorwahl ist der Keith-Vorwähler. Geschaffen wurde der Wähler durch Alexander Keith, den Vizepräsidenten der Autelko (Abb. 205 und 206).

Der Keith-Vorwähler ist ein Gleitwerk mit Gruppenantrieb, wobei je nach Bedarf 25—50 Gleitwerke in Form von halbkreisförmigen Kontaktbänken zu 10 Kontakten mit einer im Drehpunkt liegenden, oszillierenden Kontaktstange zu einem Wähler vereinigt werden. Die Kontaktgabe erfolgt ähnlich wie bei Klinken dadurch, daß ein isolierter Stöpsel in eine klinkenartige Kontaktbank eingedrückt wird und die Federn an dahintergelegene Gegenfedern andrückt (Abb. Anh. 207).

Wenn der Teilnehmer aushängt, ist der Strom über das Linienrelais R geschlossen, welches dadurch zum Anziehen kommt und den Stromkreis des Eindrückmagneten T2 schließt, so daß dieser ebenfalls anspricht, einerseits das abfallverzögerte Linienrelais mit dem Anker abtrennt, andererseits den Kolben in die Kontaktbank hineintreibt. Der Stromkreis ist über einen Unterbrecherkontakt geführt, welcher so lange geöffnet ist, als der Hauptsatzschalterkolben in Bewegung bleibt. Sobald der Kolben in die Kontaktbank eingedrückt ist, preßt er mit zwei Hartgummiröllchen 4 Klinkenfedern an ihre federnden Gegenkontakte an (in der Zeichnung sind 3 gezeichnet) und verbindet auf diese Weise die Teilnehmerleitung mit dem nächsten Einstellwähler. Dieser übernimmt mit einem Linienrelais, welches in Brücke zwischen a- und b-Leitung liegt, die Aushängeüberwachung nach Art des Schleifensystems. Über eine besondere Auslöseleitung wird Erde an die Haltewicklung des Eindrückmagneten gelegt und gleichzeitig an den Prüfkontakt des zugehörigen Leitungswählers. Das Auslöserelais C, welches Erde anlegt, ist kupferverzögert und wird mit Ausnahme der kurzen Impulsunterbrechungen, die es nicht abzuwerfen vermögen, durch einen Kontakt des Linienrelais dauernd erregt. Die an den c-Ast angeschaltete Erde wird zugleich vom Dreharm des Drehschalters im Hauptsatzschalter abgegriffen, an dessen Drehpunkt ein Anlaßrelais An liegt. Dieses Anlaßrelais bleibt erregt, solange der Dreharm eine besetzte Verbindungsleitung findet, und wird freigegeben, sobald der Hauptsatzschalter vor einer freien Verbindungsleitung steht. Das Anlaßrelais betätigt den Sperr- und Drehmagneten Dm, welcher den Hemmungsbügel des Hauptsatzschalters freigibt, so daß dieser unter dem Einfluß der augenblicklich wirkenden Kraft, sei es nun der Solenoidenkolben oder die Rückführungsfeder, eine Drehbewegung in der einen oder anderen Richtung ausführt und dabei mit einer durch den Regler gesteuerten Geschwindigkeit den Schaltarm so lange über die Kontakte hin und her führt, bis eine freie Leitung gefunden ist und das Anlaßrelais den Drehmagneten abschaltet. Solange der Drehmagnet erregt ist, betätigt er auch das kupferverzögerte U-Relais, welches sämtlichen Eindrückmagneten die Spannung entzieht, so daß für die Dauer der Schaltbewegung des Hauptsatzschalters kein Kolben durch Ansprechen des Eindrückmagneten in die Klinken eingeführt werden kann. Für die Bereitstellung der Triebkraft dient ein weiteres Umschalterelais F, welches durch zwei Umkehrkontakte des Hemmungssektors gesteuert wird. Hat sich die Feder ganz ausgewirkt und den Kolben vollständig aus dem Solenoidkolben herausgezogen, ist also das Gleitwerk in der einen Außenlage angekommen, so wird durch den Umkehrkontakt die sog. Fingerfeder I geschlossen und damit das F-Relais erregt, welches das Solenoid S einschaltet und seinen Anker über eine Sperrung im angezogenen Zustand erhält. Die Tätigkeit des Solenoides dauert so lange, bis der zweite Umkehrkontakt in der anderen Außenlage des Hauptsatzschalters die Feder des F-Relais wieder ausklinkt, dann wird wieder die Rückführungsfeder wirksam und das Solenoid ist ausgeschaltet. Die Betätigung durch das Solenoid wirkt vollständig unabhängig vom Anlaßrelais durch den Klinkenarm der F-Relaisfeder.

Im übrigen zeigen die außerdeutschen Schrittwählersysteme konstruktiv keine so wesentlichen Unterschiede von den deutschen, daß sie hier besonders erwähnt zu werden brauchen. Interessant ist es gerade von dem Gesichtspunkt der Keith-Vorwähler-Konstruktion, welcher Wert in der ersten Zeit der Automatik auf eine rasche Abwicklung der Vorwahl gelegt wurde, während doch heute selbst in größten Städten mit Maschinenwählerbetrieb Wartezeiten bis zu 5 Sekunden ohne weiteres in Kauf genommen werden. Ja man hat sich nicht gescheut, selbst in reine Schrittwählersysteme hinein Hilfseinrichtungen zu tragen, welche die Vorwahlzeit auf 2—3 Sekunden erhöhen.

Das Direktor-System.

Umrechner und Speicher, Einrichtungen, welche zur Abstimmung der Wählerbewegung auf die Wählimpulse in den Maschinenwählersystemen zunächst notwendige Übel waren, sind vereinzelt auch in Strowger-Systeme hineingetragen worden, um eine von der rein dekadischen abweichende Rufnummernvergebung unter Umständen unter Zuhilfenahme von Buchstabenzeichen zu ermöglichen. Es ist eine erwiesene Tatsache, daß mit zunehmender Stellenzahl der Rufnummern die Schwierigkeiten, sie zu behalten, und damit die Wählfehler wesentlich zunehmen. Diese Wählfehler werden geringer, die Einprägung der Nummern wird erleichtert, wenn die Rufnummer von selbst in zwei leicht zu behaltende Gruppen zerfällt, etwa eine Kennziffer und eine Rufnummer, oder eine Buchstaben- und Zifferngruppe. Deshalb läßt man in den größten amerikanischen Städten den Teilnehmer 4 Buchstaben, die 4 Anfangsstellen des Amtsnamens, wählen, und ordnet jeder Wählscheibenziffer drei Buchstabengruppen zu (vgl. Abb. 9). So können Amtsnamen, z. B. City, Nelson ganz oder teilweise in die Rufnummer einbezogen werden. Ein Teilnehmer hat z. B. die Rufnummer City 3245. So angenehm diese Möglichkeit an sich sein mag, so fragt es sich doch, ob sie das Opfer des Einbaues eines Direktors wert ist. Hat man doch beispielsweise in Berlin unter Beibehaltung des dekadischen Systems eine Numerierung geschaffen, die, wie bereits erwähnt, unter Benützung der gezeigten Wählscheibe aus einem Amtsaufzeichen und einem Teilnehmerrufzeichen besteht, z. B. B 7/6315. B kennzeichnet den Knotenamtsbezirk, 7 das Unteramt dieses Bezirks, die Rufnummer stellt in dem betreffenden Amt den Teilnehmeranschluß ein. So sind die Komplikationen der Speicherung und Umrechnung vermieden worden.

Vereinzelt auch fordert man den Einbau eines Direktors, um sog. Tandem-Ämter bilden zu können, ohne dem Teilnehmer die damit notwendig werdenden vielstelligen Rufnummern zu geben. Wenn z. B. ein Stadtteil längs einer Straße, oder gezwungen durch Gebirge oder Flußläufe, schmal und langgestreckt sich hinzieht, so kann es zweckmäßig erscheinen, die Ämter hintereinander zu reihen, so daß das zweite

gewissermaßen als Teilamtsgruppe des ersten, das dritte als Teilamtsgruppe des zweiten, gewissermaßen als Teilamt II. Grades bezogen auf
das erste erscheint. Auch Teilämter dritten und vierten Grades sind
in großangelegten Netzen in diesem Falle denkbar. Mit reiner Vollamtsschaltung und offener Ziffernvergebung würde man dem ersten Amt die
Rufnummer 20000, dem zweiten 30000, dem dritten 40000, dem
vierten 50000 usw. geben. Die Teilamtsanordnung dagegen verlangt,
daß man den Teilnehmern des ersten Amtes die Rufnummern 20000
bis 28000, denen des zweiten Amtes 291000—298000, denen des dritten
Teilamtes 2091000—2999000 gibt. Durch Einbau eines Direktors kann
man nach Wahl der Ziffer 4 die Einstellung der Zahl 2999 usw. bewirken.
Ebenso gelingt es, durch Einbau eines Registers bei Einschiebung eines
neuen Amtes in ein vorhandenes Stadtnetz dem Teilnehmer die Rufnummeränderung zu ersparen.

Die Wirkungsweise eines Direktors und Umrechners (Registers)
betrachten wir am zweckmäßigsten an Hand eines Aufsatzes von Direktor
M. Langer, E.T.Z. 1926: „Speicherung und Umrechnung in Fernsprechanlagen mit Wählerbetrieb" (Abb. 208). Man sieht, wie nach Belegung

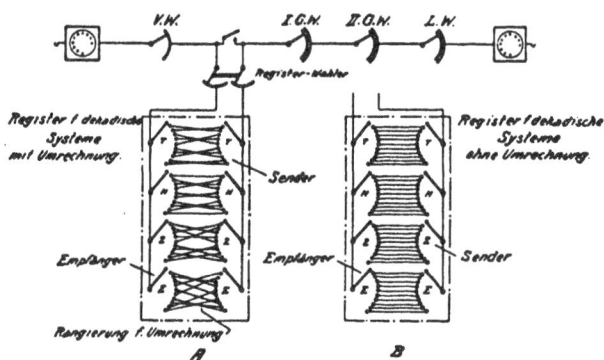

Abb. 208. Wählerübersichtsplan eines Registersystems, mit und ohne Umrechner.

des I. Gruppenwählers durch einen Registerwähler ein freies Register
ausgesucht wird, worauf die Impulse des Teilnehmers der Reihe nach
auf die Speicherwähler für Tausender, Hunderter und Zehner auflaufen.
Dieselben werden auch vielfach als Empfänger-Wähler bezeichnet,
während die Impulsabgreifer auch Sender-Wähler genannt werden. Nach
der Speicherung beginnen die Senderwähler schrittweise betätigt, die
Kontakteinstellung auf den entsprechenden Empfängerwählern zu
suchen, wobei gleichzeitig die eigentlichen Einstellwähler betätigt werden.
Bei Schrittschaltwerken liefert in der Regel der Senderwähler Impulse
zu den Einstellwählern, während bei Maschinenwählersystemen umge-

kehrt der maschinengetriebene Wähler über einen Kollektor impulsweise die Senderwähler betätigt. Aufgabe derselben ist es alsdann, mit Hilfe eines Steuervorganges, sobald sie den vom Empfänger eingestellten Kontakt gefunden haben, die Drehbewegung des Maschinenwählers stillzusetzen. Je nach der Verdrahtung zwischen den Kontakten der Empfänger- und der Senderwähler kann mit der Speicherung zugleich eine Umrechnung verbunden werden, so daß allenfalls eine ganz andere Kombination von Stromstößen abläuft, als entsendet wurde. Es handelt sich dabei um eine Rangierung über einen Verteiler, welche im Notfalle beim Ausfall einer Verkehrsstraße, auch zum Zwecke einer Verkehrsumleitung ausgeführt werden kann.

Vor- und Nachteile des Registers ergeben nach Langer folgende Gegenüberstellung:

Vorteile des Registers.

A. Als Empfänger.

1. Unabhängigkeit der Wählereinstellung von der Stromstoßgabe der Nummernschalter und den verschiedenen Einflüssen der Teilnehmerleitung.

B. Als Sender.

2. Weiterleitung der Stromstöße, gegebenenfalls mit veränderter Geschwindigkeit oder verändertem Stromstoßverhältnis.
3. Steuerung der Stromstöße zu den Amtswählern vom Sender aus oder rückwärts von den Amtswählern zum Sender.
4. Rückkontrolle, ob der Wähler der nächsten Stufe erreicht ist, bevor weitere Stromstöße erfolgen. Dadurch Möglichkeit für Verwendung großer Kontaktzahlen in jeder Richtung, also großer Leitungsbündel. Sucht der Wähler solange, bis er eine freie Leitung gefunden hat, dann treten keine Verluste auf, sondern nur Wartezeiten, wodurch gute Ausnutzung der nachfolgenden Wähler und Leitungen erreicht wird.

C. Als Umrechner.

5. Verwendung von Wählern mit großer Richtungszahl bei undekadischem Systemaufbau zur Erzielung einer guten Netzanordnung. Verminderung oder Vermehrung der Wählerstufen.
6. Beliebige Amtsbezeichnung und Veränderung der Bezeichnung ohne Änderung des Teilnehmerverzeichnisses. Leichter Austausch von Nummernreserven der einzelnen Bezirke einer großen Anlage.
7. Leichte Umleitung von Verbindungswegen bei Leitungs- oder Kabelbruch, oder um anderweitige Leitungswege mit auszunutzen. Bildung von Tandem-Ämtern.
8. Ersparung von Wählerstufen bei besonderen Verbindungen, z. B. Lokalverbindungen.

9. Möglichkeit der Verwendung von Querverbindungen.
10. Tarifanpassung durch Mehrfachzählung und bei Münzautomaten; Umleitung unzulässiger Verbindungen.
11. Überwachung von unregelmäßigen Verbindungen.
12. Erleichterungen bei der Überleitung des Verkehrs auf neue selbsttätige Ämter.

Diesen vielen Vorteilen stehen aber folgende Nachteile gegenüber:

Nachteile des Registers.

1. Komplikation und Verteuerung der Anlagen sowie Unterhaltungsschwierigkeiten infolge des komplizierten Systems.
2. Wartezeiten nach dem Wählen.
3. Vergrößerung des Verkehrswertes und damit der Wählerzahl des Amtes durch die verlängerte Verbindungsdauer.
4. Schwierige Fehlereingrenzung und erhöhter Einfluß bei Registerstörungen, Verkehrsengpaß beim Register.
5. Schwierigkeiten in der Bildung von Unterzentralen, besonders bei hochspannungsbeeinflußten Leitungen.
6. Außerordentliche Komplizierung der Schaltvorgänge bei automatischer Fernwahl und Bildung von Sa-Netzgruppen.
7. Erschwerung der Bildung von automatischen Nebenstellenanlagen mit mehrmaliger Durchwahl (Werkzentralen).

Die Ausführung eines Direktors selbst, wie das Register für Schrittwählersysteme heute allgemein bezeichnet wird, zeigt nebenstehende Abb. 209 und 210. Zu ersehen ist hier der vierarmig ausgeführte Hebdrehwähler.

Wenn mehr als vierstellige Kennziffern zu speichern sind, so kann der Wähler auch 5- und 6armig ausgeführt werden. Neben dem Wähler befinden sich zwei Steuerschalter, ein sog. ankommender Steuerschalter, welcher die vom Teilnehmer entsendeten Impulse auf die verschiedenen Einstellorgane verteilt, ein abgehender Steuerschalter, welcher das Abgreifen der verschieden gespeicherten Stromstoßreihen in der richtigen Reihenfolge veranlaßt. Vier 10-teilige Stromstoßspeicher und ein ebenfalls 10teiliger Stromstoßabgreifer ergänzen die wählertechnische Einrichtung zusammen mit einer Reihe von Relais, welche die Einstellstromkreise zu betätigen haben. Ein Zwischenverteiler gestattet es, zwischen den Kontakten der Hebdrehwählerkontaktbank und den Abgreiferkontakten beliebige Umrechnungen durch entsprechende Rangierung der Drähte vorzunehmen.

Die prinzipielle Wirkungsweise dieses Direktors zeigt die Übersichtsskizze Abb. Anh. 211. Der Registersucher prüft auf einen freien Direktor und sein Prüfrelais spricht an. Der Teilnehmer schickt seine Impulse, welche über den ankommenden Steuerschalter zuerst in den Hubmagneten, dann in den Drehmagneten, dann in den Tausender-, Hunderter-, Zehner-

und Einerspeicher durch jeweilige Anschaltung des betreffenden Drehmagneten geleitet werden. Durch den Steuerstromstoßkreis wird dafür
gesorgt, daß jeweils zwischen zwei Stromstoßreihen der ankommende

Abb. 209. Direktor (Vorderansicht).

Steuerschalter um einen Schritt weiterbefördert wird. Wenn die Strom-
stoßspeicherung vollzogen ist, was durch einen Hilfsarm des ankommenden
Steuerschalters gekennzeichnet wird, so erfolgt das Abgreifen der Im-

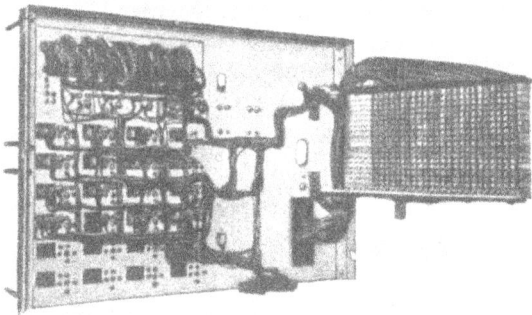

Abb. 210. Direktor (Rückansicht mit Verteiler).

pulse und deren Weiterleitung an die Einstellwähler. Es ist hierzu ein
Relaiswechselspiel vorgesehen, welches einerseits die Einstellimpulse
liefert, andrerseits schrittweise den Abgreifer betätigt, bis dieser über
den eingestellten Kontakt das Abschaltepotential findet und weitere
Impulse unterdrückt. Dann läuft der Abgreifer leer in die Nullstellung
zurück und das Abgreifen der nächsten Stromstoßreihe beginnt. Dabei

24*

ist zu berücksichtigen, daß jeweils der Teilnehmer eine geringere Zahl von Stromstoßreihen sendet, als von dem Direktor ablaufen. Ist es ja doch Aufgabe des Direktors, die Rufnummer zu vereinfachen und zu verkürzen. Wenn z. B. ein Teilamt II. Grades gebildet wird, so müßte dies dem wählertechnischen Aufbau entsprechend, wenn es an das Vollamt 40000 angeschlossen ist, die Rufnummer 4990000 erhalten. Wenn nun ein Teilnehmer dieses Amtes mit der Anschlußnummer 4996573 die tatsächliche Rufnummer 56573 erhält, so ist es Aufgabe des Direktors, die Zahl 5 umzusetzen in 499. Dann brauchen die Restziffern 6573 lediglich gespeichert und in gleicher Zahl wieder abgegriffen zu werden. Dies drückt sich im Direktor folgenderweise aus: Die erste Stromstoßreihe 5 wird über den ankommenden Steuerschalter an den Hubmagneten weitergegeben. Die zweite Zahl 6 fließt in den Drehmagneten, so daß der Hebdrehwähler auf Kontakt 56 eingestellt wird. Nun ist der a-Arm dieses Hebdrehwählers über Kontakt 56 der a-Kontaktbank über Zwischenverteiler mit dem 4. Schritt des Abgreifers verbunden; b-Arm und Kontakt 56 der Abgreiferkontaktbank über Zwischenverteiler mit Schritt 9 des Abgreifers; c-Arm entsprechend ebenfalls mit Schritt 9; d-Arm mit Schritt 6. Sooft der Teilnehmer eine Stromstoßreihe schickt, schaltet der ankommende Steuerschalter um einen Schritt weiter, leitet die dritte Stromstoßreihe 5 über seine Stellung 3 in den Drehmagneten des Tausenderspeichers über Stellung 4 die nächsten 7 Stromstöße in den Drehmagneten des Hunderterspeichers, die nächsten 3 Stromstöße in den Drehmagneten des Zehnerspeichers. Der Einerspeicher wird in diesem Fall nicht benötigt.

Entweder noch während des Speichervorganges, oder nach der letzten Stromstoßreihe, je nach der Eindeutigkeit der getroffenen Wahl kann das Abgreifen beginnen und nun schließt der abgehende Steuerschalter zunächst den Arm a des Hebdrehwählers an seinen ersten Kontakt an und läßt nun den Abgreifer in Tätigkeit treten. Der Abgreifer bestreicht schrittweise seine 10 Kontakte, bis er an einem derselben und zwar in unserem Falle über den vierten, Zwischenverteiler, a-Arm des Hebdrehwählers, ersten Schritt des abgehenden Steuerschalters das Gegenpotential findet, so daß ein Unterbrecherrelais wirksam wird und die Abgabe weiterer Impulse verhindert. Der Abgreifer läuft durch seine Kontaktbank hindurch und bringt dann den abgehenden Steuerschalter um einen Schritt weiter und beginnt dann seinen Lauf von neuem. Beim 9. Drehschritt findet er über Zwischenverteiler, Arm b des Hebdrehwählers, Steuerschalter Schritt 2 wieder Gegenpotential und das R-Relais spricht neuerdings an. Es wurde also der I. Gruppenwähler 4 Schritte gehoben und dann selbsttätig eingedreht, der II. 9 Schritte. Wieder fällt das R-Relais ab, sobald der Abgreifer durchgedreht hat, der Steuerschalter stellt sich auf den dritten Schritt ein und schaltet damit den c-Arm durch, der über den Zwischenverteiler ebenfalls mit dem

9. Schritt des Abgreifers durchverbunden ist. Der dritte Gruppenwähler wird also 9 Schritte gehoben. Der abgehende Steuerschalter geht nun auf den 4. Kontakt, schließt dadurch den d-Arm an und nun werden 6 Impulse abgegriffen und an den IV. Gruppenwähler weitergeleitet. Der nächste Schritt des abgehenden Steuerschalters schließt den Dreharm des Tausenderwählers an, der auf dem 5. Drehschritt steht, so daß auch der Abgreifer 5 Impulse abgreift. In der gleichen Weise werden auf Schritt 5 des abgehenden Steuerschalters über den Hunderterwähler 7 Impulse abgegriffen und zum Anheben des Leitungswählers benützt über den Zehner-Einsteller 3 Impulse und damit der Leitungswähler eingedreht. Die Umrechnung der Zahl ist vollzogen. Nach dem letzten Rücklauf des Abgreifers werden der Reihe nach die einzelnen Schaltorgane in die Ruhelage zurückgeführt, der Registerwähler wird freigegeben, die Sprechleitung durchgeschaltet und die im Rücklauf begriffenen Einstellwähler sperren rückwärtig den Direktor gegen eine Belegung, ehe das letzte Organ in die Ruhelage zurückgekehrt ist. An besonderen Zusätzen des Direktors ist zu beachten eine Zeitüberwachungseinrichtung, wonach bei einer mehr als 1 Minute dauernden Belegung des Registers selbsttätig die bis dahin gewählte Zahl zusammengeworfen und die Verbindung auf eine Störungsstelle durchgesteuert wird. Ebenso können Hinweisnummern, Prellungen beim Aushängen (eine ungewollte 1) zum Anruf einer Auskunftsstelle umgerechnet werden.

Man sieht also wie der Direktor es ermöglicht, den einzelnen Ämtern hier den Vollamtscharakter zu geben, auch wenn sie leitungstechnisch als Teilämter, in diesem Falle als Tandem-Ämter bezeichnet, hintereinander gereiht sind. Darin liegt zweifellos eine außerordentlich wirtschaftliche Möglichkeit, welche den Register mehr als bezahlt macht, und welche mit den neuzeitlichen deutschen Teilamtsschaltungen wohl in Konkurrenz treten kann. Die Forderung, der $n \cdot (n-1)$ Verbindungsleitungsstränge läßt sich in Registernetzen auf eine wesentlich geringere Zahl reduzieren, insofern man für alle nach der gleichen Richtung ausstrahlenden Verbindungsleitungsstränge gemeinsame Bündel bilden kann, wenn man durch Einbau eines Direktors künstlich eine Trennung nach Verkehrswegen vornehmen läßt. Andrerseits ist freilich der Register ein sehr umfangreicher, schaltungstechnisch schwieriger, wenn auch zuverlässiger Apparat. Wenn man die neueste Entwicklung der Fernsprechtechnik, Netzgruppenbildung und automatische Nebenstellenanlagen im Auge behält, so wird man namentlich vom letzteren Standpunkt aus den Einbau eines Registers trotz aller Vorzüge bedenklich finden.

Die Maschinenwählersysteme.

Wenn die zum Verbindungsaufbau unmittelbar verwendeten Wähler nicht mehr durch die Impulse des Teilnehmers schrittweise betätigt, sondern durch Maschinenantrieb bewegt werden, so spricht man von

Maschinenwählersystemen. Es handelt sich also hier um maschinengetriebene Bewegungsmechanismen, deren Bewegung mit Fernsteuerung geregelt wird und zwar durch die Nummernzahl des Teilnehmers. So entsteht die Aufgabe, zwischen den dauernd bewegten Antriebsmechanismen, den umlaufenden Wellen mit Zahnrädern, Friktionsscheiben, Kegelrädern, Korkrädern und dgl. eine durch die Stromstoßgabe kontrollierte Kupplung mit den Wählern vorzunehmen. Diese Kupplung richtet sich nach der Bewegungsmöglichkeit des Wählers und muß nach Phase des Eingriffs und Dauer auf Millisekunden kontrollierbar sein. Es sind sogar Systeme entwickelt worden, bei denen das Getriebe des Wählers mit dem Dauerantrieb impulsweise verkuppelt wird, d. h. also zu Beginn des Impulses wird der Eingriff in die dauernd umlaufende Welle hergestellt, dann wird ein Bewegungsschritt ausgeführt und die Kupplung selbsttätig gelöst, ehe die Dauer des Impulses abgelaufen ist, und das Verhältnis der Impulsdauer zur Schrittdauer stellt hier wiederum die Zeitsicherheit dar. Im allgemeinen werden derartige Wählergetriebe reichlich kompliziert und erfordern den vollen Aufwand der Schrittschaltmagnete neben dem maschinellen Antrieb. Derartige Systeme können mit direkter Impulsgabe ausgerüstet werden, wie dies z. B. bei einem von Herrn Oberpostrat Hersen und der Firma Lorenz entwickelten Stangenwähler der Fall ist.

Selbstverständlich bringt der maschinelle Antrieb einerseits wesentlich erweiterte Möglichkeiten, so daß die Wähler bedeutend größer ausgeführt werden könnten, andrerseits bestimmte Forderungen für Herstellung und Betrieb. Die Wähler können in beinahe beliebiger Größe 200-, 300-, 500-, ja 1000teilig ausgeführt werden und ergeben dadurch vom Standpunkt der Wahrscheinlichkeitsrechnung zunächst eine günstigere Ausnützung und die Möglichkeit große Bündel zu bilden. Freilich ist im einzelnen Wähler auch ein wesentlich höherer Aufwand als bei einem etwa 100teiligen Schrittwähler getroffen und so ist für eine Vergleichsrechnung vom Standpunkt der Wirtschaftlichkeit jeweils zu prüfen, welches die günstigste, wirtschaftlichste Wählergröße ist. Es gibt gewissermaßen für jedes System ein Optimum der Wirtschaftlichkeit und für den Vergleich der verschiedenen Systeme muß sorgfältig von Fall zu Fall unterschieden werden, welches das wirtschaftlichste ist. Zweifellos eignen sich die großen Maschinenwählersysteme überwiegend nur für größte Städte. Der Stangenwähler hat sich nur die amerikanischen Millionenstädte erobert, auch der Rotary- und Ericson-Wähler sind meist nur in Städten mit über 100000 Einwohnern zur Anwendung gelangt.

Die Wählerkonstruktion hat ihre starken Rückwirkungen auf die schaltungstechnische Entwicklung und auf den Zusammenbau. Während das Schrittwählersystem auf die Verwendung des Elektromagneten als Schaltmagnet und Relais geradezu hinweist, benützen die Maschinenwählersysteme den einmal gegebenen Antrieb möglichst weitgehend und suchen alle Schalt- und Bewegungsvorgänge mit Hilfe desselben auszuführen. Die Relaiszahl wird aufs äußerste vermindert, an ihre Stelle treten Steuerschalter, sog. Folgeschalter, welche unter Umständen ein und dasselbe Relais in verschiedene Stromkreise einschalten und so an Relaiszahlen wesentlich sparen helfen. Die Elektromagnete und Relais beschränken sich hier zumeist auf Linien- und Speisungsrelais und auf die Kupplungsmagneten. Alle anderen Vorgänge besorgen Steuerschalter.

In fast allen Maschinenwählersystemen ist zur Verringerung der Baukosten eine Trennung der Getriebeteile und der dazugehörigen Relais durchgeführt. Man will die Wellen gedrängt aneinander und durchlaufend anordnen und sie nicht durch Zwischenbau von Relaissätzen unterbrechen und verlängern. Das hat die vom Betriebsstandpunkt aus sehr bedauerliche Folge, daß Wähler und Relais vielfach mehrere Meter weit auseinander sind und so die Beobachtung einerseits, andrerseits die Montage erschweren. Eine große Zahl von Verbindungskabeln muß zwischen den örtlich getrennten, organisch zusammengehörigen Gliedern verlegt werden und erschwert und verteuert die Montage. Während man in den Schrittwählersystemen heute die Relais unmittelbar an den Wähler anbaut, um an Ausführungen, Verbindungsleitungen und Rahmenverdrahtungen zu sparen, ergibt sich hier mit zunehmender Amtsgröße eine immer schärfere Trennung zusammengehöriger Teile.

Andrerseits liegen in dem maschinellen Antrieb auch hohe technische Möglichkeiten, die Bewegungsvorgänge können sicher und schnell ausgeführt werden, Kontakte mit hohen Drücken können verwendet werden; für die Freiwahl über hochwertige Verbindungsleitungen ergeben sich vollkomene Bündel zu 20, 30, ja 50 Leitungen. Die Impulsgabe des Teilnehmers gestaltet sich außerordentlich sicher und kann von einer Gruppe einfachster Schrittwähler mit Drehbewegung, oder von Relaisspeichern entgegengenommen werden. Hierzu wurde allerdings bereits erwähnt, daß die Empfindlichkeit der Aufnahmeorgane leicht zu weit getrieben werden kann, so daß die Sicherheit der Einstellung durch Überempfindlichkeit leidet, während sich die Schrittwählersysteme mit ihren Einstellzeiten gerade im Optimum ihrer Impulsgabe befinden. Schnellere Wählscheiben als in Schrittwählersystemen haben sich auch in Maschinenwählersystemen nirgends eingeführt. Wertvoll ist, daß die einzelnen Stromstoßreihen in raschester Reihenfolge nach einander gesandt werden können, da zwischen den einzelnen Speichervorgängen keine Freiwahl liegt. Als Minimalzeit kommt hier nur die Abfallzeit des verzögerten Steuerrelais für Schleifensystem in Frage mit 150—250 ms, während bei den Schrittwählersystemen anschließend daran noch 300 bis 400 ms benötigt sind.

Wenn in den Schrittwählersystemen der Einbau von Direktoren willkürlich erfolgen kann, so ist in den Maschinenwählersystemen das

Register unentbehrlich. Sobald die Wählerkonstruktion die dekadische Basis verläßt, muß überdies eine Umrechnung mit der Speicherung verbunden werden. Darin liegt die Hauptschwierigkeit für die Maschinenwählersysteme, die Komplikation in den Schaltungen. Wenn ein Schrittwählersystem neuester Ausführung im I. Gruppenwähler 5, im II. Gruppenwähler 3, im Leitungswähler 6, also in einer gesamten Verbindung nach dem Hunderttausendersystem 24 Relais benötigt, so ist diese Zahl in den Maschinenwählersystemen schon im Register nötig mit einer Fülle von Folgeschalterarmen und -Stellungen und vor allem mit einer großen Zahl von Verbindungsleitungen von Wählerstufe zu Wählerstufe. Weiterhin ist bedenklich, daß nach dem Verbindungsaufbau eine Reihe von Zwischengliedern aus der Verbindung ausscheiden, so daß beim fehlerhaften Aufruf eines Teilnehmers nur schwer feststellbar ist, wo der Fehler gelegen war. Andrerseits besitzen die Maschinenwählersysteme vielfach eine selbsttätige Überwachungseinrichtung, durch welche Verbindungen, deren Aufbau länger als 10—15 Sekunden dauert, selbsttätig im Amt einen Störungsalarm verursachen und aufrechterhalten bleiben. Beim Aushängen hat der Teilnehmer zunächst zu warten, bis sich der I. und II. Anrufsucher eingestellt hat, bis der Registersucher ein freies Register gefunden hat, dann erst ertönt das Amtszeichen nach einer Wartezeit, die bis zu 5 Sekunden betragen kann. Auch wenn die letzte Zahl gewählt ist, muß bis zu dem Augenblick, wo der Speicher abgelaufen ist und die Wähler eingestellt sind, 5—6 Sekunden gewartet werden. Gegenüber den Schrittwählersystemen verzögert sich der Verbindungsaufbau also auf die doppelte bis dreifache Zeit und einer der wertvollsten Vorzüge der Automatik, wartezeitloser Verbindungsaufbau, geht teilweise verloren. Viele Register sind so ausgeführt, daß der Ablauf der Sender vom Freiwerden eines Wählers abhängig ist, so daß mit sparsamen Wählerzahlen gebaut werden kann. Der Verbindungsaufbau wird durch diese Wartezeit zwischen den ablaufenden Stromstoßreihen selbstverständlich weiterverzögert. Die Rückwirkung all dieser Maßnahmen auf den TC-Wert können ohne weiteres ersehen werden. Für die neuesten Aufgaben der Automatik, Fernwählung, Netzgruppenbildung und Bau vollautomatischer Nebenstellenanlagen mit mehrmaliger Durchwahl, sind Maschinenwählersysteme noch nicht durchgeführt worden. Es muß sich erst zeigen, ob sie nicht gerade hier besondere Hindernisse vorfinden und das Gebiet der Kleinzentralen dem Schrittwählersystem überlassen müssen.

Für das Register entstehen bei mehr als 100teiliger Ausführung der Wähler besondere Umrechnungsaufgaben.

Die Zahl der Register braucht nur für die Gleichzeitigkeit und die TC-Werte des Verbindungsaufbaues, also für etwa 15 Sekunden Zeitdauer pro Gespräch bemessen werden. Man findet in den Maschinenwählerämtern, je nach der Bündelgröße 2—5% Register vorgesehen.

Wenn der Register abgelaufen ist, steht dem Teilnehmer eine für weitere Einstellvorgänge zunächst ungeeignete Wählerverbindung zur Abwicklung des Gespräches zur Verfügung. Jedes weitere Entsenden von Wählimpulsen ist zwecklos, das Nachwählen von Rufnummern, wie dies eine Werkzentrale erfordert, unmöglich geworden. Erweitert man die Aufgaben für automatische Fernvermittlung und fordert einen Ortsfernleitungswähler nach deutschem Muster, so müssen bereits Hilfseinrichtungen im Leitungswähler vorgesehen werden, welche neben dem Register als Doppelaufwand erscheinen.

Das Maschinenwählersystem der Bell-Manufacturing-Co. Antwerpen.

Das verbreitetste Maschinenwählersystem, das technisch hochentwickelt, namentlich in Europa als halbautomatisches und vollautomatisches System vielfach in Einführung begriffen ist, ist das Drehwählersystem, das sog. Rotary-System. Es hat seinen Namen von der Drehbewegung, welche als einzige Bewegung für das ganze System verwendet wird. Die Wähler enthalten eine Vielzahl von Bürsten, welche übereinander in einem Bürstenträger angeordnet, durch einen besonderen Bürstenwähler nach Maßgabe der Zehnerwahl ausgeklinkt werden. Nur die ausgeklinkten Bürsten kommen bei der darauffolgenden Drehbewegung des Bürstenträgers mit den Kontakten in Eingriff und am Ende der Drehbewegung werden die Bürsten an einem Anschlag in die Ruhelage zurückgeklinkt. Die zwei Einstellvorgänge zerfallen also in Bürstenwahl und Bürsteneinstellung. Der Wähler selbst gibt über einen Kommutator während seiner Drehbewegung Kontrollimpulse an den Sender des Registers, bis ein Steuerimpuls die weitere Drehbewegung stillsetzt.

Im Antrieb des Wählers, der ja das Herz eines Maschinenwählersystems darstellt, hat sich vor einigen Jahren eine grundsätzliche Umstellung vollzogen. Die älteren Wähler besaßen eine magnetische Reibungskupplung, während die neuen eine elastische Zahnradkupplung besitzen.

Die magnetische Reibungskupplung des Drehwählersystems wirkte in der Weise, daß ein rotierender Elektromagnet mit kreisförmiger Ankerscheibe eine elastische Membran mit einem kreisförmigen Weicheisenkranz durch den magnetischen Schluß an die umlaufende Scheibe andrückte und so ohne Gleiten die Mitnahme des beweglichen Wählerteils durch die Reibung bewirkte. Die in Berührung stehenden Metallteile waren als blanke Eisenteile vielfach einer starken Verrostung ausgesetzt, wobei abgeriebene Rostteile in die darunter gelegenen Kontakte fielen und deren Isolation störten. Insgesamt hat die seit etwa 15 Jahren bestehende Kupplungseinrichtung gut gearbeitet und sind die damit ausgeführten Ämter noch lange betriebsfähig. Abb. 212 zeigt einen Gruppenwähler alter Ausführung, mit dem zugehörigen Folgeschalter, der damals mit isolierten Exzenternocken und Federkontakten ausgerüstet war. Man sieht zehnmal 3 Kontakte in Reihe übereinander liegen und 20 derartige Kontaktreihen im Halbkreis angeordnet. Vor diesem Kontaktkranz bewegt sich ein Bürstenträger, auf welchem schwenk-

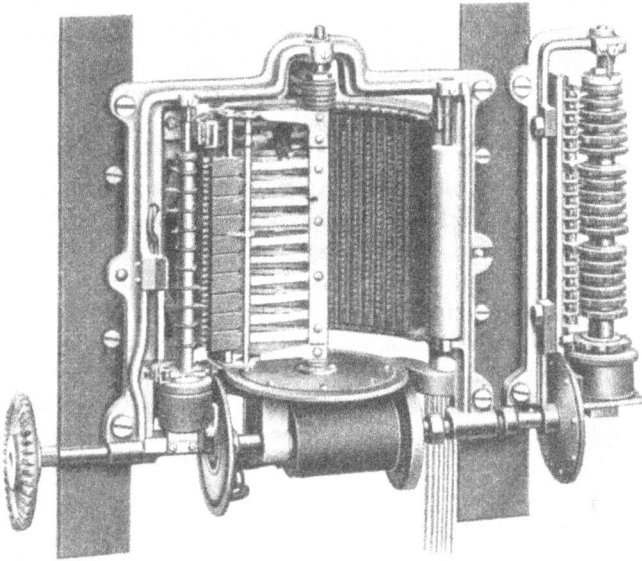

Abb. 212. Magnetische Reibungskupplung des Drehwählersystems. Gruppenwähler und Folgeschalter alter Ausführung.

bar und ausklinkbar die zehn 3teiligen Bürsten angeordnet sind. Die Ausklinkmöglichkeit selbst zeigt Abb. 213. Die Bürste b unter dem Druck der Feder f stehend, wird von der Klinke k in der Ruhelage festgehalten. Erfolgt ein Druck auf den Punkt D, so wird durch Drehung um a_2 die Klinke ausgehoben, die Bürste um a_1 bis zum Anschlag geschwenkt und kommt nun bei einer Drehbewegung des Bürstenträgers mit den Kontakten in Eingriff. Durch einen Druck auf die Kontaktstelle R, der am Ende der Kontaktbank durch einen Anschlag ausgeübt wird, wird die Bürste soweit zurückgedrückt, daß die Klinke K wieder einfällt. Die Feder f ist zugleich als Stromzuführungsfeder ausgebildet; das Ausheben der Klinke durch Druck auf den Punkt D ist Aufgabe der Bürstenwählerachse, die mit winkelversetzten Nocken in den Bürstenträger eingreift und bei Beginn der Schwenkbewegung des

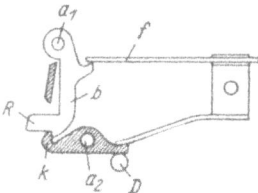

Abb. 213. Ausklinken der Bürsten im Drehwählersystem.

Bürstenträgers die Bürstenauswahl vollzieht. Der Wähler zeigt die Anordnung der drei Friktionskupplungen, links zum Antrieb der Bürstenwählerachse mit ihren winkelversetzten Anschlägen, in der Mitte zum
Antrieb des Bürstenträgers und rechts zum Antrieb des Folgeschalters.
Der Kollektor zur Stromzuführung zum Bürstenträger ist am Kopf
der Bürstenträgerachse ersichtlich. Die horizontale Antriebswelle des
Wählers ist durch ein Kegelrad mit der dauernd umlaufenden Vertikal-
welle fest verbunden. Die Einstellung des Wählers vollzog sich in der
Weise, daß bei der Zehnerwahl zunächst der Bürstenwähler mit der
umlaufenden Welle gekuppelt wurde, hierauf der Bürstenträger, wobei
ein Anschlag der Bürstenwählerachse eine der zehn 3teiligen Bürsten
ausklinkte. Über die Kontakte gleitend, stellte diese Bürste die Verbindung her und wurde nach vollendeter Verbindung auf dem Rück-
laufweg durch Anschlag an der rechts angebrachten Rolle in die Ruhelage zurückgeklinkt.

Der neue Antrieb des Drehwählersystems.

An Stelle der Friktionskupplung tritt neuestens eine elastische
Zahnradkupplung. Die dauernd umlaufende Welle trägt ein flaches
Zahnrad, in welches ein sägblattartiges Zahnrad des zu betätigenden

Abb. 214. Ansicht des neuen Anrufsuchers im Rotarysystem.

Wählers eingreifen kann. Letzteres Zahnrad ist auf die Wählerachse
starr aufgesetzt und in der Ruhelage durch Federkraft ausgeklinkt und
durch den abdrückenden Anker festgebremst. Die Kupplung vollzieht
sich dadurch, daß ein Elektromagnet entgegen der Federkraft den Ab-
drückanker anzieht, so daß das blattförmige Zahnrad in die Zähne des

Antriebrades eingreifen kann. Je nach der augenblicklichen Stellung der Zähne zueinander tritt dabei eine geringfügige Phasenverschiebung ein, die aber im Vergleich zur Kontaktteilung der Wählung belanglos ist. Die Schaltvorgänge vollziehen sich in 3—8 ms, da mit außerordentlich kleinen Wegen und großen Kräften gearbeitet ist.

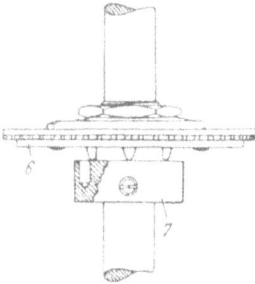

Der neue Anrufsucher des Drehwählersystems, Abb. 214, ist nach Art eines Drehwählers nach dem Schrittwählersystem ausgeführt und besitzt 8 übereinander angeordnete, im Halbkreis liegende Kontaktreihen zu je 51 Kontakten, die von 8 um 180 Grad versetzten Schaltarmen abgegriffen werden. Neben den 100 normalen Anschlußkontakten sind zwei für Prüfzwecke vorgesehen. Eine Schrittskala kennzeichnet die Einstellung. Die Anrufsucher werden in vertikalen Rahmen in der durch den Gleichzeitigkeitsverkehr der Hundertergruppe bedingten Zahl angeordnet, meist 10—15 pro Hundert mit unmittelbar darüber an-

Abb. 215. Ausklinken eines Antriebszahnrades aus der dauernd umlaufenden Antriebswelle.

Abb. 216. Ansicht des neuen Leitungswählers im Drehwählersystem.

geordneten Teilnehmerrelais. Soll ein Anrufsucher außer Betrieb genommen werden und mit der dauernd umlaufenden Welle nicht in Eingriff kommen, so wird lediglich das Antriebszahnrad angehoben, so daß es außer Eingriff kommt. Abb. 215.

Der Leitungswähler des Drehwählersystems

weicht von der ursprünglichen Ausführung im wesentlichen nur durch die neue Antriebsart ab. Abb. 216. Die Zahnradkupplung für den Bürstenwagen liegt unten am Wähler, die Zahnradkupplung für die Bürstenwählerachse, die auch vielfach als Nummernspindel bezeichnet wird, auf der gleichen Achse oben am Wähler mit einer durch zwei verschieden gezahnte Scheiben erzeugten Geschwindigkeitsübersetzung. Auf diese Weise können die Antriebszahnräder übereinander, die Kupplungsmagnete

Abb. 217. Ansicht des neuen Gruppenwählers im Drehwählersystem.

seitlich vor der Kontaktbank angebracht werden. Mit besonderer Sorgfalt sind die Kommutatoren ausgebildet, welche die Stromstoßgabe zu den Senderrelais des Registers durch Kurzschluß eines Impulsrelais im Sender kontrollieren. Die Einteilung der Kontaktbank sieht links das gerade Hundert, rechts das ungerade Hundert und im dritten Hunderfeld den Anschluß von Mehrfachleitungen vor.

Der Gruppenwähler des Drehwählersystems.

Abb. 217 ist ebenfalls 300teilig ausgebildet mit 30 Suchschritten je Dekade und besitzt im übrigen, abgesehen von dem Kommutator für die Schritte des Bürstenwagens, der hier wegen der Freiwahlbewegung überflüssig ist, den gleichen Aufbau wie der Leitungswähler. Abb. 218 und 219 zeigt zugleich die Vielfachverdrahtung der Kontaktstifte, mit Hilfe von zu Bandkabeln verwobenen blanken Drähten, welche an die Kontaktfahnen angelötet werden. Die ganze Ausführung ist nicht unähnlich dem Rahmenaufbau des neuen Siemens-Wählers.

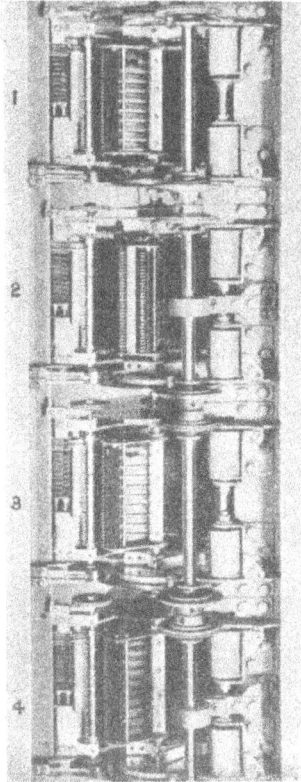

Abb. 218. Gruppenwählerrahmen des Drehwählersystems (Vorderansicht).

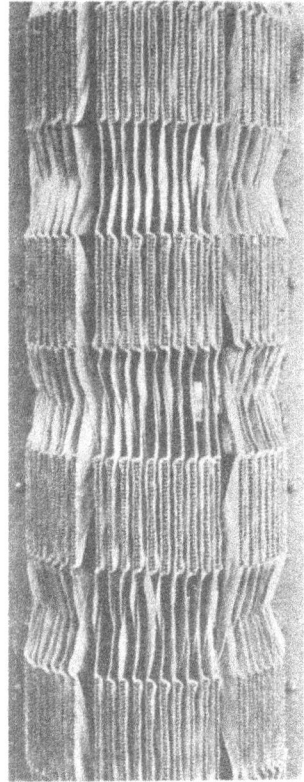

Abb. 219. Bandkabelverdrahtung des Gruppenwählerrahmens.

Der neue Folgeschalter des Drehwählersystems (Abb. 220)

zeigt eine Reihe von Kontaktscheiben, deren winkelversetzte Kontaktstellen maschinell aus der vollen Scheibe ausgestanzt werden können. Auf diesen Scheiben schleifen die Kontaktfedern mit kräftigem Auflagerdruck. Die einzelnen Organe besitzen teilweise mehr als einen Steuerschalter, so z. B. der Speicher einen sog. ankommenden Steuerschalter, welcher den Empfang der Stromstoßreihen steuert und einen abgehenden Steuerschalter, welcher das Ablaufen der Impulse von den Relaisspeichern auf die Einstellwähler regelt. Die einzelnen Scheiben sind in der Regel mit großen Buchstaben bezeichnet, die Schrittzahl beträgt bei voller Umdrehung meist 18 Schritte, doch werden auch Teilschritte bis zu 1/8 eines vollen Schrittes schaltungstechnisch verwertet. Bei der Billigkeit der Steuerschalter ist, wie bereits erwähnt, weitestgehend von Steuerschalterstellungen Gebrauch gemacht, während andrerseits die Relais vom Steuerschalter immer wieder zu neuen Aufgaben herangezogen werden.

Das Register des Drehwählersystems ist in der neuen Ausführung als Relaisspeicher ausgebildet, wobei dieselben Relaisreihen für Senden und Empfangen verwendet werden. Zur Speicherung einer Dekade sind im allgemeinen 14 Relais verwendet, welche aber Hilfsaufgaben der Umrechnung mit besorgen. Der Relaissatz zur Speicherung einer Dekade wird bei mehrstelligen Nummern unter Umständen mehrmals verwendet, beispielsweise dient der Tausenderspeicher zugleich als Einerspeicher, während der Hunderterspeicher dazu dienen kann,

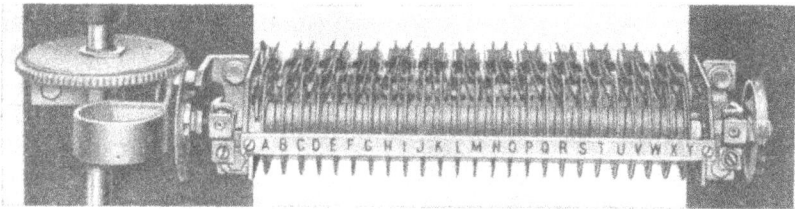

Abb. 220. Ansicht des neuen Folgeschalters des Drehwählersystems.

bei der Leitungswählereinstellung auf den Einerkontakt zusätzlich 10 Impulse zu liefern, welche den Leitungswähler in das 2. oder 3. Kontakthunderterfeld einschwenken. Das Ablaufen der Impulse vom Sender beginnt noch während der Impulsspeicherung und, wenn die volle Zahl vom Sender abgelaufen ist, wird vor dem Anläuten noch einmal geprüft, ob der Teilnehmer nicht inzwischen eingehängt hat.

Der schaltungstechnische Aufbau des Drehwählersystems läßt sich im übrigen kurz folgenderweise kennzeichnen: Die Anrufsucherschaltung ist bestimmt durch die Verwendung zweier Relais, eines Anruf- und Trennrelais und eines gemeinsamen Anlaßrelais, das aber lokal durch einen Kontakt des Anrufrelais erregt wird. Sämtliche freie Anrufsucher (12—15) der Hundertergruppe laufen an, bis der erste derselben geprüft hat, dann wird durch Abfallen des Anlaßrelais der Anlaßstromkreis wieder unterbrochen. Die Anrufsucher haben keine Ruhestellung. Der Zählstromkreis liegt am c-Ast und wird unter Verwendung einer Hilfsbatterie von $+55$ Volt über Stromstufe betätigt. Im übrigen arbeitet das System mit -48 Volt Betriebsspannung.

Der erste Anrufsucher besitzt neben dem Anlaßrelais ein Prüfrelais mit hochohmiger Prüf- und niederohmiger Sperrwicklung, welches über den d-Arm des Anrufsuchers betätigt wird. Sobald der I. Anrufsucher geprüft hat, veranlaßt er die Stillsetzung aller ersten Anrufsucher, das Anlassen des II. Anrufsuchers und die Abschaltung des Anlaßstromkreises des I. Anrufsuchers durch Kurzschluß des Anlaßrelais. Das Trennrelais des Teilnehmeranruforganes wird erst betätigt, wenn der II. Anrufsucher über den c-Ast unter Erregung eines Hilfstrennrelais im I. Anrufsucher angesprochen hat. II. Anrufsucher, I. Gruppenwähler und Dienstwähler, letzterer mit der mechanischen Ausführung eines Anrufsuchers bilden einen starr miteinander verbundenen Wählersatz, der mit einem Folgeschalter ausgerüstet ist. Der Anlaßstromkreis zum II. Anrufsucher wirkt über ein Hilfsrelais auf den Kupplungsmagneten und zwar werden wieder alle freien Anrufsucher gleichzeitig in der in der Folge beschriebenen Weise betätigt. Der Anrufsucher prüft über den d-Ast auf das vom I. Anrufsucher angelegte Hilfsprüfpotential, dann spricht das Prüfrelais des betreffenden Anrufsuchers an und setzt ihn still. Ebenso werden die anderen Anrufsucherkupplungsmagnete wieder abgeschaltet. Mit Hilfe eines besonders empfindlichen niederohmigen Hilfsprüfrelais vollzieht der II. Anrufsucher eine Prüfung auf allenfallsige Doppeleinstellung und die Sperrung, indem der eigentliche Belegstromkreis über den c-Ast eingeschaltet wird, welcher erst das Trennrelais des rufenden Teilnehmers betätigt. Der II. Anrufsucher wird vom Anlaßstromkreis abgeschaltet und der Folgeschalter des Wählersatzes betätigt, ferner die a- und b-Leitung des Teilnehmers zum Impulsrelais durchgeschaltet. Der dreifache Wählersatz: II. Anrufsucher, I. Gruppenwähler, Dienstwähler (Registersucher) legt mit seinem Folgeschalter zunächst die Teilnehmerleitung an ein im Dienstwähler gelegenes Impulsrelais an.

Der Dienstwähler prüft sofort auf einen freien Registersatz, mit dem er über 7 Schaltarme verbunden ist. Sobald das Register gefunden ist, ertönt das Amtszeichen und der Teilnehmer kann mit der Wahl beginnen. Das Register, welches für ein vierstelliges System 2 Folgeschalter und 56 Relais besitzt, besorgt mit Hilfe von 3 mehrmals benützten Relaissätzen die Speicherung der vom Teilnehmer gesandten Stromstöße, die Umrechnung für die 300teiligen Wähler und das Ablaufen der Stromstoßreihen auf die einzelnen Einstellwähler. Der Einstellvorgang der Gruppenwähler besteht erstens in der Bürstenauswahl durch die Nummernspindel, 2. in der Freiwahl mit Hilfe der ausgeklinkten Bürsten bei Drehung des Bürstenträgers. Beim Leitungswähler folgt auf die Betätigung der Nummernspindel eine ebenfalls impulsweise kontrollierte Drehbewegung des Bürstenträgers. Die Nummernspindeln der Gruppen- und Leitungswähler sind so angeordnet, daß nach einem Drehschritt der oberste Bürstensatz, nach 10 Drehschritten der unterste Bürstensatz betätigt wird. Die Numerierung der Gruppenwähler ist in der Weise durchgeführt, daß beispielsweise in einem System für 6000

Anschlüsse die 2., 4., und 6. Hubstufe des I. Gruppenwählers den Anschluß zu je 2 Tausendern vermitteln. Es liegen also an der zweiten Dekade von unten die Anschlüsse 1000—2999. Die betreffende Bürste wird, wie bereits erwähnt, mit dem 8. Drehschritt ausgelöst. Wenn also der Teilnehmer die Zahl 2 gewählt hat und zwei Impulse gespeichert wurden, so muß beim Abgreifen der Impulse die Ergänzung zunächst zu 10 Schritten abgegriffen werden. Die rückwärtige Stromstoßgabe von den Wählern zu den Registern erfordert die Ergänzung zu 11 Schritten. Wenn der Teilnehmer 1 gewählt hat, so muß die gleiche Bürste betätigt werden, wie bei der Wahl von 2 und ein nach der ersten Stromstoßreihe einsetzender Umrechnungsvorgang muß künstlich die Ergänzung besorgen. Auch am II. Gruppenwähler ist die Verteilung der Dekaden so getroffen, daß ein gerades und ein ungerades Tausend mit der gleichen Hunderterziffer unmittelbar hintereinander liegt. Auf der untersten Dekade liegen 3000—3199, darüber 4000—4199, auf der 3. Dekade 3200—3399, auf der 4. Dekade 4200—4399. Im Leitungswähler endlich liegen 2 Hundertergruppen nebeneinander, links das Feld mit der geraden Ziffer, rechts das Feld mit der ungeraden Ziffer. Die Einerkontakte sind hintereinander in der Reihenfolge 4450, 4459, 4458 .... 4451, 4550, 4559, 4558 .... 4551 angeordnet. Man sieht, daß also auch die Drehschritte des Bürstenträgers am Leitungswähler das Komplement zu 11 einstellen müssen. Danach ist das Register aufgebaut. Für die einzelnen Dekaden sind 2 Relaisreihen vorgesehen, welche jeweils doppelt verwendet werden und welche einerseits an Spannung, andrerseits an Erde liegen. Bei jedem Impuls spricht ein an Spannung liegendes Relais an, im darauffolgenden Intervall ein an Erde liegendes Relais. Handelt es sich um die Speicherung von mehr als 5 Impulsen, so erfolgt eine Hilfsumschaltung, die vorher erregten Relais 1—4 werden abgeworfen, ein Relais 5 und 6 wird festgehalten und bei mehr als 6 Impulsen werden die zur Speicherung von 1—4 dienenden Relais ein zweitesmal verwendet. Beim Abgreifen der Impulse werden, von der Gegenseite kommend, der Reihe nach die von der Einstellung nicht erregten Relais betätigt, bis über die getroffene Einstellung ein Impulsbegrenzungsrelais erregt wird. Durch dieses wird der Impulsübertragungsstromkreis zum Einstellwähler unterbrochen und die Freiwahl beginnt. Soweit Zusatzimpulse zur Umrechnung abgegeben werden müssen, geschieht dies während der Speicherung zweier Stromstoßreihen. Der ankommende Steuerschalter leitet die erste Stromstoßreihe in den Tausenderspeicher, die zweite in den Hunderterspeicher, die dritte in den Zehnerspeicher. Inzwischen hat mit dem Beginn der zweiten Stromstoßreihe der abgehende Steuerschalter das Abgreifen der ersten Stromstoßreihe durch den I. Gruppenwähler veranlaßt und der Tausenderspeicher ist wieder frei geworden als Einerspeicher. Soweit eine Umrechnung notwendig ist, und diese besteht bei der Dekadenanordnung in den Gruppenwählern neben der Ergänzung durch das Komplement zu 11, in der Abgabe eines einzelnen Zusatzimpulses, erfolgt diese nach Abfall des durch die Impulsgabe betätigten Steuerrelais. In gleicher Weise wird bei der Einereinstellung des Leitungswählers die Abgabe von 10 Zusatzimpulsen veranlaßt, wenn der Anschluß im geraden Hundert liegt, indem neben dem als Einerspeicher dienenden Tausenderspeicher der Hunderterspeicher zur Abgabe von 10 Impulsen mit herangezogen wird. Der abgehende Steuerschalter besorgt nach jeder Stromstoßreihe das Abgreifen der nächsten Dekade. Ähnlich wie die Speicherung durch ein vom Teilnehmer betätigtes Impulsrelais erfolgt, erfolgt das Abgreifen durch Betätigung eines vom Einstellwähler rückwärts betätigtes Impulsrelais, welches vom Kommutator des Einstellwählers impulsweise durch Kurzschluß aberregt wird. Das Impulsbegrenzungsrelais öffnet schließlich diesen Abgreifstromkreis und der Einstellwähler wird durch Abfallen eines Steuerrelais in seiner Impulseinstellung begrenzt. Wenn der I. Gruppenwähler seine Einstellimpulse empfangen hat, so schaltet der über seine Sprecharme und seinen Steuerschalter den Abgreiferstromkreis des Registers auf den II. Gruppenwähler und schließlich auf den Leitungswähler durch.

Wenn der letzte Stromstoß abgegriffen ist, dann wird das Register am Dienstwähler abgeschaltet und für weitere Anrufe frei, sobald die rückwärtige Sperrung die Rückführung des Steuerschalters in die Ruhelage und das Abfallen sämtlicher Organe kennzeichnet.

Der Leitungswähler prüft vor dem Anrufen des Teilnehmers über Steuerschalterstellung des I. Gruppenwählers, ob der rufende Teilnehmer tatsächlich noch Schleifenschluß hat, dann sendet er den ersten Ruf, den Weiterruf und liefert im Rufstromkreis die Aushängeüberwachung. Wenn der gerufene Teilnehmer aushängt, wird vom I. Gruppenwähler beiderseitig die Speisung gegeben. Im Leitungswähler selbst bleibt kein Schaltorgan in der Verbindungsleitung liegen. Der Leitungswähler arbeitet mit Blockade und kennzeicnet die Blockade durch eine Kontrolllampe. Bei Mehrfachanschlüssen erfolgt eine Fortschaltung auch dann, wenn nicht die Sammelnummer gerufen wurde und wenn die gerufene Nummer besetzt ist. Der II., III. Gruppenwähler usw. und der Leitungswähler besitzen je einen Steuerschalter. Im übrigen hat der II., III. Gruppenwähler nur 2 Relais, der Leitungswähler 3 Relais. Der Steuerschalter legt dieselben jeweils wieder in den zu betätigenden Stromkreis, so daß sie wiederholt betätigt werden können. Der I. Gruppenwähler und der Dienstwähler bedienen sich gemeinsamer Prüf- und Sperrelais. Wenn der Verkehr von einem Amt zum andern fließt und der Verbindungsverkehr zweiadrig ausgeführt wird, so besorgt der ankommende Gruppenwähler die Speisung des gerufenen Teilnehmers.

Der Aufbau einer Verbindung im Drehwählersystem hat gegenüber einem Schrittwählersystem mit direkter Impulsgabe eine um 4—5 Sekunden längere Zeitdauer, jedoch können bei Spitzenverkehr im Ablauf der Impulse auf die Einstellwähler kleine Wartezeiten bis zum Frei-werden eines Wählers in Kauf genommen werden, so daß dadurch eine gewisse Wählerersparnis eintritt. Irgendwelche Einrichtungen, um nach Abschaltung des Registers noch zusätzliche Impulse entsenden zu können, sind nicht vorgesehen und würden das System völlig um-gestalten. Bei zu langer Blindbelegung eines Registers erfolgt eine selbsttätige Abschaltung.

Es ist nicht zu verkennen, daß die Stromkreise sicher und zuverlässig durchgebildet sind; die Speicherung der Impulse durch Relais ergibt außerordentliche Zeitsicherheit, allerdings auch außerordentlich hohe Empfindlichkeit. Gegenüber den Schaltungen der reinen Schrittwähler-systeme sind die Schaltbilder außerordentlich kompliziert, die Abhängig-keit der einzelnen Schaltorgane voneinander, die vielarmigen Draht-verbindungen zwischen den einzelnen Wählerstufen erschweren Montage und Betrieb. Wenn sich die Systeme einmal mit den Aufgaben einer komplizierteren Netzgruppenbildung befassen, wird erst der Nachteil der schon im Ortsverkehr entstehenden Komplikationen in Erscheinung treten. Im übrigen ist das System für den derzeitigen Rahmen seiner Aufgaben hervorragend durchgebildet und arbeitet mit fabrikations-technisch günstig herzustellenden Schaltelementen und mit im Betrieb zuverlässigen Einrichtungen.

Den Aufbau eines Amtes nach dem Drehwählersystem zeigt am besten (Abb. Anh. 221)[1]). Der Wählersaal mit einer Höhe von 4 m und einer Grundfläche von 520 qm ist nach der im Bild wiedergegebenen An-ordnung ausreichend, um 12000 Anschlußorgane aufzunehmen. An-rufsucher und Leitungswähler zusammengefaßt zu 1000 Organen sind je in zwei Doppelgestellreihen mit gemeinsamem Motorantrieb angeordnet ($^1/_8$ PS Drehstrommotor). Die Anrufsucher sind an der linken Seite der Gestellreihe angeordnet, hunderterweise in vertikalen Rahmen zu-sammengefaßt, darüber die zu den Anrufsuchern gehörigen Schaltrelais und darüber die Anruforgane des Teilnehmers, Anruf- und Trennrelais. Im rechten Gestellteil befinden sich die Leitungswähler in vertikalen Rahmen, beiderseits derselben die Steuerschalter und die Relais. Die zusammenarbeitenden Organe, Wähler, Steuerschalter und Relais sind also oft meterweise auseinander, was, abgesehen von der Schwierigkeit der Unterhaltung, auch teure Verdrahtung zur Folge hat. Die Gruppen-wähler des ganzen Amtes, I., II., III. Gruppenwähler und Ferngruppen-wähler sind für sich zusammengefaßt. Einzel- und Mehrfachanschlüsse werden auf getrennte Hunderte verteilt, und zwar wurden für die Mehr-fachanschlüsse 26 Orts- und 34 Fernleitungswähler verwendet, während in den gewöhnlichen Hundertergruppen 13 Orts- und 7 Fernleitungs-

---

[1]) Die Telephon-Zentrale Sellnau-Uto in Zürich von P. Schild, Zürich; „Techn. Mitteilungen der Schweizer Telephon- und Telegraphenverwaltung 1927.

wähler vorgesehen sind. Dies sind Prozentsätze, die auch mit 100teiligen Wählern eingehalten werden können. Der Vorteil, den der 200teilige Leitungswähler durch Vergrößerung des Bündels bringt, geht durch Trennung in Orts- und Fernleitungswähler wieder verloren, da die Verkehrsspitzen von Orts- und Fernverkehr weiter divergieren als die Gesamtverkehrsspitzen einzelner Hundertergruppen. Der Gesamtraumbedarf des Amtes mit $4 \cdot 520 = 2080$ cbm entspricht etwa dem eines Strowger-Wähleramtes alter Ausführung und beträgt etwa das dreifache gegenüber einem neuen Schrittwähleramt mit Anrufsuchern und neuesten Hebdrehwählern.

Das Maschinenwählersystem der Western-Electric-Comp. in New York und Chicago, das sog. Stangenwählersystem.

Die W.E.C. hat für den Sa-Betrieb in allergrößten Ortsfernsprechanlagen ein Maschinenwählersystem entwickelt, in dem die Möglichkeit des Maschinenantriebes, der Zusammenfassung von Leitungen und Schaltorganen zu großen Bündeln und die Steigerung der Schaltgeschwindigkeit mechanisch bewegter Einstellwähler auf den Höchstwert getrieben sind. Das System bringt einerseits einen außerordentlich zweckmäßigen, gedrängten und zuverlässigen Kontaktbankaufbau, andrerseits ein außerordentlich kompliziertes schwer herzustellendes und schwer zu unterhaltendes Wählergetriebe und ein Umrechnungssystem zur Umleitung der Einstellvorgänge des Teilnehmers auf die mechanisch bewegten Wähler, welches das Register des Drehwählerssystems an Kompliziertheit noch wesentlich übertrifft. Für die Aufgaben der reinen Ortsautomatik, allerdings sehr komplizierter und ausgedehnter Großstadtnetze entstehen hier Schaltanordnungen und Wählereinrichtungen, die nur von ganz hervorragenden Spezialisten bedient werden können.

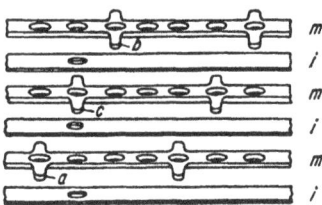

Abb. 222. Kontaktbankaufbau des Stangenwählersystems.

Andrerseits hat die Schönheit des Kontaktbankaufbaues seit jeher Wählerkonstrukteure dazu angeregt, eine einfachere Wählerkonstruktion zu schaffen, welche die Benützung dieser Kontaktbank etwa mit dem Schrittwählersystem gestattet. Im Jahre 1903 bereits hatte Friedrich Merk unter Nr. 162064 ein Patent auf die Kontaktbankanordnung nach dem Tafelsystem genommen, welches die wesentlichsten Grundzüge der Kontaktbänke des sog. Panelsystems enthält. Während die Kontaktbank des Hebdrehwählers für die Vielfachschaltung ihrer Kontakte 300 bis 330 Lötstellen pro Wähler erfordert, baut sich die Panelkontaktbank aus voneinander durch Zwischenlagen isolierten Blechstreifen auf, die, mit beiderseitigen Kontaktansätzen ausgerüstet, die doppelseitige Ausnützung eines Wählergestells gestatten. Die Vielfachschaltung erfolgt in einer Koordinatenrichtung durch die leitenden Blechstreifen selbst (Abb. 222), während die einzelnen Kontakte in einer Linie untereinander angeordnet sind. An Stelle der beim Hebdrehwähler gegebenen Koordinatenbewegung muß also zum Bestreichen der Kontaktbank die reine Linearbewegung treten und so werden Wählerkonstruktionen dieser Art auch vielfach als Linearwähler bezeichnet. Man kann allgemein den Grundsatz aufstellen: Der Linearwähler liefert den einfachsten Kontaktbankaufbau, der Drehwähler die einfachste Bewegung Die Auswahl eines einzelnen Kontaktes kann in einem 100 teiligen Feld entweder mit 100 Hubschritten, die hinsichtlich der Geschwindigkeit wie beim Stangenwähler in Zehner- und Einerschritte unterteilt sein können, oder durch Anordnung mehrerer Bürsten, die unter sich parallel geschaltet sind und mechanische Bürstenauswahl, oder endlich durch elektrische Bürstenauswahl über einen Hilfsdrehwähler erfolgen.

Der Stangenwähler der W.E.C. benützt 100 Hubschritte beim Leitungswähler, welche mit verschiedenen Geschwindigkeiten eingestellt werden, die Zehnerschritte mit größerer, die Einerschritte mit kleinerer Geschwindigkeit und sieht überdies den Aufbau für 500 teilige Wähler in der Weise vor, daß 5 Bürsten diese Bewegung mitmachen, von denen eine mechanisch ausgewählt und eingeklinkt wird.

Der Leitungswähler nach dem Stangenwählerprinzip

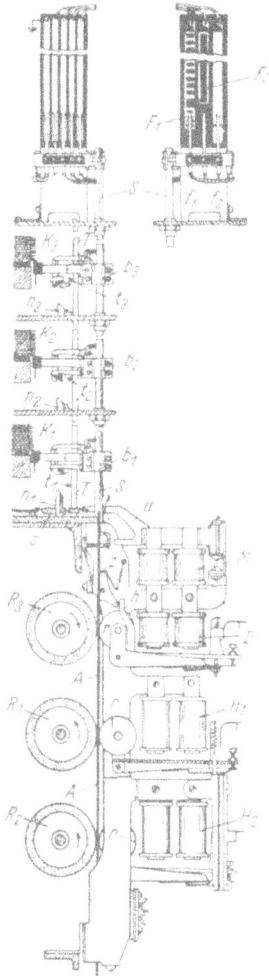

Abb. 223. Wählerkonstruktion des Stangenwählersystems.

besteht aus einer Bürstenträgerstange S (Abbild. 223), welche in ihrem unteren Ende ein Gleitblech A trägt. Wenn dieses Gleitblech an die Korkwalzen R1, R2, R3 angedrückt wird, und zwar durch die Kupplungsmagnete D, H1 und H2 und die Fiberröllchen r, so macht die Stange durch Abrollen an dem Umfang der Walzen R die durch dieselben bestimmte Bewegung mit. Eine Rolle besorgt die langsame Hubbewegung, die zweite Rolle die rasche Hubbewegung für die Zehnerschritte, die dritte Rolle R3 die Rückstellbewegung. Ähnlich wie der

Kommutator des Drehwählers steuert auch beim Stangenwähler ein Kontaktstück den Wählmechanismus, welches im obersten Teile des Wählers angebracht, entsprechend der Linearbewegung, streifenförmig aufgebaut ist. Zur Auswahl der Bürsten ist eine zweite Stange T vorgesehen, welche durch eine Spiralfeder in der Ruhelage in einer durch einen Anschlag begrenzten Stellung festgehalten wird. Ein Magnet M am Fuße des Wählers vermag dieser Federkraft entgegen die Stange um einen kleinen Winkel zu drehen, so daß die auf der Stange angeordneten, hinsichtlich der Höhe gegeneinander versetzten Anschläge t in den Weg eines Bürstensatzes zu liegen kommen. Wird die Stange um einen

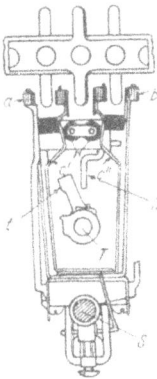

Abb. 224. Bürstensatz des Stangenwählers.

Schritt angehoben, so wirkt der Anschlag t1 usw., bei 5 Schritten Anschlag t5 (Abb. 224). Die Bürstenfedern sind in der Ruhelage von den Kontaktstiften durch Röllchen r abgehoben und nur wenn der Anschlag t diese Röllchen über den Winkelhebel h aus den beiden mittleren Federn herausdrückt, kommen die sämtlichen Federn des betreffenden Bürstensatzes in Eingriff. Die zur Bürstenauswahl dienenden Schritte liegen unter dem untersten Kontakt des 5teiligen, jeweils 100 schrittigen Kontaktfeldes. Der Wähler wird zur Bürstenauswahl durch Betätigung der Rolle R1 in langsamem Tempo angehoben, Feder f1 im linken Feld des Kommutators findet das Potential, welches anzeigt, welcher Bürstensatz ausgeklinkt werden soll und nun wird durch einen Impuls auf Magnet M die Stange T gedreht und der im betreffenden Augenblick vor dem Anschlag liegende Bürstensatz ausgeklinkt. Dann setzt die Stange S ihren Weg fort, zunächst betätigt durch die rasch laufende Rolle und legt die Zehnerschritte zurück, indem in dem Felde F2 des Kommutators durch ein Hilfspotential festgestellt wird, in welcher Zehnergruppe der betreffende Anschluß liegt. Ist dies festgestellt, so erfolgt Umschaltung auf den Langsamantrieb und die Stange gleitet in derselben Richtung weiter mit Einerschritten, bis die Feder F1 im Einerfeld das Hilfspotential des betreffenden Anschlusses gefunden hat. Man sieht, daß während der Bewegung der Antrieb verschiedene Male wechselt und die Stange jeweils in ihrer Lage festgehalten werden muß. Dazu und zur Konzentrierung ist ein Sperrzahn z vorgesehen, welcher in die den Kontaktstellungen entsprechenden Stanzlöcher in dem flachen unteren Ende der Wählerstange eingreift. Wenn der Wähler in die Ruhelage zurückgeführt wird, wird durch Magnet D erst dieser Zahn ausgehoben und dann die Stange an die Rückführungsrolle gepreßt. Die Einstellgeschwindigkeit des Wählers ist so groß, daß Schrittschaltwerke dieselbe nicht mehr kontrollieren könnten. In ähnlicher Weise wie beim Drehwählersystem wird vom Einstellwähler aus über den Kommutator durch Kurzschluß eines Senderelais die Bewegung des Wählers kontrolliert und um diese Kontrolle mit der Geschwindigkeit der Wählerbewegung in Einklang zu bringen, werden besondere Abzählrelais als Senderelais verwendet, welche außerordentlich schnell zu schalten vermögen. Schließlich sei noch der Zusammenbau eines

Abb. 225. Leitungswählergestell nach dem Stangenwählersystem.

Leitungswählergestells gezeigt, welches beiderseitig verwendbar $30 + 30$ Wähler für die Einstellung von je 500 Leitungen enthält. Zu beiden Seiten des Kontaktfeldes, das in 5 Tafeln und einer Kommutatortafel aufgebaut ist, liegen die walzenförmigen Steuerschalter und außerhalb derselben die Relais. Die Antriebsmagnete sind im untersten Teile des Gestells angeordnet. Die Gesamtbreite des Gestells an der Kontaktbank gemessen, beträgt etwa 1 m, das einzelne Kontaktfeld besitzt eine Höhe von 30 cm. Das Gesamtgestell erreicht eine Höhe von etwa

3 m. Jede Gestellseite besitzt einen eigenen Motor von $\frac{1}{16}$ PS. Die Stangen sind Messingrohre, die Ansatzstreifen Bronzeblech, welches an den Enden etwas umgebördelt ist (Abb. 225).

Der Anrufsucher des Stangenwählersystems

weicht in seinem Gestellaufbau und in der Ausführung der einzelnen Wähler etwas vom Gruppen- und Leitungswähler ab. Zur Erzielung kürzerer Einstellzeiten wird die einzelne Bürste nur im Höchstfall über 20 Leitungen, in der Regel nur über 10 Leitungen zum Prüfen geführt und damit ergibt sich eine Kontaktbankteilung in 15 Kontaktbankfelder mit je 20 übereinander gelegenen Kontakten. Das ganze Gestell erhält eine Aufnahmefähigkeit für 300 Teilnehmer, welchen alsdann 60 Anrufsucher zur Verfügung stehen. Wenn diese außerordentlich hohe Zahl nicht notwendig ist, so können die Kontaktstreifen in der Mitte unterteilt werden und das Anrufsuchergestell bedient alsdann 600 Anruforgane. Der Anrufsucherwähler besitzt nur die Bürstenträgerstange, während die Bürstenauslösung durch besondere wagrecht angeordnete, hinter jeder Bürste in der Ruhelage des Wählers liegende Auslösestangen erfolgt. Beim Anruf wird zunächst der Auslösemagnet der 20er-Gruppe, zu der die anrufende Leitung gehört, betätigt und legt die beiderseitigen Auslösestangen um, so daß von den 15 Bürsten eines Anrufsuchers die in dem betreffenden Kontaktfeld gelegene ausgeklinkt wird, sobald der betreffende Anrufsucher angehoben wird. Es wird jeweils nur ein Anrufsucher angelassen, der durch einen besonderen Drehwähler, also einen Wählersucher vorher eingestellt wird. Damit beim gleichzeitigen Eintreffen zweier Anrufe 2 Anrufsucher gleich-

Abb. 226. Anrufsuchergestell nach dem Stangenwählersystem.

zeitig eingestellt werden können, ist jedes Anrufsuchergestell in zwei voneinander unabhängige Gruppen geteilt, die die Suchvorgänge von verschiedenen Seiten beginnen und erst auf die andere Gruppe übergreifen, wenn alle Schaltorgane der betreffenden Gruppe in Anspruch genommen sind. So sind in 90% aller Fälle nur höchstens 10 Leitungen abzuprüfen und die Einstellzeit beträgt nur etwa 1,5 Sek. Abb. 226 zeigt ein Anrufsuchergestell.

Die Anrufsucherschaltung ist also gekennzeichnet durch eine Wählersucherschaltung und eine Gruppenunterteilung. Jedes Teilnehmeranruforgan gibt zugleich das Kennzeichen, welcher Zehnergruppe der betreffende Teilnehmer angehört durch ein der betreffenden Zehnergruppe

Abb. 227. Blick in ein Wähleramt nach dem Stangenwählersystem.

gemeinsames Relais, welches den Bürstenauslösemagneten betätigt. Zweite Anrufsucher sind nicht vorgesehen, vielmehr ist der Schaltarm des Anrufsuchers, des Gruppenwählers und des Registersuchers zu einem Dreischnursystem vereinigt.

Der Gruppenwähler des Stangenwählersystems

besitzt den gleichen Aufbau wie der Leitungswähler, jedoch mit dem Unterschied, daß nur die zwangläufige Zehnereinstellung durch den Speicher auszuführen ist, während die Einerbewegung durch die Freiwahl und durch Prüfen über die Einerkontakte gesteuert wird. Äußerlich bleibt die Ausführung die gleiche wie beim Leitungswählergestell und die grundsätzlichen Schaltbewegungen bestehen auch hier 1. in der Bürstenauswahl, 2. in der Betätigung der Zehnerbürste und hierauf folgt 3. die Freiwahl über die Einerschritte. Im einzelnen vollzieht sich

der Aufbau der Verbindung

nach Einstellung des Anrufsuchers in folgender Weise. Der Dienstwähler sucht einen freien Speicher, legt ein Impulsrelais an und übermittelt das Amtszeichen, ein Kupferrelais übernimmt die Aushängeüberwachung nach Schleifensystem. Der Register enthält drei Folgeschalter nach der in Abb. 228 wiedergegebenen Ausführung, ferner für
die Speicherung jeder vom Teilnehmer entsendeten Dekade einen Schrittdrehwähler nach Abb. 229. Schließlich sind noch 22 Abzählrelais für
die Kontrolle der Wählereinstellung vorgesehen. Von der Speicherseite
zur Sendeseite führen die Verbindungen je über Zwischenverteiler, welche
beliebige Umrechnungen gestatten. Von den drei Folgeschaltern bedient einer die Impulsspeicherung, ein zweiter das Ablaufen der Strom-

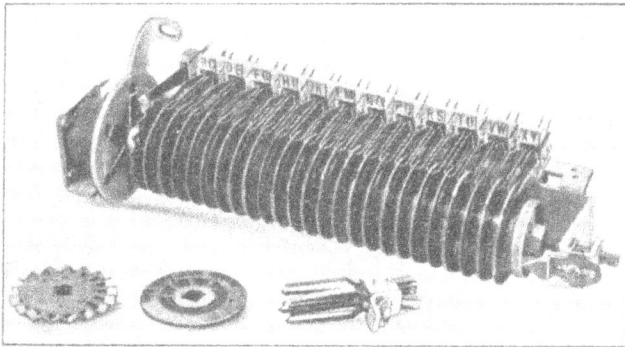

Abb. 228. Folgeschalter des Stangenwählersystems.

stoßreihen auf die Einstellwähler und ein dritter in Zusammenarbeit
mit diesen die Steuerung des Wählergetriebes.

Ein mit I. Gruppenwählern und Leitungswählern ausgeführtes
System kann bis zu 8000 Anschlußorgane in folgender Weise aufnehmen.
Die 5 Bürsten des Gruppenwählers besitzen je 4 Dekadenschritte und
eine Reservestellung. An jedem Hubschritt des Gruppenwählers vollzieht sich die Freiwahl der Leitungswähler, die für 500 Teilnehmer ausreichend, in Bündeln zu 60 angeordnet seien. 20 Leitungswähler können
unmittelbar von den Kontakten der Bürste erreicht werden, im übrigen
kann eine Verschränkung eintreten. Nach dieser Methode würde der
Teilnehmer 8532 durch die vierte Bürste von unten über die dritte
Hubdekade zu erreichen sein, und zwar müßte im Leitungswähler die
Bürste B5 den betreffenden Teilnehmer in ihrem Hunderterfeld mit
3 Zehner- und 2 Einerschritten suchen. Wenn der Teilnehmer 8 Stromstöße in erster Linie schickt, so müßte der Tausenderspeicher 8 Impulse
als Drehschritte festhalten, bei der Hunderterwahl der Hunderterspeicher 5, der Zehnerspeicher 3, der Einerspeicher 2. Der ankommende

Steuerschalter legt den Impulskontakt jeweils an den betreffenden Drehmagneten des Drehwählers an. Die Wahl der Ziffer 8 an erster Stelle muß zur Auswahl der Bürste B4 dienen und so besteht vom 8. Drehschritt des ersten Armes des Tausenderspeichers über den Zwischenverteiler eine Verbindung zur Sammelschiene 4 des Abzählstromkreises und, wenn die Tausender- und Hunderterspeicherung vollzogen ist, beginnt der abgehende Steuerschalter mit dem Abgreifen der eingestellten Leitung. Zunächst wird die Stange des Wählers angehoben, indem der Steuerschalter den Impulsweitergabestromkreis zum Gruppenwähler schließt und das in diesem ansprechende Überwachungsrelais den Kupplungsmagneten betätigt. Eine Feder gleitet über den Bürstenwählkommutator und schließt bei jeder Bürsteneinstellung das Kontrollrelais einmal kurz. Auf diese Weise werden von der vom Tausenderspeicher eingestellten Sammelschiene 4 ab der Reihe nach die einzelnen Abzählrelais erregt, eines während des Impulses, das zweite im Impulszwischenraum usw. und das letzte unterbricht den Grundstromkreis, so daß der Wähler in der betreffenden Höhenstellung angehalten wird. Der Steuerschalter transportiert und betätigt die Bürstenausklinkung, die Abzählrelais werden abgeworfen, der nächste Arm des Tausenderspeichers angeschaltet und nun be-

Abb. 229. Schrittwähler des Stangenwählersystems.

ginnt, nachdem Bürste 4 ausgeklinkt war, die Einstellung derselben auf den dritten Dekadenschritt, über den die Leitungswähler 8500 zu erreichen sind. Der Kontakt 5 des Tausenderspeichers ist vielfachgeschaltet mit Kontakt 3 und die entsprechende Rangierung zusammen mit der Einstellung des Hunderterspeichers sorgt dafür, daß nunmehr Sammelschiene 3 durchgeschaltet ist. Der Kupplungsmagnet setzt neuerdings die Hubbewegung ein, und zwar diesmal über die rasche Walze und die Kontrollfeder schleift am Kommutator für die Dekadenschritte und betätigt auf jedem Segment wiederum ein Ab-

zählrelais, bis das letzte derselben den Grundstromkreis neuerdings unterbricht. Wieder wird der Wähler angehalten, der Steuerschalter geht einen Schritt weiter, schaltet die Teilnehmerleitung auf den Speisungsstromkreis durch und legt die c-Bürste des Wählers als Prüfarm an das den Kupplungsmagneten erregende Überwachungsrelais. Wenn das betreffende Relais anspricht, wird der Wähler stillgesetzt. Die Einstellung des nächsten Wählers vollzieht sich dann über den b-Ast unter Verwendung des gleichen Grundstromkreises, nach den beim Leitungswähler bereits beschriebenen Grundsätzen.

Das Stangenwählersystem begnügt sich natürlich nicht mit dieser einfachen Umrechnung, vielmehr werden unter Verwendung einer Wählscheibe, welche jeder Ziffer 3 Buchstaben zuordnet, ganze Amtsnamen gebildet und gewählt, wobei die Rangierung am Zwischenverteiler die Umrechnung vollzieht. Es können also beliebige Umlegungen im Netz ohne Rufnummeränderung vorgenommen werden, andrerseits aber stellt das Stangenwählersystem in seinen Speicher- und Umrechnersystemen ein außerordentlich empfindliches und kompliziertes Gebilde dar, welches im Bau und Betrieb teuer wird. Hinsichtlich des Raumbedarfes ist das System wohl das gedrängteste von allen und gibt gleichwohl eine übersichtliche Anordnung der Kontaktstellen. Für kleine und mittelgroße Anlagen ist es wenig geeignet, sondern vielmehr ein System für allergrößte Städte.

Das System der Allmänna Telefonaktiebolaget L. M. Ericsson in Stockholm,

ein neueres Maschinenwählersystem, ist von der Firma Ericsson in Stockholm entwickelt worden und findet gegenwärtig in Europa rasche Verbreitung. Auch dieses System benützt 500teilige Wähler, und zwar was vom Standpunkt der Konstruktion besonders wertvoll ist, die gleiche Wählerkonstruktion für Anrufsucher, Gruppen- und Leitungswähler.

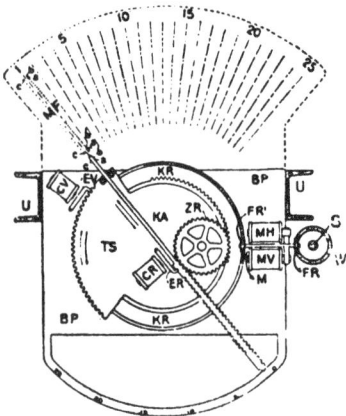

Der Wähler des Ericsson-Systems

(Abb. 230) ist auf einer Metallplatte flach aufgebaut und kann in vertikalen Gestellen zu 40—70 Wählern übereinander angeordnet werden (Abb. 231). Die Kontaktbank des Wählers besteht aus blanken Messingdrähten, welche an der Rückseite des Gestells kulissenartig zwischen Isolierstücken verspannt werden. Der Wähler selbst benützt die Drehbewegung einer Scheibe, mit Hilfe deren eine Kontaktstange vor die

Abb. 230. Ericsson-Wähler.

betreffende Kulissengasse geschwenkt wird und besorgt die Auswahl der betreffenden Leitung durch Eintreiben der Kontaktstange in die betreffende Gasse. Die drei Äste, mit welchen die Wählerbürste die Berührung herzustellen hat, sind so angeordnet, daß je a- und b-Ast nebeneinander und der c-Ast der Mitte derselben gegenüberliegt. An der Spitze der Kontaktstange, die im übrigen isoliert ausgeführt ist, befinden sich drei federnde Kontaktflächen, welche an der rechten Seite mit a- und b-Ast, an der linken Seite mit dem c-Ast Kontakt machen. Im beigefügten Wählerbild ist dies für die Kulissengasse 1 ohne weiteres ersichtlich. In der einzelnen Kulissengasse sind 20 Leitungen angeordnet und 25 derartige Felder in einem Kreisbogen von nicht ganz 120 Grad gruppiert, bilden den Kontaktsatzaufbau. Die freitragende Länge der einzelnen blanken Kontaktdrähte ist so gering, der Auflagerdruck der Kontaktfedern so schwach bemessen, daß ein Verbiegen nicht zu befürchten ist. Die Wirkungsweise des Wählers kann an Hand des Bildes 230 verfolgt werden. An der rechten Seite des Gestells, das aus den beiden U-Eisen U als Gestellschienen aufgebaut ist, befindet sich die dauernd umlaufende Welle S mit zwei dicht übereinander gelegenen, dem einzelnen Wähler zugeordneten Kegelrädern. Dabei dient jedes Rad beiderseitig benützbar dem darübergelegenen Wähler zum Vorwärtsantrieb, dem daruntergelegenen Wähler zum Rückwärts-antrieb. Die Kupplung des Wählers mit der dauernd umlaufenden Welle erfolgt durch

Abb. 231. Wählergestell nach dem Ericsson-System.

die Kupplungsmagneten MH und MV und zwar bewirkt MH die Kupplung mit demjenigen Kegelrad, welches die Vorwärtsdrehung bewirkt, MV dagegen mit dem darübergelegenen, welcher die Rückwärtsbewegung bewirkt. Die kurze Welle mit den beiden Zahnrädern FR, FR', welche mit dem Zahnkranz der Scheibe KR dauernd in Eingriff bleibt, überträgt die Drehbewegung auf den Wähler. Dieser selbst besteht aus zwei Metallscheiben mit Zahnkränzen aus der Scheibe KR und der Scheibe TS. Wenn durch den Sperrmagneten CR die Kontaktstange KA festgehalten wird und der Schaltmagnet CV die Sperrung aufhebt, so wird zunächst die Scheibe KR gedreht, die Scheibe TS mitgenommen und die Kontaktstange vor eine bestimmte Kulissengasse geschwenkt. Dabei kann, wie dies beim Anrufsucher geschieht, die Spitze der Kontaktstange über eine sog. d-Bürste jeweils an dem vordersten Kontakt der Kulissengasse eine Prüfung ausführen, in welche Gasse später die Stange einzutreiben ist. Dieser Kontakt bildet gewissermaßen den Kulissensucher bei der Anrufsuchereinstellung und veranlaßt das Stillsetzen der Schwenkbewegung und das Eintreiben der Stange in die betreffende Gasse. Wenn nämlich die Schwenkbewegung vollzogen ist, so hält der Magnet CV die Scheibe TS fest und CR hebt die Sperrung der Kontaktstange auf. Wenn nun die Scheibe KR weitergedreht wird,

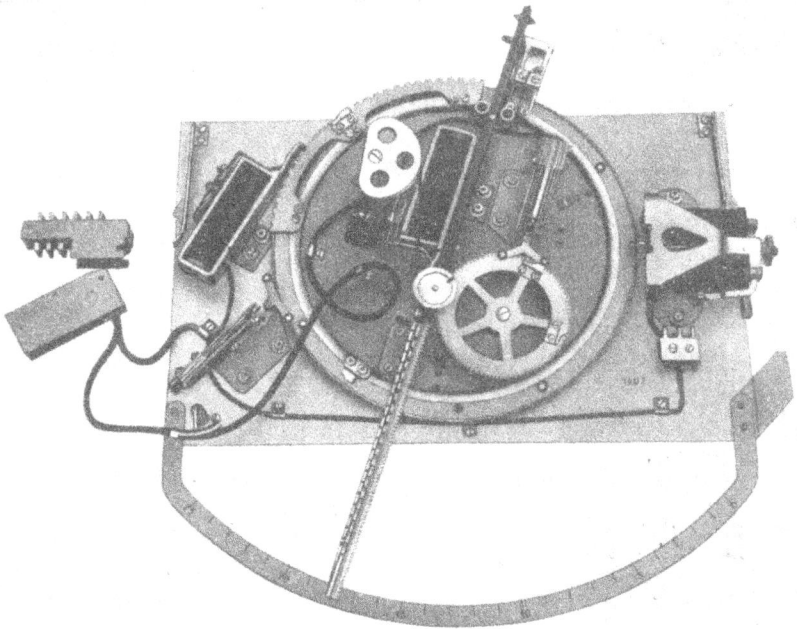

Abb. 232. Ansicht des Ericsson-Wählers.

so überträgt sich über das Zahnrad ZR und den inneren Kontaktkranz von KR die Drehbewegung in eine Schubbewegung auf die Kontaktstange, so daß diese in die betreffende Gasse eingetrieben wird. Wenn der einzustellende Kontakt gefunden ist, wird der Kupplungsmagnet MH freigegeben und CR zentriert und sperrt die Kontaktstange.

Die Rückstellbewegung vollzieht sich durch Kupplung mit dem Antrieb S in umgekehrter Richtung. Zunächst wird mit dem abgehobenen CR-Magneten die Stange zurückgezogen, dann wird die Scheibe in die Ruhelage zurückgeschwenkt. Durch eine bogenförmige Skala kann die Einstellung der Wähler ohne weiteres abgelesen werden, während die rückwärtige Verlängerung der Kontaktstange die Tiefe der Einstellung in die Kontaktgasse ablesbar kennzeichnet. Die Antriebswelle macht nur 30 Umdrehungen in der Minute und so erhalten die Einstellwähler einen absolut lautlosen Gang und die Ericsson-Ämter fallen durch diese Lautlosigkeit ihres Arbeitens außerordentlich vorteilhaft auf. Das Bild des Wählers selbst (Abb. 232) zeigt die Einzelheiten des Getriebes und die Zuführung der Leitungen zu der Kontaktstange mit Hilfe eines flexiblen Kabels. Charakteristisch ist auch für das System die leichte Auswechselbarkeit der Wähler, welche nur wie eine Schublade in ihr Fach eingefügt zu werden brauchen und dann mit einem Steckkontakt betriebsfähig angeschlossen sind. Die flache Bauweise der Wähler und die gedrängte Anordnung im Gestell ergibt für die Einstellwähler selbst einen außerordentlich geringen Raumbedarf. Da weiterhin die Systeme mit 500 teiligen Wählern arbeiten, so bestehen im allgemeinen die Ämter nur aus 3 Wählerstufen, Anrufsucher, Gruppen- und Leitungswähler. Dadurch wird der Raumbedarf für das System ein sehr geringer, während gleichzeitig die Gestellkonstruktion eine sehr bewegliche Platzausnützung gestattet. Selbstverständlich erfordert auch das Ericsson-System Speicherung und Umrechnung und diese Hilfseinrichtungen erfordern zusammen mit den Folgeschaltern der Wähler beinahe den gleichen Raumbedarf wie die Wähler selbst. II. Anrufsucher sind nicht vorgesehen, vielmehr werden für 500 Leitungen in der Regel 40 I. Anrufsucher starr verbunden mit 40 I. Gruppenwählern vorgesehen. Anrufsucher, Gruppen- und Leitungswähler besitzen jeder für sich Steuerschalter, außerdem ist zur Auswahl eines freien Anrufsuchers ein Dienstwähler vorgesehen.

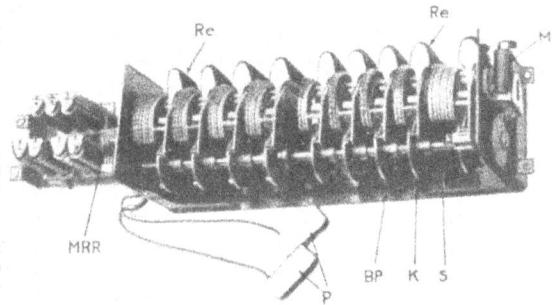

Abb. 233. Register des Ericsson-Systems.

Schaltungen des Ericsson-Systems sind gekennzeichnet durch ein Teilnehmeranruforgan mit Anruf- und Trennrelais, mit einem über den c-Ast betätigten Gesprächszähler. Das Anrufrelais veranlaßt das Anlaufen eines Dienstwählers und kennzeichnet gleichzeitig mit einem Hilfskontakt die Kulissengasse, in welcher der anrufende Teilnehmer liegt. Der Dienstwähler setzt nacheinander fünf bis zehn freie Anrufsucher in Tätigkeit und wenn eine genügende Zahl derselben erregt ist, so wird durch Parallelschaltung ihrer Anlaßwicklungen durch den stufenweise erniedrigten Nebenschlußwiderstand die Erregerwicklung des

Dienstwählers abgedrückt und das Anlassen weiterer Anrufsucher unterbleibt. Sobald der erste Anrufsucher die Kulissengasse gefunden hat, in der der rufende Teilnehmer liegt, werden alle anderen stillgesetzt und bleiben in ihrer Schwenkstellung stehen. Wenn ein Anrufsucher erfolglos bis zum 25. Drehschritt durchgedreht hat, wird durch mechanische Kontaktgabe die Rückwärtsbewegung eingeleitet, so daß er die Suchbewegung in der Gegenrichtung beginnt. Eine Ruhestellung besitzen die Anrufsucher nicht, sie ziehen lediglich beim Auslösen die Kontaktstange zurück. Sobald der Anrufsucher den Teilnehmer gefunden hat, beginnt ein Dienstwähler einen freien Speicher auszusuchen, den er alsdann über 6 Arme mit dem zugehörigen Anrufsucher und Gruppenwähler verbindet. Auch der Dienstwähler, welcher 35 Stellungen besitzt, wird mit Maschinenantrieb eingestellt und durch eine mechanische Zentriereinrichtung in der Normallage der Bürste festgehalten. Wenn ein freier Speicher gefunden ist, so erhält der Teilnehmer aus demselben das Amtszeichen und die von ihm entsendeten Impulse werden in den Drehwählern des Speichers festgehalten. Der Speicher selbst besteht aus 3 Steuerschaltern, 5 Speicherwählern nach Schrittwählerkonstruktion, die durch Federkraft bewegt und maschinell aufgezogen werden. Der Ablauf wird durch ein mechanisches Echappement schrittweise kontrolliert. 4 Abgreifer und 12 Relais ergänzen die Einrichtung. Die Auswahl des Registers erfolgt entweder nach dem Anrufsucher- oder nach dem Dienstwählerprinzip, d. h. entweder liegt das Register am Drehpunkt eines Dienstanrufsuchers, welcher dann das belegte Anrufsuchergruppenwählerpaar einstellt, oder die Drehpunkte des Anrufsuchers und Gruppenwählers sind wiederum mit einem Drehpunkt des Dienstwählers verbunden, an dessen Kontakten die freien Register liegen. Der Zusammenbau eines Registers ist aus Abb. 233 zu ersehen. Die Wähler (Abb. 234) werden durch einen mechanischen Anschlag mit der umlaufenden Welle gekuppelt und dadurch wird die Feder nach erfolgtem Ablauf wieder gespannt.

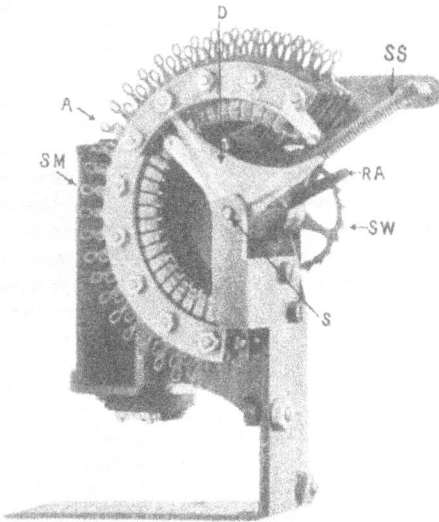

Abb. 234. Speicherwähler des Ericsson-Systems.

Die Impulsspeicherung und Wählereinstellung.

Um die Wählereinstellung des Ericsson-Systems zu verstehen, muß man eine gewisse Numerierung zugrunde legen. Der I. Gruppenwähler besitzt 25 Kulissen zu 20 Ausgängen und benützt in der Regel die 20 Ausgänge zur Auswahl eines freien Leitungswählers. Da diese Leitungswähler 500teilig sind, so können allein mit 20 Kulissen 20mal 500, also im ganzen 10000 Teilnehmer eingestellt werden. Dann kann man weitere 5 Kulissen zum Verbindungsverkehr mit anderen Ämtern mit anderer Anfangsdekade eines Hunderttausendersystems und mit II. Gruppenwählern verwenden. Wenn z. B. ein Amt die Rufnummer 50000 hat,

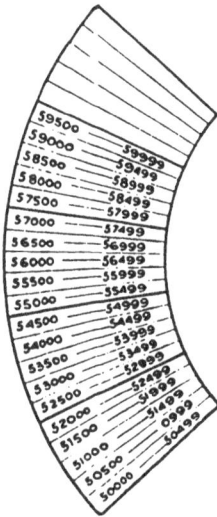

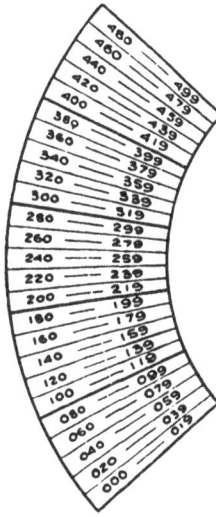

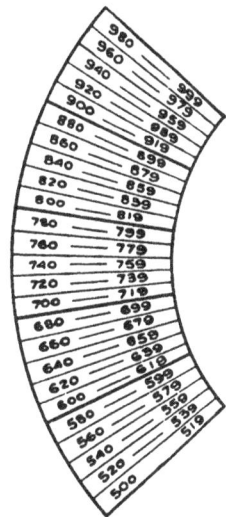

Abb. 235. Numerierung des Gruppenwählers nach dem Ericsson-System.   Abb. 236. Numerierung des Leitungswählers nach dem Ericsson-System.

so wird in der ersten Kulisse die Leitungswählergruppe 50000—50499 erreicht werden über die zwanzigste 59500—59999. Der Teilnehmer mit der Rufnummer 55230 wäre also über die 11. Kulisse des I. Gruppenwählers und, entsprechend der in Abb. 235 und 236 wiedergegebenen Numerierung der Leitungswähler, über die 15. Kulisse des Leitungswählers und den 1. Schritt der Kontaktstange einzustellen. Wenn also die Zahlen 5 — 5 — 2 — 8 — 0 auf den 5 Speicherwählern aufgelaufen sind, so muß das Abzählrelais den ersten Abgreifer auf den 11. Schritt, den II. Abgreifer auf den 15. Schritt, den III. Abgreifer auf den 1. Schritt einstellen. Der IV. Abgreifer wird nicht benötigt. Wie bei den anderen Maschinenwählersystemen wird auch hier das Abzählrelais durch eine die Wählerbewegung begleitende, vom Wähler ausgehende Impulsgabe betätigt und wenn die Abgreifer über die Rangierverteiler die Einstellschritte der Speicher gefunden haben, so erfolgt die Unterbrechung des Grundstromkreises und damit die Stillsetzung der betreffenden Wählerbewegung. Ankommende Steuerschalter verteilen die vom Teilnehmer geschickten Impulse auf die Speicher, abgehende steuern das Abgreifen der Stromstoßreihen durch die Abgreifer. Das Ericsson-System ist trotz seiner großen Wählereinheiten auch bereits in kleinere Ämter vorgedrungen. Es ist vielleicht unter den sämtlichen Maschinenwählersystemen das am höchsten entwickelte und ergibt im Kontaktbankaufbau eine sparsame Konstruktion. Die Wähler selbst allerdings setzen eine ziemlich teuere Feinmechanik voraus. Die Stromkreise, namentlich die Vorgänge in der Speicherung, stehen an Kompliziertheit den anderen Maschinenwählersystemen nicht nach. Als Nachteil wird auch vielfach gewertet, daß die Wähler selbst wie eine verschlossene Schublade ihr inneres Arbeiten völlig verdecken, daß auch die Kontaktstellen unsichtbar liegen und daß durch mechanische Erschütterung eines Hauses unter Umständen ein Erzittern und Schwingen der blank verspannten Drähte eintreten könnte, welches zu Geräuschen in der Sprechverbindung führt. Der Verfasser konnte allerdings derartige Mängel nicht feststellen. Die geräuschlose Arbeitsweise des Systems wird ihm mancherorts die Unterbringung in Gebäuden ermöglichen, welche keine lärmenden technischen Einrichtungen aufnehmen können. Als jüngstes der Maschinenwählersysteme zeigt es zweifellos eine außerordentlich zweckmäßige und sinnreiche Entwicklung.

Die Firma Ericsson, Stockholm und die Firma Hasler, Bern, bauen auch ein kleines Schrittwählersystem für 25 Teilnehmer, welches nach dem Kreislaufsystem arbeitet und als außerordentlich zuverlässige Kleinzentrale gilt (vgl. Abb. 237).

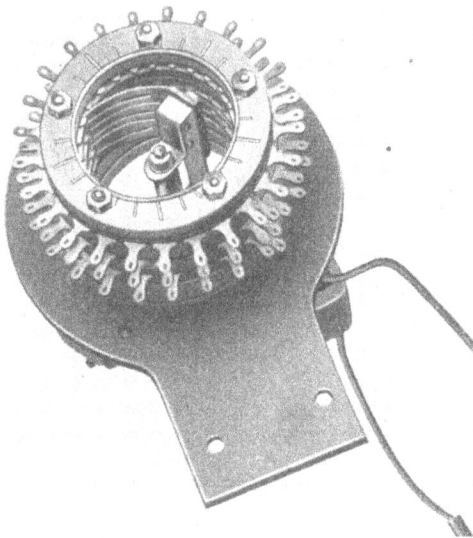

Abb. 237. 25 teiliger Schrittdrehwähler des Ericsson-Systems für Kleinzentralen.

Sonstige Wählersysteme.

Die Sa-Technik ist mit den angegebenen Konstruktionen keineswegs am Ende ihrer Möglichkeit. Je nach der Zahl der in ein Vermittlungssystem einzubeziehenden Teilnehmer, ist bald die eine, bald die andere Lösung die zweckmäßigere und so sind die verschiedenartigsten Wählersysteme zur Entwicklung gelangt. In vieler Beziehung liefert die Sa-Technik hier ein Abbild der Handvermittlungssysteme. Bei Vermittlungseinrichtungen für 10—20 Teilnehmer war beispielsweise ein Schienenumschalterschrank in Verwendung, bei dem die Teilnehmerleitungen als rufende und gerufene mit gekreuzten Schienensystemen übereinander angeordnet waren und am Kreuzungspunkt dieser Schienen durch Stecken eines Verbindungssteckers die Verbindung hergestellt werden konnte. Dieses Prinzip findet man in der Automatik verwirklicht, einmal im sog. Koordinatenwähler, ein andermal in den Relaissystemen.

Der Koordinatenwähler verwendet blank verspannte Teilnehmerleitungen, die wie Zithersaiten angeordnet, gekreuzt in zwei Feldern untereinander liegen, wobei durch mechanische Kupplung zweier Drähte an der Kreuzungsstelle die Verbindung hergestellt wird.

Die Relaissysteme haben in einem Umfang bis zu 3000 Anschlüssen eine beachtenswerte Entwicklung genommen. Namentlich auf Schiffen sind sie sehr beliebt, weil sie gegen Erschütterungen unempfindlich sind. Für kleine Einheiten sind die Relaiswählersysteme außerordentlich dankbar und zeichnen sich durch besonders sinnreichen Aufbau aus. Als Elemente des Schrittwählersystems kommen Relaiswähler für die Freiwahl vereinzelt in Frage, wenn es sich um die Auswahl von 2 bis 5 Leitungen handelt, wo der Einbau eines Drehwählers noch nicht lohnend ist. So werden beispielsweise in den neueren vollautomatischen Gruppenstellen für 10 Teilnehmer und 3 Amtsleitungen die 3 Amtsleitungen durch Relaiswähler ausgewählt, indem der Reihe nach drei verzögerte Relais abfallen, bis ein Prüfrelais über die Kontakte der Relais ansprechen kann und weiteres Abfallen verhindert.

Die ältesten vollautomatischen Gruppenstellen System Steidle für 10 Teilnehmer und 2 Amtsleitungen waren reine Relaiswählersysteme, bei denen die Auswahl unter 10 Teilnehmern über Relaiskombinationen erfolgte. Weiterhin wurde gezeigt, daß die neuesten Maschinenwählersysteme für die Aufgaben der Speicherung und des Abgreifens der Impulse (Abzählrelais) Relaisspeicher verwenden. Diese Relaisspeicher sind gewissermaßen ein Element eines Relaiswähler-Sa-Systems.

Das Relaiswählersystem der Relay Automatic Telephone Co., London, ist bis zu einer Aufnahmefähigkeit von etwa 1000 Anschlüssen entwickelt und benötigt zum Aufbau einer Ortsverbindung in diesem System etwa 25 Relais. Damit stellt sich der Preis des Anschlusses schon etwas höher, wie für einen Anschluß eines Schrittwählersystems. Mit zunehmender Teilnehmerzahl wächst die Zahl der in einer Verbindung liegenden Kontakte etwa quadratisch und damit auch der Relaisaufwand. Durch die Beschränkung in der Kontaktzahl, die auf einem

Relais maximal untergebracht werden kann, fordert das System eine Unterteilung in kleine Bündel, die verkehrstechnisch ungünstig werden, andrerseits arbeitet natürlich das System in den Schaltzeiten außerordentlich sicher und stellt sich in der Pflege günstiger als die Systeme mit bewegten Wählern. So ist das Relaiswählersystem namentlich für kleine Anlagen bis zu 100 Teilnehmern wohl zu empfehlen.

Der Aufbau einer Verbindung in einem Relaissystem der Relay-Automatic Telephone Co., London, vollzieht sich in folgender Weise: Einer Gruppe von 5 Teilnehmern ist nach dem Prinzip der gekreuzten Schienen eine Reihe von Zwischenleitungen zugeordnet, welche durch im Kreuzungspunkt angeordnete Relais an die Teilnehmerleitung geschaltet werden können. Prüfung und Sperrung sorgen auch hier für die Auswahl der Leitungen. Dies stellt gewissermaßen die Vorwahlstufe des Systems dar und verbindet die Teilnehmeranschlußleitung schließlich mit einer sog. abgehenden Verbindungsleitung, in welcher der Speisebrückensatz für beiderseitige Teilnehmerspeisung, Schleifenaushängeüberwachung, Ruf- und Signalrelais und Rufstromabschaltung, sowie die Besetzt- und Freizeichensignalisierung enthalten ist. Gleichzeitig wird durch einen Dienstwähler ein freier Leitungswähler ausgesucht (in der Regel sind hierfür nur 1—2% erforderlich), weil sie während der Verbindung frei werden. In diesem Leitungswähler erfolgt die Speicherung der gesendeten Rufnummer. Der Aufbau des Speichers erinnert an den des Drehwählersystems Antwerpen. Mit jedem Stromstoß wird ein Relais erregt, wenn das zweite erregt ist, das erste aberregt usw. Nach dem fünften Relais wird ein Umsteuervorgang zu Hilfe genommen und die vorerwähnten Relais werden der Reihe nach wieder herangezogen. So bedeutet also z. B. Wahl der Ziffer 4 als Zehnerdekade, Z IV-Relais erregt, weiterhin bedeutet Wahl 7 Z VI-Relais und Z I-Relais erregt (Z VI-Relais läßt also die Zählung wieder von vorne beginnen und bleibt selbst erregt). Die Kontaktstellungen der betreffenden Relais wirken schließlich auf einen Anreizstromkreis, welcher das Trennrelais des gerufenen Teilnehmers ebenfalls über Zwischenleitung an sog. ankommende Verbindungsleitungen anschaltet. Die Herstellung der Verbindung besteht dann schließlich darin, daß im Kreuzungspunkt der abgehenden und ankommenden Verbindungsleitung ein Schlußrelais erregt wird, welches sie beide miteinander verkuppelt. Dann wird der Leitungswähler und der Anreizer frei, der Teilnehmer wird angerufen und die Verbindung vollzieht sich. An der aufgebauten Verbindung sind alsdann neben den beiden Speisungsrelais 5 Kupplungsrelais im Hundertersystem beteiligt. Die Ausnützung der Periodizität der Zahlen, welche bis zu einer Unterteilung der 10 er-in zwei 5 er-Gruppen geht, die Abschaltung aller zur Verbindungsherstellung notwendigen, während der Sprechverbindung aber unnötigen Teile macht die Relaissysteme wirtschaftlich lebensfähig, obwohl sie sich mit der einfachsten Bewegungsmöglichkeit begnügen, welche durch elektromagnetische Fernsteuerung ausgelöst werden kann.

In allen Handämtern mit mehr als 50 Teilnehmern hatten Stecker und Schnur zum Verbindungsaufbau gedient. Diese finden ihr Abbild in der Sa-Technik in den Anrufsucher-Leitungswählersystemen, wobei gewissermaßen die Bürste des Anrufsuchers dem Abfragestecker, die Bürste des Leitungswählers dem Verbindungsstecker entspricht. Die Zuhilfenahme von Registern bzw. die Zuhilfenahme von Kreislaufsystemen erinnert andrerseits an den Dienstleitungsverkehr. So findet die alte Handamtstechnik in der Sa-Technik eine mechanische Abbildung.

Die weitere Unterscheidung liegt darin, wie die Bewegung der Beamtin im Wähler mechanisch wiedergegeben wird und darin haben wir rein linear bewegte Wähler (Stangenwähler), reine Drehwähler, Wähler mit Vereinigung beider Bewegungsmöglichkeiten kennengelernt. Die unmittelbare Weiterleitung der Impulse in die Schrittschaltmagnete bzw. die Zuhilfenahme einer Motorkraft für die endgültige Einstellbewegung hat dabei die großen Gruppen der Schrittschaltsysteme bzw. der Maschinenwählersysteme geschaffen.

Andere als elektromagnetisch bewegte Wähler wurden nirgends in größerem Umfang gebaut.

Christensen, Kopenhagen hat für die Dienstwahl einen pneumatisch linear bewegten Wähler geschaffen*).

---

*) Hierüber und über sonstige Fragen der Auslandssysteme siehe in dem fundamentalen Werk von Dr. F. Lubberger: Fernsprechanlagen mit Wählerbetrieb.

Schlußbemerkung.

Die Sa-Technik hat in der kurzen Zeit ihres Bestehens die kompliziertesten Aufgaben der Fernsprechtechnik gelöst und steht im Begriff, die Handamtstechnik restlos zu verdrängen. Gestützt auf die wirtschaftlichen Vorteile des Systems, die sich in den großen Netzen am ausschlaggebendsten zeigen und die durch Verbilligung und Verbesserung der Fabrikationsmethoden und durch Steigerung der Personalausgaben immer mehr zu ihren Gunsten sich verschieben, wird die Sa-Technik bis in die kleinsten Orte, bis in die Nebenstellenanlagen vordringen und später die Bewältigung des Fernverkehrs, mindestens des nahen Fernverkehrs übernehmen. In einer Zeit, wo man auf dem Drahtwege und auf drahtlosem Wege die Übertragung der viel komplizierteren Impulszeichen der Telegraphie über viele 1000 km möglich gemacht hat, spielt die Aufgabe der Impulsübertragung für die Sa-Technik keine Rolle mehr. Bei der hohen Wirtschaftlichkeit des Sa-Betriebs im Fernverkehr, die jene des Ortsverkehrs wesentlich überwiegt, muß man sich wundern, daß von den Möglichkeiten noch nicht weiterer Gebrauch gemacht wurde. Die meisten Länder stehen mit der Einführung des Sa-Betriebes eben noch vor großen finanziellen Aufgaben und haben alle Hände voll zu tun, die größten Ortsfernsprechnetze auf vollautomatischen Ortsverkehr umzustellen. So sind die europäischen Millionenstädte London, Paris, Berlin sämtlich in der Umstellung auf Sa-Betrieb begriffen. Wenn man sich bewußt ist, welche riesenhafte Aufgabe die Umstellung des Personals vom Handamtsbetrieb auf Sa-Betrieb mit seinen komplizierteren Schalteinrichtungen bereitet, so versteht man, daß man durchwegs in der ersten Baustufe sich mit der Automatisierung des Ortsverkehrs begnügt.

Dort aber, wo man mit der Einführung der Sa-Technik schon auf einige Jahrzehnte zurückblickt, wo, wie in Bayern, die Großstädte alle automatisiert sind und die Reste des Landes nach einer einheitlichen Behandlung verlangen, da mußte man gebieterisch die Möglichkeiten der Sa-Technik erfassen und ausschöpfen und so hat sich in Bayern eine weitgehende Entwicklung für die Sonderaufgaben des nahen Fernverkehrs und der Nebenstellentechnik vollzogen. Länder, welche sich in ähnlicher Situation befinden, wie z. B. die Schweiz, bewegen sich in ihrer fernsprechtechnischen Entwicklung auf der gleichen Linie.

Die Sa-Technik wird zweifellos noch eine wesentliche Senkung der Preise mit sich bringen, wenn die augenblickliche Situation einer sprunghaften, unruhigen Entwicklung überwunden ist und wird dann um so rascher die Reste der Handamtstechnik verdrängen und ihrer Endform zustreben. Unter der Endform des Fernsprechnetzes eines Landes, etwa wie Bayern, darf man ein Gebilde erwarten, welches, gestützt auf das große Fernkabelnetz, in den großen Verkehrssammelpunkten tag- und nachtbediente Fernämter I. Klasse enthält, zu denen ein Bezirkskabelnetz den Fernverkehr des umliegenden Gebietes zusammenträgt. Endpunkte und Sammelpunkte dieses Bezirkskabelnetzes sind die Mittelpunkte der sog. Netzgruppen, welche großenteils ein nur bei Tag bedientes Fernamt enthalten. Der Sa-Betrieb wird in sämtlichen Orten zur Durchführung gelangen und über das offene Kennziffersystem werden die einzelnen Ämter zu Netzgruppen und die Netzgruppen zu automatischen Fernverkehrsgebieten zusammengefaßt. Wie sich der Verkehr zwischen den Orten Neustadt a. H.—Ludwigshafen—Mannheim, Landau—Neustadt, Landau—Ludwigshafen, Kissingen—Würzburg vollautomatisch über Zeitzonenzählung vollzieht, wird man wichtige Verkehrssammelpunkte, insbesondere Hauptämter benachbarter Netzgruppen zu unmittelbarem, vollautomatischem Wählverkehr zusammenschließen. Verwendung von Wechselstromwählung und Wechselverkehr auf den Leitungen gestattet dabei eine höchst wirtschaftliche Ausnützung des Leitungsmaterials.

In der Nebenstellentechnik werden die alten Schrankeinrichtungen, Stecker und Schnur immer mehr verschwinden. Sie sind eine höchst unangenehme Störungsquelle in Sa-Netzen geblieben. Die vollautomatische Nebenstellenanlage mit unmittelbarem Amtsverkehr in beiden Richtungen für große Einrichtungen, Reihenapparate und vollautomatische Gruppenstellen werden neben den reinen Hauptanschlüssen das Ortsfernsprechnetz bilden. Für selbstkassierende Sprechstellen, für Orts- und Vorortsverkehr darf ebenfalls ein großer Aufschwung erwartet werden.

Es ist zweckmäßig, all diesen Möglichkeiten und Aufgaben in weite Zukunft hinaus ins Auge zu sehen, denn sie bestimmen die Wahl der heutigen Technik, der Systeme, der Rufnummernverteilung, der Netzgestaltung. Und nur wenn man sich entschließt, mit der Einführung des Sa-Betriebes einen großen Schritt in die Zukunft hinein zu tun, gelingt es, die vielen teuren und lästigen Zwischenstufen der allmählichen Entwicklung einigermaßen zu überbrücken. Hoffentlich gelingt es auch einmal, den Fernsprechtarif besser mit den technischen Möglichkeiten in Einklang zu bringen, denn diese bilden die potentielle Energie eines Volkes und Aufgabe des Tarifes muß es sein, mit wirtschaftlichen Mitteln diese Energiequellen des Volkes zu schöpfen. Aus diesem Grunde muß der Tarif auf die Technik Rücksicht nehmen, muß vor allem allmählich feste Formen annehmen und nicht, wie bisher, kurzzeitig wechseln, damit der Fernsprechtechniker wieder sichere Rechnungsunterlagen für die Dimensionierung seiner Einrichtungen gewinnt.

Die deutschen Schrittwählersysteme, insbesondere das unter dem Namen „System F" jüngst entstandene Schaltungssystem der Firma Siemens & Halske, erscheinen geeignet, die Lösung all der Aufgaben, Ortsautomatik mit automatischer Fernvermittlung, Fernwählung, Netzgruppenbildung mit Zeit- und Zonenzählung, Bildung von Unterzentralen und automatischen Nebenstellenanlagen, Bildung kleiner Gruppen- und Wohnungsanschlüsse zur äußersten Dezentralisierung zu bringen.

Nachtrag über die neuesten Entwicklungsergebnisse.

Nachtrag zu Seite 231.

Seit der Bearbeitung des Buches ist der Ausbau des Selbstwählnah- und Selbstwählweitverkehrs wesentlich fortgeschritten. Technisch ist es gelungen, für den Selbstwählweitverkehr die Fernleitungen mit Wechselstromwählung im Wechselverkehr zu betreiben, auf diesen Leitungen rückwärtige Sperrung und Signalübertragung sicherzustellen und den gleichen Leitungen auch manuellen Transitverkehr überzulagern. Die Leitungen des Selbstwählweitverkehrs werden abgehend durch Vorwähler, ankommend durch Anrufsucher mit einem Fernanrufaggregat verbunden, wobei derselbe Drehwähler als Anrufsucher bzw. Vorwähler verwendet wird. Wenn beispielsweise in den nächsten Tagen der Nürnberger Teilnehmer über die Kennziffer A 61 den Regensburger Teilnehmer ruft, der Regensburger Teilnehmer über A 21 den Nürnberger Teilnehmer, so kann über die gleichen Leitungen das Fernamt Nürnberg jeden vollautomatischen Teilnehmer der Netzgruppe Regensburg erreichen, aber auch durch Wahl von A 60 die Umsteuerung der Leitung an den Regensburger Arbeitsplatz veranlassen. Beim Stecken der Fernrufklinke in Nürnberg hat ein Drehwähler als Vorwähler eine der 7 Leitungen ausgesucht, die nach Regensburg führen und gegen anderweitige Belegung gesperrt. Nach Wahl von A 60 besorgt der ankommende Ämtergruppenwähler in Regensburg die Umsteuerung zweier Kontakte und ein Anrufsucher eines freien Fernanrufaggregates im Fernamt Regensburg verbindet sich mit der Leitung, über welche K 60 gewählt wurde. Auf diese Weise genügt es, von 7—8 Leitungen nur 3 beiderseits an die Fernämter anzulegen. Daneben sind diese Leitungen allen Fernplätzen des Fernamtes über die Netzgruppenklinke zugänglich, so daß nach dieser Richtung jeder Transitverkehr entfällt.

Der Selbstwählnahverkehr ist als sog. übergangsweiser Selbstwählnahverkehr auch zu manuellen Orten ausgedehnt worden, welche mit Wählkästchen ausgerüstet und unter der künftigen Kennziffer gerufen werden. So wird beispielsweise Kaiserslautern über K 69 in den Selbstwählnahverkehr einbezogen und irgendein automatisierter Teilnehmer der Netzgruppe Ludwigshafen, Neustadt oder Landau kann K 69 unmittelbar wählen, erreicht dann einen B-Platz des Kaiserslautener Ortsamtes, nennt die Nummer des gewünschten Teilnehmers und wird sofort mit diesem verbunden. Der Zeitzonenzähler des Ausgangsamtes erfaßt durch Speicherung der Ziffer K 69 die Gebühr. Nach Einhängen des rufenden Teilnehmers löst die Verbindung von selbst aus. Dieser übergangsweise Selbstwählnahverkehr wird im Laufe eines Jahres mit ungefähr 40 Orten eröffnet werden.

Dabei hat sich gezeigt, daß diese Einführung des Sofortverkehrs ohne Leitungsmehrung möglich ist, allein durch die günstige Zusammenfassung der Leitungsbündel, die der handvermittelte Fernverkehr zersplittert hat. Es gibt beispielsweise heute in der Pfalz von Kaiserslautern ausgehend folgende Bündel: Von und nach Neustadt, Landau, Ludwigshafen, Mannheim, Speier, Heidelberg, Frankenthal, Dürkheim usw. Aus diesen insgesamt etwa 12 getrennten Leitungsbündeln werden künftig ungefähr 3, nämlich nach der Netzgruppe Neustadt, Ludwigshafen (einschließlich Mannheim) und Landau. Die einzelnen Leitungen können wieder in ihre Elemente zerlegt werden und werden zu einheitlichen Bündeln zusammengefaßt. Die Wähler stellen unter Benützung der Kennziffern die notwendigen Transitverbindungen unter den Leitungsstücken her, ohne daß dadurch technischer Mehraufwand eintritt und ähnlich wie im Ortsverkehr ohne betriebstechnische Mehrkosten eine Dezentralisation der Amtseinrichtungen möglich ist, gelingt im Selbstwählnah- und Selbstwählweitverkehr die Auflösung der Leitungen in ihre Teile und dadurch die Zusammenfassung zu großen Bündeln auf den Teilstrecken, und ohne Leitungsmehraufwand kann der Sofortverkehr den heutigen Wartezeitverkehr ersetzen. Um diesen außerordentlichen Vorteil möglichst rasch zu schaffen und für den Übergangszustand die Errichtung kleinster Fernämter zu ersparen, wird von den Möglichkeiten des übergangsweisen Selbstwählnah- und -weitverkehrs reichlichst Gebrauch gemacht werden.

Die Führung der Fernleitungen im Handbetrieb und nach Eröffnung des Selbstwählverkehrs kann aus den im Anhang beigefügten Plänen Abb. Anh. 238 und 239 ersehen werden, während Abb. Anh. 240 den wählertechnischen Aufbau des Netzgebildes zeigt.

Die Ausrüstung der Wählkästchen ist so getroffen, daß abgehend durchwegs Fernverbindungen hergestellt werden, und zwar mit den Manipulationen eines normalen Fernamtes, einheitlich, ob nun die Leitungen mit Gleichstrom oder Wechselstrom betrieben werden. Ankommend unterscheiden sich sog. ankommende Netzgruppenverbindungen, die der Teilnehmer über den Zeitzonenzähler unmittelbar wählt; sie erregen eine Ortsanruflampe, welche erst erlischt, wenn die Beamtin nach Herstellung der Verbindung die Zähltaste drückt.

Ankommende Fernverbindungen, die ausgehend von einem Wechselstromferngruppenwähler oder über Gleichstromvermittlung von einem Fernplatz unter der Kennziffer auflaufen, erregen eine Fernanruflampe, welche beim Nachläuten heller aufleuchtet. Das wählende Amt hat

Aushängeüberwachung und Schlußzeichenlampe, so daß das Eintreten der Beamtin am Wählkästchen jederzeit gemeldet wird. Das Wählkästchen ist also Orts- und Fernamt kleinster Form. Es kann für kleinste Verhältnisse mit Klappenanruf ohne Batterie am Ort betrieben werden, für wichtigere Leitungen wird das Kästchen nach Art des in Abb. 96 und 97 gezeigten eisernen Vermittlungskästchens ausgeführt und mit kleinen auswechselbaren Relaissätzen ergänzt. Gleichstrom- und Wechselstromvermittlung ergibt dabei die gleichen Signale und Manipulationen. Wird in einem Ortsnetz Sa-Betrieb eingeführt, so kann die übergangsweise Einrichtung ohne nennenswerte Umlegungskosten an einen anderen Ort verbracht werden.

Der übergangsweise Selbstwählnahverkehr ist also namentlich für den Bauzustand eines Netzgruppengebietes eine wertvolle Überleitungsmaßnahme und gibt der Postverwaltung hinsichtlich des schrittweisen Ausbaues der Netzgruppengebiete völlig freie Hand und gestattet es jeweils bei Inbetriebnahme von Ämtern sofort die wirtschaftlichen Vorteile der Automatisierung zu schöpfen. Der Umstand, daß in kleinen Ortsfernsprechnetzen die Automatisierung des Ortsverkehrs an sich niemals wirtschaftlich ist, sondern daß nur die Einbeziehung des nahen Fernverkehrs den Aufwand der Automatisierung rechtfertigt, hat vielfach das Vordringen der Automatik in die Landnetze erschwert, da man in den seltensten Fällen in der Lage ist, ganze Bezirke mit einem Schlag zu vollautomatischem Verkehr zusammenzuschließen. Angesichts der heutigen Finanzlage ist es nun besonders wertvoll, daß die Maßnahmen des Selbstwählnahverkehrs den schrittweisen Ausbau mit wirtschaftlichem Erfolg gestatten.

Sachverzeichnis.

Wichtige Fachliteratur

Die Fernsprechanlagen mit Wählerbetrieb (Automatische Telephonie). Von Dr.-Ing Fritz Lubberger, Ober-

ingenieur der Siemens & Halske A.-G., Berlin. 3. erweiterte Auflage. 1926. 290 Seiten mit einer Bei-
lage von 160 Abbildungen. Gr. 8⁰ .... Broschiert M. 11.—; in Leinen gebunden M. 13.—
„Elektrotechnik und Maschinenbau": Das Werk bildet eine sehr wertvolle Ergänzung zu der ein-
schlägigen Literatur und ist -- wie alle Werke des Verfassers — durch eine gute und systematische Übersichtlichkeit gekennzeichnet. Diese wird noch dadurch gehoben, daß Abbildungen und Schaltungsschemen
in einem separaten Heft gedruckt sind. Das Buch ist ebenso für den Anfänger wie für den Fachmann
auf dem Gebiete der automatischen Telephonie wertvoll, da es sowohl die Prinzipien als auch die theoretischen Erwägungen bei den automatischen Telephonsystemen behandelt.

Die Wirtschaftlichkeit der Fernsprechanlagen für Ortsverkehr.
Von Dr.-Ing. Fritz Lubberger. 107 Seiten, 19 Abbildungen, 5 Tafeln. Gr.-8⁰. 1927.
.... Broschiert M. 5.50; in Leinen gebunden M. 7.—
„Elektrische Nachrichtentechnik": Der Verfasser, rühmlichst bekannt durch sein kürzlich in
dritter Auflage erschienenes Werk „Die Fernsprechanlagen mit Wählerbetrieb", bringt in dem vorliegen-
den Buche eine übersichtliche Zusammenstellung aller Unterlagen für die Berechnung des Umfanges der
technischen Einrichtungen von Orts-Fernsprechnetzen mit Hand- und mit Wählerbetrieb. Er hat das ge-
steckte Ziel, über die Wirtschaftlichkeit des Orts-Fernsprechwesens Aufklärung zu schaffen, erreicht.
Das vorliegende Werk stellt sich mit dem eingangs genannten Buche würdig an die Seite und kann zum
Studium und zur Benutzung bei Neuanlagen warm empfohlen werden.

Der Bau neuer Fernämter. Von Dr.-Ing. W. Schreiber. 2 Teile. 221 Seiten. Gr.-8⁰.
Plansammlung (77 Abbildungen) 4⁰. 1924. M. 20.—
„Verkehrs- und Betriebswissenschaft": Dieses neue Werk des anerkannten und hervorragenden
Fachmannes behandelt die brennende Frage des Ämterbaues so systematisch und gründlich, wie es bisher
noch nicht geschehen ist.
„VDI-Zeitschrift": ... Das Buch wird jedem Fachmann der Verwaltung oder der Industrie, der mit
der Planung oder Ausführung neuer Fernämter zu tun hat, ausgezeichnete Dienste leisten.

Die Wirtschaftlichkeit des geplanten automatischen Netzgrup-
pensystems in den Ortsfernsprechanlagen Bayerns von Dr.-Ing. W. Schreiber. Mit einem Vor-
wort von Ministerialrat Dr.-Ing. Steidle und einem Anhang. 74 und 144 Seiten
mit zahlreichen Abbildungen, Skizzen und Tabellen. 4⁰. 1926 .... In Leinen gebunden M. 21.—
„Elektrotechnische Zeitschrift": Das Buch ist ein hervorragendes Beispiel einer sorgfältigsten
technisch-wirtschaftlichen Untersuchung. Ein genaues Studium ist jeder Fernsprechverwaltung anzuraten.
Außerdem sollte jeder Fernsprechtechniker, der sich für wirtschaftliche Fragen interessiert — also ganz
besonders technische Schulen — das Buch als eine Quelle für Kostenangaben, deren wirtschaftliche Wirkung und für die Methode der Durchrechnung benützen.

Wähleramt und Wählvorgang. Eine Einführung von Telegraphendirektor Joseph
Woelk. 3. Auflage. 41 Seiten, 22 Abbildungen,
2 Tafeln. Gr.-8⁰. 1925 .... Broschiert M. 1.60
„Telegraphenpraxis": In gleicher Klarheit und Kürze ist das vorliegende Thema noch nicht behandelt worden. Wir können daher das ansprechende und interessante Buch allen Telegraphen-Praktikern
warm empfehlen.

Taschenbuch für Fernmeldetechniker. Von Oberingenieur Hermann W. Goetsch.
3. erweiterte Auflage. 528 Seiten,
844 Abbildungen. Kl.-8⁰. 1928 .... In Leinen gebunden M. 13.—
„Elektrische Nachrichtentechnik": Dieses Taschenbuch umfaßt das gesamte Gebiet der Fernmeldetechnik und füllt in dieser Fassung zweifellos eine bestehende Lücke aus. Der Verfasser hat in
ausgezeichneter Weise alles das zusammengestellt, was der Fernmeldetechniker heute wissen muß. Darüber
hinaus ist es gleichzeitig ein Nachschlagewerk für denjenigen, der nicht ständig in diesem Gebiete arbeitet,
wobei die kurz gehaltene und doch übersichtliche Art der Wiedergabe von besonderem Vorteil ist. Für
die technischen Beamten, die Betriebsingenieure größerer Werke und für die Installateure wird es ein un-
entbehrliches Hilfsmittel sein; auch als ausgezeichnetes Lehrbuch kann es angesprochen werden. Die ein-
gestreuten Hinweise auf die besondere Fachliteratur sind außerordentlich zweckdienlich. Das sehr gut
ausgestattete Buch kann daher allen Fachleuten in jeder Hinsicht empfohlen werden.

Die Technik elektrischer Meßgeräte. Von Professor Dr.-Ing. Georg Keinath,
Direktor im Wernerwerk der Siemens
& Halske A.-G. 3. vollständig umgearbeitete Auflage. Band I: Meßgeräte und Zubehör. 620 Seiten,
561 Abbildungen. Gr.-8⁰. 1928. Broschiert M. 33.—; in Leinen gebunden M. 35.—. Band II: Meß-
verfahren. 424 Seiten, 374 Abbildungen. Gr.-8⁰. 1928. Broschiert M. 22.50; in Leinen geb. M. 24.50
„Elektrotechnik und Maschinenbau": Das bekannte Buch von Keinath liegt nunmehr in dritter
Auflage vor ... Wird noch das Werk von Keinath über elektrische Temperaturmeßgeräte (1923, München,
R. Oldenbourg) hinzugenommen, so besitzen wir aus der Feder des rühmlichst bekannten Verfassers ein
Handbuch der elektrischen Meßkunde, wie es vollständiger und gediegener nicht leicht gedacht werden
kann ... Das Buch ist in der Praxis so gut eingeführt, daß es keiner Empfehlung bedarf. Es erfüllt
seinen Zweck, den mit Messungen beschäftigten Ingenieur mit den Eigenheiten der von ihm benutzten
Meßgeräte vertraut zu machen, in ausgezeichneter Weise. Die in zahlreichen Abbildungen vorgeführten
Ausführungsbeispiele berücksichtigen alle Firmen des In- und Auslandes gleichmäßig.

R. Oldenbourg · München 32 und Berlin W 10

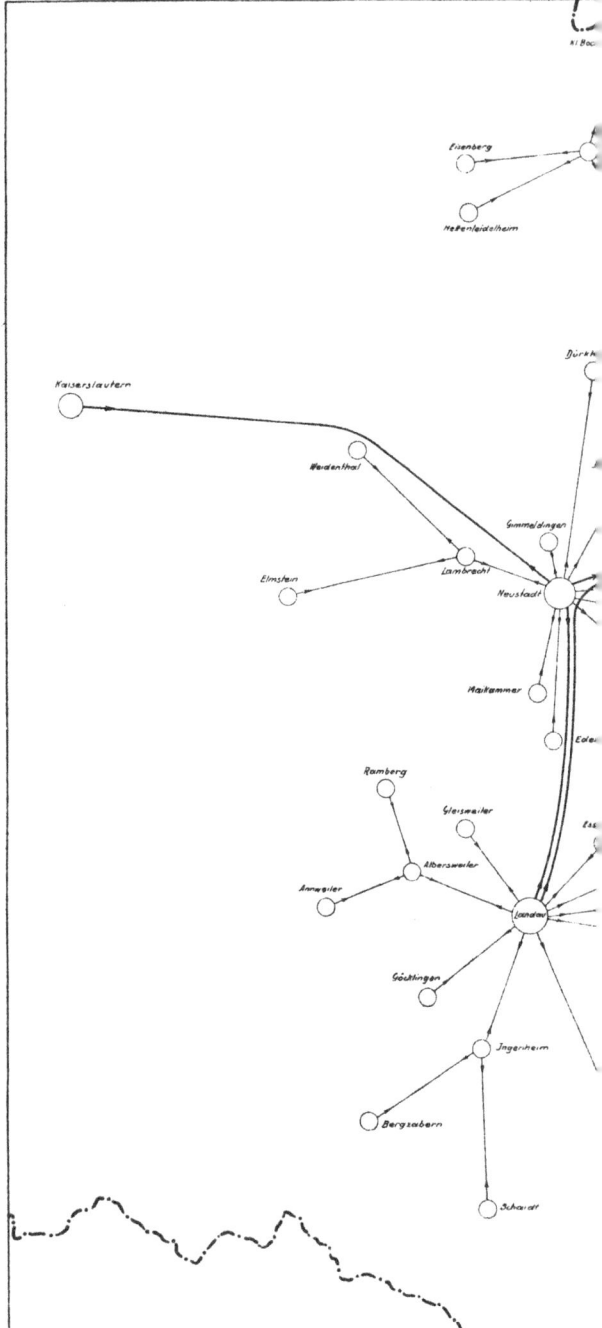

Kaiserslautern

Eisenberg

Hettenleidelheim

Dürkheim

Weidenthal

Gimmeldingen

Lambrecht

Elmstein

Neustadt

Maikammer

Edesheim

Ramberg

Gleiszellen

Albersweiler

Annweiler

Landau

Göcklingen

Ingenheim

Bergzabern

Schweigen

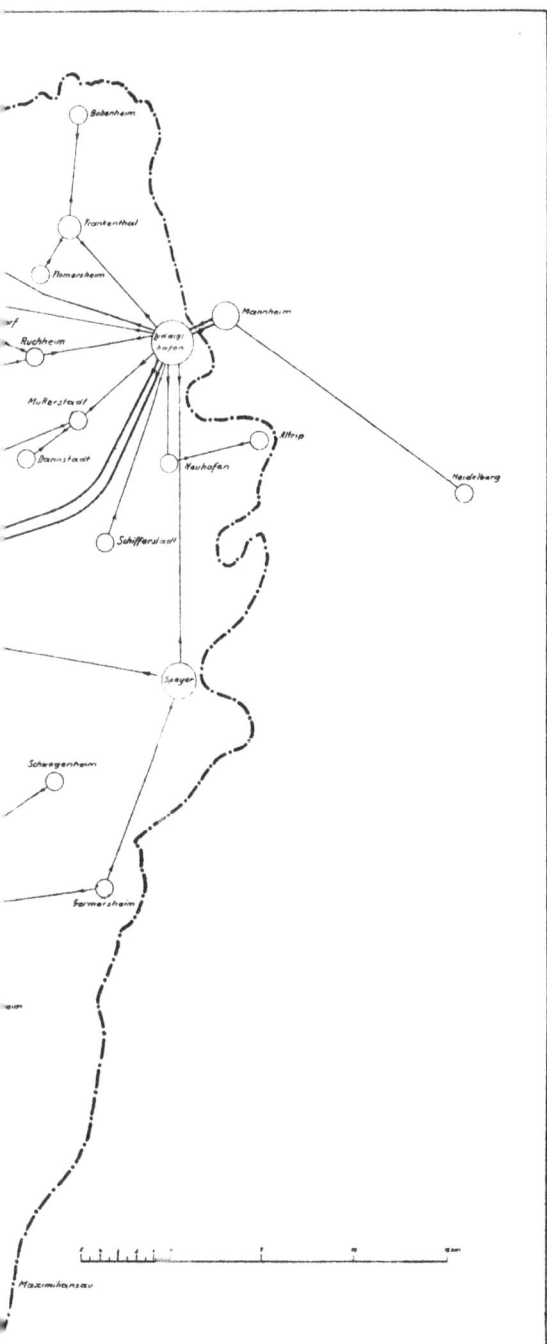

Bobenheim

Frankenthal

Flomersheim

dorf

Ruchheim

Ludwigshafen

Mannheim

Mutterstadt

Dannstadt

Altrip

Neuhofen

Heidelberg

Schifferstadt

Speyer

Schwegenheim

Germersheim

heim

Maximiliansau

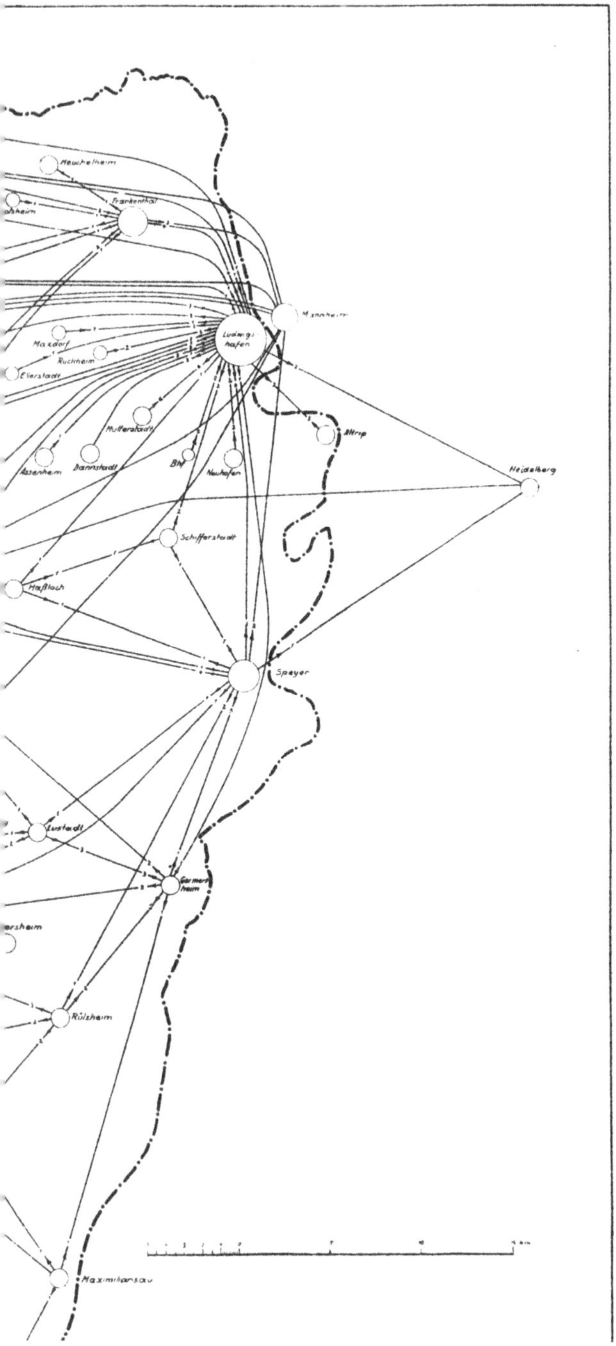

Neuhelheim

Frankenthal

ohheim

Mannheim

Maxdorf
Ludwigs-
hafen

Ruchheim

Eterstadt

Mutterstadt

Wrp

Ossenheim   Dannstadt   BN   Neuhofen

Heidelberg

Schifferstadt

Haßloch

Speyer

ustadt

Ger mers
heim

orsheim

Rülzheim

Maximiliansau

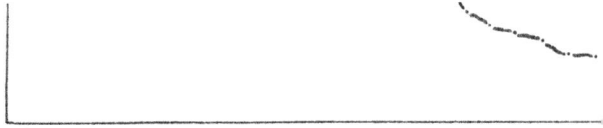

Abb. 239. Leitungsführung nach Einfüh

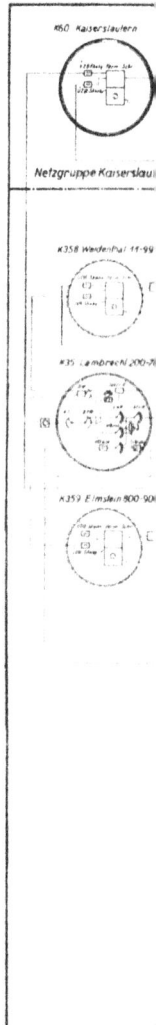

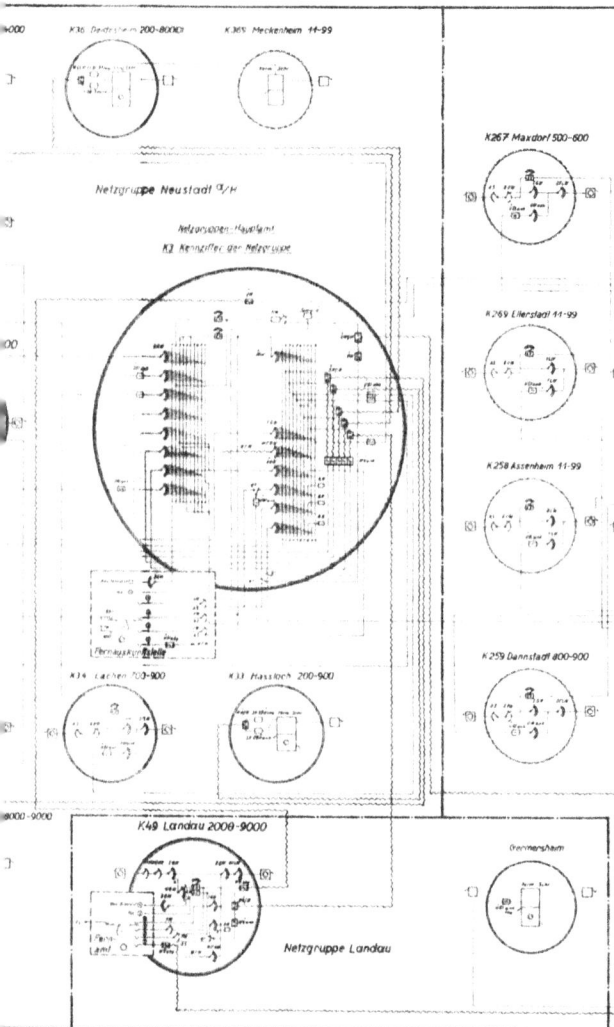

Abb. 240. Wählerübersichtsplan für das zum Selbstwählnal

Abb. 238. Handb

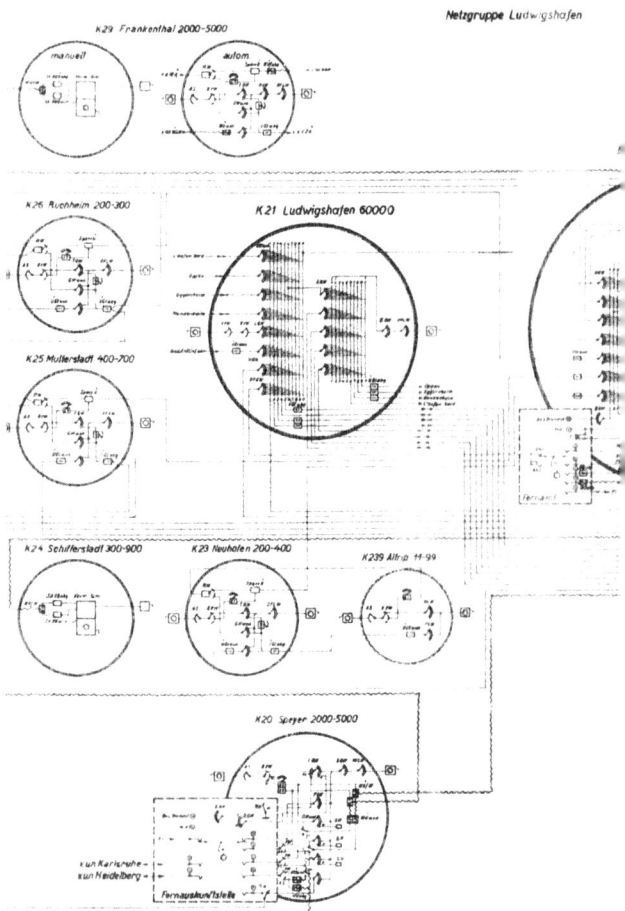

iverkehr zusammengeschlossene Netzgebiet der Vorderpfal

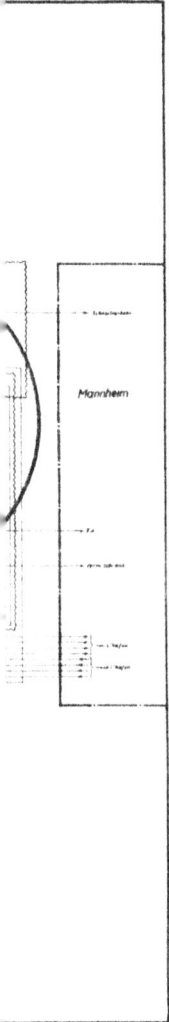

itungsnetz der Vorderpfalz.

Mannheim

a

b

c

R

11,5

U^{III}

Ansch.

g

n^I

U^{II}

U 100

5

4

5

T 400

4

L ⊗

Gestell

Reg. J.

6

S

1

6

g1

Ansch.

60 V

UK

0,65

Unt. Masch.

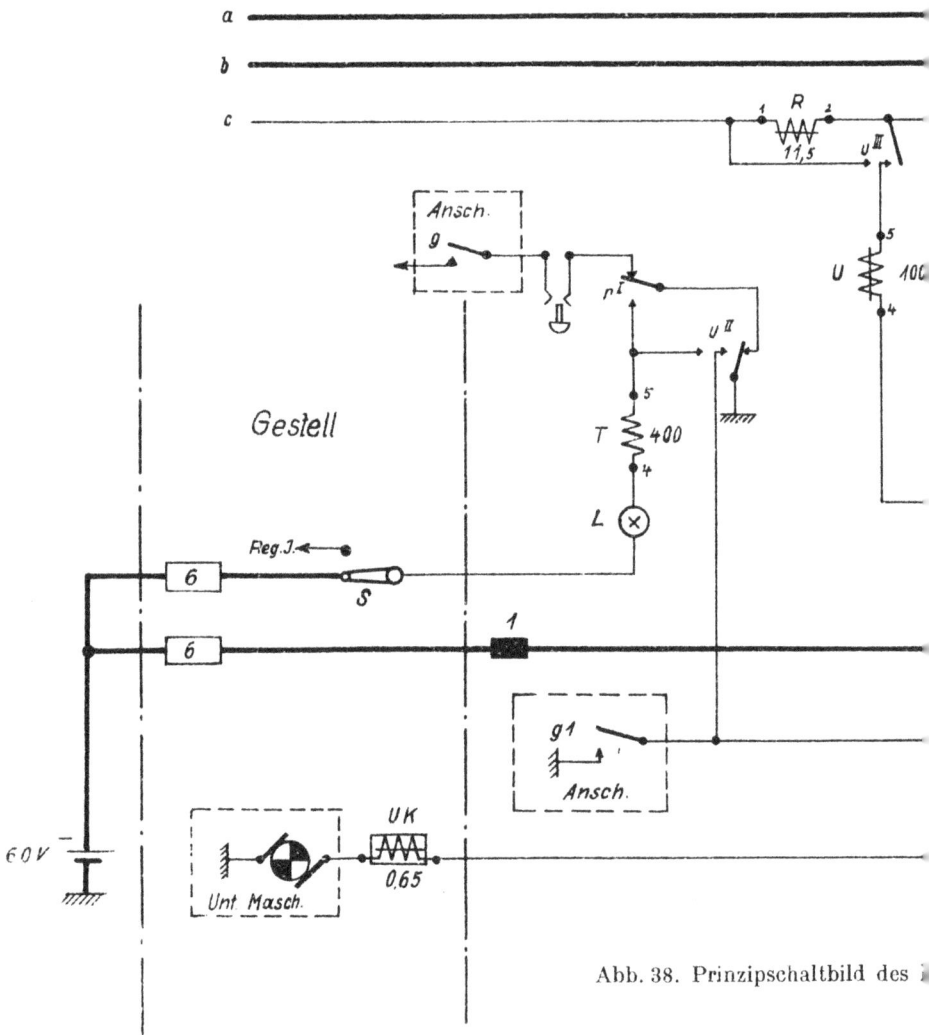

Abb. 38. Prinzipschaltbild des i

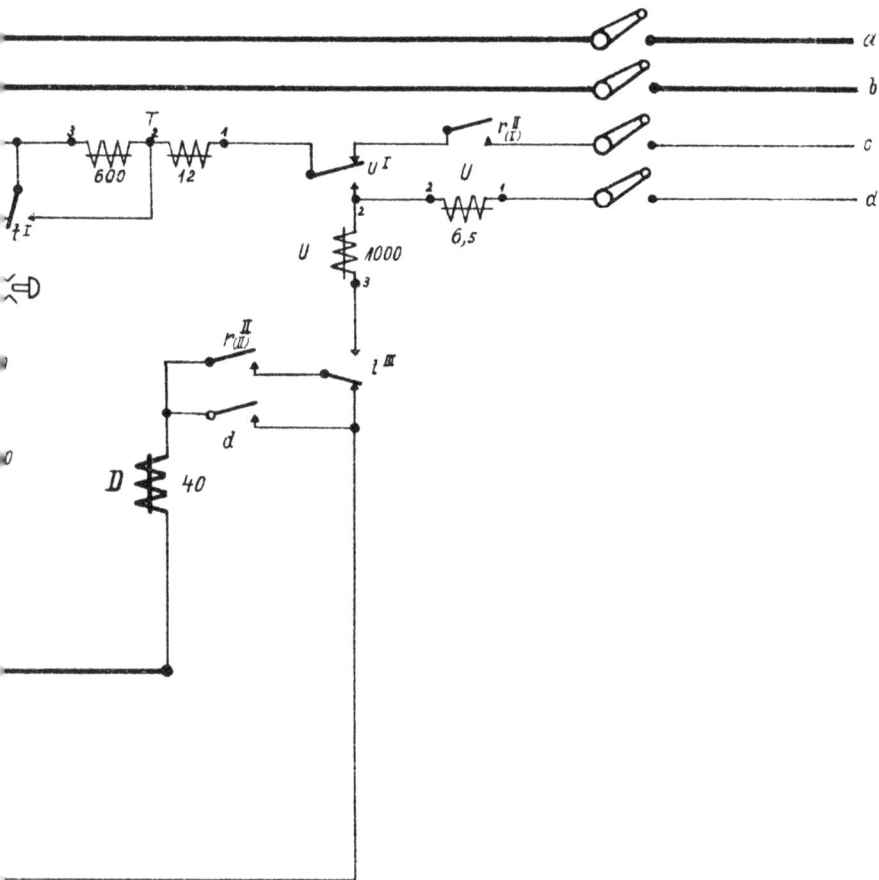

a

b

c

d

$r^{II}_{(I)}$

U^I

U

3   2   4

600   12

t^I

6,5

U 1000

2

3

$r^{II}_{(II)}$

l^{III}

d

D 40

r Überbrückungsverkehr.

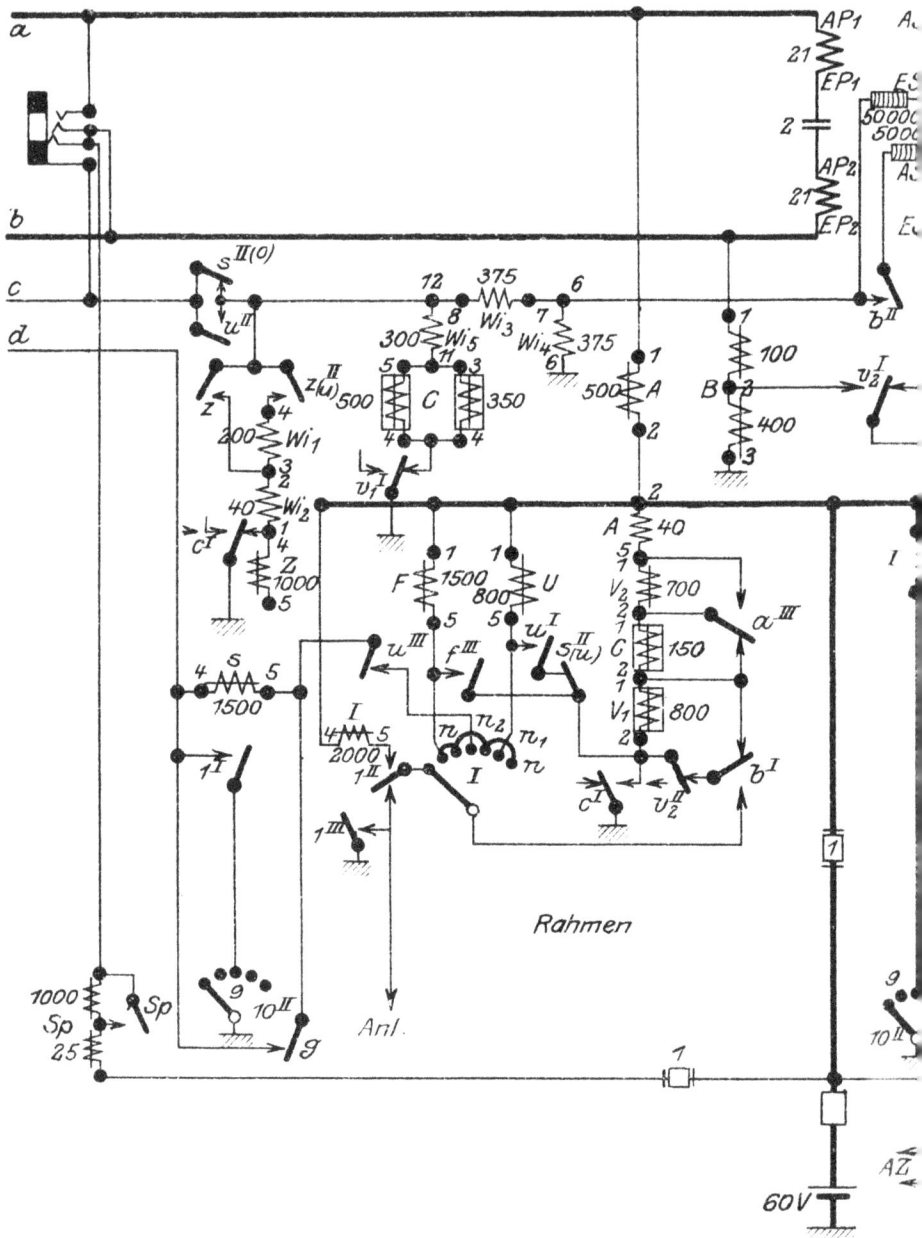

Abb. 39. Prinzipschaltbild des (

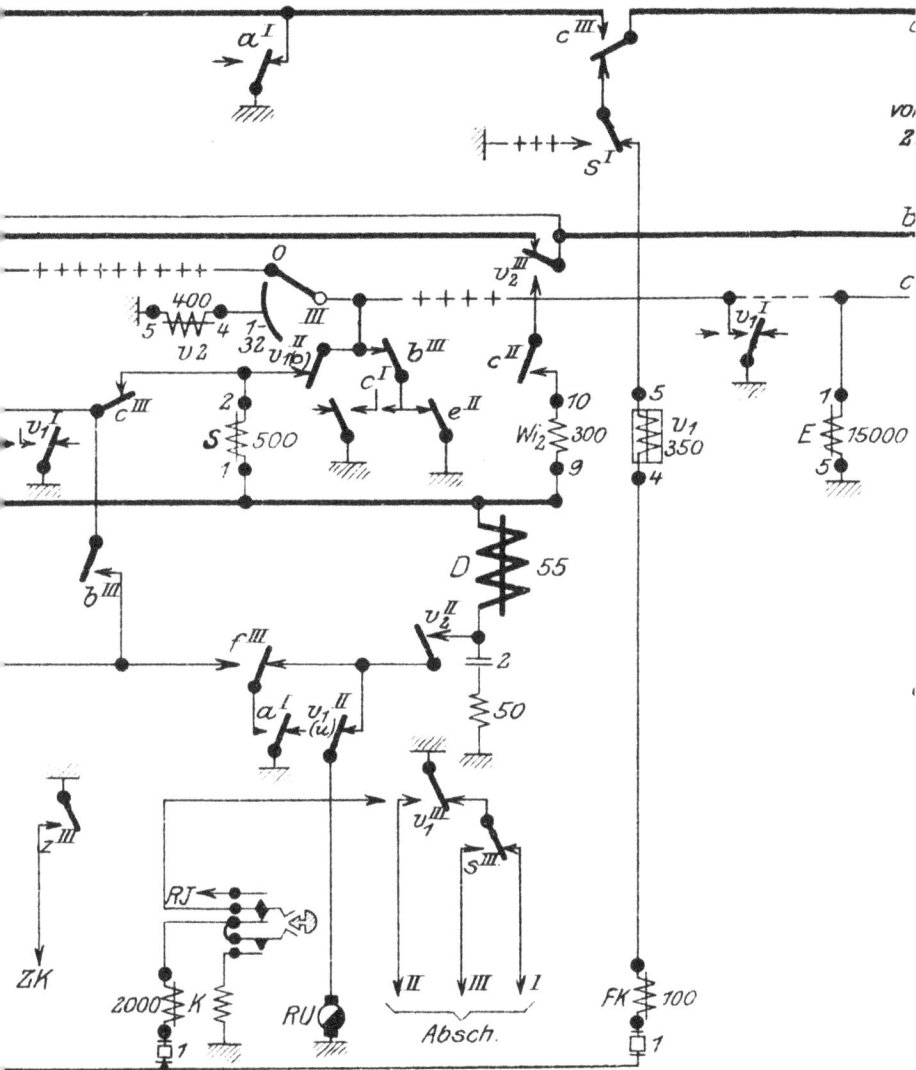

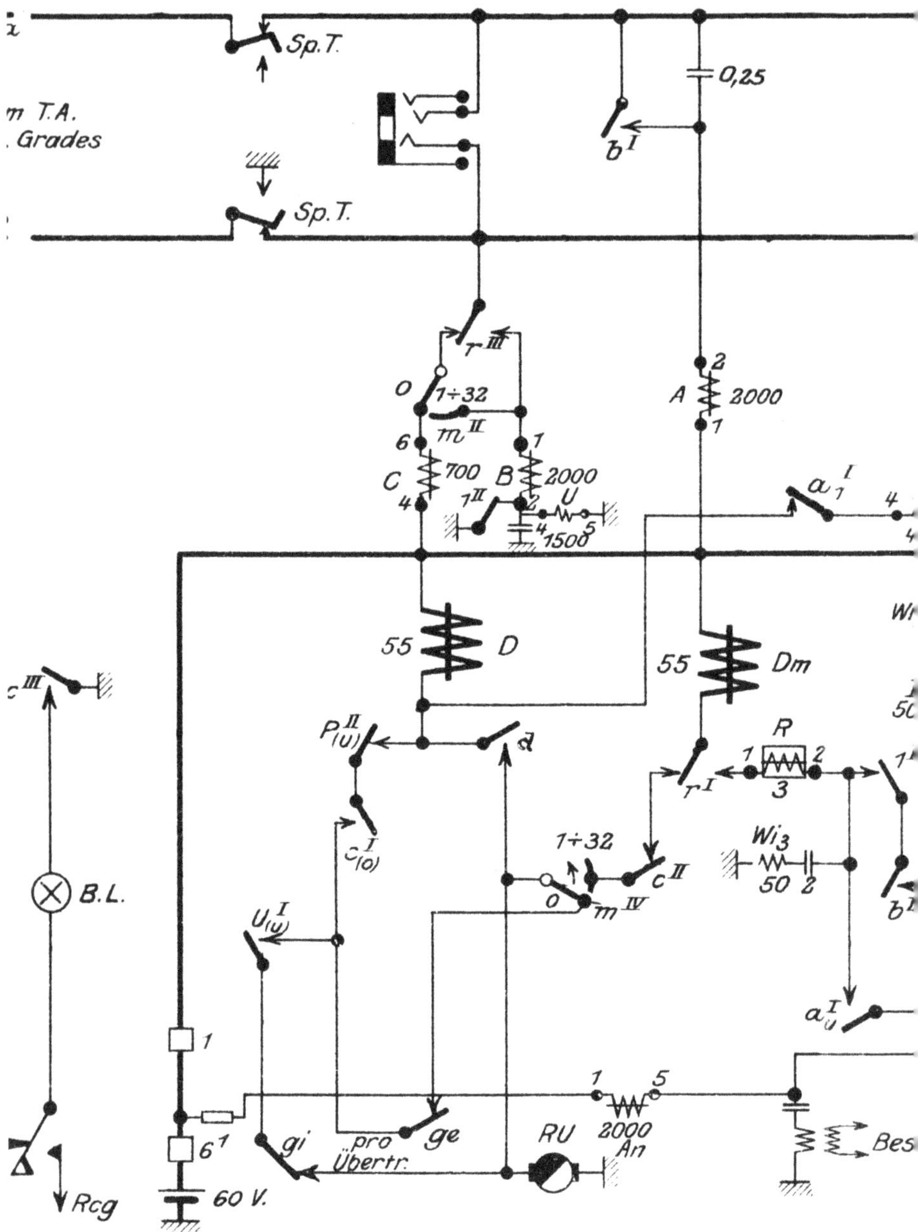

Abb. 40. Prinzipschaltbild des Richt...

$P_{(0)}^{I}$

a

a

z. H. A.

$P_{(0)}^{III}$

b

b

III o 5 P 4 2 P 1 U^{II} c
1000   60

U d

4 A $P_{(U)}^{I}$
5 100

1^{I}
2^{III}

d b a

zum int.
G.W.

4 B 100 4
5   R 500 U 2000 II
5   1
2

$1/i_1$
)0

a_0^{III}
)00
b^{III}

$U_{(0)}^{I}$
r U U^{III}
o   20
m^L
1^{III}

$P_{(0)}^{II}$

r^{II}

V.Sa.15/104

T^{II} $P_{(U)}^{III}$

c^{III}

pro R

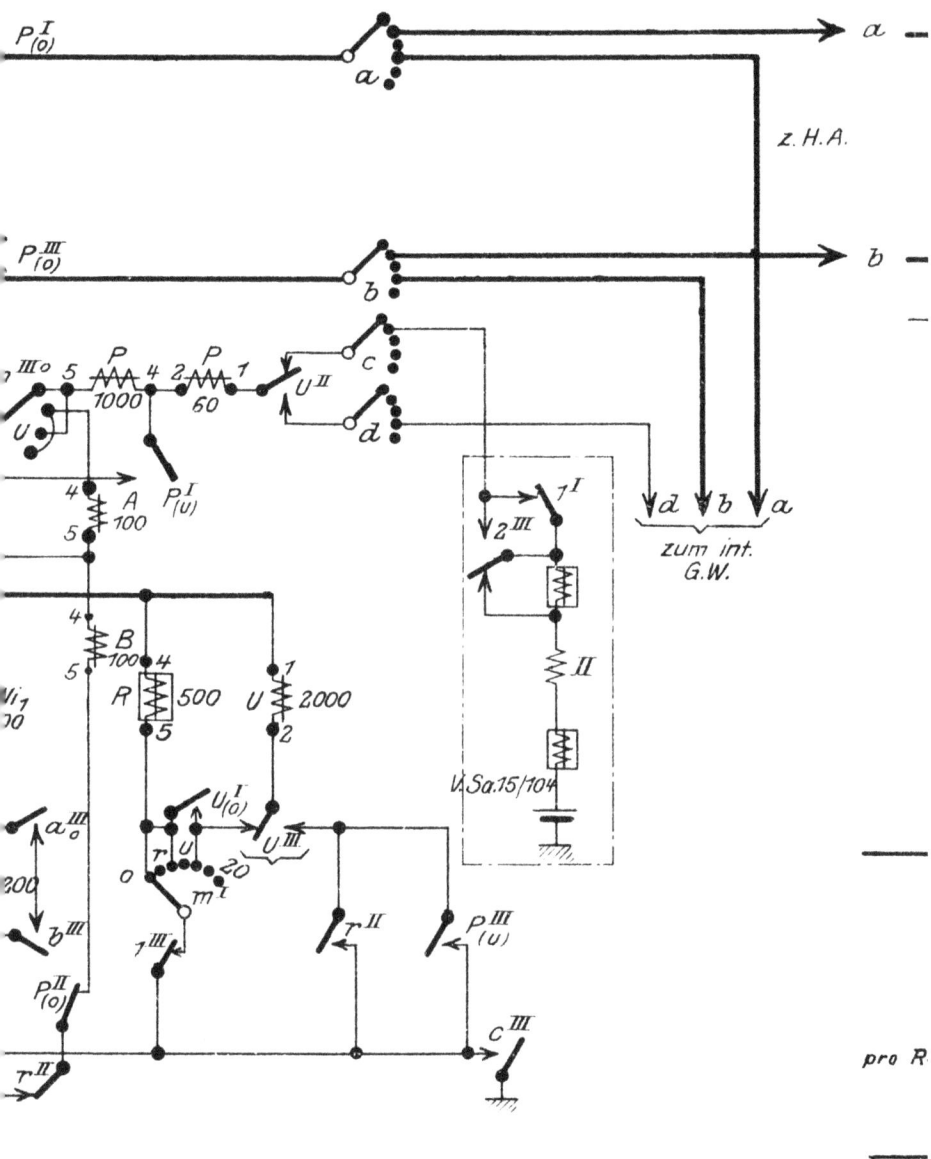

steuerwähler und Mitlaufwerk im Knotenamt.)

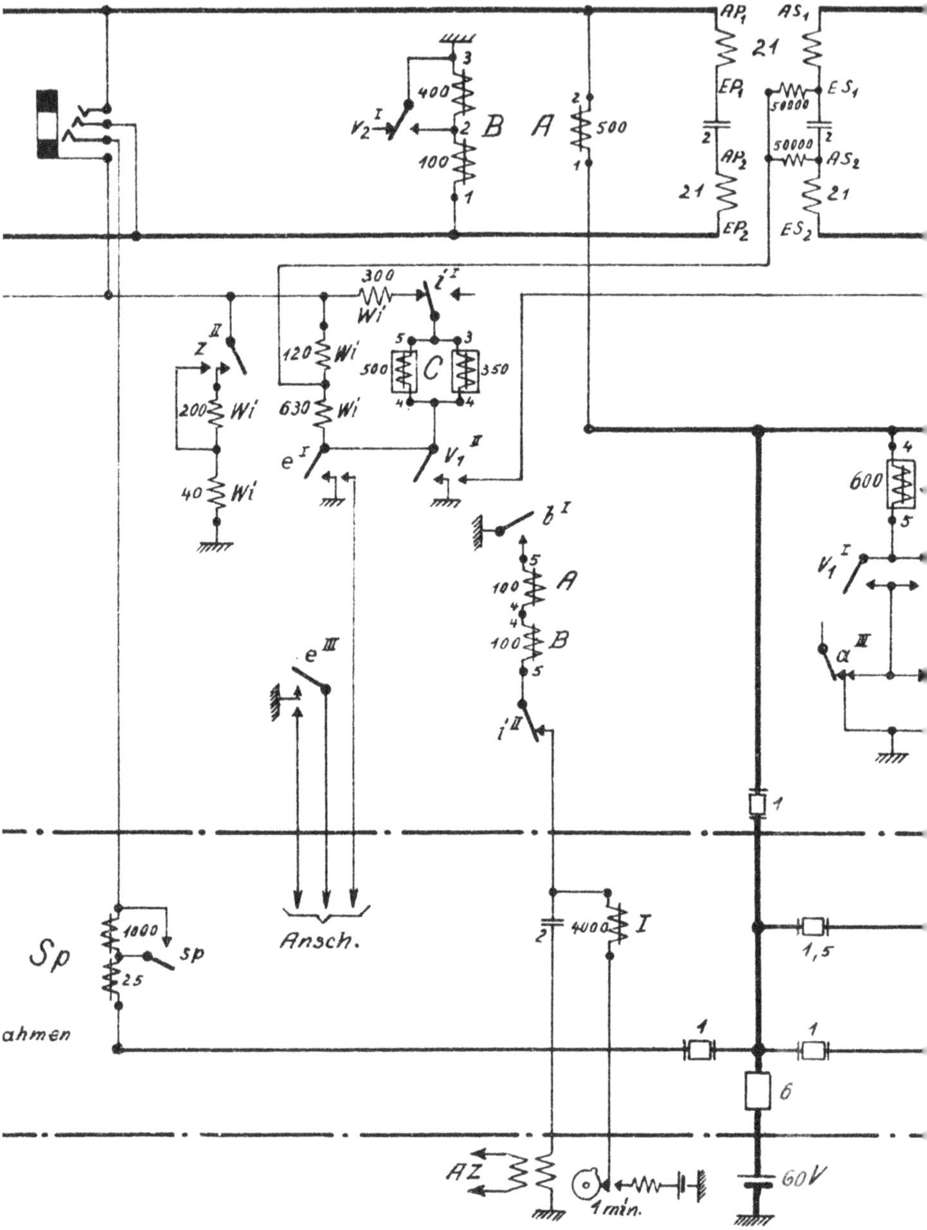

Abb. 41. Prinzipschaltbild des Speisungsüber...

mter ohne Überbrückungsverkehr.

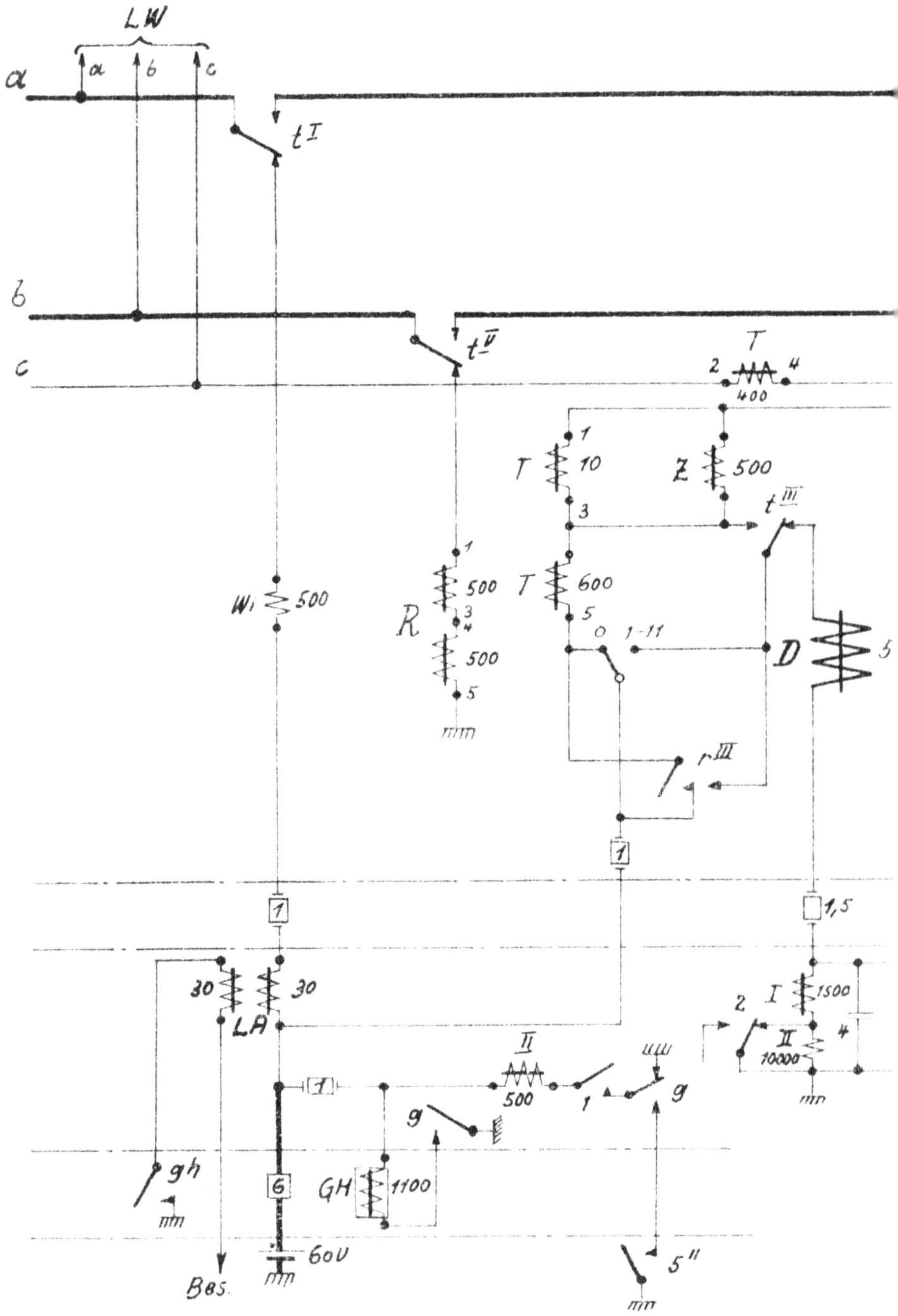

Abb. 29. Prinzipschaltbild des 1. Vorwählers. (Neue Konstruktion nach dem Reic

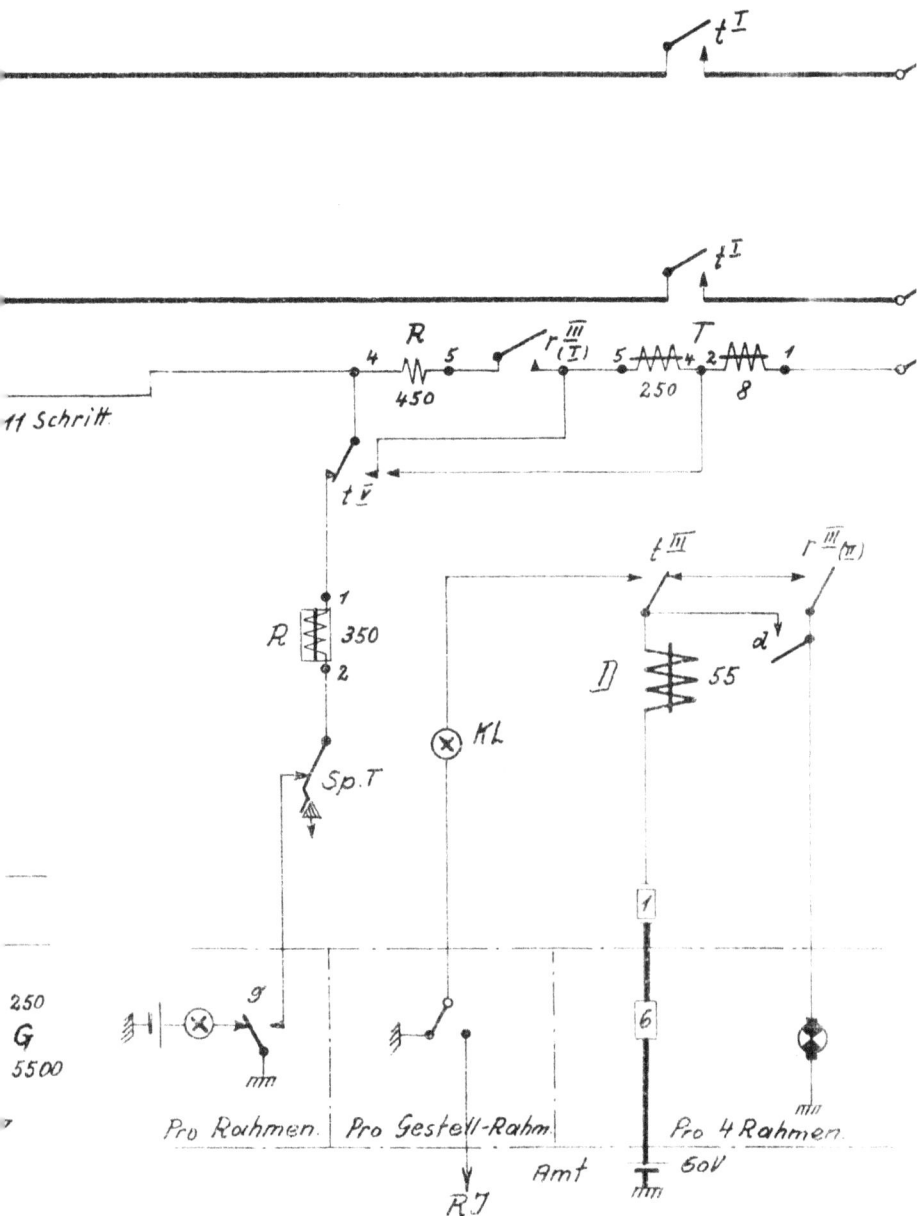

t^I

t^I

11 Schritt

R 450

$r^{\overline{III}}_{(\overline{I})}$

T 250 8

$t\,\bar{v}$

R 350 1 2

$t^{\overline{III}}$

$r^{\overline{III}}_{(\overline{II})}$

D 55

d

KL

Sp.T

250
G
5500

g

mm

Pro Rahmen.

Pro Gestell-Rahm.

RJ

Amt

1

6

Pro 4 Rahmen.

60V

mm

Abb. 30. Prinzipschaltbild des H. Vorwählers (Neue Konstruktion nach dem Reich:

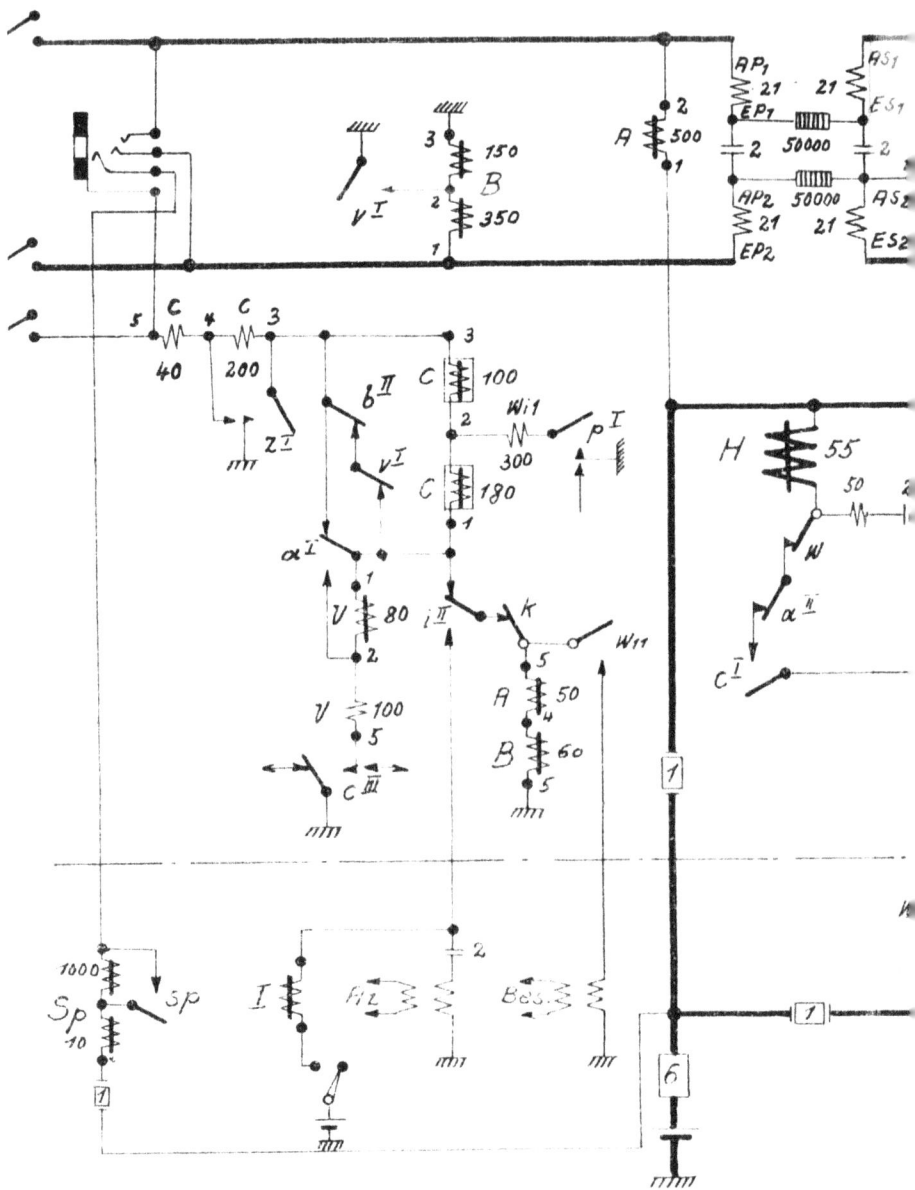

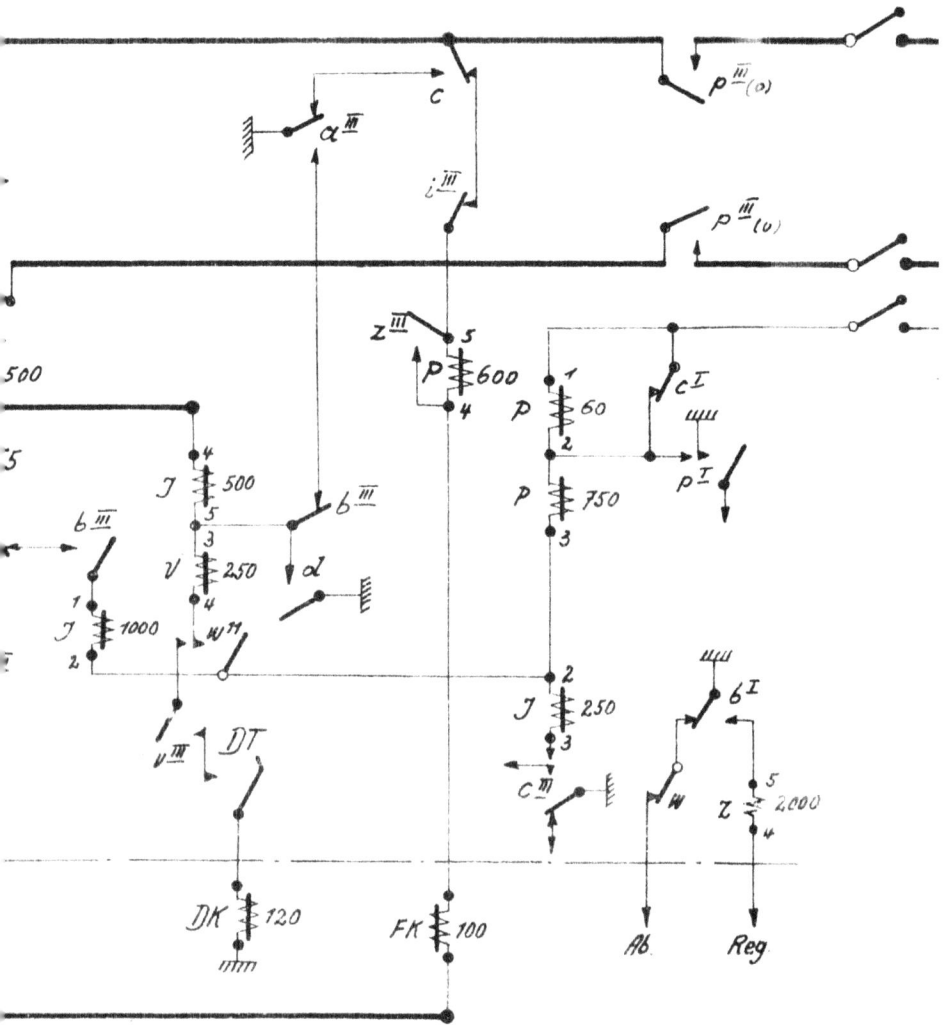

Siemens & Halske nach dem Reichspostsystem.)

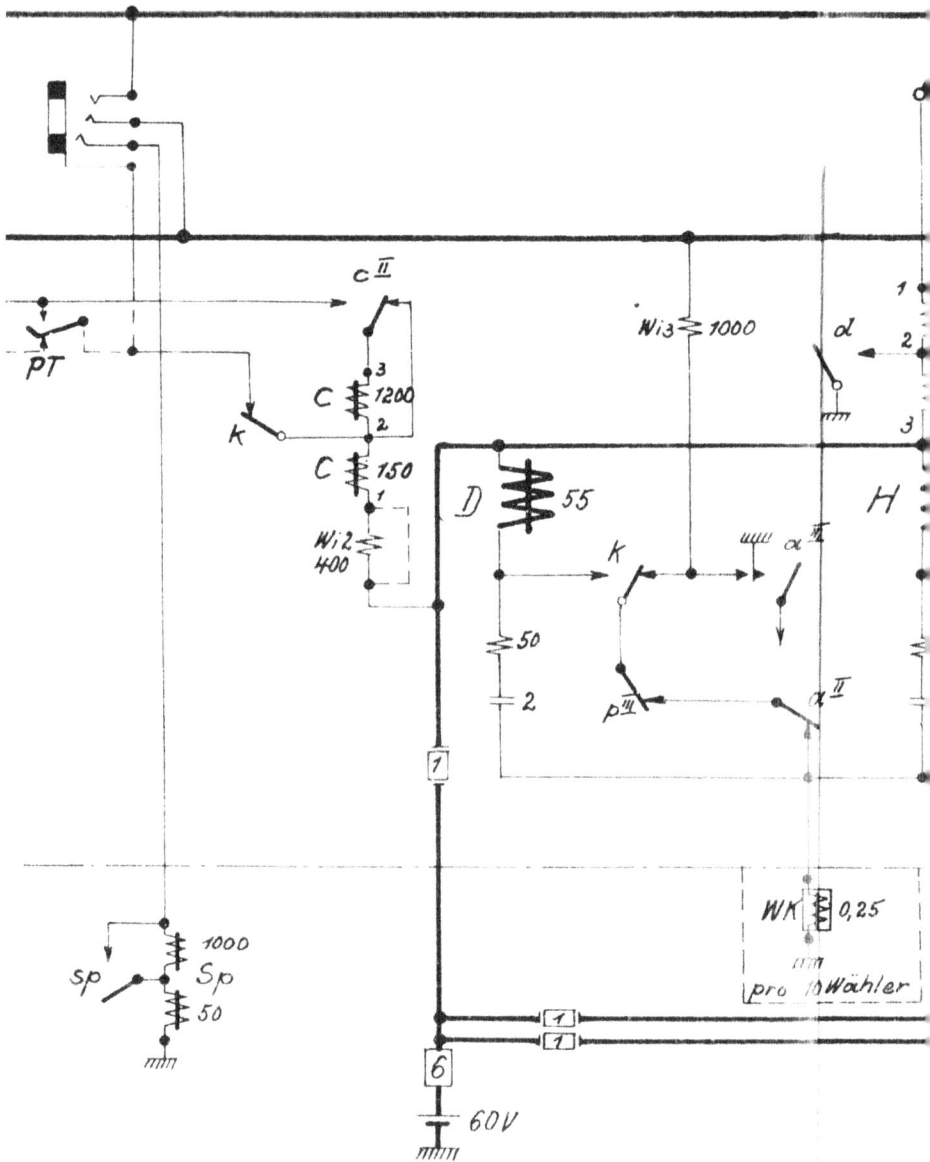

Abb. 32. Prinzipschaltbild des H.

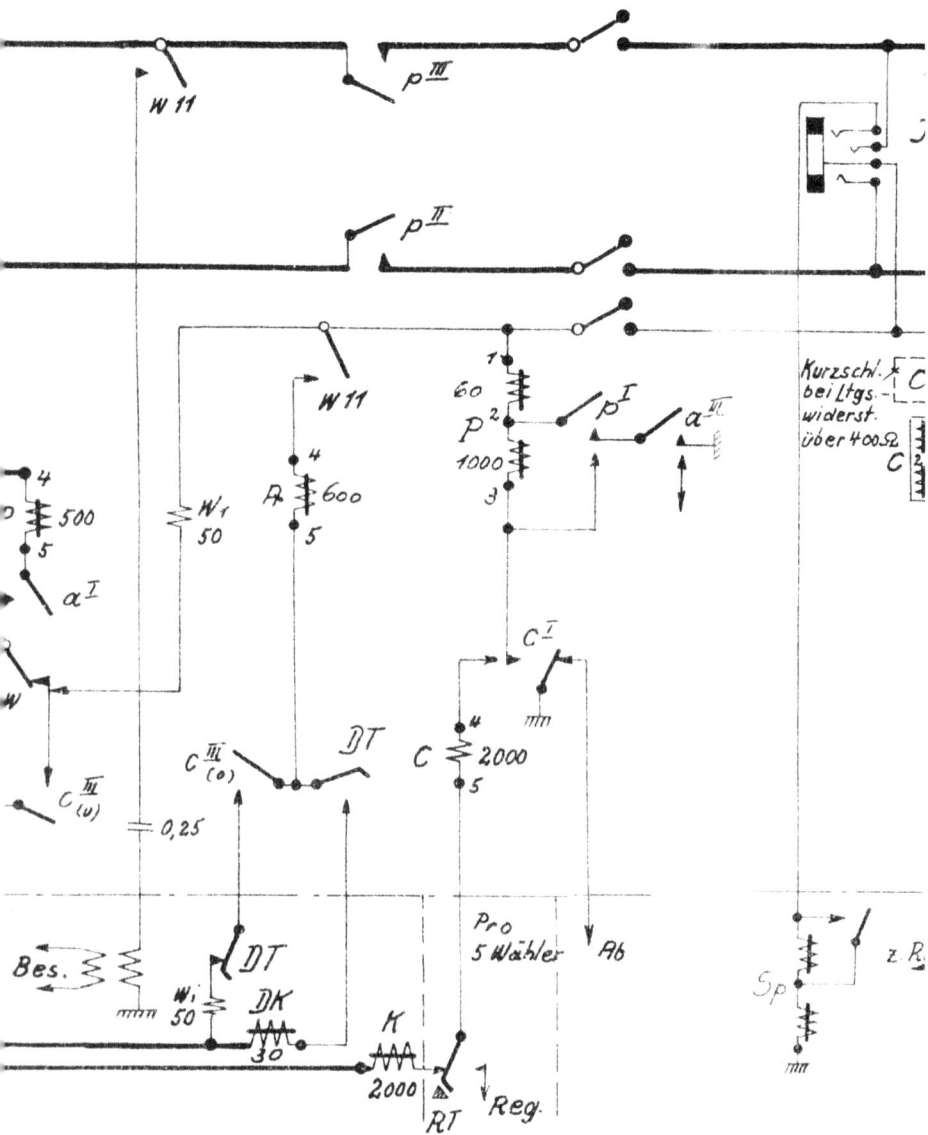

(Modell 36 von Siemens & Halske nach dem Reichspostsystem.)

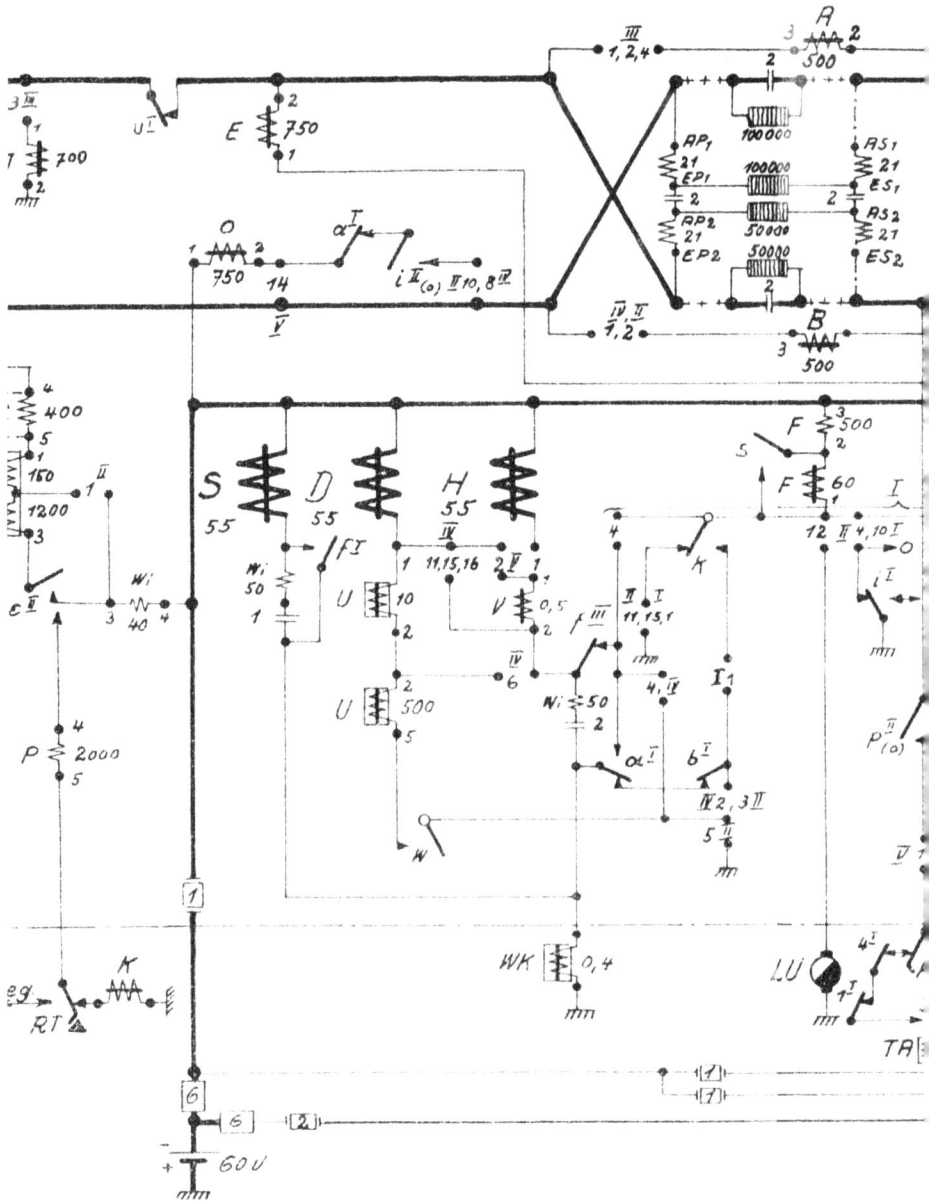

Abb. 33. Prinzipschaltbild des Ortsfernleitungswählers (Modell

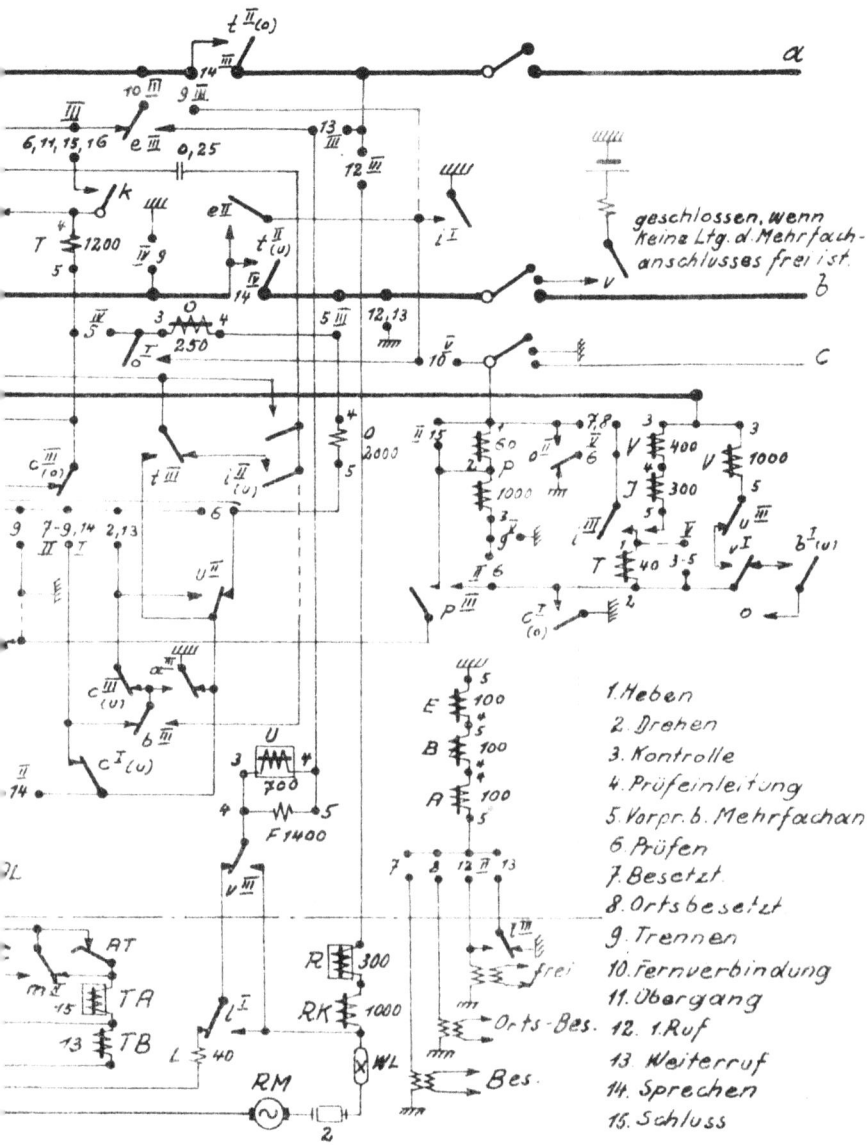

geschlossen, wenn keine Ltg. d. Mehrfach- anschlusses frei ist.

E 100
B 100
A 100

U
700
F 1400

AT
TA
TB

R 300
RK 1000
L 40
RM
WL

frei
Orts-Bes.
Bes.

1. Heben
2. Drehen
3. Kontrolle
4. Prüfeinleitung
5. Vorpr. b. Mehrfachanschl.
6. Prüfen
7. Besetzt
8. Ortsbesetzt
9. Trennen
10. Fernverbindung
11. Übergang
12. 1.Ruf
13. Weiterruf
14. Sprechen
15. Schluss

& Halske nach dem Reichspostsystem.)

Selbslanschluss-Nebenslellen-Anlage
nach Werkzentralen-Typ

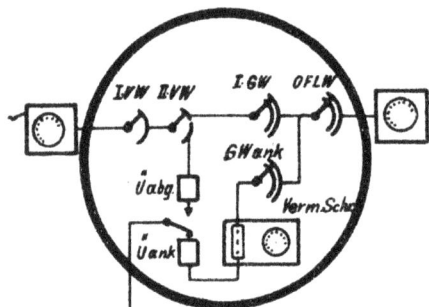

E
Knotenamt
(69000)

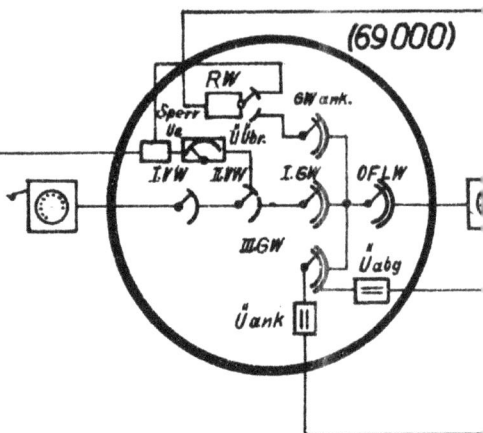

Fernamt

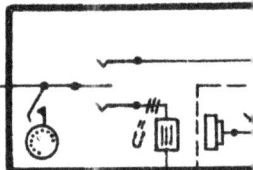

$Fl \longrightarrow$

D
Teilamt 1.Grades
mit Überbrückungsverkehr
(68000)

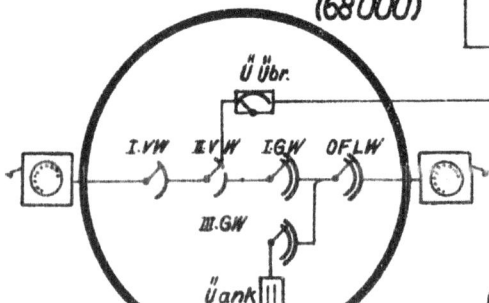

A
Vollamt
(60000)

Grosse aut.

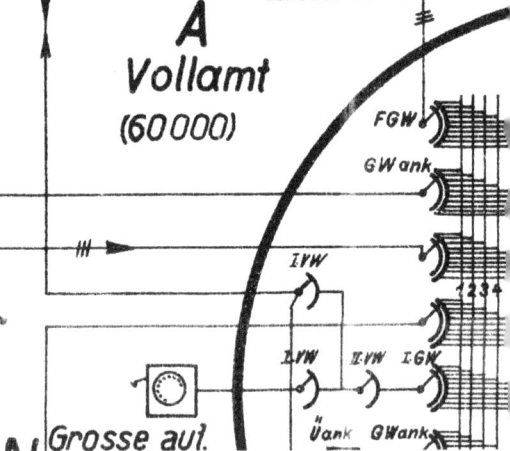

K

Teilamt 2.Grades
mit Überbrückungsverkehr
(69900)

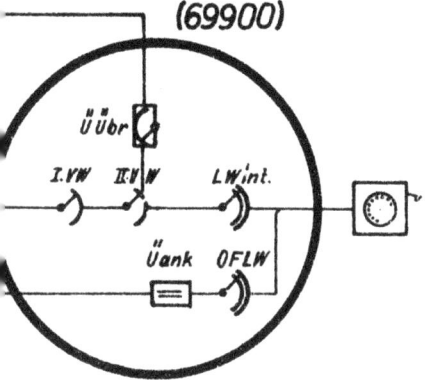

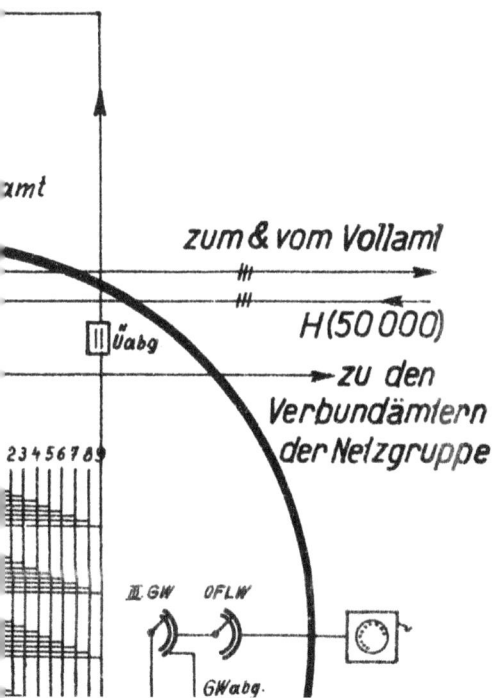

ÜÜbr

I.VW   II.VW   LWint.

Üank   OFLW

amt

zum & vom Vollamt

H(50 000)

zu den
Verbundämtern
der Netzgruppe

Üabg

2 3 4 5 6 7 8 9

III.GW   OFLW

GWabg.

Teila

K C D

TA 2Gr. TA 1.Gr. TA 1.
mit Über- mit Über- mit ü
br.-Verk. br.-Verk. br.-V

Rufende Teilnehmer	69900	67000	680
I.VW			
Verbindungsplan Nº			
II.VW			
Verbindungsplan Nº			
Ue			
Sperr-Ue			
I.GW Dekaden			R
Verbindungsplan Nº			
Rahmen Nº			
II.GW Dekaden			
Verbindungsplan Nº			
Ue			
Ue			
III.GW			
Ue			

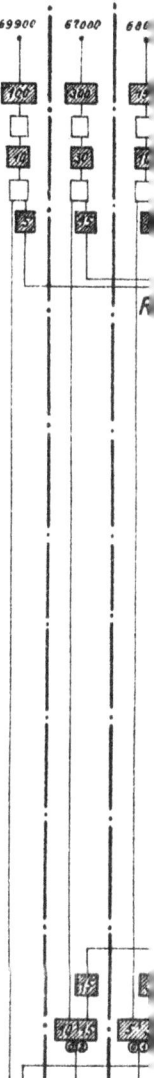

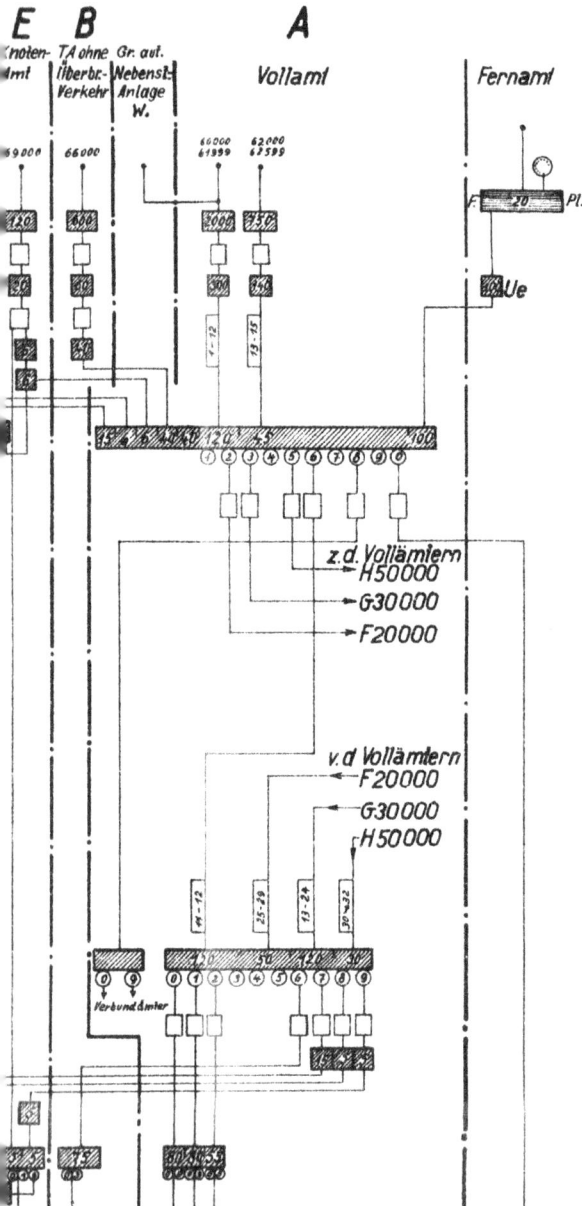

E B A

Vollamt   Fernamt

Knoten- TA ohne Gr. aut.
amt   überbr- Nebenst-
         Verkehr Anlage
                  W.

z.d. Vollämtern
←H50000
←G30000
←F20000

v.d. Vollämtern
←F20000
←G30000
H50000

Verbundämter

Schwabsoien

Altens.

Burggen

Steingaden

SA-Netzgruppe

Füssen

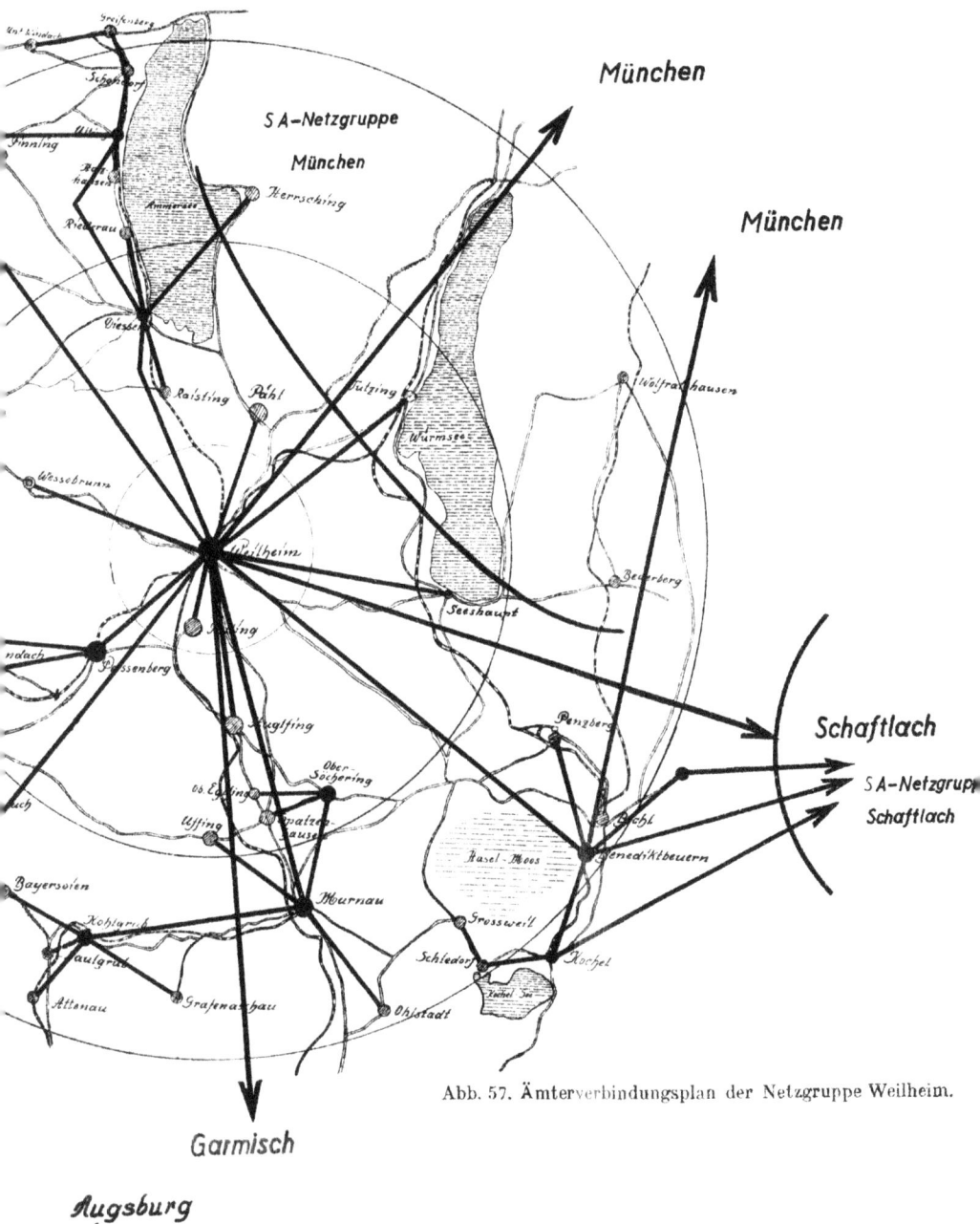

München

München

S A-Netzgruppe
München

Herrsching

Unt.Lindach

Greifenberg

Schondorf

Utting

Finning

Holz-
hausen

Riederau

Ammersee

Diessen

Raisting

Pähl

Tutzing

Wurmsee

Wolfrathausen

Wessebrunn

Weilheim

Seeshaupt

Beuerberg

ndach

Possenberg

Frieling

Auglfing

Penzberg

Schaftlach

S A-Netzgrupp
Schaftlach

ob. Eßfing

Ober-
Sochering

Hasel-Moos

Bichl

uch

Uffing

Spatzen-
hausen

Bayersoien

Grossweil

Benedíktbeuern

Kohlgrub

Murnau

Schledorf

Kochel

Kochel See

aulgrub

Attenau

Grafenaschau

Ohlstadt

Abb. 57. Ämterverbindungsplan der Netzgruppe Weilheim.

Garmisch

Augsburg

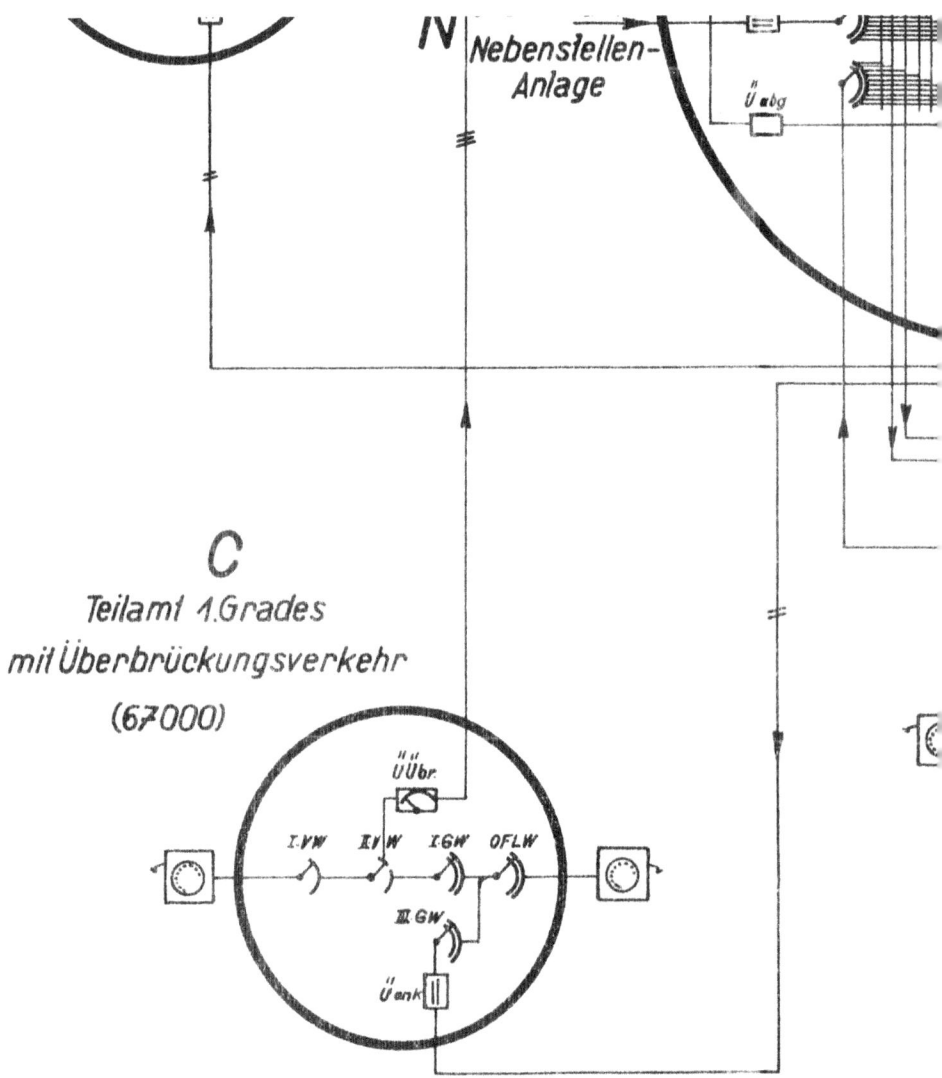

IV Nebenstellen-Anlage

$\overset{''}{U}_{abg}$

C

Teilamt 1.Grades
mit Überbrückungsverkehr

(67000)

$\overset{''''}{U}$br.

I.VW   IV.W   I.GW   OFLW

II.GW

$\overset{''}{U}$ank

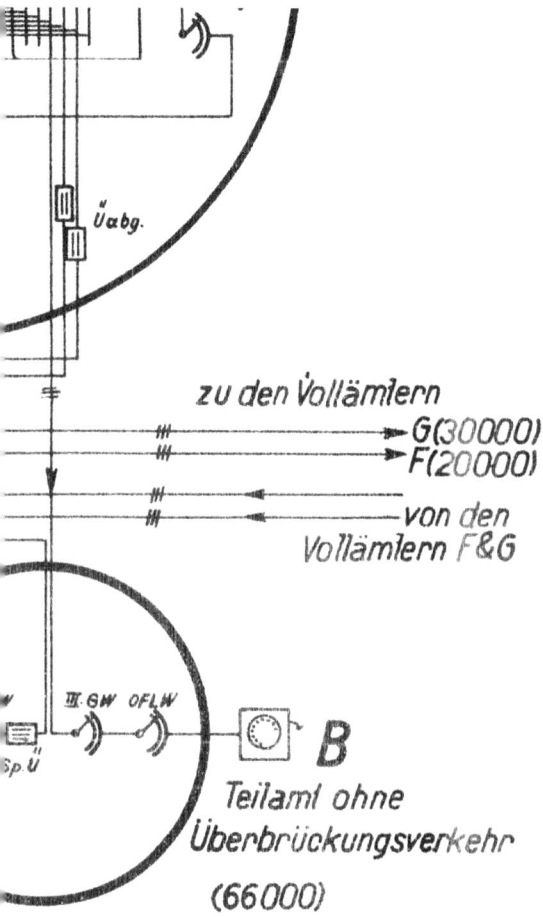

zu den Vollämtern

G(30000)
F(20000)

von den
Vollämtern F&G

Ü.GW   OFLW

Sp.Ü

B

Teilamt ohne
Überbrückungsverkehr
(66000)

Üabg.

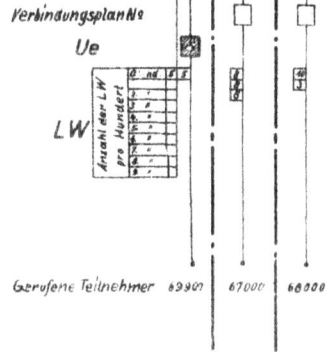

Verbindungsplan No

Ue

LW

Anzahl der LW
pro Hundert

Gerufene Teilnehmer   69901   67000   68000

Abb. 37. Gruppen

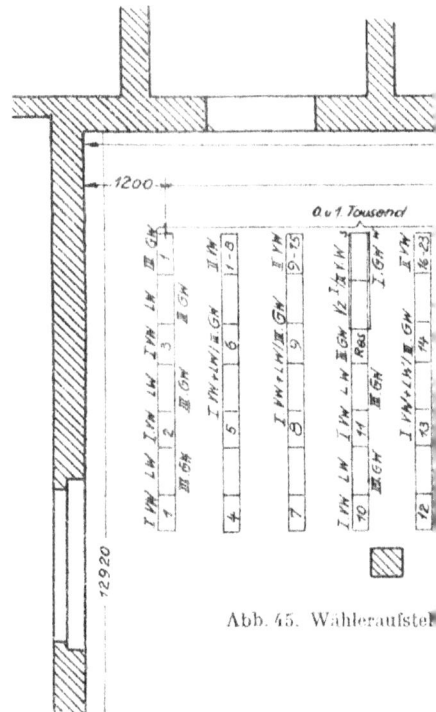

0 u 1 Tausend

1200

12920

Abb. 45. Wähleraufste...

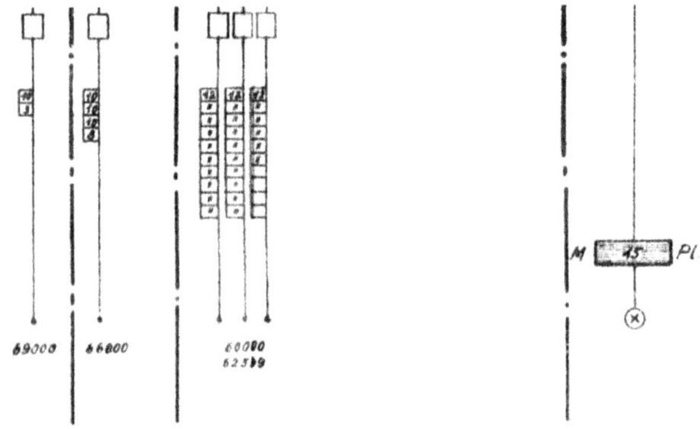

Abb. 58. K

69000   66800   60000
                62519

rbindungsplan eines dezentralisierten Ortsfernsprechnetzes.

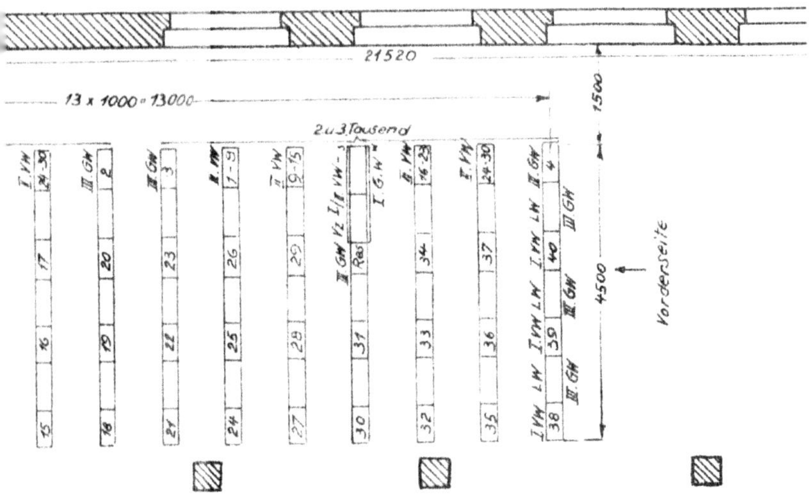

M 45 Pl

21520

13 × 1000 = 13000

2 u. 3. Tausend

1500

4500

Vorderseite

Schwabsoien

Alten

Burggen

Steinaden

Füssen

ngsplan für eine Zweitausendergruppe eines Zehntausenderamtes.

oe

München

München

Tölz

Netzgruppe Weilheim.

Garmisch

Garmisch

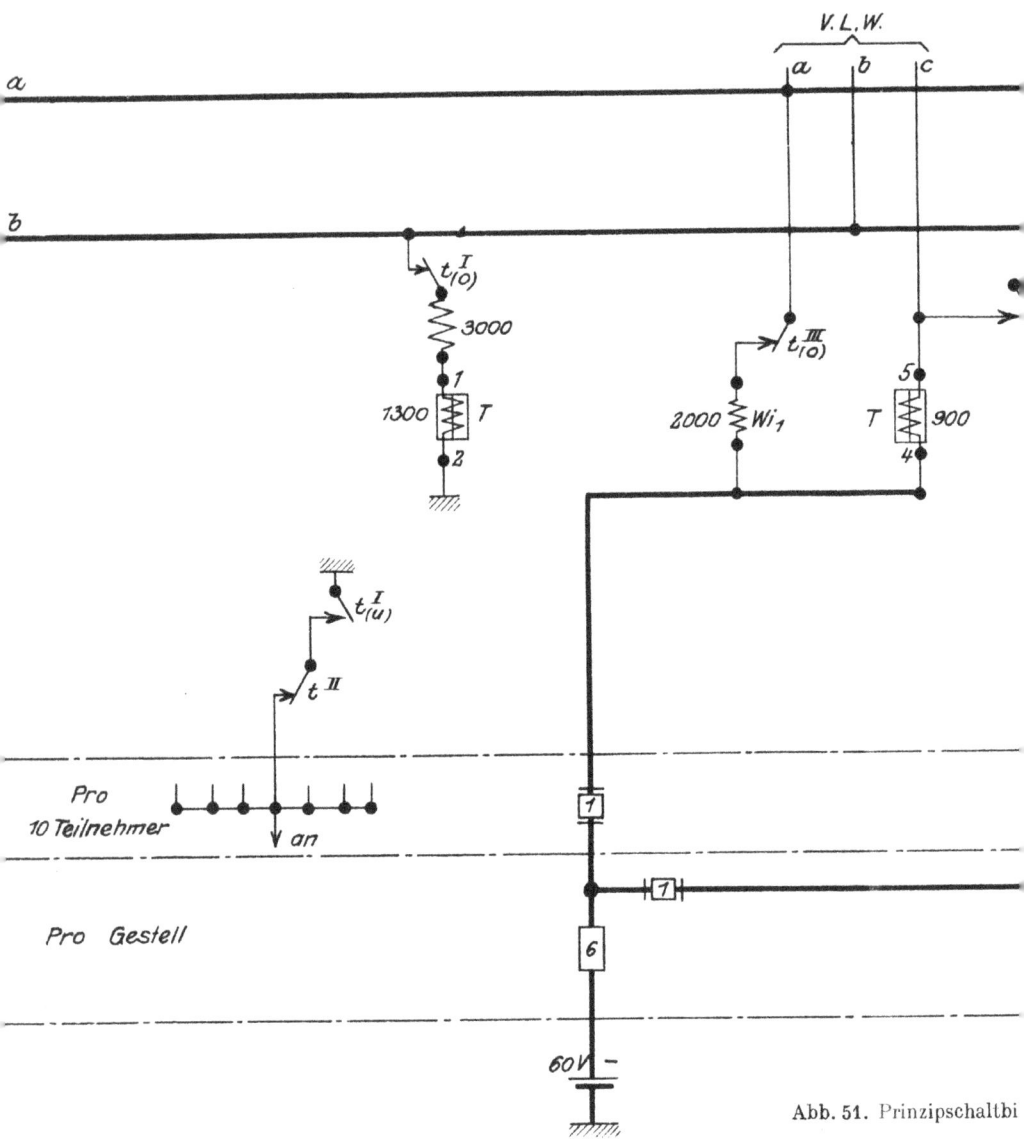

Abb. 51. Prinzipschaltbi

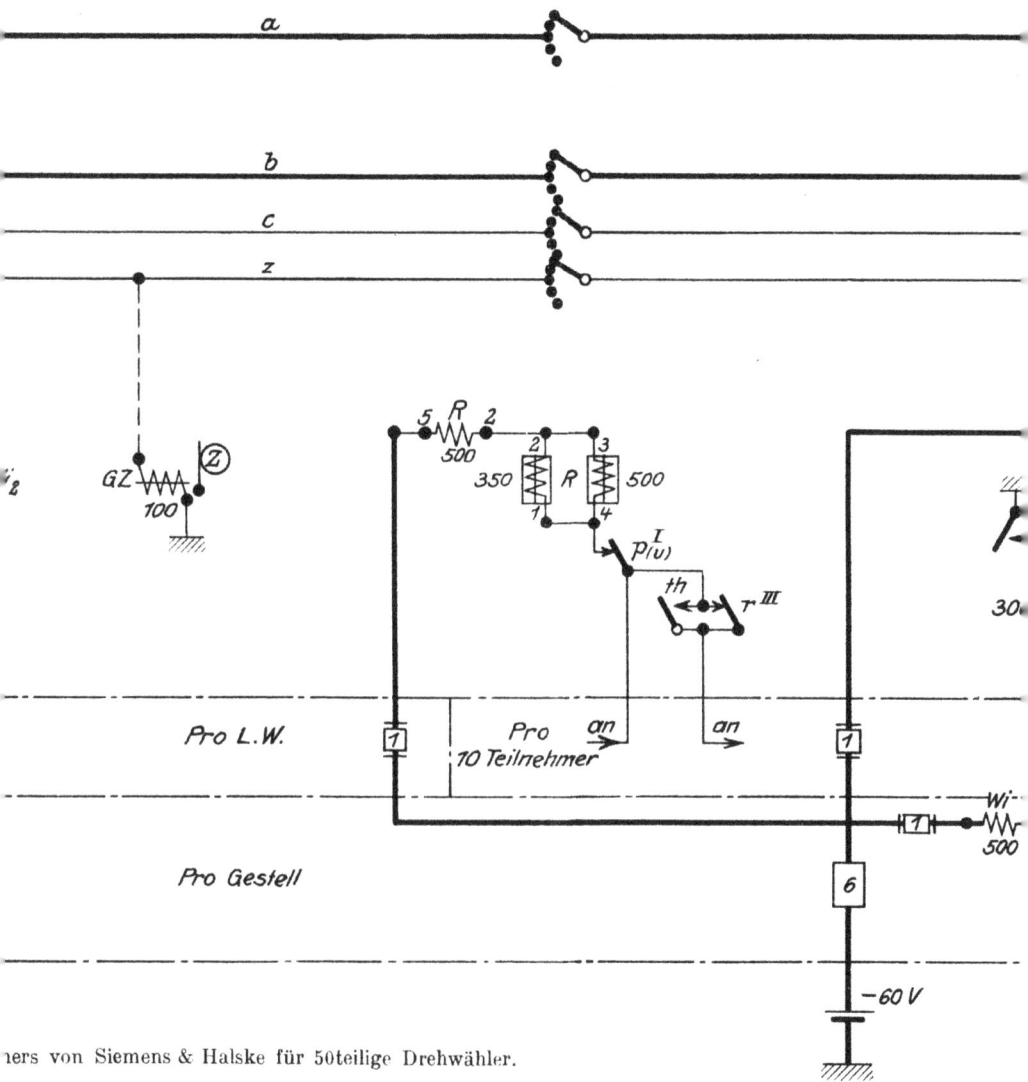

a

b

c

z

W_2

GZ 100 ⓩ

5 R 2
500

2 3
350 R 500
1 4

$p_{(v)}^{I}$

th r^{III}

30

Pro L.W.

7

Pro
10 Teilnehmer

an an

1

Wi
7 500

Pro Gestell

6

−60 V

ıers von Siemens & Halske für 50teilige Drehwähler.

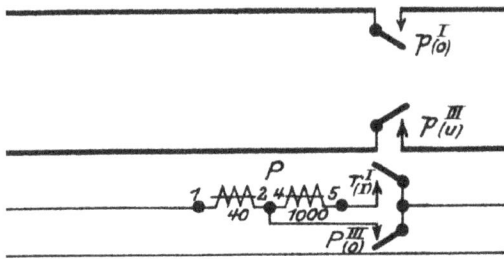

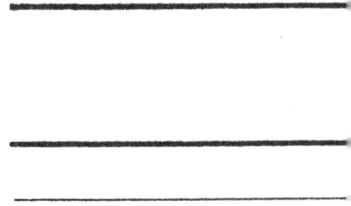

S

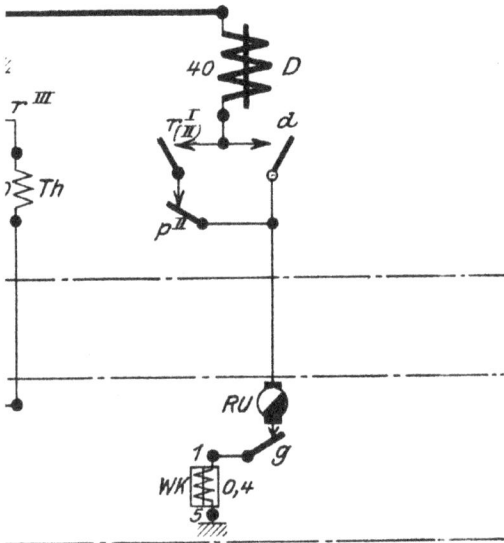

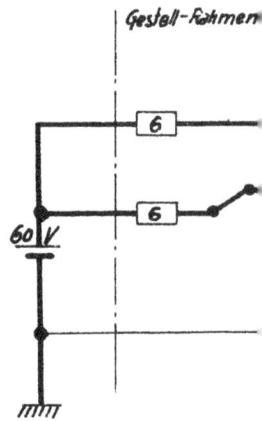

Abb. 68.

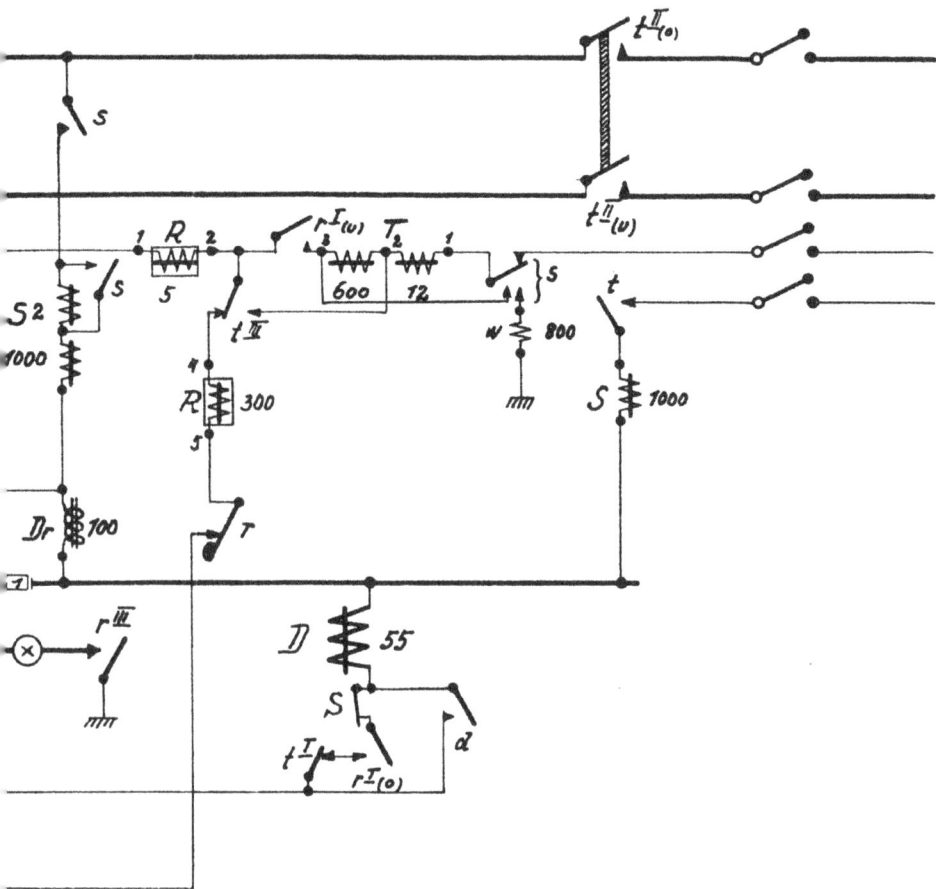

es II. Vorwählers mit Abfangeinrichtung bei Leitungsstörungen.

Einstell-Kontaktbank						8er Kontaktbank			9er Kontaktbank		
Kont. Nº	Ruf-Nº	Ort	Kont. Nº	Ruf-Nº	Ort	Kont. Nº	Ruf Nº	Ort	Kont. Nº	Ruf-Nº	Ort
1			25	70800	Utting	9	8100	Wessobrunn	10	9100	Kochel
2	200	Weilheim	26	70900	Schondorf	10	8200	Huglfing	11	9200	"
3	300	"	27	70000	Greifenberg	11	8300	Polling TA-Weilheim	12	9300	"
4	400	"	28	099000	Tutzing	12	8400	Rast	13	9400	"
5	5000	"	29			13	84100	Murnau	14	95000	Penzberg
6		Rast	30			14	84200	"	15	9600	Walchensee
7		"	31			15	84300	"	16	9700	Heilbrunn
8		"	32			16	84400	"	17	98000	Benediktbeuern
9		"				17	84500	Kohlgrub	18		
10		"				18	80	Rast	19	90	Anmeldung München
11	7400	Diessen				19	84700	Obersöchering	20		
12	7500	"				20	84800	Murnau	21		
13	7600	"				21	80300	Peissenberg	22		
14	7700	"				22	80400	"	23		
15	6900	Pähl				23	80500	"	24		
16	60000	Seeshaupt				24	80600	"	25		
17	70	Rast				25	807	Rast	26		
18	70100	(Utting Reserve)				26	807100	Schongau	27		
19						27	807200	"	28		
20	00	Fern-Anmeldung				28	807300	"	29		
21	70400	Utting				29	807400	Peiting	30		
22	70500	"				30	807500	Rottenbuch	31		
23	70600	"				31	807600	Schwabsoien	32		
24	70700	"				32	807700	Kiensau			

Abb. 60. Zeitzonenzählerbeschaltungsplan einer Netzgruppe nach dem Mitlaufwerksystem.

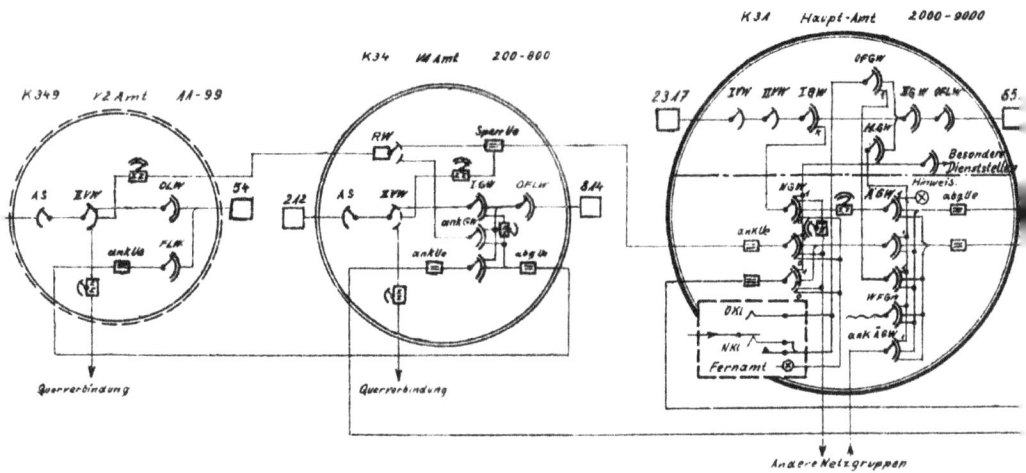

Abb. 61. Wählerübersichtsplan einer Netzgruppe nach dem offenen

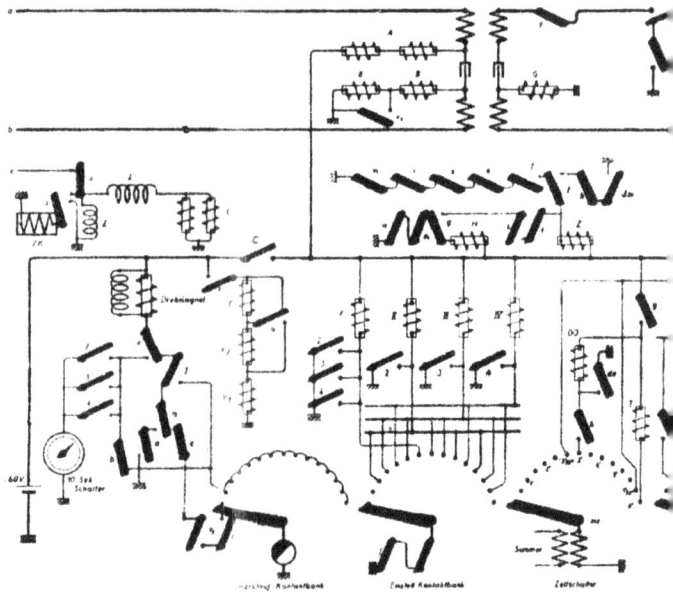

Abb. 62a. Prinzipschaltbild eines Zeitzonenzählers für Verbundämter nach

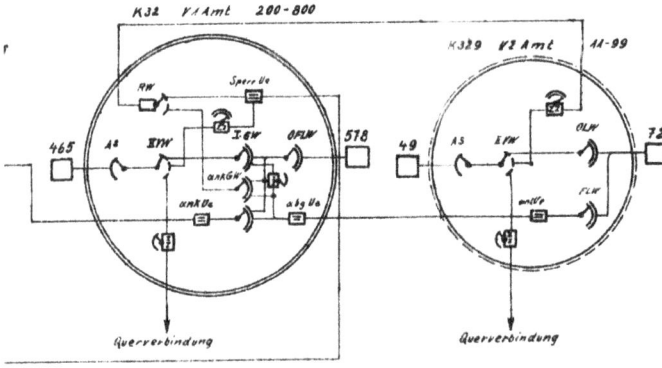

K32   V1 Amt   200-800

K329   V2 Amt   11-99

RW   Sperr Üa

I.GW   OFLW

465   A8   IYW   578

öhhGW

umkÜa   abgÜa

Querverbindung

RW

OLW

49   A5   IYW   72

umÜ'p   FLW

Querverbindung

Kennziffersystem.

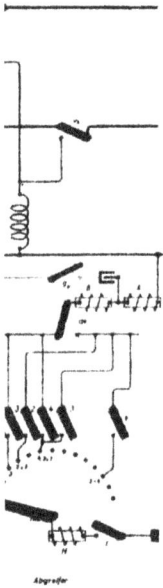

Abgreifer

.em Mitlaufwerksystem.

Abb.

Plan-No. ....   Netzgruppe . Weilheim   Ämter ... *Weilheim* ....

                               Ämter .... *Peiting* ....

ttungsplan der Mitlaufwerke und der Kontaktbänke der **ZZZ** mit Hebdrehwähler.

Mitlaufwerk-Kontaktbank 1.

9	10	11	12	13	14	15	16	17	18	19	20	21	22	23	24	25	26	27	28	29	30	31	32

Mitlaufwerk-Kontaktbank 2.

9	10	11	12	13	14	15	16	17	18	19	20	21	22	23	24	25	26	27	28	29	30	31	32

A- Kontaktbank K 8   Netzgruppe Weilheim ....

B- Kontaktbank K 2   Netzgruppe München ....

C- Kontaktbank K   Netzgruppe ....

D- Kontaktbank K   Netzgruppe ....

–15 km	Zone 3 ○ 15-25 km	Zone 4 ○ 25-50 km	Zone 5 ○ 50-75 km

lerbeschaltungsplan einer Netzgruppe nach dem offenen Kennziffersystem.

ersicht der auf der Teilnehmerleitung möglichen Störeinflüsse und der im Mischwähler notwendigen Schalteinrichtungen zu ihrer Beseitigung.

Art der Störung	Darstellung derselben	Wirkung derselben bei folgender		Daraus folgende Bedingung für die Schaltung und Empfindlichkeit der Relais
		Hauptstellenschaltung	Nebenstellenschaltung	
direkte Erde auf a		kein Anlaufen	Anlaufen, keine Auslösung (Beseitigung des Ferntrennkriteriums). Abwerfen durch Thermokontakt über das Signal: „Teiln. wählt nicht"	S muß eine aktive Wicklung an der a-Ltg. besitzen, die an Minusspannung liegt
Widerstandserde auf a		kein Anlaufen	ebenso	A- und S empfindlicher wie T
minus auf a		kein Anlaufen	kein Anlaufen	
Spannung über Widerstand auf a		kein Anlaufen	kein Anlaufen	
direkte Erde auf b		kein Anlaufen	kein Anlaufen	
Widerstandserde auf b		kein Anlaufen	kein Anlaufen	
minus auf b		T-, AS, Mischwähler sprechen an, Speisungsstromkreis bringt S im Mischwähler, dieses bindet sich am b-Ast über Erde	kein Anlaufen	geerdetes S mit aktiver Wicklung an b-Ltg. Speisebrücke gegen Amt spannungslos
Spannung über Widerstand auf b		ebenso	kein Anlaufen	Zweite A-Relaiswicklung an b oder B im Speisungsstromkreis und S-Wicklung empfindlicher als T samt Vorschaltwiderstand
reine Schleife		Signal: „Teiln. wählt nicht", der Thermokontakt erregt S; S hält sich über Schleife	kein Anlaufen	A-, B- und S-Relais empfindlicher als T samt Vorschaltwiderstand
Schleife mit Widerstand		ebenso	kein Anlaufen	ebenso
direkt geerdete Schleife		kein Anlaufen	Anlaufen, keine Auslösung (Beseitigung des Ferntrennkriteriums) Teiln. wählt nicht	S muß eine aktive Wicklung an der a-Ltg. besitzen
über Widerstand geerdete Schleife		entweder bei hohem Widerstand kein Anlaufen oder Signal: „Teiln. wählt nicht"	ebenso	A-, B-, u. S-Rel. empfindlicher als T samt Vorschaltwiderstand S muß eine aktive Wicklung an der a-Ltg. besitzen
direkt geerdet, über Widerstand geerdet		kein Anlaufen	ebenso	ebenso
direkt geerdet, über Widerstand geerdet		kein Anlaufen	ebenso	ebenso
Schleife mit unmittelbarer Spannung		T-, AS, Mischwähler sprechen an, Speisungsstromkreis bringt S im Mischwähler, dieses bindet sich am b-Ast über Erde	kein Anlaufen	geerdetes S mit aktiver Wicklung an b-Ltg. Speisebrücke gegen Amt spannungslos
Schleife mit Spannung über Widerstand		ebenso	kein Anlaufen	ebenso
a Ast direkt an Spannung b über Widerstand an Spannung		ebenso	kein Anlaufen	ebenso
b Ast direkt an Spannung, a über Widerstand an Spannung		ebenso	kein Anlaufen	ebenso

Hebel, Selbstanschluß-Technik.
Verlag von R. Oldenbourg, München und Berlin.

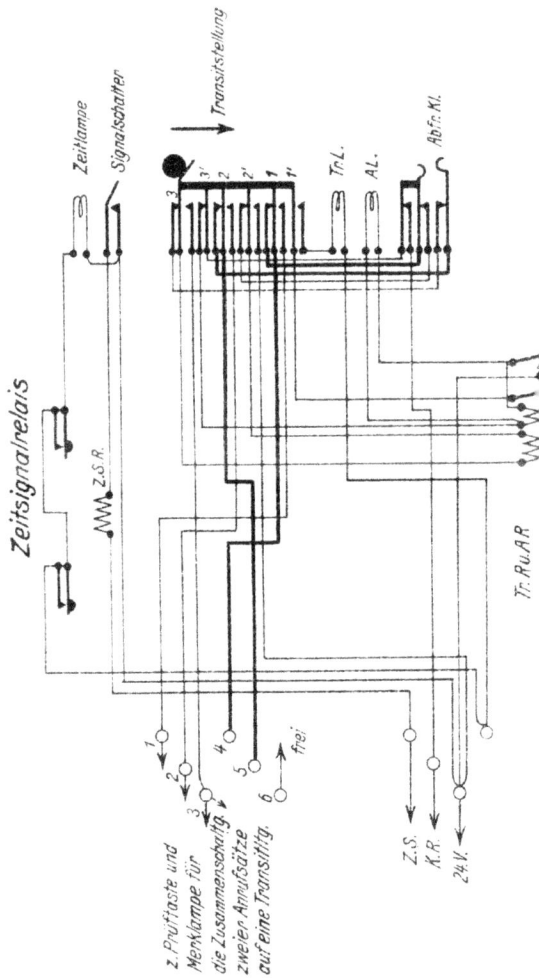

Zeitsignalrelais

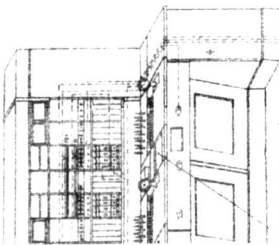

Zeitlampe

Signalschalter

Fernltg. durchgeschaltet.

Fernleitung z. Amt geschaltet.

Anrufstellung

Transitstellung

Tr.L.

A.L.

Abfr. Kl.

Beob. Sch.

z.S.R.

Tr.u.AR.

frei

1 2 3 4 5 6 7 8 9

16 17 18 19

zur Prüftaste und
Merklampe für die
Zusammenschaltung
Zweier-Anrufsätze auf
eine Transitltg.

...eiberschen Fernamts für 60 Leitungen.

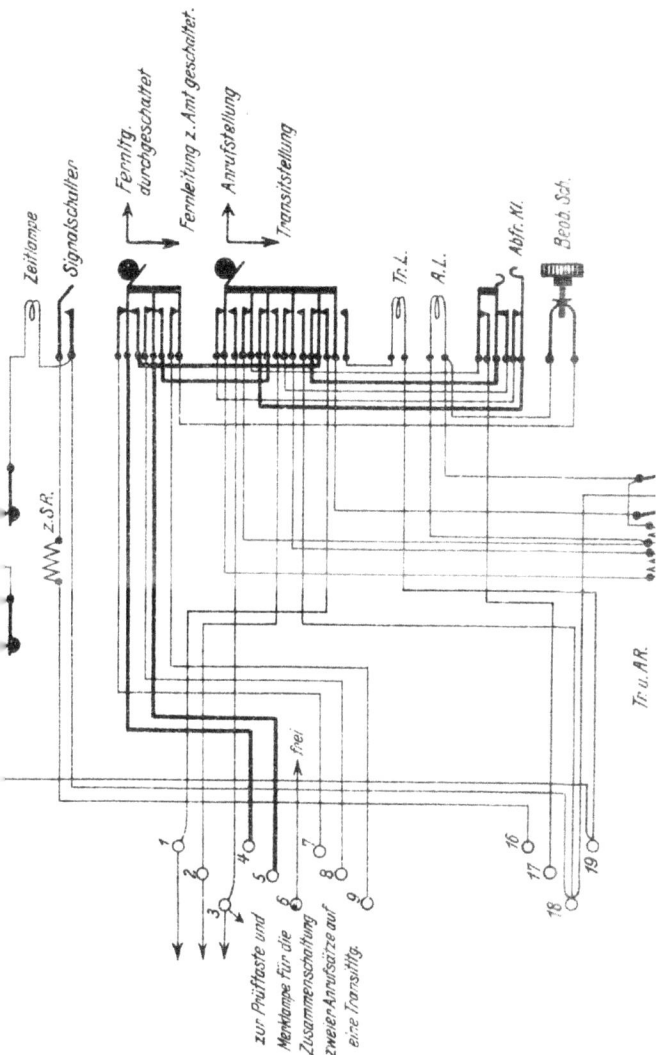

Widnetdas
...ensatoren

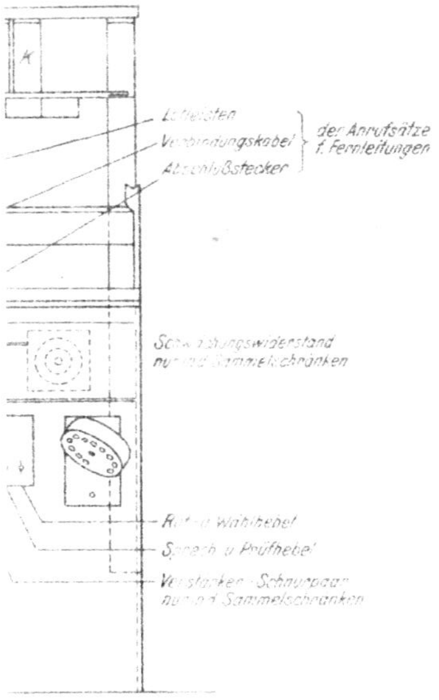

Fernanrufsatz für eingeschleiften
Wählerbetrieb am Sammelschrank VI.

Abb. 87. Schaltung eines Fernanrufaggregates.

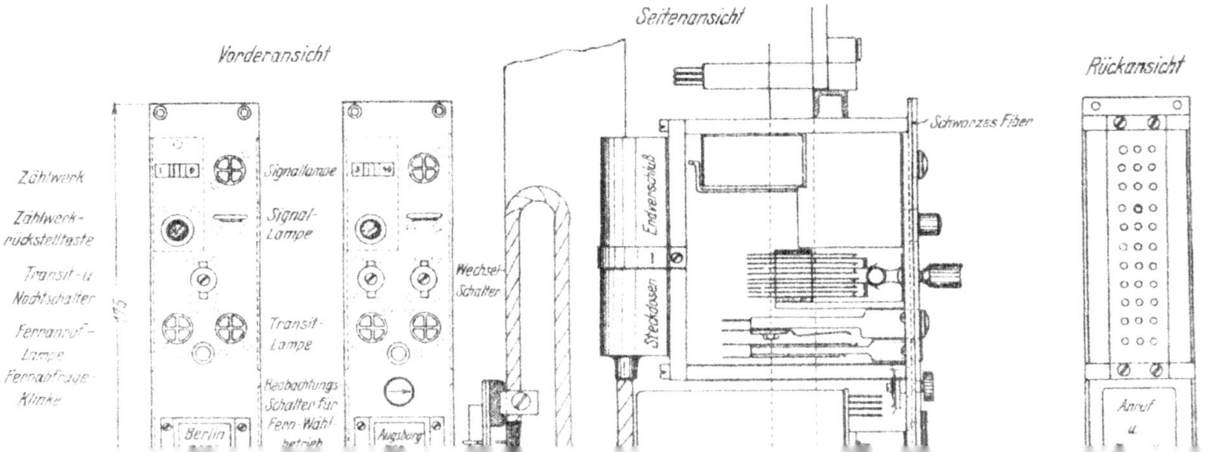

Rückansicht

Anruf

Seitenansicht

Schwarzes Fiber

Endverschluß

Steckdosen

Wechsel-Schalter

Vorderansicht

Signallampe
Signal-Lampe
Transit-Lampe
Beobachtungs-Schalter für Fern-Wahl betrieb

Magdeburg

Berlin

Zählwerk
Zählwerk-rückstelltaste
Transit- u. Nachtschalter
Fernanruf-Lampe
Fernanrufruhe-Klinke

Klinken
Verbindungskabel
Anschlußstecker

Schaltungsdarstellung der Anrufsätze
mit zwei Fernverbindungen   f. Fernleitungen

R = im Wählerbetrieb
S = im u. v. Prüfbetrieb
W = gleichzeitiger Schlußverkehr
Rückruf Sammelschrankbetrieb

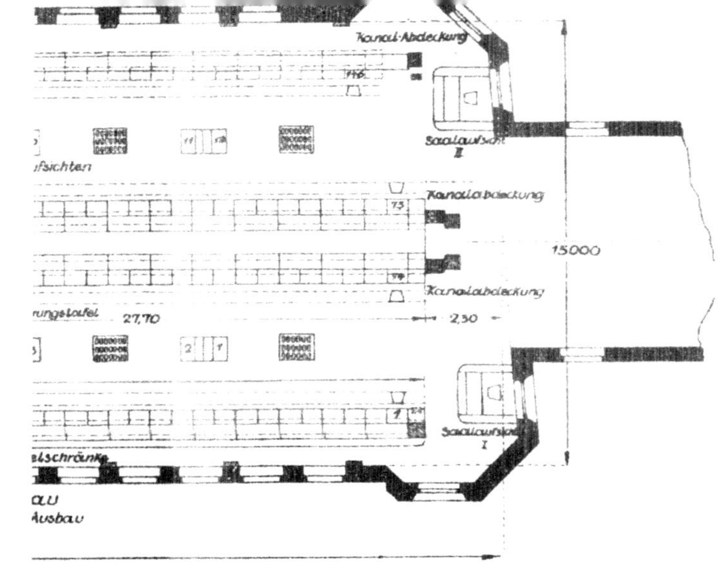

Abb. 86. Fernanrufaggregat.

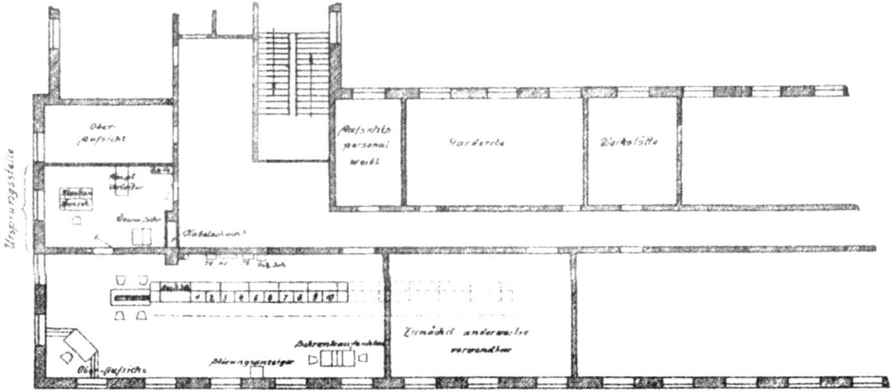

Abb. 84. Grundriß eines Fernamtes für 60 Leitungen.

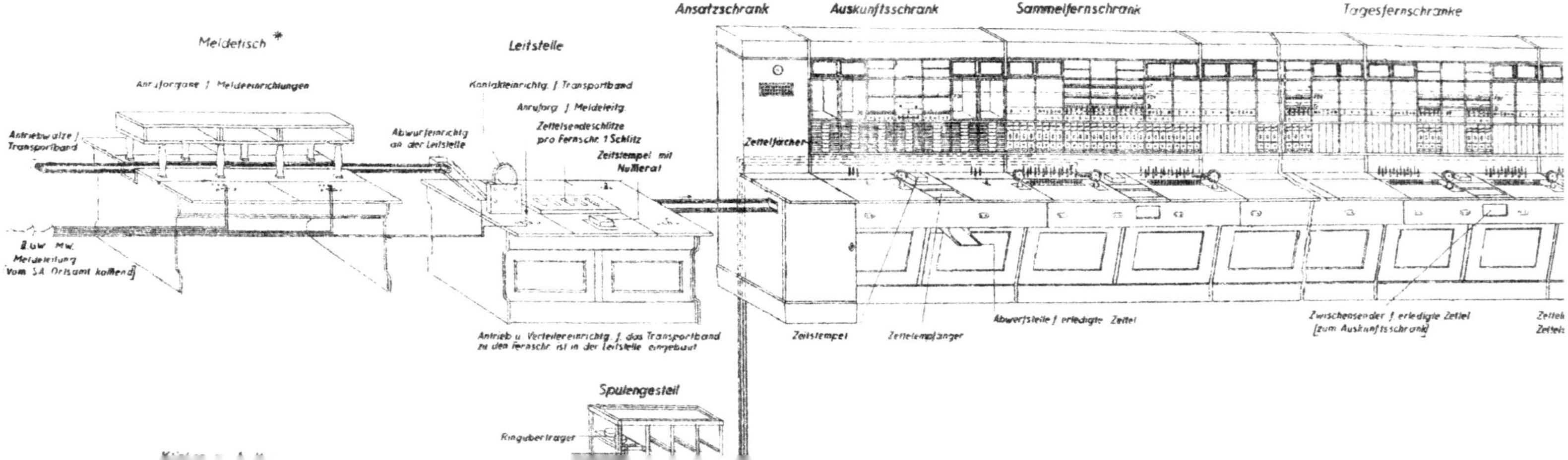

Tagesfernschrank

Sammelfernschrank

Auskunftsschrank

Ansatzschrank

Leitstelle

Meldetisch *

Königseinrichtung / Transportband

Anruforg / Meldeweg

Zeitansendeschlitze
pro Fernsele 1 Schlitz

Zeitstempel mit
Nußferat

Abwurfeinrichtg
an der Leitstelle

Zwischensender 1 erledigte Zettel
(zum Auskunftsschrank)

Abwurfstelle / erledigte Zettel

Zettelempfänger

Zeitstempel

Zettellocher

Antrieb u. Verteilereinrichtg f. das Transportband
zu allen Fernsele ist in der Leitstelle eingebaut

Spulengestell

Ringuberträger

Anruforgane / Meldeeinrichtungen

Abnahmestelle /
Transportband

Zum Mw.
Meldeleitung
vom SA Orisamt kollend)

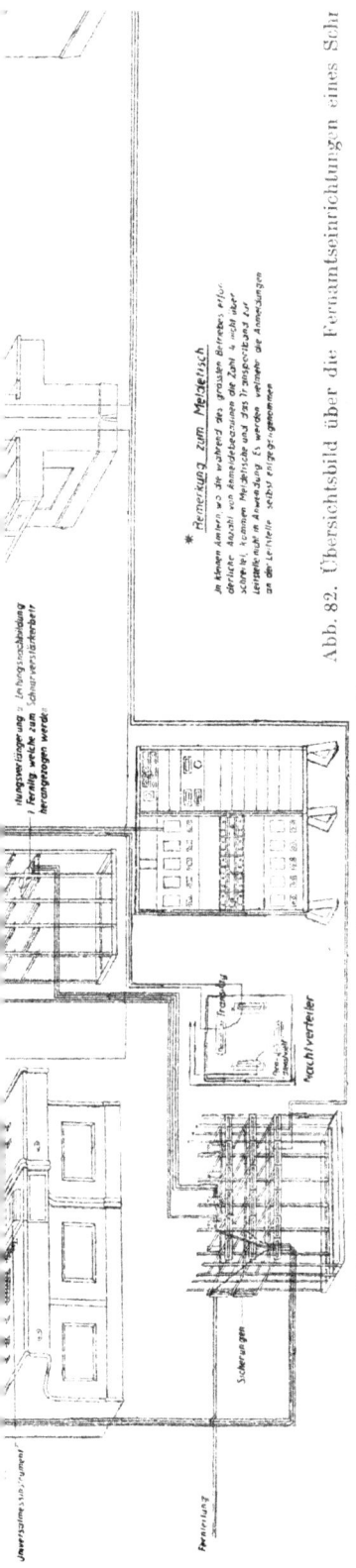

* Bemerkung zum Meldetisch

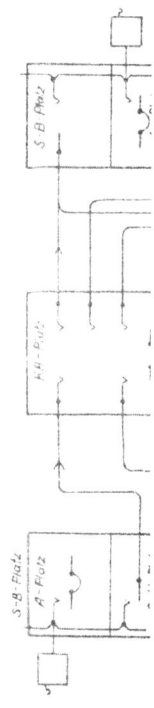

Abb. 82. Übersichtsbild über die Fernamtseinrichtungen eines Sch...

Platz-Ruf-Kontrollrelais

Hauptverteiler   Schnurverstärker   Sicherungsgsstell

Nachverteiler

Sicherungen

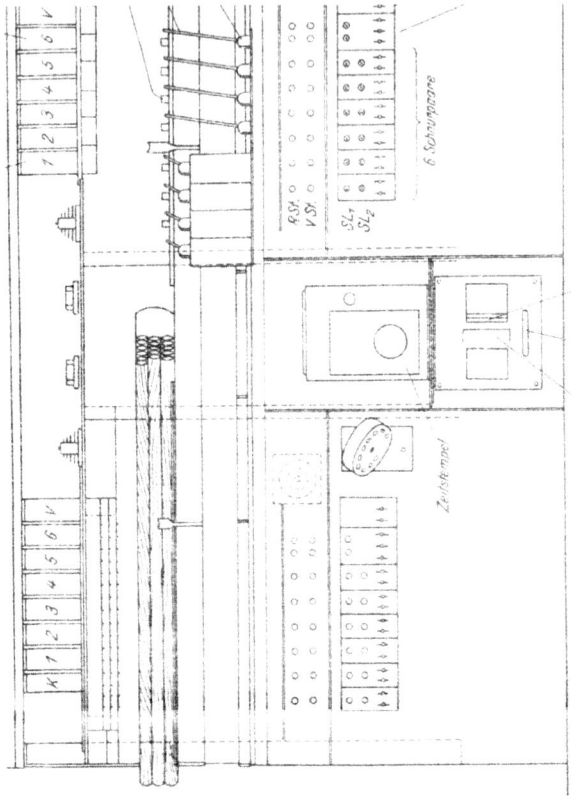

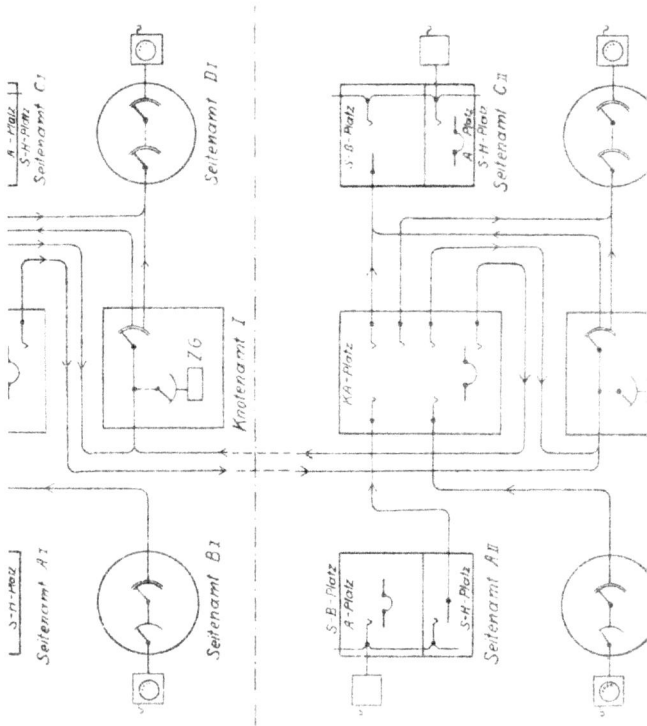

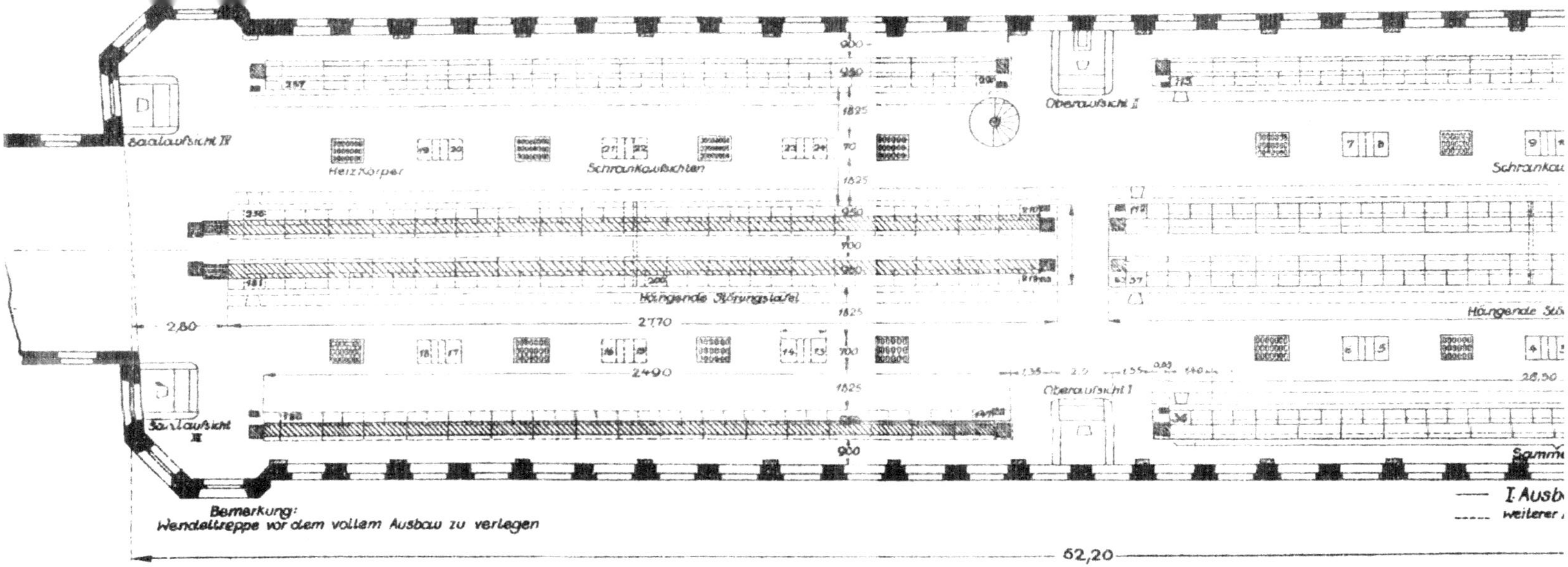

Abb. 85. Grundriß eines Fernamtes für 1000 Leitungen im Endausbau.

ehr.

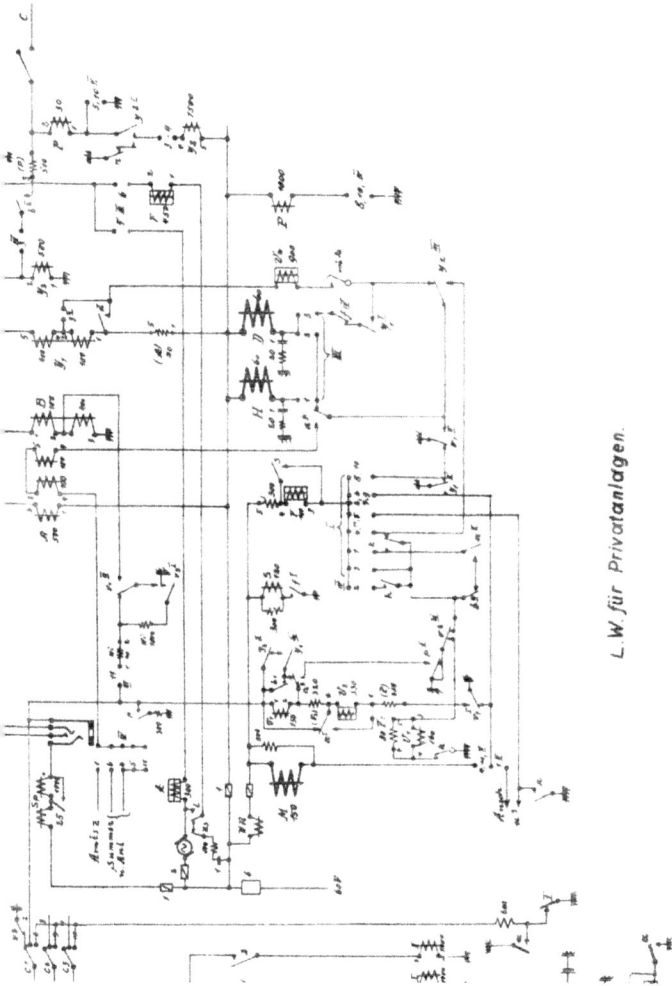

L.W für Privatanlagen.

beiden Richtungen.

L.W. für Einzel-u.Mehrfachanschlüsse für Orts-u. Fernverk

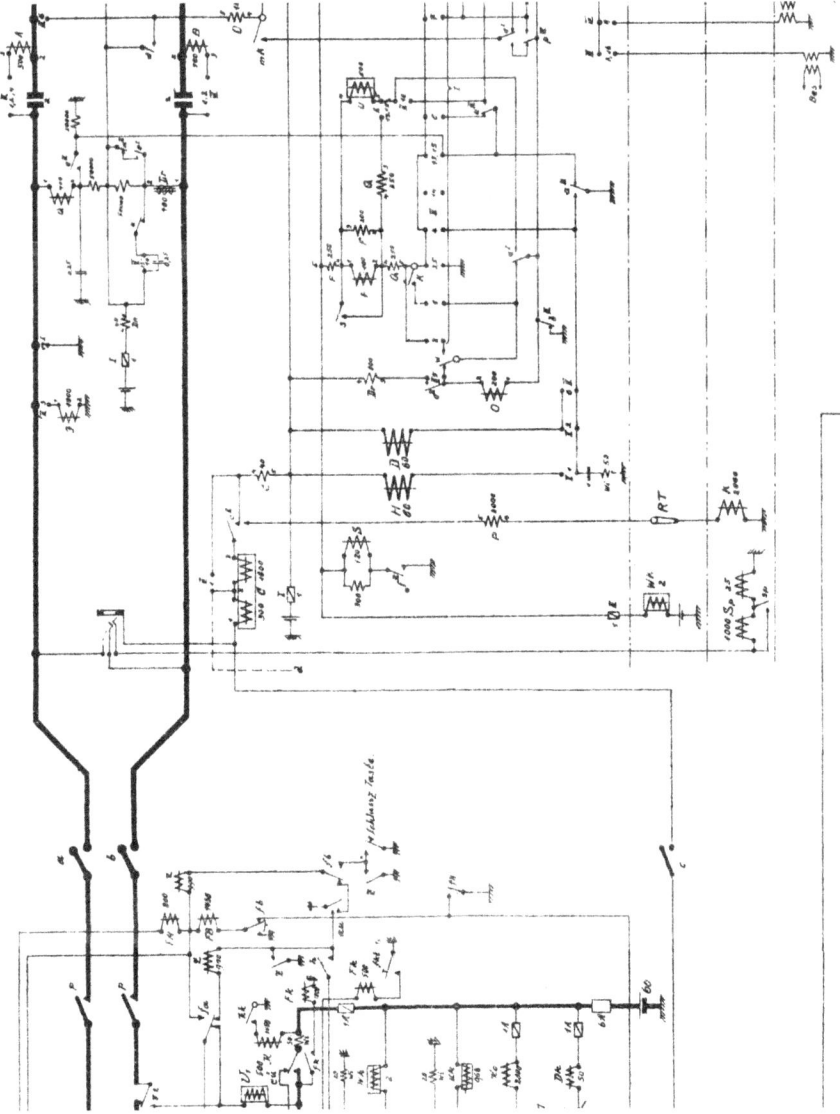

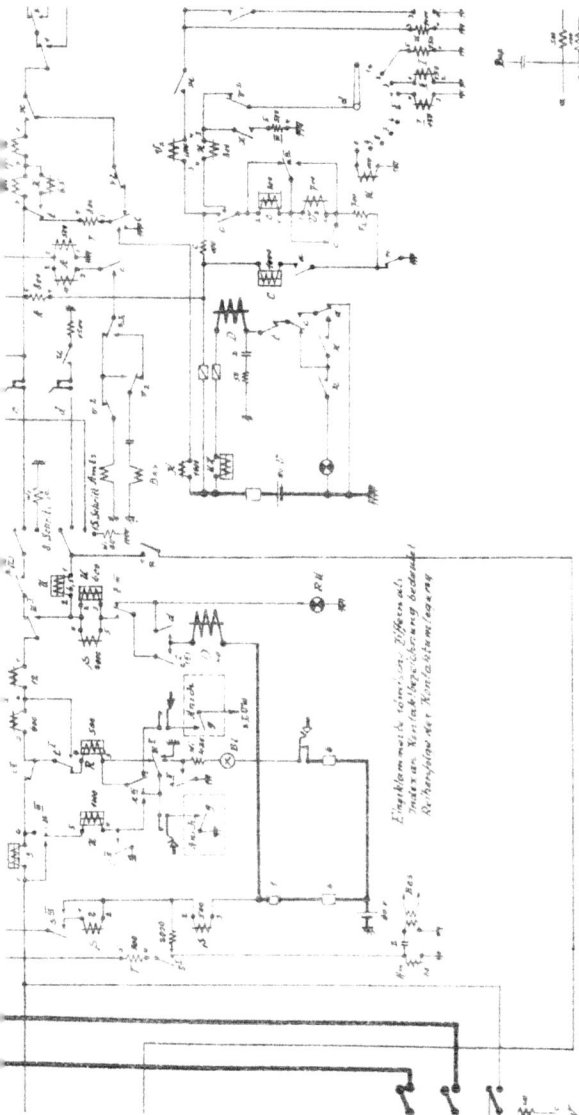

Abb. 95. Prinzipschaltbild einer Sa-Nebenstellenanlage mit unmittelbarem Amtsverkehr in 1 (sogen. Werkzentrale.)

Vermittlungsschrank für Durchwählung   Ankommender Verkehr.

I. VW

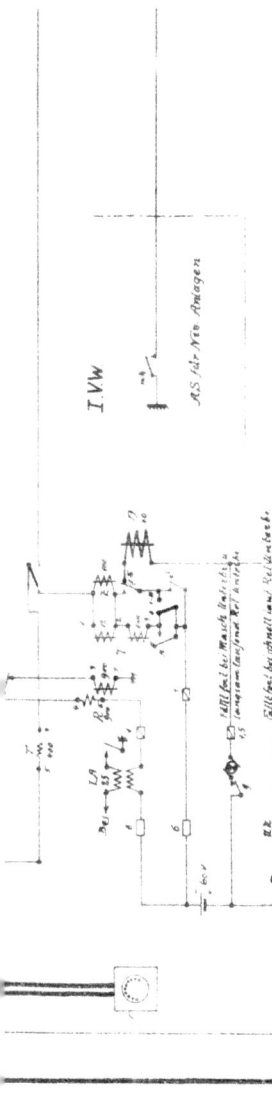

Vermittlungsschrank f. Durchwählung.

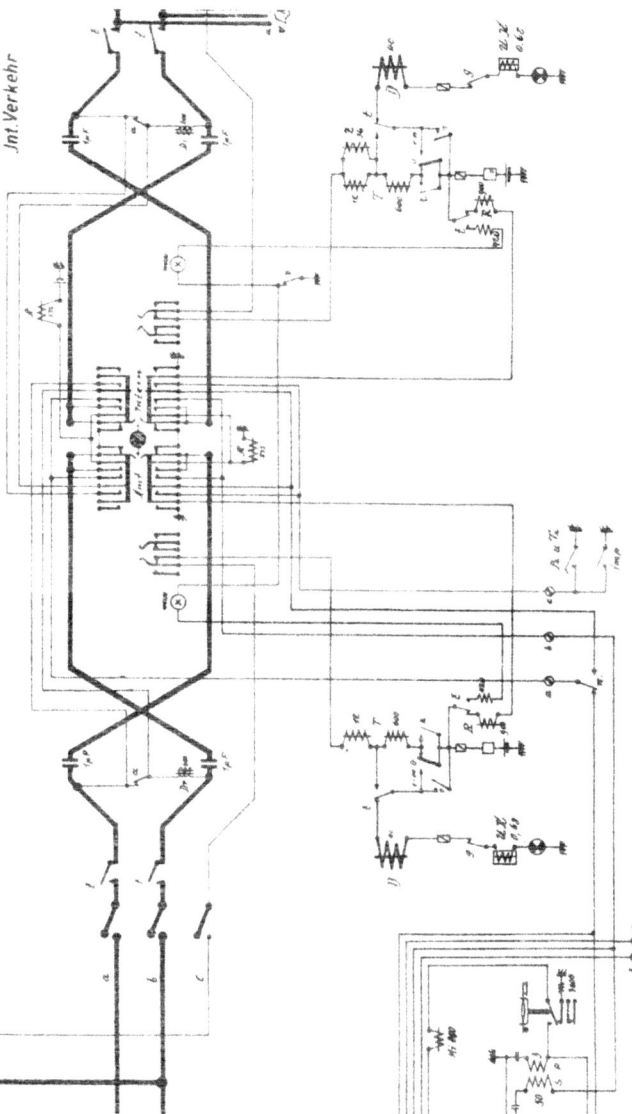

Int. Verkehr

A.S. für Vło Anzeigen

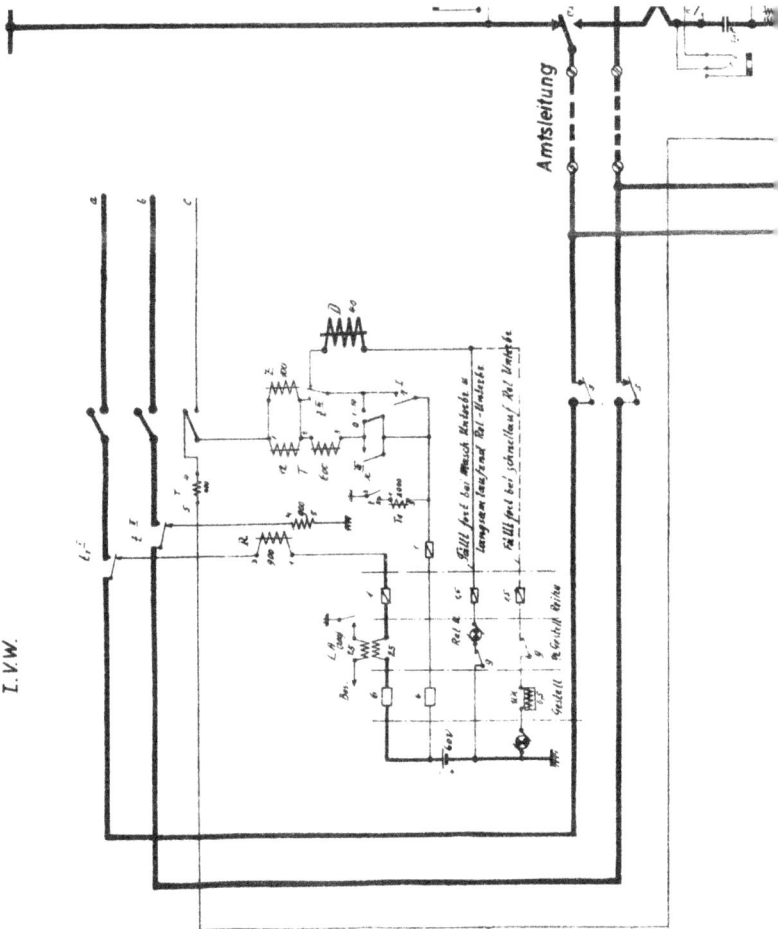

I.V.W.

Amtsleitung

II/III GW

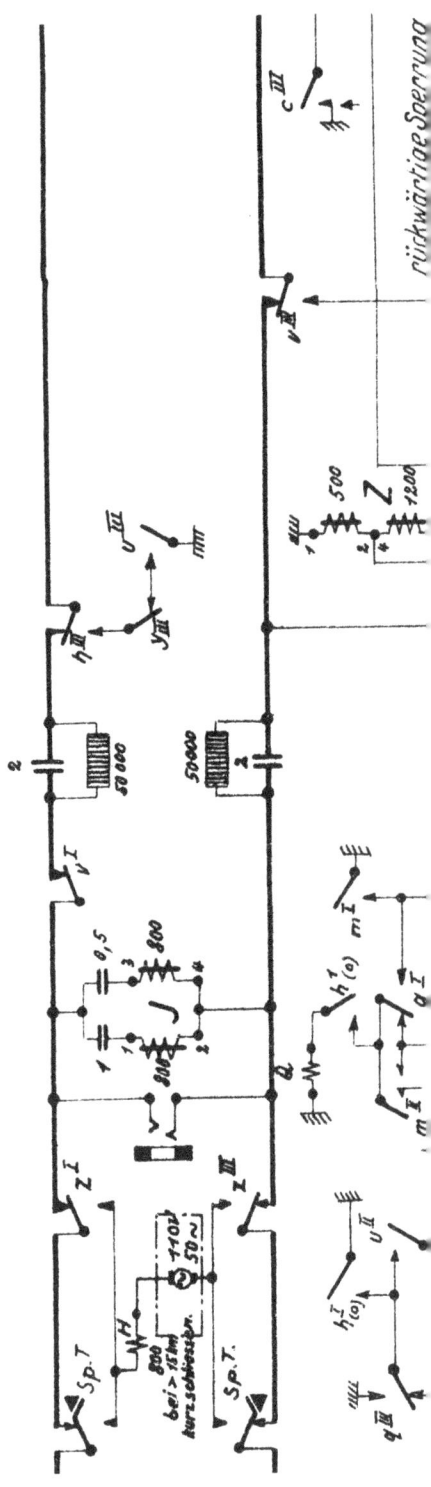

rückwärtige Sperrung

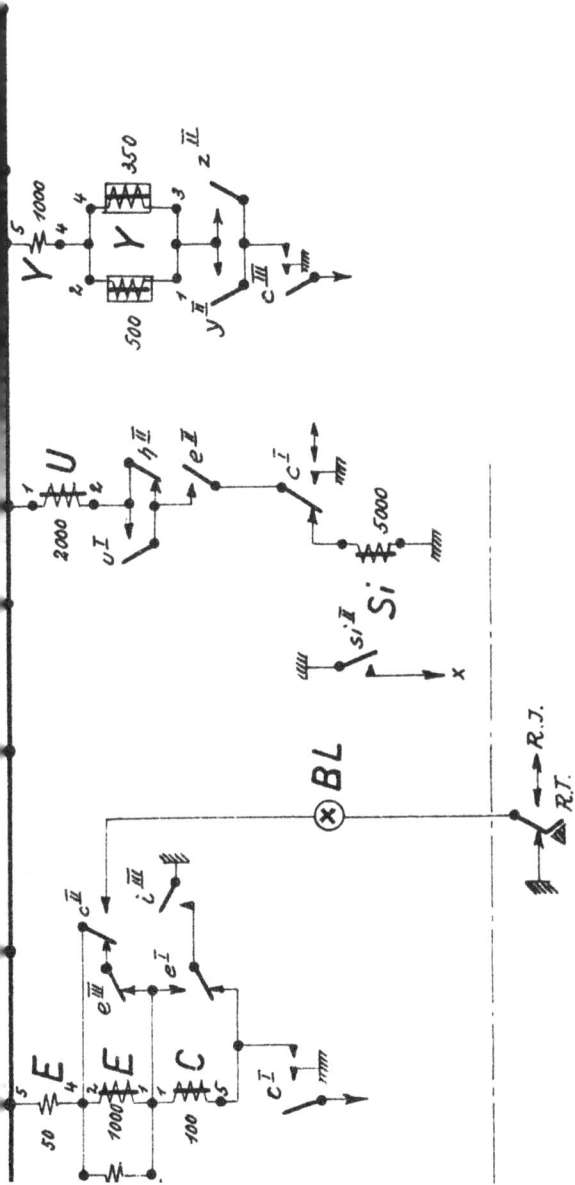

Prinzipschaltbild des ankommenden Übertragers für Wechselstromzwischenwahl ung.

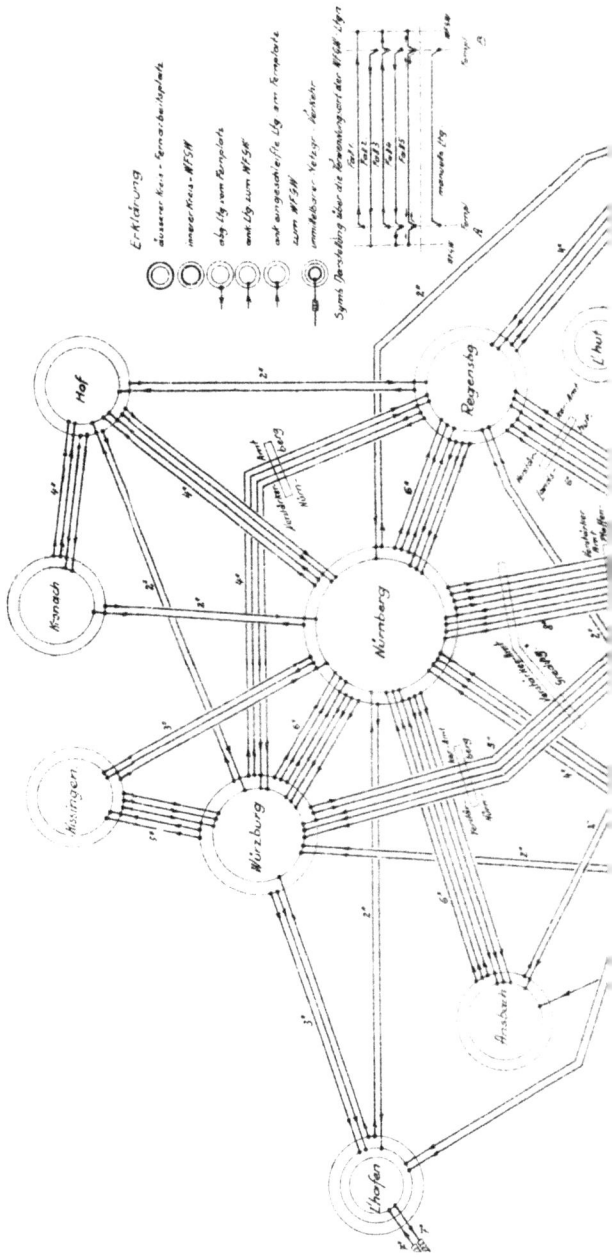

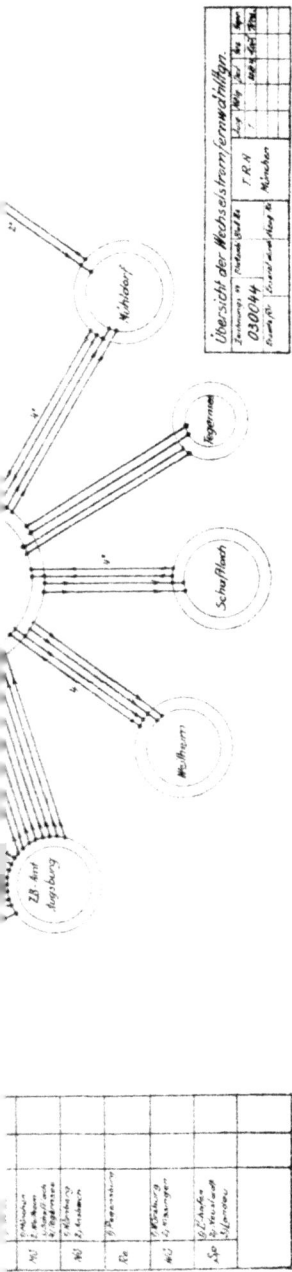

Abb. 119. Übersichtskarte der mit Wechselstromwählung ausgerüsteten Fernleitungen.

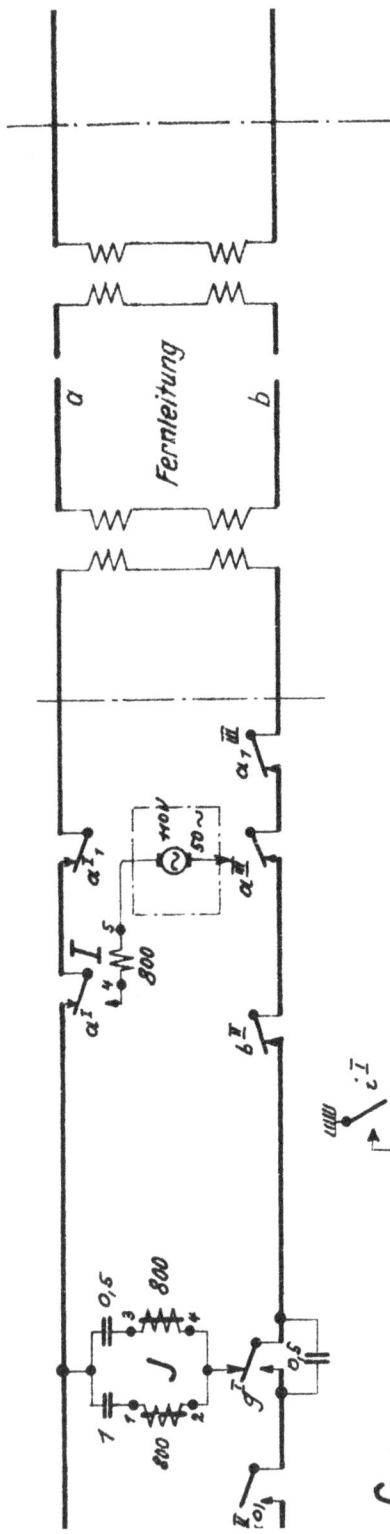

Fernleitung

in der ersten Vorwahlstufe des Reichspostsystems

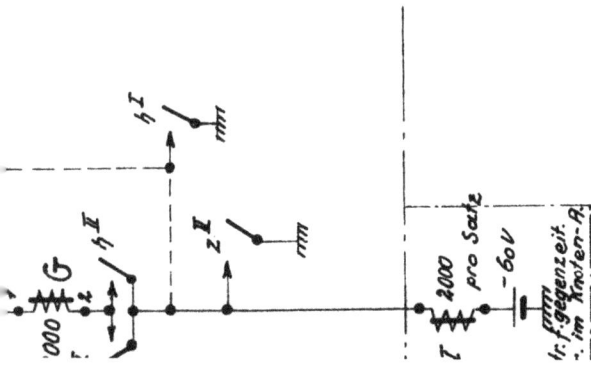

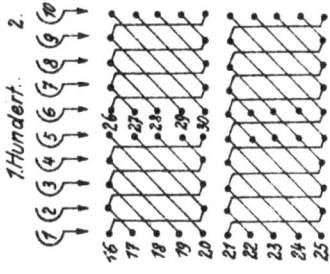

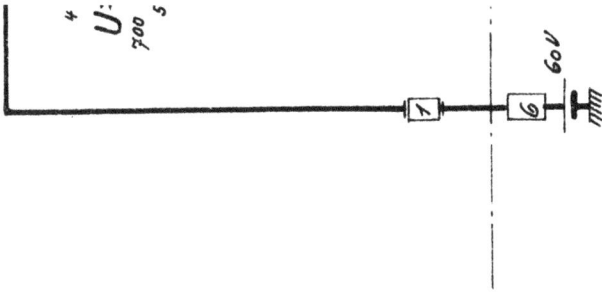

U:
700 s

60 V

1.Hundert. 2.

1 2 3 4 5 6 7 8 9 10

26 27 28 29 30

16 17 18 19 20 21 22 23 24 25

G

h^I
h^{II}
z^I

2000 pro Satz
−60 V

tr.F.gegenzeit.
.. im Knoten-R.

stromzwischenwählung.

Abb. 123.

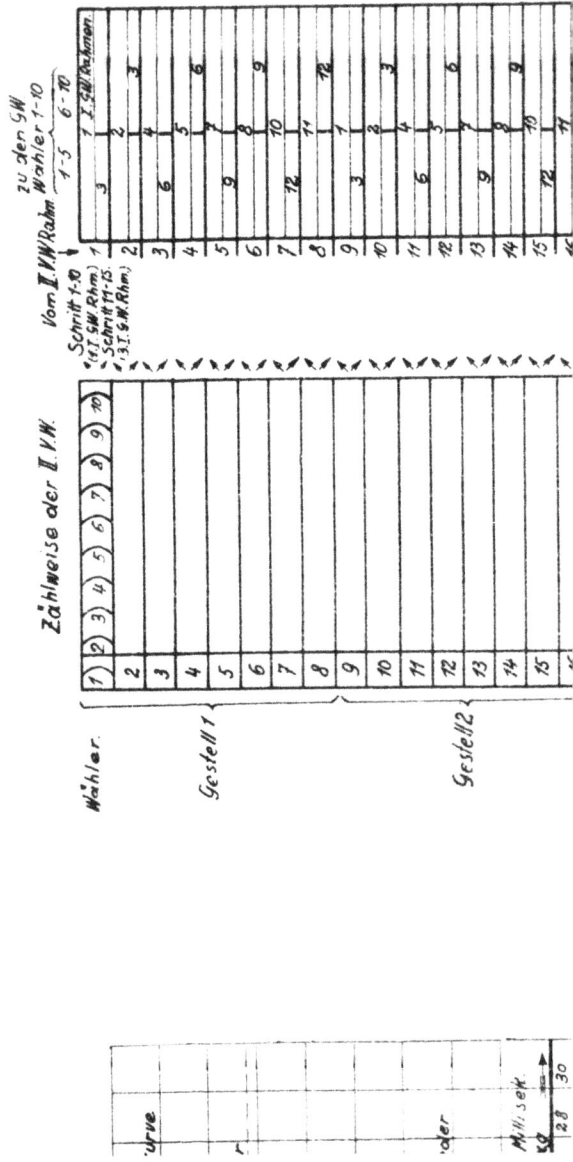

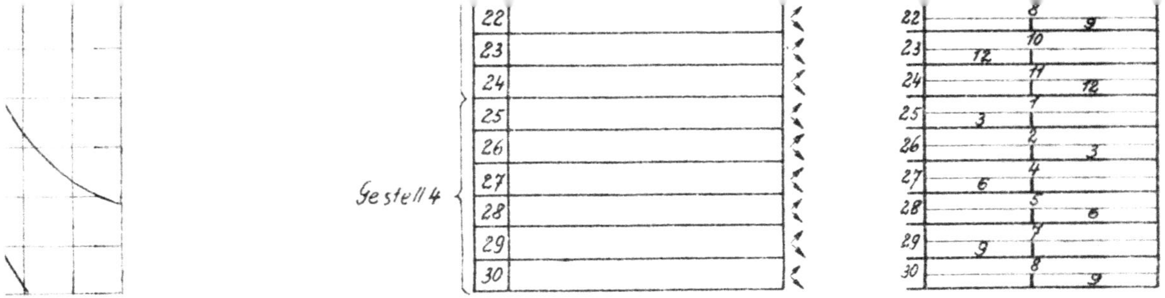

Abb. 131. Verschränkung und Übergreifen in der zweiten Vorwahlstufe des Reichspostsystems.

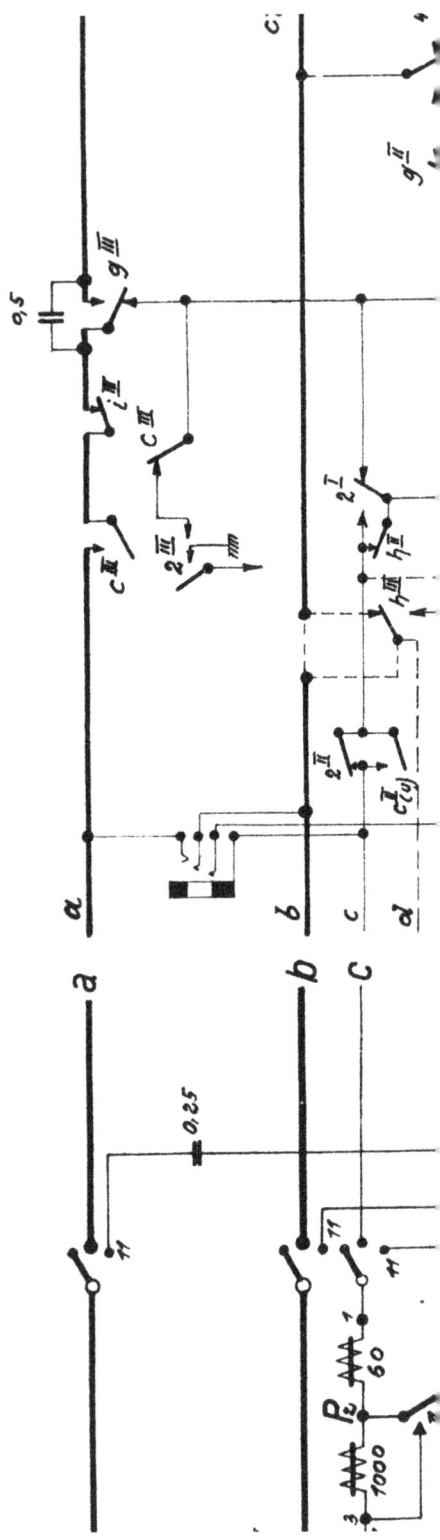

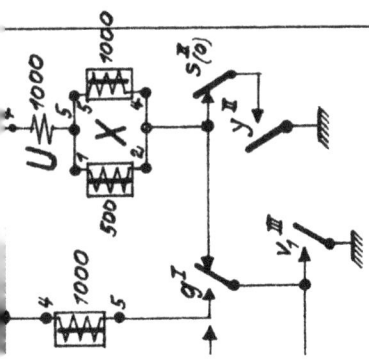

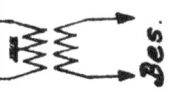

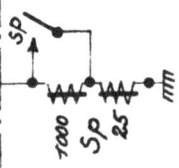

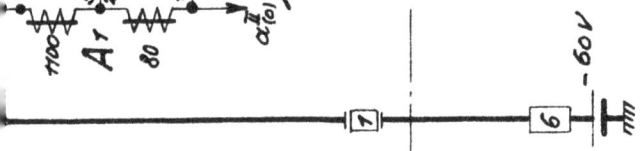

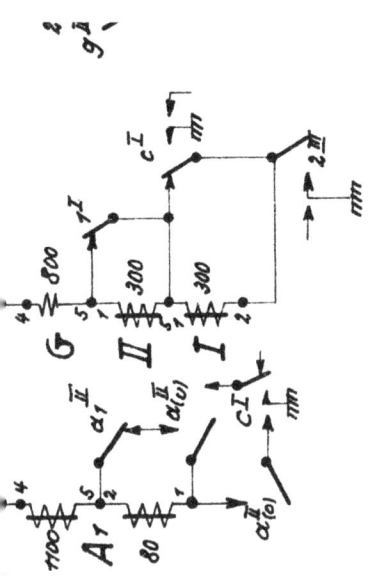

Abb. 122. Prinzipschaltbild des abgehenden Übertragers für Wechsel

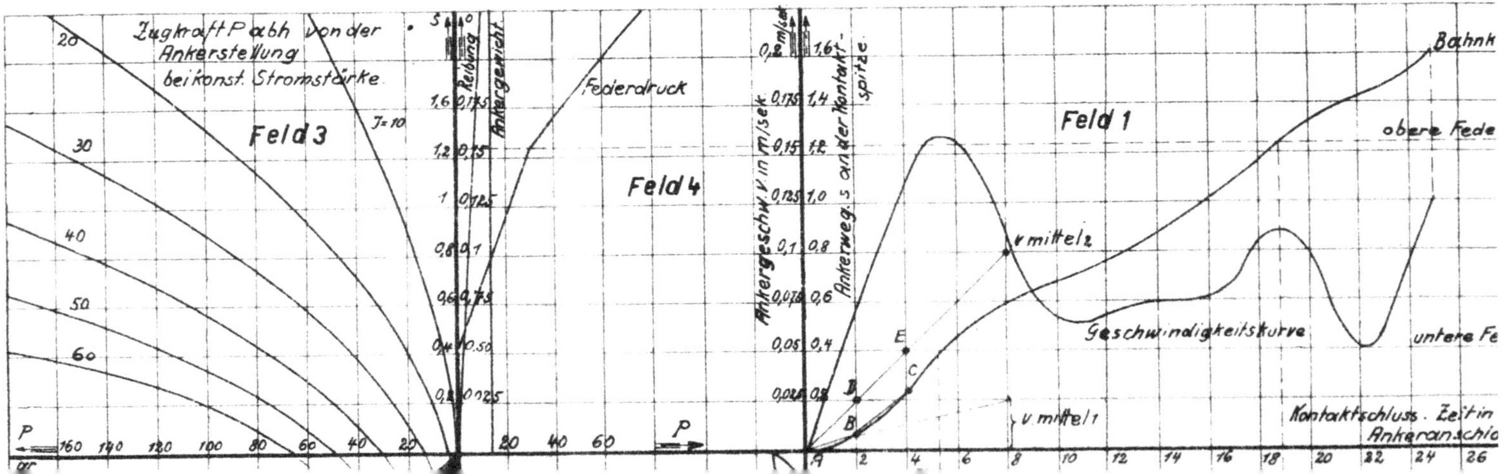

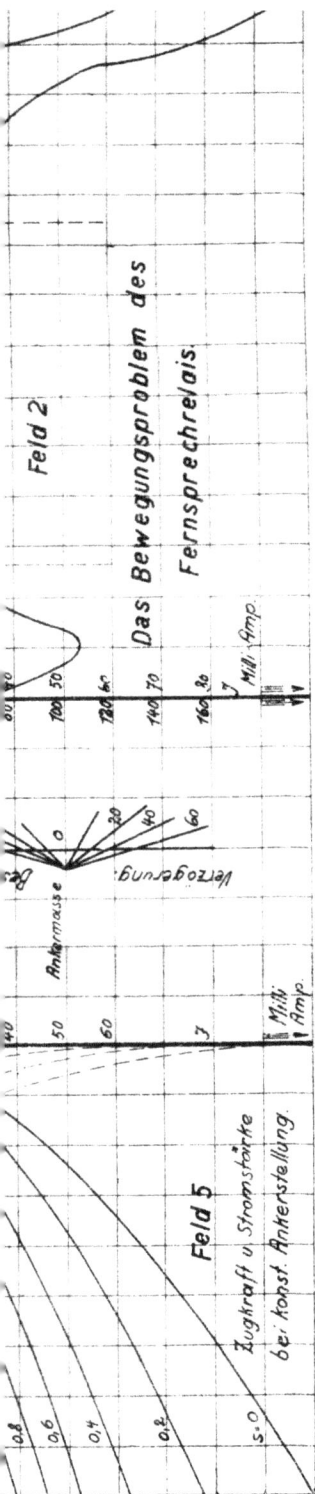

Abb. 138. Fahrdiagramm eines Relaisankers.

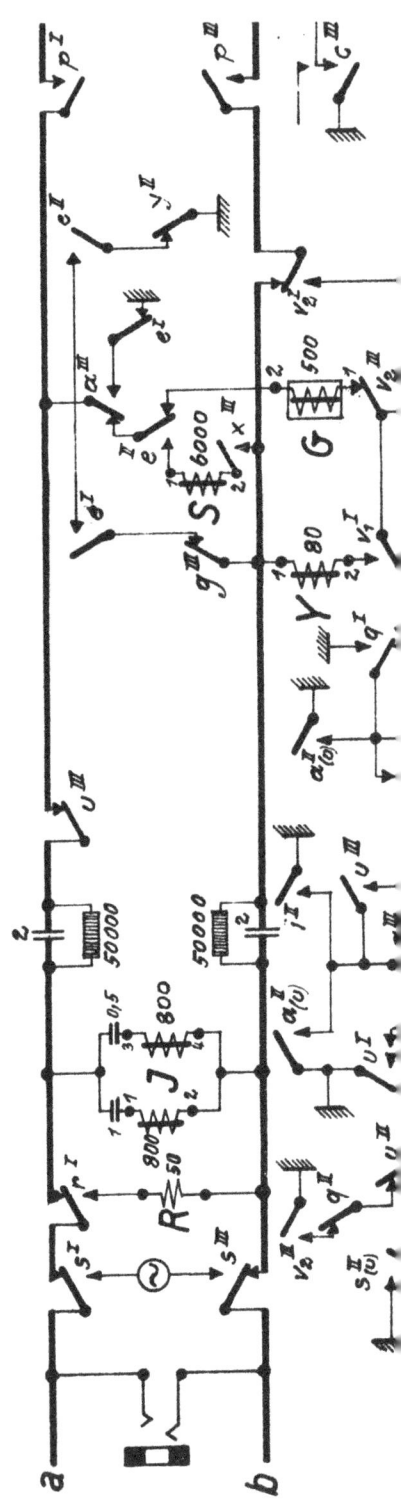

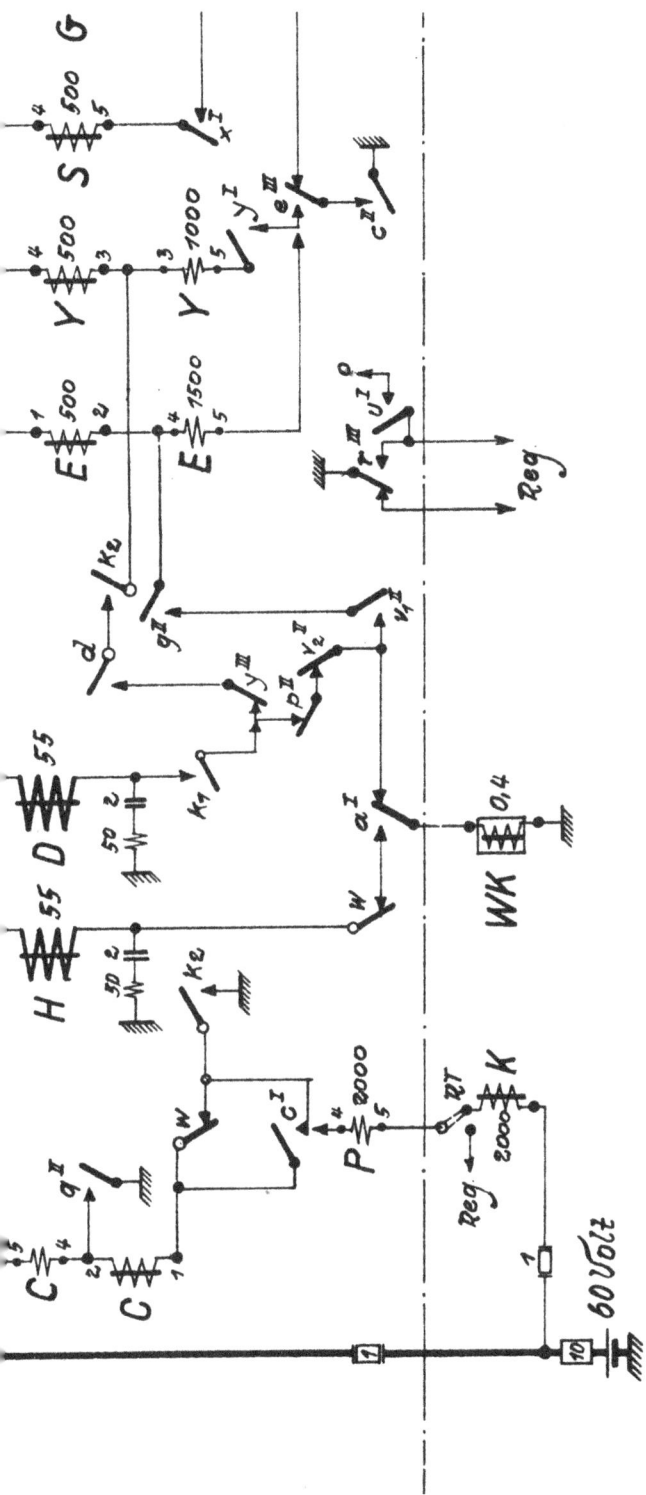

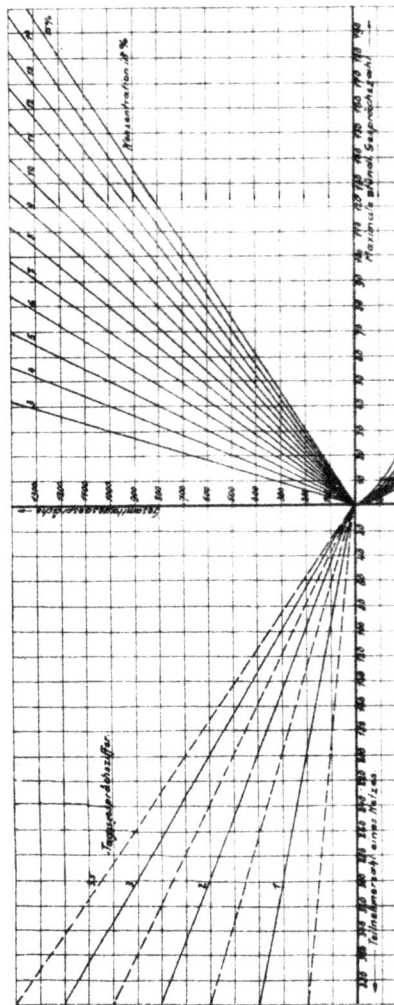

Abb. 121. Prinzipschaltbild eines Wechselstromferngruppenwählers für Schleifensyste

Abb. 134. Schaulinien zur Berechnung von Leitungs- und Wählerzahlen aus Teilnehmerzahl, Gesprächsziffer, Konzentration und Gesprächsdauer unter der Annahme von 1% Verlust.

Abfallverzögerung von Relais.

Schaltzeit	Diagramm für Abklingen des Stromes
$-\dfrac{t}{T_r}$ $\qquad t = T_w \ln \dfrac{J_1 w_1}{s\,h}$	$J \times w$ $\qquad$ $5ms - 10ms$
$t = \left(T_w + \dfrac{L_2}{R_2}\right)\ln \dfrac{w_1 J_1}{s\,h}$	$J \times w_1$ $\qquad$ $100 - 800ms$
R_{v2} $\qquad t = \left(\dfrac{L_2}{R_2 + R_{v2}} + T_w\right)\ln \dfrac{J_1 w_1}{s\,h}$	$J_1 w_1$ $\qquad$ $50 - 400ms$
$\dfrac{R_1 + R_2}{+L_2 : 2|\,L_1 L_{r2}}\, t = \left(\dfrac{L_1 + L_2 + 2|L_1 L_2 + T_w}{R_1 + R_2}\right)\ln \dfrac{J_1 w_1 - J_2 w_2}{s\,h}$	$J_2 w_1 - J_2 w_2$ $\qquad$ $50 - 200ms$
$\dfrac{R_1 \cdot R_2}{\;}\; t$ $\qquad |L_1 + L_2 - 2|\,L_1 L_2 \ln\,,\,\infty\,|,\quad w_1 J_1 + w_2 J_2$	$J_2 w_1 + J_2 w_2$ $\qquad$ $10 - 100ms$

J_w 100-300ms je nach Größe von Rn	$t = \left(\dfrac{L_1}{R_1 + R_2 n} + T_w\right) \ln \dfrac{J_1 w_1}{s\,h}$	t
$J \times w$ 200-600ms	$t = \left(\dfrac{L_1}{R_1} + T_w\right) \ln \dfrac{J_w}{s\,h}$	
$J_1 w_1$ 300-900ms	$t = \left(\dfrac{L_1}{R_1} + \dfrac{L_2}{R_2} + T_w\right) \ln \dfrac{w_1 J_1}{s\,h}$	$\cdot t$
$w_1 J_1 - w_2 J_2$ 100-400ms	$t = \left(\dfrac{L_1}{R_1} + \dfrac{L_2}{R_2} + T_w\right) \ln \dfrac{w_1 J_1 - w_2 J_2}{s\,h}$	$-\left(\dfrac{R_1}{L_1} + \dfrac{R_2}{L_2}\right) t$
$w_1 J_1 + w_2 J_2$ 100-600ms	$t = \left(\dfrac{L_1}{R_1} + \dfrac{L_2}{R_2} + T_w\right) \ln \dfrac{w_1 J_1 + w_2 J_2}{s\,h}$	$-\left(\dfrac{R_1}{L_1} + \dfrac{R_2}{L_2}\right) \cdot t$

Anhang.

Abb. 158. **Schaltzeiten für**

Schaltbild	Schaltungs-angaben	A.-W. im Erregerstrom-kreis	A.-W. im Abschaltestrom-kreis	Zeitkonstante	Abklingen des Stromes
	Abschaltung durch Unter-brechung des prim. Stromes	$J \cdot w$	$(i \cdot w)_{\text{Wirbelstr.}}$	T_w	$i_{\text{Wirbelstr.}} = \dfrac{1}{w_w}\, J \cdot w \cdot e^{-\frac{\cdot}{}}$
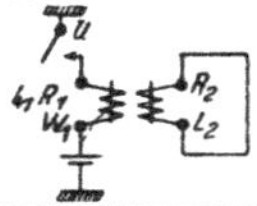	Sekundäre Kurzschluß-wicklg. bzw. Kupferrelais	$J_1 w_1$	$i_2 w_2$	$\dfrac{L_2}{R_2}$	$i = \dfrac{1}{w_2}(J_1 w_1)\, e^{-\frac{R_2}{L_2}}$
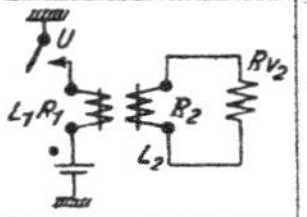	Sekundäre Wicklung über Widerstand geschlossen	$J_1 w_1$	$i_2 w_2$	$\dfrac{L_2}{R_2 + R_{v2}}$	$i = \dfrac{1}{w_2}(J_1 w_1)\, e^{-\frac{R_2 +}{L_2}}$
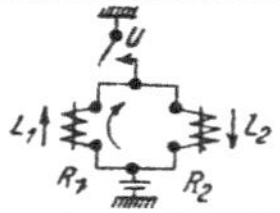	Wicklungen gegensinnig parallel	$J_1 w_1 - J_2 w_2$	$i(w_1 + w_2)$	$\dfrac{L_1 + L_2 + 2\sqrt{L_1 L_2}}{R_1 + R_2}$	$i = \dfrac{1}{w_1 + w_2}(J_1 w_1 - J_2 w_2)\, e^{-\frac{}{L_1}}$
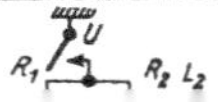	Wicklungen			$L_1 + L_2 - 2\sqrt{L_1 L_2}$	

Nebenschluß-widerstand	$J w$	$i \cdot w$	$\dfrac{L_1}{R_1 + R_2 n}$	$i = J_1 \cdot e^{-\frac{R_1 + R_2 n}{L_1} t}$
Kurzschluß der Primärwicklg.	$J \cdot w$	$i w$	$\dfrac{L_1}{R_1}$	$i = J \cdot e^{-\frac{R_1}{L_1} t}$
Sekundäre Kurzschluß-wicklg. bzw. Kupferrelais	$J_1 w_1$	$i_1 w_1 + i_2 w_2$	$\dfrac{L_1 + L_2}{R_1 + R_2}$	$i = J_1 \cdot e^{-\left(\frac{R_1}{L_1} + \frac{R_2}{L_2}\right) t}$
Wicklungen gegensinnig parallel	$w_1 J_1 - w_2 J_2$	$i(w_1 + w_2)$	$\dfrac{L_1 + L_2}{R_1 + R_2}$	$i = \dfrac{1}{w_1 + w_2}(J_1 w_1 - w_2 J_2) e^{-}$
Wicklungen gleichsinnig parallel	$w_1 J_1 + w_2 J_2$	$i(w_1 + w_2)$	$\dfrac{L_1 + \frac{L_2}{R_2}}{R_1}$	$i = \dfrac{1}{w_1 + w_2}(J_1 w_1 + J_2 w_2) e^{-}$

Hebel. Selbstanschluß-Technik.
Verlag von R. Oldenbourg, München u. Berlin.

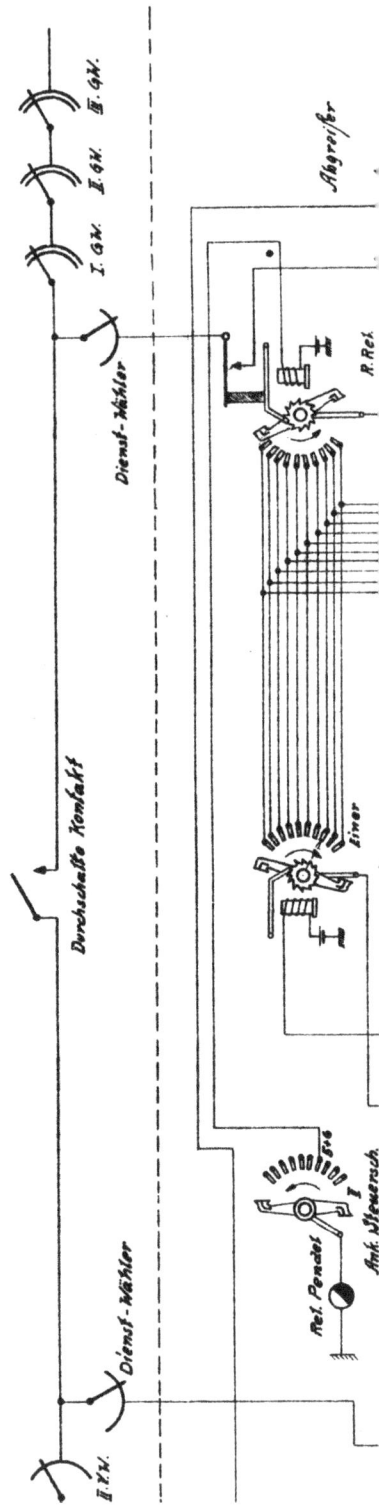

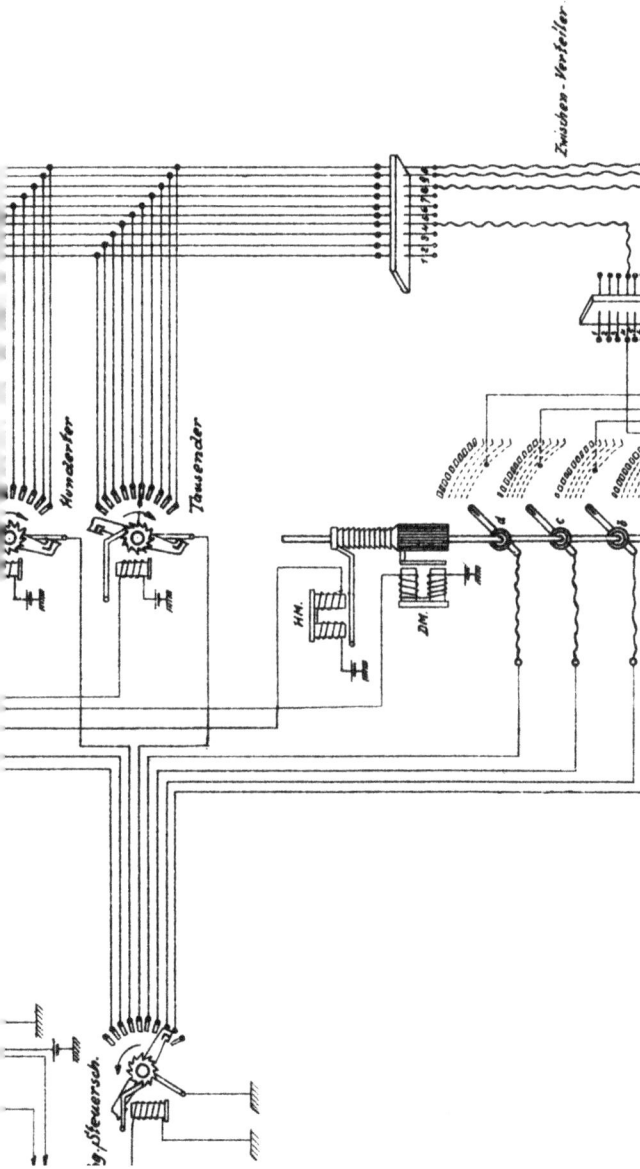

Zwischen-Verteiler

Hunderter

Tausender

H.M.

D.M.

g. Steuersch.

Abb. 211. Prinzipielle Anordnung einer Direktorschaltung.
gespeicherte Zahl = 56378
abgegriffene Zahl = 48906378

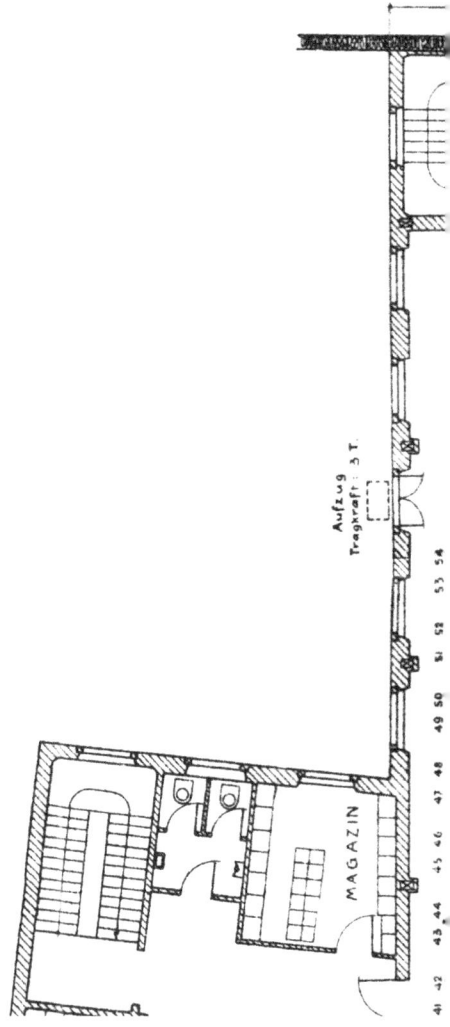

MAGAZIN

Aufzug
Tragkraft 5 T.

41 42 43 44 45 46 47 48 49 50 51 52 53 54

leraufstellungsplan eines Zehntausenderamtes nach dem Drehwählersystem.

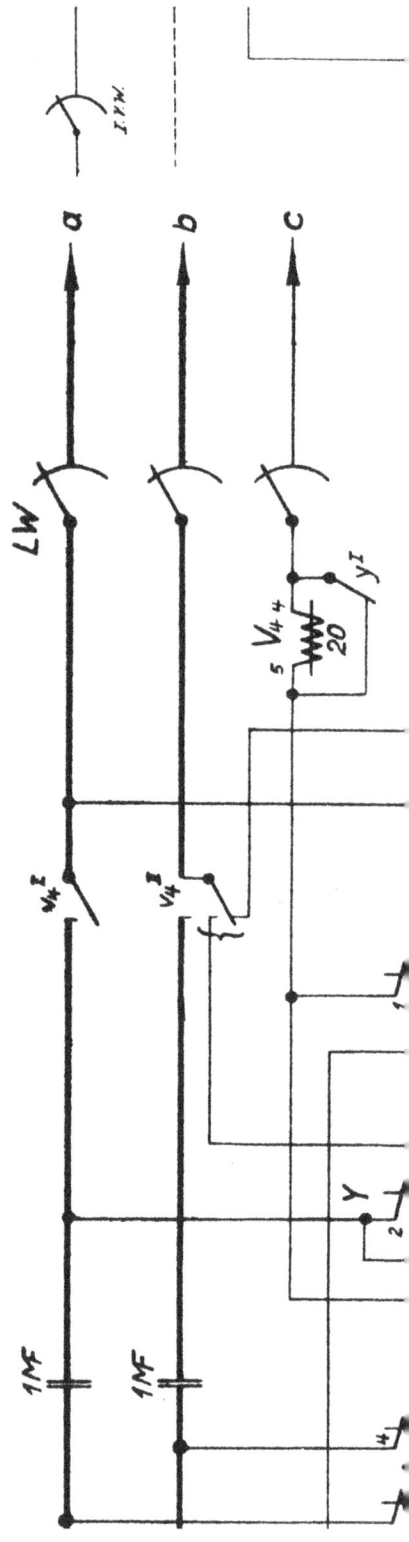

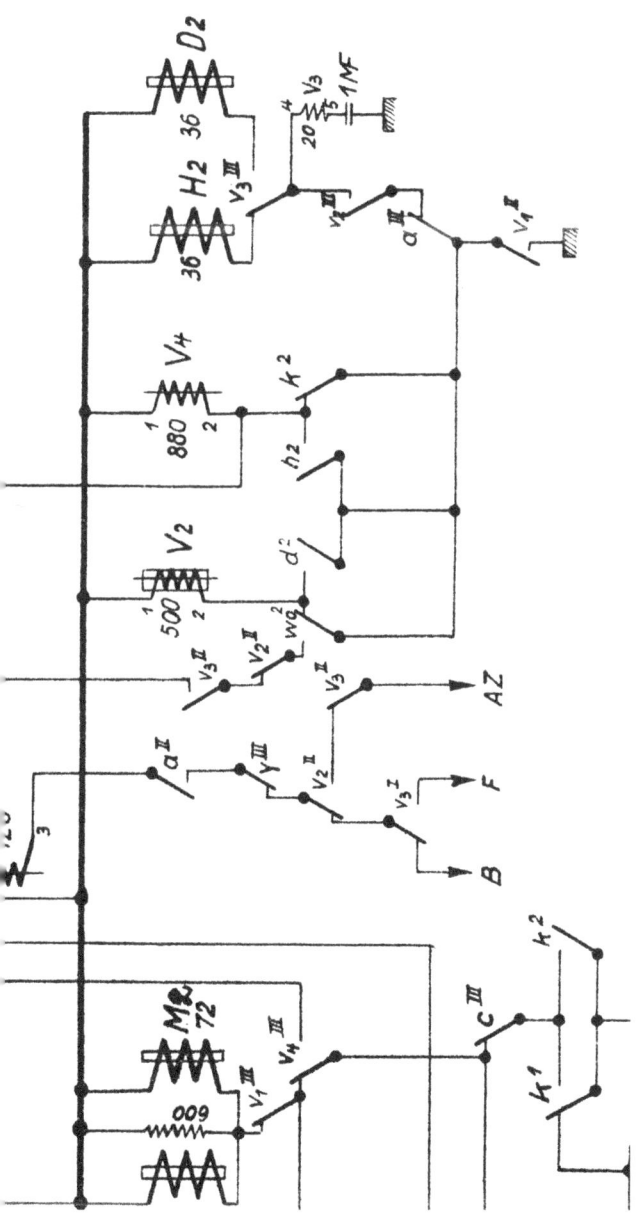

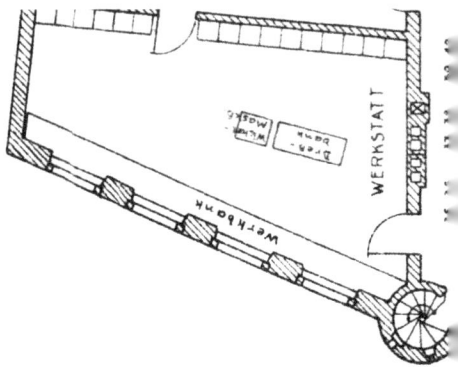

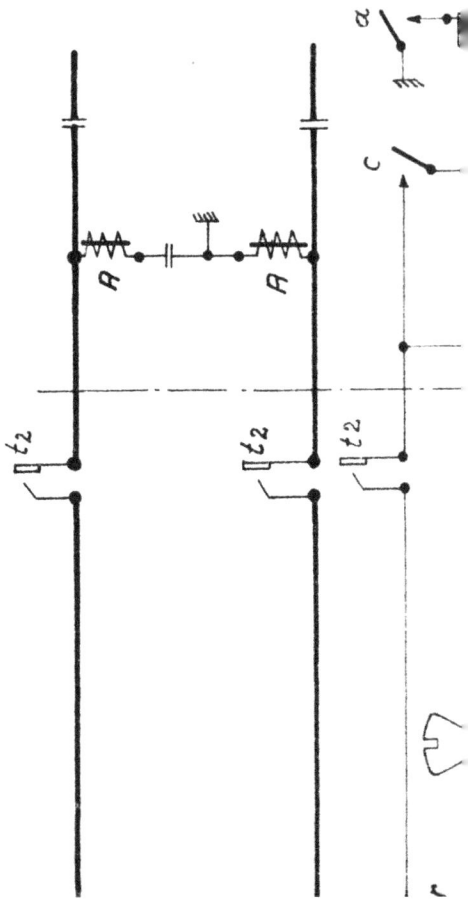

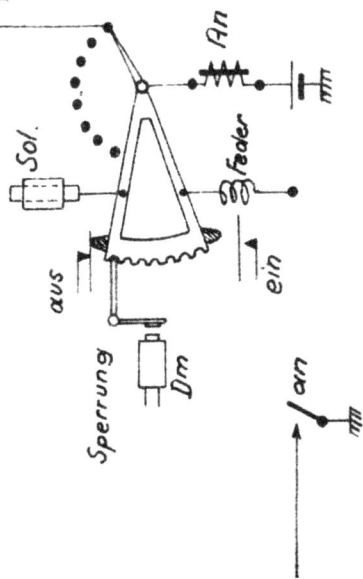

Abb. 207.
Prinzipschaltbild des Keith-Vorwählers.

Hauptsatzschalter.

An
Sol.
Feder
ein
aus
Sperrung
Dm
an

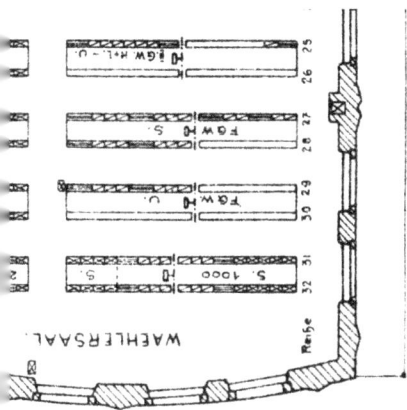

Abb. 221. Wäh

WAEHLERSAAL

Hu&GW H+L+U.   26 25
FGW H S.   28 27
FGW H U.   30 29
S. 1000 H S   H 1000 S   32 31

Rahse

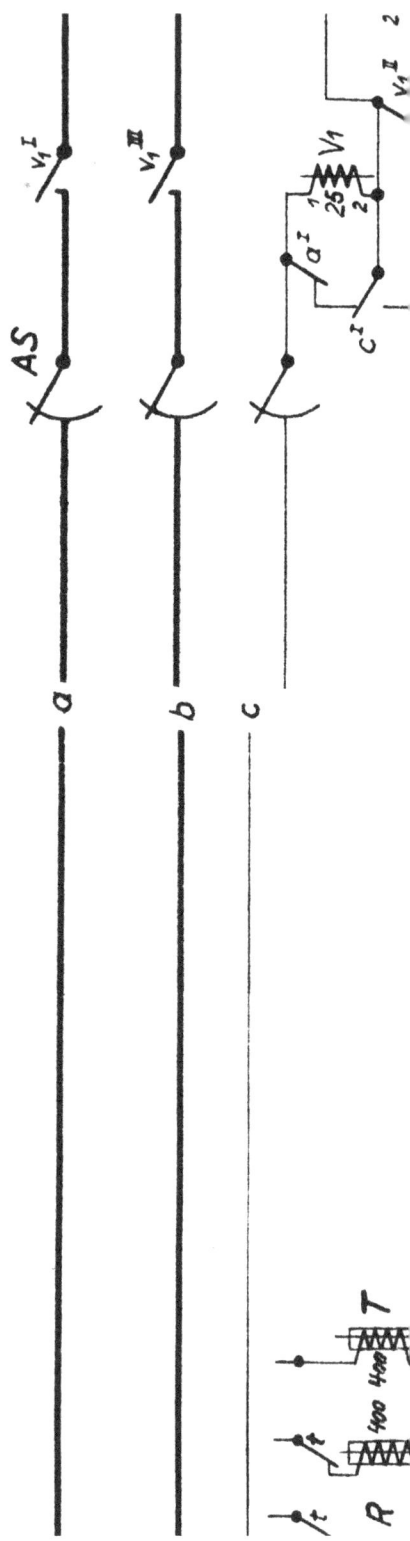

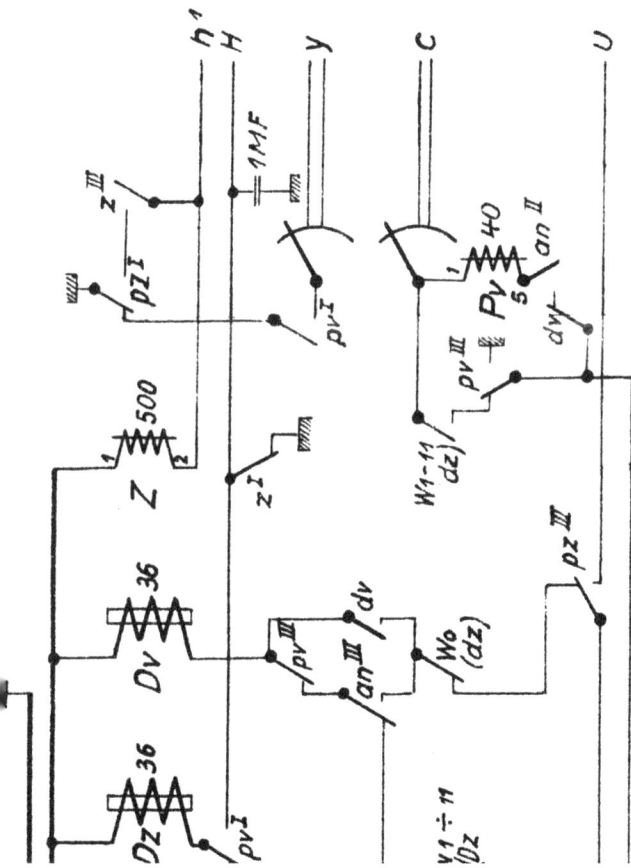

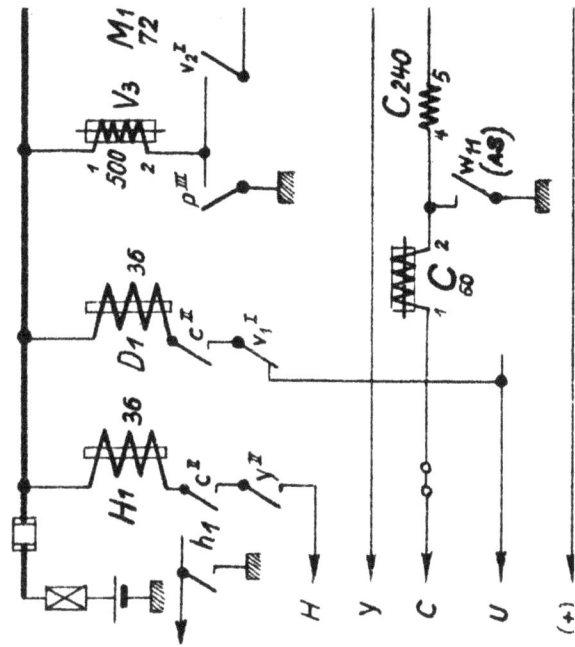

v. d. L.W.

Einzelschalter.

t_2 t_2

α b

$(+)$ Ar

System.

LW

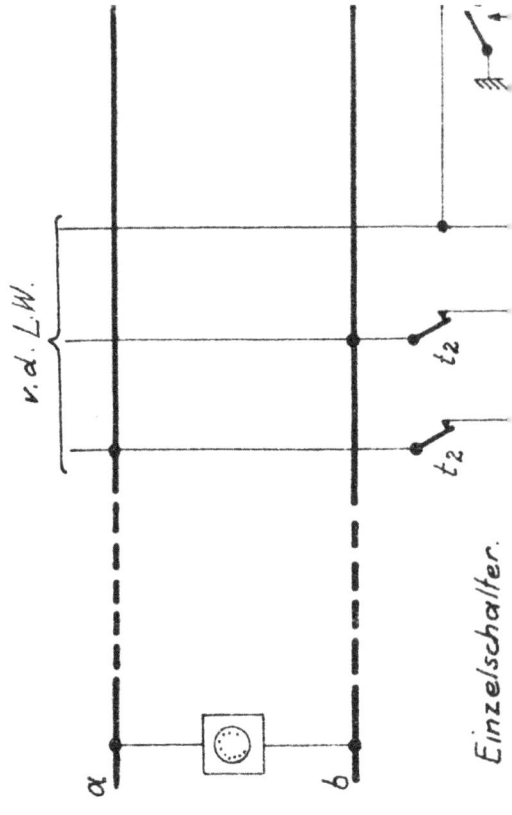

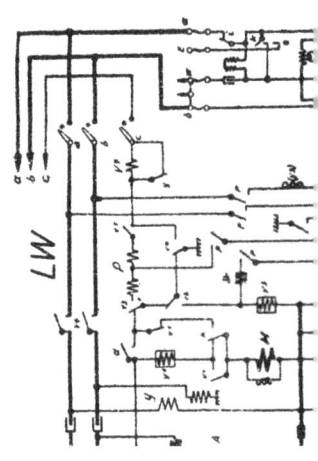

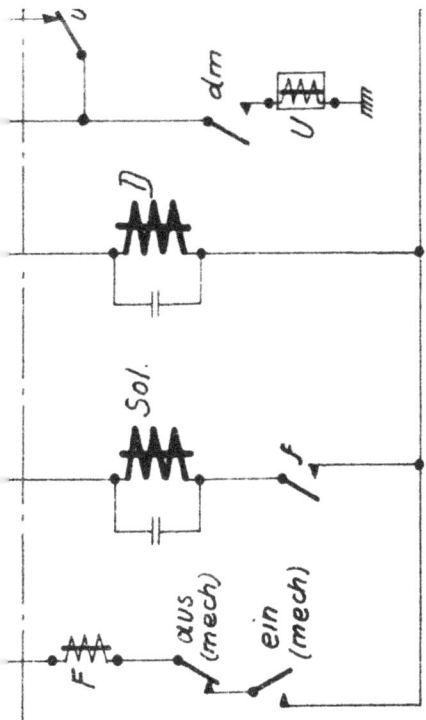

U

dm

D

Sol.

F

aus (mech)

ein (mech)

f

mm

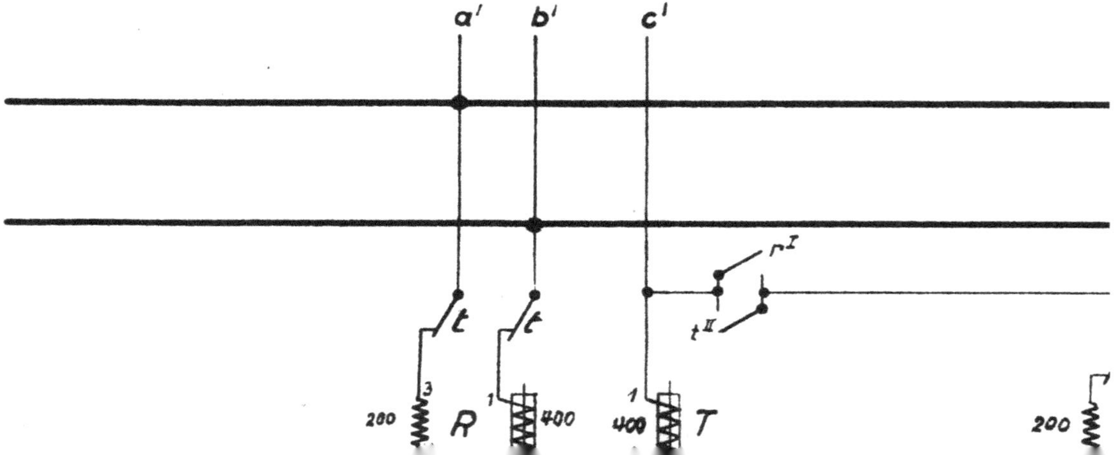

a'
b'
c'
t
t
r^{I}
t^{II}
200
3
R
1
400
1
400
T
200

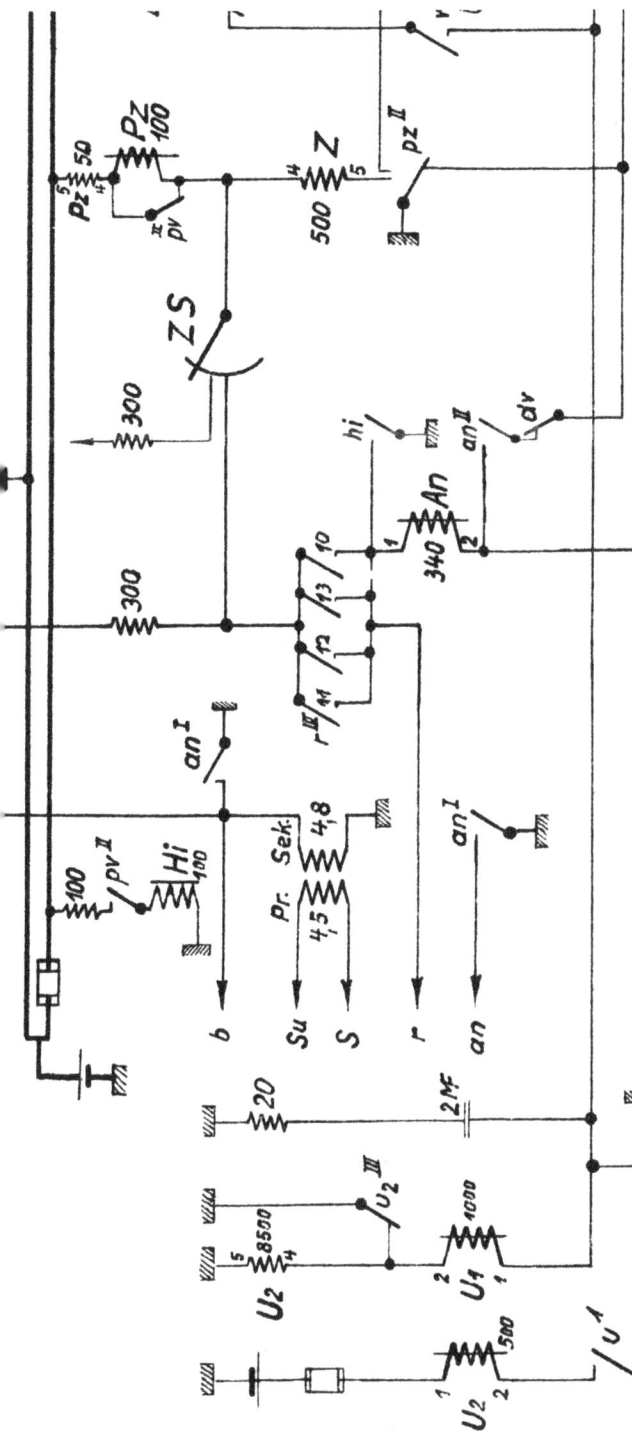

Abb. 199. Prinzipschaltbild einer Nebenstellenanlage nach dem Hunderter:

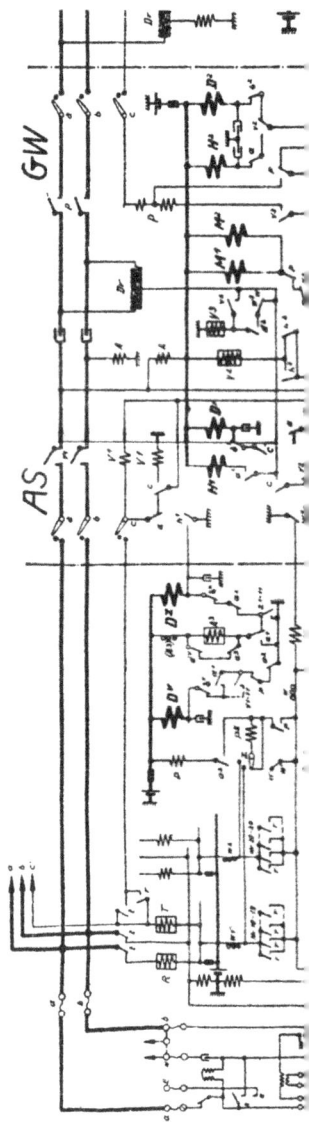

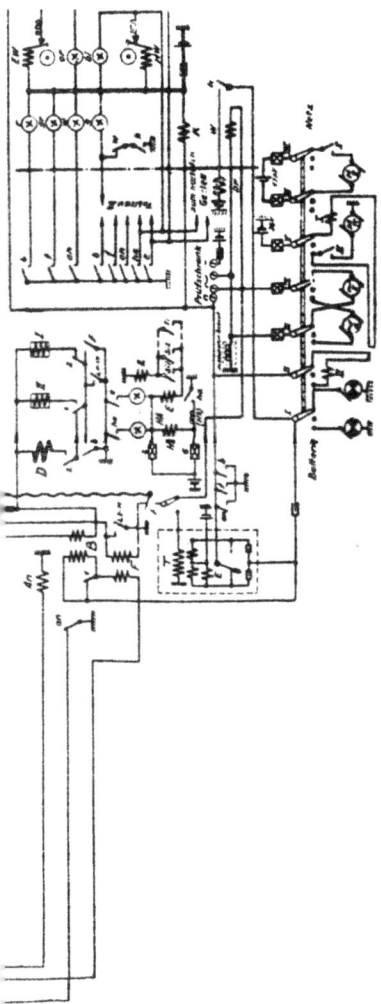

Abb. 184. Prinzipschaltbild eines Mix & Genest Tausende

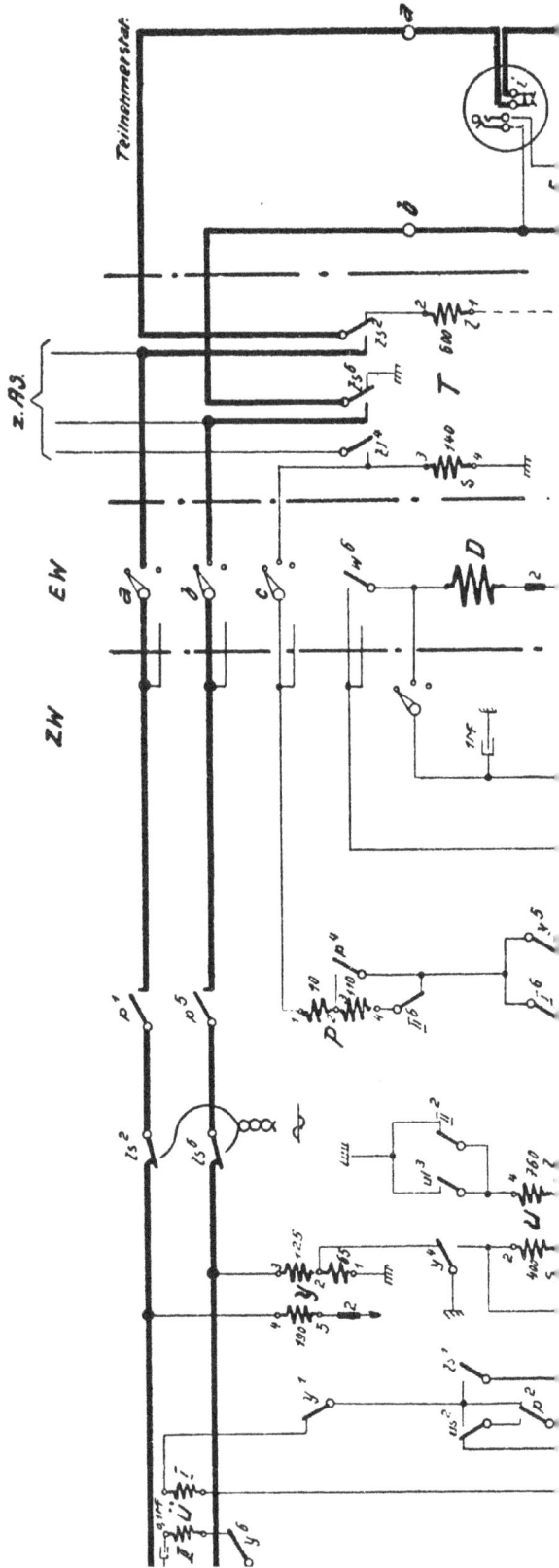

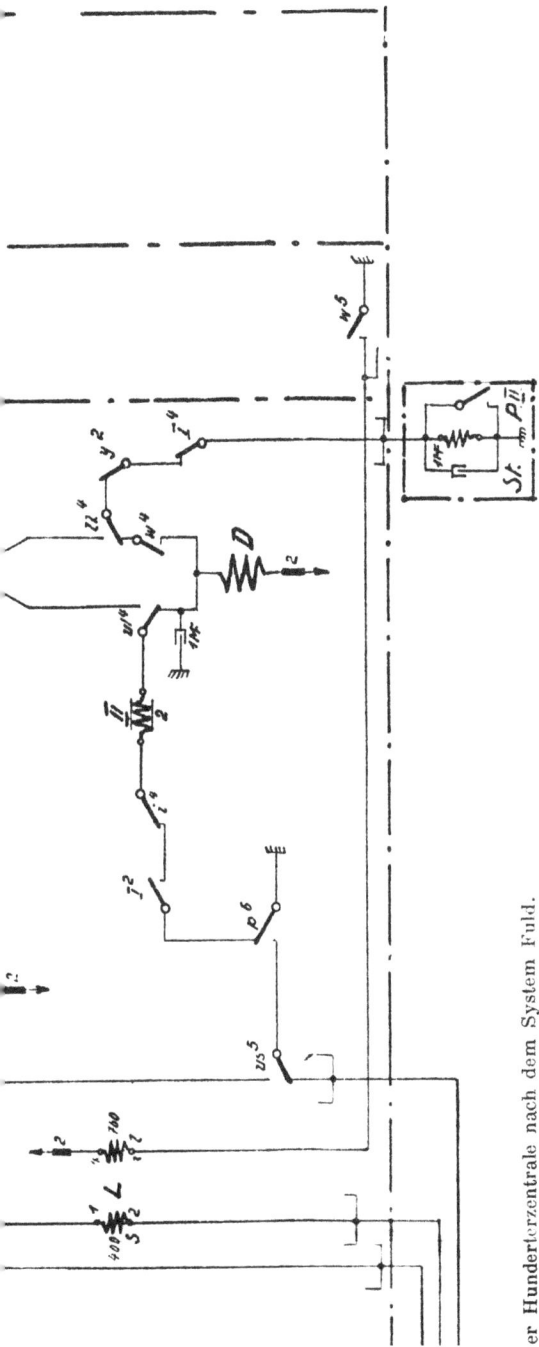

er Hunderterzentrale nach dem System Fuld.

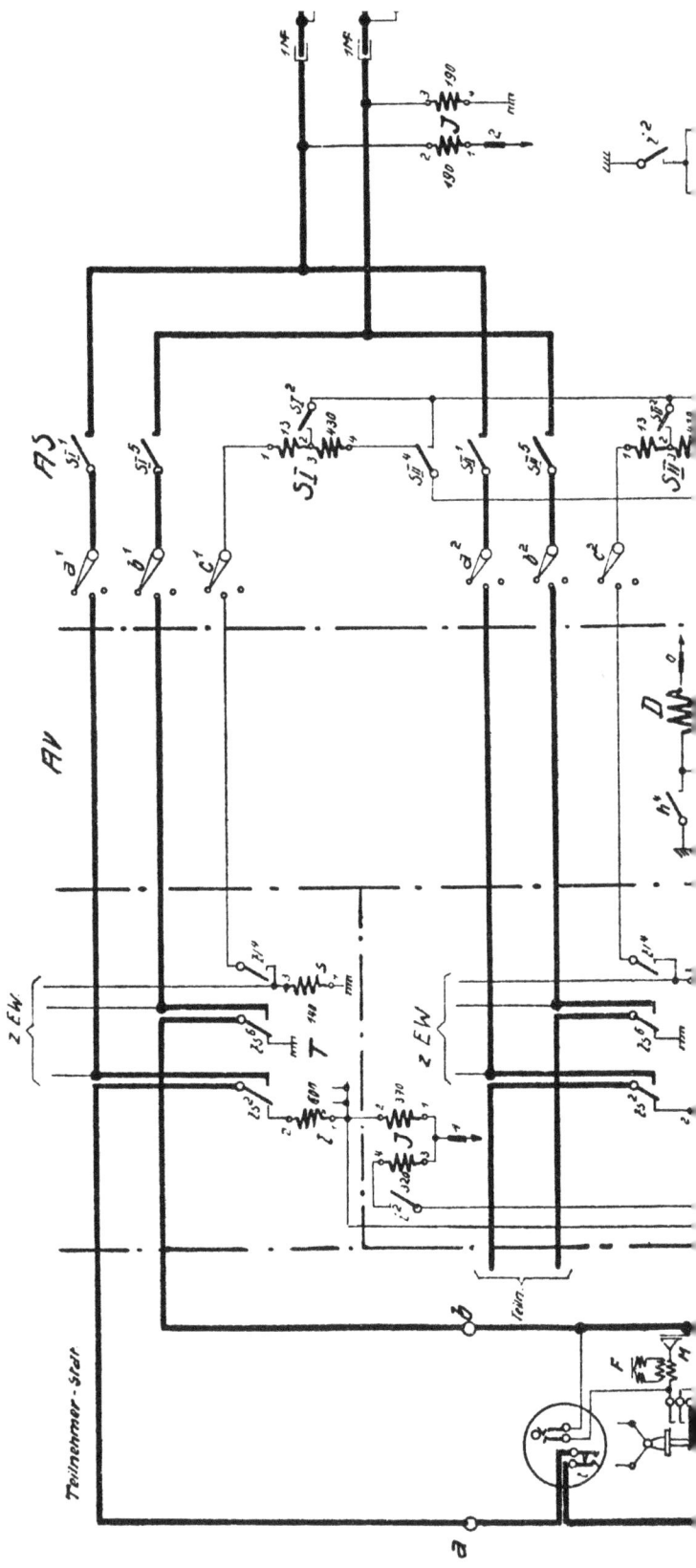

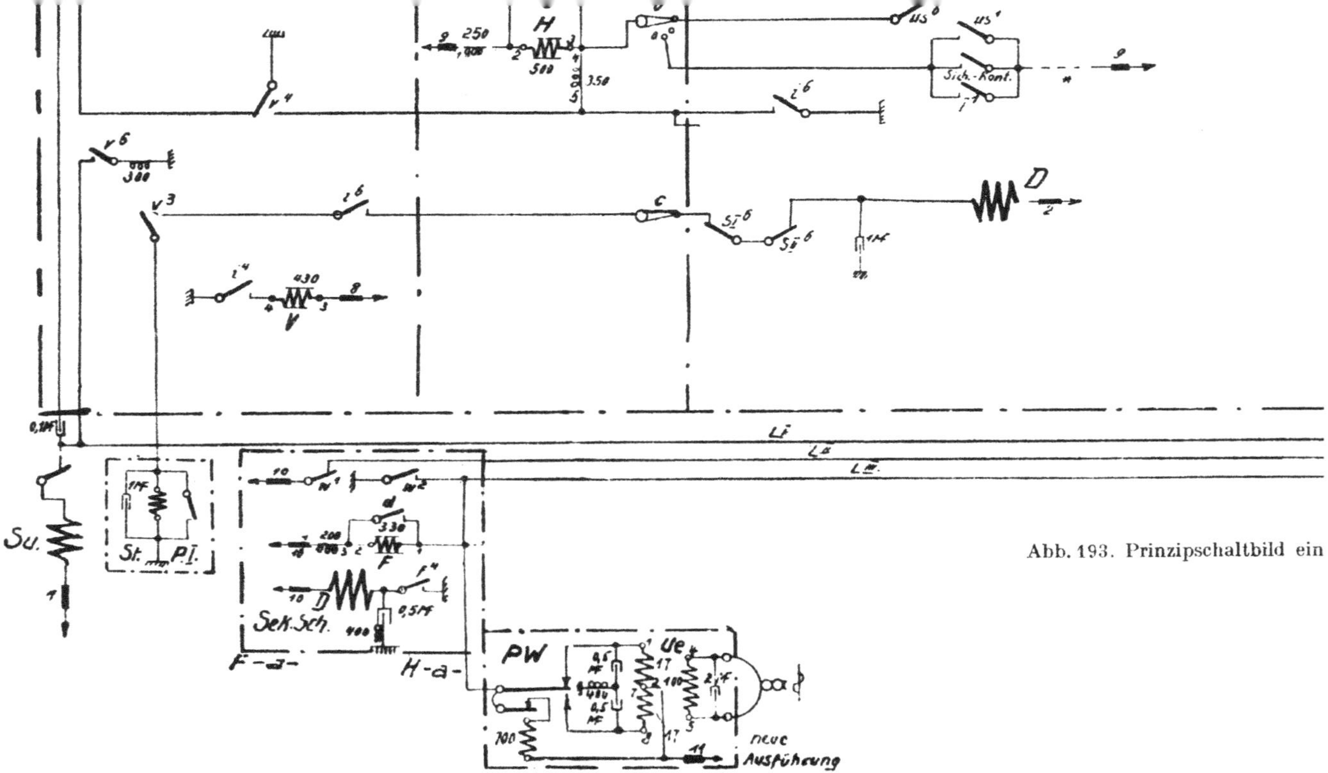

Abb. 193. Prinzipschaltbild ein